陕西省职业教育优秀教材

首届全国机械行业职业教育精品教材

UG NX10.0三维建模及自动编程项目教程 第2版

主　编　徐家忠　金　莹

副主编　高　葛

参　编　李周平　曹旭妍　姚　艳

　　　　惠　明　解　辉　郭震宇

主　审　王明哲

机 械 工 业 出 版 社

本书为“十四五”职业教育国家规划教材。

本书内容源于对多年教学实践的总结，以及对近年来全国职业院校技能大赛赛题的分析提炼，采用任务驱动的方式，内容全面、条理清晰。

本书由零件造型并制作工程图、装配、平面加工和曲面加工四个项目组成。每个项目包含多个任务，每个任务都具有很强的代表性，既具有企业一线的实用性，又和教学过程、各比赛赛点相结合。内容以启发、引导为主，辅以网络视频（可扫描二维码观看）、课程网站（https://www.icourse163.org）为补充，使教学过程可以针对不同基础的学生采用更加灵活方式进行，并提出不同的要求。

本书可作为高职高专院校机械类专业 CAD/CAM 相关课程的教材，也可作为工程技术人员自学 UG NX10.0 软件的参考书。

图书在版编目（CIP）数据

UG NX10.0 三维建模及自动编程项目教程 / 徐家忠，金莹主编. —2 版. —北京：机械工业出版社，2019.9（2024.6 重印）

首届全国机械行业职业教育精品教材

ISBN 978-7-111-63907-7

Ⅰ. ① U… Ⅱ. ①徐…②金… Ⅲ. ①计算机辅助设计 - 应用软件 - 高等职业教育 - 教材 Ⅳ. ① TP391.72

中国版本图书馆 CIP 数据核字（2019）第 214624 号

机械工业出版社（北京市百万庄大街 22 号　邮政编码 100037）

策划编辑：薛　礼　责任编辑：薛　礼

责任校对：黄兴伟　封面设计：鞠　杨

责任印制：李　昂

河北宝昌佳彩印刷有限公司印刷

2024 年 6 月第 2 版第 17 次印刷

184mm×260mm · 20.75 印张 · 434 千字

标准书号：ISBN 978-7-111-63907-7

定价：59.80 元

电话服务	网络服务
服务咨询热线：010-88361066	机 工 官 网：www.cmpbook.com
读者购书热线：010-88379833	机 工 官 博：weibo.com/cmp1952
010-68326294	金 书 网：www.golden-book.com
封面无防伪标均为盗版	教育服务网：www.cmpedu.com

关于“十四五”职业教育
国家规划教材的出版说明

为贯彻落实《中共中央关于认真学习宣传贯彻党的二十大精神的决定》《习近平新时代中国特色社会主义思想进课程教材指南》《职业院校教材管理办法》等文件精神，机械工业出版社与教材编写团队一道，认真执行思政内容进教材、进课堂、进头脑要求，尊重教育规律，遵循学科特点，对教材内容进行了更新，着力落实以下要求：

1. 提升教材铸魂育人功能，培育、践行社会主义核心价值观，教育引导学生树立共产主义远大理想和中国特色社会主义共同理想，坚定“四个自信”，厚植爱国主义情怀，把爱国情、强国志、报国行自觉融入建设社会主义现代化强国、实现中华民族伟大复兴的奋斗之中。同时，弘扬中华优秀传统文化，深入开展宪法法治教育。

2. 注重科学思维方法训练和科学伦理教育，培养学生探索未知、追求真理、勇攀科学高峰的责任感和使命感；强化学生工程伦理教育，培养学生精益求精的大国工匠精神，激发学生科技报国的家国情怀和使命担当。加快构建中国特色哲学社会科学学科体系、学术体系、话语体系。帮助学生了解相关专业和行业领域的国家战略、法律法规和相关政策，引导学生深入社会实践、关注现实问题，培育学生经世济民、诚信服务、德法兼修的职业素养。

3. 教育引导学生深刻理解并自觉实践各行业的职业精神、职业规范，增强职业责任感，培养遵纪守法、爱岗敬业、无私奉献、诚实守信、公道办事、开拓创新的职业品格和行为习惯。

在此基础上，及时更新教材知识内容，体现产业发展的新技术、新工艺、新规范、新标准。加强教材数字化建设，丰富配套资源，形成可听、可视、可练、可互动的融媒体教材。

教材建设需要各方的共同努力，也欢迎相关教材使用院校的师生及时反馈意见和建议，我们将认真组织力量进行研究，在后续重印及再版时吸纳改进，不断推动高质量教材出版。

机械工业出版社

第 2 版前言 PREFACE

党的二十大报告指出：建设现代化产业体系，坚持把发展经济的着力点放在实体经济上，推进新型工业化，加快建设制造强国、质量强国、航天强国、交通强国、网络强国、数字中国。二十大报告为我国机械行业的智能化、数字化发展指明了方向。

本书以立德树人为导向，秉持培养学生耐心细致和乐于创新的新时期大国工匠精神为目标，在项目学习导航、能力目标、任务实施方案设计、任务实施过程等内容中素质教育和创新能力培养的元。将科技强国等内容融入其中。

本书第 1 版于 2017 年被评为首届全国机械行业职业教育精品教材。本书在修订过程中紧扣“职教 20 条”，遵循技术技能养成规律，强化行业指导、企业参与，聘请企业骨干技术人员和行业专家参与教材的编写，吸收了大量的典型企业案例和相关技能大赛的关键技能点。全书以基于工作过程的任务驱动模式进行编写。

本书中的任务由浅入深，步步递进，避免了按照步骤就能完成任务的传统项目化教材编写形式。为了方便读者学习，任务的编排采用由基础知识学习、基本操作、模仿练习到独立完成任务的方式，任务的每个步骤都会有必要的提示，而且根据任务的不断深入，提示也由详细说明转变成方向引导。尽可能地调动读者学习的主动性，发挥读者的创造力。

本书配套资源全面、丰富，配备有教学视频二维码、课程学习平台、助教 PPT，助学 PPT、拓展学习视频以及习题库等资源，可以方便地实现碎片化学习，个性化和线上、线下混合式教学。其中，课程平台（http://www.icourse163.org/course/GFXY-1003096001）于 2019 年被评为陕西省精品在线课程，2023 年被评为国家职业教育在线精品课程。

本书内容和技能大赛方向密切结合。教学载体有很多是从历届大赛中提练而来，可以通过使用本书提高教学质量，提高学生在相关大赛中的成绩。

全书分为零件造型并制作工程图、装配与装配工程图、平面加工以及曲面加工四个项目，包括 CAD、CAM 两部分内容，建议 150 课时，也可根据实际需要进行调整。

本书由陕西国防工业职业技术学院徐家忠和咸阳职业技术学院金莹担任主编，陕西国防工业职业技术学院高葛任副主编，陕西国防工业职业技术学院李周平、曹旭妍、姚艳、解辉，东北工业集团吉林东光奥威汽车制动系统有限公司郭震宇，西安北方光电科技防务有限公司惠明参编。其中，金莹编写项目一中的任务 1.1 ～ 1.4；曹旭妍编写项目中的任务 1.5、1.7、1.8；姚艳编写项目一中的任务 1.6、1.9；高葛编写项目二中的任务 2.1 ～ 2.4；李周平编写项目二中的任务 2.5 和项目四中的任务 4.6；解辉编写项目三中的任务 3.1 和 3.2；徐家忠编写项目三中的任务 3.3、3.4 和项目四中的任务 4.1~4.5。项目一的视频、PPT 由曹旭妍制作，项目二、项目三的视频、PPT 由徐家忠制作，项目四的视频、PPT 由惠明、郭震宇制作。惠明、郭震宇参与全书技术审核。

本书由全国高职数控技术类专业教学指导委员会副主任委员王明哲教授审阅。辽宁省交通高等专科学校高显宏教授也提出了很多宝贵意见，这里一并表示感谢。

由于作者水平有限，书中难免存在疏漏和不足之处，敬请广大读者批评指正。

编者

第 1 版前言 PREFACE

本书依据机械设计制造类专业的工作岗位需求，从企业生产、历届全国职业院校技能大赛以及多年软件教学中提炼出典型的案例，以基于工作过程的模式组织内容，有以下特点：

1. 内容组织符合认知规律和最新的教学改革模式，由浅入深、步步递进。各个任务的实施采用大任务套小任务的形式，每个操作步骤都是以小的任务方式出现，避免了按照步骤就能完成任务的传统教材编写方式。为了方便学生学习，每个小任务都进行了必要的提示，而且在项目开始时任务提示比较详细，随着学习的深入，提示越来越简单，采用使学生从了解基本知识、基本操作到模仿练习，最后能独立完成工作任务的渐进式教学模式，充分调动学生学习的主动性，发挥学生的创造力。

2. 教学资源全面，丰富。为了方便教师教学和学生自主学习，本书配备了教学视频二维码、课程网站 https://www.icourse163.org、教学 PPT 以及试题库（可从课程网站获取）等，可以灵活地安排学习的地点、进程，实现碎片化学习、个性化教学，使教学的过程更容易掌控。

3. 内容和大赛方向紧密结合。教学载体有很多是从历届大赛中提炼出来的，可以通过教材的使用在一定程度上提高教学质量，促进参加大赛的成绩。

全书分为零件造型并制作工程图、装配、平面加工和曲面加工四个项目，包括 CAD、CAM 两部分内容，建议 150 课时，但也可根据实际需要进行调整。

本书由陕西国防工业职业技术学院徐家忠和咸阳职业技术学院金莹担任主编；陕西国防工业职业技术学院高葛任副主编；陕西国防工业职业技术学院的李周平、曹旭妍、姚艳、解辉，东北工业集团吉林东光奥威汽车制动系统有限公司郭震宇，西安北方光电科技防务有限公司惠明参与了本书的编写。其中，金莹编写项目一中的任务 1.1 ～ 1.4；曹旭妍编写项目一中的任务 1.5、1.7、1.8；姚艳编写项目一中的任务 1.6、1.9。高葛编写项目二中的任务 2.1 ～ 2.4，李周平编写项目二中的任务 2.5 和项目四中的任务 4.6。解辉编写项目三中的任务 3.1 和 3.2；徐家忠编写项目三中的任务 3.3、3.4 和项目四中的任务 4.1 ～ 4.5。项目一的视频、PPT 由曹旭妍制作；项目二、项目三的视频、PPT 由徐家忠制作；项目四的视频、PPT 由郭震宇、惠明制作。

全书由全国高职数控技术类专业教学指导委员会副主任委员王明哲教授审阅。

由于作者水平有限，书中难免存在一些疏漏，敬请广大读者批评指正。

编者

目录 CONTENTS

第 2 版前言

第 1 版前言

项目一　零件造型并制作工程图　1

任务 1.1　初识 UG　1
任务 1.2　传动轴零件造型并制作工程图　9
任务 1.3　端盖零件造型并制作工程图　32
任务 1.4　拨叉零件造型并制作工程图　47
任务 1.5　连杆零件造型并制作工程图　66
任务 1.6　摇臂零件造型并制作工程图　80
任务 1.7　泵缸零件造型并制作工程图　91
任务 1.8　笔筒零件造型并制作工程图　102
任务 1.9　虎钳零件造型并制作工程图　115

项目二　装配与装配工程图　135

任务 2.1　虎钳固定钳身部件装配　135
任务 2.2　虎钳活动钳身部件装配　150
任务 2.3　虎钳丝杠部件装配　162
任务 2.4　虎钳总装配　170
任务 2.5　单向阀设计　179

项目三　平面加工　193

任务 3.1　平板加工　193
任务 3.2　凸轮加工　209
任务 3.3　十字槽加工　222
任务 3.4　型腔孔加工　242

项目四　曲面加工　253

任务 4.1　拉伸凸模加工　253
任务 4.2　手机后盖型芯电极加工　267
任务 4.3　塑料模嵌件加工　278
任务 4.4　手机后盖塑料模型芯加工　295
任务 4.5　航空模型连接件加工　307
任务 4.6　曲面加工综合训练　318

参考文献　323

PROJECT 1

项目一 零件造型并制作工程图

PROJECT 1

【项目描述】

学习零件造型及工程图制作方法是学习 UG 的基础，本项目由 UG 入门、传动轴零件造型及工程图制作、端盖零件造型及工程图制作、拨叉零件造型及工程图制作、连杆零件造型及工程图制作、摇臂零件造型及工程图制作、泵缸零件造型及工程图制作、笔筒零件造型及工程图制作和虎钳零件造型及工程图制作九个任务组成。通过本项目的学习，学生应了解我国数字化设计与制造的现状和发展前景，掌握 UG 中常用的造型工具、工程图工具，以及常用典型零件造型、工程图的制作方法、相关国家标准和用法。

任务 1.1　初识 UG

知识点

◎ UG 界面。
◎ 鼠标各键的功能。
◎ 图形的显示控制工具。
◎ 图层工具。
◎ 部件导航器。

技能点

◎ 能进行 UG 界面及 UG 视图的操作。
◎ 能根据工作需要显示或隐藏部件，改变部件显示颜色及更改图层。
◎ 能启动 UG，知道界面的组成，会使用各组成部分，能退出 UG。

任务描述

通过完成本任务，使读者了解 UG 软件的特点，学会 UG 的启动、界面的组成和使用，能在界面中进行基本操作，比如正确使用鼠标、更换角色、更改对象的显示状态；能熟练进行文件操作，会工具按钮的显示和隐藏操作。

1.1.1 任务实施

1. UG NX10.0 的启动

◆ 双击桌面上的 UG NX10.0 软件的快捷方式图标，启动软件。

◆ 单击【开始】→【程序】→【Siemens NX10.0】→【NX10.0】，启动软件。

2. UG NX10.0 的退出

◆ 使用【开始】菜单中的【退出】命令退出 UG。

◆ 使用标题栏右上角的按钮退出 UG。

◆ 使用菜单【文件】→【关闭】→【全部保存并退出】退出 UG。

3. 将 10.0 版本的用户界面改为 8.5 版本的用户界面

使用菜单【文件】→【实用工具】→【用户默认设置】→【基本环境】→【用户界面】→【仅经典工具条】选项改变用户界面。

注意：设置完成后必须重新启动 UG 软件才能生效。

4. 新建、保存和关闭文件

要求采用以下方式新建文件：

方式一：

◆ 使用菜单【文件】→【新建】新建文件 sample1-1-01.prt，单位选择“毫米”，模板选择“模型”，存储路径选择“F：”。

◆ 保存文件使用快捷键“Ctrl+S”。

◆ 关闭文件使用菜单【文件】→【关闭】→【保存并关闭】。

方式二：

◆ 使用“标准”工具栏“新建文件”工具按钮新建文件 sample1-1-02.prt，单位选择“毫米”，模板选择“装配”，存储路径选择“F：”。

◆ 保存文件使用菜单【文件】→【保存文件】。

◆ 关闭文件使用菜单【文件】→【关闭】→【保存并关闭】。

方式三：

◆ 使用快捷键“Ctrl+N”新建文件 sample1-1-03.prt，单位选择“毫米”，模板选择“产品外观设计”，存储路径选择“F：”。

◆ 保存文件使用“标准”工具栏下的保存工具按钮。

◆ 关闭方式自选。

5. 打开文件

◆ 使用菜单【文件】→【打开】打开 F 盘下的文件 sample1-1-01.prt。

◆ 使用“标准”工具栏下“打开文件”工具按钮打开 F 盘下文件 sample1-1-02.prt。

◆ 使用快捷键“Ctrl+O”打开 F 盘下的文件 sample1-1-03.prt。

E1-1

观看步骤 1 ～ 5 的操作视频，请扫二维码 E1-1。

6. 显示和隐藏工具栏下的文字

使用工具栏后的“工具栏选项”按钮可显示和隐藏“标准”工具栏下的

文字，如图 1-1 所示。

a) b)

图 1-1 “标准”工具栏下文字的显示与隐藏

a）显示文字 b）隐藏文字

7. 添加、删除工具按钮

◆ 使用菜单【工具】→【定制】（也可按 Ctrl+1）→【命令】选项卡→【插入】→【设计特征】选项，为“特征”工具栏添加“圆柱体”工具按钮。

◆ 使用工具栏后的“工具栏选项”按钮，为“特征”工具栏添加“槽”工具按钮。

◆ 使用工具栏后的“工具栏选项”按钮，隐藏“特征”工具栏中的“槽”工具按钮。

8. 切换用户角色

使用资源条“角色”按钮加载“Advance”用户角色。

9. 更改模型渲染样式

新建文件 Sview.prt 后，选择“特征”工具栏中“圆柱体”工具按钮创建直径 50mm、高度 100mm 的圆柱体，如图 1-2a 所示。然后完成以下任务：

◆ 使用鼠标在空白处长按右键，弹出的快捷按钮如图 1-2b 所示。将模型显示形式改为带有淡化边的线框，如图 1-2c 所示。

◆ 使用“视图”工具栏中“渲染样式下拉菜单”，将模型显示形式改变为着色，如图 1-2d 所示。

◆ 使用右键快捷菜单“渲染样式”，将模型显示形式改为带有隐藏边的线框模式，如图 1-2e 所示。

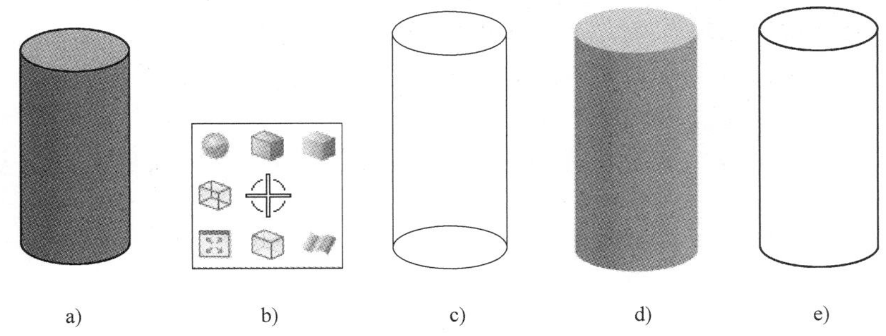

a) b) c) d) e)

图 1-2 更改模型渲染样式

a）带边着色 b）快捷按钮 c）带有淡化边的线框 d）着色 e）带有隐藏边的线框

10. 视角定向操作

◆ 使用“视图”工具栏中的“定向视图”下拉菜单将视图显示改为左视图，如图 1-3a 所示。

◆ 使用右键菜单“定向视图”（或者快捷键 Home），将视图改为正三轴测视图，如图 1-3b 所示。

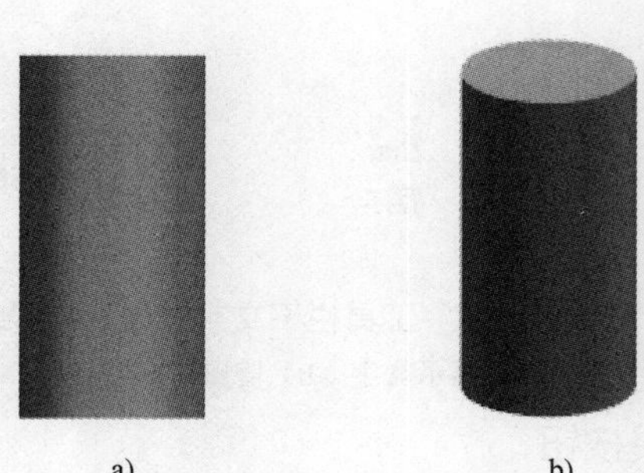

a)　　　　b)

图 1-3　视图定向

a）左视图　b）轴测图

E1-2　观看步骤 6 ～ 10 的操作视频，请扫二维码 E1-2。

11. 视图操作

◆ 分别通过鼠标中键、“视图”工具栏“视图操作”下拉菜单下的 旋转 选项、快捷键 F7 和鼠标配合以右键快捷菜单“旋转”等方式对图形进行旋转。

◆ 分别通过鼠标中键、“视图”工具栏“视图操作”下拉菜单下的 放大/缩小 选项对图形进行实时缩放。

◆ 分别通过 Shift+ 鼠标中键、“视图”工具栏“视图操作”下拉菜单下的 平移 选项以及右键快捷菜单“平移”等方式对图形进行平移。

12. 隐藏和显示对象

◆ 分别使用右键菜单【隐藏】、选中对象后弹出的快捷工具按钮、快捷键 Ctrl+B、“实用工具”工具栏中“显示 / 隐藏”下拉菜单的隐藏选项以及部件导航器等方式对圆柱体进行隐藏操作。

◆ 分别使用部件导航器、“实用工具”工具栏中“显示 / 隐藏”下拉菜单的“显示”选项、菜单【编辑】→【显示与隐藏】→【显示】、快捷键“Ctrl+Shift +K”等方式将圆柱体显示出来。

13. 图层设置

◆ 将工作图层改为图层 2。

◆ 使用菜单【格式】→【将对象复制到图层】，将 1 层上的圆柱体复制到 3 层。

◆ 将图层改为“不可见”。

◆ 改变图层 3 为“仅可见”。

◆ 将图层 3 上的圆柱体移动到图层 2 上。

14. 改变对象的显示颜色

◆ 使用菜单【编辑】→【对象显示】，将图层 2 上的圆柱体改为蓝色，透明度设为 60%，将工作图层设为图层 1，关闭图层 2。

◆ 使用快捷键“Ctrl+J”，将“1”层上的圆柱体改为绿色。

15. 保存文件并退出。

E1-3　观看步骤 11 ～ 15 的操作视频，请扫二维码 E1-3。

1.1.2 填写“课程任务报告”

课程任务报告

班级		姓名		学号		成绩	
组别		任务名称	初识 UG			参考课时	2 课时
任务要求	1. 能进行 UG NX10.0 的文件的新建、保存和打开等操作。 2. 会 UG NX10.0 工具栏的定制、角色的替换等操作。 3. 能进行渲染模式、视角方向的转换。 4. 能进行视窗的放大、平移和旋转操作。 5. 会隐藏和显示对象的方法。 6. 会使用图层工具。						
任务完成过程记录	总结的过程按照任务的要求进行，如果位置不够可加附页（可根据实际情况，适当安排拓展任务供同学分组讨论学习，此时以拓展训练内容的完成过程进行记录）。						

1.1.3 知识学习

1.1.3.1 UG 界面的组成

UG NX 10.0 界面有“带状工具条”和“仅经典工具条”两种形式，这里介绍“仅经典工具条”用户界面。界面包括标题栏、主菜单、顶部工具栏、消息区、图形区、资源工具条及底部工具栏，如图 1-4 所示。各组成部分的作用见表 1-1。

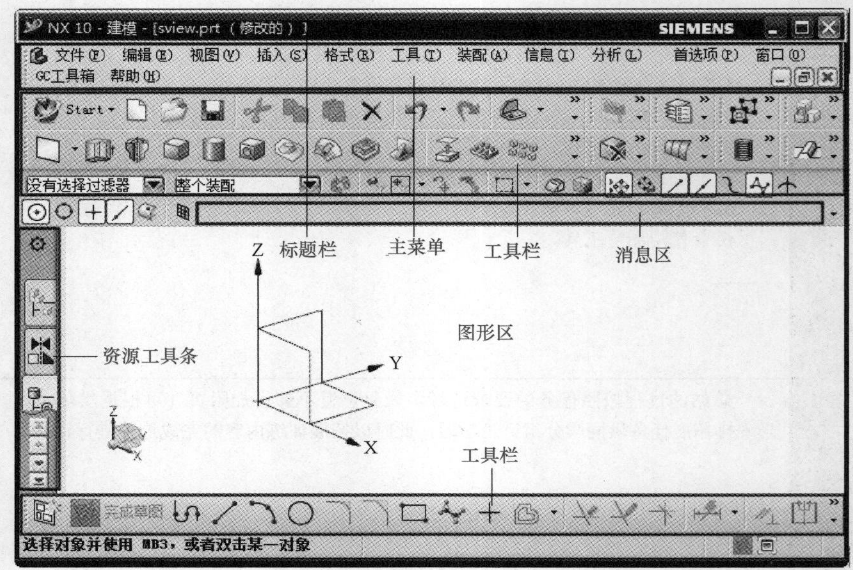

图 1-4 UG NX10.0“仅经典工具条”用户界面

表 1-1 UG NX10.0“仅经典工具条”用户界面各组成部分的作用

名称	作　用
标题栏	用于显示软件版本、工作模块、当前文件名称、状态等信息以及窗口操作按钮
主菜单	和其他 Windows 软件主菜单相同，是调用软件命令的主要工具之一
工具栏	和其他 Windows 软件工具栏功能相同，是用户调用软件命令的首选工具
资源工具条	包括装配导航器、部件导航器、主页浏览器、历史记录、系统材料等导航工具，对于每一种导航器，都可以直接在相应的条目上右键单击鼠标，快速地进行各种操作
消息区	执行有关操作时，与该操作有关的系统提示信息会显示在消息区内。消息区左侧是提示栏，右侧是状态栏，对于大多数的命令，用户都可以利用提示栏的提示来完成操作
图形区	用于显示工作模型，并能够对图形进行建模、编辑和显示控制等操作

1.1.3.2 鼠标操作

在设计过程中，经常需要调整模型的大小、位置和方向，可以使用模型工具栏中的快捷图标，也可使用鼠标配合键盘操作完成。鼠标操作见表 1-2。

表 1-2 鼠标操作

鼠标操作	用　途
Shift+ 鼠标中键	移动鼠标，可上下、左右移动模型
鼠标中键	移动鼠标，可旋转模型
滚动鼠标中键滚轮	可缩放模型：向前滚，模型变大；向后滚，模型缩小

1.1.3.3 图形的显示控制

图形的显示控制主要通过“视图”菜单中的命令实现，包括“视图操作”“定向视图”“渲染样式”和其他工具按钮。“定向视图”下拉菜单中的工具按钮见表 1-3。“渲染样式”下拉菜单中的工具按钮见表 1-4。

表 1-3 “定向视图”下拉菜单中的工具按钮

命令	图标	快捷键	作　用
适合窗口		Ctrl+F	调整工作视图的中心和比例，以显示所有对象
正三轴测图		Home	定向工作视图，以与正三轴测图对齐
俯视图		Ctrl+Alt+T	定向工作视图，以与俯视图对齐
正等轴测图		End	定向工作视图，以与正等轴测图对齐
左视图		Ctrl+Alt+L	定向工作视图，以与左视图对齐
前视图		Ctrl+Alt+F	定向工作视图，以与前视图对齐
右视图		Ctrl+Alt+R	定向工作视图，以与右视图对齐
后视图			定向工作视图，以与后视图对齐
仰视图			定向工作视图，以与仰视图对齐

表 1-4 “渲染样式”下拉菜单中的工具按钮

命令	图标	作　用
带边着色		用光顺着色和打光渲染（工作视图中的）面，并显示面的边
着色		用光顺着色和打光渲染（工作视图中的）面，不显示面的边
带有淡化边的线框		按边几何元素渲染（工作视图中的）面，使隐藏边淡化，并在旋转视图时动态更新面
带有隐藏边的线框		按边几何元素渲染（工作视图中的）面，使隐藏边不可见，并在旋转视图时动态更新面

（续）

命令	图标	作　用
静态线框		按边几何元素渲染（工作视图中的）面
艺术外观		根据指派的基本材料、纹理和光逼真地渲染面
面分析		用曲面分析数据渲染（工作视图中的）面分析面，并按边几何元素渲染其余的面

1.1.3.4　图层

图层是 UG NX 方便进行图形管理的有效工具，用户可以根据不同的需要将图层的状态设置为工作图层、仅可见图层、可选择图层及不可见图层等，也可以实现在图层之间移动对象，复制对象等操作。

1. 图层的状态

图层的状态有不可见、仅可见、可选及工作图层等四种状态。图层状态的设置可以通过“图层设置”对话框完成。“图层设置”对话框可以通过快捷键“Ctrl+L”、菜单【格式】→【图层设置】或“实用工具”工具栏上“图层设置”工具按钮调出，如图 1-5 所示。

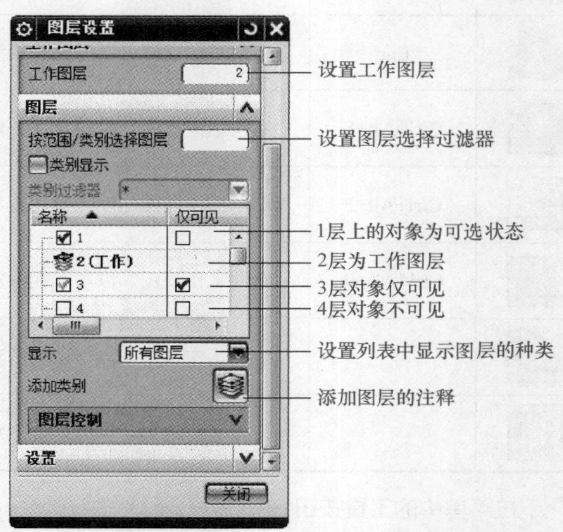

图 1-5 “图层设置”对话框

2. 图层操作的常用命令

针对图层的常用操作有改变图层的状态、在图层中移动对象或复制对象等操作。改变图层状态的操作可以在“图层设置”对话框中完成。下面介绍在图层间移动和复制对象的操作方法。

“移动至图层”功能用于把选择的对象移动到指定的图层。可以使用菜单【格式】→【移动至图层】，或者单击“实用工具”工具栏“图层”下拉菜单选项的 移动至图层 进行操作，操作步骤如下：

◆ 选择下拉菜单【格式】→【移动至图层】，系统弹出“类选择”对话框。

◆ 在图形区中选择目标对象后单击“类选择”对话框中的【确定】按钮，系统弹出“图层移动”对话框，如图 1-6 所示。

◆ 在对话框中“目标图层或类型”下的编辑条中输入图层号，或者在“图层”列表中选择相应的图层编号，然后单击【确定】按钮完成操作。

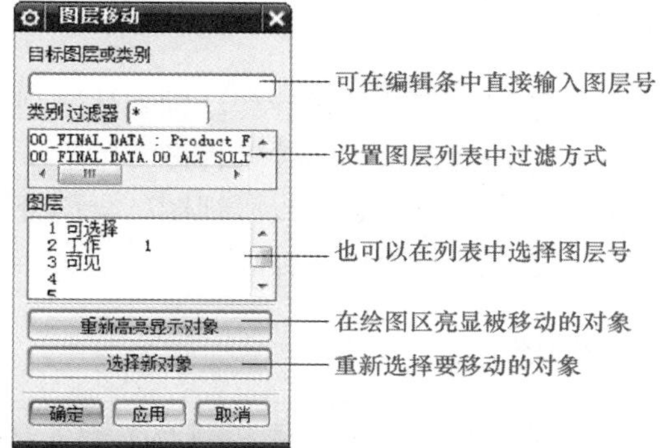

图 1-6 “图层移动”对话框

“复制至图层”功能用于把对象从一个图层复制到另一个图层，且源对象依然保留在原来的图层上。其操作步骤与“移动至图层”类似，这里不再赘述。

1.1.4 问题探讨

1）NX10.0 的主工作界面由哪些部分组成？

2）在 NX10.0 中如何定制工作界面的一些元素？以定制某工具栏为例（包括调用工具栏、设置工具栏图标大小、为工具栏添加按钮）进行说明。

3）在 NX10.0 中，文件管理基本操作主要包括哪些？

4）在 NX10.0 中，如何使用鼠标进行模型的查看操作？

5）在一个打开的模型文件中，如何进行应用模块的切换操作？

1.1.5 任务拓展

查找并收集数字孪生技术在现代工业生产中的应用，了解使用 UG 软件进行数字化设计的特点。

任务 1.2 传动轴零件造型并制作工程图

知识点

◎ 圆柱、圆锥等体素特征。
◎ 键槽、环形槽、倒斜角、倒圆角及基准面。
◎ 工程图、图纸、模板及常用视图的创建工具。
◎ 全剖视图及局部放大视图的创建工具。
◎ 水平、垂直、半径、圆角、斜角尺寸标注工具。

技能点

◎ 会使用体素工具进行传动轴零件造型。
◎ 能合理创建轴类零件工程图。
◎ 能创建基本视图、投影视图、全剖视图和局部放大视图。
◎ 能进行工程图尺寸标注。

任务描述

通过对传动轴零件造型及工程图任务的实施，学习圆柱、键槽、环形槽、倒斜角和倒圆角等基本造型特征的创建方法，以及工程图中局部放大视图和尺寸标注等工具的用法，掌握三维建模的基本技巧。传动轴属于轴类零件，它的造型方法对于其他轴类零件造型具有一定的借鉴作用。

1.2.1 任务实施

1. 零件图样分析

传动轴零件图样如图 1-7 所示。它属于典型的轴类零件，其结构主要由圆柱面、键槽、圆角、斜角和退刀槽等组成。

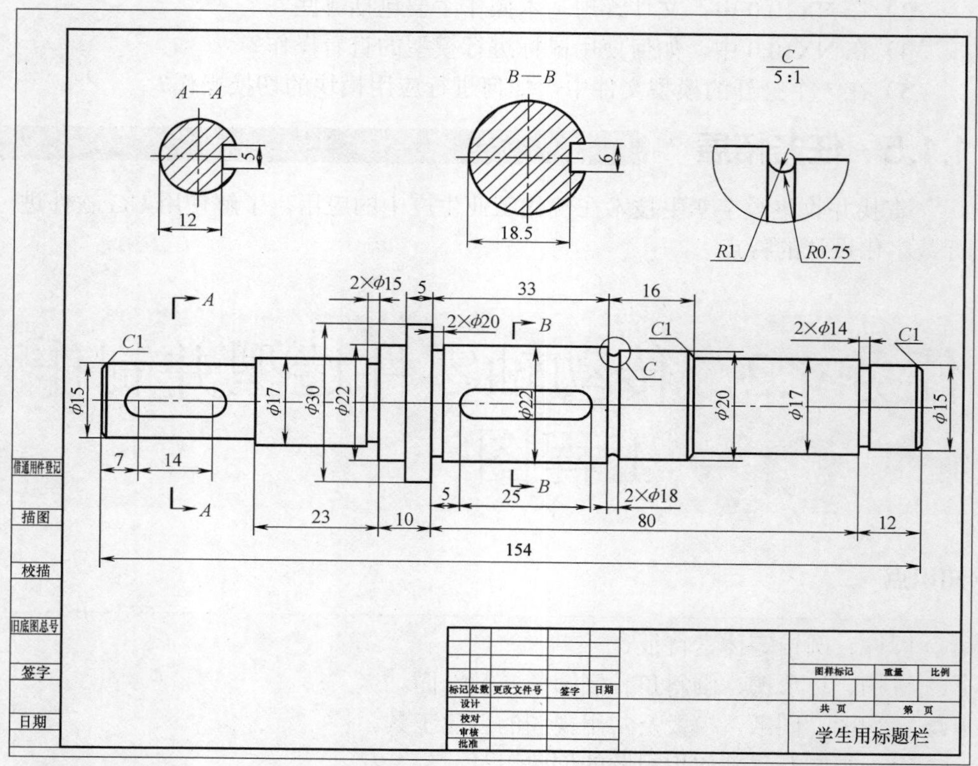

图 1-7 传动轴零件图样

2. 造型方案设计

传动轴零件由圆柱面、键槽、圆角、斜角等规则的基本体素组成，特别适合使用体素工具圆柱、键槽、槽、圆角、斜角等进行组合，形成轴的零件三维模型。具体造型方案见表 1-5。

表 1-5　传动轴零件造型方案设计　（单位：mm）

圆柱体 ϕ15×154	圆柱体 ϕ17×80	圆柱体 ϕ22×33	圆柱体 ϕ20×16	圆柱体 ϕ30×5
圆柱体 ϕ22×10	圆柱体 ϕ17×23	基准平面距 XY 面 7.5	键槽 19×5×3	基准平面距 XY 面 11
键槽 25×6×3.5	槽 ϕ15×2	其他槽	斜角 C1	圆角 R1 和 R0.75
		“槽12” “槽14” “槽13”	倒斜角边	此边R1 此边R0.75

3. 参考操作步骤

1）新建文件。文件名：jietizhou.prt，单位：mm，模板：模型，文件存储位置为 G：盘根目录。

2）使用“特征”工具栏“圆柱体”工具按钮创建 ϕ15mm×154mm 圆柱体。要求：

◆ 轴线方向为 +YC，原点坐标为（0，0，0）。

◆ 尺寸：直径 15mm，高度 154mm。

◆ 布尔运算方式：无，结果如图 1-8 所示。

3）创建圆柱体 ϕ17mm×80mm。要求：

◆ 轴线方向为 -YC，原点坐标为（0，142，0）。

◆ 尺寸：直径 17mm，高度 80mm。

◆ 布尔运算：求和，结果如图 1-9 所示。

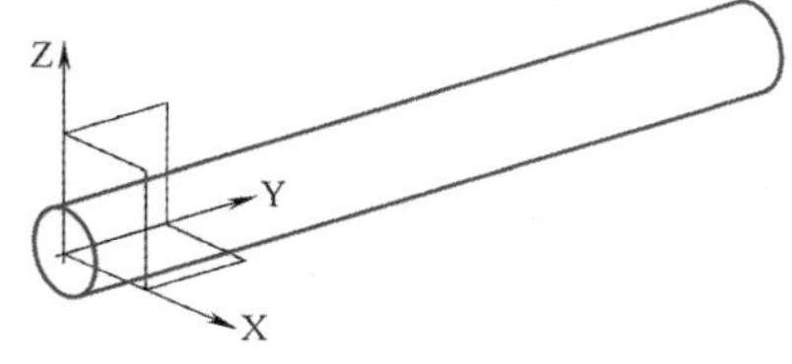

图 1-8　创建 ϕ15mm × 154mm 圆柱体

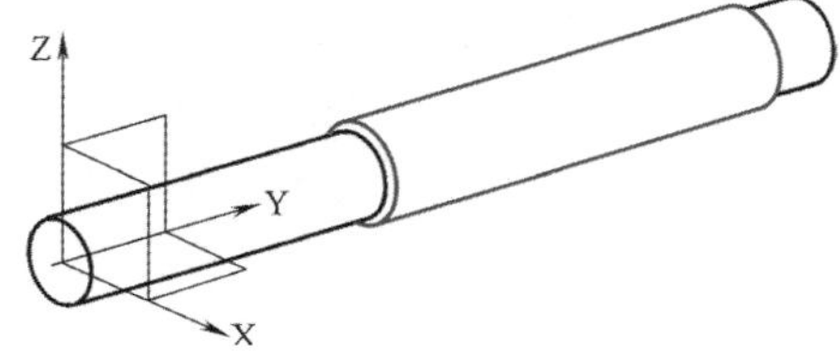

图 1-9　创建 ϕ17mm × 80mm 圆柱体

4）创建圆柱体 ϕ22mm×33mm。要求：

◆ 轴线方向为 +YC，原点为圆柱体 ϕ17mm×80mm 左端面圆心。

◆ 尺寸：直径 22mm，高度 33mm。

◆ 布尔运算：求和，结果如图 1-10 所示。

5）创建圆柱体 ϕ20mm×16mm。要求：

◆ 轴线方向为 +YC，原点为圆柱体 ϕ22mm×33mm 后端面圆心。

◆ 尺寸：直径 20mm，高度 16mm。

◆ 布尔运算：求和，结果如图 1-11 所示。

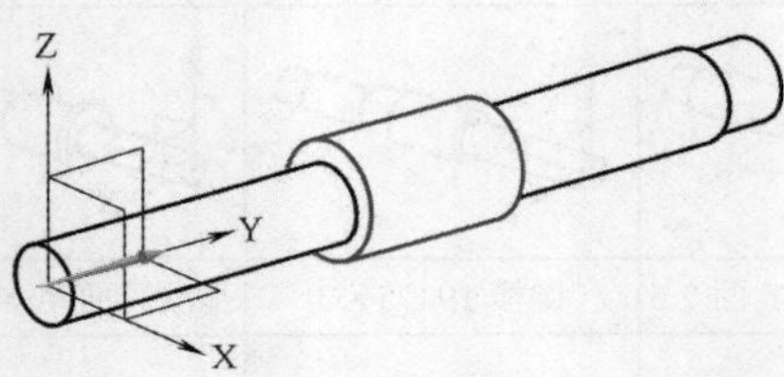

图 1-10 创建 ϕ22mm×33mm 圆柱体

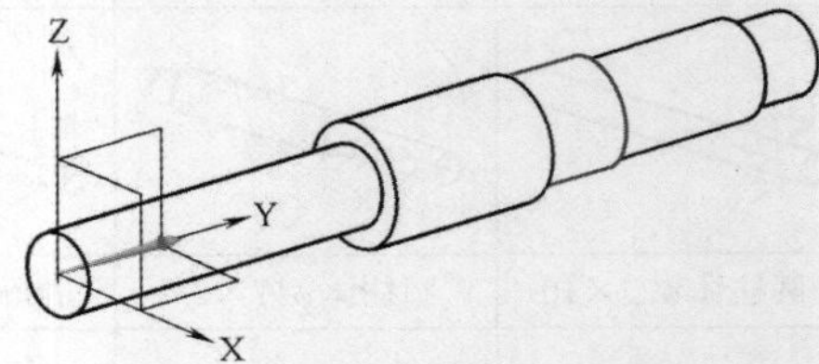

图 1-11 创建 ϕ20mm×16mm 圆柱体

6）创建圆柱体 ϕ30mm×5mm。要求：

◆ 轴线方向为 -YC，原点为圆柱体 ϕ22mm×33mm 前端圆心。

◆ 尺寸：直径 30mm，高度 5mm。

◆ 布尔运算：求和，结果如图 1-12 所示。

7）创建圆柱体 ϕ22mm×10mm。要求：

◆ 轴线方向为 -YC，原点为 ϕ22mm×33mm 圆柱体前端圆心。

◆ 尺寸：直径 22mm，高度 10mm。

◆ 布尔运算：求和，结果如图 1-13 所示。

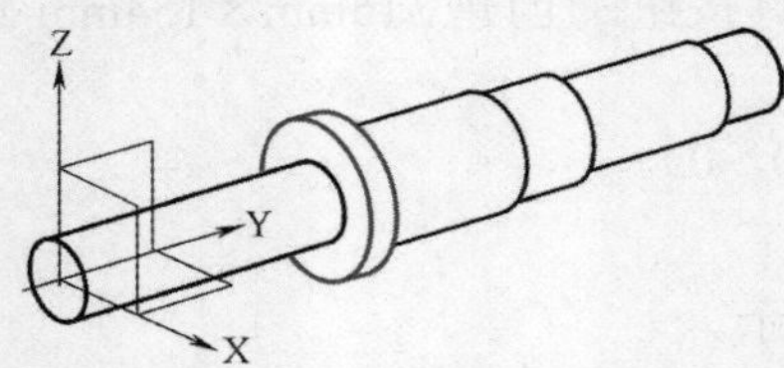

图 1-12 创建 ϕ30mm×5mm 圆柱体

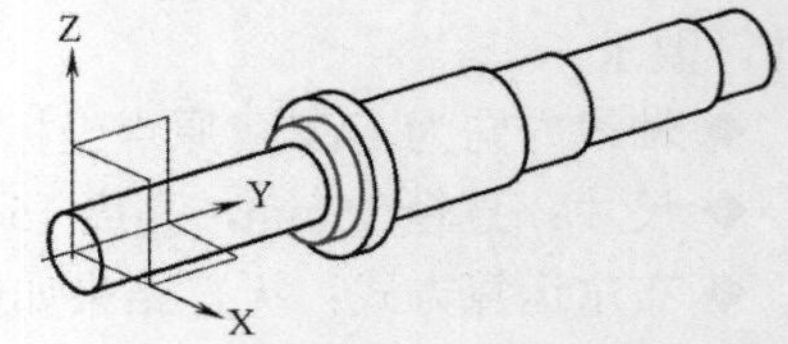

图 1-13 创建 ϕ22mm×10mm 圆柱体

8）创建圆柱体 ϕ17mm×23mm。要求：

◆ 轴线方向为 -YC，原点为 ϕ22mm×10mm 圆柱体前端面圆心。

◆ 尺寸：直径 17mm，高度 23mm。

◆ 布尔运算：求和，结果如图 1-14 所示。

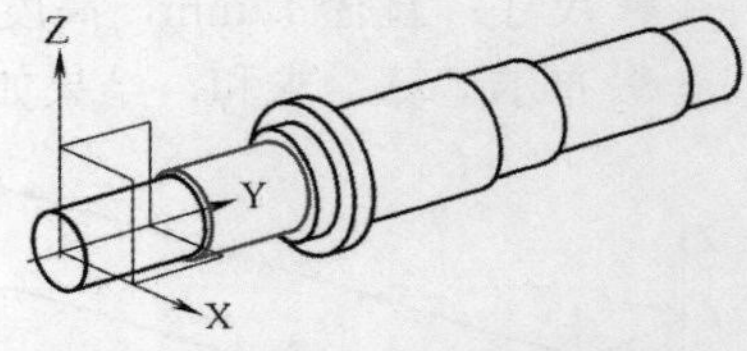

图 1-14 创建 ϕ17mm×23mm 圆柱体

E1-4

观看步骤 1）～8）的操作视频，请扫二维码 E1-4。

9）创建基准平面。使用“特征”工具栏“基准平面”工具按钮创建平面，距离 XY 面 7.5mm，结果如图 1-15 所示。

10）使用“特征”工具栏“键槽”工具按钮，在轴左端 ϕ15mm 圆柱面创建键槽 19mm×5mm×3mm。要求：

◆ 键槽类型：矩形。

◆ 放置面：步骤 9）创建的基准面，水平轴线方向为 YC 轴。

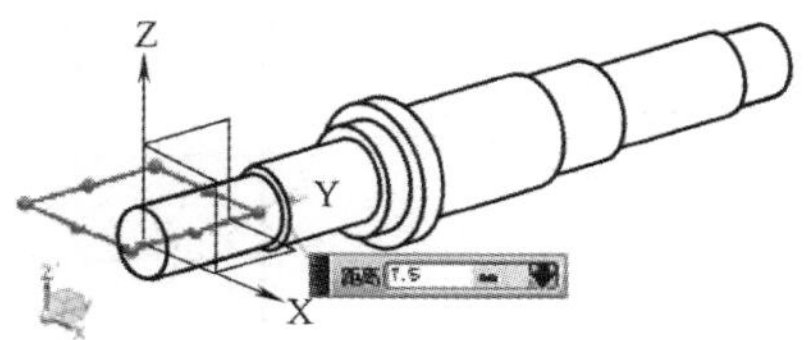

图 1-15　创建基准平面

◆ 键槽尺寸：长 19mm，宽 5mm，深 3mm。

◆ 定位方式选择“线落到线上”和“线和线距离平行”，距离为 14mm，如图 1-16a 所示。结果如图 1-16 b 所示。

注意：先选目标对象（即已经存在的对象）上的边，再选正在创建特征（键槽）上的边。

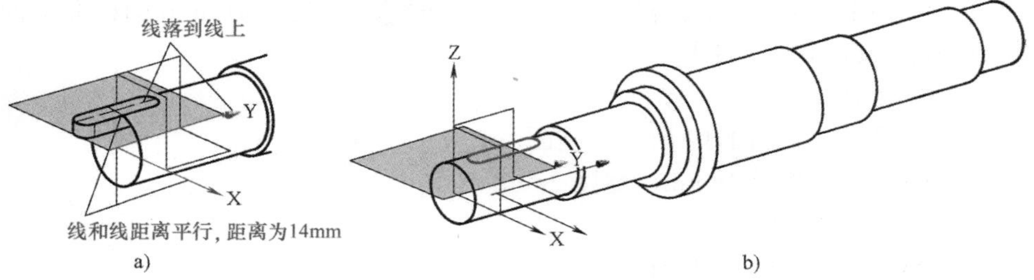

图 1-16　创建键槽 19mm×5mm×3mm

a）定位方式　b）创建键槽结果

11）创建与圆柱面 ϕ22mm×33mm 相切基准平面。要求：基准平面距离 XY 平面 11mm，如图 1-17 a 所示，结果如图 1-17 b 所示。

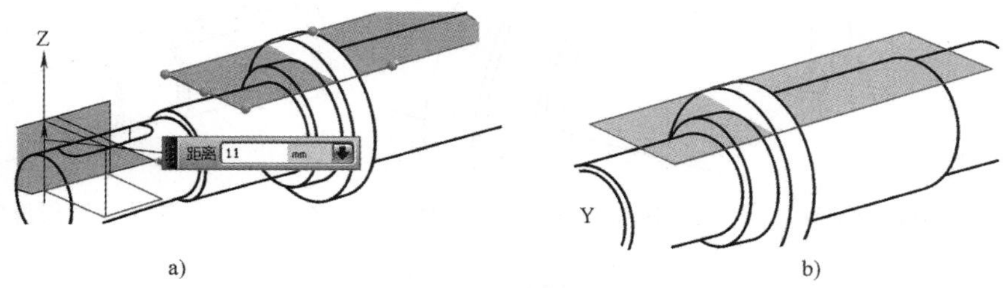

图 1-17　创建基准平面

a）基准平面创建过程　b）创建基准平面结果

12）使用“键槽”工具按钮，在 ϕ22mm×33mm 圆柱面上创建 25mm×6mm×3.5mm 键槽。要求：

◆ 键槽类型：矩形。

◆ 放置面：步骤 11）所创建的基准平面，水平轴方向为 YC 轴。

◆ 键槽尺寸：长 25mm，宽 6mm，深 3.5mm。

◆ 定位方式：“点到点水平距离”尺寸 30mm，“点到点铅垂距离”尺寸 0mm，分别选择图 1-18a 所示对象。

◆ 隐藏基准平面，结果如图 1-18b 所示。

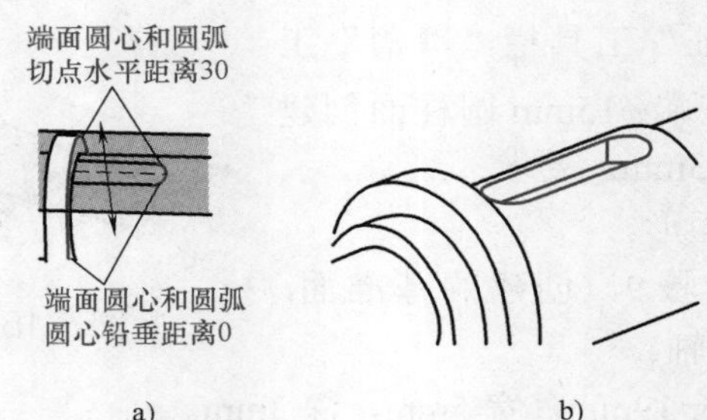

图 1-18 创建 25mm×6mm×3.5mm 键槽

a）键槽定位 b）创建键槽结果

E1-5

观看步骤 9）～ 12）操作视频，请扫二维码 E1-5。

13）使用“特征”工具栏“槽”工具按钮，在左端 ϕ17mm 圆柱面上创建 ϕ15mm×2mm 槽。要求：

◆ 槽类型：矩形。

◆ 放置面：如图 1-19 所示圆柱面。

◆ 槽尺寸：直径 15mm，宽度 2mm。

◆ 定位尺寸：0mm。

◆ 槽位置：如图 1-20 所示。

14）在右侧 ϕ22mm、ϕ20mm 和 ϕ15mm 圆柱面上分别创建槽 ϕ20mm×2mm、ϕ18mm×2mm、ϕ14mm×2mm，结果如图 1-21 所示。

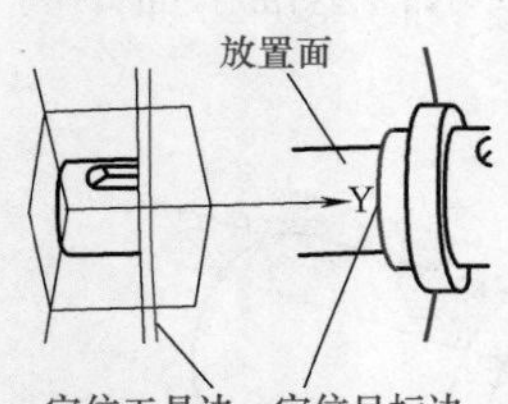

图 1-19 槽定位方式

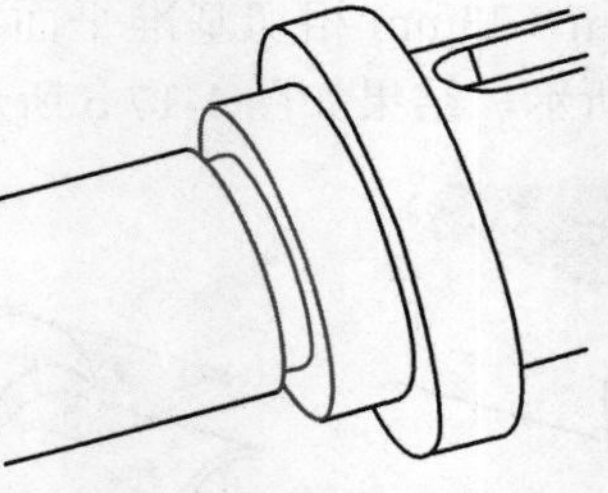

图 1-20 创建矩形环槽

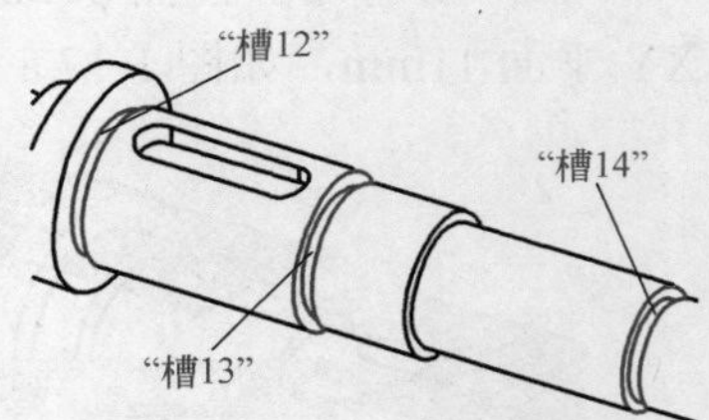

图 1-21 创建 3 个矩形环槽

E1-6

观看步骤 13）～ 14）操作视频，请扫二维码 E1-6。

15）使用“特征”工具栏“倒斜角”工具按钮创建“倒斜角”特征。要求：对图 1-22 所示的三条边倒斜角，横截面使用“对称”，斜角距离为“1”。

16）使用“特征”工具栏“边倒圆”工具按钮创建“倒圆角”特征，如图 1-23 所示。

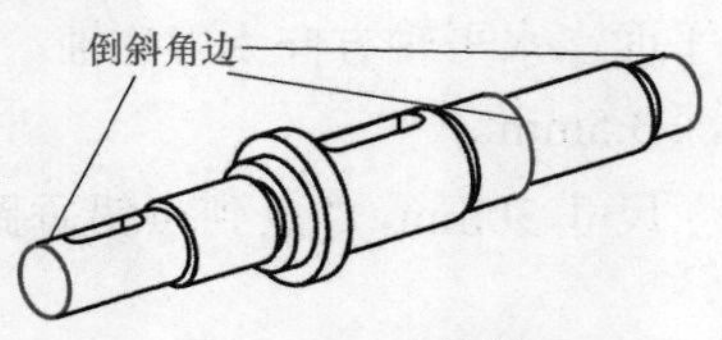

图 1-22 倒斜角

图 1-23 倒圆角

17）保存文件。

观看步骤 15）～ 17）操作视频，请扫二维码 E1-7。

18）进入工程图界面。要求：

◆ 使用快捷键 Ctrl+Shift+D 方式进入工程图界面，使用 Ctrl+M 键返回建模环境。

◆ 单击工具栏菜单“启动”→“制图”进入工程图界面。

19）创建图纸。要求：

◆ 使用菜单【插入】→【图纸页】新建图纸“A3- 无视图”，并取消“图纸页”对话框中“始终启动视图创建”选项。

◆ 使用“部件导航器”删除新建的图纸页“SHT1”。

◆ 使用“图纸”工具栏中“新建图纸页”工具按钮新建图纸“A4- 无视图”，并选中“图纸页”对话框中“始终启动视图创建”选项，选择“视图创建向导”对话框中按钮【取消】，完成创建图纸“SHT1”，然后删除“SHT1”。

◆ 使用“图纸”工具栏中“新建图纸页”工具按钮新建图纸“A3- 无视图”，选择“视图创建向导”对话框中【完成】，完成创建图纸“SHT1”并删除图纸“SHT1”。

◆ 使用“图纸”工具栏中“新建图纸页”工具按钮新建图纸“A3- 无视图”，尝试使用“视图创建向导”，按提示完成视图创建图纸“SHT1”。

◆ 使用“图纸”工具栏中“新建图纸页”工具按钮新建图纸“A3- 无视图”，创建图纸“SHT2”。

◆ 使用“部件导航器”将图纸“SHT1”设为“工作的”。

20）替换模板。要求：

◆ 使用菜单【GC 工具箱】→【制图工具】→【替换模板】在图纸上添加标题栏和边框，完成后的标题栏如图 1-24 所示。

图 1-24　工程图原始标题栏

◆ 使用快捷键“Ctrl+L”打开“图层设置”对话框。

◆ 将图层 170 的状态由可见 170 改为可编辑 170。

◆ 双击标题栏中“学生用标题栏”，将文字改为“UG 培训学校”，结果如图 1-25 所示。

◆ 将图层 170 的状态改为可见 170。

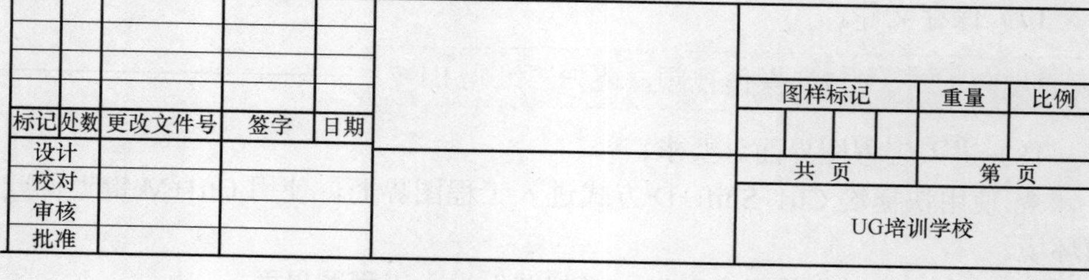

图 1-25　修改后的标题栏

观看步骤 18）～ 20）操作视频，请扫二维码 E1-8。

21）创建基本视图。要求：

◆ 使用“图纸”工具栏“视图创建向导”、“基本视图”和“标准视图”工具按钮、和，分别创建传动轴主视图，结果如图 1-26 所示。

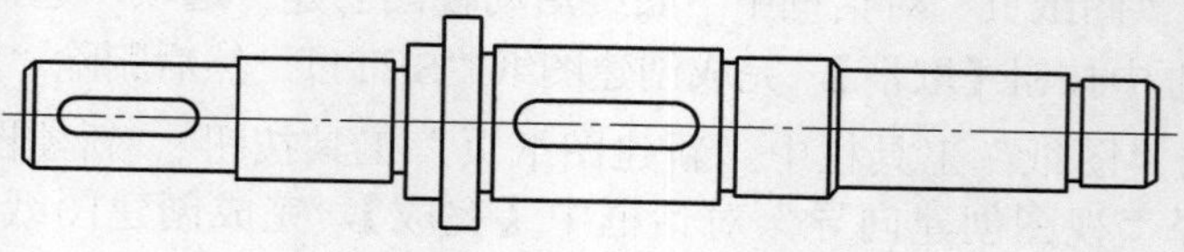

图 1-26　创建主视图

◆ 删除所创建的传动轴主视图。

◆ 使用部件导航器在图纸“SHT2”上创建基本视图“俯视图”。

◆ 双击所创建的俯视图，在“设置”对话框的“角度”标签页中输入适当的角度，将俯视图改为图 1-26 所示形式。

22）创建如图 1-27 所示的 A—A 剖视图。要求：

◆ 使用“剖视图”工具按钮，为步骤 21）的主视图创建剖视图，结果如图 1-27 所示。

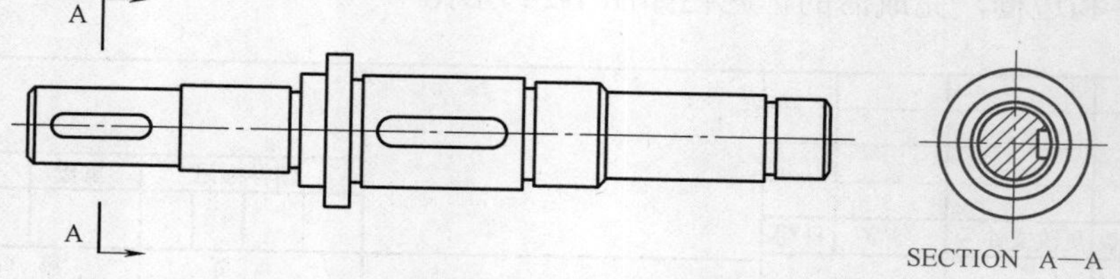

图 1-27　创建 A—A 剖视图

◆ 调整截面文字 A 靠近剖切符号。

◆ 修改文字“剖面 A—A”为“A—A”。

◆ 将剖视图移动到剖切符号上方。

◆ 双击所创建的剖视图，在弹出的“设置”对话框“截面”→“设置”标签页中，取消“显示背景”选项。结果如图 1-28 所示。

23）创建 B—B 剖视图。要求：

◆ 使用步骤 21）主视图的右键菜单【添加剖视图】，创建图 1-29 所示 B-B 剖视图。

◆ 使用“注释”工具栏“中心线下拉菜单”“中心标记”工具按钮，为B-B剖视图添加中心线，结果如图1-30所示。

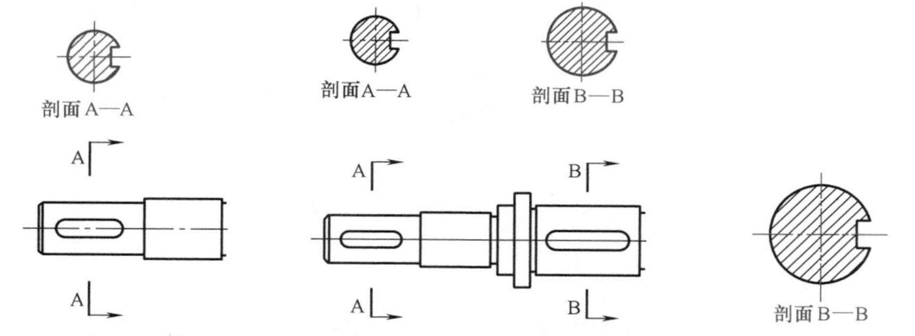

图1-28　创建A—A剖面　　图1-29　创建B—B视图　　图1-30　添加中心标记

24）使用“图纸”工具栏“局部放大视图”工具按钮创建局部放大图。要求：

◆ 放大部位为图1-31a所示位置。

◆ 局部放大视图的视图比例为5∶1，结果如图1-31b所示。

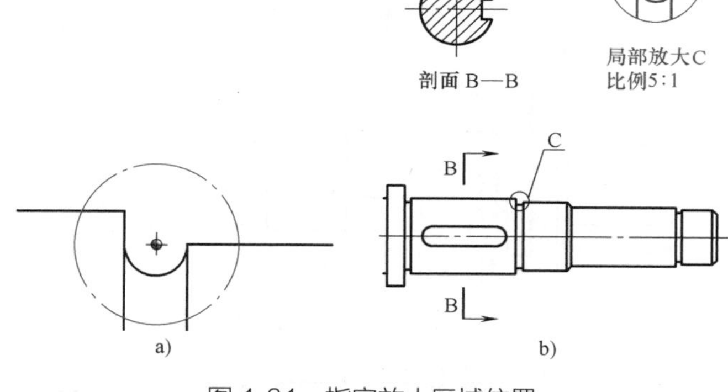

图1-31　指定放大区域位置

观看步骤21）～24）操作视频，请扫二维码E1-9。

25）标注尺寸。要求：

◆ 使用“快速标注”工具按钮标注水平尺寸，如图1-32所示。

◆ 使用“制图编辑”工具栏“编辑文本”工具按钮编辑退刀槽尺寸，结果如图1-33所示。

◆ 使用菜单【格式】→【移动到图层】将所有尺寸、注释、标签移动到图层20。

◆ 使用“快速标注”工具按钮标注圆柱形尺寸，结果如图1-34所示（这里隐去其他标注）。

◆ 使用“快速标注”工具按钮标注键槽尺寸，结果如图1-35所示。

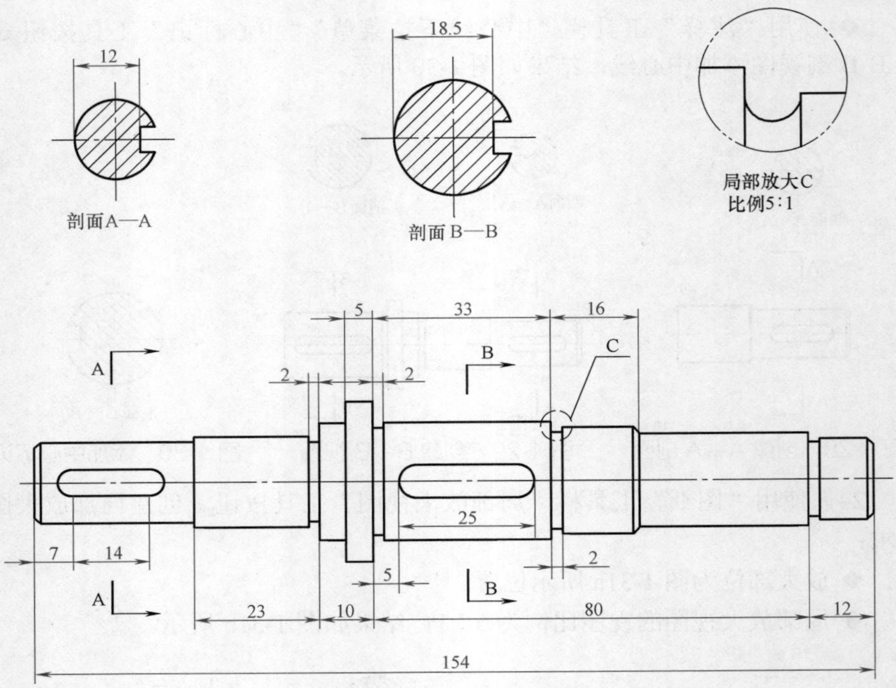

图 1-32　标注水平尺寸

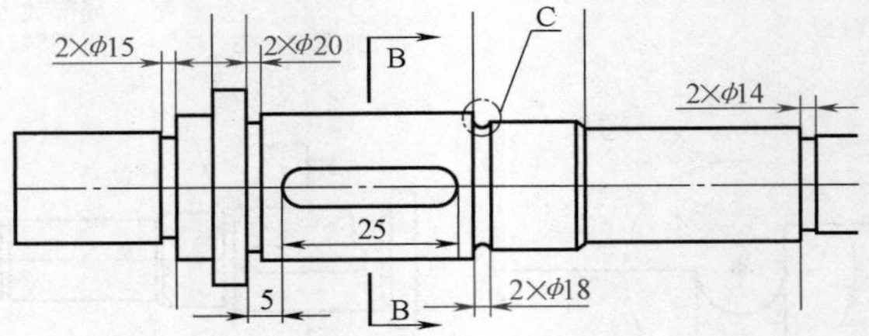

图 1-33　编辑尺寸数值

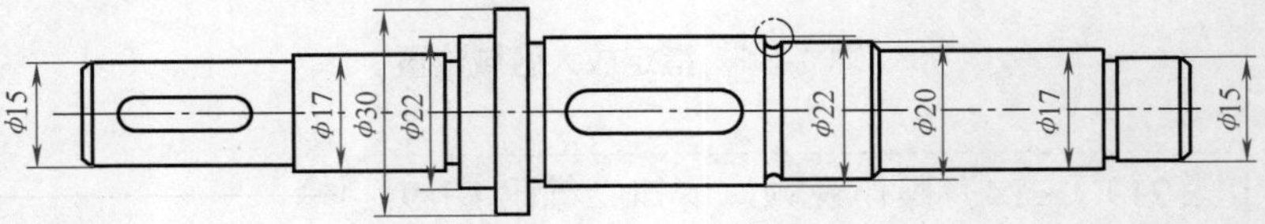

图 1-34　标注圆柱形尺寸

◆ 使用“快速标注”标注圆角半径，结果如图 1-36 所示。

◆ 使用“快速标注”标注倒角尺寸，左侧倒角如图 1-37 所示。

◆ 显示图层 20，结果如图 1-38 所示。

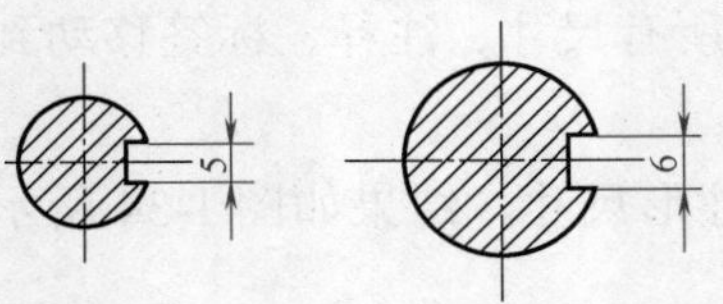

图 1-35　标注键槽尺寸

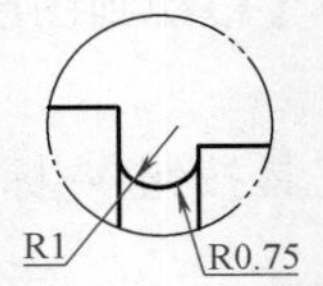

图 1-36　标注圆角半径

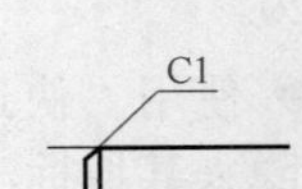

图 1-37　标注左侧倒角

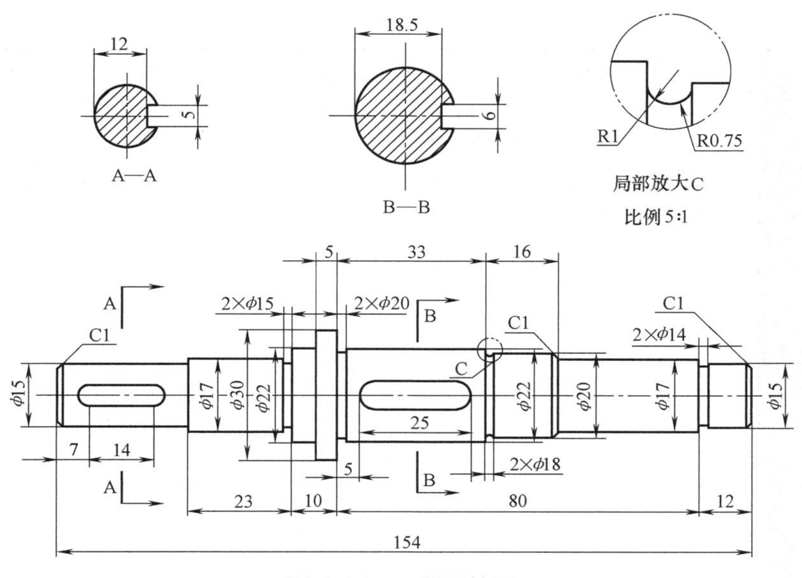

图 1-38 工程图结果

观看步骤 25）操作视频，请扫二维码 E1-10。

E1-10

26）保存文件，退出 UG。

1.2.2 填写“课程任务报告”

课程任务报告

班级		姓名		学号		成绩	
组别		任务名称	传动轴零件造型并制作工程图			参考课时	6 课时
任务图样	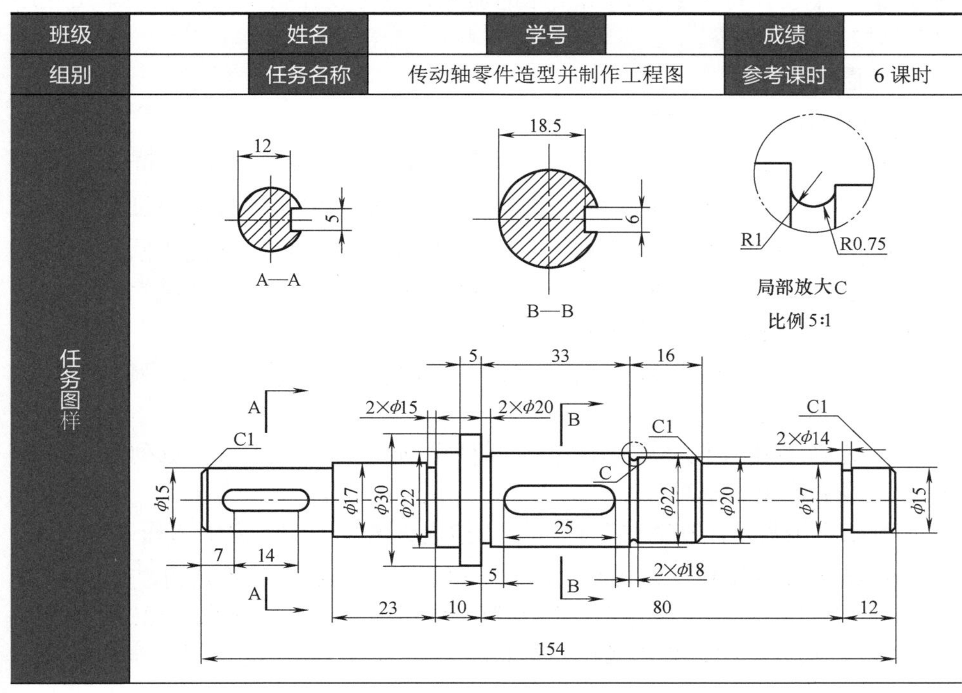						

（续）

任务要求	1. 对照任务参考过程，相关视频，知识介绍，完成传动轴零件的造型和工程图。 2. 掌握圆柱体、槽、键槽、倒圆角、倒斜角特征的创建方法。 3. 掌握全剖视图、局部放大视图的创建方法。
任务完成过程记录	总结的过程按照任务的要求进行，如果位置不够可加附页（根据实际情况，适当安排拓展任务供同学分组讨论学习，此时以拓展训练内容的完成过程进行记录）。

1.2.3 知识学习

在产品造型过程中，经常会用到圆柱体、长方体、圆锥体、圆球等简单几何形体，为了方便造型，UG NX 提供了相应的体素工具，可以通过在菜单【插入】→【设计特征】下调用相应的命令，也可以在特征工具栏中单击相应的工具按钮调用命令。

1.2.3.1 圆柱体

1. 圆柱体的创建过程

选择菜单【插入】→【设计特征】→【圆柱体】或单击“特征”工具栏“圆柱体”工具按钮，激活“圆柱”对话框。使用圆柱体特征创建圆柱有“轴、直径和高度”和“圆弧和高度”两种方式，可以通过“圆柱”对话框的“类型”下拉列表进行选择。下面介绍以“轴、直径和高度”方式创建 ϕ17mm×22mm 圆柱的操作步骤。

◆ 单击“特征”工具栏“圆柱体”工具按钮，系统弹出“圆柱”对话框，如图 1-39 所示。

◆ 选择创建圆柱体类型。在“圆柱”对话框“类型”下拉列表中选中“轴、直径和高度”选项。

◆ 指定轴矢量。在“轴”选项组“指定矢量”下拉列表中选择“XC”。

◆ 指定圆柱体基点为（0，0，0）。单击“指定点”后的按钮，系统弹出“点”对话框，在“类型”下拉列表中选择“自动判断的点”，然后在 XC、YC、ZC 后输入“0”，单击【确定】按钮，返回“圆柱”对话框。

◆ 设置直径 17mm 和高度 22mm。在“直径”后的文本输入框中输入“17”，在“高度”后的文本输入框中输入“22”。

◆ 单击【确定】按钮，完成圆柱体的创建，如图 1-40 所示。

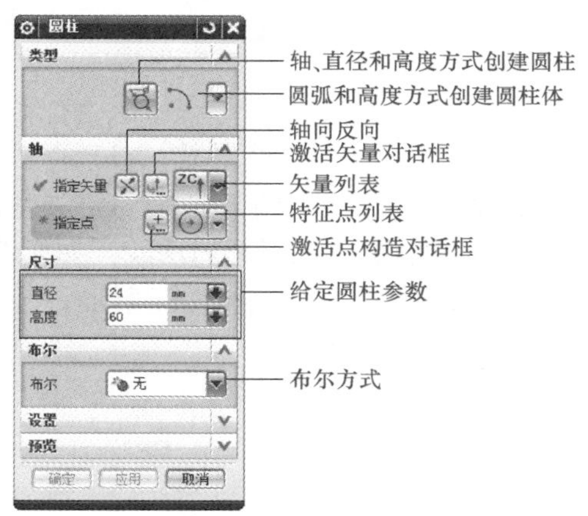

图 1-39 “圆柱”对话框

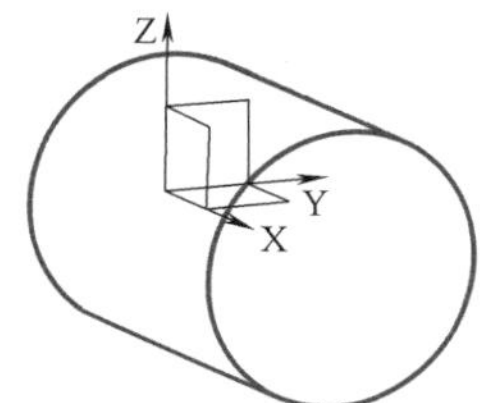

图 1-40 圆柱体 ϕ17mm×22mm

2.“矢量”对话框

单击“圆柱”对话框中矢量对话框按钮，系统弹出“矢量”对话框，如图 1-41 所示。

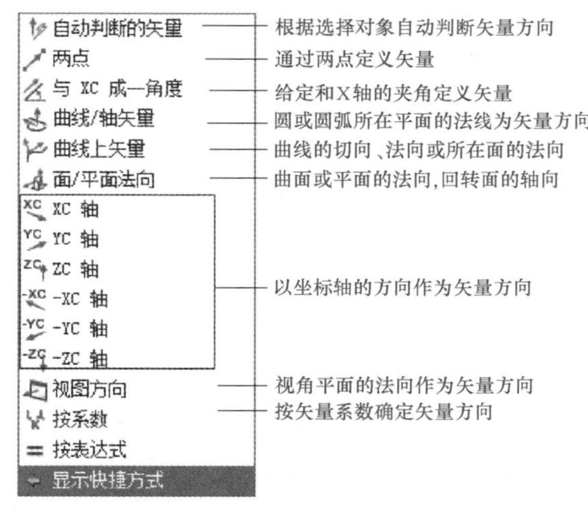

图 1-41 “矢量”对话框

1）自动判断的矢量。根据所选对象的不同，系统自动判断矢量的方向，一般可以做到后续所有矢量的定义方法，所以是最为常用的矢量的定义方法。具体操作可以参考其他方法进行操作。

2）两点。通过选择两点来确定矢量方向，如图 1-42 所示。由 A 点和 B 点确定的矢量如图 1-42 所示。

3）与 XC 成一角度。这种方法只能将矢量定义在 XY 平面内。图 1-43 所示的矢量与 XC 轴夹角为 45°。

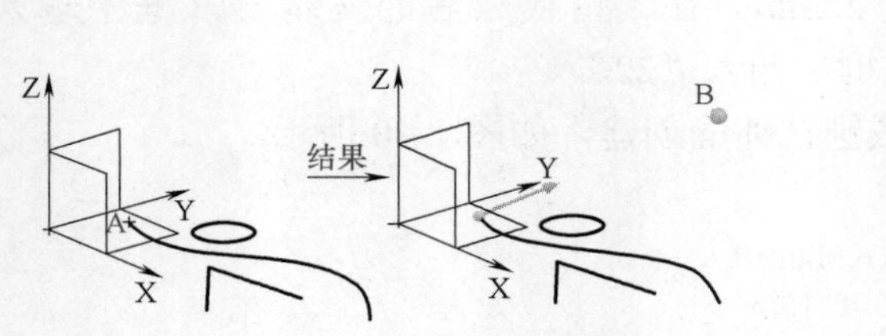

图 1-42 “两点”确定矢量

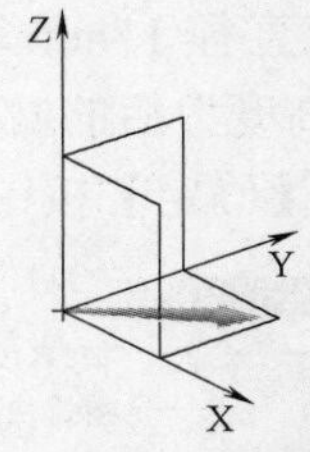

图 1-43 “与 XC 成一角度”定义矢量

4）曲线 / 轴矢量。这种方式只能选择圆弧、圆或直线、轴来确定矢量。如果选择的是圆弧或圆，所确定的矢量就是圆或圆弧所在平面的法线；如果选择的是直线或轴线，则确定的矢量就是直线或轴线方向，如图 1-44 所示。

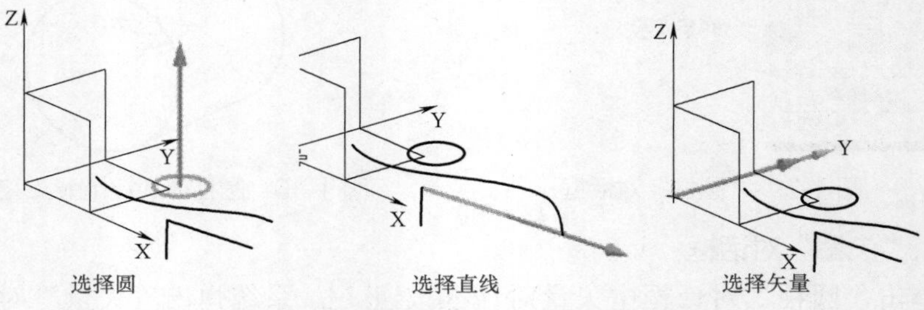

图 1-44 “曲线 / 轴矢量”确定矢量

5）曲线上矢量。根据选择的曲线确定矢量方向，选择的曲线不同，矢量也不相同。选择圆弧、圆或曲线，矢量方向可以确定为选择点的切线、法线或曲线、圆弧、圆所在平面的法线，如图 1-45 所示。如果选择直线，矢量方向和直线相同。

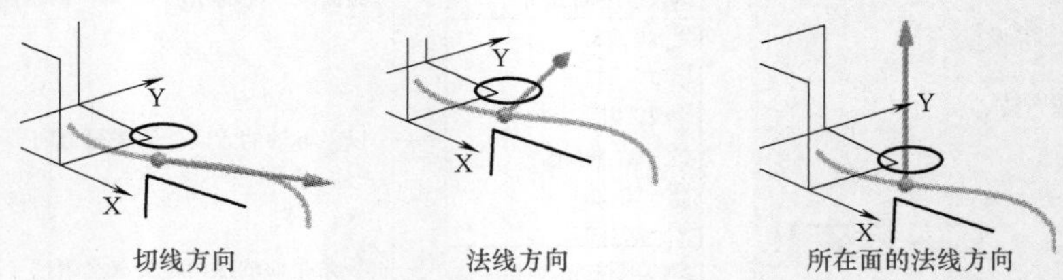

图 1-45 “曲线上的矢量”确定矢量

6）面 / 平面法向。选择平面则确定的矢量方向是平面的法向。如果选择的是回转面，则确定的轴线是回转面的轴线方向或选择点的法线方向。如果是普通曲面，则为选择点的法线方向。

7）XC 轴、YC 轴、ZC 轴、-XC 轴、-YC 轴、-ZC 轴所定义的矢量和选择的坐标轴方向一致。

8）按系数。根据所给系数确定矢量的方向，例如：1，0，0 表示矢量和 XC 方向相同；0，-1，0 表示矢量和 -YC 方向一致等。

3.“点”对话框

单击“圆柱”对话框中“点”对话框按钮，系统弹出“点”对话框，如

图 1-46 所示。在“点”对话框“类型”列表中，选择不同的选项，可以让用户快速地捕捉到相应的特征点。UG NX 中可以选择的特征点类型如图 1-47 所示。

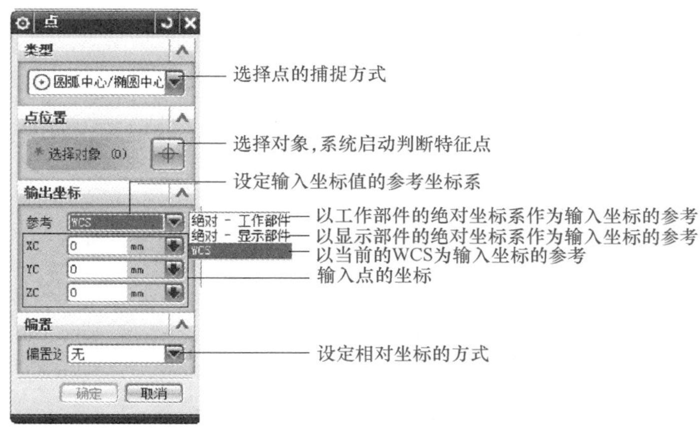

图 1-46 “点”对话框

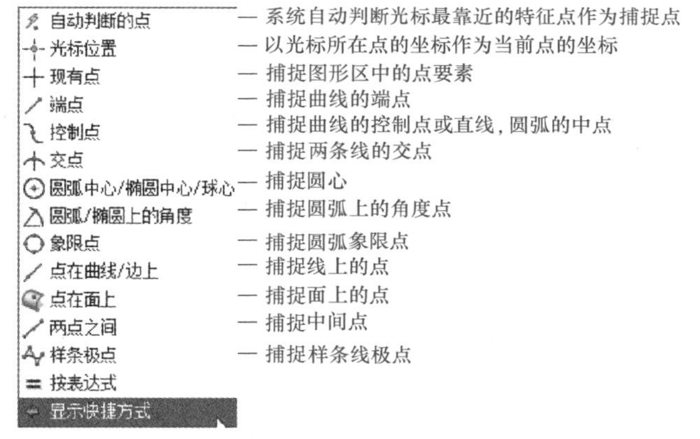

图 1-47 特征点类型

4.“矢量”列表

“矢量”列表和“矢量”对话框“类型”列表基本相似，请参照相关选项学习。

5. 特征“点”列表

特征“点”列表和“点”对话框中“类型”列表基本相同，请参照学习。

1.2.3.2 圆锥体

UG NX 提供了“直径和高度”“直径和半角”“底部直径、高度和半角”“顶部直径、高度和半角”以及“两个共轴的圆弧”5 种创建圆锥的方式。

可以选择菜单【插入】→【设计特征】→【圆锥体】，或单击“特征”工具栏“圆锥体”工具按钮，打开“圆锥”对话框创建圆锥体，如图 1-48 所示。

（1）直径和高度　要求给定圆锥的底部直径、顶部直径和高度，以及圆锥的矢量方向、底面圆心位置，确定圆锥体。

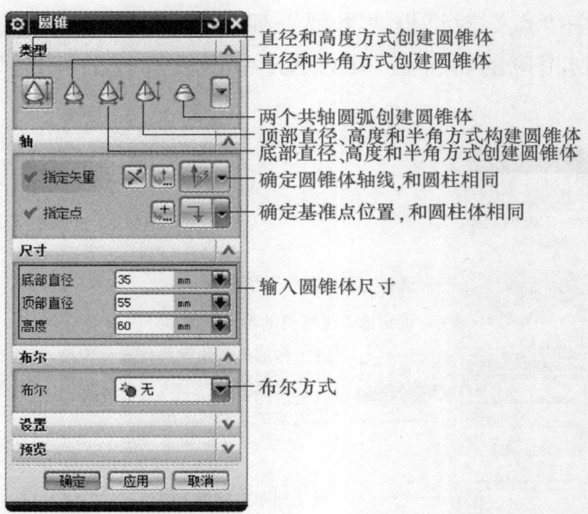

图 1-48 “圆锥”对话框

（2）直径和半角　以给定的圆锥底部直径、顶部直径和半角，以及圆锥的矢量方向、底面圆心位置，确定圆锥体。

（3）底部直径、高度和半角　以给定的圆锥底部直径、高度和半角，以及圆锥的矢量方向、底面圆心位置，确定圆锥体。

（4）顶部直径、高度和半角　以给定的圆锥顶部直径、高度和半角，以及圆锥的矢量方向、底面圆心位置，确定圆锥体。

（5）两个共轴的圆弧　以给定的两个同轴圆弧确定圆锥体。

1.2.3.3 长方体

选择菜单【插入】→【设计特征】→【长方体】或单击“特征”工具栏“块”工具按钮，激活“块”对话框，如图 1-49 所示。长方体有“原点和边长”、“两点和高度”及“两对角点”三种创建方式。

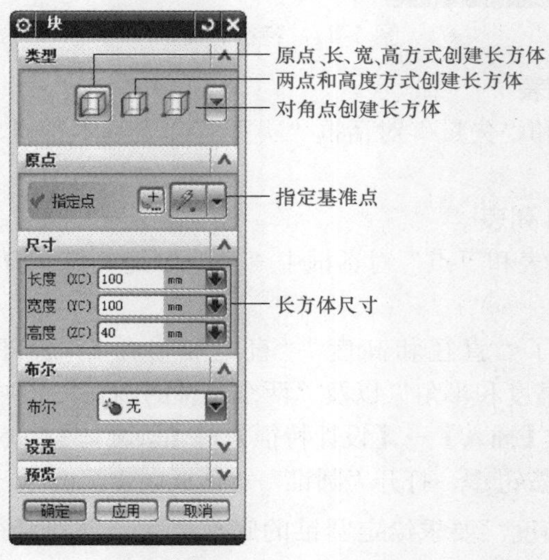

图 1-49 “块”对话框

1.2.3.4 键槽

键槽特征可以创建矩形槽、球形槽、U 形槽、T 形槽和燕尾槽等多种形式，如图 1-50 所示。下面仅以创建矩形槽为例介绍键槽特征的创建过程。

在长方体（150mm×100mm×20mm）上创建如图 1-51 所示 80mm×20mm×10mm 键槽和 10mm×15mm 通槽。

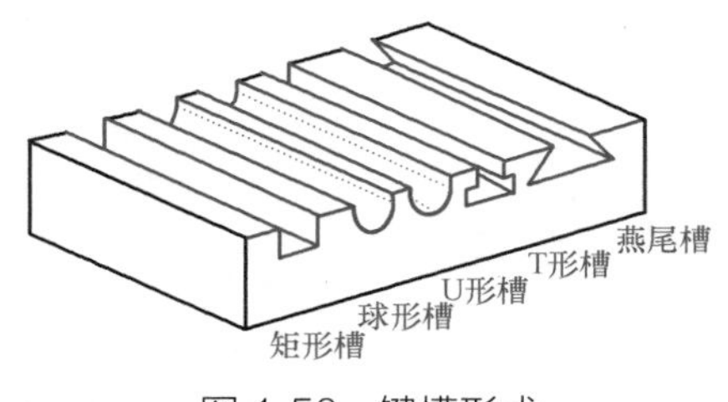

图 1-50 键槽形式

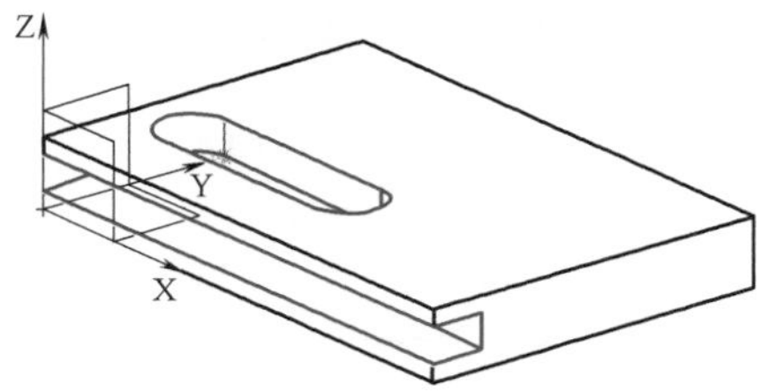

图 1-51 创建键槽结果

1. 创建 80mm×20mm×10mm 键槽

◆ 选择菜单【插入】→【设计特征】→【键槽】命令，或单击特征工具栏“键槽”工具按钮，系统弹出如图 1-52 所示的“键槽”对话框。

◆ 选择“矩形槽”。系统弹出“矩形键槽”对话框，如图 1-53 所示。

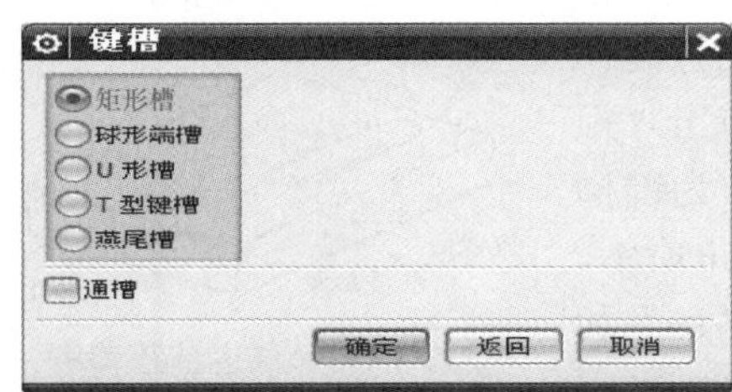

图 1-52 “键槽”对话框

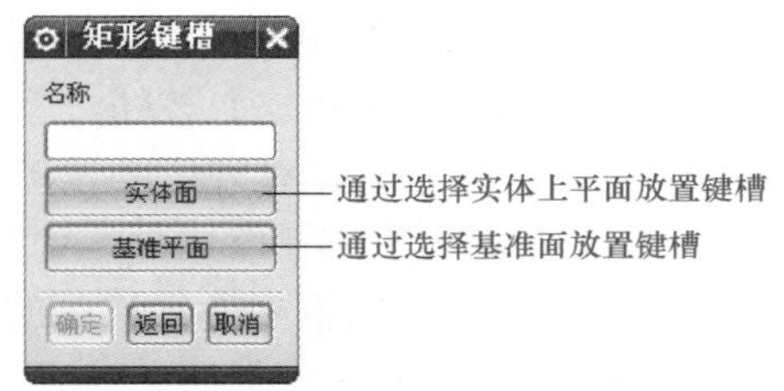

图 1-53 “矩形键槽”对话框

◆ 选择长方体的顶面作为放置面，系统弹出“水平参考”对话框，如图 1-54 所示。

◆ 选择 X 轴作为水平参考，单击【确定】按钮，系统弹出“矩形键槽”对话框，如图 1-55 所示。

◆ 输入图 1-55 所示的尺寸，单击【确定】按钮，系统弹出“定位”对话框，如图 1-56 所示。

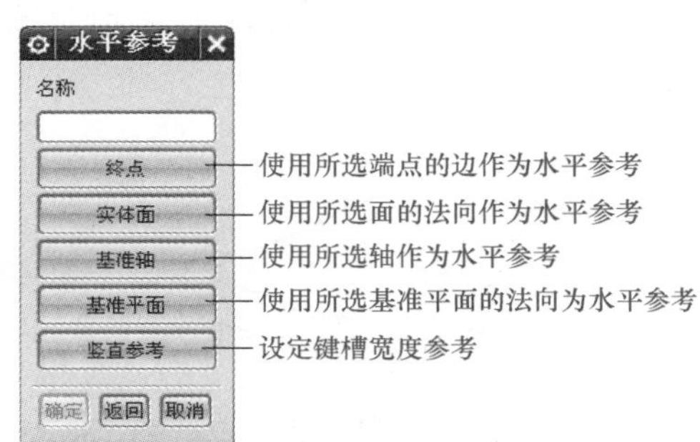

图 1-54 “水平参考”对话框

◆ 选择“按一定距离平行”按钮，按图 1-57 所示顺序选择对象，输入尺寸“30”，单击【确定】按钮，返回“定位”对话框。

◆ 再次选择按钮，按图 1-58 所示顺序选择对象，输入尺寸“50”。单击【确定】按钮，完成键槽的定位，如图 1-59 所示。

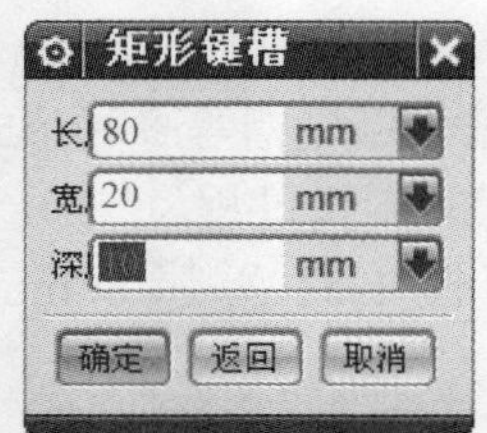

图 1-55 “矩形键槽”对话框

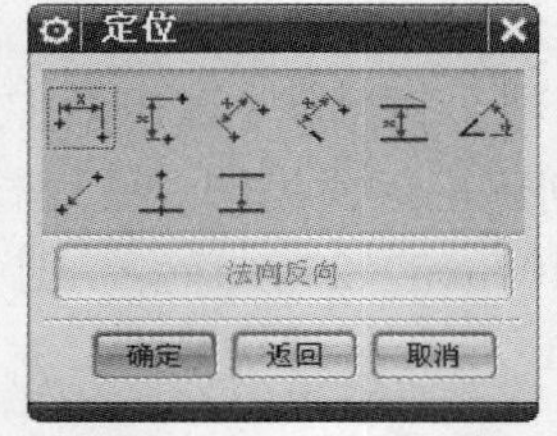

图 1-56 “定位”对话框

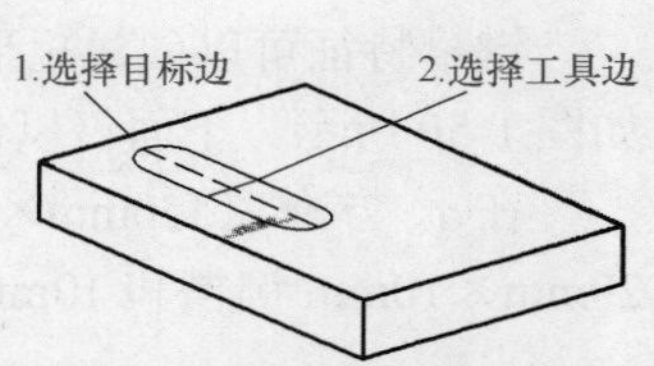

图 1-57 确定定位尺寸“30”

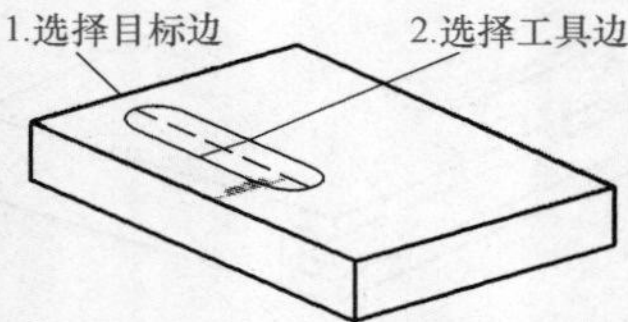

图 1-58 确定定位尺寸“50”

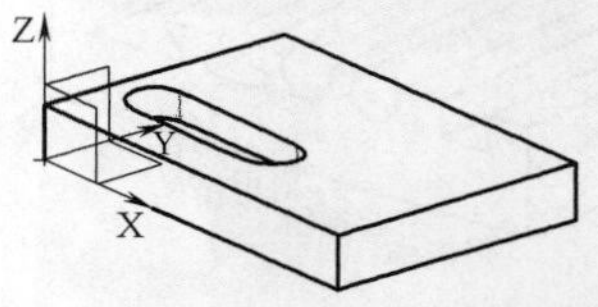

图 1-59 创建 80mm×20mm×10mm 键槽

2. 创建 10mm×15mm 通槽

◆ 选择“特征”工具栏“键槽”工具按钮，系统弹出“键槽”对话框。

◆ 在“键槽”对话框中选中“通槽”后，单击“矩形槽”，系统弹出“矩形键槽”对话框。

◆ 选择立方体前侧面作为放置面，系统弹出“水平参考”对话框。

◆ 选择立方体的顶面，以顶面的法线方向作为水平参考，单击【确定】按钮，系统弹出“矩形键槽”对话框。选择立方体的左侧面作为键槽的起始面，右侧面为键槽终止面，如图1-60所示。

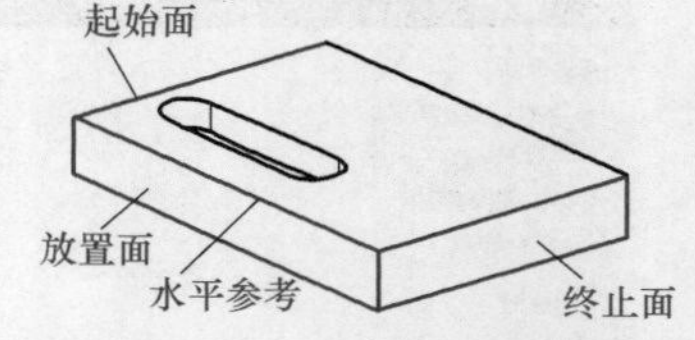

图 1-60 通槽放置参考

◆ 在弹出的对话框中输入键槽的宽“10”和深度“15”，单击【确定】按钮，系统弹出“定位”对话框。

◆ 选择按钮，按图 1-61 所示顺序选择对象，输入尺寸“10”，结果如图 1-62 所示。

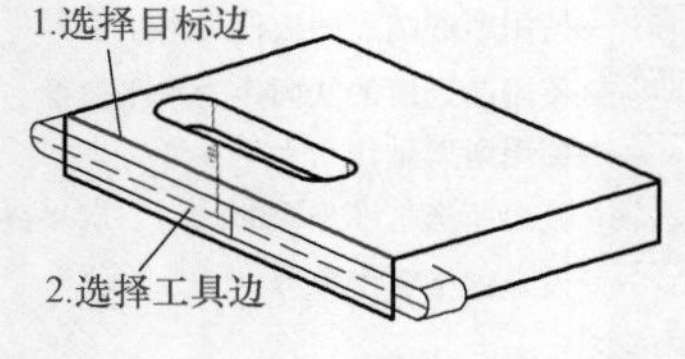

图 1-61 键槽定位

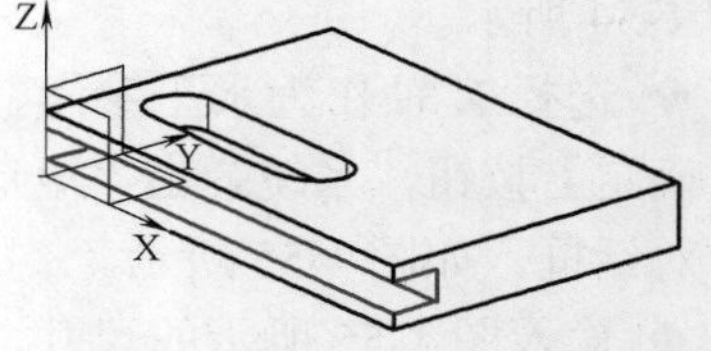

图 1-62 创建 10mm×15mm 通槽

1.2.3.5 “定位”对话框

在 UG NX 中创建细节特征（如键槽、槽、腔体、凸台、垫块等）时，都要用到特征的定位。不同的特征，定位对话框的内容会略有不同，但基本功能和选项一致，常用的定位方式如图 1-63 所示。各定位方式的含义见表 1-6。

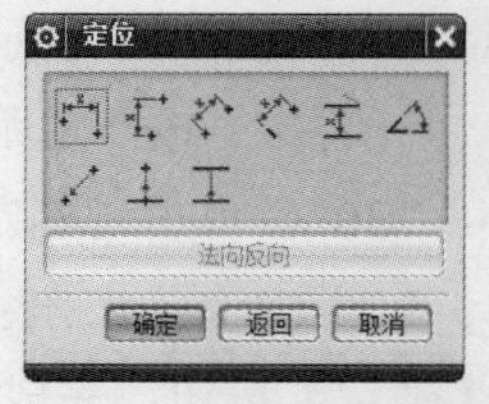

图 1-63 “定位”对话框

表 1-6　定位方式

图标	命令	用　　法
	水平	水平定位必须确定水平参考。通过选择两点确定在水平参考方向上的定位尺寸
	竖直	竖直也必须确定水平或竖直参考，通过选择两点来确定和水平参考方向垂直的定位尺寸
	平行	选择两点，生成两点之间距离在特征放置面上的投影长度定位尺寸
	垂直	通过指定目标边和工具点，系统以点到线距离方式创建定位尺寸
	按一定距离平行定位	限制选择的目标边和工具边平行，生成它们之间的距离尺寸，用于特征的定位
	斜角	通过选择目标边和工具边，创建它们之间的角度尺寸进行特征的定位
	点落在点上	使选择的工具点落到目标点上
	点落在线上	使工具点落到选择的目标边上
	线落在线上	使工具边和目标边重合

注意：

1）目标边或点是指已经存在对象上的线或点。在确定定位尺寸选择对象时，首先应该选择的就是目标边或点。

2）工具边或点是指当前创建特征上的边或点。一般确定定位尺寸时，后选的对象就是工具边或点。

1.2.3.6　槽

槽特征可以在外圆柱面或内圆柱面上创建矩形槽、球形槽或 U 形槽结构，如图 1-64 所示。可以通过菜单【插入】→【设计特征】→【槽】，或者选择“特征”工具栏下“槽”工具按钮，打开“槽”对话框，如图 1-65 所示。

图 1-64　槽形式　　　　图 1-65　“槽”对话框

下面以在 ϕ30mm 圆柱面上创建 ϕ20mm×10mm 矩形槽为例介绍创建键槽的步骤。

◆ 选择菜单【插入】→【设计特征】→【槽】命令，或按“特征”工具栏按钮，打开“槽”对话框。

◆ 在“槽”对话框中选择“矩形”按钮，系统弹出“矩形槽”对话框。

◆ 选择圆柱面作为选择放置面，系统弹出“矩形槽”参数对话框。

◆ 输入槽的参数，槽直径 20mm，宽度 10mm，单击【确定】按钮，系统弹出“定位槽”对话框。

◆ 按图 1-66 所示顺序选择边。

◆ 输入定位尺寸“30”，完成槽特征的创建，如图 1-67 所示。

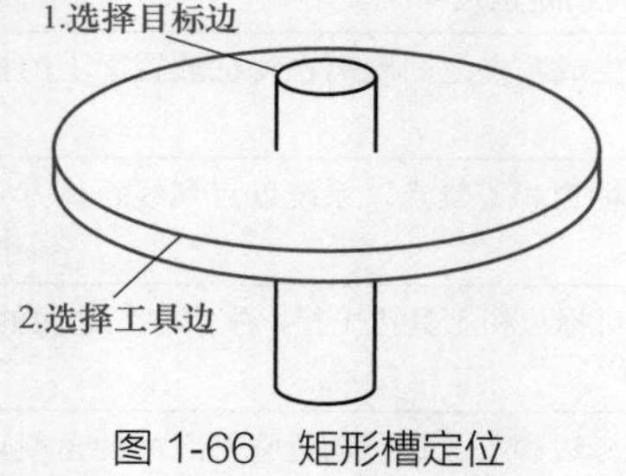

图 1-66　矩形槽定位

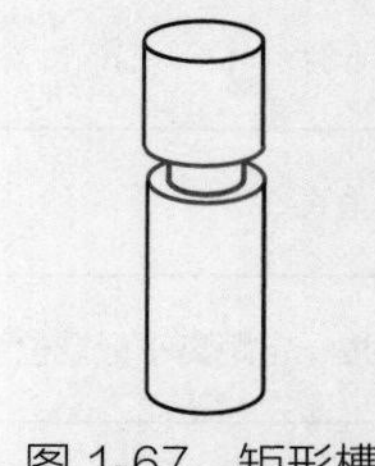

图 1-67　矩形槽

1.2.3.7　工程图图纸的定义

1. 进入工程图环境

进入工程图环境有如下两种方法：

◆ 按下快捷键 Ctrl+Shift+D，系统进入工程图环境。

◆ 单击“标准”工具栏中“开始”下拉菜单中“制图”选项进入工程图环境。

在工程图环境中，如果想返回建模环境，选择“标准”工具栏“开始”下拉菜单中“建模”即可。

2. 创建工程图纸

进入工程图界面后，工程图的视图工具都是灰色的，只有创建图纸以后才能进行视图操作。可以在工程图环境中使用菜单【插入】→【图纸】或者单击“图纸”工具栏“创建新图纸”工具按钮激活“图纸页”对话框，使用“图纸页”对话框进行工程图纸的创建。使用“图纸页”对话框创建图纸有使用模板、标准尺寸和定制尺寸三种形式。

（1）使用模板。在“图纸页”对话框“大小”选项组下选中“使用模板”，“图纸页”对话框中出现图纸模板列表，其中“A0 ～ A4—无视图”用于零件工程图，“A0 ～ A4 装配—无视图”用于装配工程图。设置选项只有“始终启动视图创建”选项可用。

“始终启动视图创建”选项未被选中时，单击“视图页”对话框中【确定】按钮，直接完成图纸的创建，系统不提示创建视图。选中这个选项时，单击【确定】按钮，系统会根据“视图创建向导”和“基本视图”命令的不同提示创建视图。这个选项只在创建当前零件的第一张图纸时有效。

1）视图创建向导。选择“视图创建向导”选项后，单击“图纸页”对话框【确定】按钮后，系统直接自动开始执行“视图创建向导”命令创建视图。

E1-11

观看使用“视图创建向导”创建视图实例，请扫二维码 E1-11。

2)“基本视图”命令。选择这个选项，单击“图纸页”对话框【确定】按钮后，系统自动开始执行“基本视图”命令创建视图。

观看使用“基本视图”命令创建视图实例，请扫二维码 E1-12。

（2）标准尺寸。选中“标准尺寸”时，系统允许用户对图纸做更多的设置。如视图默认比例、图纸名称、单位和投影方向等，而“始终启动视图创建”选项只在创建第一张图纸时有效。对话框选项含义如图 1-68 所示。

（3）定制尺寸。和标准尺寸相比，仅仅是图纸的尺寸可以更加灵活的设置，其他选项不变。

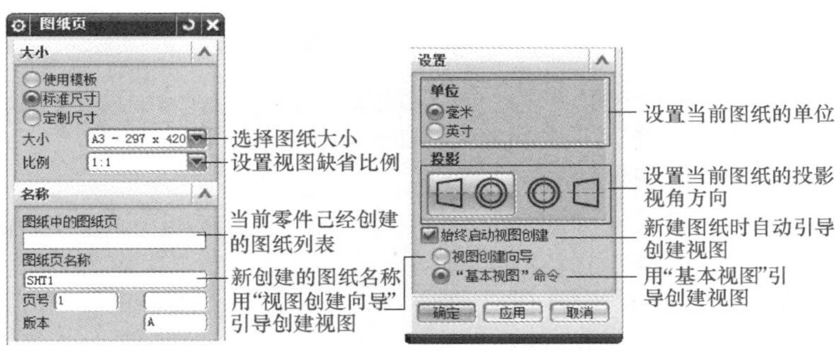

图 1-68 使用“标准尺寸”创建图纸

1.2.3.8 基本视图的创建

基本视图也就是可以作为其他视图父视图的视图，其本身没有父视图。可以使用菜单【插入】→【视图】→【基本】，或单击“图纸”工具栏中“基本视图”工具按钮，或者在“部件导航器”中对应图纸页上选择右键菜单【添加基本视图】激活命令，系统显示“基本视图”对话框，如图 1-69 所示。

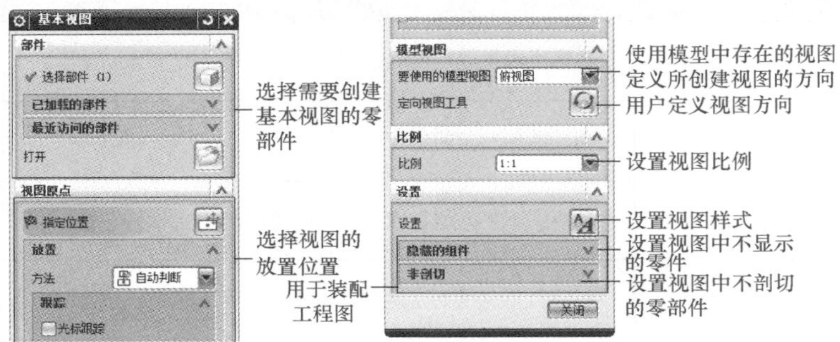

图 1-69 “基本视图”对话框

1.2.3.9 剖视图

剖视图是在已经存在的视图的基础上创建一个剖视图。可以通过选择菜单【插入】→【视图】→【截面】，或单击“图纸”工具栏中“剖视图”工具按钮，或在“部件导航器”中对应视图上选择右键菜单【添加剖视图】，或在绘图区选中对应的视图后选择右键菜单【添加剖视图】激活命令，系统弹出“剖视图”对话框，如图 1-70 所示。

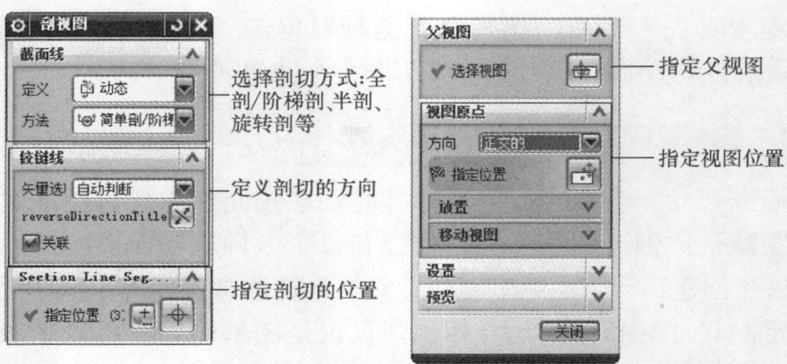

图 1-70 “剖视图”对话框

1.2.3.10 快速尺寸

尺寸是工程图中的重要内容，用于标识对象的形状大小和位置。UG NX10.0 的快速尺寸标注命令对以前版本的尺寸标注命令进行了整合，可以使用它标注除坐标和注释之外的所有尺寸。可以在制图环境下单击快捷键 D，系统弹出“快速尺寸”对话框，如图 1-71 所示。尺寸类型选项的含义见表 1-7。

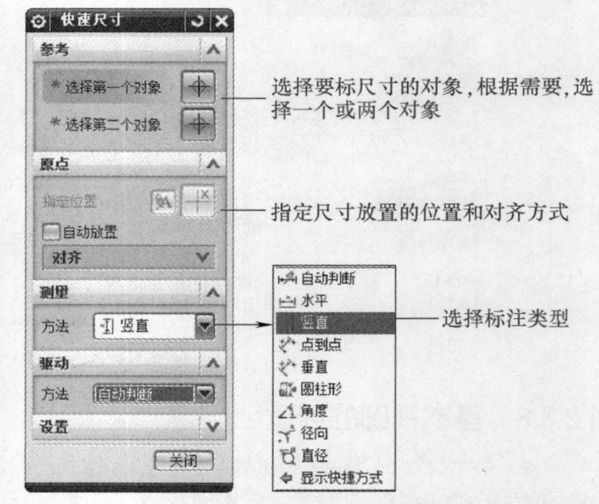

图 1-71 “快速尺寸”对话框

表 1-7 尺寸类型选项的含义

命令	工具图标	含 义
线性		在两个对象或点位置之间创建线性尺寸
径向		创建圆形对象的半径或直径尺寸
角度		在两条不平行的直线之间创建角度尺寸
倒斜角		在倒斜角曲线上创建倒斜角尺寸
厚度		创建一个厚度尺寸，测量两条曲线之间的距离
弧长		创建一个弧长尺寸来测量圆弧周长
周长		创建周长约束以控制选定直线和圆弧的集体长度
坐标		创建一个坐标尺寸，测量从公共点沿一条坐标基线到某一对象上位置的距离

1.2.4 问题探讨

1）总结轴类零件的结构特点和常见结构。

2）讨论使用体素法进行零件造型的优点和局限性。

3）学习使用立方体、U 形键槽、T 形键槽和燕尾槽的创建方法。

4）摸索并掌握定位方式中各种定位尺寸的用法。

1.2.5 任务拓展

对照图 1-72 和 1-73 工程图样，进行零件三维造型，并创建工程图。

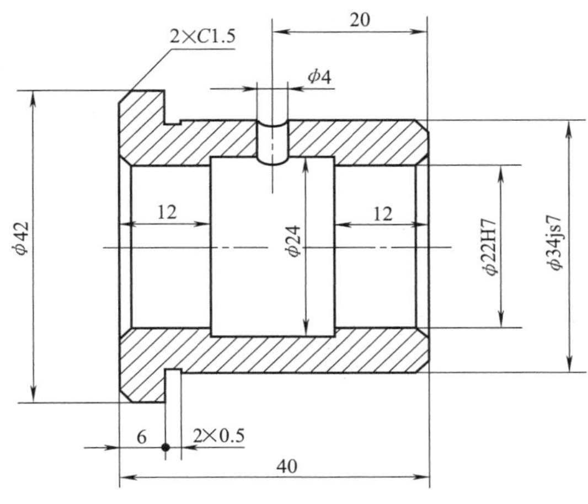

图 1-72　轴承套图样

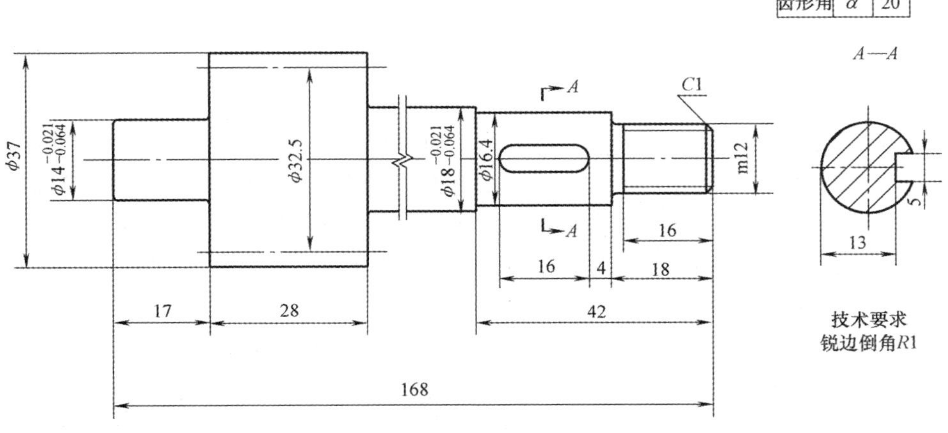

模数	m	2.5
齿数	z	13
齿形角	α	20°

图 1-73　传动齿轮轴图样

任务 1.3　端盖零件造型并制作工程图

知识点

◎ 孔特征工具。
◎ 特征阵列工具。
◎ 特征编辑工具。
◎ 旋转剖视图的工具。
◎ 工程图的编辑工具。

技能点

◎ 能合理进行盘盖类零件结构的分析。
◎ 正确使用孔、立方体、阵列等工具进行零件造型。
◎ 能使用旋转剖、半剖工具创建工程图。

任务描述

通过对端盖零件造型及工程图的制作，读者应熟练掌握孔特征、特征阵列等基本造型工具的使用方法，以及工程图中旋转剖、半剖等工具的用法，掌握三维建模的基本技巧。端盖零件是一个典型的盘套类零件，它的造型方法对于其他的盘套类零件造型具有一定的借鉴作用。

1.3.1　任务实施

1. 零件图样分析

端盖图样如图 1-74 所示，属于典型的盘套类零件。盘套类零件一般有法兰盘、端盖等，这类零件在产品中主要起轴向定位和密封的作用。基本为扁平结构，轴向尺寸比其他两个方向的尺寸小。一般由回转体和一些简单的几何体素组成，包含凸台、螺纹过孔、螺纹孔、销孔等结构。造型经常用到圆柱体、立方体、拉伸、孔、腔、垫块、阵列等工具。

图 1-74 所示端盖主体由圆柱体组成，在 ϕ70mm 圆周上均匀分布 6 个螺钉过孔，在 ϕ42mm 圆周上分布 3 个螺纹连接孔，中间为支撑孔，径向有润滑油孔。造型难点在于如何合理进行孔的造型，工程图的难点是旋转剖视的创建。

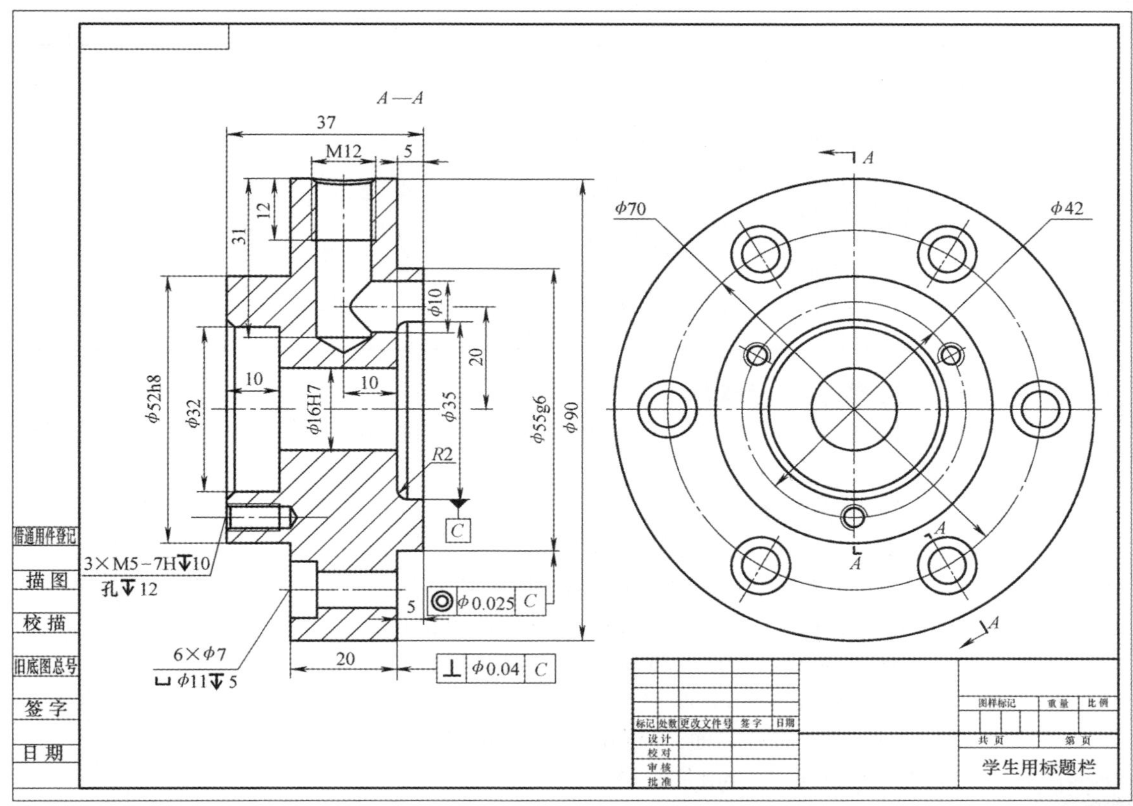

图 1-74　端盖零件图样

2. 造型方案设计

端盖零件的基本体由 ϕ52mm×37mm、ϕ90mm×20mm 和 ϕ55mm×5mm 三段圆柱组成，中间支撑孔由沉孔 ϕ32mm 深 10mm、通孔 ϕ16mm 和圆柱腔 ϕ35mm×5mm 组成，润滑油孔由 M12×12mm、底孔 ϕ10.2mm 深 31mm 和横孔 ϕ10mm 组成，其他由螺纹连接孔 3×M5 深 10mm、孔深 12mm 和 6×ϕ7mm 沉孔、ϕ11mm 深 5mm 螺钉过孔组成。具体造型方案见表 1-8。

表 1-8　端盖零件造型方案设计　（单位：mm）

1）基本体造型	2）创建支承孔	3）创建 6×ϕ7 沉孔	4）创建 M5 螺纹孔
Z X	Z Y X	Z Y	Z Y

（续）

5）创建 M12 螺纹孔	6）创建 ϕ10 横孔	7）倒圆角及倒斜角	

3. 参考操作步骤

1）新建文件。文件名：duangai.prt，单位：mm，模板：模型，文件存储位置为 G：盘根目录。

2）创建基本体。要求：

◆ 使用圆柱体特征创建基本体。

◆ 基本体沿 XC 放置，各圆柱体创建顺序按 ϕ52mm×37mm、ϕ55mm×5mm、ϕ90mm×20mm 进行。

◆ ϕ52mm×37mm 圆柱体的原点建议设置在坐标原点。ϕ55mm×5mm 圆柱体的原点设置在 ϕ52mm×37mm 圆柱体的右端面。ϕ90mm×20mm 圆柱体的原点设置在 ϕ55mm×5mm 圆柱体的左端面。

◆ 创建圆柱体 ϕ55mm×5mm 和 ϕ90mm×20mm 要进行布尔和运算，结果如图 1-75 所示。

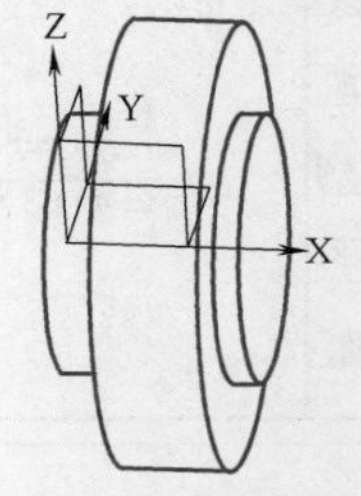

图 1-75 基本体结果

E1-13

观看步骤 1）～2）操作视频，请扫二维码 E1-13。

3）创建支撑孔。要求：

◆ 使用孔特征和圆柱腔的方式创建支承孔结构。

◆ 使用“特征”工具栏中“孔”工具按钮打开“孔”对话框。

◆ 在对话框设置下列参数：

类型：常规，位置：坐标原点（或基本体左端面圆心），形状：沉头，沉头直径：32mm，沉头深度：10mm，直径：16mm，深度限制：贯通体，布尔：求差，剖掉一半后结果如图 1-76 所示。

◆ 创建圆柱腔 ϕ35mm×5mm。

a）使用“特征”工具栏“腔体”工具按钮调用“腔体”对话框。

b）圆柱形腔体参数设置如下：

腔体类型：圆柱形，放置面：基本体右端面，腔体直径：35mm，深度：5mm，底面半径：0mm，锥度：0°，定位方式：（按图 1-77 所示顺序选择），结果如图 1-78 所示。

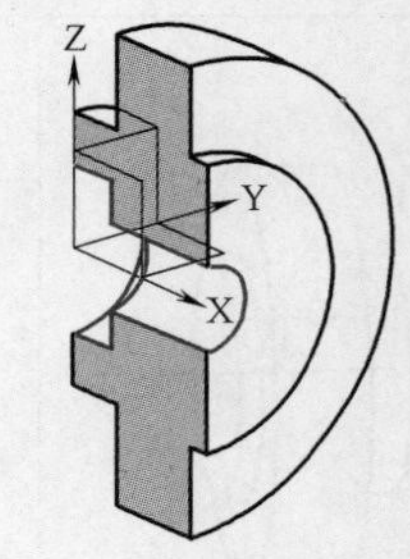

图 1-76 创建孔 ϕ16mm、沉孔 ϕ32mm 深 10mm

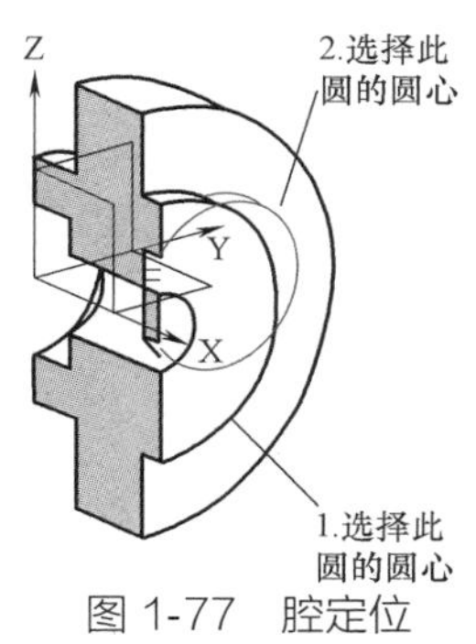

图 1-77 腔定位

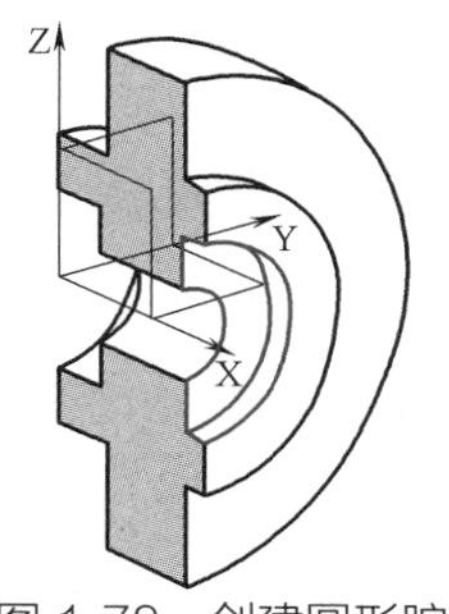

图 1-78 创建圆形腔

观看步骤 3）操作视频，请扫二维码 E1-14。

E1-14

4）创建 ϕ7mm 沉孔 ϕ11mm 深 5mm 螺钉过孔。

要求：

◆ 使用菜单【插入】→【设计特征】→【孔】调用“孔”对话框。

◆ 单击“孔”对话框“绘制截面”工具按钮，系统弹出“创建草图”对话框，做如图 1-79 所示的选择后，单击【确定】按钮，系统进入草绘环境。

◆ 创建如图 1-80 所示的点，且落在 X 轴上，距离 Y 轴 35mm，按下快捷键 Ctrl+Q 完成草图，返回“孔”对话框。

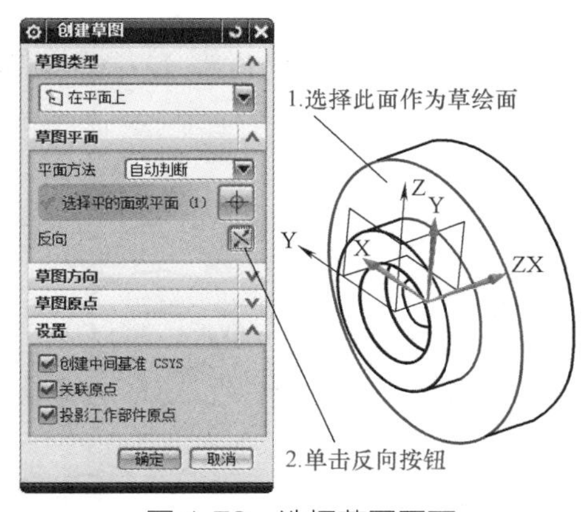

图 1-79 选择草图平面

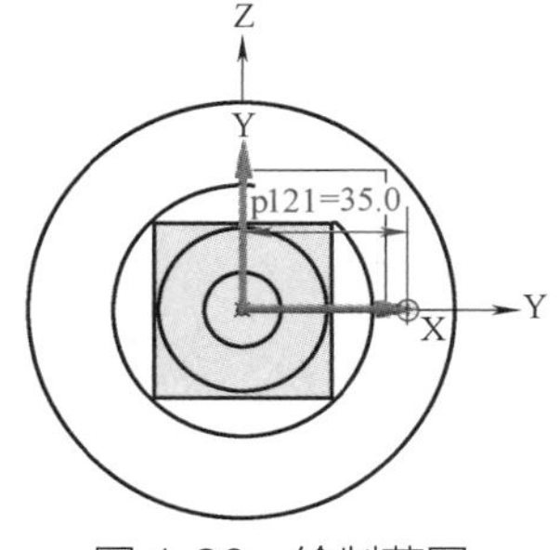

图 1-80 绘制草图

◆ 设置孔的参数如下：

类型：常规，形状：沉头，沉头直径：11mm，沉头深度：5mm，直径：7mm，深度限制：贯通体，布尔：求差。结果如图 1-81 所示。

5）阵列螺钉过孔。要求：

◆ 使用“特征”工具栏“阵列特征”工具按钮调用“阵列特征”对话框。

◆“阵列特征”对话框参数设置如下：

特征：“沉头孔（6）”，布局：圆形，指定矢量：XC 轴，指定点：坐标原点，间距：数量和节距，数量：6，节距角：60°。

◆ 单击【确定】按钮，结果如图 1-82 所示。

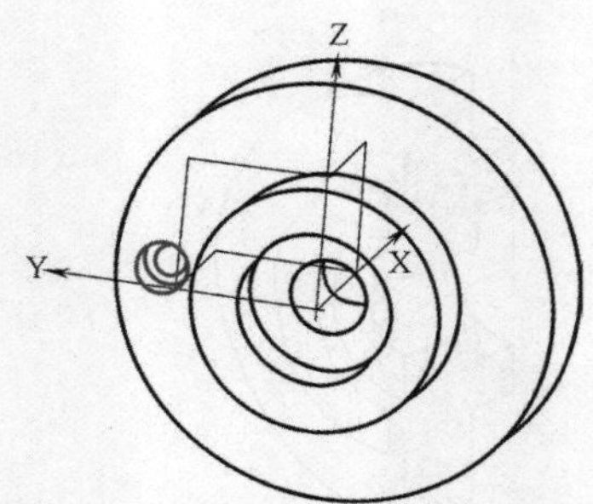

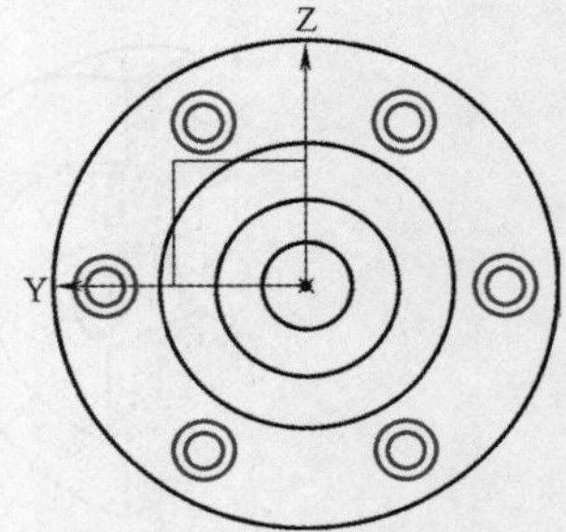

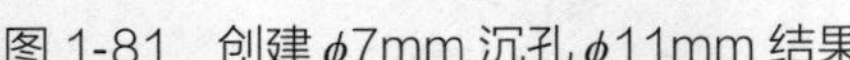
图 1-81　创建 ϕ7mm 沉孔 ϕ11mm 结果　　　　图 1-82　阵列结果

E1-15

观看步骤 4）～ 5）视频，请扫二维码 E1-15。

6）创建螺纹孔 M5。要求：

◆ 使用孔特征创建螺纹孔。

◆ 孔放置面使用 YZ 基准面，绘制如图 1-83 所示的草图，且要求点落在 Y 轴上，距离 X 轴 21mm。

◆ 孔参数设置如下：

类型：螺纹孔，大小：M5×0.8mm，螺纹深度：10mm，深度限制：值，深度：12mm，顶锥角：118°。单击【确定】按钮，结果如图 1-84 所示。

7）阵列 M5 螺纹孔。设置如下：

特征：螺纹孔，数量：3，节距角：120°，其余设置同步骤 4)，结果如图 1-85 所示。

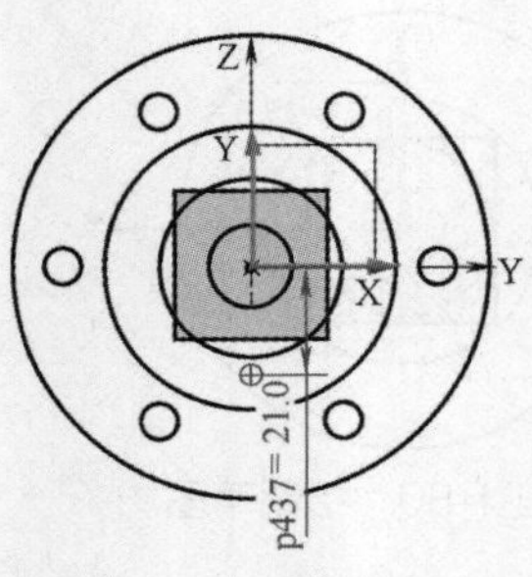

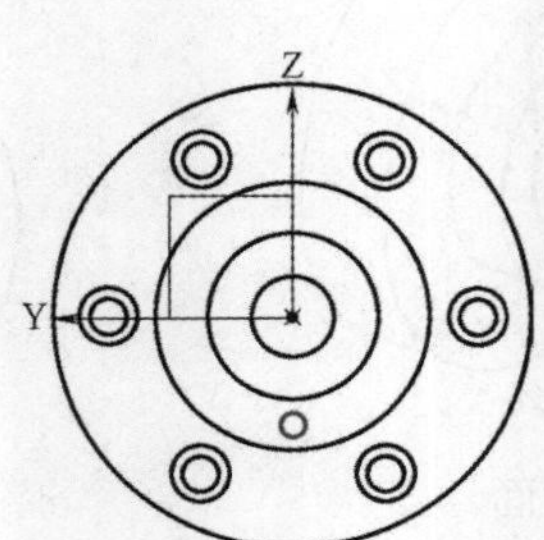

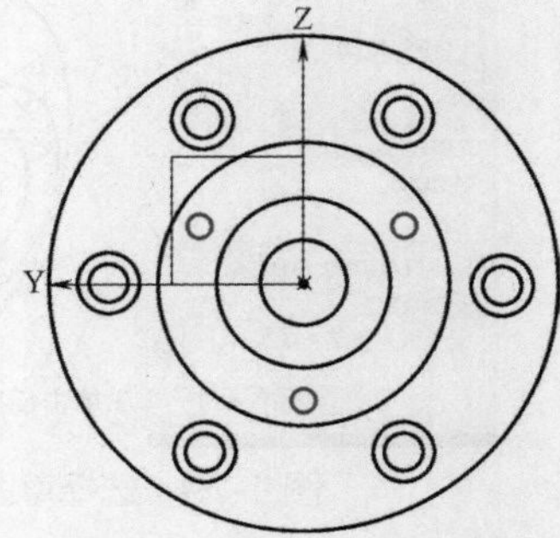

图 1-83　螺纹孔位置　　图 1-84　创建螺纹孔结果　　图 1-85　螺纹孔阵列结果

E1-16

观看步骤 6）～ 7）操作视频，请扫二维码 E1-16。

8）创建 M12 螺纹孔。要求：

◆ 使用孔特征创建螺纹孔。

◆ 孔放置面使用 XZ 基准面，绘制如图 1-86 所示草图并标注。

◆ 孔参数设置如下：

类型：螺纹孔，大小：M12×1.75mm，螺纹深度：12mm，深度限制：值，深度：31mm，顶锥角：118°。单击【确定】按钮，将零件截切一半后的结果如图 1-87 所示。

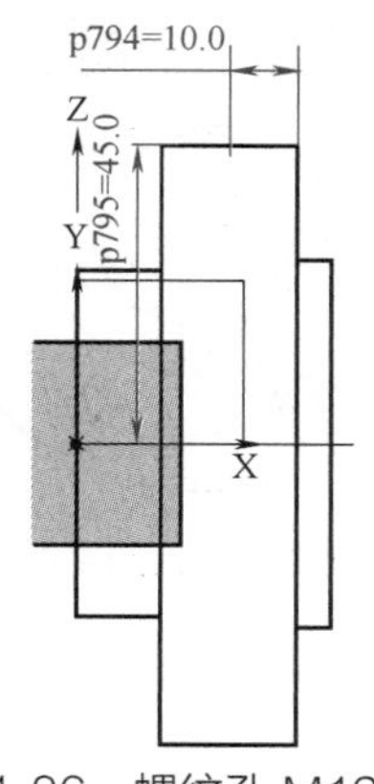

图 1-86　螺纹孔 M12 草图

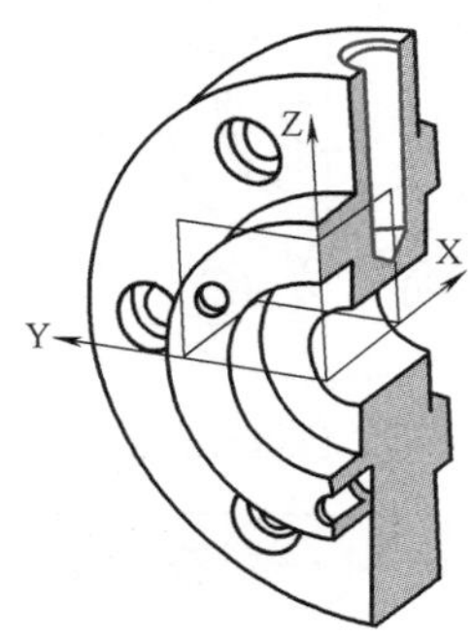

图 1-87　螺纹孔

9）创建 ϕ10mm 横孔。要求：从圆柱体、孔、腔体三种方法中任选一种创建 ϕ10mm 横孔，孔中心落在 Z 轴上，距 X 轴 20mm，结果如图 1-88 所示。

10）创建倒斜角“C1.5”和倒圆角“R2”，结果如图 1-89 所示。

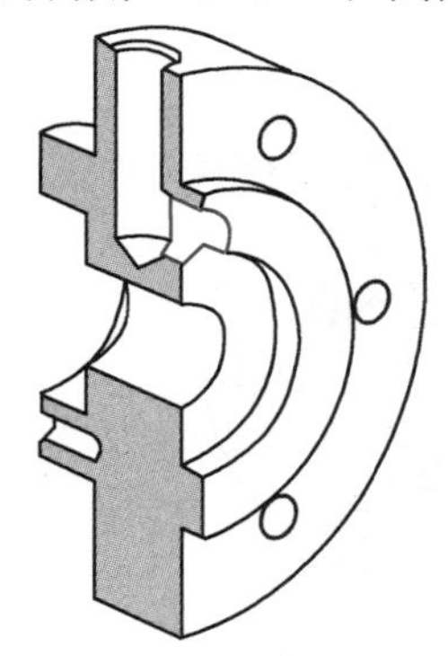

图 1-88　创建 ϕ10mm 横孔

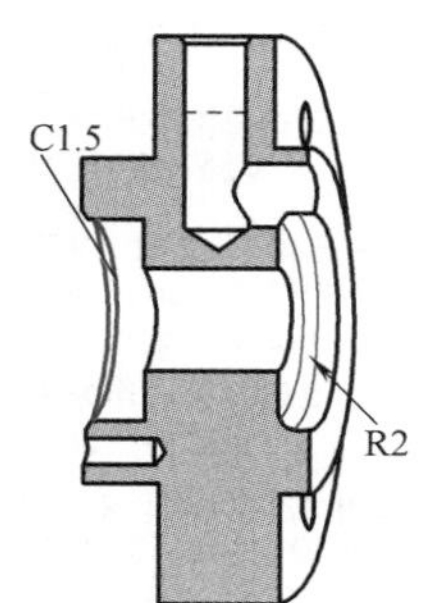

图 1-89　倒圆角和倒斜角

观看步骤 8）～ 10）操作视频，请扫二维码 E1-17。

E1-17

11）保存文件。

12）进入工程图界面。要求：按 Ctrl+Shift+D 方式进入工程图界面。

13）创建图纸。要求：

◆ 用“使用模板”方式建立 A3 图纸。

◆ 使用“制图工具—GC 工具箱”工具栏“替换模板”工具按钮添加标题栏。

◆ 修改标题栏的单位名称。

14）创建左视图。要求：

◆ 使用基本视图工具按钮创建左视图，比例为 2 ∶ 1，结果如图 1-90 所示。

◆ 使用“注释”工具栏“中心线”下拉菜单中“螺栓圆中心线”添加圆形中心线，结果如图 1-91 所示。

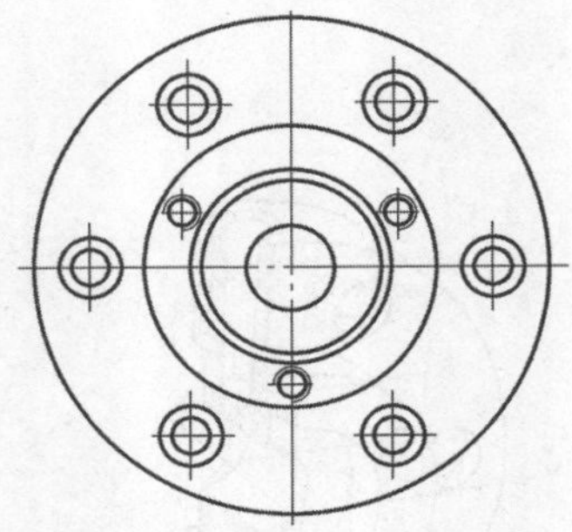

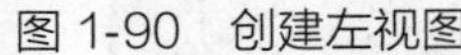

图 1-90　创建左视图

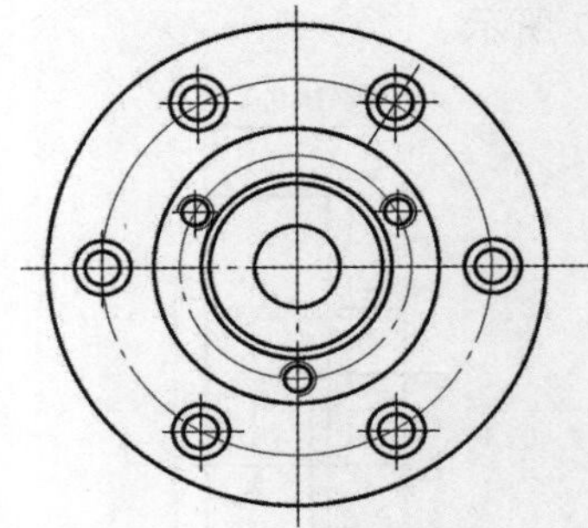

图 1-91　添加中心线

E1-18

观看步骤 12）～ 14）操作视频，请扫二维码 E1-18。

15）创建旋转剖视图。要求：

◆ 选中左视图后，使用右键菜单【添加剖视图】调出“剖视图”对话框。

◆ 在“剖视图”对话框中“方法”下拉列表中选择“旋转”。

◆ 按照如图 1-92 所示顺序定义旋转点，第一段截切线位置、第二段截切线位置及第三段截切线位置。

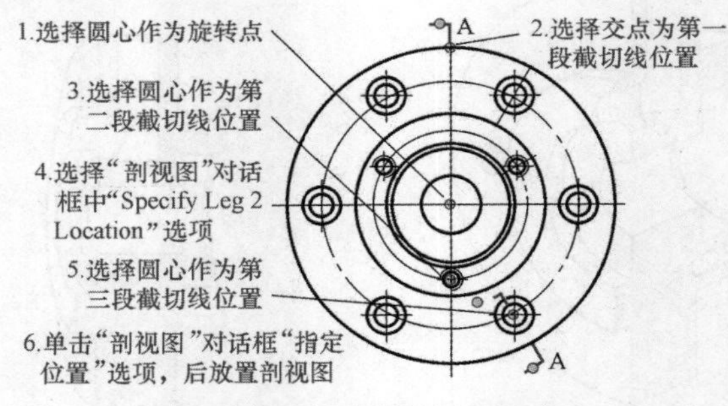

图 1-92　创建旋转剖视图过程

◆ 将旋转剖视图放在左视图的左边，结果如图 1-93 所示。

◆ 使用“注释”工具栏“中心线”下拉菜单中“2D 中心线”添加孔的中心线，结果如图 1-94 所示。

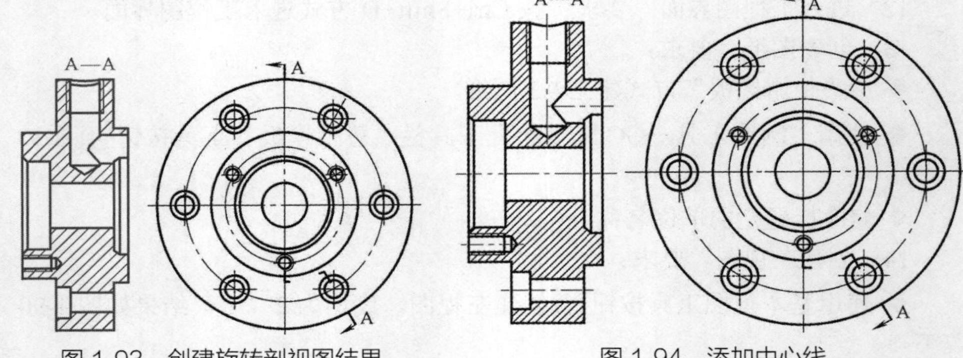

图 1-93　创建旋转剖视图结果　　　　图 1-94　添加中心线

E1-19

观看步骤 15）操作视频，请扫二维码 E1-19。

16）标注尺寸。要求：

◆ 使用“快速尺寸”标注端盖水平及竖直线性尺寸，如图 1-95 所示。

◆ 使用“快速尺寸”标注圆柱体的尺寸。

◆ 使用“制图编辑”工具栏“编辑文本”工具按钮，为“ϕ52”、“ϕ16”和“ϕ55”添加公差代号 h8、H7 和 g6，结果如图 1-96 所示。

◆ 使用“快速尺寸”标注直径尺寸“ϕ70”和“ϕ42”，结果如图 1-97 所示。

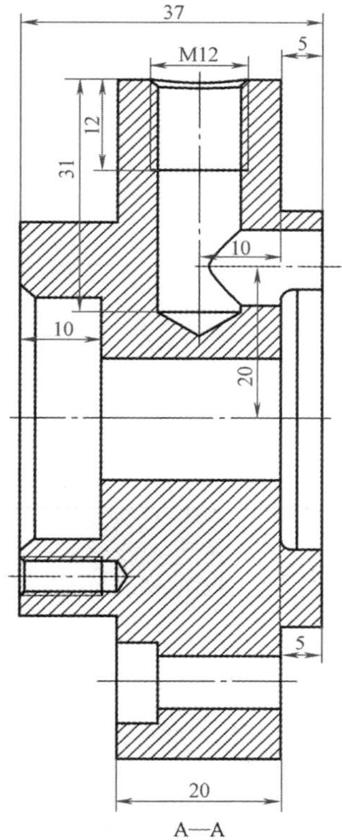

图 1-95 标注线性尺寸

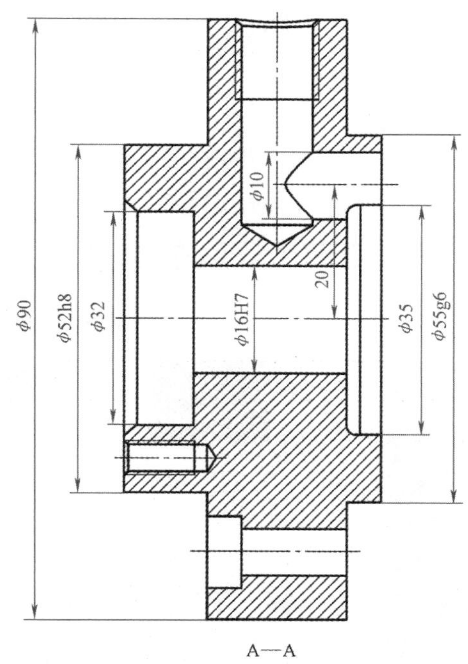

图 1-96 圆柱体的尺寸

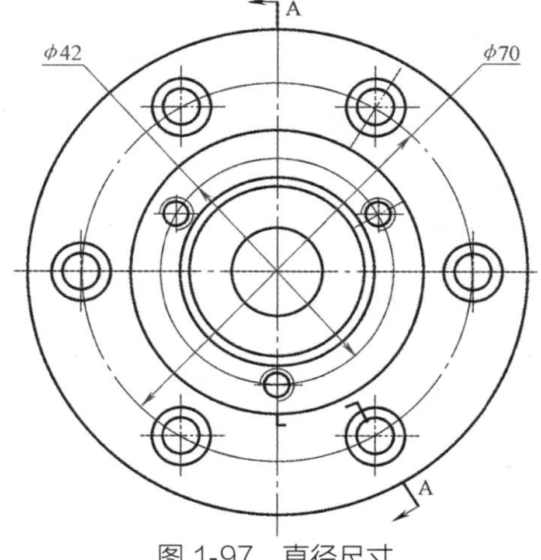

图 1-97 直径尺寸

◆ 使用“注释”工具栏“注释”工具按钮A，添加沉孔和螺纹孔尺寸，如图 1-98 所示。

◆ 使用“注释”工具栏“特征控制框”工具按钮添加几何公差，如图 1-99 所示。

E1-20

观看步骤 16）操作视频，请扫二维码 E1-20。

17）保存文件完成端盖工程图的创建。

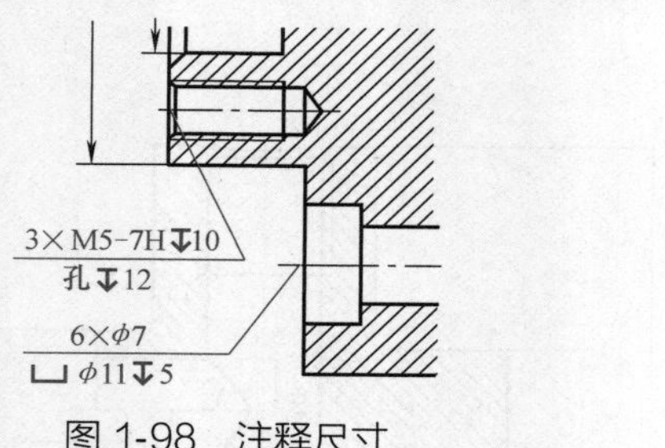

图 1-98 注释尺寸

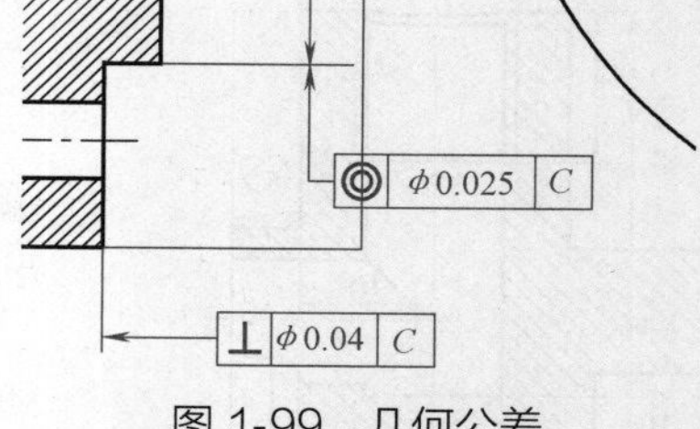

图 1-99 几何公差

1.3.2 填写“课程任务报告”

课程任务报告

<table>
<tr><td>班级</td><td></td><td>姓名</td><td></td><td>学号</td><td></td><td>成绩</td><td></td></tr>
<tr><td>组别</td><td></td><td>任务名称</td><td colspan="3">端盖零件造型并制作工程图</td><td>参考课时</td><td>6 课时</td></tr>
<tr><td>任务图样</td><td colspan="7">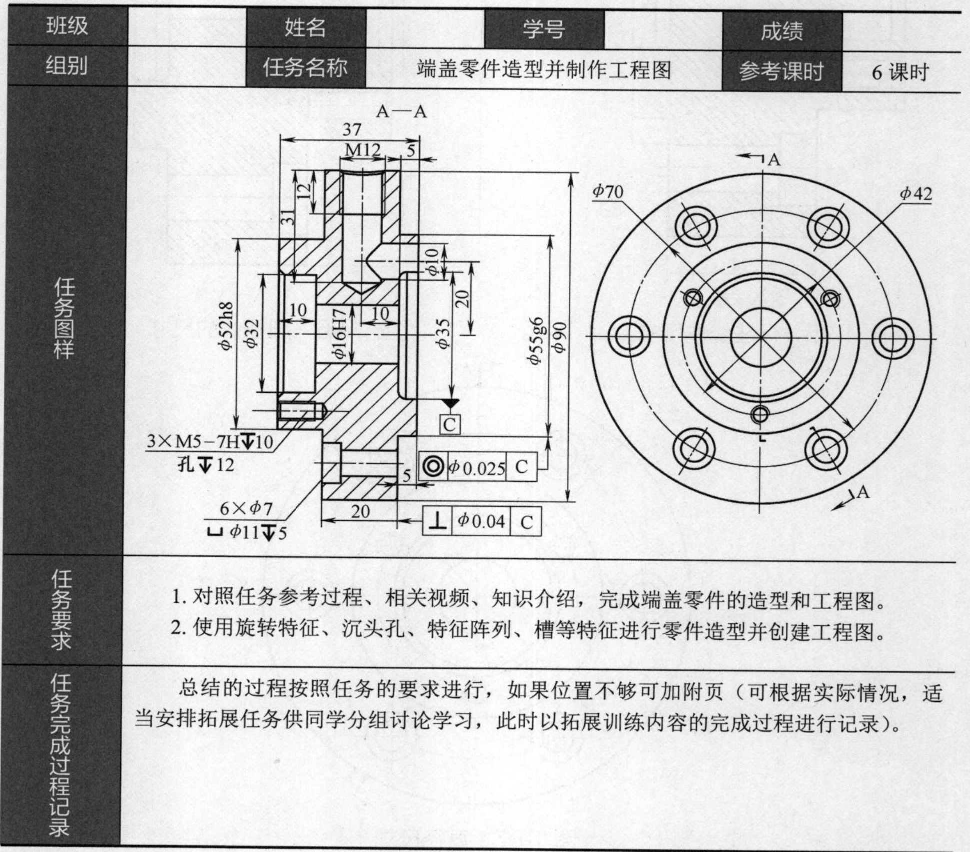
</td></tr>
<tr><td>任务要求</td><td colspan="7">1. 对照任务参考过程、相关视频、知识介绍，完成端盖零件的造型和工程图。
2. 使用旋转特征、沉头孔、特征阵列、槽等特征进行零件造型并创建工程图。</td></tr>
<tr><td>任务完成过程记录</td><td colspan="7">总结的过程按照任务的要求进行，如果位置不够可加附页（可根据实际情况，适当安排拓展任务供同学分组讨论学习，此时以拓展训练内容的完成过程进行记录）。</td></tr>
</table>

1.3.3 知识学习

1.3.3.1 孔特征

选择“特征”工具栏“孔”工具按钮，或选择菜单【插入】→【设计特征】→【孔】激活“孔”对话框，如图1-100所示。通过“孔”对话框完成孔的创建。在UG NX中，孔的类型有常规孔、钻形孔、螺钉间隙孔、螺纹孔和孔系列等多种。虽然选择不同类型的孔，虽然“孔”对话框会略有不同，但操作过程基本一致，都需要指定孔的位置和孔的方向、指定孔的形状和基本尺寸几个步骤。不同类型的孔的不同之处在于孔的形状和孔的尺寸给定方式，而孔的位置和孔的方向指定方法一致。

图1-100 “孔”对话框

1. 孔的位置

在UG NX中确定孔的位置有如下两种方式：

1）使用草图确定孔中心的位置。这是一种非常常用的孔定位方式，适合在一个平面上要创建多个孔或要创建孔的位置不存在特征点的情况下使用。单击“孔”对话框中绘制“截面”工具按钮开始绘制草图，在激活“孔”对话框的情况下，单击基准平面或零件上的平面系统也会默认进入草绘界面。在草图中，每创建一个点，系统就会在这个点上创建一个孔，因此，创建点时一定不能重叠。

2）选择实体上的特征点定位孔。这种方式适合在目标对象的孔位置上存在特征点的情况，其优势是可以在一个特征中对在不同面上但参数相同的孔进行建模。

2. 孔的方向

孔的方向是指孔的轴线方向。在UG NX中，孔的方向可以使用如下两种方式进行确定：

1）垂直于面。系统默认方式，当确定孔位置的点如果在实体表面上，系统会使孔的轴线垂直于点所在的平面；但如果点没有落在实体表面，系统会提示出错。

2）沿矢量。该选项允许用户沿给定的矢量方向创建孔。通常在孔的定位点没在实体表面上或孔的轴线不垂直于定位点所在的平面情况。

可以通过在“孔”对话框“孔方向”下拉列表中进行选择。

如图 1-101 所示，孔 1 和孔 2 的定位点 *A* 和 *B* 同在立方体的顶面，但孔 1 的方向使用了“垂直于面”，孔 2 的方向使用了“沿矢量”方式。

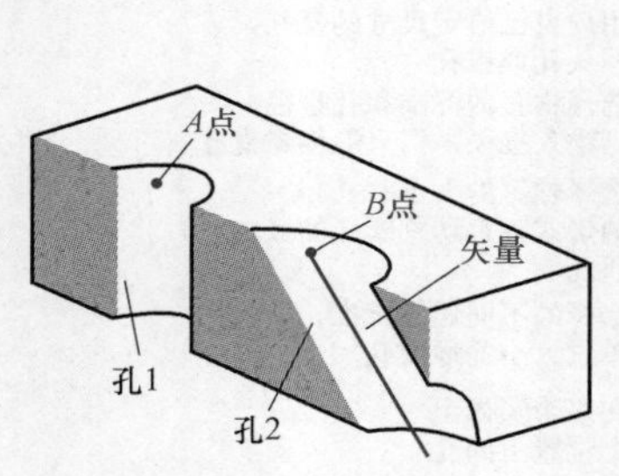

图 1-101　孔的方向

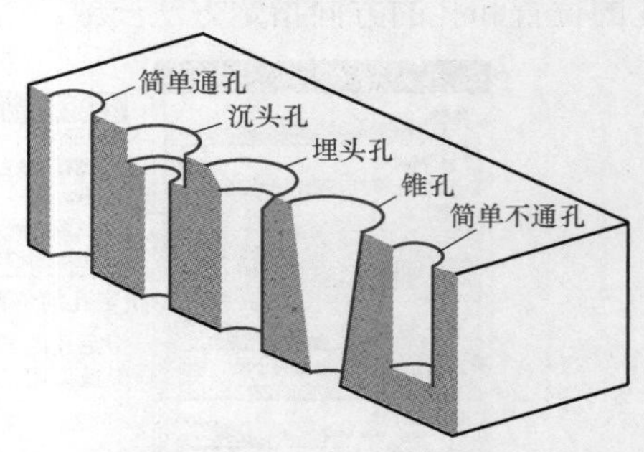

图 1-102　常规孔的类型

3. 孔的形状和尺寸

1）常规孔。常规孔有简单通孔、沉头孔、埋头孔、锥孔和简单不通孔等形式，如图 1-102 所示。选择不同形状的孔，显示的尺寸项目各不相同，如图 1-103 所示。

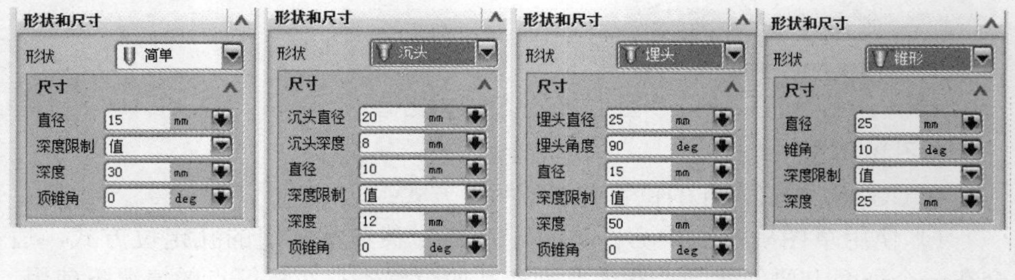

图 1-103　常规孔的形状和尺寸

2）钻形孔。选择类型“钻形孔”，在“设置”选项组出现“Standard”选项列表。如果选择列表中的“ISO”，则在“形状和大小”选项组中“大小”列表为 ISO 系列的孔直径，单位是 mm；如果在列表中选择“DIN”，则“大小”列表为 DIN 系列的孔直径，单位为 in。

在“形状和尺寸”选项组下多出了“Fit”选项列表，如果在列表中选择“Exact”，创建孔就只能使用系统提供的孔直径。如果选择“Custom”，用户可以根据需要创建不同直径的孔。选择钻形孔只能创建直孔。

3）螺钉间隙孔。用于创建和螺钉相配合的沉头孔、埋头孔、直孔。系统会根据用户选择不同的螺纹标准、配合形式和螺钉的大小，自动判断孔的大小。图 1-104 所示为 M20 螺钉选择三种不同的配合形式创建的孔。

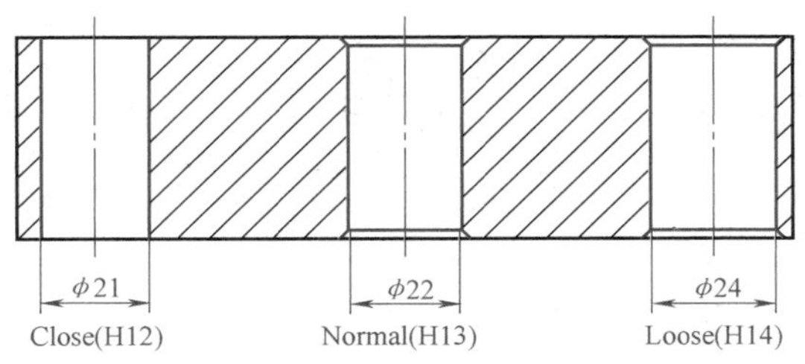

图 1-104　螺钉间隙孔配合形式

在“设置”选项组“Standard”列表中选择不同的标准，螺钉列表会不一样，因此，使用时要注意选择“Standard”选项。

4）螺纹孔。用于创建螺纹通孔或螺纹不通孔。这里创建的螺纹为螺纹符号，如果要创建真实螺纹，需要使用“螺纹”特征进行创建。螺纹孔可以创建为如图 1-105 所示的类型。

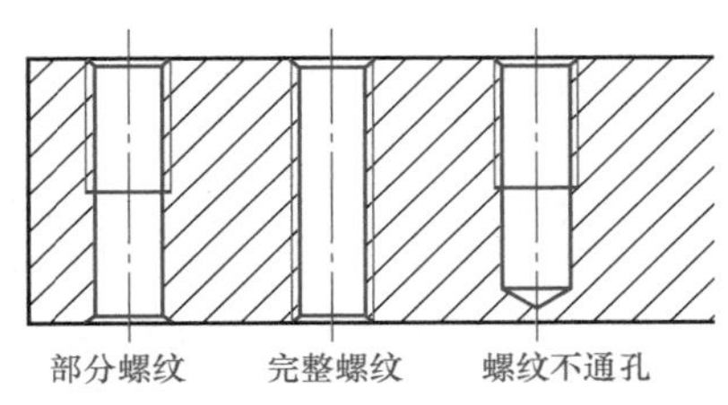

图 1-105　螺纹孔类型

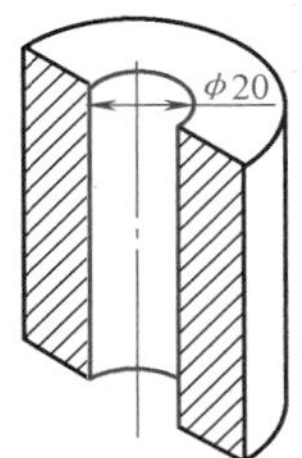

图 1-106　孔的创建过程

螺纹孔也可以根据需要选择“设置”选项组“Standard”列表中不同的选项获得不同标准的螺纹尺寸。

5）系列孔。系列孔一般不常用，这里不做介绍。

4. 创建孔的步骤

创建图 1-106 所示孔的步骤如下：

1）选择“特征”工具栏“孔”工具按钮，系统弹出“孔”对话框。

2）在对话框中，“类型”选择“常规孔”，“形状”列表中选择“简单”。

3）选择圆柱体顶面圆心，确定孔的位置。

4）在直径后的文本框中输入“20”，单击【确定】按钮，完成孔的创建。

1.3.3.2　阵列特征

创建阵列特征是指将选定特征按照给定的规律进行规律分布，在 UG NX10.0 中，可以创建线性、圆形、多边形、螺旋形、沿曲线、常规、参考等形式的阵列，见表 1-9。

可以通过选择菜单【插入】→【关联复制】→【阵列】或选择“特征”工具栏“特征阵列”工具按钮激活特征阵列命令。下面以线性阵列和圆形阵列为例说明阵列命令的用法。

表 1-9 阵列形式

线性阵列	圆形阵列	多边形阵列
螺旋线阵列	沿曲线阵列	空间螺旋线阵列

1. 线性阵列

◆ 打开实例文件 1-3-01.prt，如图 1-107 所示。

◆ 选择“特征”工具栏“特征阵列”工具按钮，系统弹出“阵列特征”对话框。

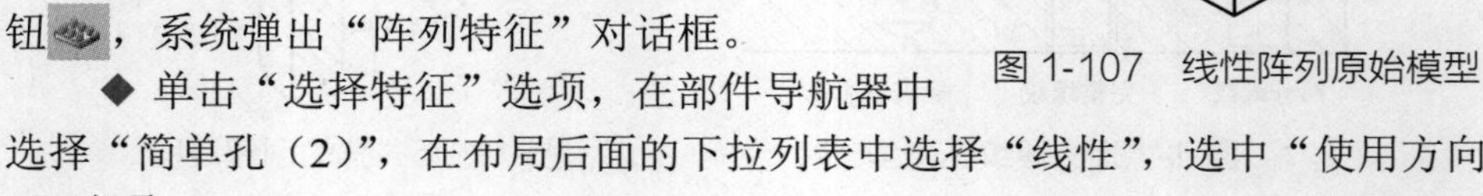

图 1-107 线性阵列原始模型

◆ 单击“选择特征”选项，在部件导航器中选择“简单孔（2）”，在布局后面的下拉列表中选择“线性”，选中“使用方向 2”选项。

◆ 单击“方向 1”下的“指定矢量”选项，在绘图区中选择如图 1-108 所示的边 1，要求矢量方向指向实体内，如果不对，单击“反向”按钮；用相同方法设置“方向 2”的矢量为图 1-108 中边 2 的方向。

◆ 方向 1 和方向 2 下其他参数设置如图 1-109 所示。

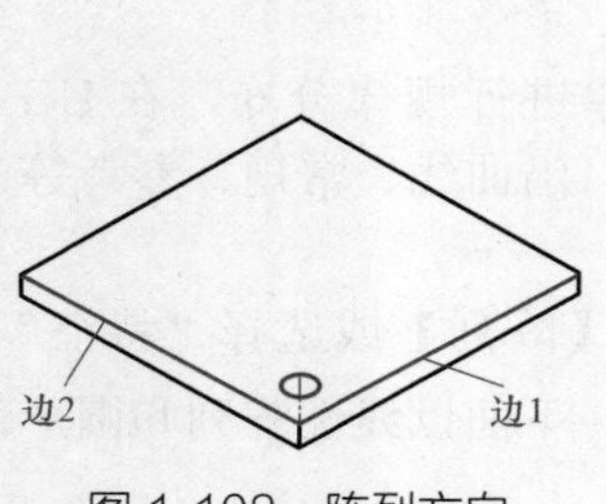

图 1-108 阵列方向

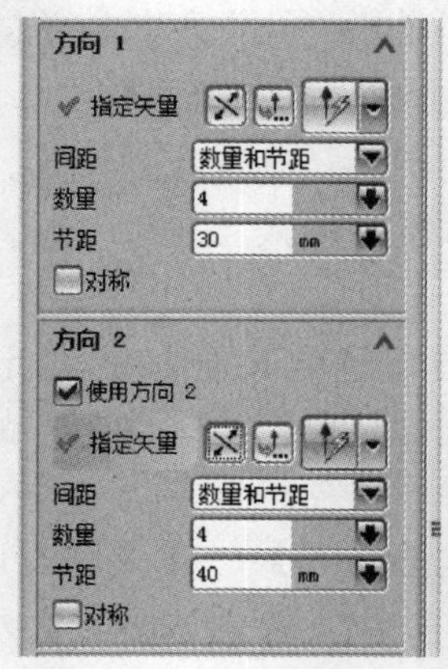

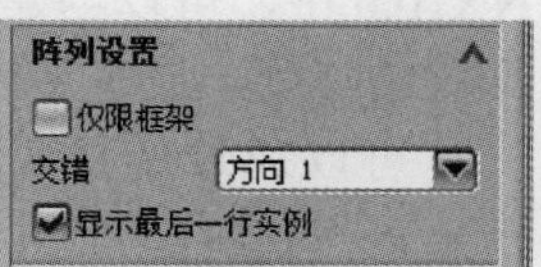

图 1-109 阵列参数设置

◆ 将“阵列设置”选项组下“交错”下拉列表选择“方向 1”，单击【确定】按钮，阵列结果如图 1-110 所示。

2. 圆形阵列

◆ 打开实例文件 1-3-02.prt，如图 1-111 所示。

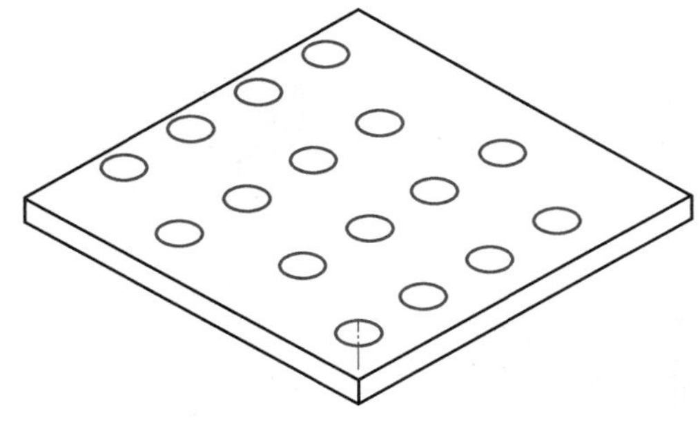

图 1-110 阵列结果

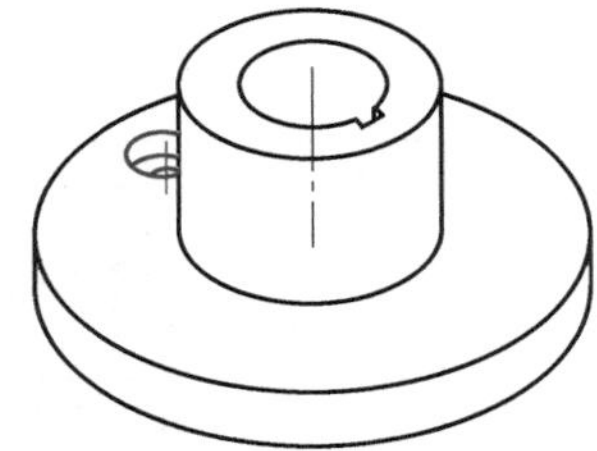

图 1-111 圆形阵列示例

◆ 选择菜单【插入】→【关联复制】→【阵列特征】，激活“阵列特征”对话框。

◆ 在绘图区选择阵列特征。选择“沉头孔（5）”特征。

◆ 定义阵列的方法。在“阵列特征”对话框的“阵列定义”选项组的“布局”下拉列表框中选择“圆形”选项。

◆ 定义旋转轴和中心点。“指定矢量”下拉列表框中选择“自动判断的矢量”图标选项，并在图形窗口中选择 ZC 轴为旋转轴，选取坐标原点做为中心点。

◆ 定义阵列参数。在“阵列定义”选项组的“角度方向”子选项组中，从“间距”下拉列表框中选择“数量和节距”，在“数量”文本框中输入“6”，在“节距角”文本框中输入“60”。

◆ 在“阵列特征”对话框中单击【确定】按钮，结果如图 1-112 所示。

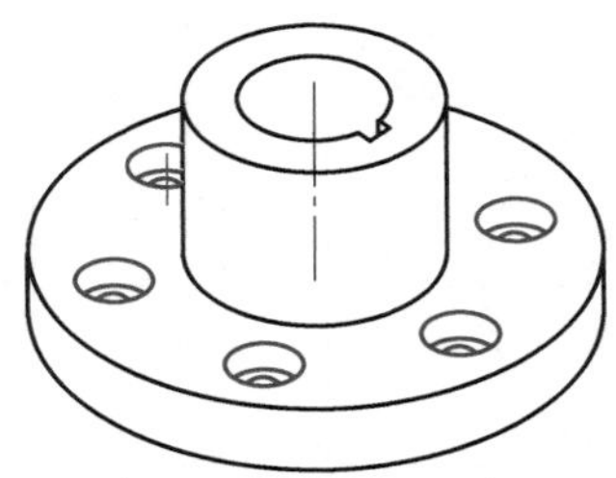

图 1-112 阵列结果

1.3.4 问题探讨

1）搜集资料，掌握阵列特征的其他用法。

2）查找网络资料，学习几何公差和注释的创建方法。

3）摸索视图状态的编辑方法。

4）学习尺寸形式的设置。

1.3.5 任务拓展

根据图 1-113、图 1-114 所示工程图样，进行零件造型并创建工程图样。

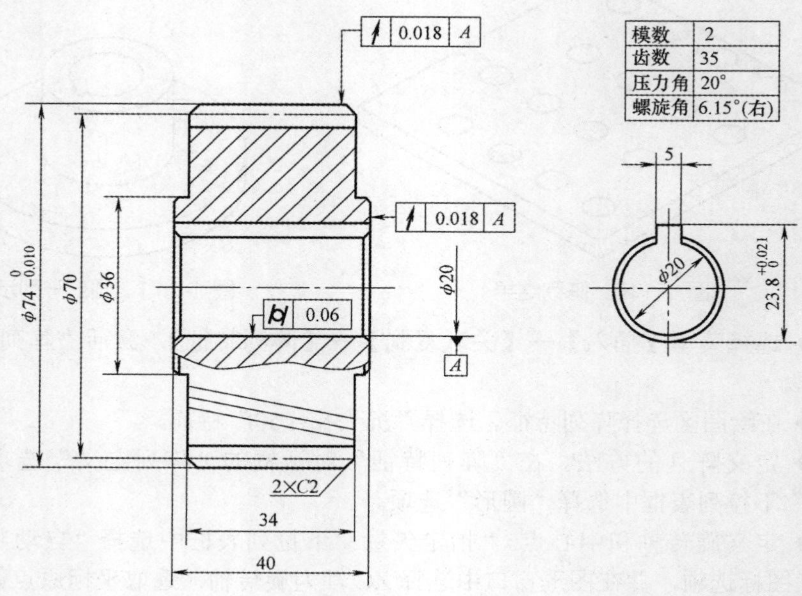

图 1-113　螺旋齿轮图样

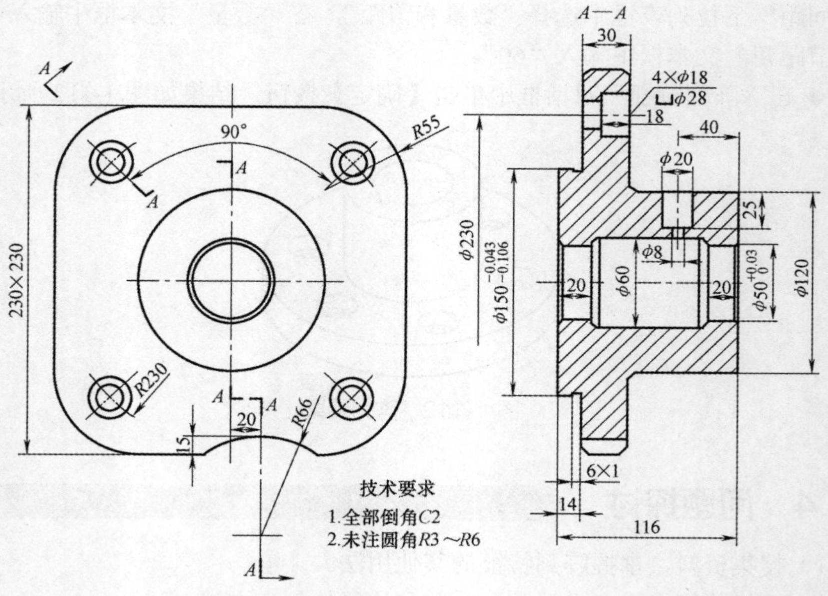

图 1-114　端盖图样

任务 1.4　拨叉零件造型并制作工程图

知识点

◎ 草图几何对象工具。
◎ 草图尺寸工具。
◎ 草图约束工具。
◎ 拉伸特征。
◎ 特征镜像工具。
◎ 阶梯剖、局部剖视图。
◎ 局部放大视图。

技能点

◎ 能使用草图工具绘制草图并进行编辑。
◎ 能运用拉伸、孔、圆角、斜角和镜像等特征进行零件造型。
◎ 能对较为复杂的零件进行造型。

任务描述

通过对拨叉零件造型及工程图的制作，读者应学会草图、拉伸、孔、圆角、斜角、镜像等基本特征创建和编辑方法，以及工程图中局部剖和表面粗糙度等工具的用法，掌握三维建模的基本技巧。拨叉属于叉架类零件，它的造型方法对于其他的叉架零件造型具有一定的借鉴作用。

1.4.1　任务实施

1. 零件图样分析

拨叉零件图样如图 1-115 所示。拨叉由基体、拨动槽、减重腔和连接孔等结构组成，上下对称，可以使用拉伸、倒圆角、孔、镜像等特征进行建模。工程图有主视图、轴测图以及阶梯剖、局部放大、局部剖等视图要素。

2. 造型方案设计

造型方案见表 1-10。

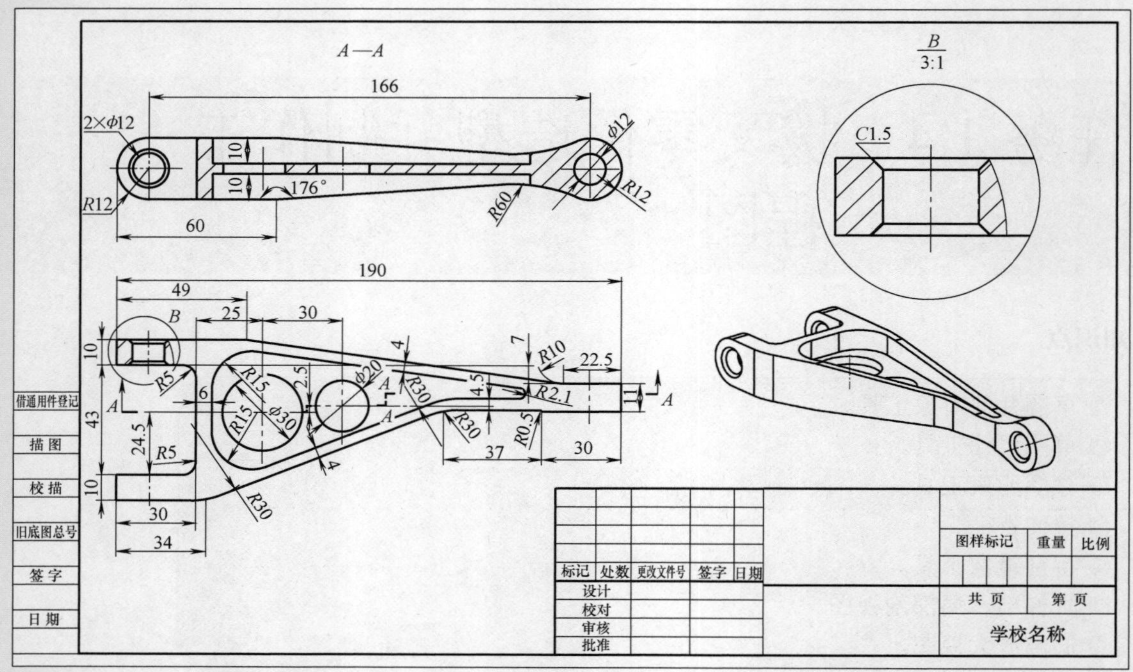

图 1-115 拨叉零件图样

表 1-10 拨叉零件造型方案设计

1）创建基本体	2）切割外形	3）切除上表面槽
4）倒圆角 R12mm	5）镜像实体并求和	6）创建 ϕ12mm 孔
7）创建 ϕ30mm 孔和 ϕ20mm 孔	8）在孔棱角上倒角	

3. 参考操作步骤

1）新建文件。文件名：bocha.prt，单位：mm，模板：模型，文件存储位置：G：盘根目录。

2）创建“SKETCH_000”。要求：

◆ 使用“直接草图”工具栏“草图”工具按钮，激活“创建草图”对话框。

◆ 草图平面为 X-Y 平面，草图水平参考选择 X 轴正向，如图 1-116 所示。

◆ 使用“轮廓曲线”工具，绘制如图 1-117 所示的草图轮廓。

◆ 使用“几何约束”工具，对草图添加几何约束（见表 1-11），约束对象如图 1-118a 所示，结果如图 1-118b 所示。

表 1-11　约束列表

序号	约束类型	约束对象
1	共线约束	DATUM3 与 L3、L10 共线
2	中点约束	坐标原点和 L1 中间点对齐
3	水平	L2、L4、L5、L7、L8、L9、L11 水平
4	铅垂	L1、L6 铅垂
5	相切	L8 与 A1 相切
6	点在线上	A1 圆心落在 L7 上

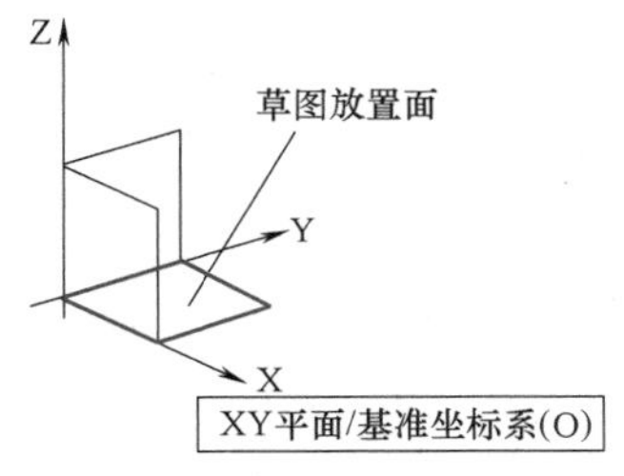

图 1-116 “SKETCH_000”放置面

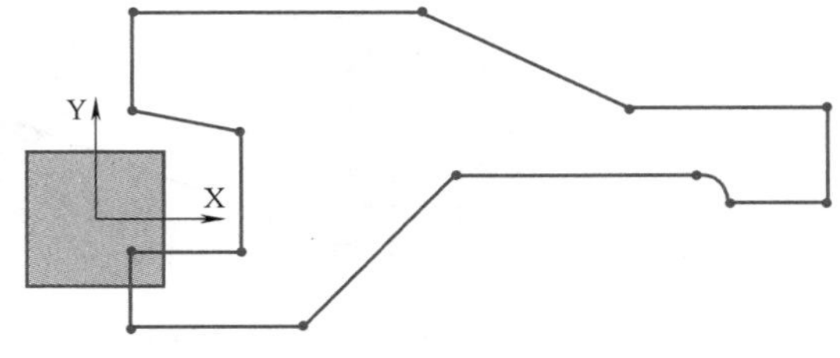

图 1-117 “SKETCH_000”草图轮廓

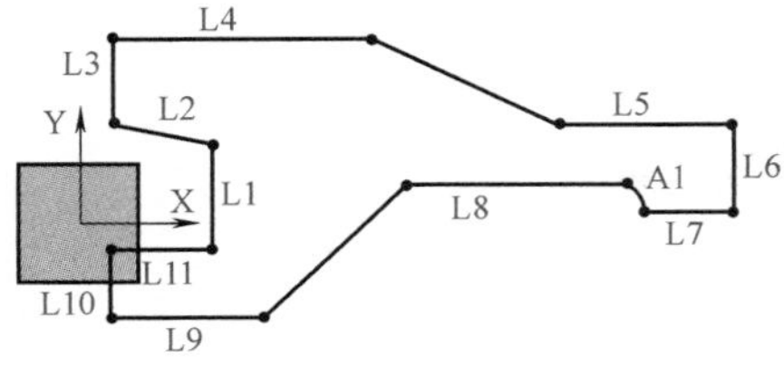

a)

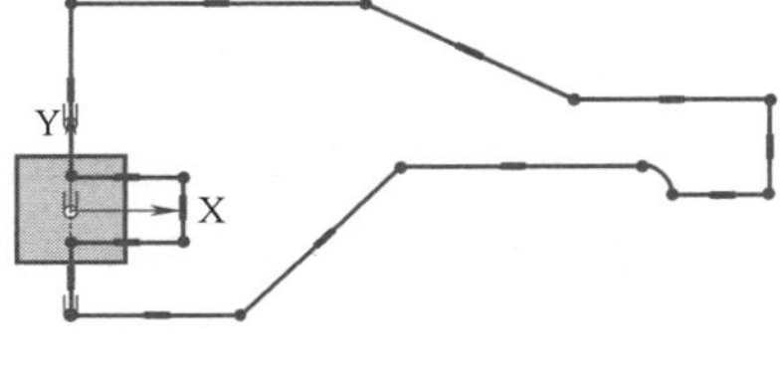

b)

图 1-118 “SKETCH_000”几何约束

a）要约束的对象　b）添加几何约束后的结果

◆ 使用“快速尺寸”工具，对草图进行尺寸标注，并将标注好的尺寸修改至图样要求，调整放置到合适的位置，参考结果如图 1-119 所示。

◆ 使用“圆角”工具对图 1-120 所标示部分创建圆角，完成“草图（1）SKETCH_000”的创建，结果如图 1-121 所示。

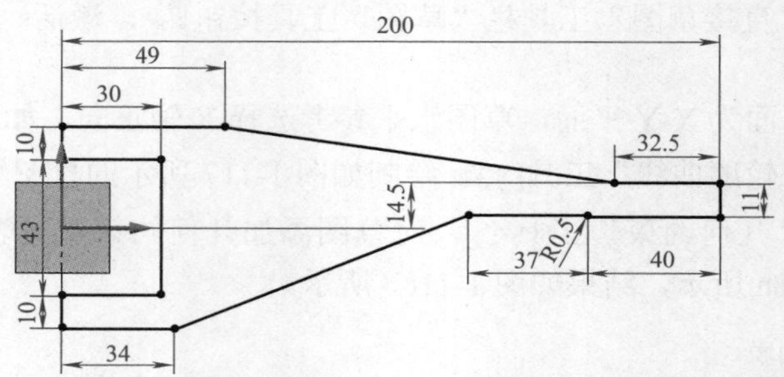

图 1-119　添加“SKETCH_000”的尺寸约束

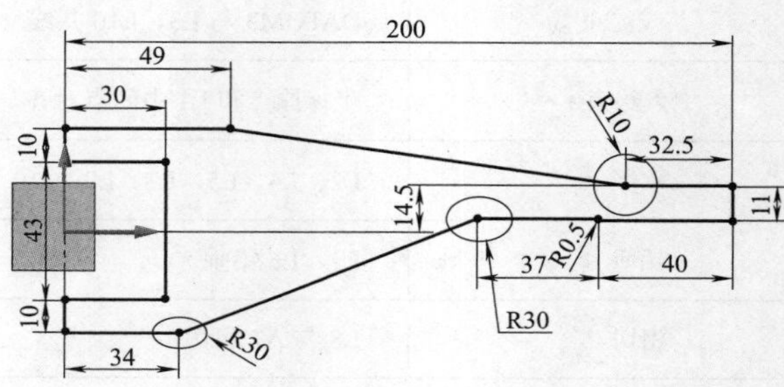

图 1-120　创建圆角

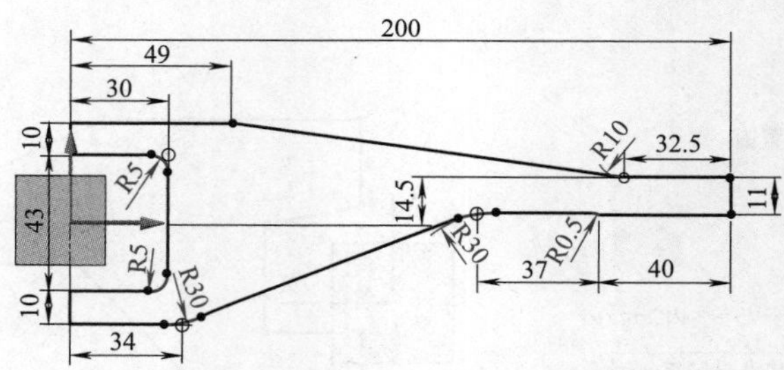

图 1-121 “SKETCH_000”绘制结果

E1-21

观看步骤 1）～2）操作视频，请扫二维码 E1-21。

3）创建“拉伸（2）”特征。要求：

◆ 使用“拉伸”工具激活“拉伸”对话框。

◆ 拉伸截面：如图 1-121 所示的“草图（1）SKETCH_000”。

◆ 拉伸方向：+ZC 轴。

◆ 拉伸高度：“起始”选项选择【值】，“距离”输入“0”；“终止”选项选择“值”，距离输入“30”。

◆ 隐藏“草图（1）SKETCH_000”，结果如图 1-122 所示。

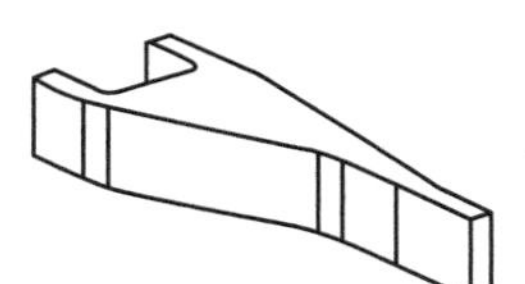

图 1-122 “拉伸（2）”结果

观看步骤 3）操作视频，请扫二维码 E1-22。

4）创建“SKETCH_001”。要求：草图平面及草图水平方向如图 1-123 所示，草图绘制结果如图 1-124 所示。

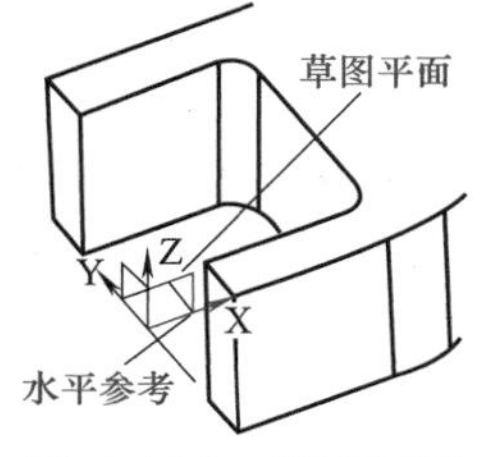

图 1-123 草图平面

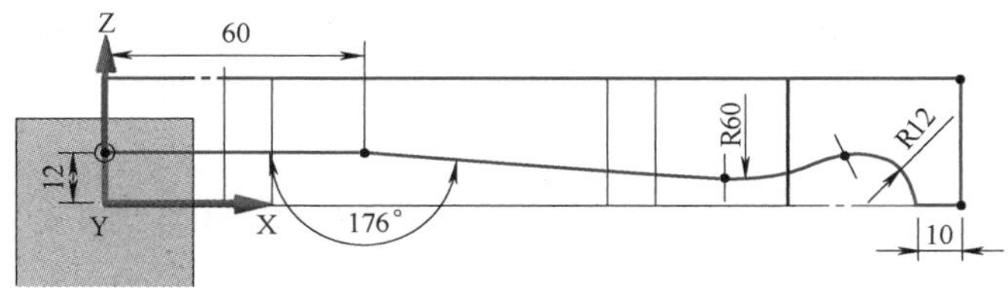

图 1-124 “SKETCH_001”结果

观看步骤 4）操作视频，请扫二维码 E1-23。

5）创建“拉伸（4）”特征。要求：

◆ 截面：如图 1-124 所示的“SKETCH_001”。

◆ 拉伸方向：+YC 轴。

◆ 拉伸方式：对称值，距离：40mm。

◆ 布尔运算方式：求差，结果如图 1-125 所示。

图 1-125 “拉伸（4）”结果

观看步骤 5）操作视频，请扫二维码 E1-24。

6）创建“SKETCH_002”。要求：

◆ 草图平面为零件顶面。

◆ 草图直线轮廓采用“偏置曲线”工具绘制，偏置距离如图 1-126 所示。

◆ 使用“倒圆角”工具进行倒圆角，圆角半径如图 1-126 所示。

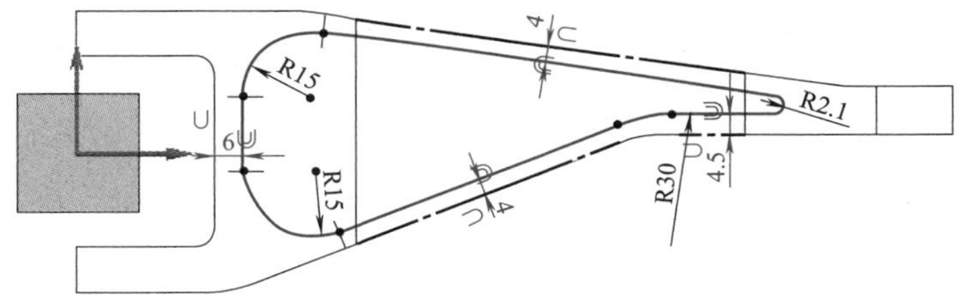

图 1-126 “SKETCH_002”

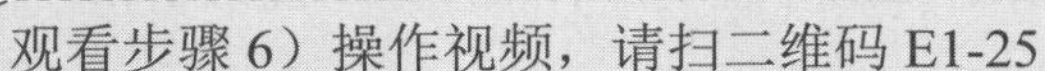

观看步骤 6）操作视频，请扫二维码 E1-25。

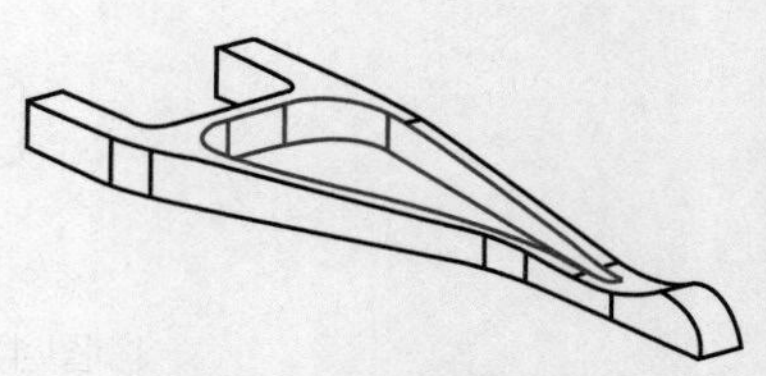
图 1-127 “拉伸（6）”

7）创建“拉伸（6）”特征。要求：

◆ 拉伸截面选择“SKETCH_002”。

◆ 拉伸方向使用 -ZC。

◆ 拉伸开始距离为“0”，终止距离为“10”。

◆ 布尔运算方式为求差，结果如图 1-127 所示。

E1-26

观看步骤 7）操作视频，请扫二维码 E1-26。

8）倒圆角“R12”，结果如图 1-128 所示。

9）使用“镜像特征”工具创建“镜像特征（8）”。要求：

◆ 镜像“拉伸（2）”“拉伸（4）”“拉伸（6）”和“边圆角（7）”四个特征。

◆ 镜像平面为 X-Y 平面，结果如图 1-129 所示。

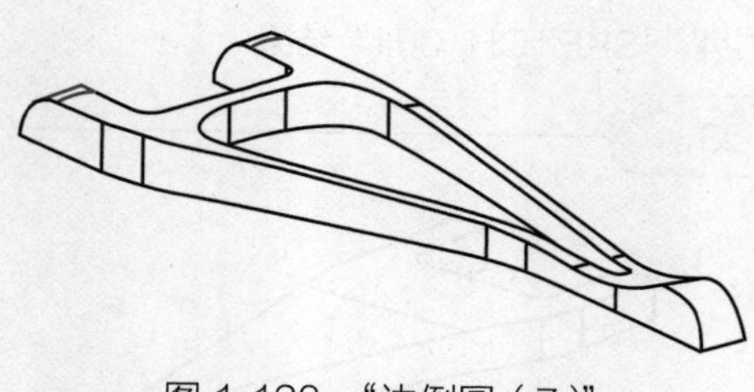
图 1-128 “边倒圆（7）”

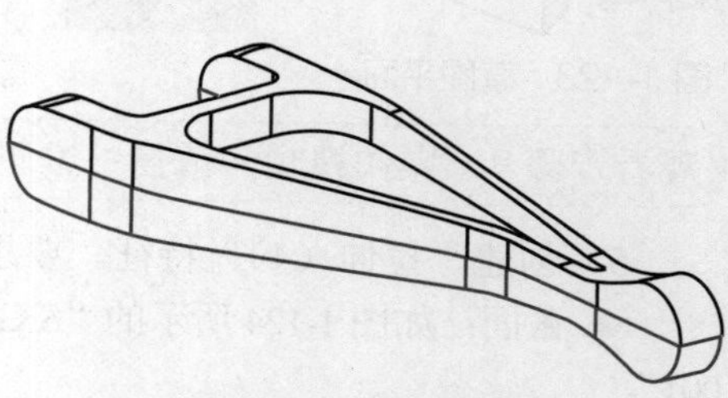
图 1-129 镜像特征选择

10）创建“求和（9）”特征。要求：

◆ 使用“合并”工具对镜像后的两特征进行求和。

◆ 镜像前的实体为目标体，镜像后得到的实体为工具体，结果如图 1-130 所示。

11）创建“简单孔（10）”特征。要求：使用“孔”工具创建如图 1-131 所示位置、直径为 ϕ12mm 的通孔。

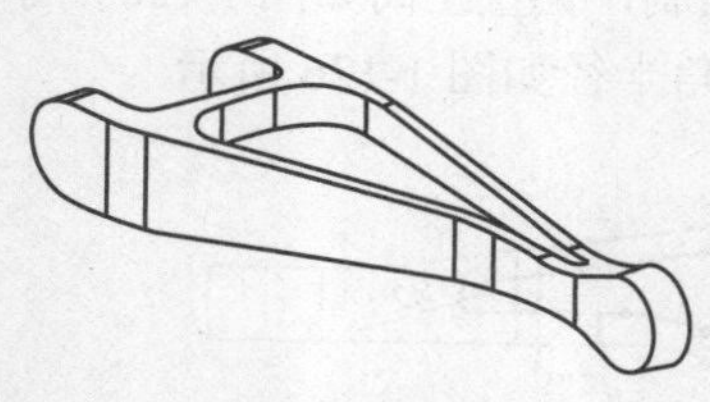
图 1-130 合并特征

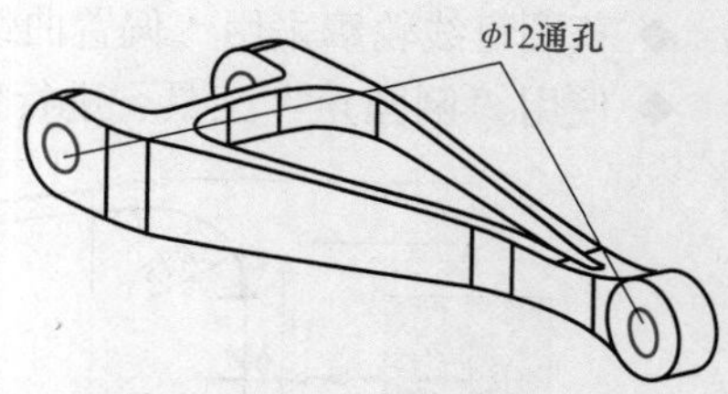

图 1-131 “简单孔（10）”特征

E1-27

观看步骤 8）～ 11）操作视频，请扫二维码 E1-27。

12）创建“SKETCH004”。要求：草图平面为零件顶面，草图形状和尺寸如图 1-132 所示。

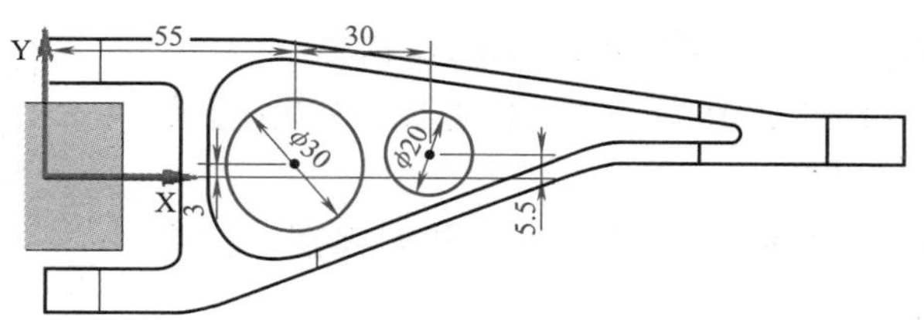

图 1-132 “SKETCH004”

13）创建“拉伸（12）”特征。要求：

◆ 拉伸截面：“草图（11）SKETCH_004”。

◆ 拉伸方向：-ZC，初始距离：0，终止距离：贯通体，布尔：求差，结果如图 1-133 所示。

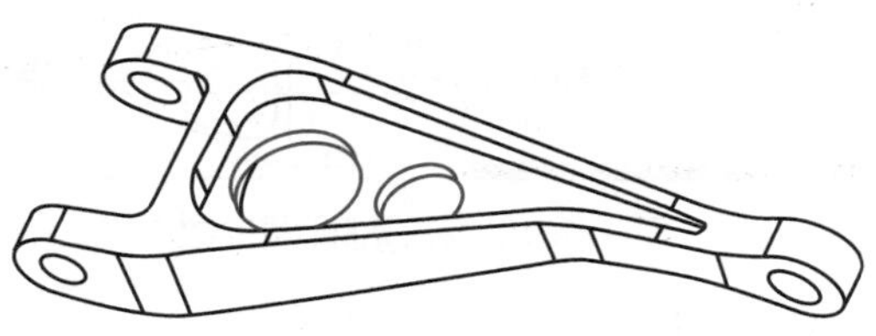
图 1-133 “拉伸（12）”

14）使用“倒斜角”工具创建“倒斜角（13）”特征。要求：

◆ 对如图 1-134 所示的六条棱边进行倒斜角。

◆ 横截面：“对称”，距离：1.5mm，结果如图 1-135 所示。

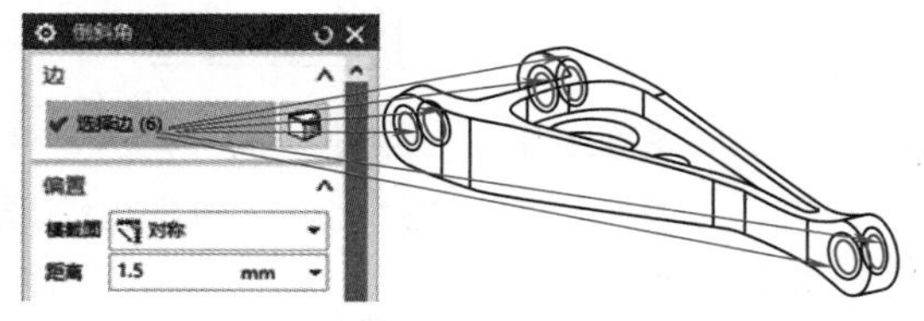

图 1-134 倒斜角参数设置

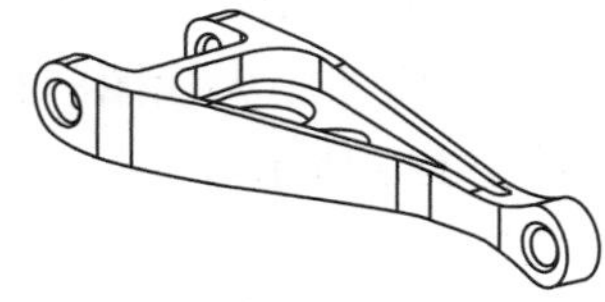
图 1-135 倒斜角结果

15）保存文件。

观看步骤 12）～ 15）操作视频，请扫二维码 E1-28。

E1-28

16）进入工程图界面。

17）创建图纸。要求：图纸模板使用“A3- 无视图”。

18）创建视图。创建结果如图 1-136 所示。要求：

◆ 视图方位如图 1-136 所示。

◆ 主视图为阶梯剖视图。

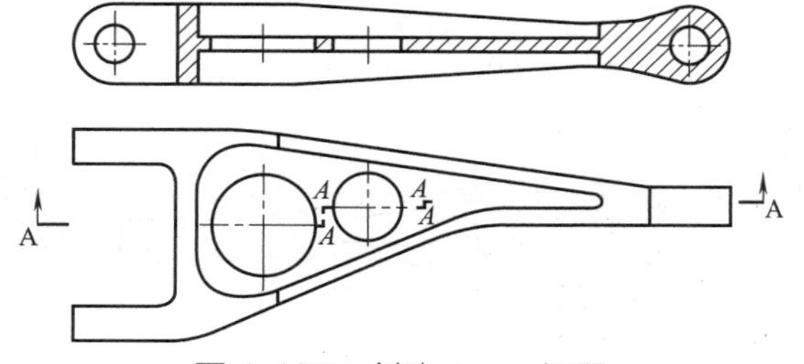

图 1-136 创建 A—A 视图

观看步骤 16）～ 18）操作视频，请扫二维码 E1-29。

E1-29

19）创建局部剖视图。要求：

◆ 选择俯视图边框，并在边框上使用右键菜单使俯视图成为“展开”状态，使用“艺术样条”绘制如图 1-137 所示曲线轮廓。

◆ 使用右键菜单项取消俯视图的展开状态。

◆ 使用“图纸”工具栏“局部剖视图”工具激活“局部剖”对话框。

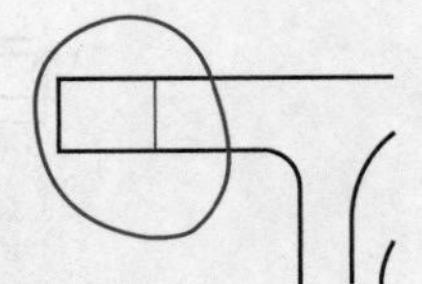

图 1-137　局部剖轮廓

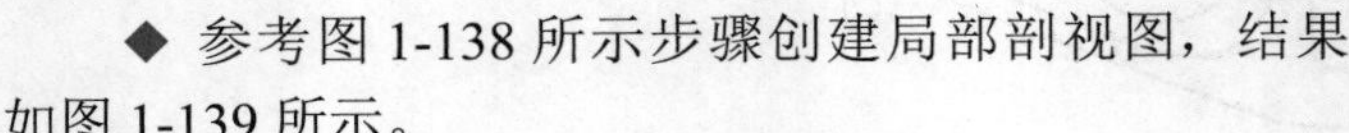

◆ 参考图 1-138 所示步骤创建局部剖视图，结果如图 1-139 所示。

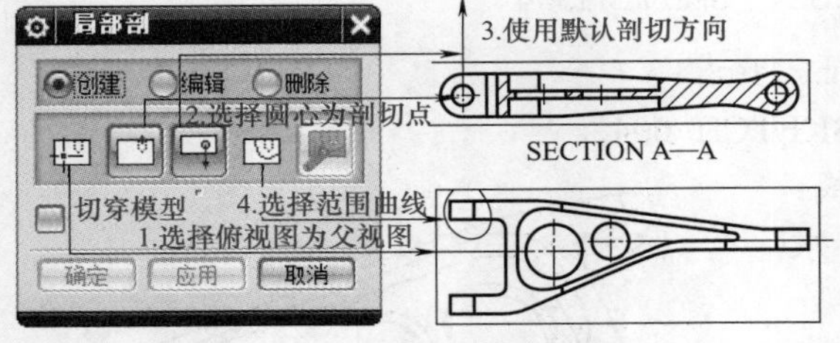

图 1-138　局部剖视图参数选择

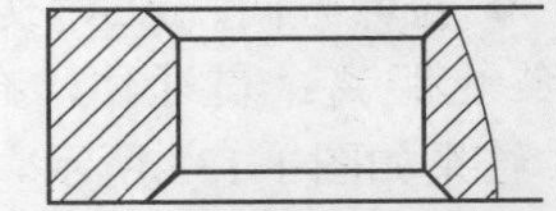

图 1-139　局部剖视图创建结果

E1-30

观看步骤 19）操作视频，请扫二维码 E1-30。

20）创建局部放大视图。要求：

◆ 使用“局部放大视图”工具激活“局部放大图”对话框。

◆ 放大部位为第 19）步局部剖视位置。

◆ 局部放大视图的视图比例为 3∶1。参考结果如图 1-140 所示。

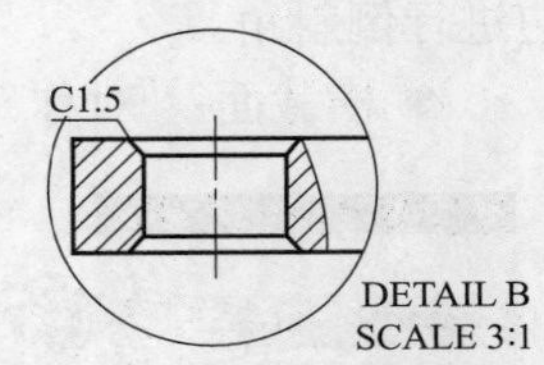

图 1-140　局部放大视图

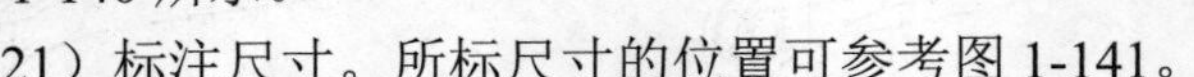

21）标注尺寸。所标尺寸的位置可参考图 1-141。

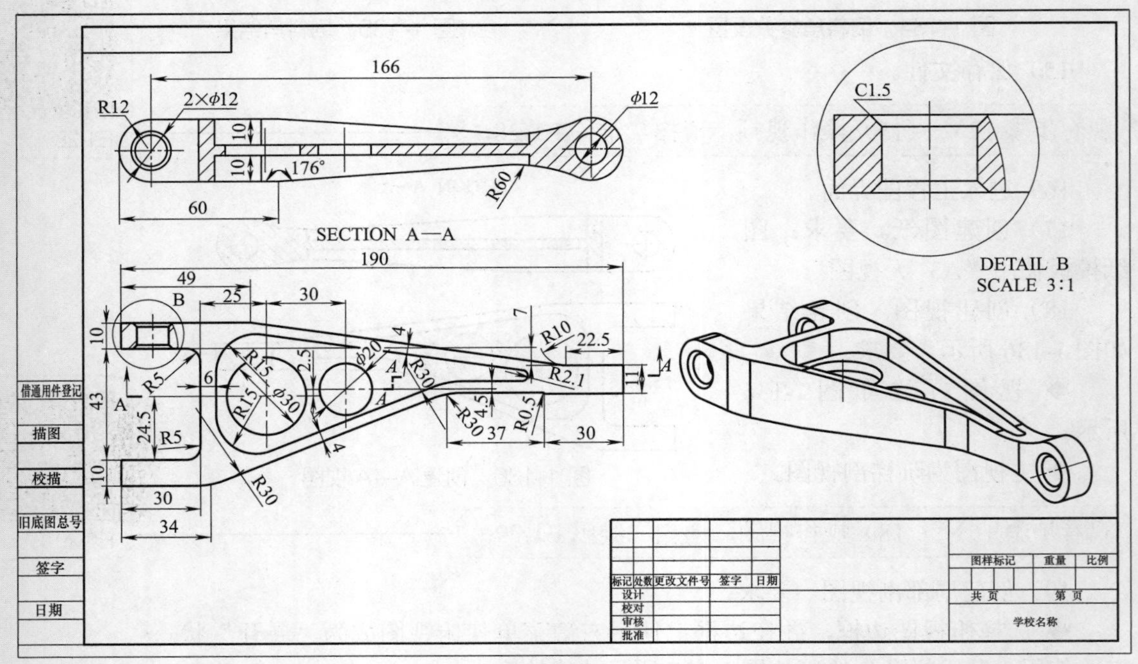

图 1-141　尺寸标注结果

22）保存文件，完成拨叉工程图的创建。

观看步骤 20）～ 22）操作视频，请扫二维码 E1-31。

1.4.2 填写“课程任务报告”

课程任务报告

班级		姓名		学号		成绩	
组别		任务名称	拨叉零件造型并制作工程图			参考课时	6 课时
任务图样	SECTION A—A DETAIL B SCALE 3:1						
任务要求	1. 对照任务参考过程，相关视频及知识介绍完成拨叉零件的造型和工程图。 2. 学习 UG 草图功能。 3. 能使用拉伸、特征镜像和局部剖等工具。						
任务完成过程记录	总结的过程按照任务的要求进行，如果位置不够可加附页（可根据实际情况，适当安排拓展任务供同学分组讨论学习，此时以拓展训练内容的完成过程进行记录）。						

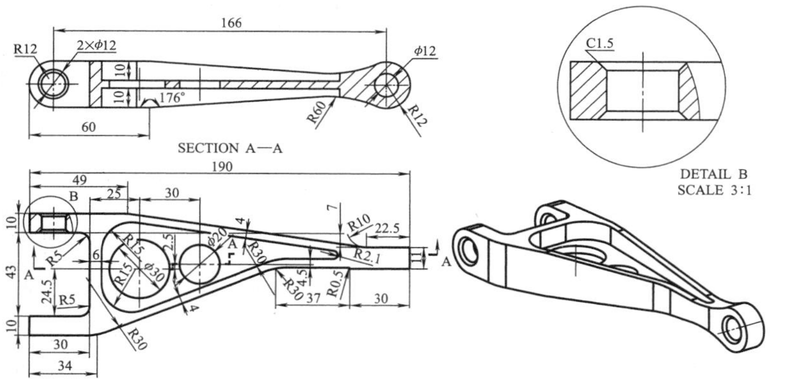

1.4.3 知识学习

1.4.3.1 草图几何对象的绘制及编辑

UG 草图中基本绘图命令包括直线、矩形、圆、圆弧及轮廓线等。基本的编辑命令包括快速修剪、延伸和镜像等。

1. 基本绘图命令介绍说明

草图绘图命令中的基本命令见表 1-12。

表 1-12 草图绘图命令说明

命令	工具图标	快捷键	作　用
轮廓		Z	以线串模式创建一系列相连的直线或圆弧
直线		L	绘制单条线段
圆弧		A	通过三点或通过指定其中心和端点创建圆弧
圆		O	通过三点或通过指定其中心和直径创建圆
倒圆角		F	在两条或三条曲线之间创建圆角
倒斜角			在两条草图直线或圆弧之间创建斜角过渡
矩形		R	可以使用对角点、三点方式绘制矩形
多边形		P	以中心、内切圆半径或外接圆半径绘制多边形
艺术样条		C	通过拖放定义点或极点并在定义点指派斜率或曲率约束，动态创建和编辑样条
点			创建草图点
椭圆			绘制椭圆
二次曲线			绘制二次曲线

1）直线绘图命令。单击“直线”工具按钮或按下快捷键 L，系统弹出“直线”工具栏，如图 1-142 所示。可以采用两种模式绘制直线。

◆ 坐标模式。坐标模式是最常用的一种绘制直线模式，选择这种模式后，用户可以在光标旁的输入框中输入直线端点坐标，也可以使用鼠标直接捕捉特征点或单击左键确定光标所在位置为直线的端点，如图 1-143 所示。

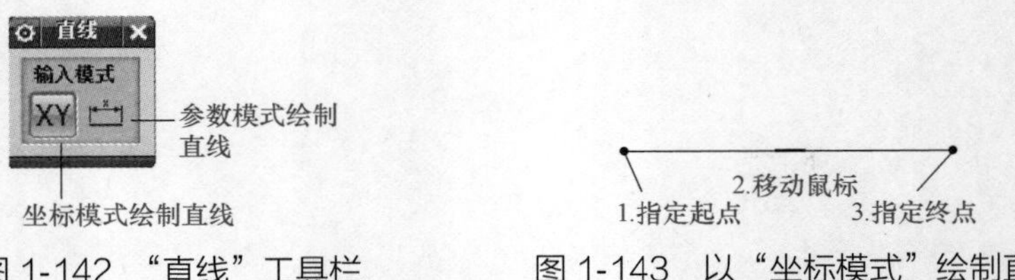

图 1-142 “直线”工具栏　　　　图 1-143 以“坐标模式”绘制直线

◆ 参数模式。选择这种模式后，光标旁的输入条变成长度和角度，可以直接输入所绘制直线的长度及其与 X 轴的夹角，然后用鼠标确定直线的起点创建直线。以这种方式绘制直线时，系统会直接为所绘直线标注强尺寸，如图 1-144 所示。

2）圆弧命令。单击“圆弧”工具按钮或按下快捷键 A，系统弹出“圆弧”工具栏，如图 1-145 所示。根据“圆弧方法”和“输入模式”的不同组合，圆弧有如下四种绘制方式：

◆ 三点。“圆弧方法”选“三点”按钮，“输入模式”选择“坐标”按钮XY，通过鼠标在绘图区指定圆弧的起点、终点和圆弧上一点绘制一条圆弧，也可以通过输入这三点的坐标绘制圆弧，如图 1-146 所示。

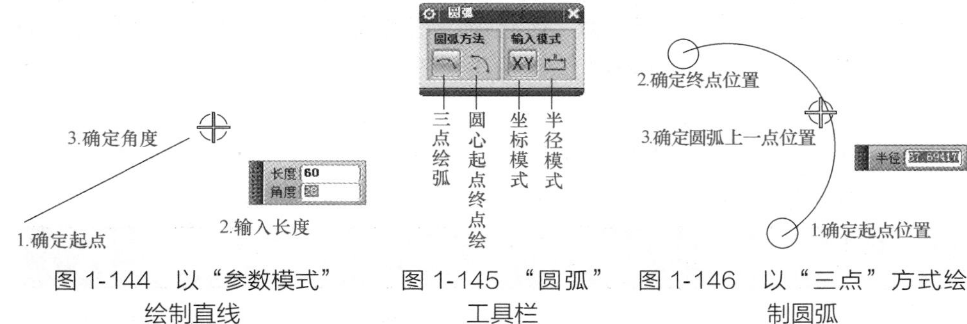

图 1-144 以“参数模式”绘制直线　图 1-145 “圆弧”工具栏　图 1-146 以“三点”方式绘制圆弧

◆ 起点、半径、起点法线方向、圆弧方向。“圆弧方法”选“三点”按钮，“输入模式”选择“参数模式”按钮，绘制过程如图 1-147 所示。

◆ 圆心、起点和终点。“圆弧方法”选“圆心和端点定圆弧”按钮，“输入模式”选择“坐标”按钮XY。这种方式通过鼠标或输入坐标的方式直接确定圆心，再通过起点和终点的位置绘制圆弧，绘制过程如图 1-148 所示。

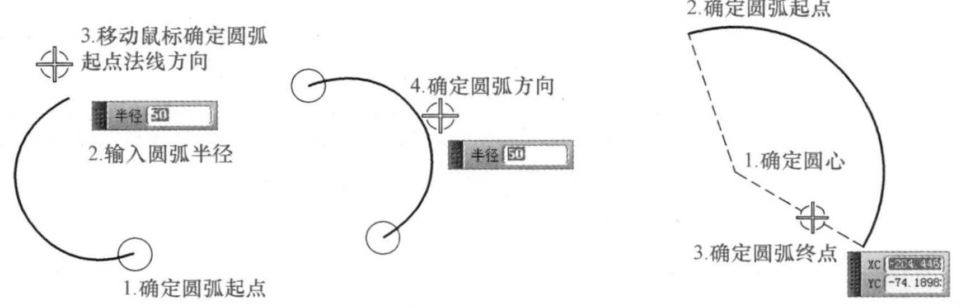

图 1-147 以“起点、半径、起点法线方向、圆弧方向”方式绘制圆弧　图 1-148 以“圆心和端点”方式绘制圆弧

◆ 圆心、半径和扫掠角度。“圆弧方法”选“圆心和端点定圆弧”按钮，“输入模式”选择“参数模式”按钮。绘制过程如图 1-149 所示。

3）轮廓线命令。使用轮廓线命令可以绘制连续的直线或圆弧，也可以使用一个轮廓线命令绘制直线和圆弧相连的轮廓。单击“轮廓线”工具按钮或按下快捷键 Z，系统弹出“轮廓线”工具栏，如图 1-150 所示。

单击“对象类型”下的“直线”按钮，进入绘制直线状态，和直线

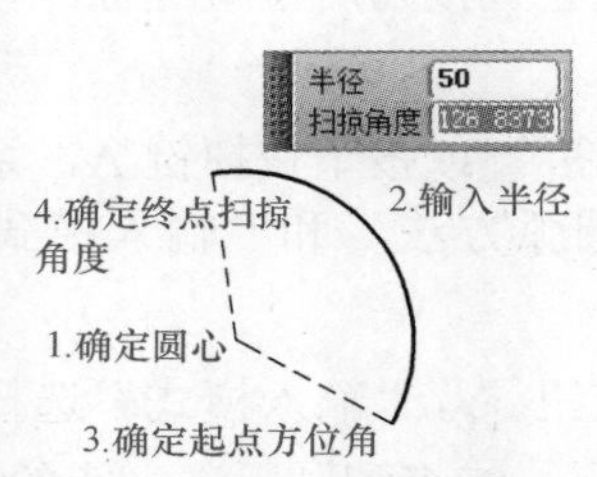

图 1-149　以“圆心、半径和扫掠角度”方式绘制圆弧

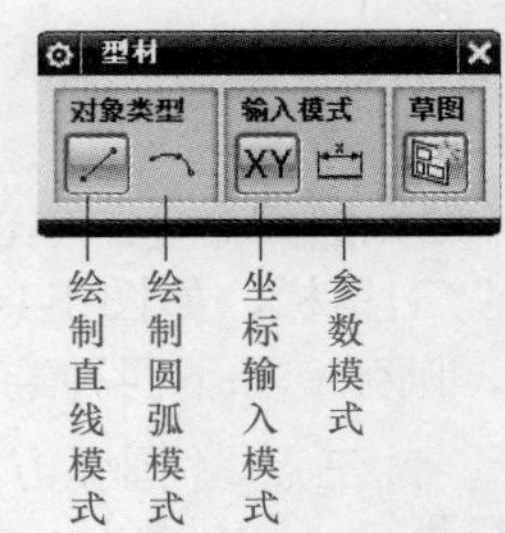

图 1-150　轮廓线工具栏

命令基本相同，不同的是可以绘制连续的线段。单击“圆弧”按钮，进入绘制圆弧状态，和圆弧命令相似，不过所绘制的圆弧是连续的，并且和前边的线段或圆弧相切或垂直。具体方法这里不再赘述。

2. 草图编辑命令介绍

表 1-13 所示为草图编辑命令介绍。

表 1-13　草图编辑命令介绍

命令	工具图标	快捷键	作　用
快速修剪		T	以任一方向将草图修剪至最近的交点或选定的边界
快速延伸		E	将曲线延伸至另一邻近曲线或选定的边界
制作拐角			延伸或修剪曲线，用于创建拐角
偏置曲线			偏置位于草图平面上的曲线链
阵列曲线			阵列位于草图平面上的曲线链
镜像曲线			创建位于草图平面上的曲线链的镜像
派生直线			在两条平行直线中间创建一条与另一条直线平行的直线，或在两条不平行直线之间创建一条平分线
现有曲线			将现有的共面曲线和点添加到草图中
交点			在曲线和草图平面之间创建一个交点
相交曲线			在面和草图平面之间创建相交曲线
投影曲线			沿草图平面的法向将曲线、边或点（草图外部）投影到草图上

1）快速修剪。该命令用于修剪曲线上的一部分或删除曲线。选择“快速修剪”工具按钮或按下快捷键 T，系统弹出“快速修剪”对话框，如图 1-151 所示。操作过程如图 1-152 所示。

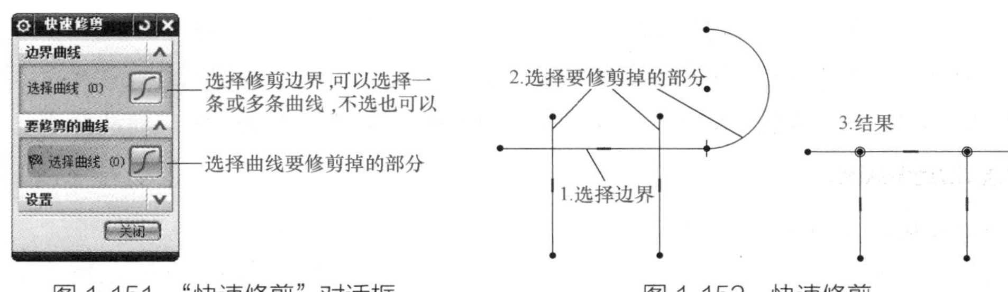

图 1-151 “快速修剪”对话框　　图 1-152 快速修剪

注意：快速修剪时，可以不选择边界，直接选择曲线上要修剪的部分。当有多个对象需要修剪时，可以在激活“快速修剪”对话框中“要修剪的曲线”选项组下“选择曲线”时，按住鼠标左键移动鼠标，使得鼠标的移动轨迹线穿过要修剪的曲线，快速完成多个曲线的修剪。

2）快速延伸。该命令用于延伸曲线到指定的边界或最近的曲线。选择“快速延伸”工具按钮或按下快捷键 E，系统弹出“快速延伸”对话框，如图 1-153 所示。操作过程如图 1-154 所示。

图 1-153 “快速延伸”对话框

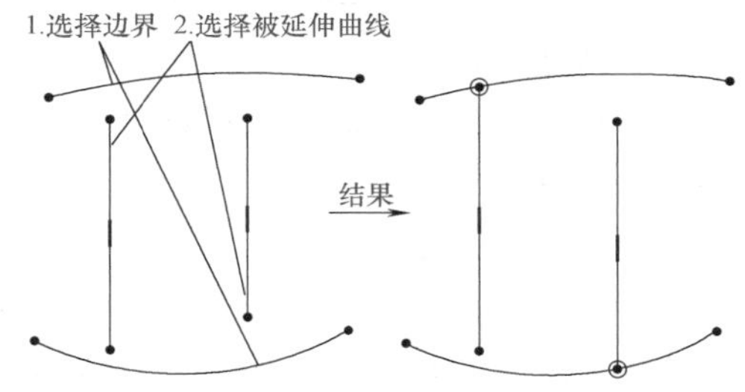

图 1-154 快速延伸

注意：快速延伸时，可以不选择边界，直接靠近曲线延伸端选择曲线。当有多个对象需要延伸时，可以在激活“快速延伸”对话框中“要延伸的曲线”选项组下“选择曲线”时，按住鼠标左键移动鼠标，使得鼠标的移动轨迹线穿过要延伸的曲线，快速完成多个曲线的延伸。

3）镜像曲线。单击“镜像曲线”工具按钮，系统弹出“镜像曲线”对话框，如图 1-155 所示。按图 1-156 所示的步骤完成镜像。

图 1-155 “镜像曲线”对话框

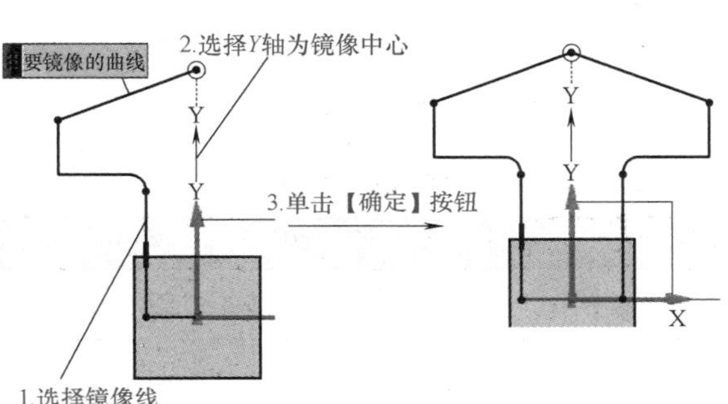

图 1-156 镜像曲线

4）偏置曲线。偏置曲线时可以选择草图外的曲线或草图内的曲线，最终将在草图中生成一组等距离的曲线。单击“偏置曲线”按钮，系统弹出“偏置曲线”对话框，如图1-157所示，按图1-158所示的步骤完成曲线偏置。

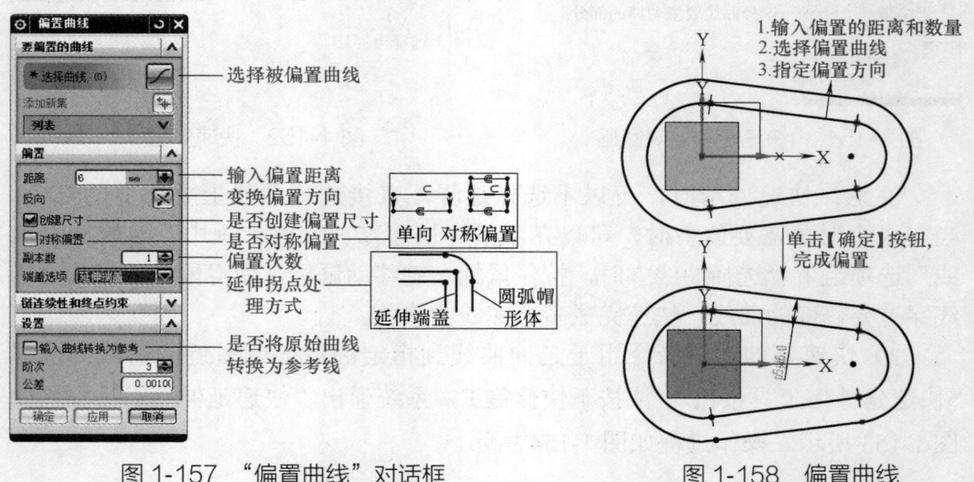

图1-157 “偏置曲线”对话框　　图1-158 偏置曲线

1.4.3.2 草图几何约束

几何约束用于定义草图对象之间的方位或形状关系，常用的几何约束工具如图1-159所示。

1. 几何约束定义

1）“几何约束”对话框。选择“几何约束”工具按钮，或按下快捷键C，系统弹出“几何约束”对话框，如图1-160所示，各约束符号的含义见表1-14。

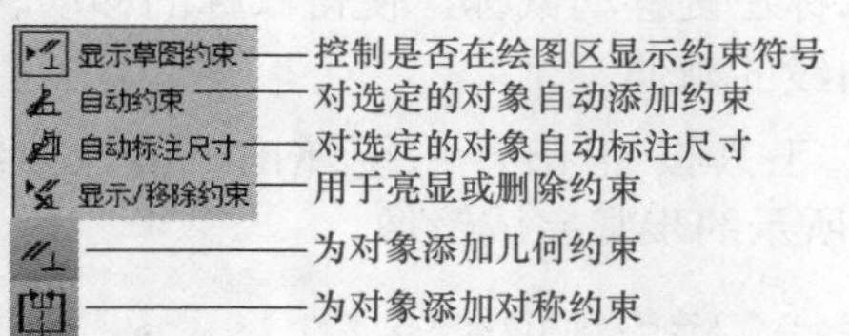

图1-159 常用几何约束工具

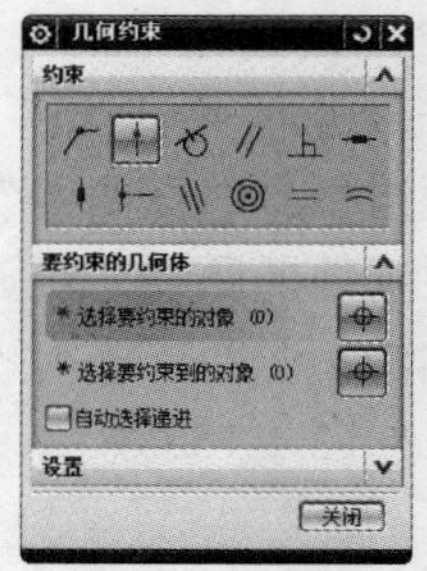

图1-160 “几何约束”对话框

表1-14 草图几何约束的符号及含义

命令	工具图标	含义
重合		定义两个或两个以上的点位置重合
同心		定义两个或两个以上的圆弧或椭圆弧的圆心同心
共线		定义两条或两条以上直线共线

（续）

命令	工具图标	含　义
点在曲线上		定义点位于曲线上
中点		定义点为直线或圆弧的中点，选择直线或圆弧时不要选择端点
水平		定义直线水平
竖直		定义直线竖直
平行		定义两条或两条以上直线彼此平行
垂直		定义两条或两条以上直线垂直
相切		定义两个对象相切
等长度		定义两条或两条以上直线长度相等
等半径		定义两条或两条以上圆弧半径相等
设为对称		将选定的点或直线、圆弧、圆设定为以指定直线对称

2）添加几何约束。激活对话框后，为不同的对象添加几何约束的步骤基本相同，即选择约束、选择对象。下面以添加平行约束和对称约束为例说明添加约束的过程。平行约束的添加过程如图 1-161 所示。对称约束的添加过程如图 1-162 所示。

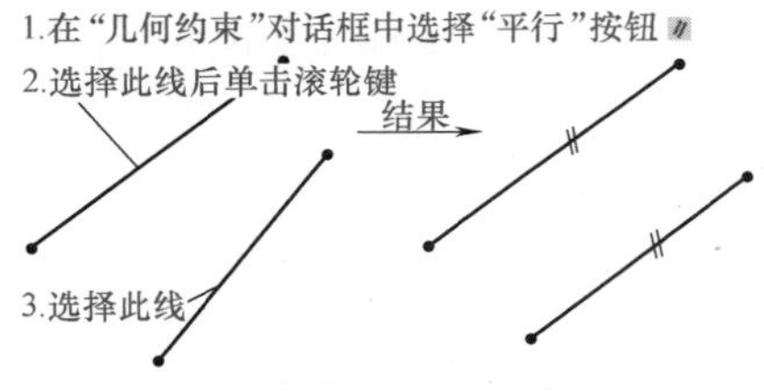

图 1-161　平行约束

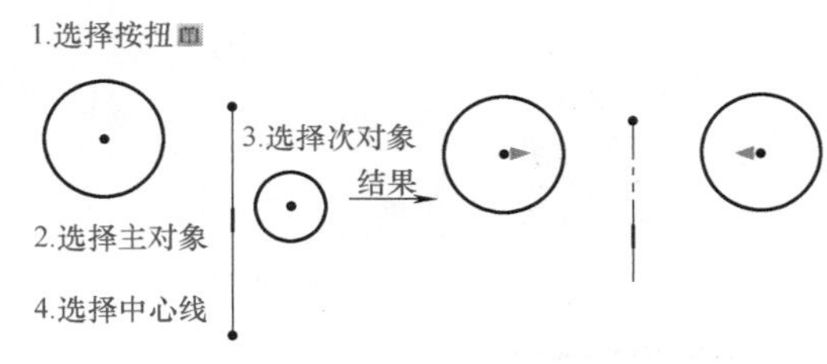

图 1-162　对称约束

注意：也可以在草图中，没有任何命令执行时，选中对象，在光标的右上方显示可用的几何约束，直接选择完成几何约束的添加。但"设为对称"约束必须使用工具按钮才能添加。

2. 显示和删除几何约束

单击工具按钮，系统弹出"显示 / 移除约束"对话框，如图 1-163 所示。

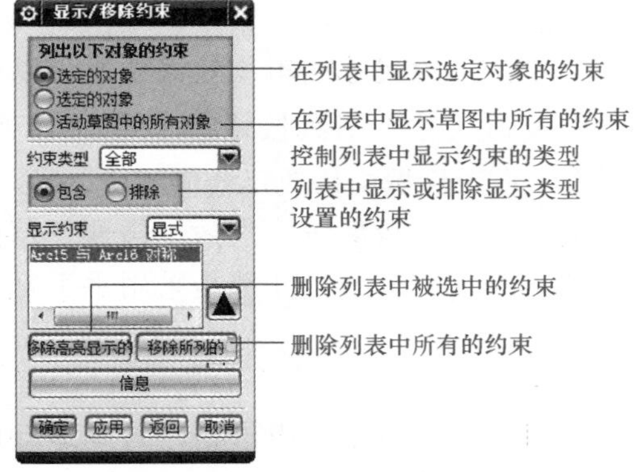

图 1-163　"显示 / 移除约束"对话框

1.4.3.3 草图尺寸标注及编辑

1. 快速尺寸标注

尺寸约束用数字约束草图对象的形状大小和位置，可以通过修改尺寸值驱动图形发生变化。它的作用和几何约束相同，很多时候可以替换，但也有不同，使用时应该细心体会。UG NX10.0 对草图尺寸标注做了比较大的调整，所以尺寸形式都可以在“快速标注”对话框中改变“方法”下拉列表选项进行标注。

1）快速尺寸对话框。单击“快速尺寸”工具按钮或按下快捷键 D，系统弹出“快速尺寸”对话框，如图 1-164 所示。

2）添加尺寸约束。虽然草图中尺寸的类型有很多，但标注方法基本相同，一般分为三步：

◆ 激活“快速尺寸”对话框，在“方法”列表中选择合适的标注方法。
◆ 选择被标注尺寸的对象。
◆ 放置尺寸，并修改尺寸值。

图 1-165 所示为标注两条线之间的角度尺寸，可说明标注尺寸的过程。

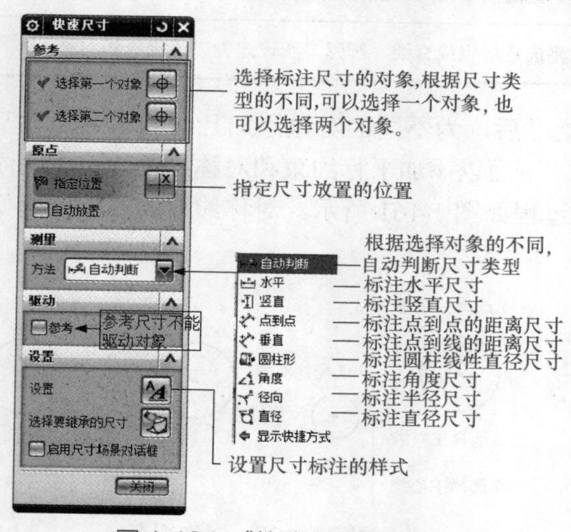

图 1-164 “快速尺寸”对话框

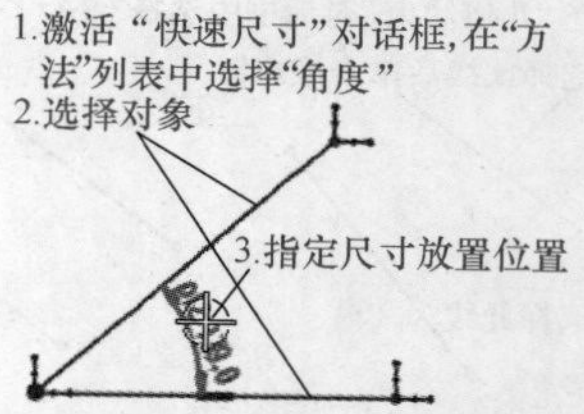

图 1-165 标注角度尺寸

2. 尺寸编辑

草图中的尺寸编辑比较简单，可以选择要编辑的尺寸后，选择光标右上角“编辑尺寸”工具按钮；也可以直接双击要编辑的尺寸，系统弹出对话框，在对话框中修改尺寸值就可以了。需要注意的是，如果想将草图中的尺寸进行统一编辑后统一生效，需要使草图延迟评估，而且所有的尺寸都是采用手工标注的方法产生。

1.4.3.4 拉伸特征

拉伸特征就是线串沿指定方向运动所形成的特征。如图 1-166 所示。

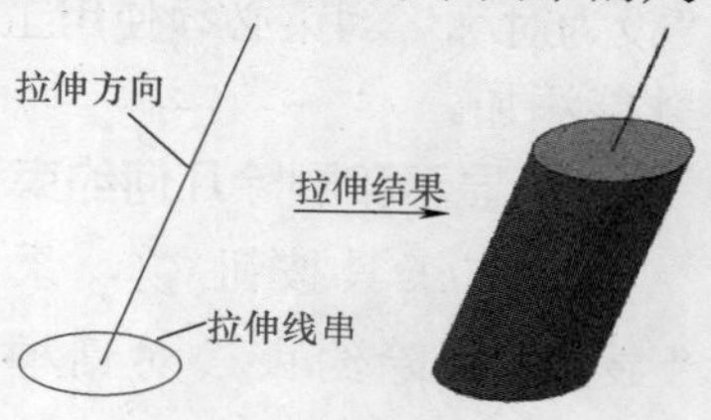

图 1-166 拉伸特征

1. “拉伸”对话框

单击“特征”工具栏“拉伸”工具按钮、单击键盘快捷键 X 或选择菜单【插入】→【设计特征】→【拉伸】，激活“拉伸”对话框，如图 1-167 所示。

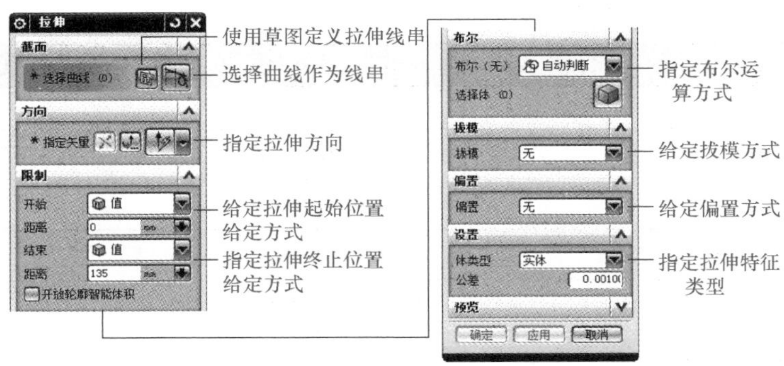

图 1-167 “拉伸”对话框

2. 拉伸起始和结束位置给定方式

拉伸起始和结束位置的含义如图 1-168 所示。起始位置和终止位置的给定方式如图 1-169 所示，各种方式的图例见表 1-15。

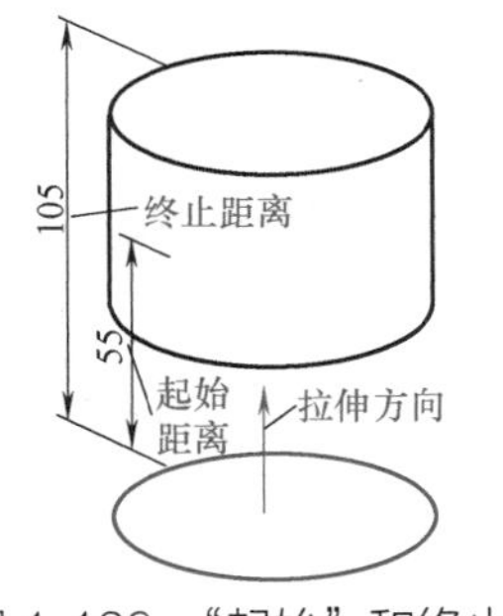

图 1-168 “起始”和终止

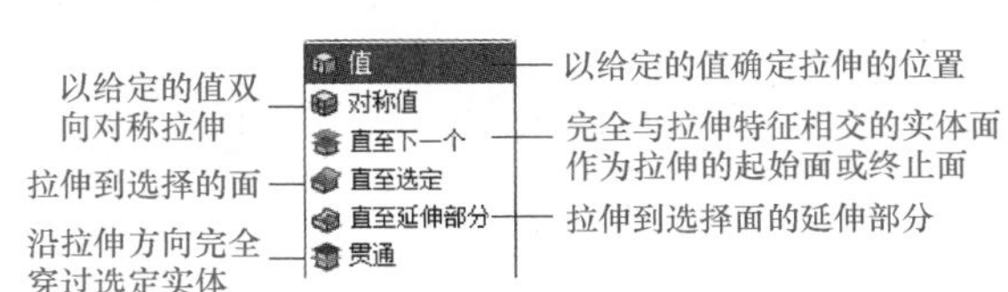

图 1-169 拉伸位置选项

表 1-15 拉伸距离项

值	对称值	直至下一个
		下一个面
选定面	直至延伸部分	贯通
选定面	延伸面	

3. 拉伸拔模项

使用截面创建拉伸特征可以产生拔模斜度。拔模斜度的给定方式有多种，可以通过“拉伸”对话框中“拔模”选项组下“拔模”列表进行选择，各选项含义见表 1-16。

表 1-16 “拔模”列表各选项的含义

图标及名称	含 义
【无】	拉伸时不产生拔模斜度
【从起始限制】	从拉伸的起始位置处开始拔模
【从截面】	从截面处开始拔模
【从截面—不对称角】	在截面两侧分别给定拔模角度
【从截面—对称角】	在截面两侧产生相同的拔模角度
【从截面匹配的终止处】	调整后拔模角，以使前后端盖匹配

4. 拉伸偏置

拉伸偏置可以使拉伸截面在拉伸法向的垂直平面上产生一个均匀的壁厚。有单侧、双侧和对称三种方式。其中单侧偏置只能用于封闭轮廓，在原有截面的基础上使截面尺寸减小或增大一个给定的偏置值，所产生的是实心实体，如图 1-170 所示。双侧偏置用于产生拉伸薄壳实体，如图 1-171 所示。

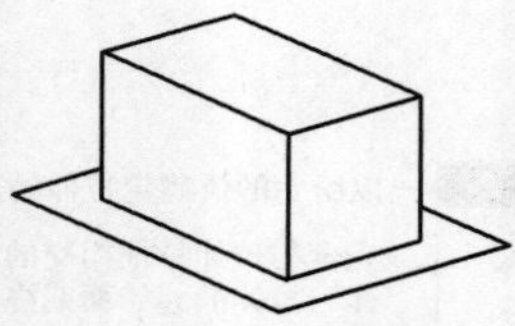

图 1-170 单侧偏置

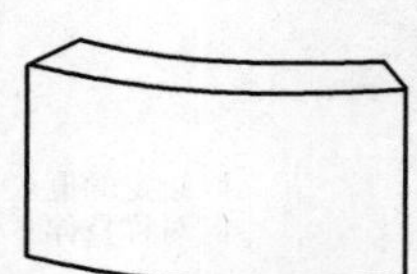

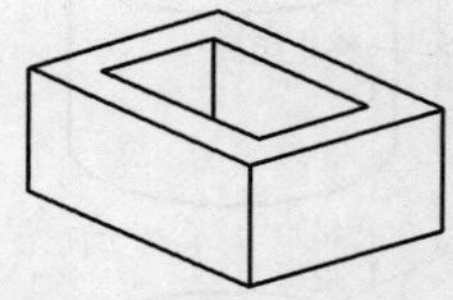

图 1-171 双侧偏置

1.4.3.5 镜像特征

“镜像特征”可以将选择的一个或多个特征沿指定的平面产生一个镜像体。可以选择菜单【插入】→【关联复制】→【镜像特征】，或单击“特征”工具栏“镜像特征”工具按钮激活“镜像特征”对话框，如图 1-172 所示。镜像特征的操作过程如图 1-173 所示。

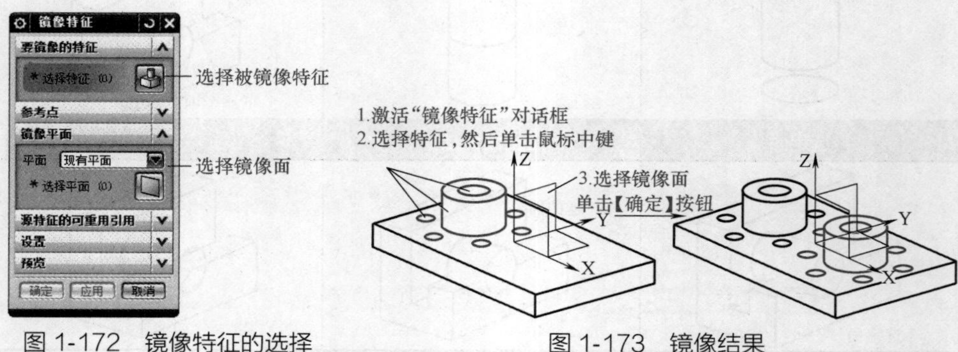

图 1-172 镜像特征的选择

图 1-173 镜像结果

1.4.3.6 局部剖视图

局部剖视图是指用剖切平面剖开零件的一部分，做到既可以表达部分内形，又可以更多地表达外部结构。局部剖视图常用于表达轴、连杆、手柄等零件上的小孔、槽、凹坑等局部结构。

可以通过选择菜单【插入】→【视图】→【局部剖】或单击“图纸”工具栏中“局部剖视图”按钮，系统激活“局部剖”对话框，如图 1-174 所示。

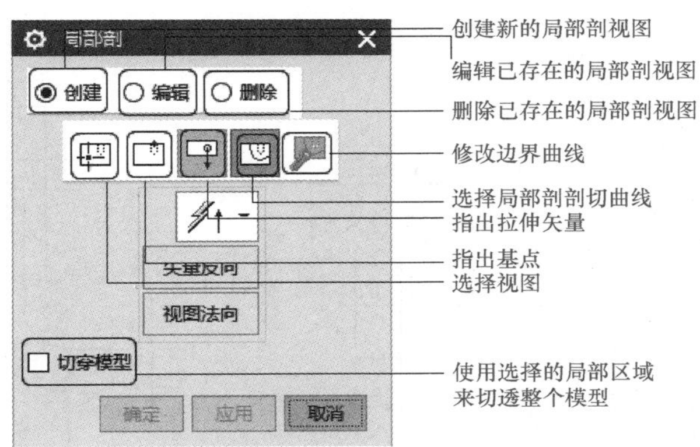

图 1-174　局部剖对话框

创建局部剖视图的步骤如下：

◆ 单击“局部剖”按钮。

◆ 在需要局部剖的视图边框上单击鼠标右键，在弹出的快捷菜单中选择【展开】命令，并绘制一段封闭的边界曲线。

◆ 完成之后，取消【展开】命令。

◆ 指定基点，即拉伸参考起点。

◆ 指定拉伸方向或接受默认方向。

◆ 选择已经定义好的边界曲线为局部剖剖切曲线。

◆ 单击【应用】按钮，完成局部剖视图的创建。

注意：

◆ 在指出基点时，基点一般不能选择局部剖视图中的点，而要选择其他视图中的点。

◆ 在编辑边界曲线时，如启用“捕捉作图线”复选框，则在编辑过程中系统会自动捕捉构造线；用户也可启用“切穿模型”功能选项来修改边界和移动边界位置。完成边界的编辑后，系统会在选择的视图中生成新的局部剖视图。

1.4.4 问题探讨

1）查找资料，独立学习草图中圆、矩形、多边形、圆角和斜角命令的用法。

2）草图绘制中，尺寸标注出现不同颜色，红色、暗红色、绿色等分别表示什么含义？

3）除了书中讲解的操作步骤，还有没有其他方法可以完成拨叉造型？试用自己的方法完成拨叉造型。

1.4.5 任务拓展

支架零件图如图 1-175 所示，完成其三维造型并创建工程图。

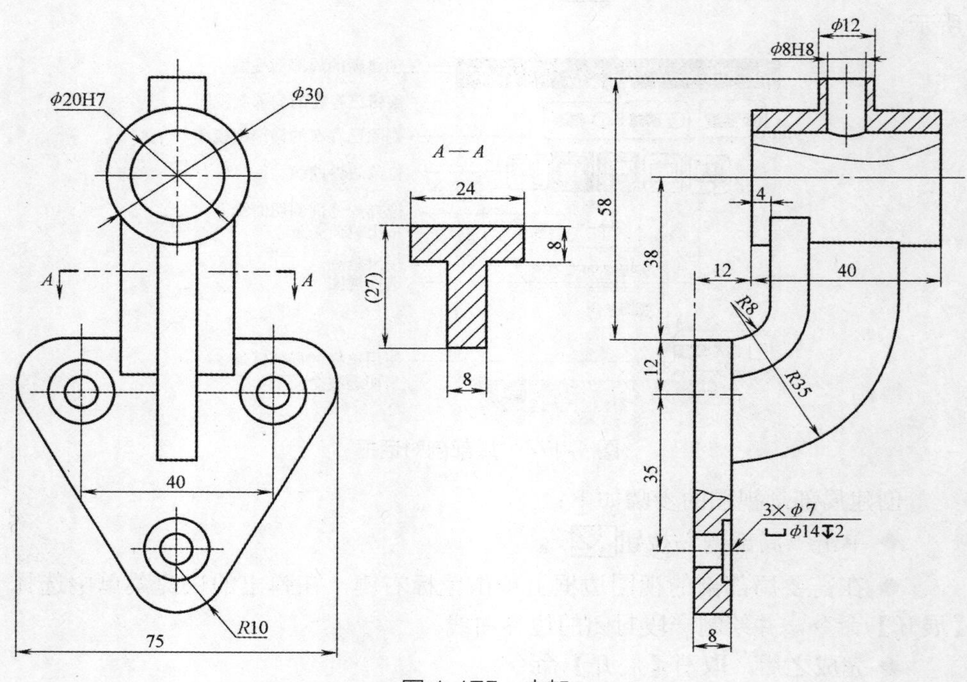

图 1-175　支架

任务 1.5　连杆零件造型并制作工程图

知识点

◎ 圆柱凸台特征。
◎ 圆柱腔特征。
◎ 通过曲线组。
◎ 面替换。
◎ 拔模特征。

技能点

◎ 熟练掌握并运用草图和拉伸特征工具。
◎ 能运用凸台、圆柱腔、通过曲线组、面替换及拔模等工具完成零件造型。
◎ 掌握叉架类零件的结构分析及造型设计。

任务描述

通过对连杆零件造型及工程图制作的学习，巩固草图、拉伸等知识点，并介绍了通过曲线组、圆柱凸台、圆柱腔、面替换及拔模等特征工具的使用方法及操作过程，读者应熟练掌握连杆零件三维建模的基本技巧及方法。

1.5.1 任务实施

1. 零件图样分析

连杆零件图样如图 1-176 所示，属于典型的叉架类零件。叉架类零件主要起连接、拨动和支承等作用，常见的有拨叉、连杆、支架及摇臂等。该类零件结构较为复杂，外形不规则，且大多具有肋、板、杆、筒、座和凸台等结构。

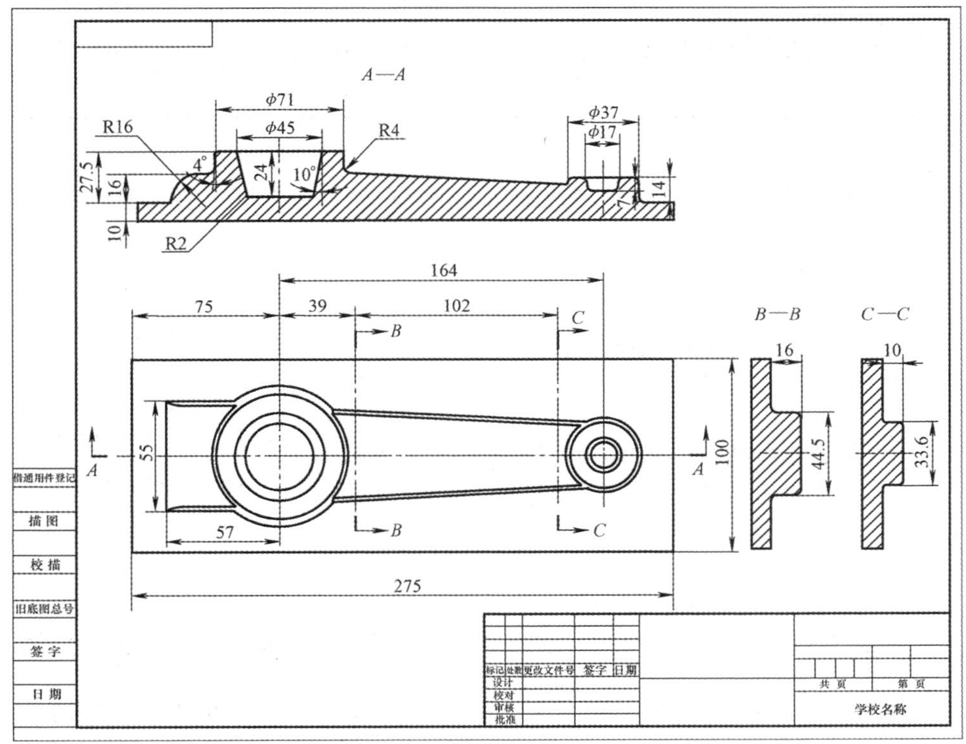

图 1-176 连杆零件图样

连杆零件主要由底板、左圆柱凸台 ϕ71mm×27.5mm、右圆柱凸台 ϕ37mm×14mm、左凸耳 57mm×55mm、中间连接部分五部分组成。造型过程使用了立方体、拉伸、通过曲线组、凸台、腔、拔模、圆角以及面替换等特征命令。

2. 造型方案设计

连杆零件的造型思路是：使用体素工具进行底座和圆柱凸台、腔的造型；使用通过曲线组、面替换、布尔和工具完成中间连接部分的造型；使用拉伸完成左侧凸耳的造型；最后进行拔模、边倒圆操作。具体造型方案见表 1-17。

表 1-17　连杆造型方案设计　（单位：mm）

1）创建底板 275×100×10	2）左圆柱凸台 ϕ 71×27.5	3）右圆柱凸台 ϕ37×14
4）中间连接部分	5）左边凸耳 57×55	6）左圆柱腔 ϕ45×24—10°—R2
7）右圆柱腔 ϕ17×7—10°—R2	8）拔模 4°	9）倒圆角 R4 和 R2

3. 操作步骤

1）新建模型文件。文件名：liangan.prt，单位：毫米，文件位置：G：盘根目录。

2）创建底板。要求：

◆ 使用“块”工具进行造型。

◆ 块尺寸：275mm×100mm×10mm。

◆ 原点坐标：−75，−50，−10，结果如图 1-177 所示。

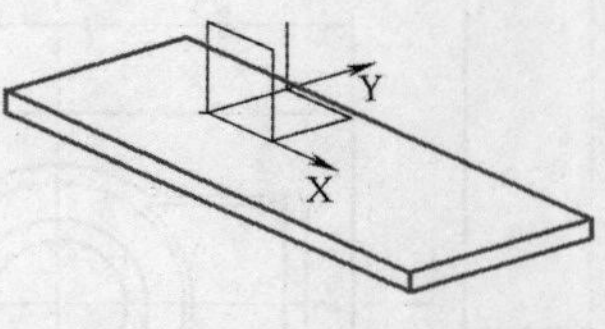

图 1-177　底板

3）创建左圆柱凸台 ϕ71mm×27.5mm。要求：

◆ 使用“凸台”工具激活“凸台”对话框。

◆ 放置：选择底板上表面。

◆ 凸台直径：71mm，高度：27.5mm，锥角：4°。

◆ 定位：使用进行定位，使凸台中心与坐标原点重合，结果如图 1-178 所示。

◆ 使用“实用工具”工具栏“简单测量”下拉菜单“简单直径”，测量凸台的顶面直径和底部直径。

◆ 在图形区双击凸台，激活“编辑参数”对话框，选择【特征参数】按钮修改凸台尺寸，直径 71mm，高度 27.5mm，锥角 0°，结果如图 1-179 所示。

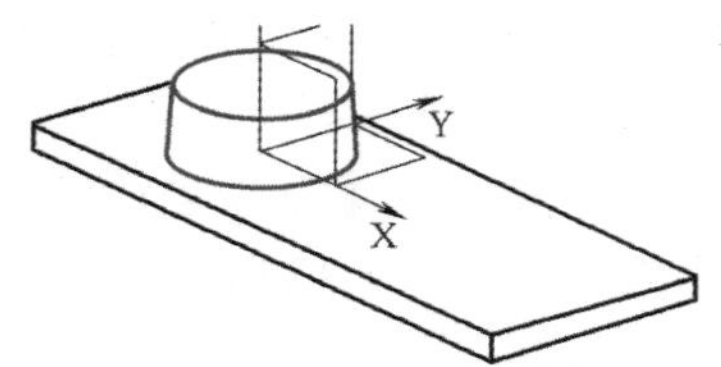

图 1-178　ϕ71mm×27.5mm—4°凸台

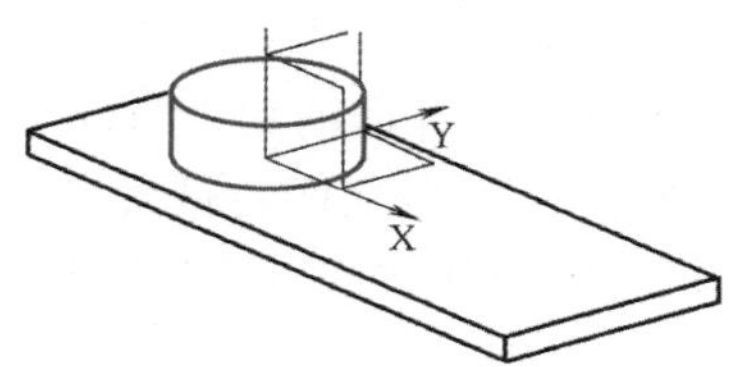

图 1-179　ϕ71mm×27.5mm 凸台

E1-32

观看步骤 1）～3）操作视频，请扫二维码 E1-32。

4）右圆柱凸台 ϕ37mm×14mm。要求：

◆ 使用凸台工具进行右圆柱凸台 ϕ37mm×14mm 造型。

◆ 放置：选择底板上表面。

◆ 凸台直径：37mm，高：14mm，锥角：0°。

◆ 定位：凸台中心落在 X 轴上，距离 Y 轴 164mm，使用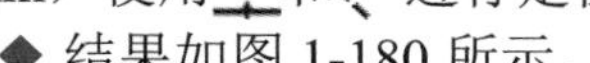和进行定位。

◆ 结果如图 1-180 所示。

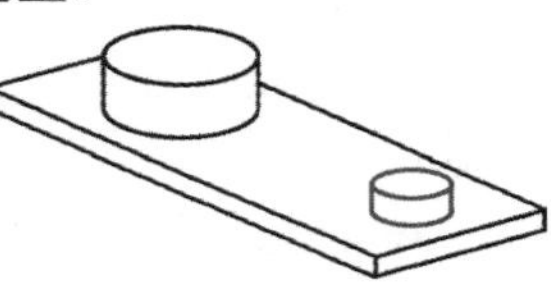

图 1-180　右圆柱凸台 ϕ37mm×14mm

E1-33

观看步骤 4）操作视频，请扫二维码 E1-33。

5）创建基准平面 1。要求：基准平面距离 YZ 平面的距离为 39mm，如图 1-181 所示。

6）创建“SKETCH_000”。要求：草图平面为基准平面 1，结果如图 1-182 所示。

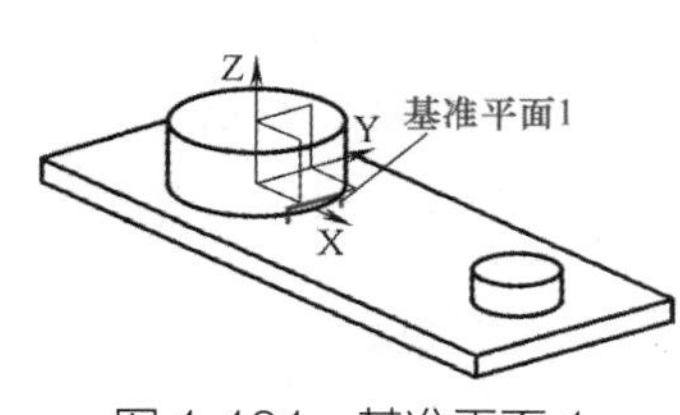

图 1-181　基准平面 1

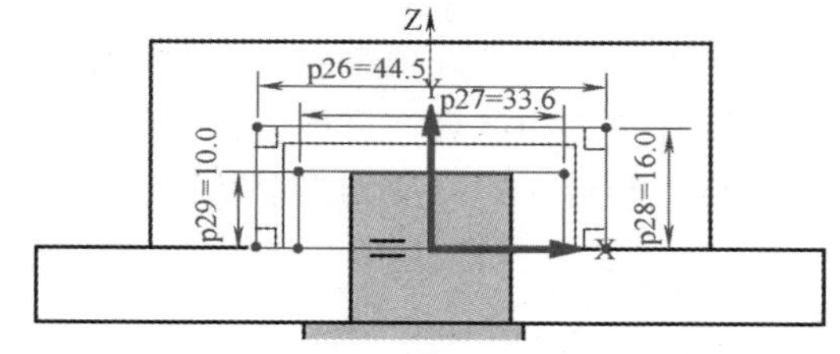

图 1-182　草图“SKETCH_000”

7）阵列几何对象特征。要求：

◆ 使用“特征”工具栏“阵列几何特征”工具激活“阵列几何特征”对话框。

◆ 阵列对象：草图“SKETCH_000”中 33.6mm×10mm 矩形，阵列方向：X 轴，阵列数量：2，距离：102mm。

◆ 将草图“SKETCH_000”中的小矩形隐藏，结果如图 1-183 所示。

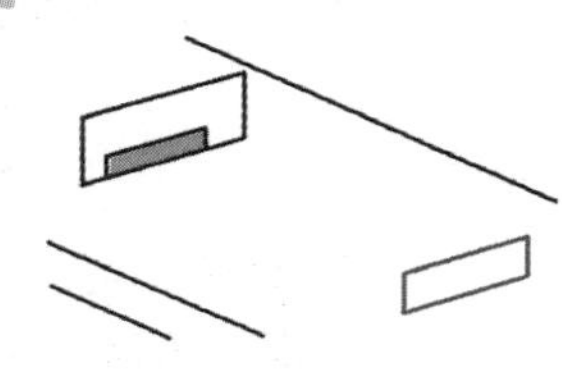

图 1-183　曲线阵列

E1-34

观看步骤 5）～7）操作视频，请扫二维码 E1-34。

8）使用“通过曲线组”工具创建“通过曲线组曲面（8）”特征。要求：

◆ 在部件导航器中，选中“草图（5）SKETCH_000”和“阵列几何特征【线性】（6）”，并拖动到“凸台（3）”前，如图1-184所示。

◆ 在“阵列几何特征【线性】（4）”上选择右键菜单【设为当前特征】，将特征“阵列几何特征【线性】（4）”变为当前特征，如图1-185所示。

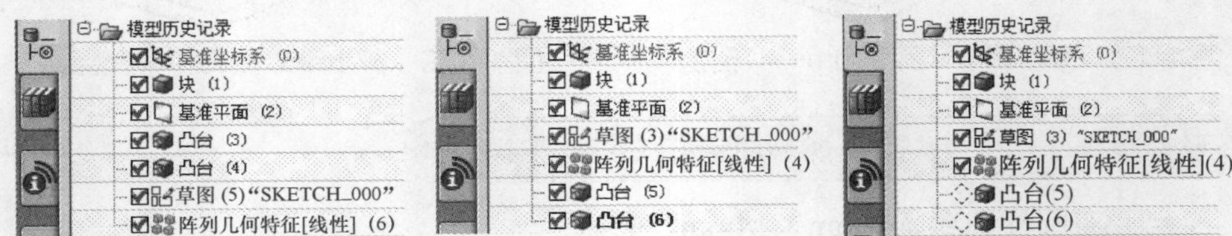

图1-184　调整特征顺序　　图1-185　改变当前特征

◆ 使用“曲面”工具栏“通过曲线组”工具激活“通过曲线组”对话框。

◆ 在绘图区上方将曲线规则改为“相连曲线”，如图1-186所示。

◆ 截面定义。按图1-187所示的顺序选择截面。

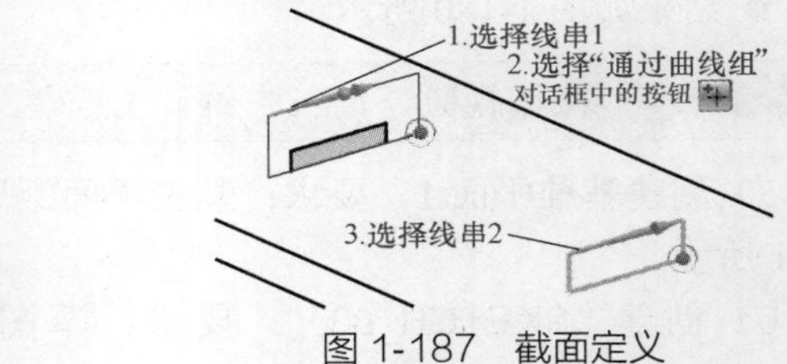

图1-186　曲线规则　　图1-187　截面定义

注意：截面一与截面二初始曲线的方向必须一致。

◆ 选中“对齐”选项组的“保留形状”选项，结果如图1-188所示。

◆ 进行布尔和运算。目标体：底板，工具体：通过曲线组特征。

◆ 将“凸台（8）”变为当前特征，结果如图1-189所示。

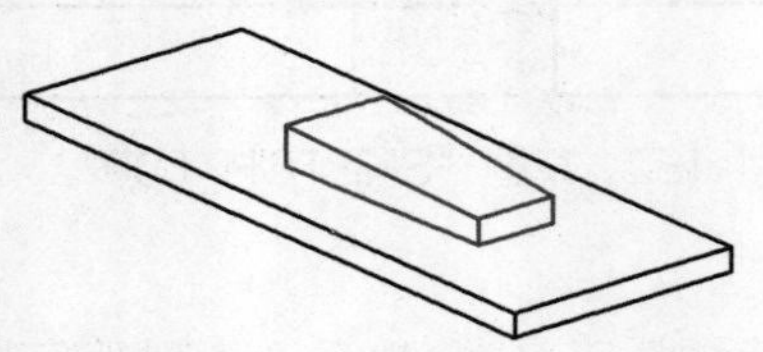

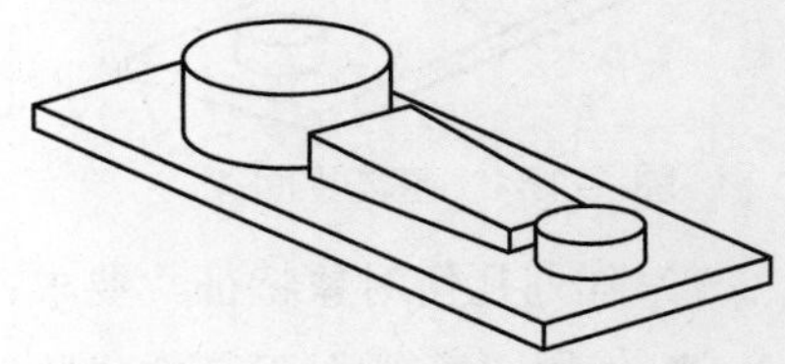

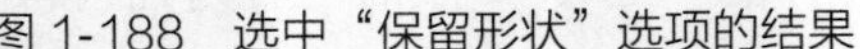

图1-188　选中“保留形状”选项的结果　　图1-189　“凸台（8）”为当前特征

E1-35

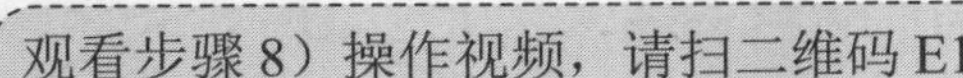

观看步骤8）操作视频，请扫二维码E1-35。

9）面替换。要求：

◆ 使用左侧圆柱面替换中间凸台左侧面。

◆ 使用右侧圆柱面替换中间凸台的右侧面。

◆ “要替换的面”及“替换面”选择如图1-190所示的面，结果如图1-191所示。

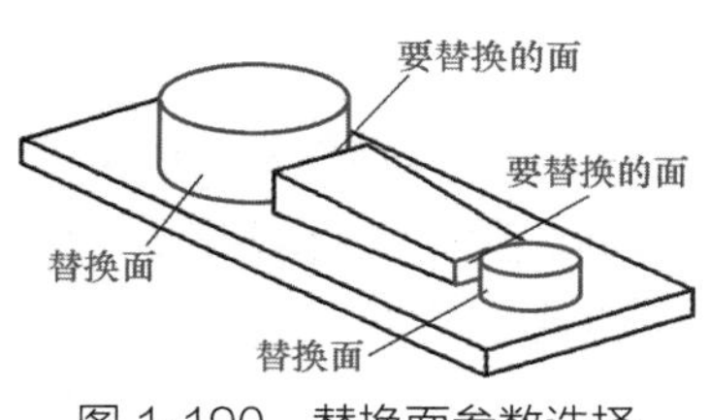

图 1-190　替换面参数选择

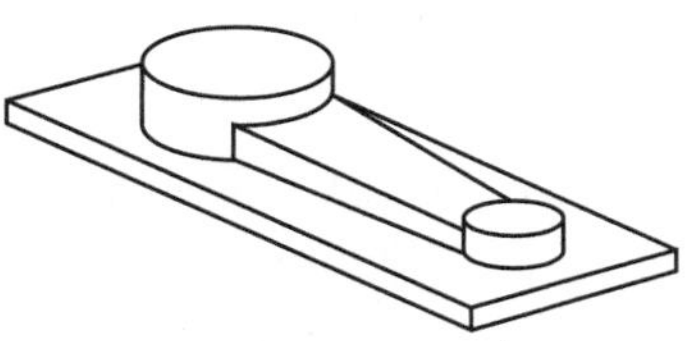
图 1-191　替换结果

E1-36

观看步骤 9）操作视频，请扫二维码 E1-36。

10）创建草图。要求：草图平面为 X-Z 平面，草图绘制结果如图 1-192 所示。

11）创建拉伸特征。要求：

◆ 拉伸截面："SKETCH_001"，拉伸方向：+YC。

◆ 拉伸方式：对称值，距离：27.5mm，布尔：求和，结果如图 1-193 所示。

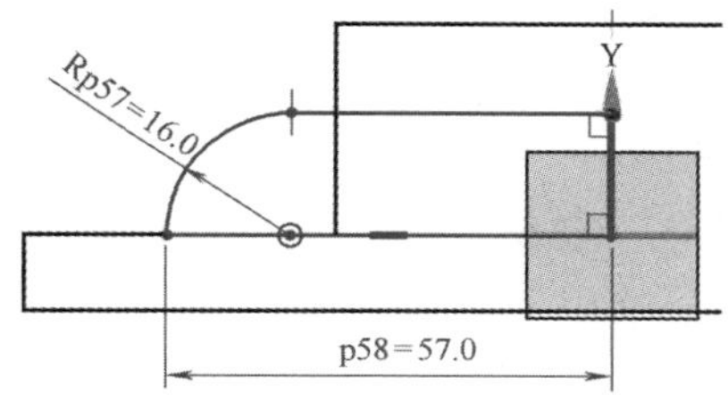

图 1-192　草图"SKETCH_001"

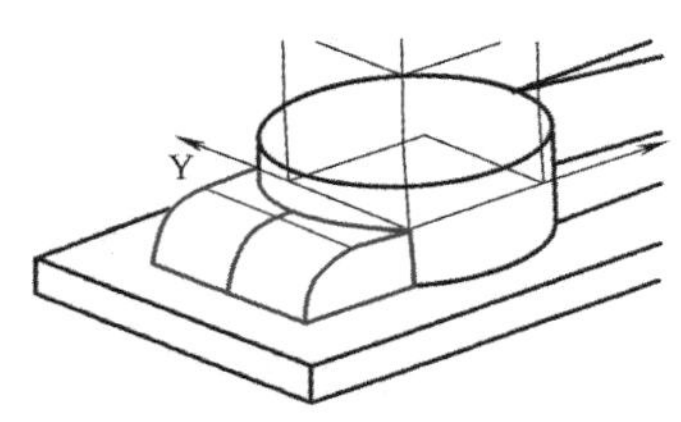

图 1-193　拉伸结果

E1-37

观看步骤 10）～ 11）操作视频，请扫二维码 E1-37。

12）创建左端腔 ϕ45mm×24mm—10°—R2mm。要求：

◆ 使用"特征"工具栏"腔体"工具激活"腔体"对话框。

◆ 选择"腔体"对话框【圆柱形】。

◆ 放置面：左侧圆柱凸台顶面。

◆ 腔体直径：ϕ45mm，深度：24mm，底面圆角：R2mm，锥角 10°。

◆ 定位方式："点落在点上"，腔体的中心和圆柱凸台中心重合，结果如图 1-194 所示。

图 1-194　左端腔 ϕ45mm×24mm—10°—R2mm

13）创建右侧腔 ϕ17mm×7mm—10°—R2mm。要求：

◆ 放置面：右侧圆柱面顶面。

◆ 腔体直径：ϕ17mm，深度：7mm，底面圆角：R2mm，锥角 10°。

◆ 定位腔的轴线和右侧圆柱凸台轴线重合，结果如图 1-195 所示。

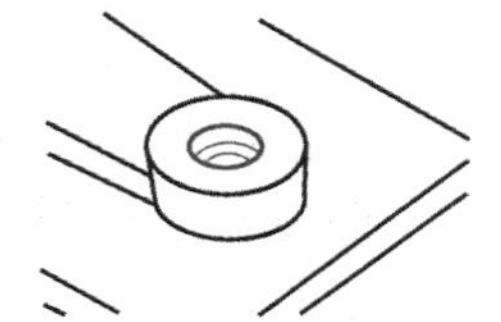
图 1-195　右端腔 ϕ17mm×7mm—10°—R2mm

E1-38

观看步骤 12）～ 13）操作视频，请扫二维码 E1-38。

14）创建拔模特征。要求：

◆ 使用“特征”工具栏“拔模”工具 激活“拔模”对话框。

◆ 拔模类型：从平面或曲面，拔模方法：固定面，拔模方向：+ZC 轴。

◆ 固定面、拔模面（6 个面）的选择如图 1-196 所示。

◆ 拔模角度：4°，结果如图 1-197 所示。

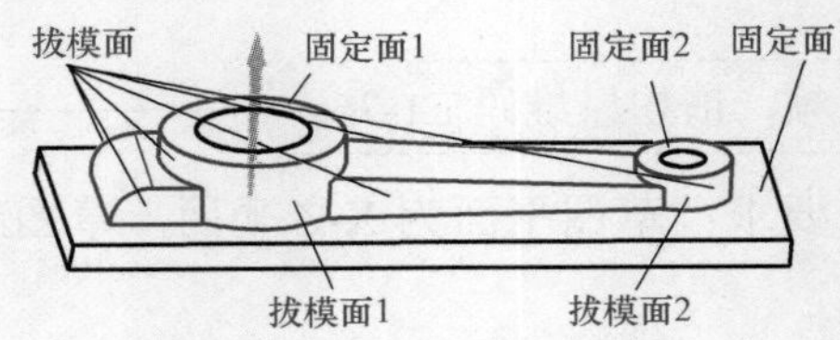

图 1-196　拔模参数选择设置

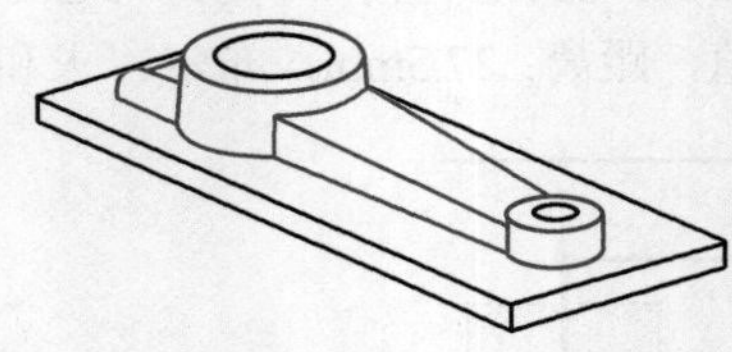

图 1-197“拔模（14）”结果

E1-39

观看步骤 14）操作视频，请扫二维码 E1-39。

15）倒圆角 R2mm 和 R4mm。要求：除图中所示两条相切边圆角半径为 R4mm，其余圆角均为 R2mm，结果如图 1-198 所示。

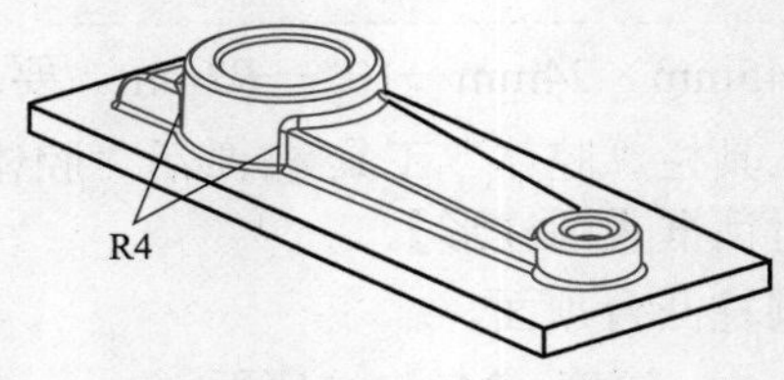

图 1-198　倒圆角结果

16）保存文件。

E1-40

观看步骤 15）～16）操作视频，请扫二维码 E1-40。

17）进入工程图界面。要求：按下快捷键 Ctrl+Shift+D 进入工程图环境。

18）创建图纸。要求：图纸模板使用“A3- 无视图”。

19）创建基本视图。视图比例为 1∶2，参考结果如图 1-199 所示。

20）创建 A—A 剖视图。要求：剖切位置左侧圆柱凸台中心，结果如图 1-200 所示。

图 1-199　创建基本视图

21）创建 B—B 剖面图和 C—C 剖视图。要求：B—B 剖面图距离 YZ 面 39mm，C—C 距离 YZ 面 141mm，结果如图 1-201 所示。

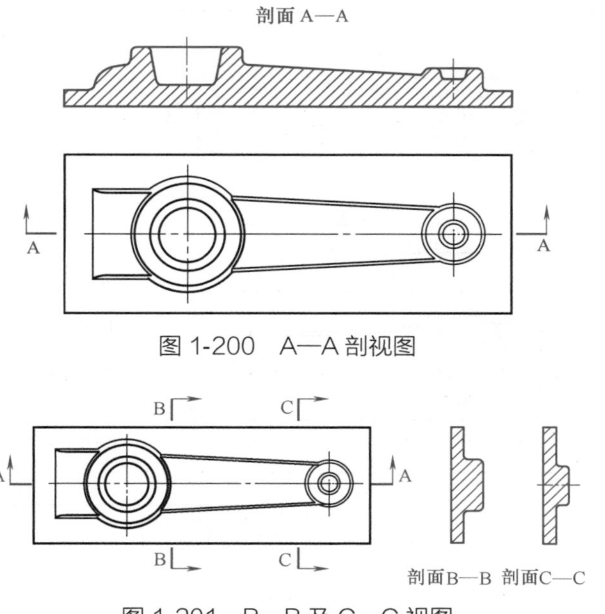

图 1-200　A—A 剖视图

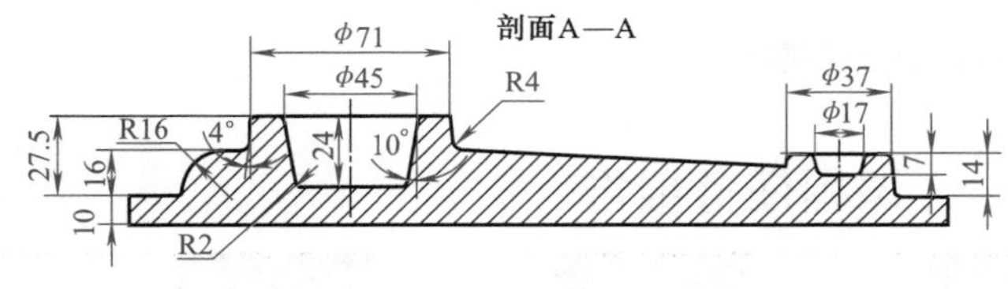

图 1-201　B—B 及 C—C 视图

观看步骤 17）～ 21）操作视频，请扫二维码 E1-41。

E1-41

22）标注尺寸。所标尺寸的位置可参考图 1-202。

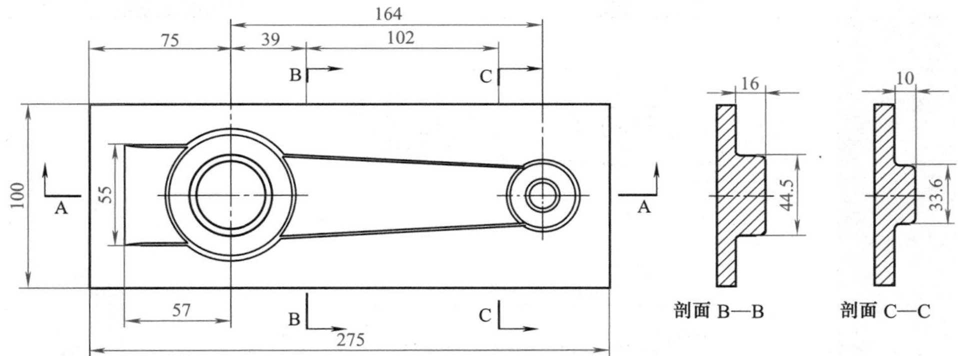

图 1-202　尺寸标注

23）调整视图位置。参考图 1-203 调整视图位置。

24）保存文件完成连杆工程图的创建。

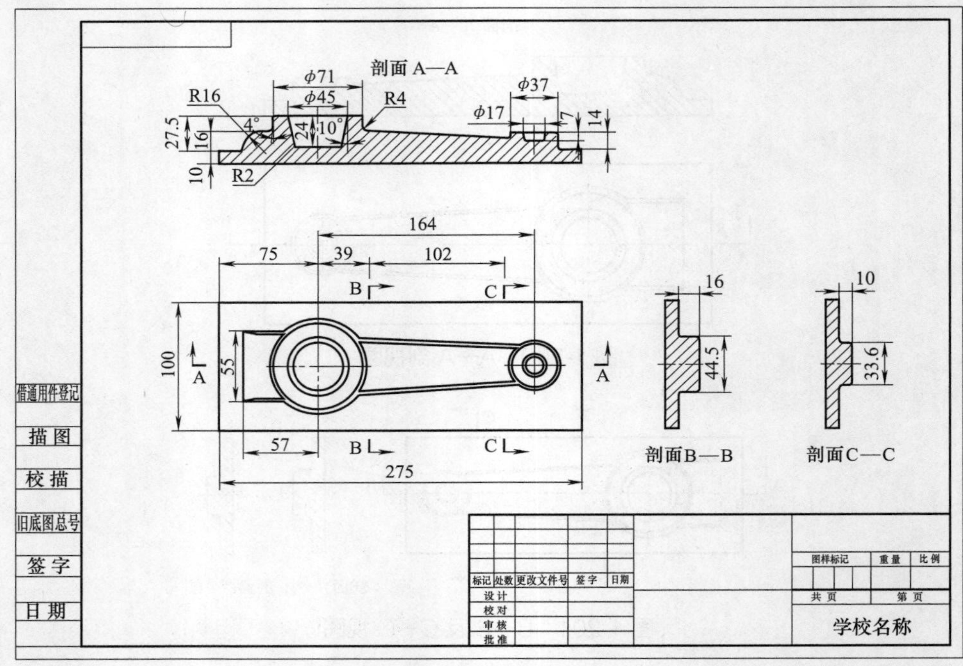

图 1-203 连杆工程图样

观看步骤 22）～ 24）操作视频，请扫二维码 E1-42。

1.5.2 填写“课程任务报告”

课程任务报告

班级		姓名		学号		成绩	
组别		任务名称	连杆零件造型并制作工程图			参考课时	6 课时
任务图样	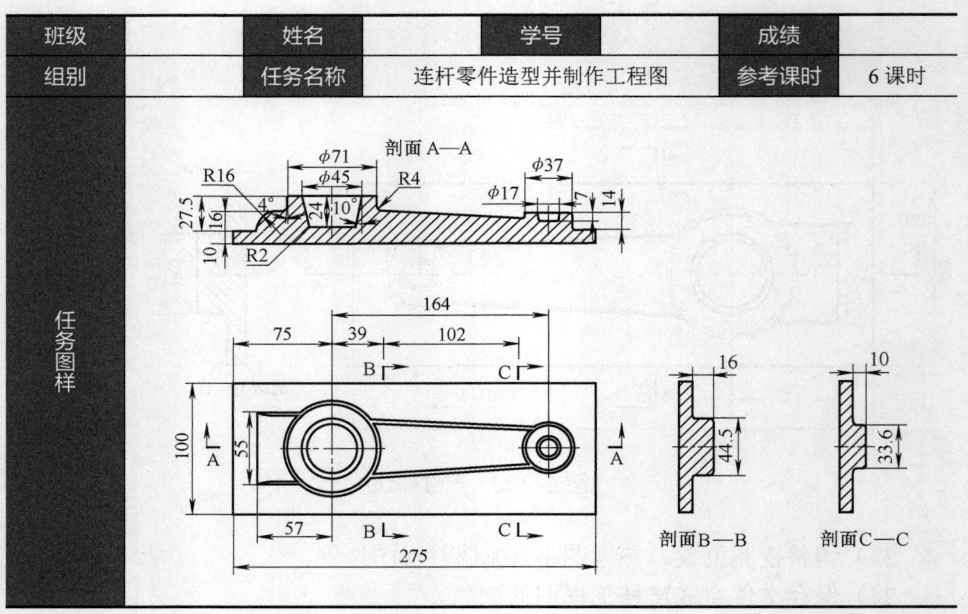						

（续）

任务要求	1. 对照任务参考过程，相关视频，知识介绍，完成连杆零件造型及工程图。 2. 学习圆柱凸台、圆柱腔、通过曲线组、面替换和拔模等工具的用法。 3. 巩固 UG 基本技能、草图及工程图相关知识。
任务完成过程记录	总结的过程按照任务的要求进行，如果位置不够可加附页（根据实际情况，适当安排拓展任务供同学分组讨论学习，此时以拓展训练内容的完成过程进行记录）。

1.5.3 知识学习

1.5.3.1 通过曲线组

通过曲线组特征使用多组截面线串（线串之间可以相交，但不能在交点处平行）按照一定的连接方式生成片体或实体，可以定义第一截面线串和最后截面线串与现有曲面的约束关系，使生成的曲面与原有曲面圆滑过渡。

选择菜单【插入】→【网格曲面】→【通过曲线组】，或者单击“曲面”工具栏“通过曲线组”按钮，系统弹出如图 1-204 所示的“通过曲线组”对话框。

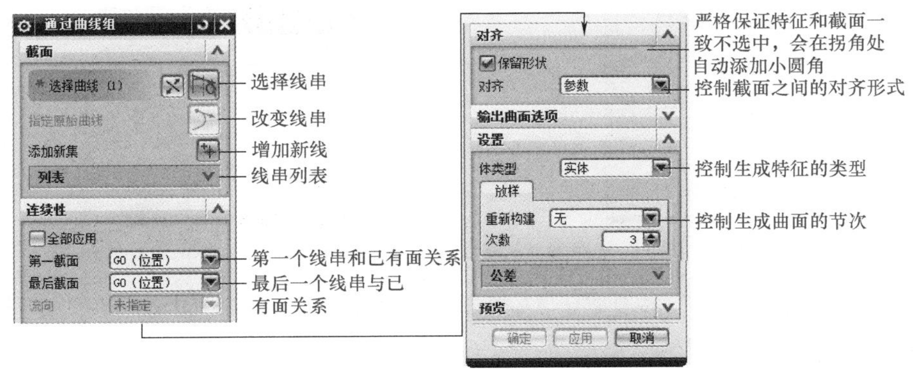

图 1-204 “通过曲线组”对话框

“通过曲线组”对话框中常用选项的作用如下：

1）截面：选择曲线或点，但第一个截面必须是线。

2）连续性：用于对通过曲线组生成的曲面的起始端和终止端定义约束条件。

◆ G0（位置）：生成的曲面与指定面连续、无约束。

◆ G1（相切）：生成的曲面与指定面相切连续。

◆ G2（曲率）：生成的曲面与指定面曲率连续。

3）对齐：用于控制特征从一个截面流到另一个截面的方式。

◆ 参数：沿截面以相等的参数间隔来隔开等参数曲线连接点。

◆ 弧长：沿定义截面以相等的弧长间隔来隔开等参数曲线连接点。

◆ 根据点：对齐不同形状的截面之间的点。

◆ 距离：在指定方向上沿每个截面以相等的距离隔开点。

◆ 角度：在指定的轴线周围沿每条曲线以相等的角度隔开点。

1.5.3.2 凸台

凸台特征用于在实体的平面上生成圆柱凸台，如图 1-205 所示。

图 1-205 圆柱凸台

可以选择菜单【插入】→【设计特征】→【凸台】或者单击“特征”工具栏“凸台”工具按钮，激活“凸台”对话框。

下面以在 100mm×100mm×20mm 立方体上创建 ϕ40mm×30mm 圆柱凸台为例，介绍凸台创建过程。

◆ 选择“凸台”工具按钮，系统弹出“凸台”对话框，如图 1-206 所示。

◆ 在“凸台”对话框中输入直径：40mm，高度：30mm。

◆ 选择长方体顶面作为放置面，单击【确定】按钮。

◆ 系统弹出“定位”对话框。如图 1-207 所示。

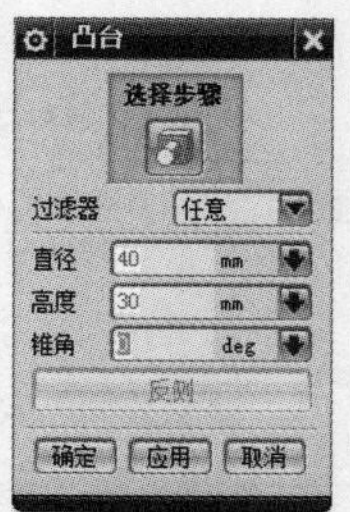

图 1-206 “凸台”对话框

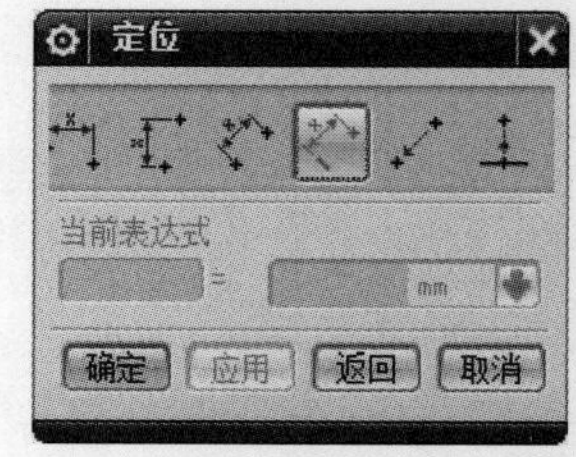

图 1-207 “定位”对话框

◆ 单击“垂直”按钮，选择如图 1-208 所示长方体的边，在“定位”对话框中输入距离“50”后回车。

◆ 同法定义另一个方向的定位尺寸“50”，结果如图 1-209 所示。

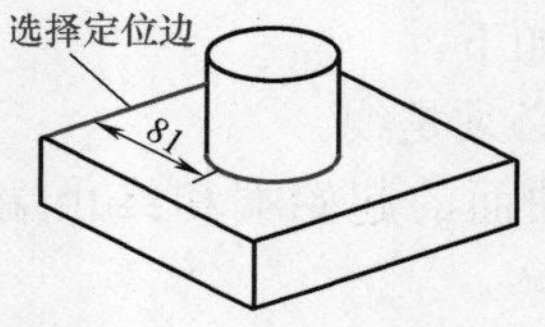

图 1-208 凸台定位

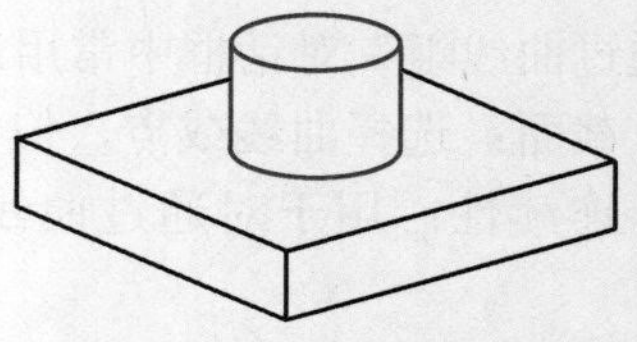

图 1-209 凸台创建结果

1.5.3.3 腔体

腔体特征可以在指定的实体中形成圆柱形、矩形或者常规的空腔，如图 1-210 所示。其中，圆柱形腔和矩形腔的放置面必须是平面，常规腔体可以在曲面上创建，但需要绘制腔体的截面图。

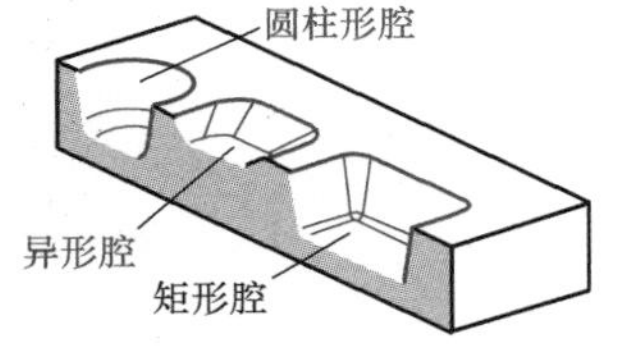

图 1-210 腔体

可以选择菜单【插入】→【设计特征】→【腔体】或单击“特征”工具栏“腔体”工具按钮激活“腔体”对话框。圆柱形腔和矩形腔的创建过程和圆柱凸台创建过程基本相似，这里不再赘述。

1.5.3.4 替换面

UG NX 提供了强大的同步建模工具，可以对非参数模型或参数模型很方便地进行各种编辑。替换面仅是同步建模的一个工具，使用“替换面”工具可以实现用一个曲面替换实体上选定的一个或多个面。

选择菜单【插入】→【同步建模】→【替换面】或者单击“同步建模”工具栏“修改面下拉菜单”的“替换面”工具按钮激活“替换面”对话框。下面以图 1-211 中圆柱面替换立方体凸起右侧面为例，介绍“替换面”的方法。

◆ 选择“替换面”工具按钮，系统弹出“替换面”对话框。

◆ 按图 1-211 所示顺序进行操作，结果如图 1-212 所示。

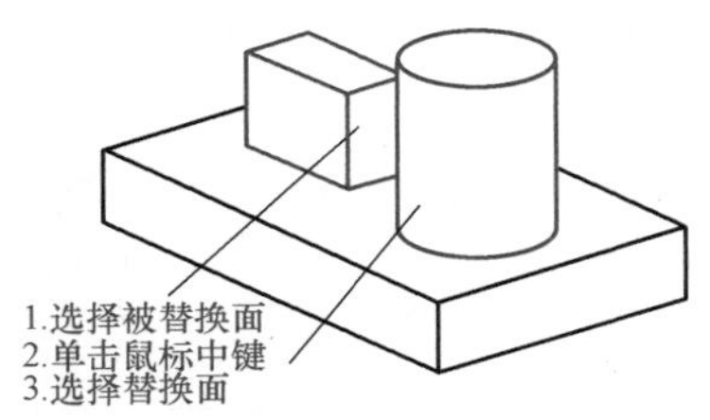

图 1-211 面选择

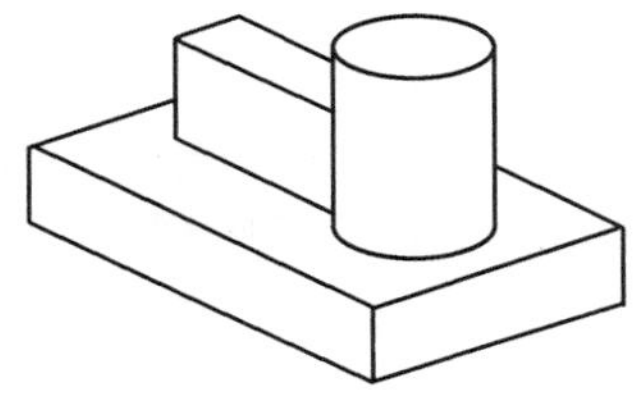
图 1-212 替换面结果

1.5.3.5 拔模

拔模特征是将实体或曲面表面沿拔模枢轴旋转一定的拔模角度。在 UG NX 中，拔模角度可以是 +90°～-90°。在拔模特征的创建过程中，需要指定固定面（或固定边）、拔模面、拔模方向和拔模角度，如图 1-213 所示。

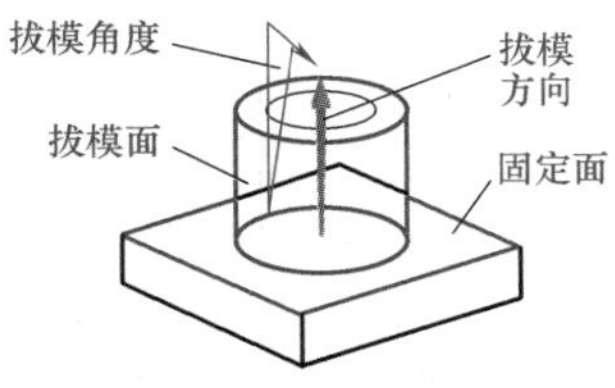

图 1-213 拔模要素

单击“特征”工具栏“拔模”工具按钮或者选择菜单【插入】→【细节特征】→【拔模】，系统弹出“拔模”对话框，如图 1-214 所示。

1. 拔模类型

拔模类型可以根据需要从“拔模”对话框中“类型”选项列表中选择，具体见表 1-18 所示。

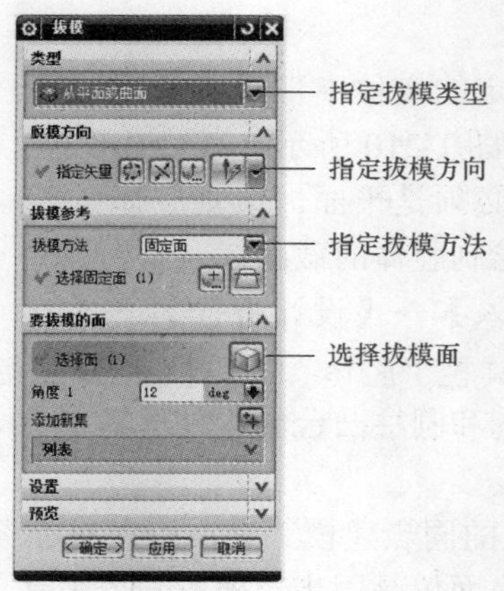

图 1-214 “拔模”对话框

表 1-18 拔模类型

图标及名称	含　义	图　例
从平面或曲面	以选择的固定面和拔模面的交线为旋转枢轴，旋转拔模面形成拔模角度	
从边	以选定的边作为旋转枢轴，旋转拔模面形成拔模角度	
与多个面相切	这种拔模后，拔模面始终与以前的相切面保持相切关系	
至分型边	以选择的固定面和拔模面的交线为旋转枢轴，对拔模面从分型线向着拔模方向的一侧产生拔模角度	拔模方向 分型线 固定面

2. 拔模操作过程

不同类型的拔模操作过程基本一致，以“从平面或曲面”方式拔模的操作过程如图 1-215 所示。

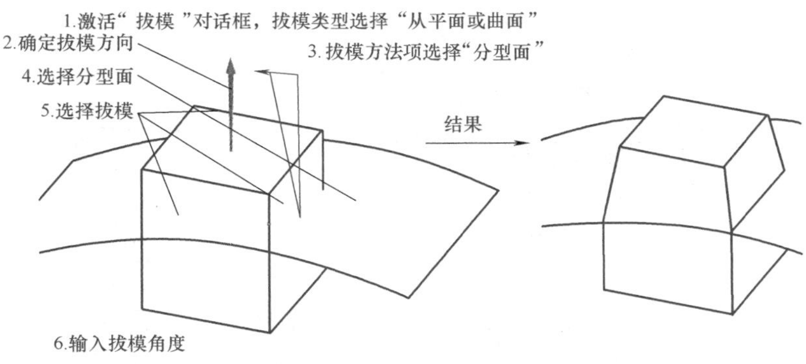

图 1-215　以“从平面或曲面”方式拔模过程

1.5.4　问题探讨

1）体素特征、成形特征及细节特征分别包括哪些特征？试对其用法进行归纳总结。

2）查找资料，研究通过曲线组各种对齐方式的用法。

3）掌握“从平面或曲面”拔模中固定面和分型面的用法。

4）尝试使用其他造型方案完成连杆的造型设计。

1.5.5　任务拓展

参照连杆零件的造型方法及知识点介绍，完成图 1-216 及图 1-217 所示零件的造型并制作工程图。

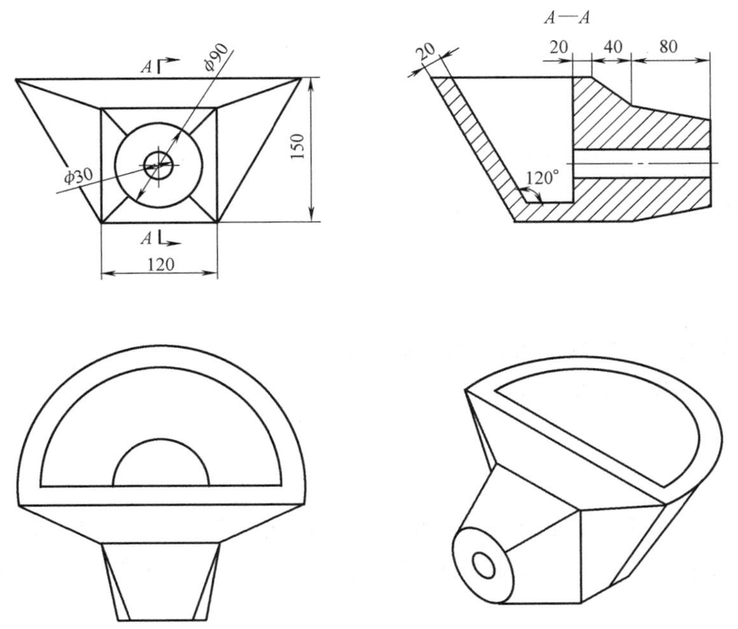

图 1-216　练习 1 零件图

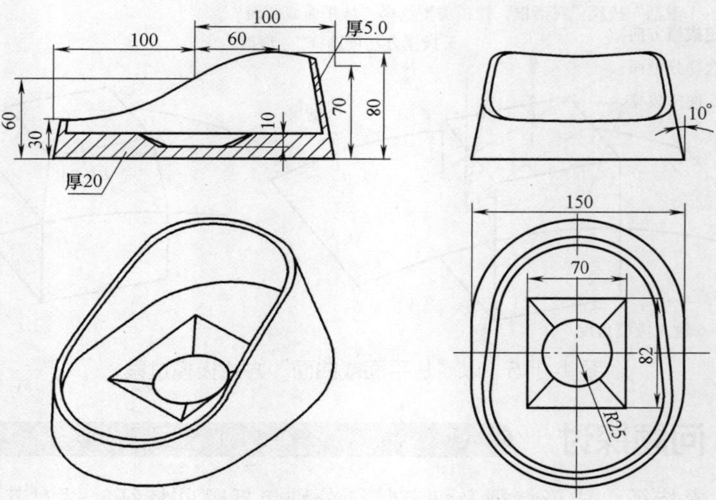

图 1-217　练习 2 零件图

任务 1.6　摇臂零件造型并制作工程图

知识点

◎ 旋转特征。
◎ 扫掠特征。
◎ 螺纹。

技能点

◎ 能运用旋转、扫掠、螺纹等特征进行零件造型。
◎ 能独立完成中等复杂零件造型。

任务描述

通过摇臂零件的绘制，读者应掌握旋转、扫掠、螺纹等特征的创建方法，同时巩固草图、体素特征等知识，具有独立完成摇臂类零件造型的能力。

1.6.1 任务实施

1. 零件图样分析

摇臂零件图样如图 1-218 所示。该零件由连接螺纹、摇柄和圆球三部分组成，结构组成清晰，便于制订造型方案。

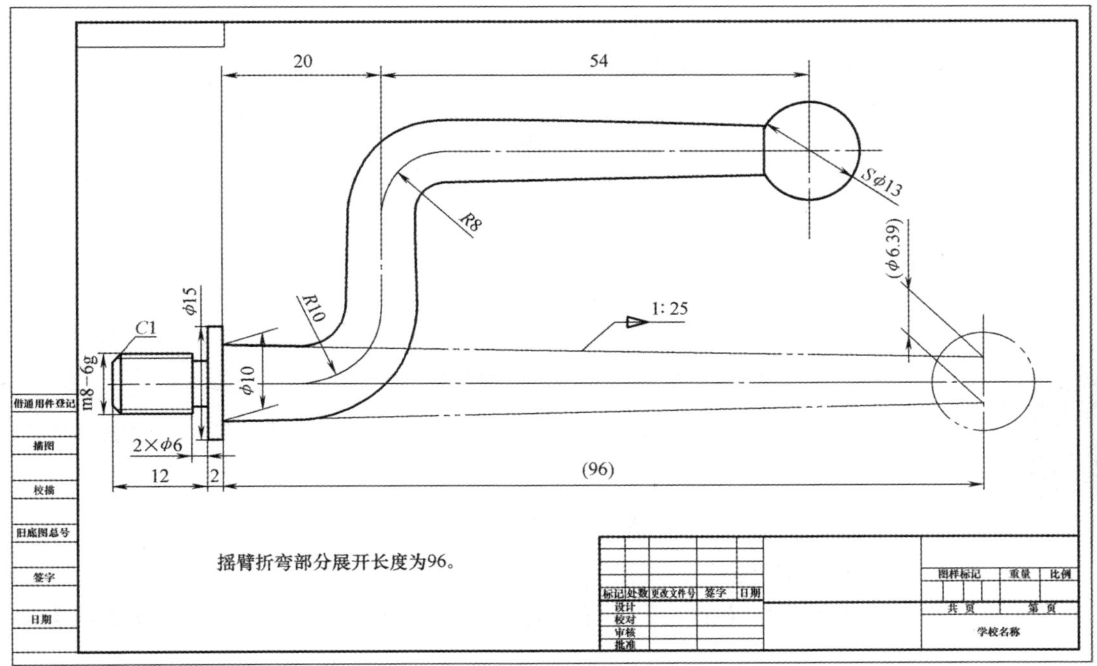

图 1-218 摇臂零件图样

2. 造型方案设计

摇臂零件造型思路：通过旋转及螺纹工具完成连接部分造型，摇柄使用扫掠特征造型，使用圆球体素进行圆球造型，形成完整的摇臂零件。具体造型方案见表 1-19。

表 1-19 摇臂零件造型方案设计

1）安装部分主体造型	2）创建螺纹	3）摇柄造型	4）圆球造型
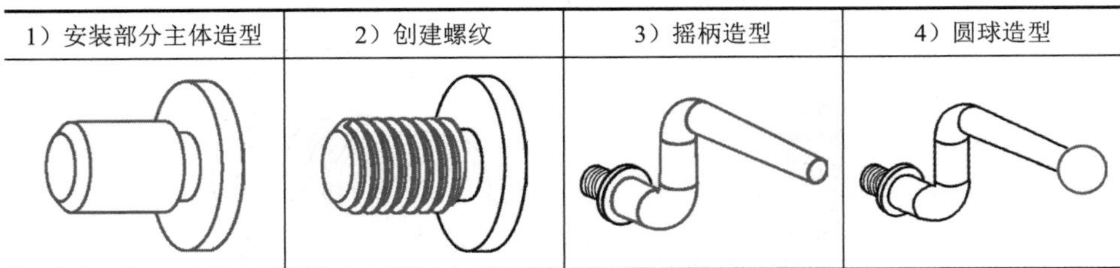			

3. 操作步骤

1）新建模型文件。文件名：yaobi.prt，单位：mm，存储位置：G：盘根目录。

2）创建草图“SKETCH_000”。要求：草图平面为 X-Y 平面，结果如图

1-219 所示。

3）创建“旋转（2）”特征。要求：

◆ 使用“旋转”工具创建旋转特征。

◆ 截面：“草图（1）SKETCH_000”。

◆ 指定矢量：+XC 轴，指定点：坐标原点。

◆ 开始角度：0°，结束角度：360°。

◆ 布尔：无，结果如图 1-220 所示。

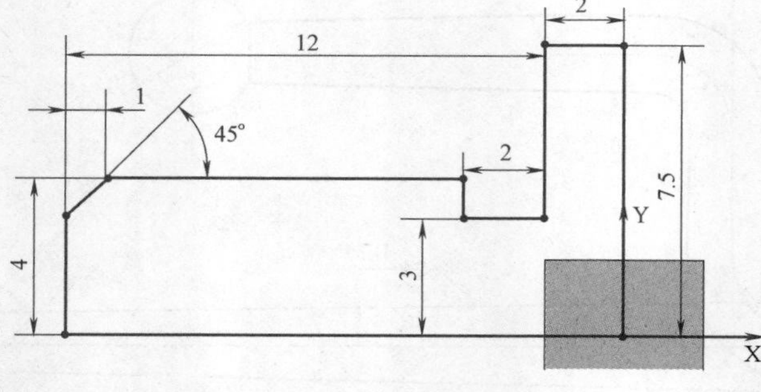

图 1-219 “SKETCH_000”

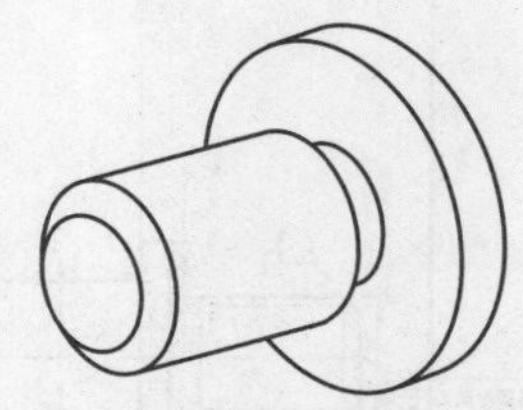

图 1-220 创建旋转特征

E1-43

观看步骤 1）～ 3）操作视频，请扫二维码 E1-43。

4）创建螺纹特征。要求：

◆ 使用菜单【插入】→【设计螺纹】→【螺纹】，系统弹出【螺纹】对话框。

◆ 螺纹类型：“详细”，起始端选择旋转特征左侧面。

◆ 螺纹放置面：旋转特征左端 ϕ8mm 圆柱面。

◆ 螺纹参数设置如图 1-221 所示，结果如图 1-222 所示。

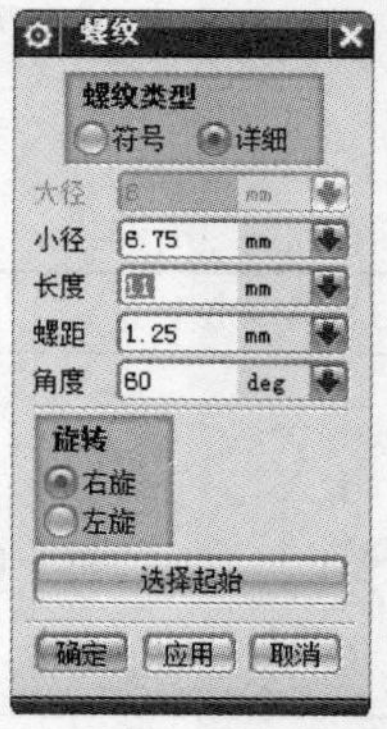

图 1-221 螺纹参数设置

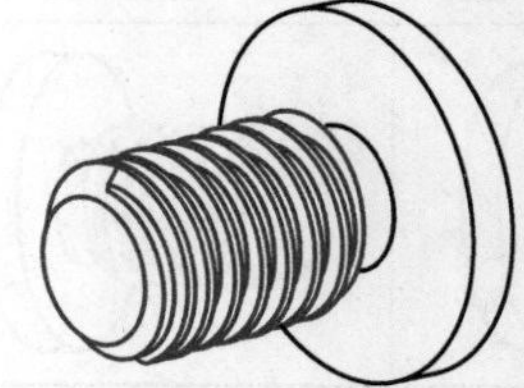

图 1-222 螺纹特征

E1-44

观看步骤 4）操作视频，请扫二维码 E1-44。

5）创建草图“SKETCH_001”。要求：草图平面为 X-Z 平面。使用“周长尺寸”工具标注草图曲线周长“96”，结果如图 1-223 所示。

6）创建草图“SKETCH_002”。要求：草图平面为 Y-Z 平面，水平参考为 Y 轴方向，结果如图 1-224 所示。

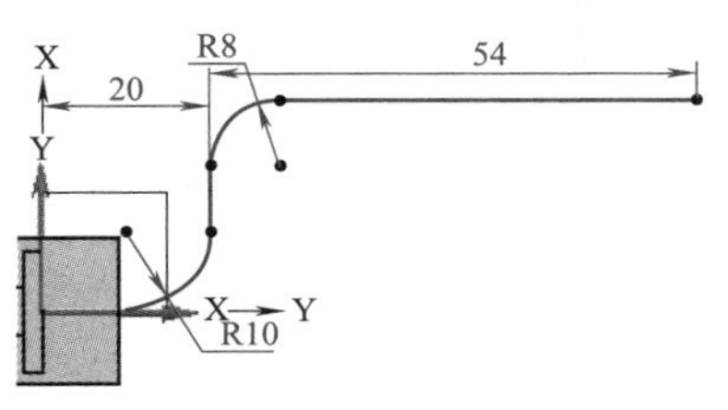

图 1-223 “SKETCH_001”

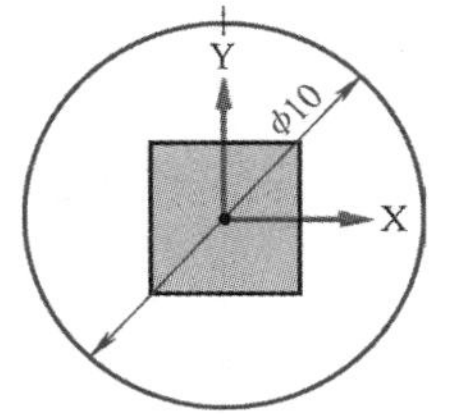

图 1-224 “SKETCH_002”

观看步骤 5）～6）操作视频，请扫二维码 E1-45。

7）创建草图“SKETCH_003”。要求：

◆ 草图类型：“基于路径”。

◆ 路径：草图“SKETCH_001”，草图位置：草图“SKETCH_001”右端点，水平参考：Y 轴，如图 1-225 所示。

◆ 圆的直径尺寸“6.16”通过表达式“10-96/25”计算获得，结果如图 1-226 所示。

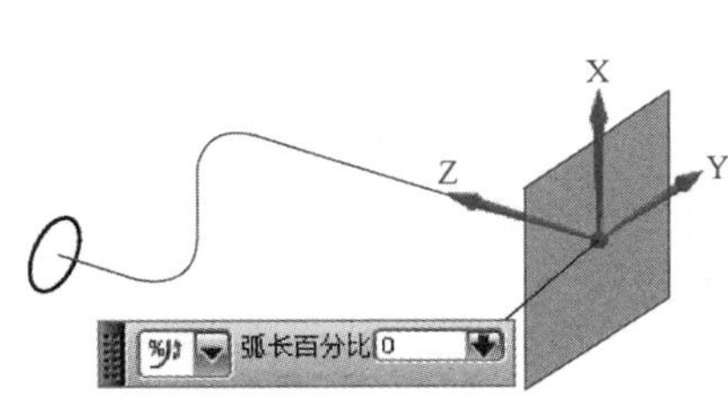

图 1-225 基于路径草图参数设置

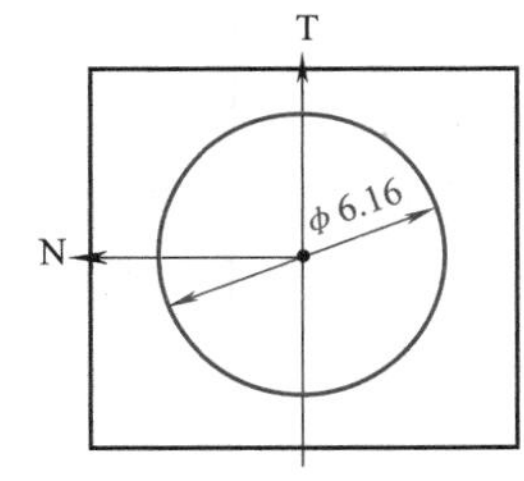

图 1-226 草图“SKETCH_003”

观看步骤 7）操作视频，请扫二维码 E1-46。

8）创建摇柄。要求：

◆ 使用“曲面”工具栏“扫掠”工具创建摇柄。

◆ 截面一：草图“SKETCH_002”。

◆ 通过“添加新集”工具按钮添加下一个截面。

◆ 截面二：草图“SKETCH_003”。

◆ 引导线：草图“SKETCH_001”。

◆ 截面及引导线选择可参考图 1-227。

◆ 结果如图 1-228 所示。

注意：必须保证截面一与截面二的方向一致，否则会导致扫掠曲线变形。

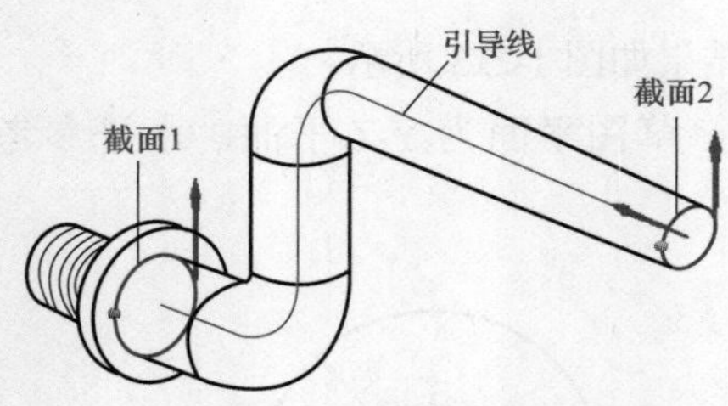

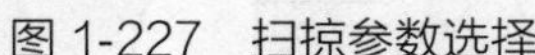

图 1-227　扫掠参数选择

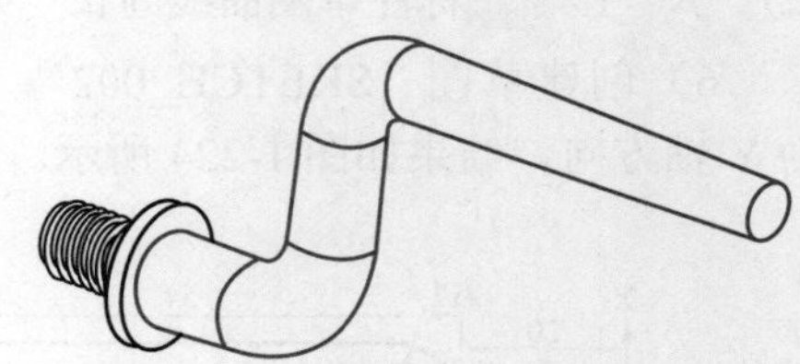

图 1-228　扫掠结果

E1-47

观看步骤 8）操作视频，请扫二维码 E1-47。

9）创建圆球。要求：

◆ 使用“特征”工具栏“圆球”工具按钮激活“圆球”对话框。

◆ 类型：中心点和直径，中心点：草图“SKETCH_003”圆中心，直径为 13mm，布尔：和（与摇柄求和），结果如图 1-229 所示。

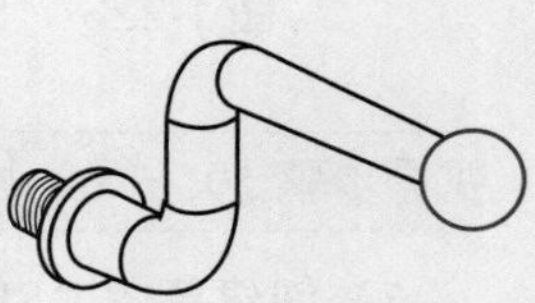

图 1-229　圆球创建

10）使用“合并”工具创建“求和（10）”特征。要求：目标体为“旋转（2）”特征，工具体为摇柄。

11）保存文件。

E1-48

观看步骤 9）～ 11）操作视频，请扫二维码 E1-48。

12）进入工程图界面。

13）创建 A3 图纸并替换模板。

14）创建基本视图。要求：比例为 3 ∶ 1，创建结果如图 1-230 所示。

15）添加辅助线。参考图 1-231 画出辅助线。

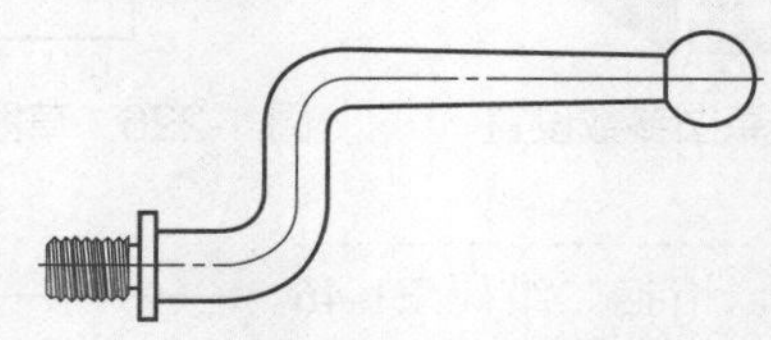

图 1-230　基本视图创建结果

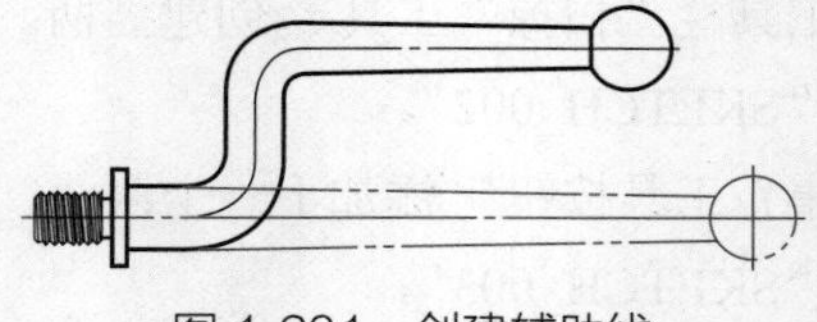

图 1-231　创建辅助线

E1-49

观看步骤 12）～ 15）操作视频，请扫二维码 E1-49。

16）标注尺寸。所标尺寸的位置可参考图 1-232。

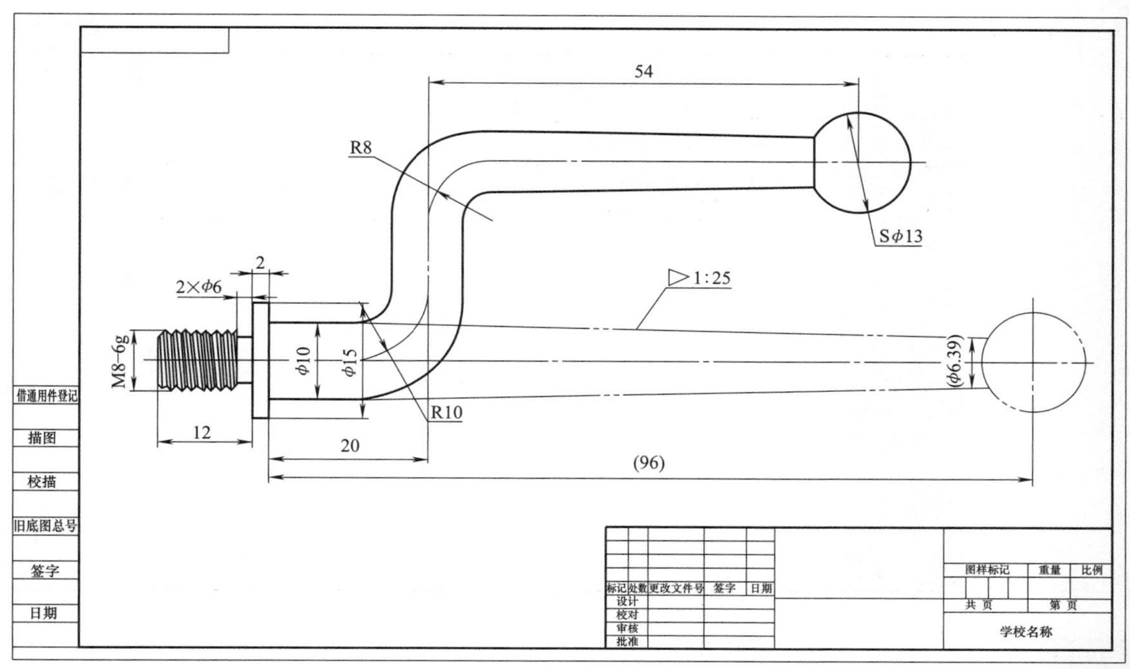

图 1-232 摇臂工程图样

观看步骤 16）操作视频，请扫二维码 E1-50。

E1-50

17）保存文件。完成摇臂工程图的创建。

1.6.2 填写“课程任务报告”

课程任务报告

班级		姓名		学号		成绩	
组别		任务名称	摇臂零件造型并制作工程图			参考课时	6 课时
任务图样	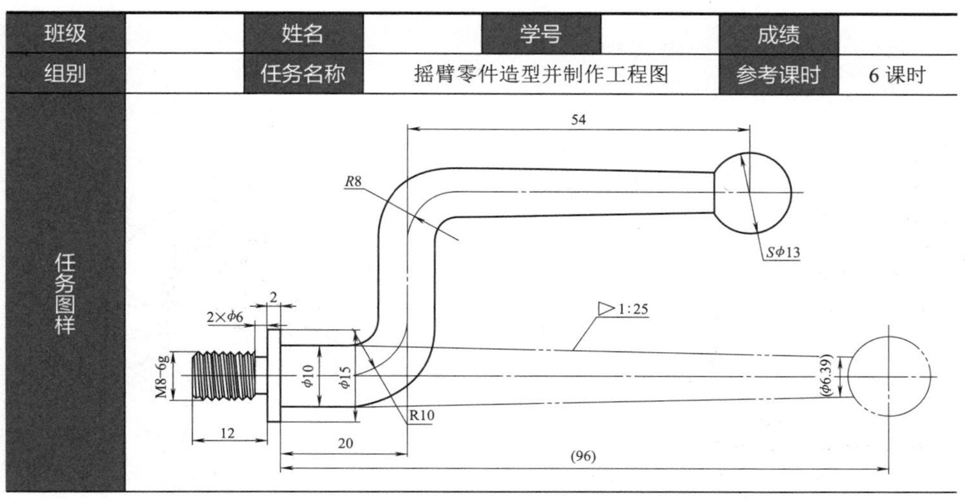						

（续）

任务要求	1. 对照任务参考过程，相关视频，知识介绍，完成摇臂零件造型及工程图。 2. 掌握扫掠、圆球、螺纹等特征工具。 3. 巩固工程图相关知识。
任务完成过程记录	总结的过程按照任务的要求进行，如果位置不够可加附页（根据实际情况，适当安排拓展任务供同学分组讨论学习，此时以拓展训练内容的完成过程进行记录）。

1.6.3 知识学习

1. 旋转

旋转特征是一个截面轮廓绕指定轴线旋转一定角度所形成的特征。在"特征"工具栏单击"旋转"按钮，或者选择菜单【插入】→【设计特征】→【旋转】，系统弹出"旋转"对话框，如图 1-233 所示，旋转参数含义如图 1-234 所示。

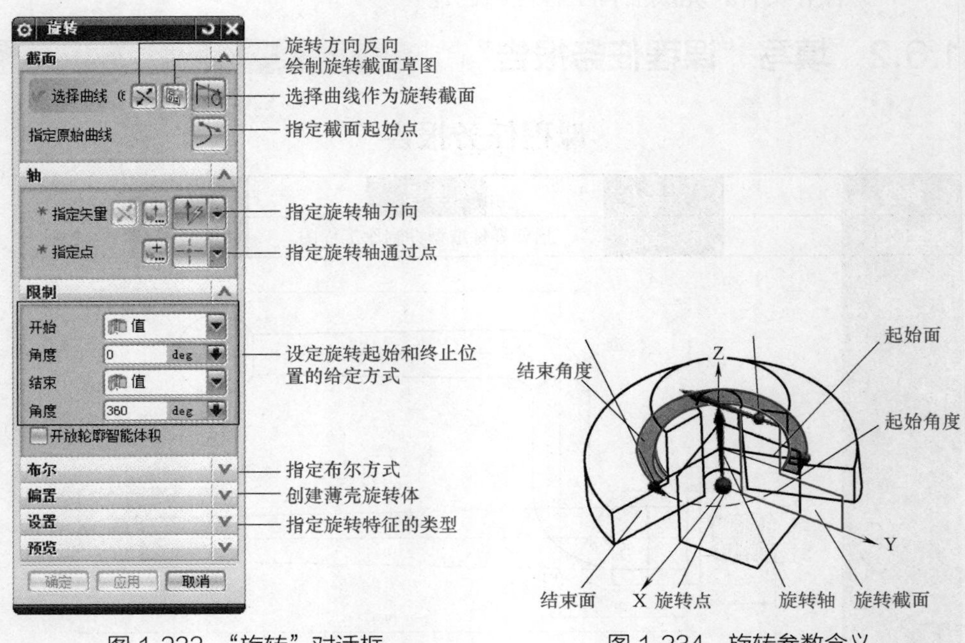

图 1-233 "旋转"对话框

图 1-234 旋转参数含义

通过旋转，可以生成旋转曲面、旋转实体和薄壳旋转对象，如图 1-235 所示。旋转特征的生成过程可以参考拉伸过程学习，这里不再赘述。

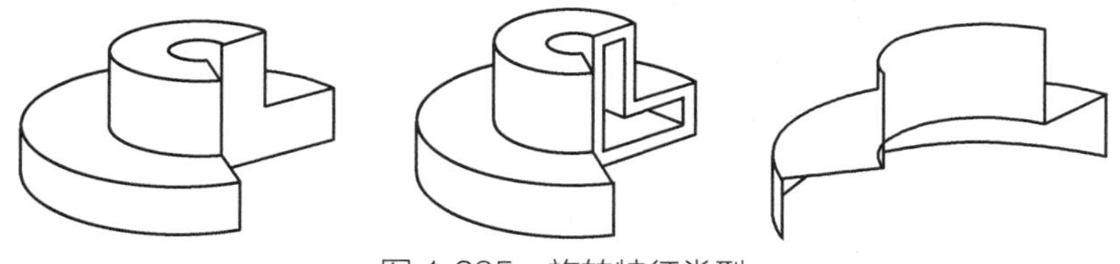

图 1-235 旋转特征类型

2. 扫掠

使用扫掠命令可通过沿一条、两条或三条引导线串扫掠一个或多个截面，来创建实体或片体。截面线串要求不多于 150，引导线串 1~3 条。另外，可以根据需要选择 1 条脊柱线串，如图 1-236 所示。一个截面的扫描形式见表 1-20。

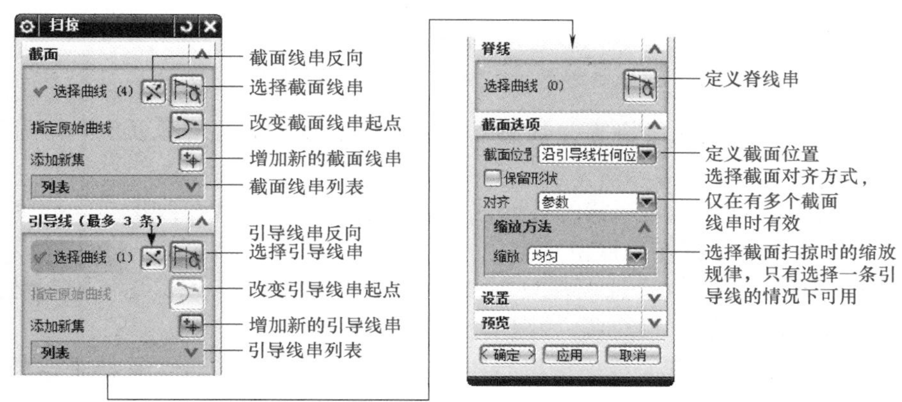

图 1-236 扫掠对话框（引导线个数不同，对话框不一样）

表 1-20 扫描样式

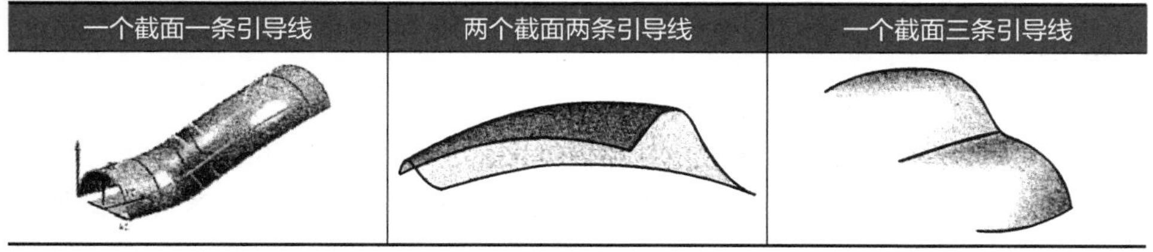

一个截面一条引导线	两个截面两条引导线	一个截面三条引导线

可以选择菜单【插入】→【扫掠】→【扫掠】，或者单击“曲面”工具栏“扫掠”工具按钮，系统弹出“扫掠”对话框，如图 1-236 所示。

1）截面位置。只有选择一个截面时选项可用，如果截面在引导线的中间，这些选项可以更改产生的扫掠，如图 1-237 所示。

2）截面之间的插值方式。只有选择多个截面时选项可用，如图 1-238 所示。

3）对齐方式。确定截面线串间的对齐方式。

参数：沿定义曲线将等参数曲线所通过的点以相等的参数间隔隔开进行对齐。

图 1-237　截面位置

a）沿引导线任何位置　b）引导线末端

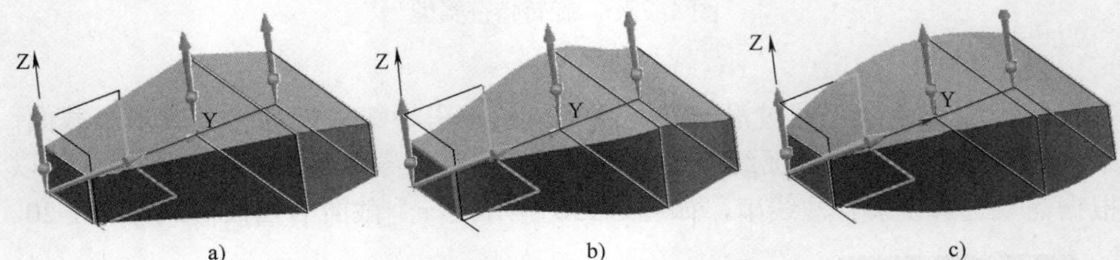

图 1-238　截面之间的插值方式

a）线性插值　b）三次方插值　c）混合插值

弧长：沿定义曲线将等参数曲线将要通过的点以相等的弧长间隔隔开进行对齐。

根据点：对齐不同形状的截面线串之间的点。如果截面线串包含任何尖角，则建议使用根据点来保留它们。

4）定位方式。这个选项在只有一条引导线的情况下可用。用于控制截面沿引导线扫掠时的方位控制，如图 1-239 所示。

◆ 固定：可在截面线串沿引导线移动时保持固定的方位，且结果是平行的或平移的简单扫掠。

◆ 面的法向：在扫掠过程中可以使截面的 Y 轴和选择面的法线方向对齐。

◆ 矢量：在扫掠过程中截面的 Y 轴始终和选择的矢量方向一致。

◆ 另一曲线：使用通过连结引导线上相应的点和其他曲线获取的截面的 Y 轴方向。

◆ 一个点：与另一曲线相似。

◆ 角度规律：通过定义角度规律来确定截面扫掠过程中的方向。

◆ 强制方向：用于在截面线串沿引导线串扫掠时通过矢量来固定剖切平面的方位。

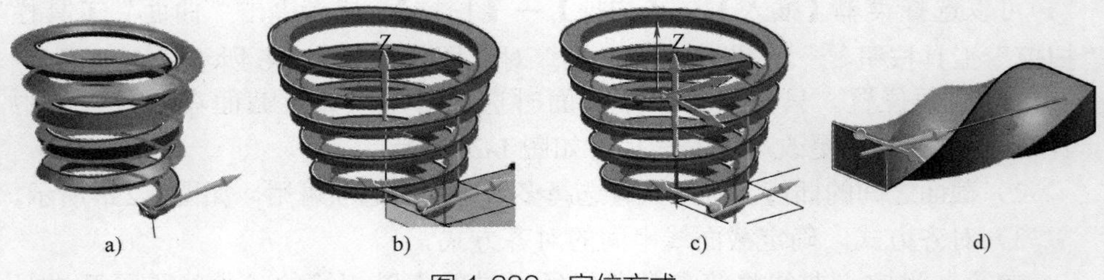

图 1-239　定位方式

a）固定　b）面的法向　c）矢量　d）角度规律

5）下面通过螺旋扫掠来介绍扫掠特征的创建过程。

◆ 打开文件“螺旋扫掠 .prt”，如图 1-240 所示。

◆ 在“曲面”工具栏上选择“扫掠”工具，系统弹出“扫掠”对话框。

◆ 定义截面线串。在“截面”选项组激活“选择曲线”选项，在图形窗口中选择矩形作为截面。

◆ 单击两次鼠标中键，结束截面选择，进入“引导线”选项组。

◆ 定义引导线串。在“引导线”选项组激活“选择曲线”选项，在图形窗口内选择螺旋线作为引导线。

◆ 定义定位方式。在“定位方法”下设“方向”列表选项为“矢量”，在矢量列表中选择 ZC 轴。

◆ 在“截面”选项组中选中“保留形状”选项。

◆ 单击【确定】按钮，完成扫掠特征的创建，如图 1-241 所示。

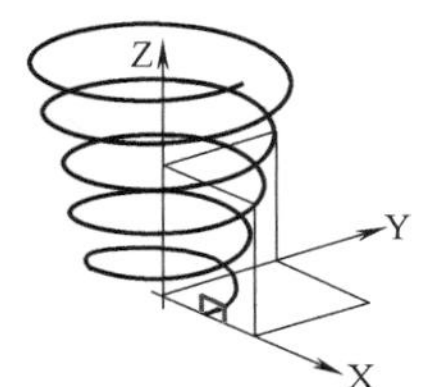

图 1-240　文件“螺旋扫掠 .prt”

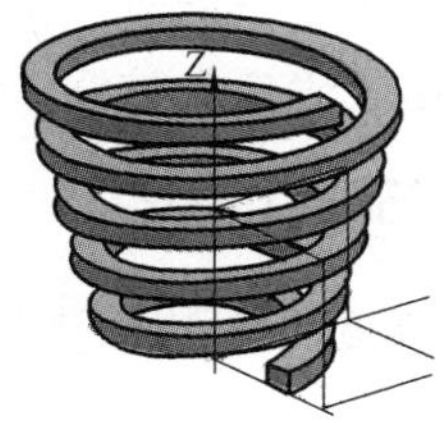

图 1-241　扫描结果

3. 螺纹

螺纹功能是在内圆柱或外圆柱表面上生成螺纹符号或细节螺纹。可以通过选择菜单【插入】→【设计特征】→【螺纹】，或单击“特征”工具栏“螺纹”工具按钮，系统弹出“螺纹”对话框，如图 1-242 所示。

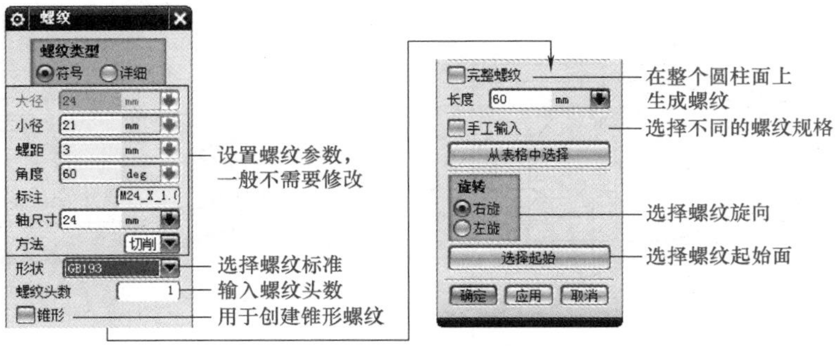

图 1-242　螺纹对话框

1）螺纹类型

◆ 符号螺纹：以曲面形式形成假想螺纹，创建符号螺纹可以选定螺纹的标准。这种方式显示速度快，可以在创建工程图时和标准一致，一般情况下尽可能地使用这种模式。

◆ 详细螺纹：显示螺纹的实体形状，生成时间比较慢，模型所占存储空间大，但看起来真实，只能生成三角形单头螺纹，其他形状的螺纹必须手工创建，一般不建议使用详细螺纹。

2）下面以创建符号螺纹为例介绍螺纹特征的创建过程。

◆ 打开文件“螺纹.prt”，如图1-243所示。

◆ 单击“特征”工具栏“螺纹”工具按钮，系统弹出“螺纹”对话框。

◆ 选取螺纹类型。在对话框中选中“符号”选项。

◆ 定义螺纹放置面。选取图1-243所示圆柱面为放置面。

◆ 选择螺纹的标准，设置螺纹的参数（一般情况下不需要修改系统给定的螺纹参数）。

◆ 选中“完全螺纹”选项。

◆ 单击【确定】按钮，结果如图1-244所示。

图1-243 “螺纹.prt”

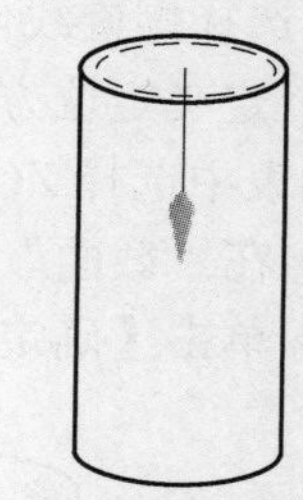

图1-244 创建螺纹结果

1.6.4 问题探讨

1）摇臂零件安装部分的造型除了用旋转外，还能用什么方法完成？试着进行操作。

2）分别用符号螺纹和详细螺纹创建螺纹部分的造型，对比有什么异同。

1.6.5 任务拓展

参照摇臂零件的造型方法及知识点介绍，完成图1-245及图1-246所示零件的造型并制作工程图。

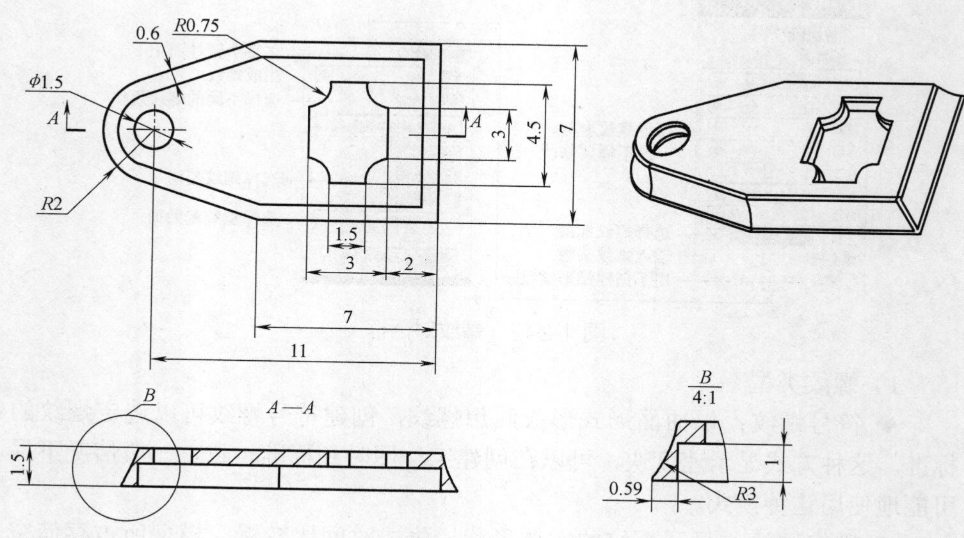

图1-245 练习零件1

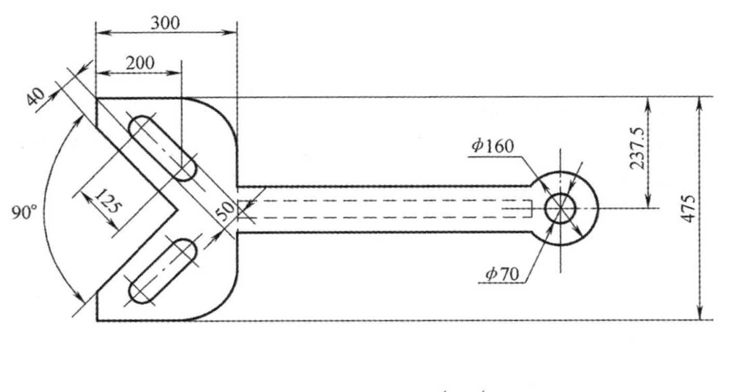

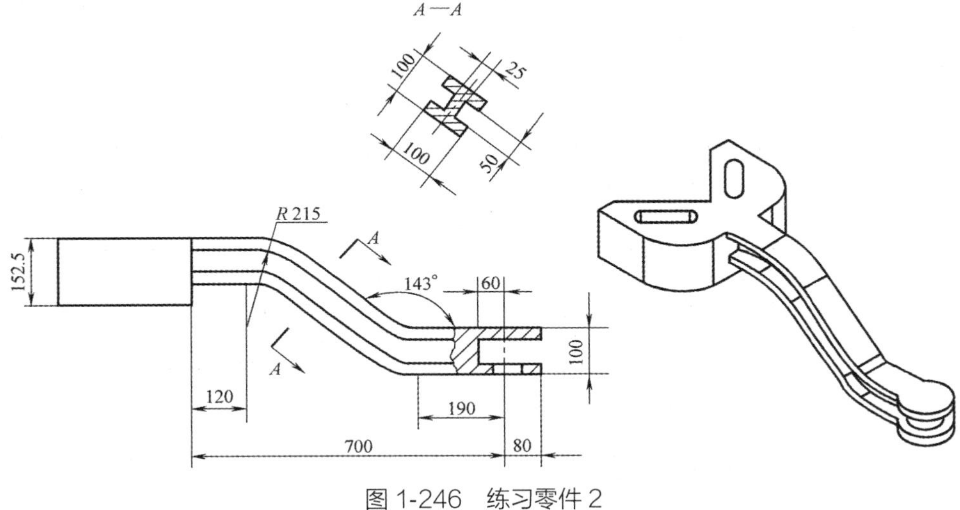

图 1-246 练习零件 2

任务 1.7 泵缸零件造型并制作工程图

知识点

◎ 垫块特征。

技能点

◎ 能看懂较为复杂零件的工程图，能独立分析较为复杂零件的结构。
◎ 学习箱体类零件造型的特点及造型方法。
◎ 能运用垫块、矩形腔体等特征完成箱体类零件的造型。

任务描述

通过完成泵缸零件造型及工程图任务，读者应熟练掌握长方体、圆柱体、凸台、垫块及腔体等特征的使用，掌握运用UG进行箱体类零件造型的方法和特点，对其他的箱体类零件造型具有一定的借鉴作用。

1.7.1 任务实施

1. 零件图样分析

泵缸零件图样如图1-247所示，属于箱体类零件。箱体类零件是机器或部件的基础零件，常见的有减速器箱体、阀体、泵缸体和机座等，其零件结构形式多种多样，外形复杂，零件分析较难，且主要有孔系、凸台、槽、内腔、圆角等结构。

泵缸体结构主要由底座、连接十字筋板、横向回转结构、前方矩形凸起和上方圆柱凸起等五个部分组成。

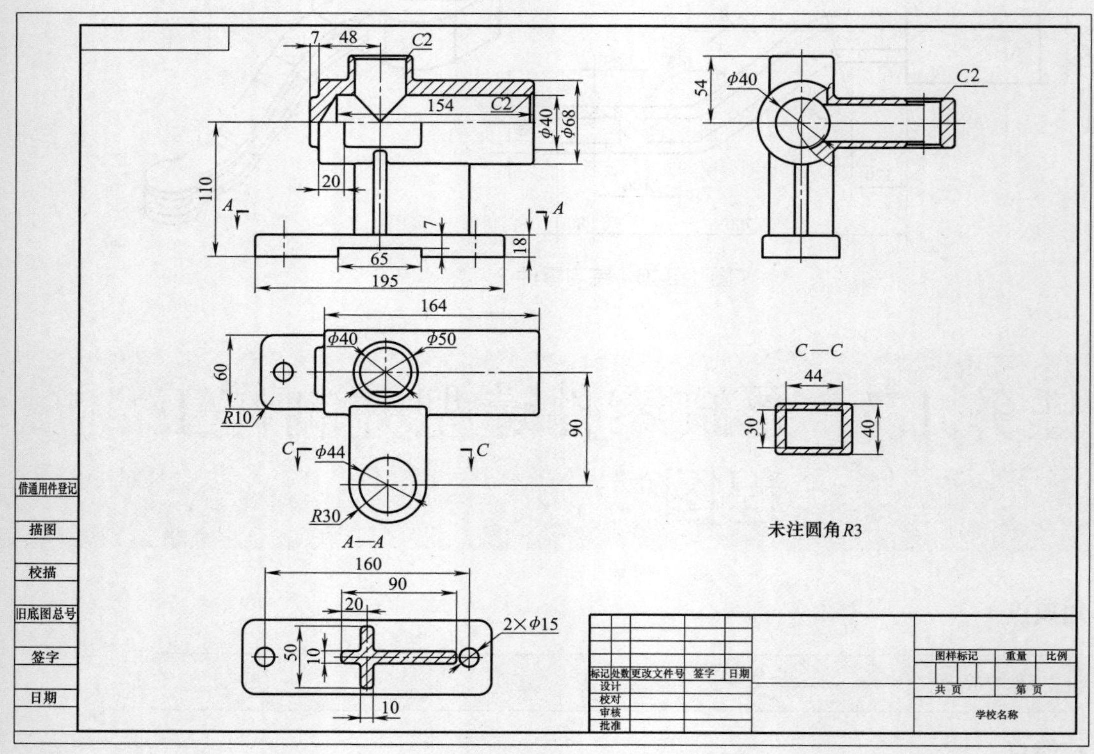

图1-247 泵缸零件图样

2. 造型方案设计

泵缸零件造型总体思路：先凸起后凹槽、先基准后其他。造型方案为首先进行底座造型，再进行连接十字筋、横向回转结构造型，其次是圆柱凸起造型和矩形垫块，最后进行孔槽造型。具体造型方案见表1-21。

表 1-21　泵缸零件造型方案设计　　　　　　　　　　　　　　　　　　（单位：mm）

1）底座	2）十字筋	3）横向回转结构	4）圆柱凸台
5）创建矩形垫块	6）孔 ϕ40×154	7）孔 ϕ40	8）孔 ϕ44
9）矩形腔	10）圆角 *R*3、倒斜角 *C*2		

3. 操作步骤

1）新建模型文件。文件名：benggang.prt，单位：mm，文件位置为 G：盘根目录。

2）创建底座。要求：

◆ 创建块 195mm×60mm×18mm，基准点：（-97.5，-30，-18），如图 1-248 所示。

◆ 倒圆角 *R*10mm，如图 1-249 所示。

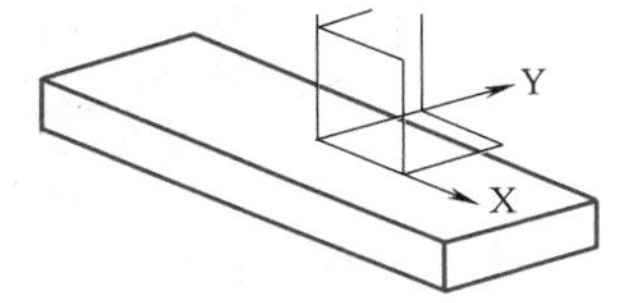

图 1-248　块 195mm×60mm×18mm

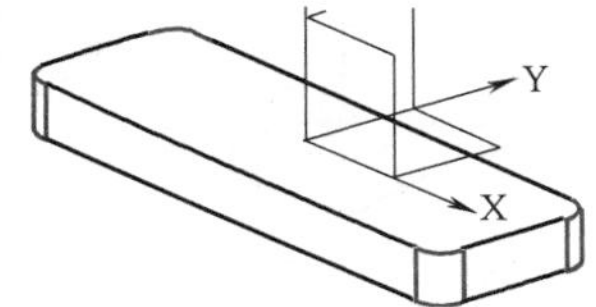

图 1-249　圆角 *R*10mm

◆ 创建矩形槽 65mm×7mm，宽度中心和 Y 轴重合，如图 1-250 所示。

◆ 打通孔 2×ϕ15mm，如图 1-251 所示。

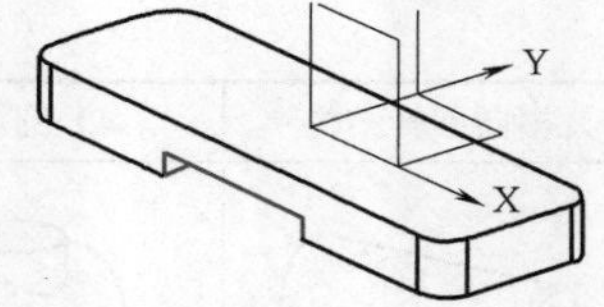

图 1-250　矩形槽 65mm × 7mm

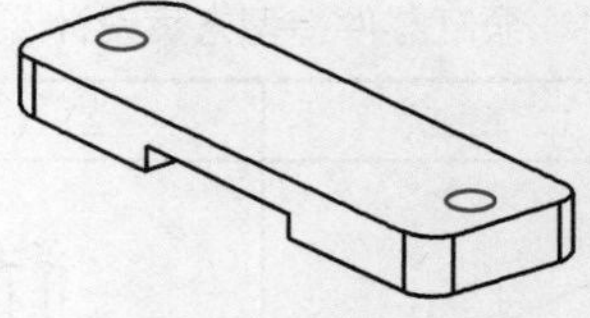

图 1-251　孔 2 × ϕ15mm

E1-51

观看步骤 2）操作视频，请扫二维码 E1-51。

3）创建十字筋。要求：

◆ 在零件顶面创建草图，如图 1-252 所示。

◆ 创建拉伸。方向：+ZC，高度：92mm，双侧对称偏置：5mm，布尔：和，如图 1-253 所示。

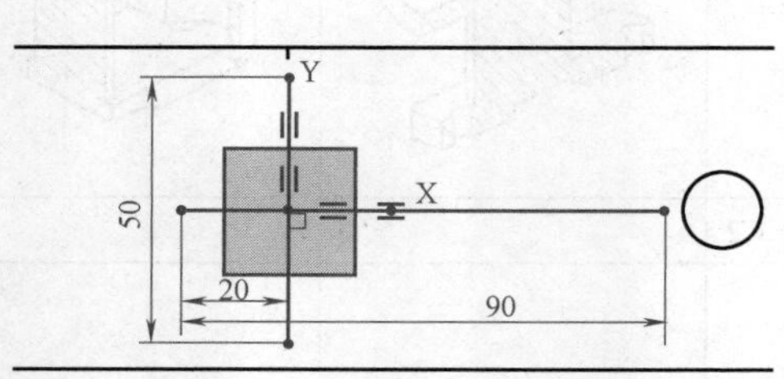

图 1-252　草图

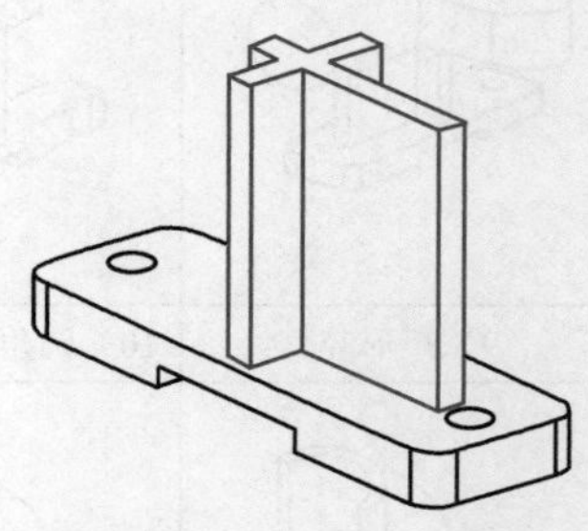

图 1-253　拉伸

E1-52

观看步骤 3）操作视频，请扫二维码 E1-52。

4）横向回转结构造型。要求：

◆ 在 Y-Z 面左边创建圆柱凸台，直径：68mm，高度：48mm，基准点落到 Z 轴和顶面横边上，如图 1-254 所示，结果如图 1-255 所示。

◆ 拉伸凸台左端面，方向：+XC，拉伸高度：164mm，布尔：和，结果如图 1-256 所示。

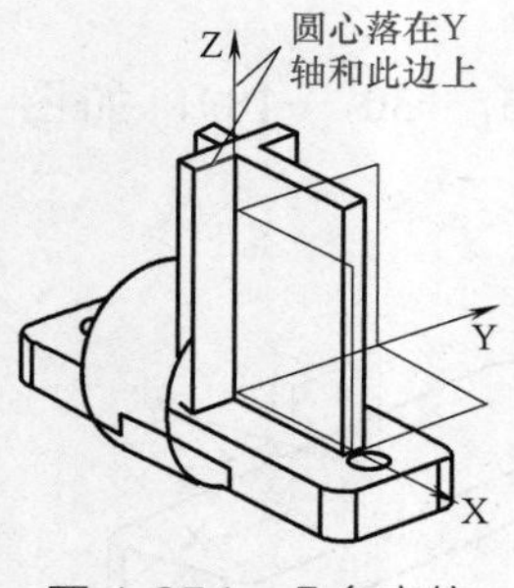

图 1-254　凸台定位

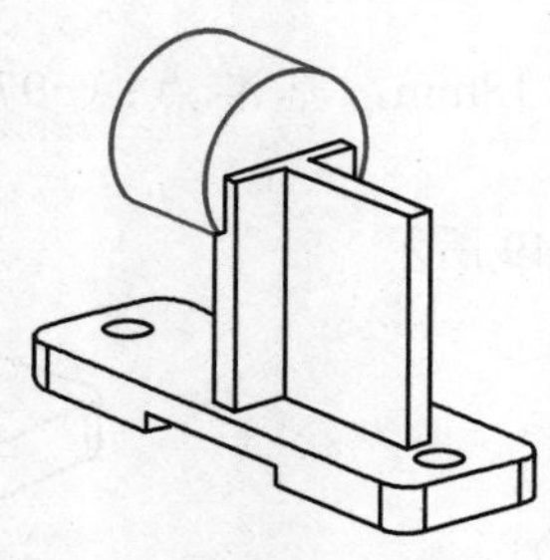

图 1-255　凸台结果

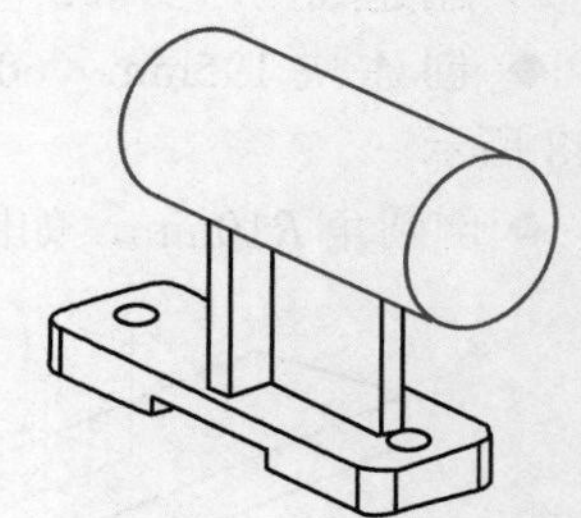

图 1-256　拉伸 ϕ68mm × 164mm

◆ 在圆柱凸台左侧创建圆柱凸台 ϕ40mm×7mm，和 ϕ68mm×164mm 圆柱同心，结果如图 1-257 所示。

◆ 倒圆角 R3mm，结果如图 1-258 所示。

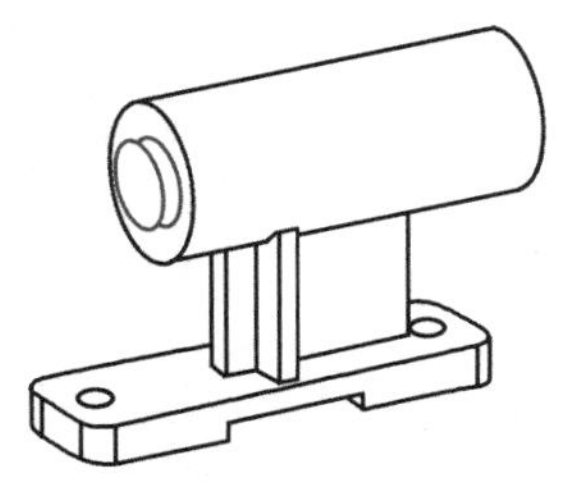

图 1-257　凸台 ϕ40mm × 7mm

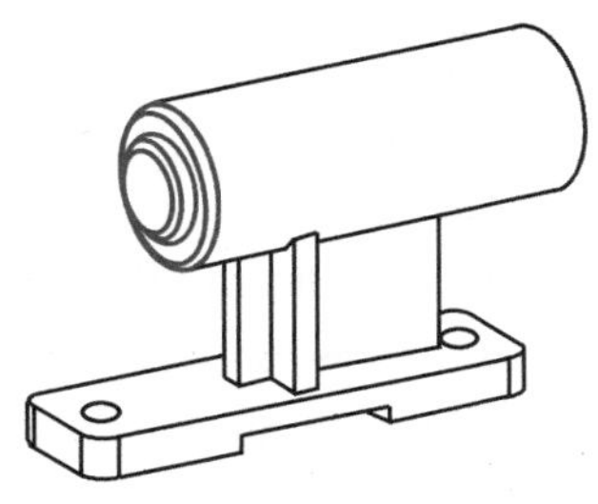

图 1-258　圆角 R3mm

E1-53

观看步骤 4）操作视频，请扫二维码 E1-53。

5）创建圆柱凸台 ϕ50mm×54mm。要求：

◆ 在部件导航器中将“凸台（8）”设为当前特征。

◆ 在十字筋的顶面创建圆柱凸台 ϕ50mm×54mm，圆心和坐标原点重合，结果如图 1-259 所示。

6）创建矩形垫块 60mm×40mm×120mm。要求：

◆ 在 X-Z 面上创建矩形垫块，水平参考为 X 轴，尺寸：60mm×40mm×120mm，位置：定位方式如图 1-260 所示，结果如图 1-261 所示。

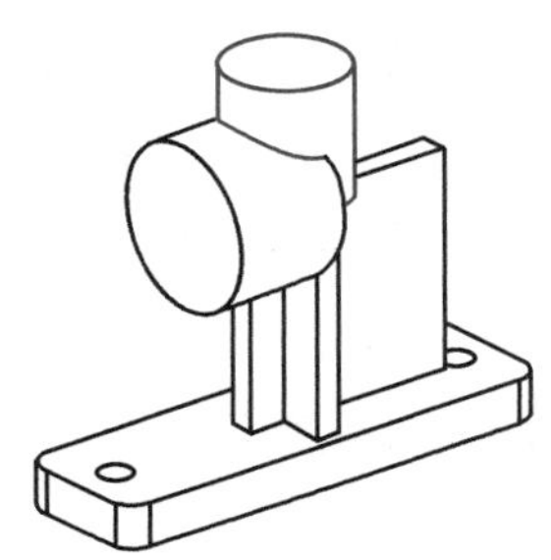

图 1-259　ϕ50mm × 54mm 凸台

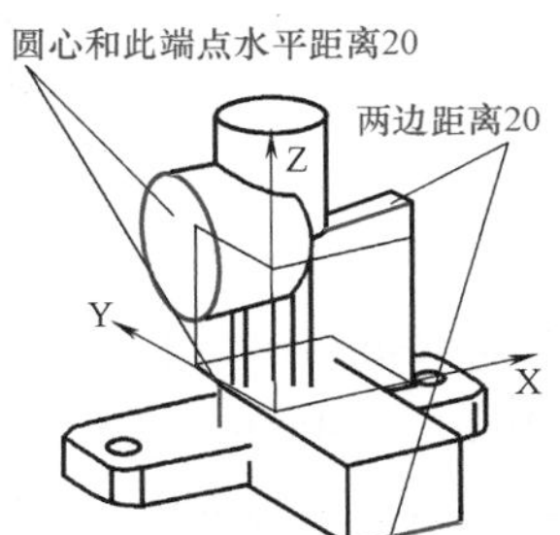

图 1-260　垫块定位方式

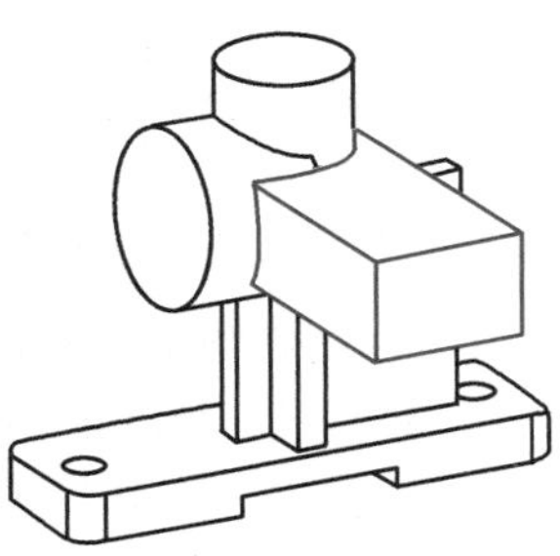

图 1-261　矩形垫块

◆ 在部件导航器中将“圆角（13）”设为当前特征。结果如图 1-262 所示。

◆ 倒圆角“R30”，结果如图 1-263 所示。

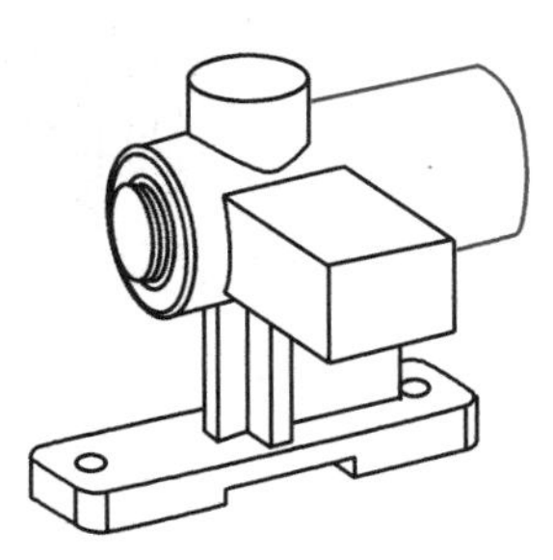

图 1-262　改变当前特征

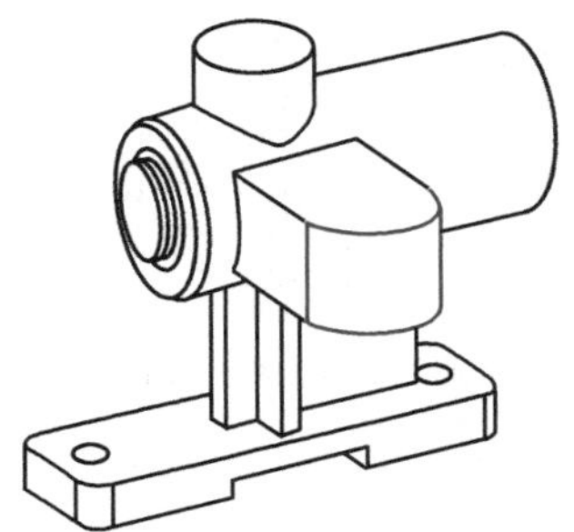

图 1-263　圆角“R30”

E1-54

观看步骤 5）～ 6）操作视频，请扫二维码 E1-54。

7）创建孔。要求：

◆ 创建孔 ϕ40mm×154mm，和圆柱 ϕ68mm×164mm 同心。

◆ 创建孔 ϕ40mm，和圆柱凸台 ϕ40mm×54mm 同心，结果如图 1-264 所示。

◆ 创建孔 ϕ44mm，和圆角“*R*30”同心，结果如图 1-265 所示。

8）创建矩形腔。要求：放置面为 X-Z 面前方，长度参考 X 轴，尺寸为 44mm×30mm×90mm，定位方式如图 1-266 所示，结果如图 1-267 所示。

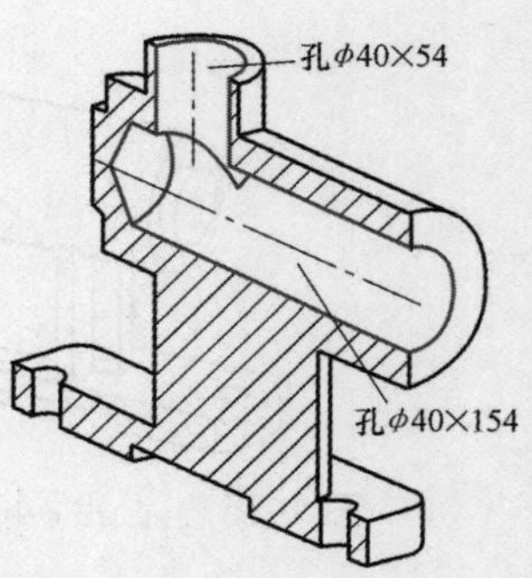

图 1-264　创建孔

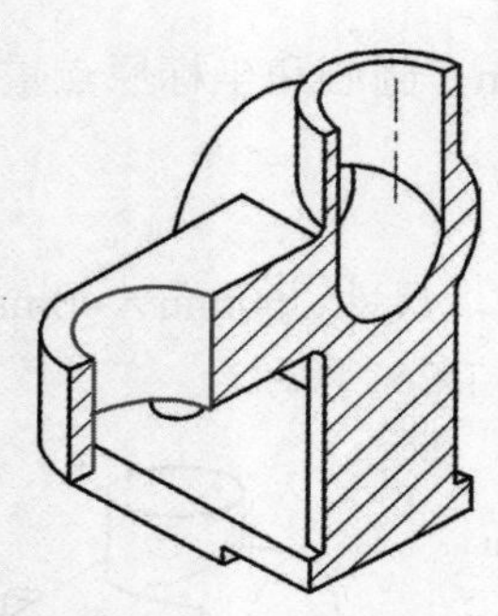
图 1-265　创建孔 ϕ44mm

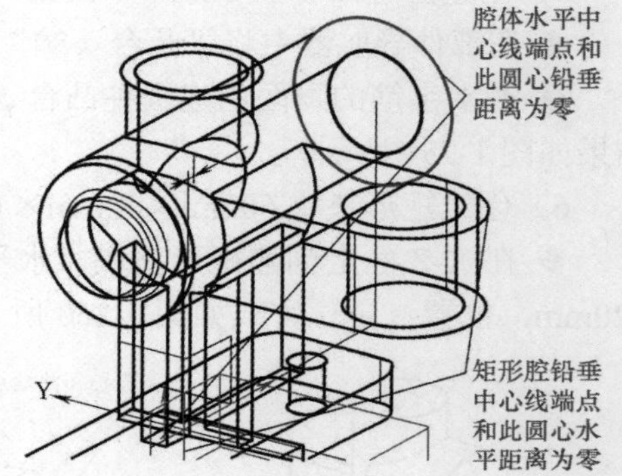

图 1-266　腔体定位方式

9）倒斜角 *C*2 和倒圆角 *R*3mm。要求：

◆ 为孔 ϕ40mm×154mm、ϕ40mm×54mm、ϕ44mm 倒斜角 *C*2。

◆ 根据专业知识为剩余边倒圆角 *R*3mm。结果如图 1-268 所示。

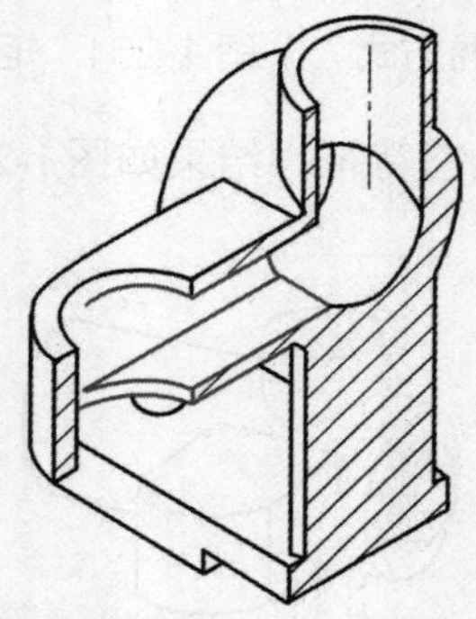
图 1-267　腔体 44mm×30mm×90mm

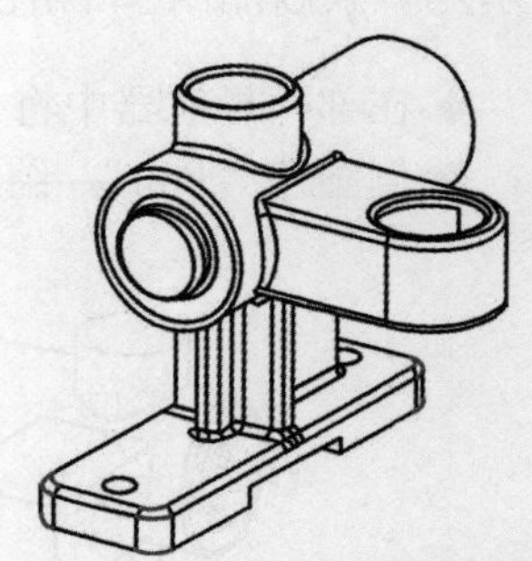
图 1-268　倒圆角与倒斜角

E1-55

10）保存文件。

观看步骤 7）～ 10）操作视频，请扫二维码 E1-55。

11）按 Ctrl+Shift+D 进入工程图界面。

12）创建图纸 A3- 无视图，并替换模板。

13）创建基本视图。要求：使用基本视图单独创建主视图、俯视图和左视图，比例为 1：2，结果如图 1-269 所示。

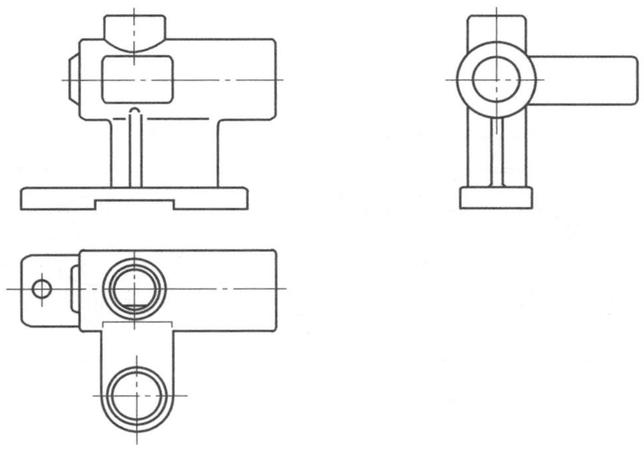

图 1-269　基本视图

14）创建剖视图。要求：

◆ 主视图变为半剖。

◆ 俯视图变为全剖。

◆ 左视图变为局部剖。

◆ 添加矩形垫块截面图。

◆ 剖视图位置参考图 1-270。

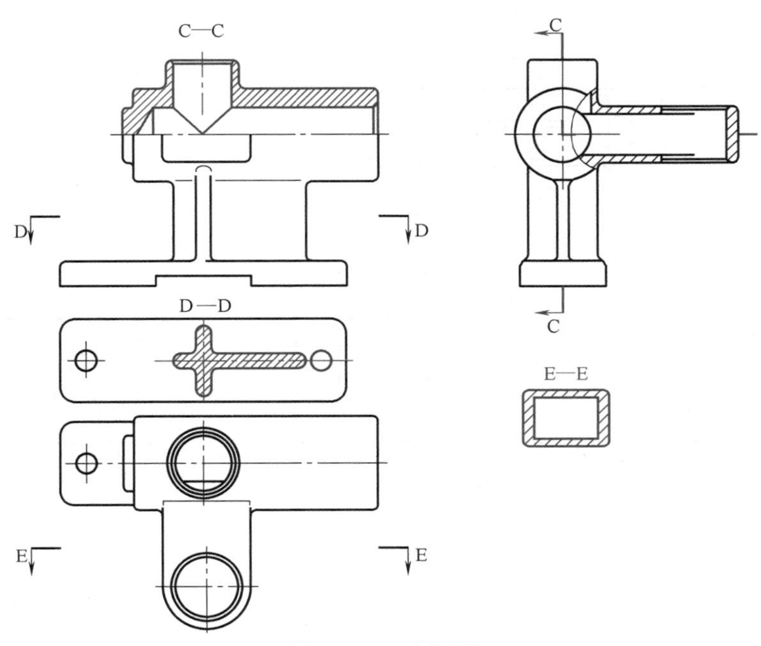

图 1-270　剖视图

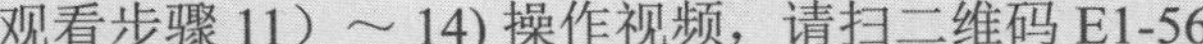
观看步骤 11）～ 14) 操作视频，请扫二维码 E1-56。

E1-56

15）标注尺寸。所标尺寸的位置可参考图 1-271。

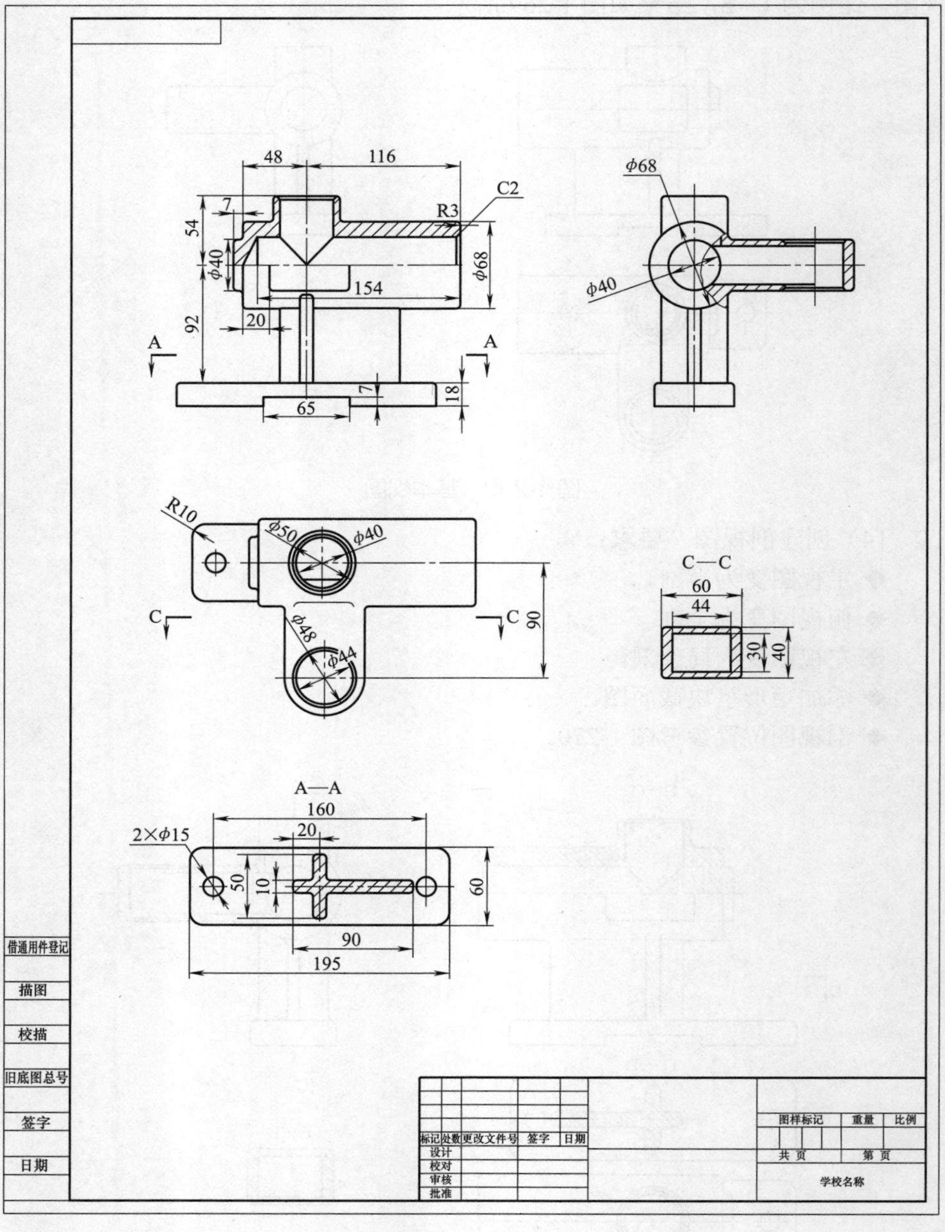

图 1-271　尺寸标注

16）保存文件，完成泵缸工程图的创建。

E1-57

观看步骤 15）~16) 操作视频，请扫二维码 E1-57。

1.7.2 填写“课程任务报告”

课程任务报告

班级		姓名		学号		成绩	
组别		任务名称	泵缸零件造型并制作工程图	参考课时		6 课时	
任务图样	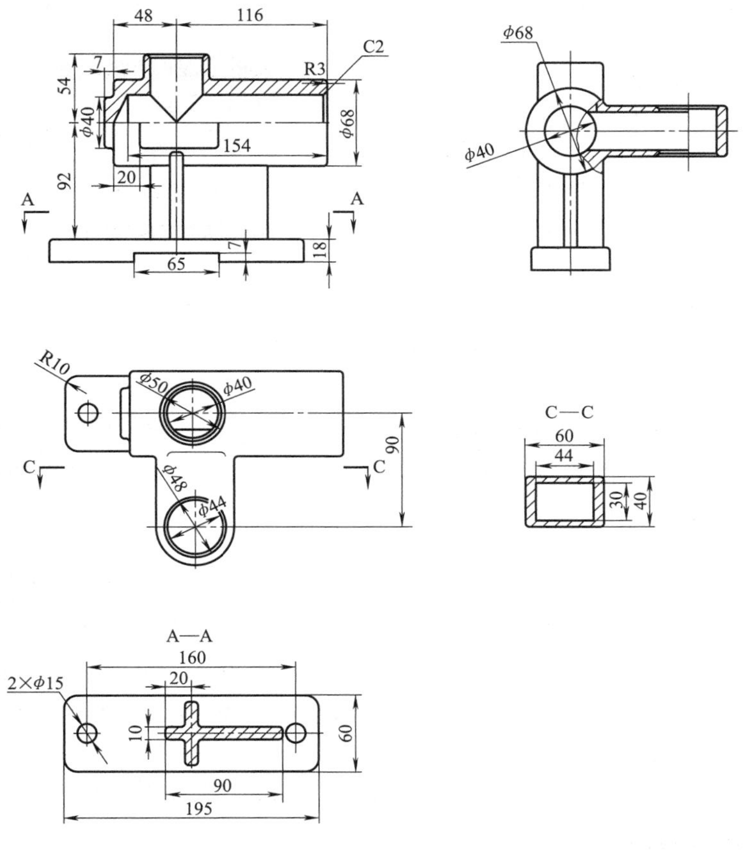						
任务要求	1. 对照任务参考过程、相关视频、知识介绍，完成泵缸零件造型及工程图。 2. 学习箱体类零件造型的特点和方法。 3. 会使用矩形垫块、矩形腔等工具，会定位体素特征。						
任务完成过程记录	总结的过程按照任务的要求进行，如果位置不够可加附页（可根据实际情况，适当安排拓展任务供同学分组讨论学习，此时以拓展训练内容的完成过程进行记录）。						

1.7.3 知识学习—垫块

1. 垫块命令介绍

垫块工具可以在实体表面上生成矩形或常规形状的凸起。矩形垫块要求放置面是平面，常规垫块可以在曲面或平面上产生凸起，如图 1-272 所示。

选择菜单【插入】→【设计特征】→【垫块】，或在“特征”工具栏单击“垫块”工具按钮，系统弹出“垫块”对话框，如图 1-273 所示。

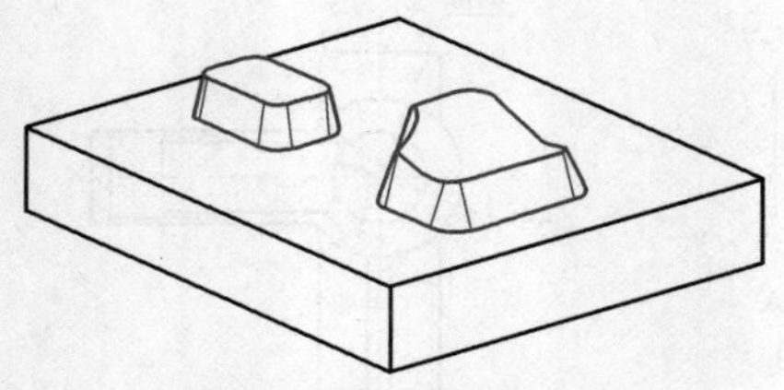
图 1-272 垫块形式

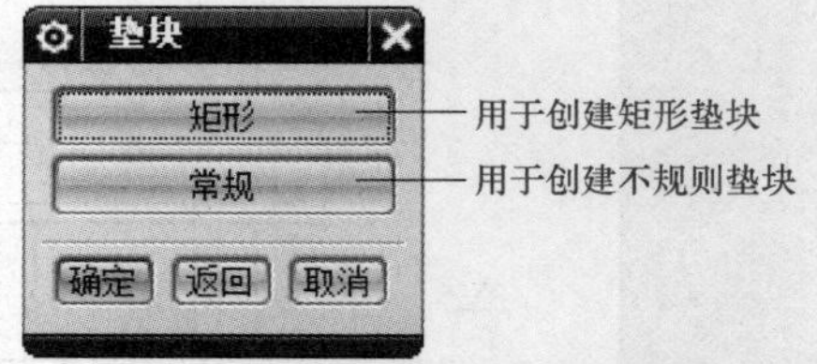

图 1-273 “垫块”对话框

矩形垫块的创建过程是：激活“垫块”对话框→选择类型→指定放置面→确定水平参考→输入垫块参数→进行垫块定位。

2. 水平参考

水平参考用于确定矩形垫块水平边的方向。一经指定水平参考，则垫块参数对话框中的长度尺寸就是指垫块在这个方向的尺寸。“水平参考”对话框如图 1-274 所示。

3. 定位方式

矩形垫块的定位方式主要靠“定位”对话框来确定，和键槽的定位方式基本相同，查看相关信息可以参考任务 1.2 的“知识学习”部分内容。

下面以在长方体 100mm×100mm×10mm 上表面创建 70mm×60mm×10mm 的矩形垫块，且矩形垫块和长方体对中的造型为例介绍矩形垫块的创建过程。

◆ 创建长方体 100mm×100mm×10mm，结果如图 1-275 所示。

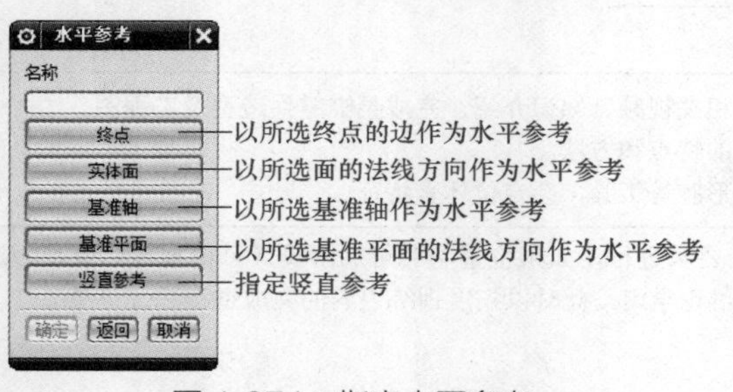

图 1-274 指定水平参考

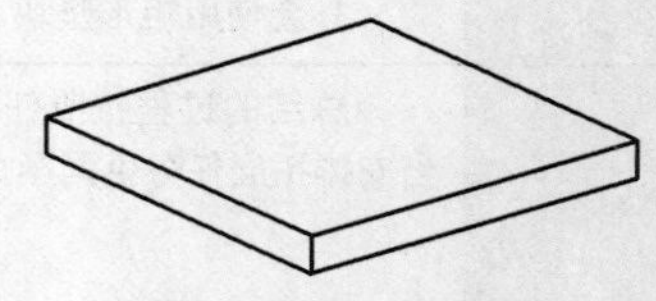
图 1-275 长方体

◆ 选择“特征”工具栏“垫块”工具按钮，系统弹出“垫块”对话框。

◆ 选择“矩形”，系统弹出“矩形垫块”对话框，选择立方体的上表面作为放置面，系统弹出“水平参考”对话框。

◆ 定义水平参考。选择如图 1-276 所示边作为水平参考，系统弹出“矩形垫块”参数对话框。

◆ 定义垫块参数。输入长度：70mm，宽度：60mm，高度：10mm，拐角半径和锥度输入“0”。单击【确定】按钮，系统弹出“定位”对话框。

◆ 确定水平方向垫块的定位尺寸。按如图 1-277 所示顺序进行定义。

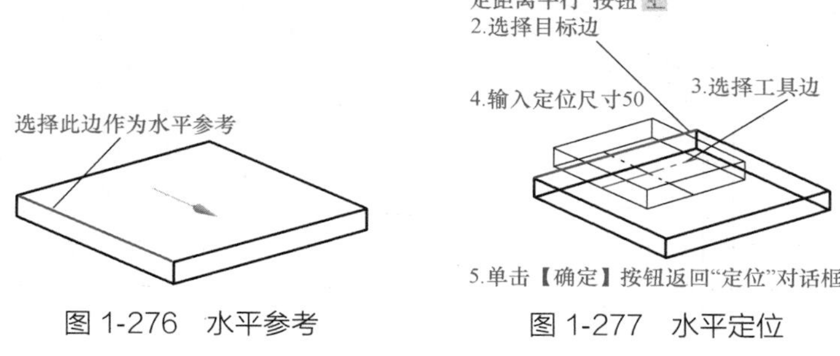

图 1-276 水平参考　　图 1-277 水平定位

◆ 确定竖直方向垫块的定位尺寸。按如图 1-278 所示顺序进行定义，结果如图 1-279 所示。

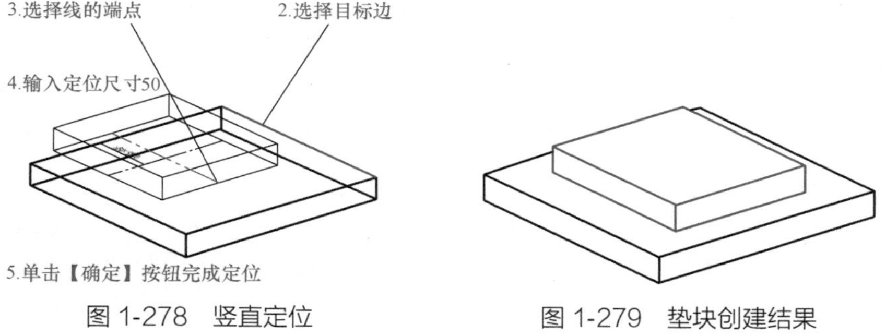

图 1-278 竖直定位　　图 1-279 垫块创建结果

1.7.4 问题探讨

1）查找资料，学习常规垫块和常规腔体的创建过程和用法。

2）箱体类零件的特点和常用的建模方法有哪些？

3）比较同一个零件在使用体素特征和成形特征建模或用草图建模时各自的优缺点。

4）试用所学知识为泵缸重新指定一套造型方案。

1.7.5 任务拓展

参照泵缸零件的造型方法及知识点介绍，完成图 1-280 所示零件的造型并制作工程图。

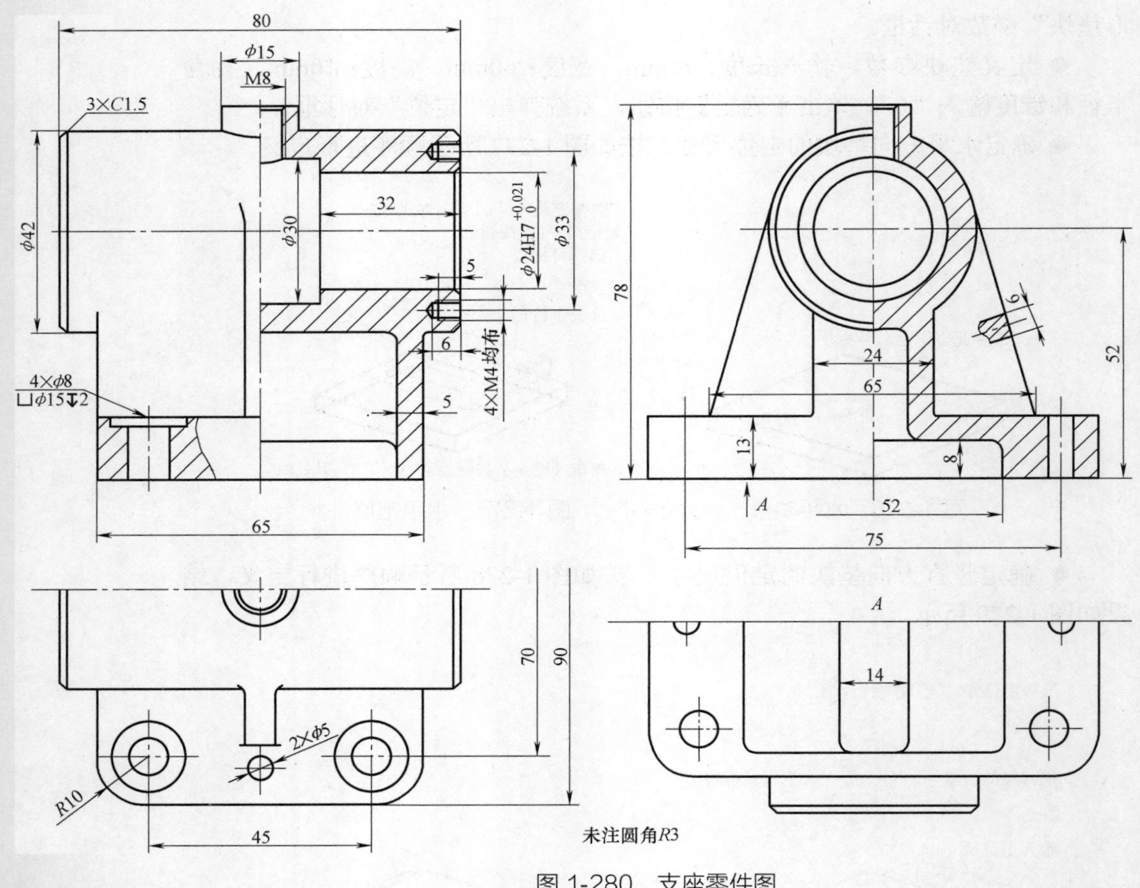

图 1-280 支座零件图

任务 1.8 笔筒零件造型并制作工程图

知识点

◎ 抽壳特征。
◎ 修剪体特征。
◎ 变半径倒圆角特征。
◎ 特征编辑特征。

技能点

◎ 了解塑料零件的结构特点。

◎ 学习塑料零件的造型方法，能看懂较为复杂零件的图样。
◎ 能运用交错阵列、修剪体、抽壳、变半径倒圆角等特征工具完成笔筒零件造型。

任务描述

通过完成笔筒零件造型和工程图任务，学习塑料零件结构及造型步骤的分析，掌握抽壳、交错阵列、变半径倒圆角、修剪体、特征编辑等特征命令，使学生基本具备完成简单塑料零件造型并制作工程图的能力。

1.8.1 任务实施

1. 零件图样分析

笔筒零件图样如图 1-281 所示。笔筒是均匀壁厚的塑料件，有光滑曲面、腔、均匀排列孔、拔模、变半径倒圆角和抽壳等结构。

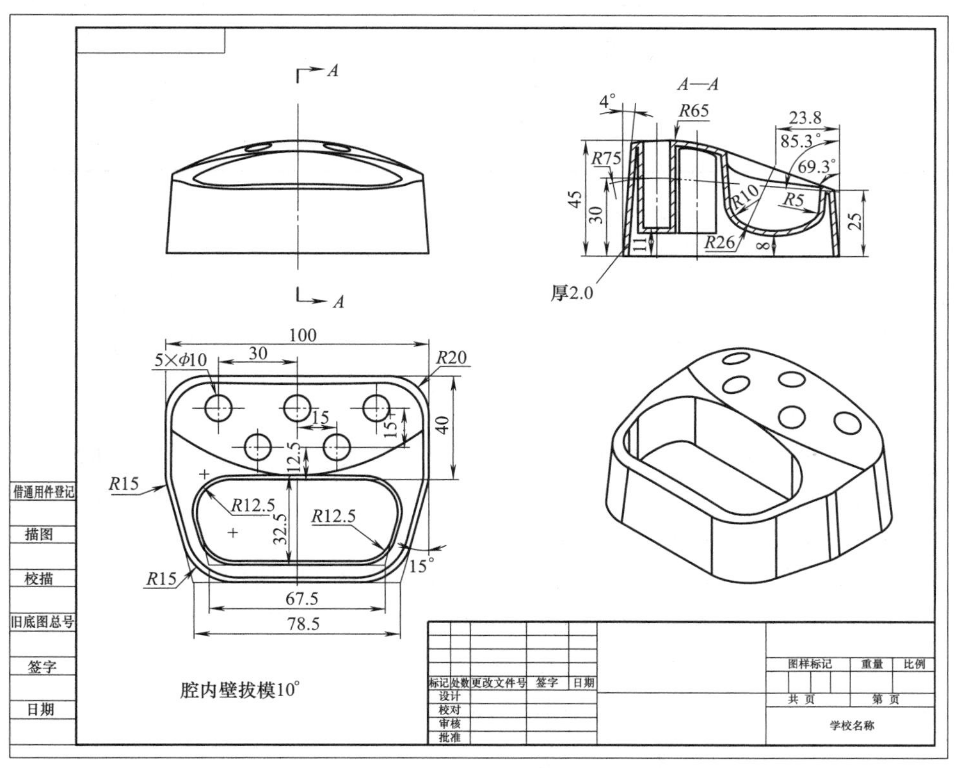

图 1-281 笔筒零件图样

2. 造型方案设计

笔筒零件的造型包含交错线性阵列、变半径倒圆角、从边拔模、通过曲线组曲面、分割实体、抽壳等知识点，涵盖了简单曲面零件的造型方法和思路。具体造型方案见表 1-22。

表 1-22　笔筒零件造型方案设计　　　　　　　　　　　　（单位：mm）

1）创建主体	2）创建腔底曲面	3）创建顶部草图	4）倒圆角 $R20$ 和 $R15$
		草图1　草图2　草图3	圆角$R15$　圆角$R20$
5）拔模 4°	6）创建凹槽	7）倒圆角 $R12.5$	8）创建孔 $\phi10$
	Z Y X	Z Y X	Z Y X
9）创建曲面	10）裁剪实体	11）拔模	12）倒圆角、抽壳

3. 操作步骤

1）新建模型文件。文件名：bitong.prt，单位：mm，存储位置：G：盘根目录。

2）基本体造型。要求：

◆ 拉伸草图：X-Y 平面，草图形状如图 1-282 所示。

◆ 拉伸方向：+ZC，拉伸高度：45mm，结果如图 1-283 所示。

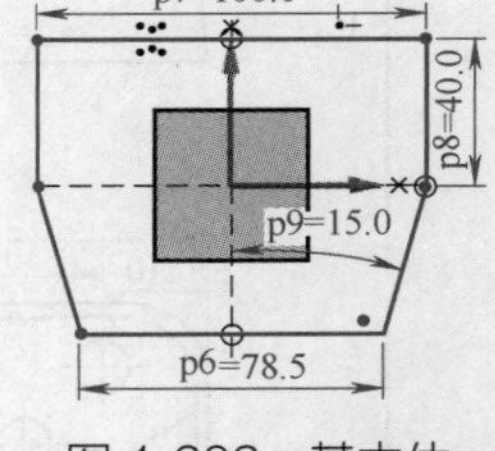

图 1-282　基本体拉伸草图

3）创建腔底拉伸曲面。要求：

◆ 拉伸草图在基本体右侧面，草图形状如图 1-284 所示。

◆ 拉伸方向：-XC，拉伸高度：100mm，结果如图 1-285 所示。

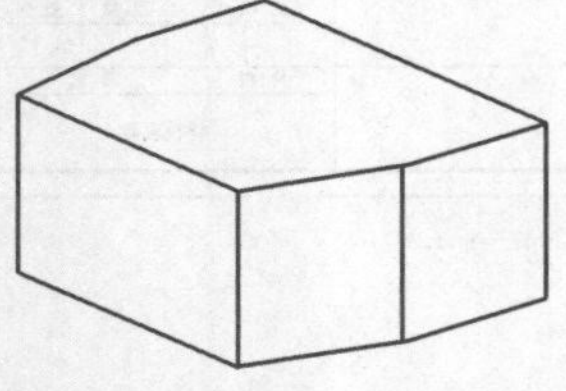
图 1-283　基本体拉伸结果

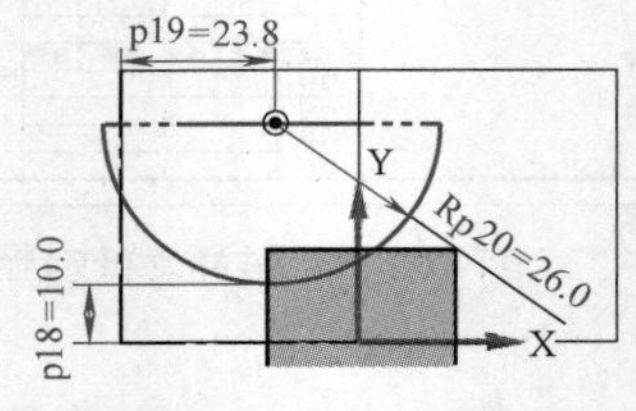

图 1-284　腔底拉伸草图

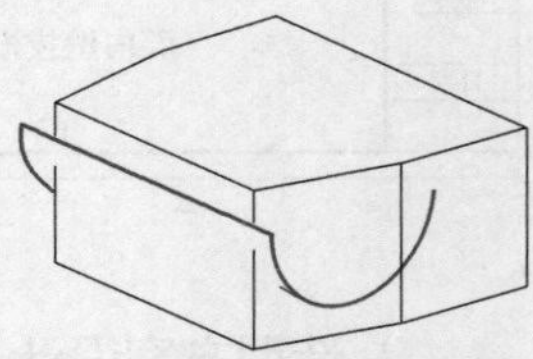
图 1-285　腔底拉伸结果

E1-58

观看步骤 1）～ 3）操作视频，请扫二维码 E1-58。

4）绘制草图。要求：

◆ 草图 1 位于基本体左侧面，尺寸如图 1-286 所示。

◆ 草图 2 位于 Y-Z 平面，尺寸如图 1-287 所示。

◆ 草图 3 位于基本体右侧面，尺寸如图 1-286 所示，结果如图 1-288 所示。

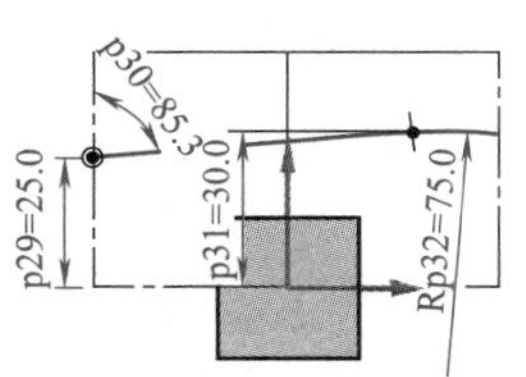

图 1-286　草图 1 和草图 3

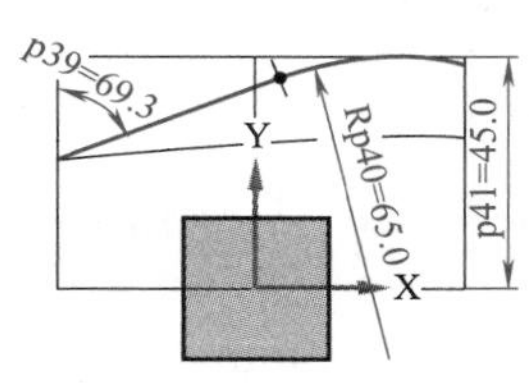

图 1-287　草图 2

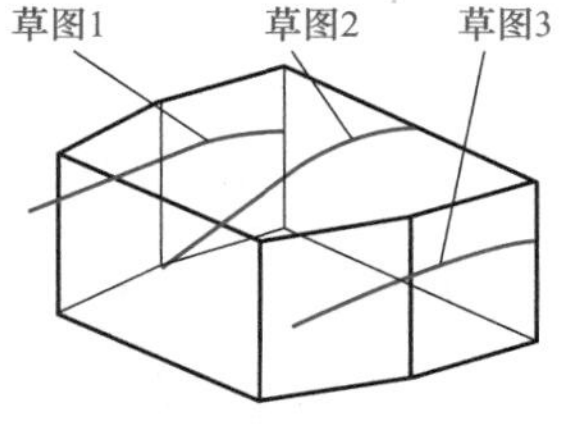

图 1-288　草图位置

观看步骤 4）操作视频，请扫二维码 E1-59。

5）倒圆角 R20mm 和 R15mm，结果如图 1-289 所示。

6）拔模。固定面：基本体底面，拔模方向：+ZC 轴，拔模面：基本体侧面，拔模角度：4°，结果如图 1-290 所示。

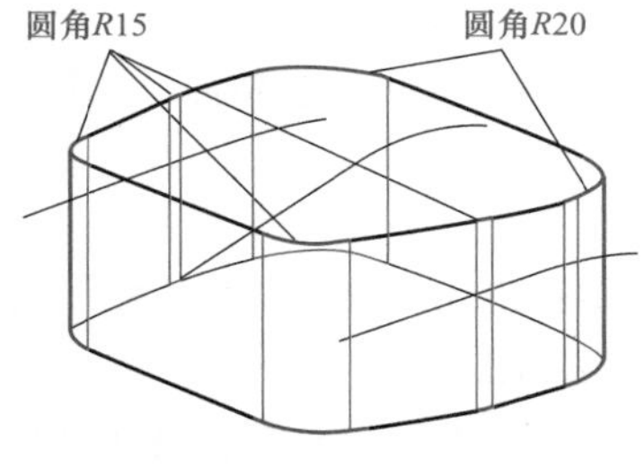

图 1-289　倒圆角

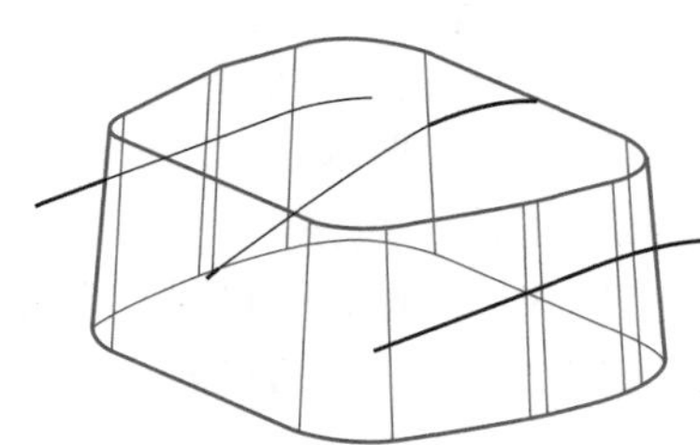

图 1-290　拔模

7）拉伸腔。要求：

◆ 拉伸草图：基本体顶面，草图尺寸如图 1-291 所示。

◆ 拉伸方向：-ZC，拉伸起始：0mm，拉伸结束：直至选定，选择曲面，如图 1-292 所示。

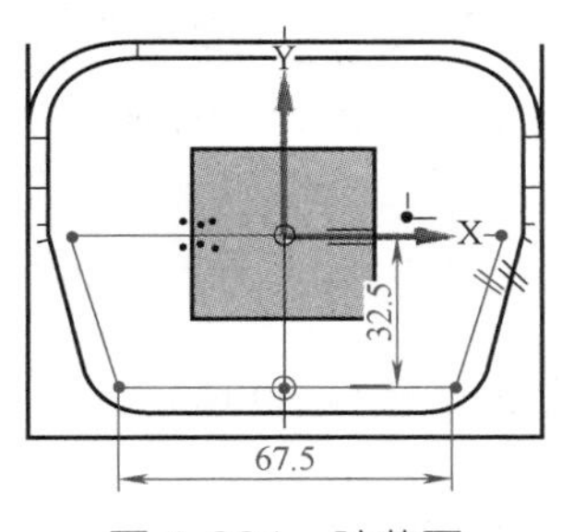

图 1-291　腔草图

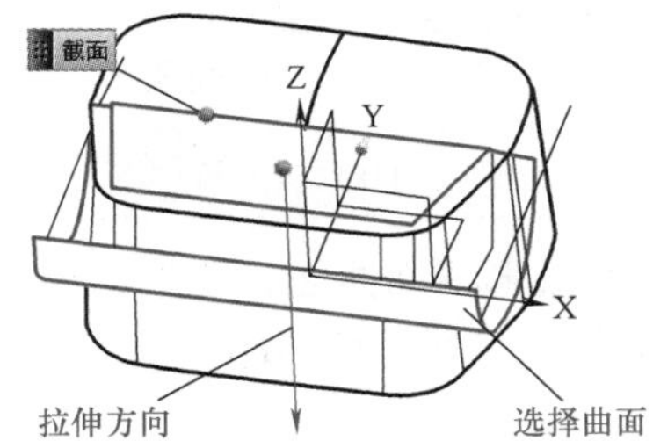

图 1-292　拉伸参数

◆ 布尔：求差。

◆ 隐藏腔底曲面，拉伸结果如图 1-293 所示。

8）倒圆角 R12.5mm，结果如图 1-294 所示。

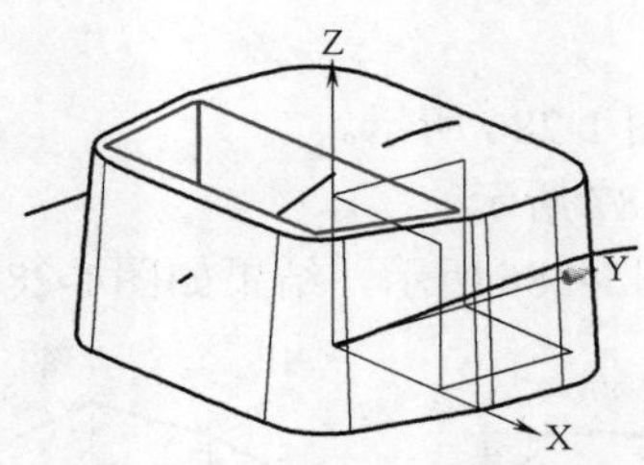

图 1-293 拉伸结果

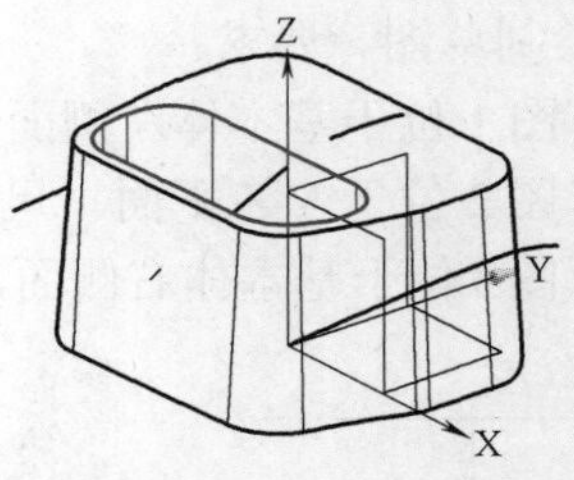

图 1-294 倒圆角

E1-60

观看步骤 5）～ 8）操作视频，请扫二维码 E1-60。

9）创建顶部均布孔 ϕ10mm×34mm。直径：ϕ10mm，深度：34mm，位置如图 1-295 所示，结果如图 1-296 所示。

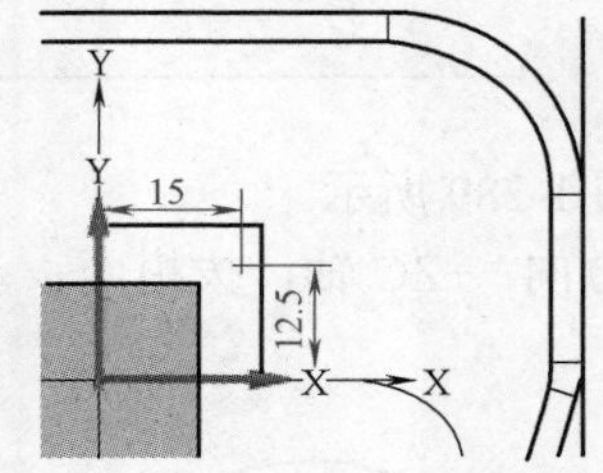

图 1-295 孔位置

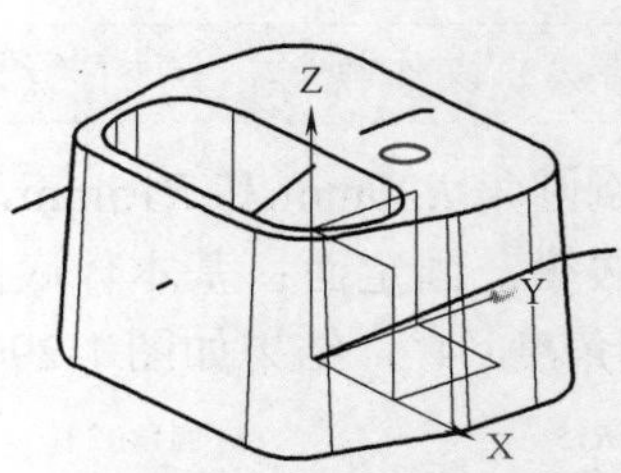

图 1-296 孔特征

10）孔阵列。要求：

◆ 阵列形式：线性。

◆ 方向 1：矢量：+XC 轴，数量：3，节距：30mm，选中“对称”选项。

◆ 方向 2：矢量：+YC 轴，数量：2，节距：15mm。

◆ 将阵列中不需要的实例对象抑制，如图 1-297 所示，结果如图 1-298 所示。

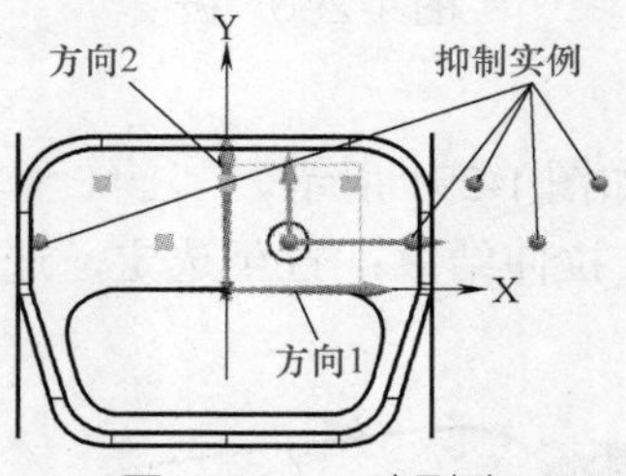

图 1-297 阵列孔

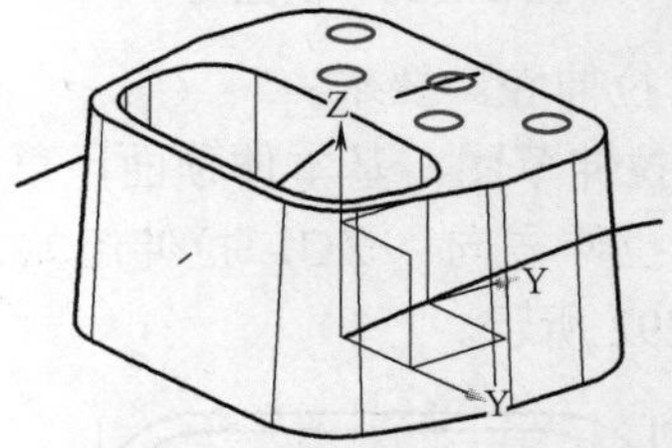

图 1-298 阵列结果

E1-61

观看步骤 9）～ 10）操作视频，请扫二维码 E1-61。

11）成形顶部曲面。要求：

◆ 使用“通过曲线组”命令创建曲面。结果如图 1-299 所示。

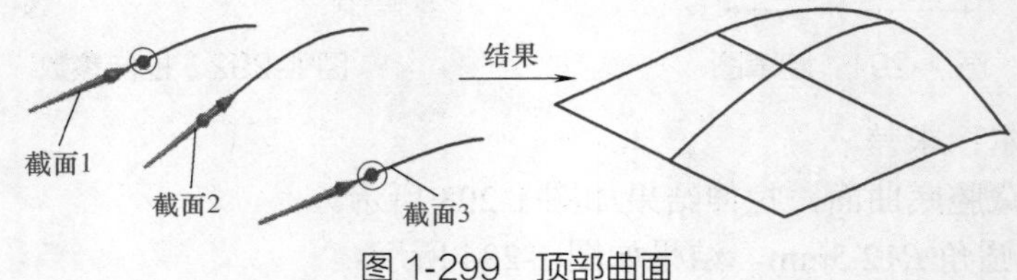

图 1-299 顶部曲面

◆ 使用“特征”工具栏“修剪体”工具按钮，对实体进行修剪，如图1-300所示，保留下侧，结果如图1-301所示。

◆ 隐藏顶部曲面和截面线，如图1-302所示。

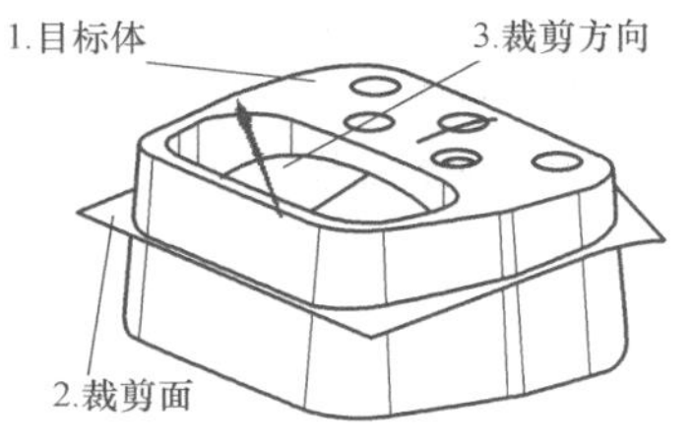

图 1-300 裁剪体参数

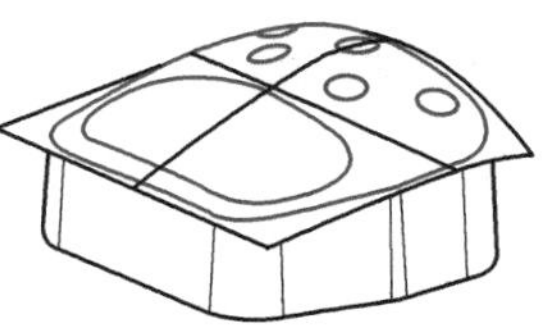
图 1-301 顶部曲面

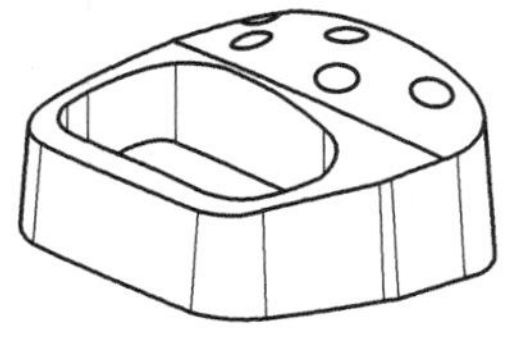
图 1-302 隐藏顶部曲面

观看步骤11）操作视频，请扫二维码E1-62。

E1-62

12）创建腔侧面拔模4°。要求：

◆ 拔模方式：从边，拔模角度：4°。

◆ 固定边和拔模方向设置如图1-303所示，结果如图1-304所示。

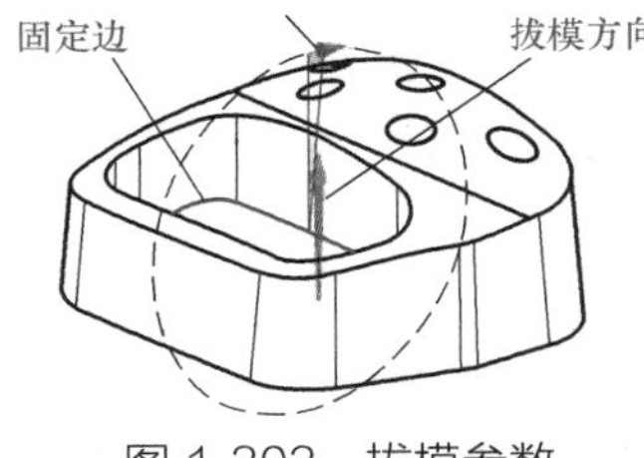

图 1-303 拔模参数

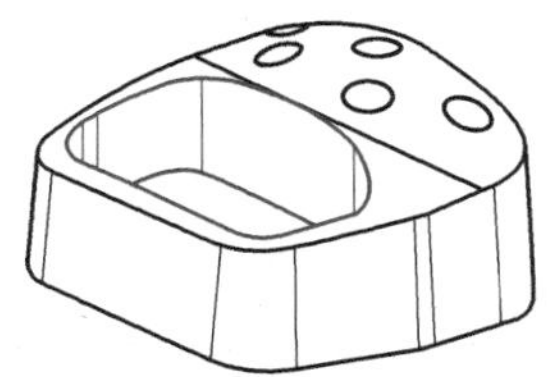
图 1-304 拔模结果

观看步骤12）操作视频，请扫二维码E1-63。

E1-63

13）倒圆角 R2mm，结果如图1-305所示。

14）倒变半径圆角。要求：靠近后方的直线两个端点设定 R10mm，前方直线两个端点设定 R5mm，如图1-306所示，结果如图1-307所示。

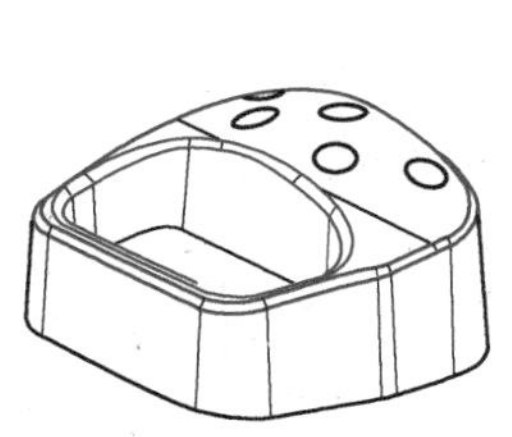
图 1-305 倒圆角 $R2$

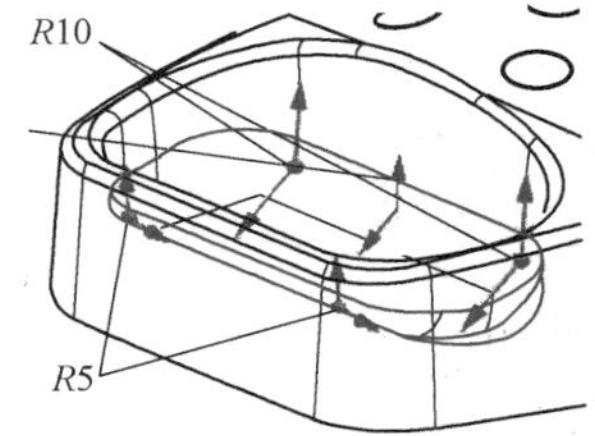

图 1-306 半径设置点

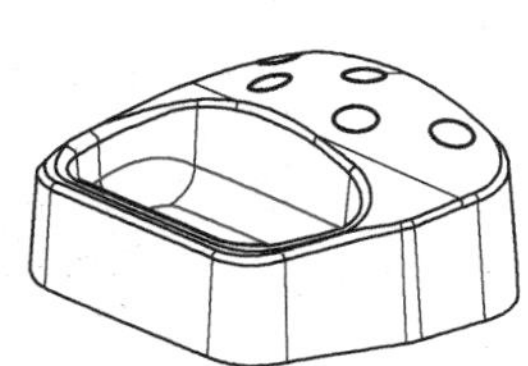
图 1-307 倒圆角结果

15）抽壳，厚度2mm。要求：

◆ 使用“特征”工具栏“抽壳”工具按钮创建抽壳特征。

◆ 抽壳类型：移除面，然后抽壳。

◆ 要穿透的面：选择模型底面，如图1-308所示。

◆ 抽壳厚度：2mm，结果如图1-309所示。

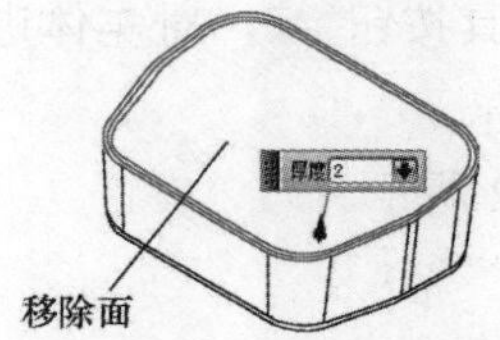

图 1-308　选择要穿透的面

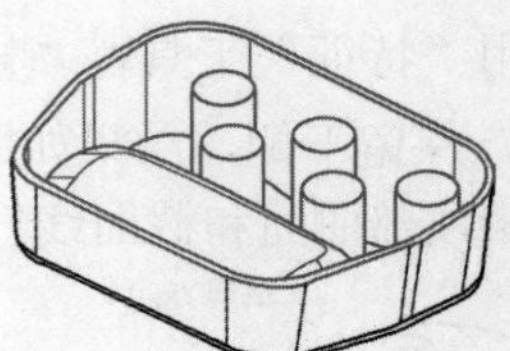

图 1-309　抽壳结果

E1-64

16）保存文件。

观看步骤 13）～ 16）操作视频，请扫二维码 E1-64。

17）进入工程图界面，创建 A3 图纸，并替换模板。

18）创建基本视图。视图比例为 1∶1，创建结果如图 1-310 所示。

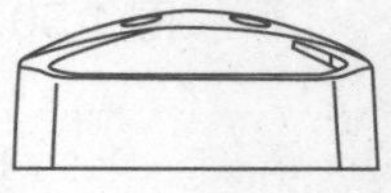
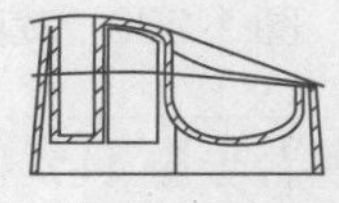
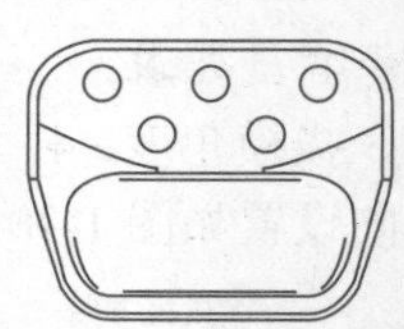
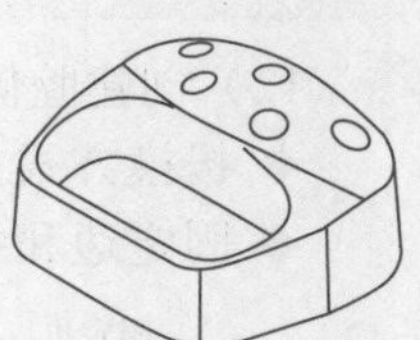

图 1-310　基本视图

E1-65

观看步骤 17）～ 18）操作视频，请扫二维码 E1-65。

19）标注尺寸。所标尺寸的位置可参考图 1-311。

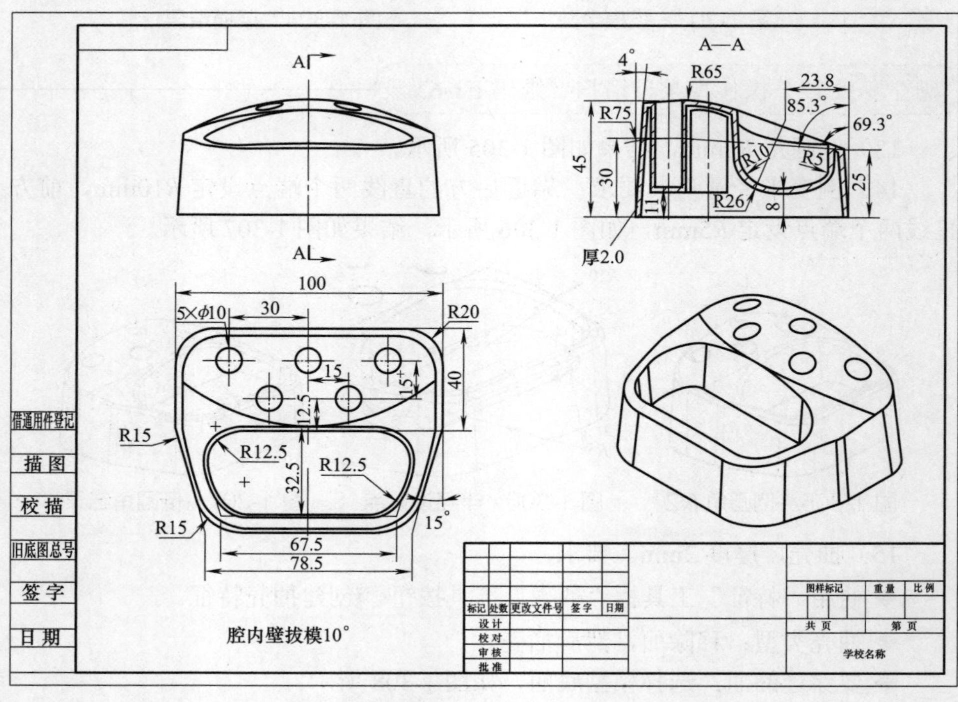

图 1-311　笔筒工程图样

20）保存文件，完成笔筒工程图的创建。

观看步骤 19）～ 20）操作视频，请扫二维码 E1-66。

E1-66

1.8.2 填写“课程任务报告”

课程任务报告

班级		姓名		学号		成绩	
组别		任务名称	笔筒零件造型并制作工程图			参考课时	6 课时
任务图样	腔内壁拔模10°						
任务要求	1. 对照任务参考过程、相关视频、知识介绍，完成笔筒零件的造型及工程图。 2. 能熟练掌握交错线性阵列、变半径倒圆角、从边拔模、通过曲线组曲面、分割实体、抽壳等命令的使用。 3. 掌握塑料零件结构的分析、造型步骤分析和造型方法。						
任务完成过程记录	总结的过程按照任务的要求进行，如果位置不够可加附页（根据实际情况，适当安排拓展任务供同学分组讨论学习，此时以拓展训练内容的完成过程进行记录）。						

1.8.3 知识学习

1. 抽壳

1）抽壳概述。抽壳特征可以将实体的内部挖空，形成带壁厚的实体。UG NX 中有“移除面，然后抽壳”和“对所有面抽壳”两种形式，如图 1-312 所示。

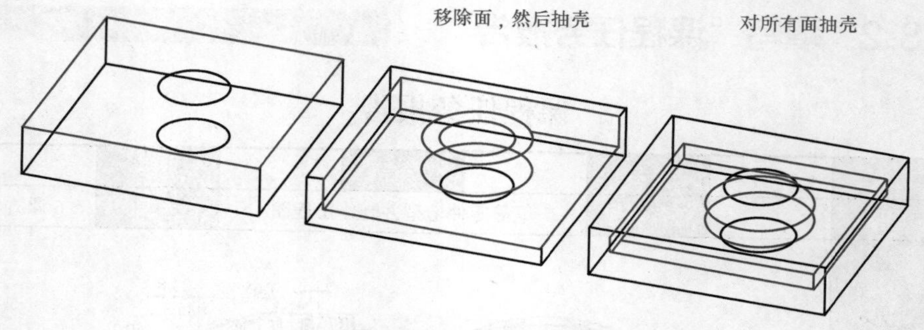

图 1-312 抽壳形式

选择菜单【插入】→【偏置 / 缩放】→【抽壳】或者单击“特征”工具栏“抽壳”工具按钮，系统将打开“抽壳”对话框，如图 1-313 所示。

2）备选厚度。备选厚度在需要创建各面上抽壳厚度不一致的情况下使用，如图 1-314 所示。下面以图 1-314 为例说明备选厚度选项的用法。

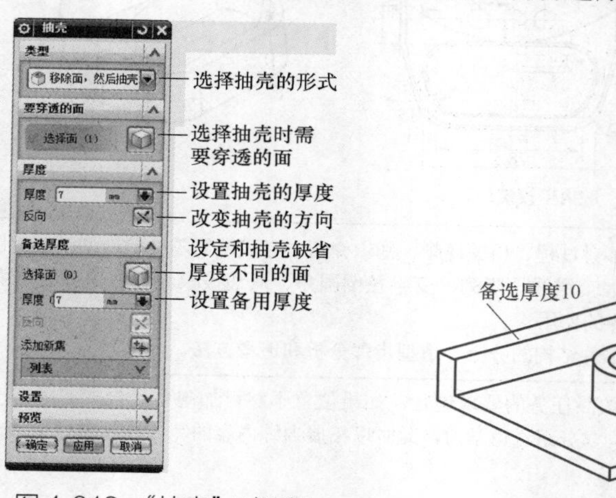

图 1-313 “抽壳”对话框

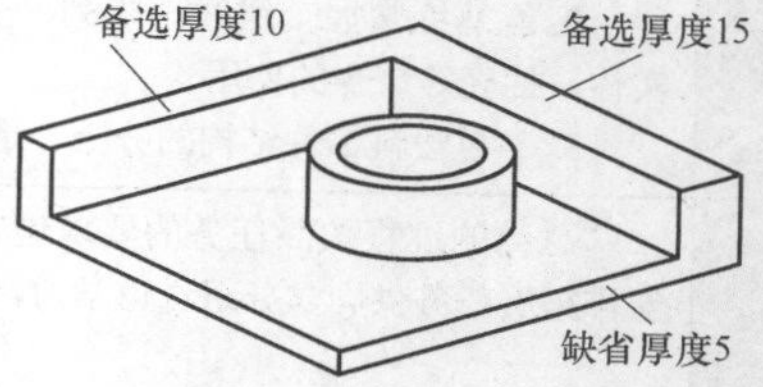

图 1-314 备选厚度

◆ 创建长方体 100mm×100mm×20mm，并在中间创建孔 ϕ30mm，结果如图 1-315 所示。

◆ 选择“抽壳”工具按钮，打开“抽壳”对话框。

◆ 类型选择“移除面，然后抽壳”，选择如图 1-316 所示 3 个面作为移除面。

◆ 在“厚度”选项后输入“5”。

◆ 展开“备选厚度”选项组，激活“备选厚度”选项组的“选择面”。

◆ 选择长方体左侧面，在“抽壳”对话框“备选厚度”选项组下“厚度”选项中输入“10”。

◆ 单击“添加新集”按钮，选择长方体后侧面，在“厚度”选项中输入“15”。

◆ 单击【确定】按钮，结果如图 1-317 所示。

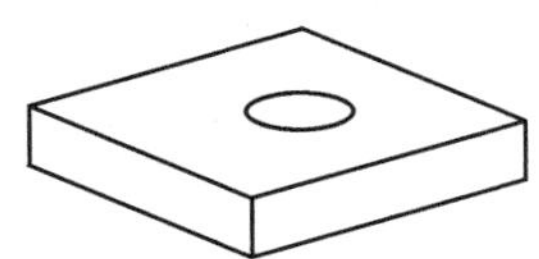

图 1-315 长方体

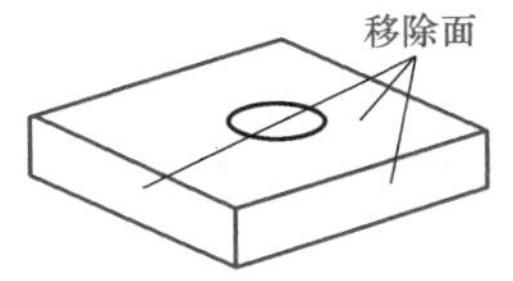

图 1-316 选择移除面

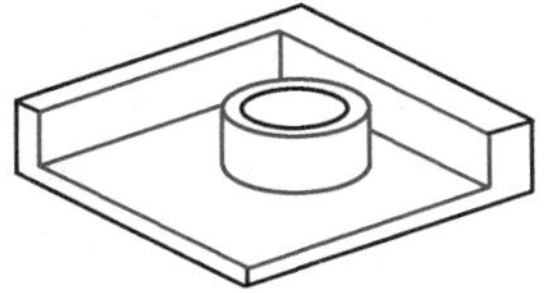

图 1-317 抽壳结果

抽壳时，如果遇到抽壳的厚度大于在抽壳厚度方向的圆角半径或曲面局部曲率半径，会导致抽壳失败。这时需要重新调整圆角半径、曲面或抽壳厚度才能抽壳成功。

2. 修剪体

修剪体可以使用曲面或者基准平面将实体的一部分修剪掉。选择曲面修剪实体时，要求曲面能完全将实体分割成两部分，否则会导致修剪失败。图 1-318 所示为平面修剪实体，图 1-319 所示为曲面修剪实体。

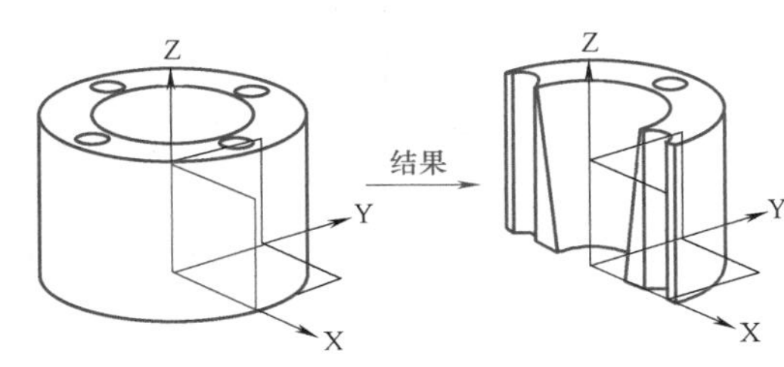

图 1-318 平面修剪实体

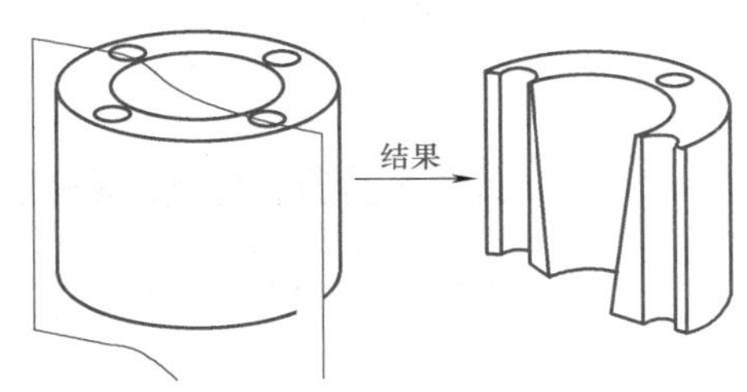

图 1-319 曲面修剪实体

选择菜单【插入】→【修剪】→【修剪体】，或者单击“特征”工具栏“修剪体”工具按钮，系统将打开“修剪”对话框，如图 1-320 所示。修剪实体的操作过程如图 1-321 所示。

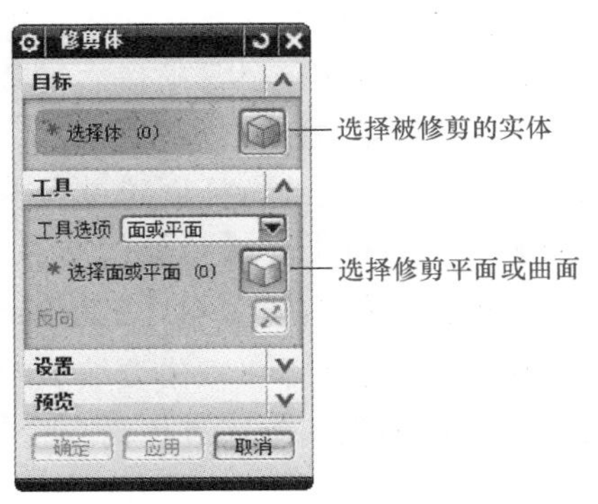

图 1-320 “修剪体”对话框

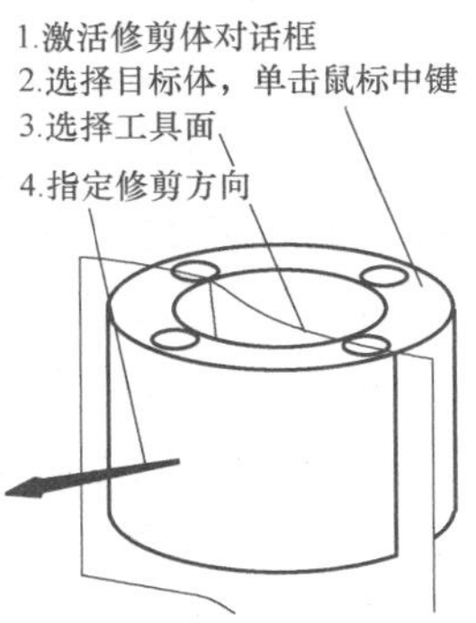

图 1-321 修剪体过程

注意：

◆ 必须至少选择一个目标体。可以从相同的体选择单个面或多个面，或选择基准平面来修剪目标体；可以定义新平面来修剪目标体。

◆ 修剪体与求差布尔运算的差别在于：它使用的工具为面，可以是基准面、实体表面或者是新指定的平面。

3. 边倒圆—变半径圆角

使用边倒圆特征可以创建变半径圆角。下面以实例方式介绍变半径圆角的创建过程。

◆ 创建长方体 100mm×100mm×40mm。

◆ 激活“边倒圆”对话框。

◆ 按图 1-322 所示的步骤进行操作。

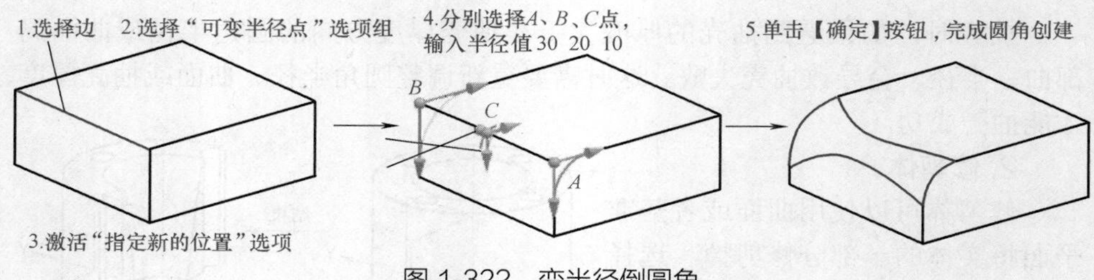

图 1-322 变半径倒圆角

4. 特征编辑

特征编辑可以对已经存在的特征参数进行修改。在 UG NX 中，对于不同的特征，特征编辑的内容也各不相同。特征编辑的工具栏如图 1-323 所示。

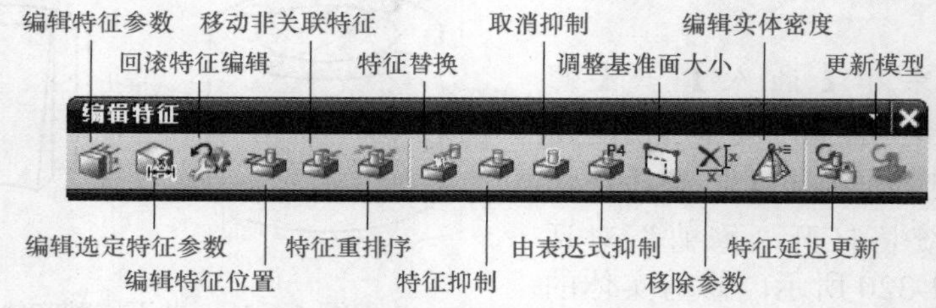

图 1-323 “编辑特征”工具栏

其中，编辑选定特征参数、回滚特征编辑、编辑位置、特征重排序、特征抑制、调整基准面大小和特征替换，可以直接使用部件导航器右键菜单对应菜单项激活命令。这里只介绍其中部分命令的使用方法。

1）编辑特征参数。编辑特征参数可以方便地更改特征创建过程中所使用的形状参数，可以通过选择菜单【编辑】→【特征】→【特征尺寸】，或单击工具按钮，或选择部件导航器中对应特征上的右键菜单【Edit Parameter】激活该命令，最简单的办法是直接在绘图区部件导航器中双击要编辑的特征。

因为编辑特征参数过程和创建特征时特征参数的确定过程是完全相同的，所以这里不再重复介绍。

2）编辑特征位置。编辑特征位置用于修改键槽、槽、腔、垫块等体素特征的定位尺寸或添加、删除定位尺寸。可以通过菜单【编辑】→【特征】→【编辑位置】，或单击工具按钮，或选择部件导航器中对应特征上的右键菜单【编辑位置】激活该命令，激活后系统弹出“编辑位置”对话框，如图

1-324 所示。

例如，编辑如图 1-325 所示圆柱凸起特征，将定位尺寸值“50”改为“60”，然后删除这个尺寸，将这个方向的定位方式改为点到点的水平尺寸，尺寸值为“50”。具体方法如下：

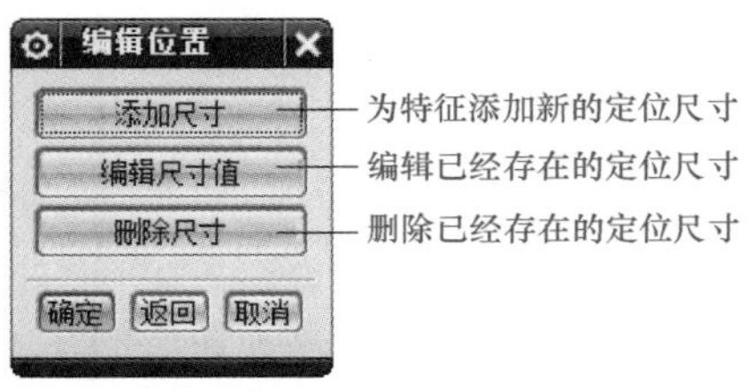

图 1-324 “编辑位置”对话框

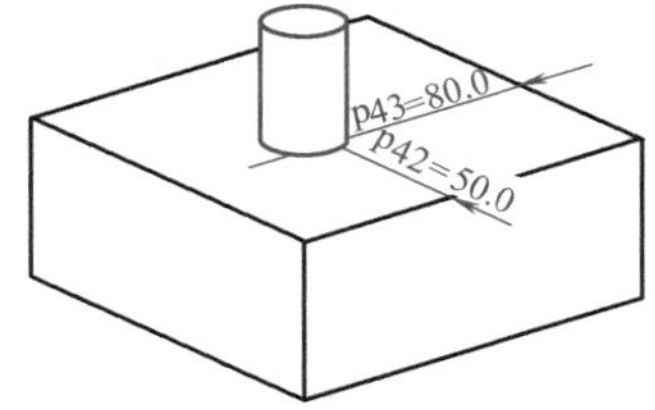

图 1-325 原始模型

◆ 选择“编辑位置”按钮，系统弹出“编辑位置”对话框。

◆ 单击“编辑尺寸值”按钮，在绘图区中选择“P42=50.0”，系统弹出“编辑表达式”对话框。

◆ 在编辑条中输入新的尺寸“60”，单击【确定】按钮，可以再次选择其他的定位尺寸进行编辑。如果不再编辑其他的尺寸，再次单击【确定】按钮，返回“编辑位置”对话框。

◆ 单击“删除尺寸”按钮，在绘图区中选择需要删除的尺寸“P42=50.0”（前次编辑没有生效），单击【确定】按钮，退出“编辑位置”状态。

◆ 再次打开“编辑位置”对话框，选择“添加尺寸”按钮，发现圆柱凸台现在只有一个定位尺寸。

◆ 选择“水平”工具，系统提示选择水平参考，选择图 1-326 所示边作为水平参考。

◆ 选择图 1-326 所示边的端点，再选择圆柱凸台的圆心。

◆ 输入距离尺寸值“50”，单击两次【确定】按钮完成编辑位置操作。

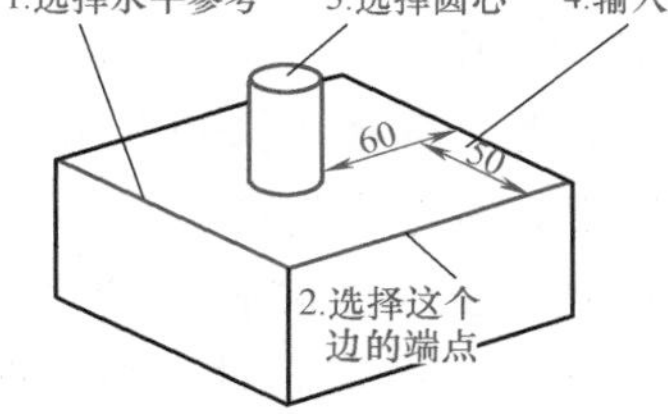

图 1-326 添加定位尺寸

3）抑制特征。抑制特征是指取消实体模型上的一个或多个特征的显示状态。此时在工序导航器中，被抑制的特征及其子特征前面的绿勾消失。利用该工具编辑模型中实体特征的显示状态，可以使实体特征的创建速度加快，还可以在创建实体特征时，避免对其他实体特征产生冲突，在实体很多的复杂造型中十分重要。具体操作步骤如下：

◆ 在“编辑特征”工具栏中单击“抑制特征”按钮，或者选择菜单【编辑】→【特征】→【抑制】，弹出如图 1-327 所示的“抑制特征”对话框。

◆ 选择抑制对象。在“抑制特征”对话框中勾选“列出相关对象”选项，所有相关特征在“过滤器”列表中显示，选择“简单孔（4）”为抑制对象。

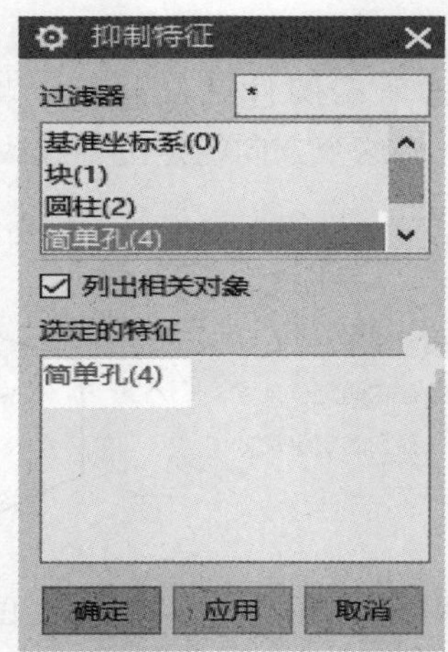

图 1-327 “抑制特征”对话框

◆ 单击【确定】按钮，完成抑制特征操作，结果如图 1-328 所示。

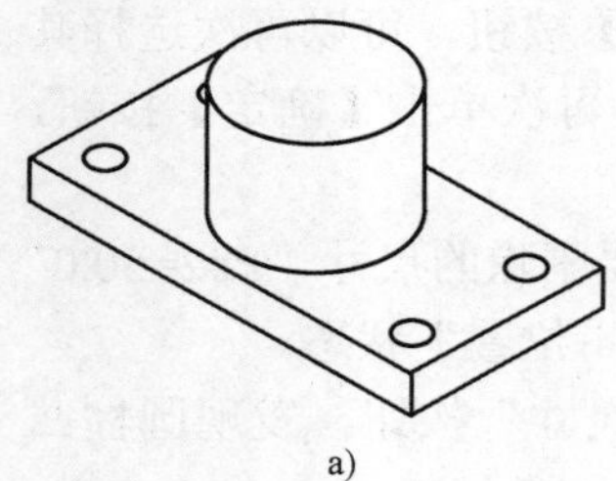
a)

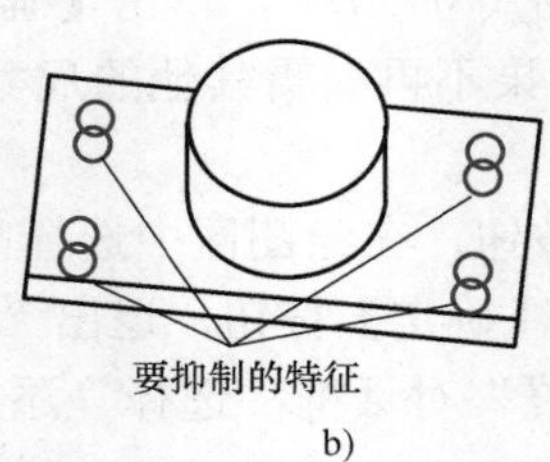

b)

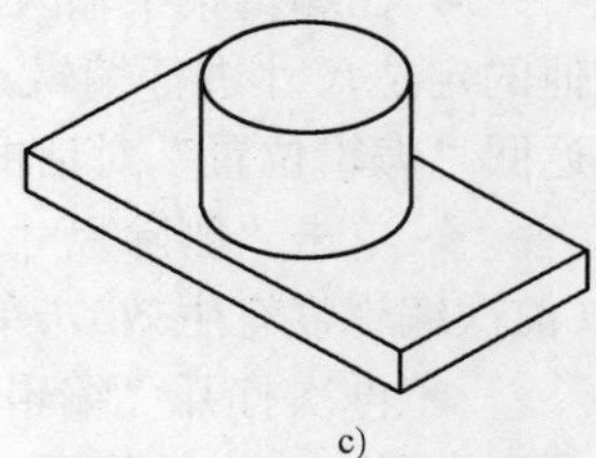
c)

图 1-328 抑制特征操作

a）抑制前 b）选择抑制特征 c）抑制结果

提示：用户也可以直接在部件导航器中选取要抑制的特征名称，然后单击鼠标右键，选择“抑制”选项，进行同样的操作。一次选取多个特征时，可以按住 Ctrl 键进行选择。

抑制特征与隐藏特征的区别是：隐藏特征可以任意隐藏一个特征，没有任何关联性；而抑制某一特征时，与该特征存在关联性的其他特征被一起隐藏。其操作与删除特征相类似，不同之处在于：已抑制的特征不在实体中显示，也不在工程图中显示，但其数据仍然存在，可通过解除抑制恢复。

取消抑制特征的操作步骤如下：

◆ 单击“取消抑制”按钮，或者选择菜单项【编辑】→【特征】→【取消抑制】，弹出“解除抑制特征”对话框，如图 1-329 所示。

◆ 特征列表框中列出所有已抑制的特征，选择需要解除抑制的特征名称，则所选特征显示在“选定的特征”列表框中。

◆ 单击【确定】按钮，完成取消抑制特征的操作。

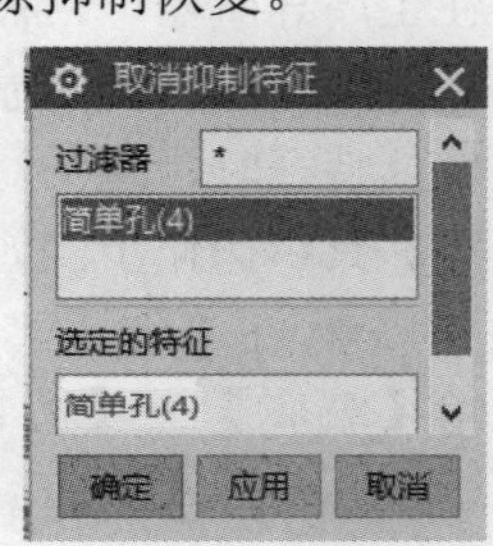

图 1-329 “取消抑制特征”对话框

1.8.4 问题探讨

1）编辑特征可以通过哪些方式进入？

2）查找资料，学习特征编辑中其他命令的用法。

3）试着为笔筒重新制订一套造型方案。

1.8.5 任务拓展

参照笔筒零件的造型方法及知识点介绍，完成图 1-330 所示零件的造型并制作工程图。

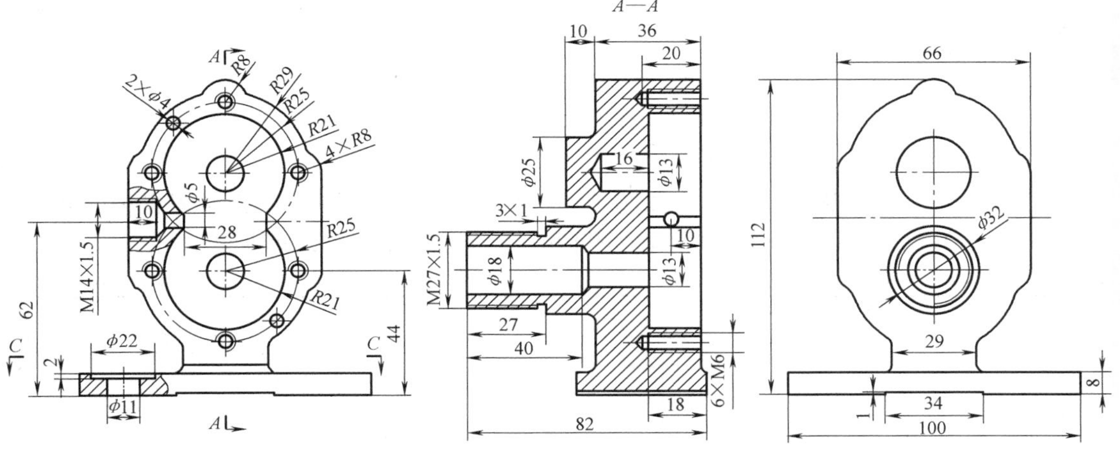

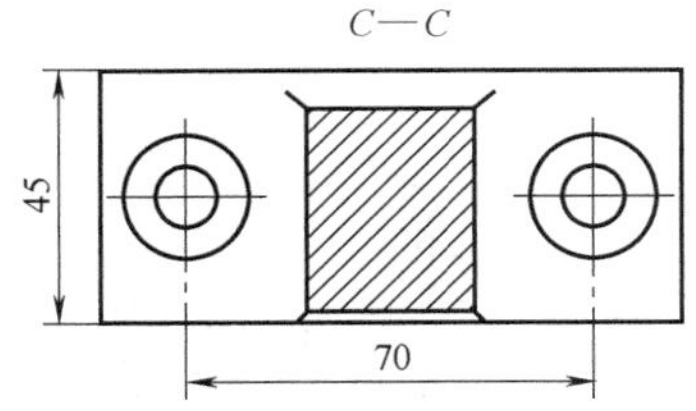

图 1-330 泵体零件图

任务 1.9 虎钳零件造型并制作工程图

知识点

◎ 重用库。

技能点

◎ 能独立完成一些较为简单零件的造型并创建工程图。

任务描述

本任务由固定钳身、活动钳身、丝杠、螺母、紧固螺钉、垫圈、螺钉、锁紧螺母、紧固螺母、钳口板 10 个零件的造型任务组成。要求以小组为单位讨论制订零件造型方案，然后独立进行造型并创建零件工程图。本任务可训练学员综合运用已学知识、技能解决实际问题的能力。

1.9.1 任务实施

1.9.1.1 固定钳身造型

1. 零件图样分析

固定钳身零件图样如图 1-331 所示，主要由基本体、腔体及两侧耳组成，主要用到块、垫块、腔体、倒圆角、孔等特征命令，比较简单。

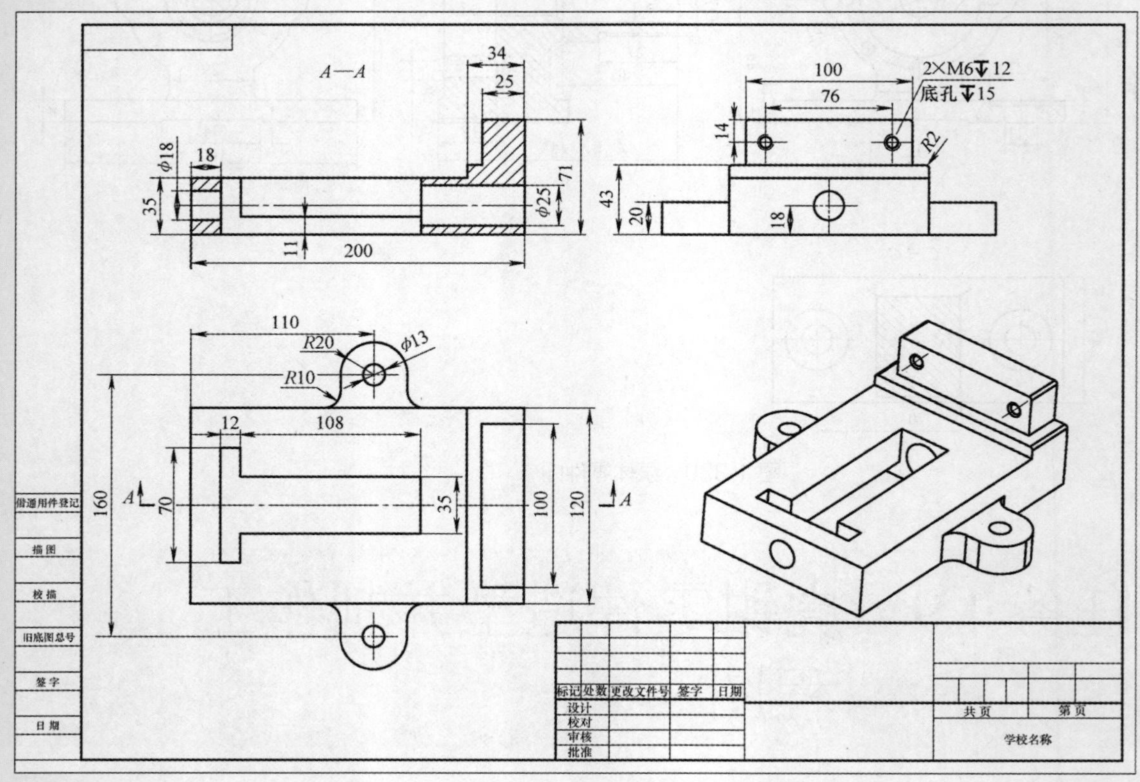

图 1-331　固定钳身零件图样

2. 参考造型方案

固定钳身造型方案见表 1-23。

表 1-23　固定钳身造型方案　（单位：mm）

长方体（200×120×35）	凸起（34×120×8）	凸起（25×100×28）	腔（120×70×11）
腔（12×70×35）	腔（108×35×24）	凸起（40×20×40）	圆角 $R10$ 和 $R20$
镜像特征	孔 $\phi13$	孔 $\phi18$	孔 $\phi25$
螺纹孔（M6×1.25 深 12 底孔深 15）	圆角 $R2$		

3. 参考操作步骤

观看造型视频，请扫二维码 E1-67。

E1-67

E1-68

观看制作工程图视频，请扫二维码 E1-68。

1.9.1.2　活动钳身造型

1. 零件图样分析

活动钳身零件图样如图 1-332 所示，主要由基本体和沉头孔部分组成，主要用到块、旋转、拉伸、倒圆角、孔等特征命令。

2. 参考造型方案

活动钳身造型方案见表 1-24。

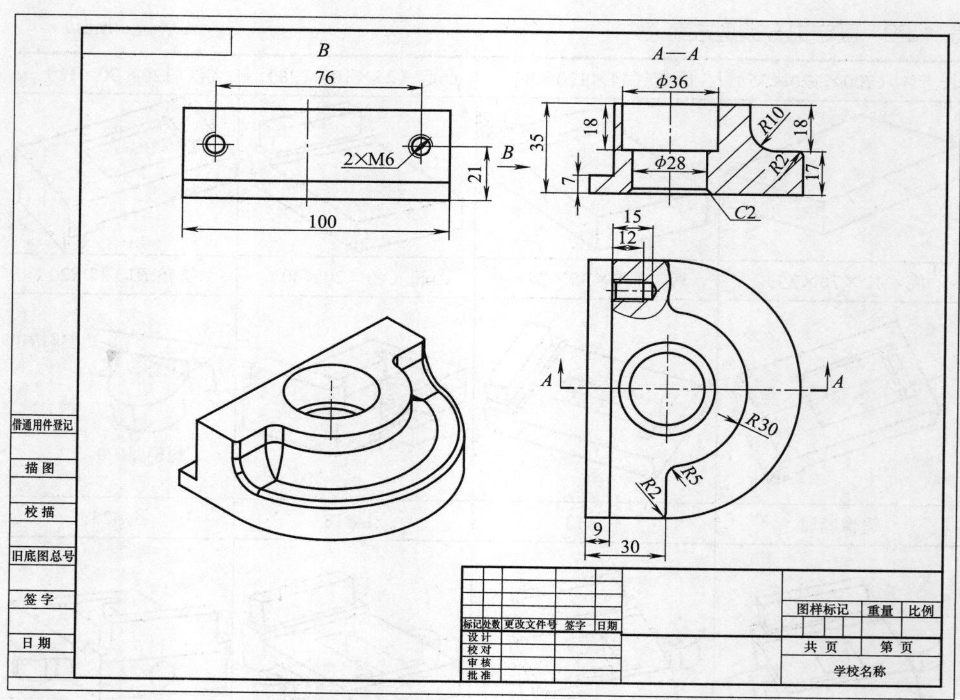

图 1-332　活动钳身零件图样

表 1-24　活动钳身造型方案　　（单位：mm）

长方体	旋转	删除面	凸台	圆角 *R*5、*R*10、*R*2
拉伸凹台	沉头孔	倒斜角 *C*2	螺纹孔	

3. 参考操作步骤

E1-69

观看造型视频，请扫二维码 E1-69。

E1-70

观看制作工程图视频，请扫二维码 E1-70。

1.9.1.3 螺母造型

1. 零件图样分析

螺母零件图样如图 1-333 所示，主要由基本体、孔及矩形螺纹部分组成，主要用到块、拉伸、凸台、孔、螺旋线、扫掠等特征命令。

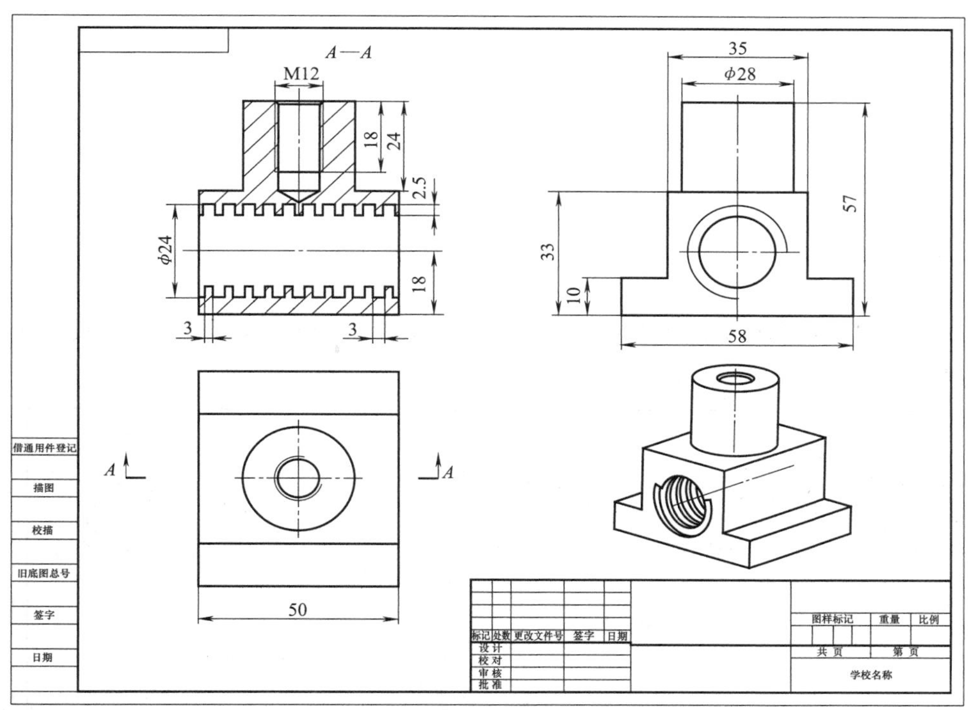

图 1-333 螺母零件图样

2. 参考造型方案

螺母造型方案见表 1-25。

表 1-25 螺母造型方案 （单位：mm）

长方体（50×58×33）	凸台（φ28×24）	左侧面凹台	右侧面凹台	螺纹孔
简单孔 φ19	螺旋线	扫掠	求差	

3. 参考操作步骤

E1-71

观看造型视频，请扫二维码 E1-71。

E1-72

观看制作工程图视频，请扫二维码 E1-72。

1.9.1.4　丝杠造型

1. 零件图样分析

丝杠零件图样如图 1-334 所示，主要由基本体和矩形螺纹组成，主要用到圆柱、凸台、螺旋线、扫掠和槽等特征命令。

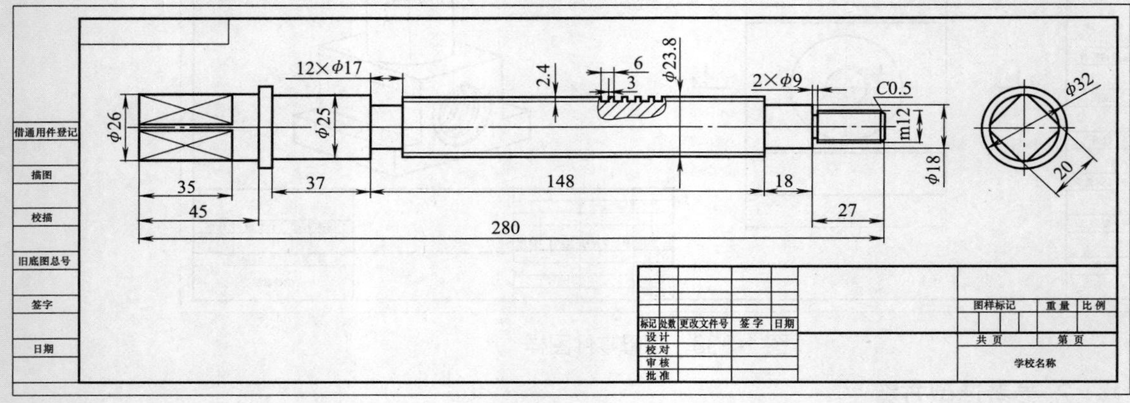

图 1-334　丝杠零件图样

2. 参考造型方案

丝杠造型方案见表 1-26。

表 1-26　丝杠造型方案

基本体	端部方形结构	螺旋线
扫掠	求差及右端倒斜角 *C*0.5	右端符号螺纹及矩形槽

3. 参考操作步骤

观看造型视频，请扫二维码 E1-73。

E1-73

E1-74

观看制作工程图视频，请扫二维码 E1-74。

1.9.1.5 紧固螺钉造型

1. 零件图样分析

紧固螺钉零件图样如图 1-335 所示，主要用到圆柱和孔等特征命令。

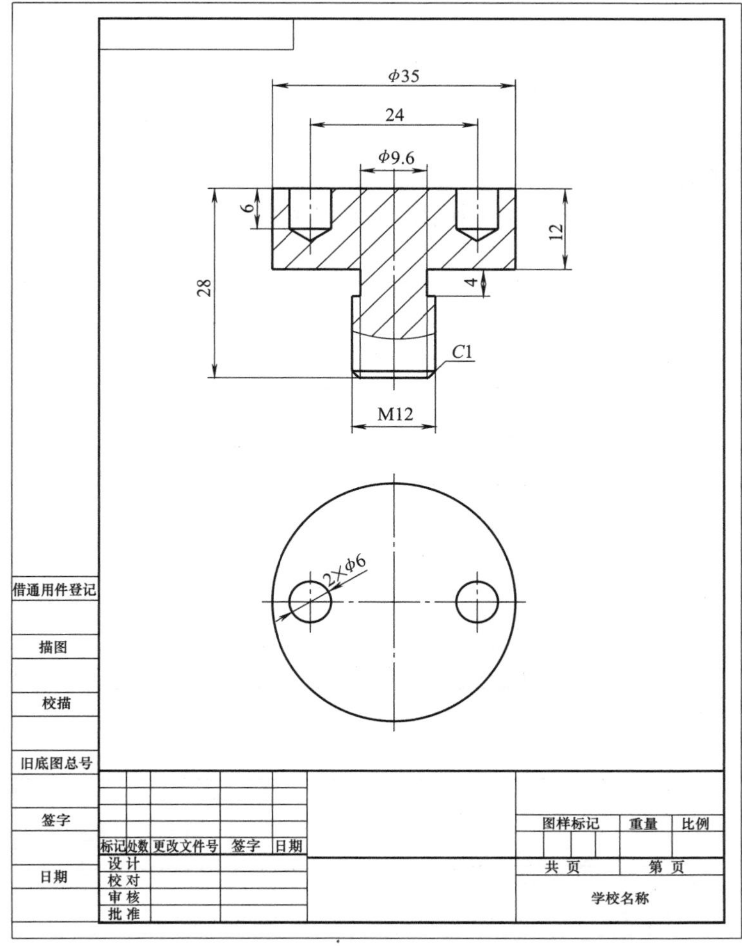

图 1-335 紧固螺钉零件图样

2. 参考造型方案

紧固螺钉造型方案见表 1-27。

表 1-27　紧固螺钉造型方案　（单位：mm）

圆柱体（ϕ35×12）	圆柱体（ϕ9.6×4）	圆柱体（ϕ12×12）	倒斜角 $C1$	孔（2×ϕ6）

3. 参考操作步骤

E1-75

观看造型视频，请扫二维码 E1-75。

E1-76

观看制作工程图视频，请扫二维码 E1-76。

1.9.1.6　钳口板造型

1. 零件图样分析

钳口板零件图样如图 1-336 所示，主要用到块、孔等特征命令。

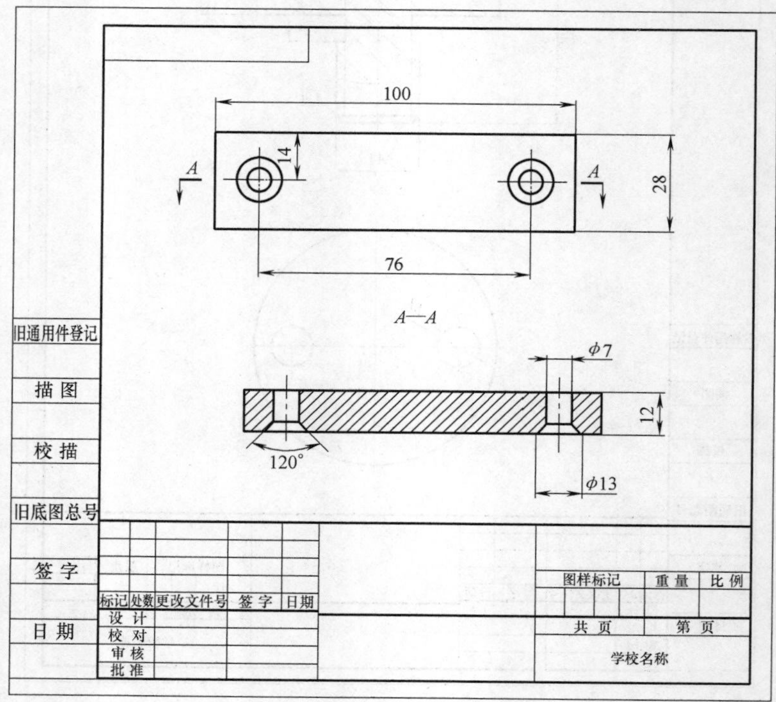

图 1-336　钳口板零件图样

2. 参考操作步骤

钳口板零件较为简单，不再提供造型方案，具体步骤可观看视频。

观看造型视频，请扫二维码 E1-77。

E1-77

观看制作工程图视频，请扫二维码 E1-78。

E1-78

1.9.1.7 锁紧螺母造型

1. 零件图样分析

锁紧螺母零件图样如图 1-337 所示，主要用到拉伸、圆柱、镜像面及螺纹等特征命令。

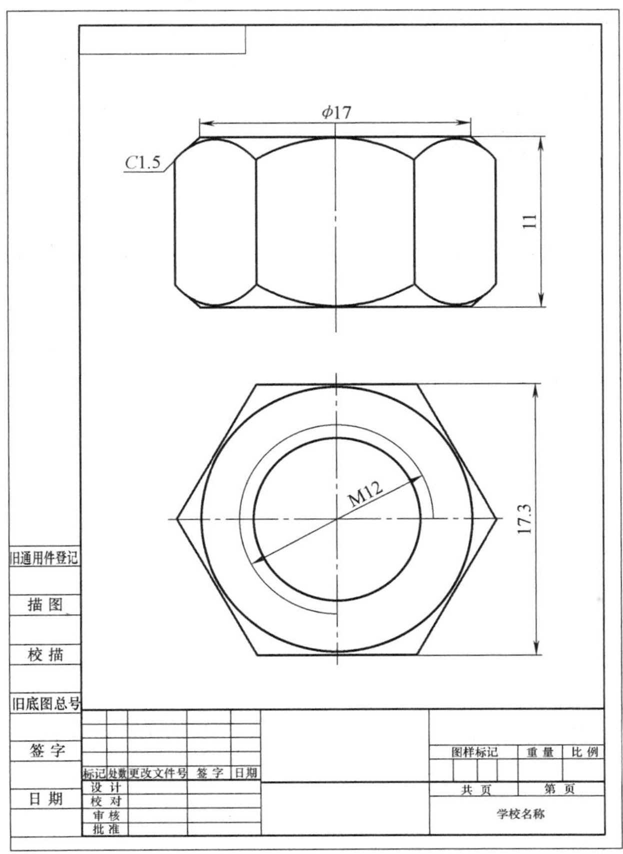

图 1-337 锁紧螺母零件图样

2. 参考造型方案

锁紧螺母造型方案见表 1-28。也可直接从重用库中调用，标准号为 GB/ T41—2000。

表 1-28 锁紧螺母造型方案

六棱柱	外接圆柱	倒斜角 *C*1.5	求交
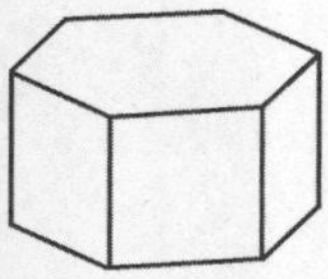	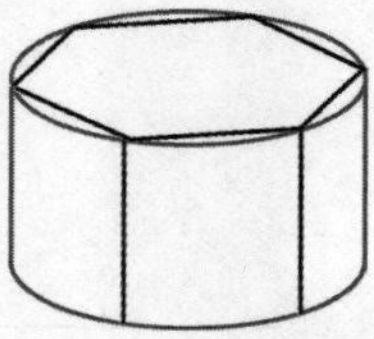	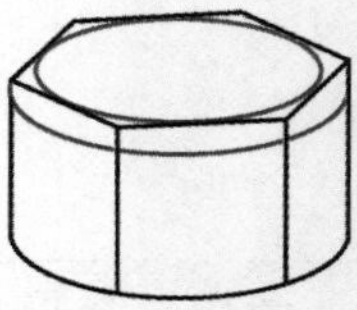	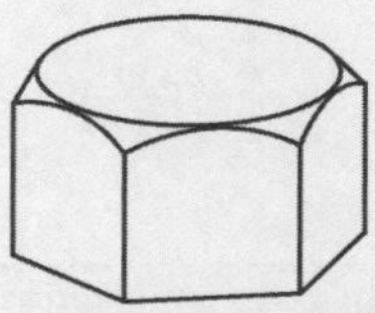
镜像面	孔	螺纹 M12	
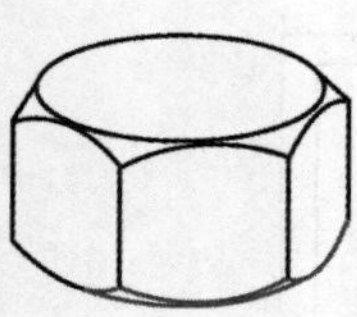	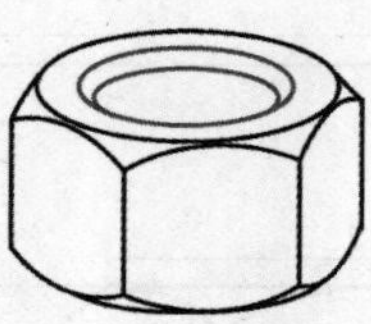	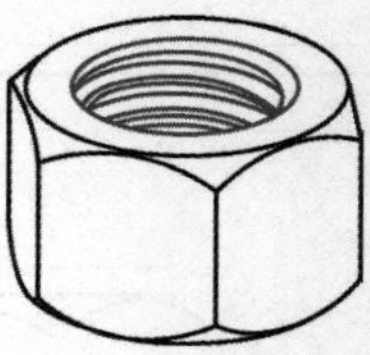	

3. 参考操作步骤

E1-79

观看造型视频，请扫二维码 E1-79。

E1-80

观看制作工程图视频，请扫二维码 E1-80。

1.9.1.8 紧固螺母造型

1. 零件图样分析

紧固螺母零件图样如图 1-338 所示，主要用到拉伸、圆柱、镜像面及螺纹等特征命令。

2. 参考造型方案

紧固螺母造型方案见表 1-29。

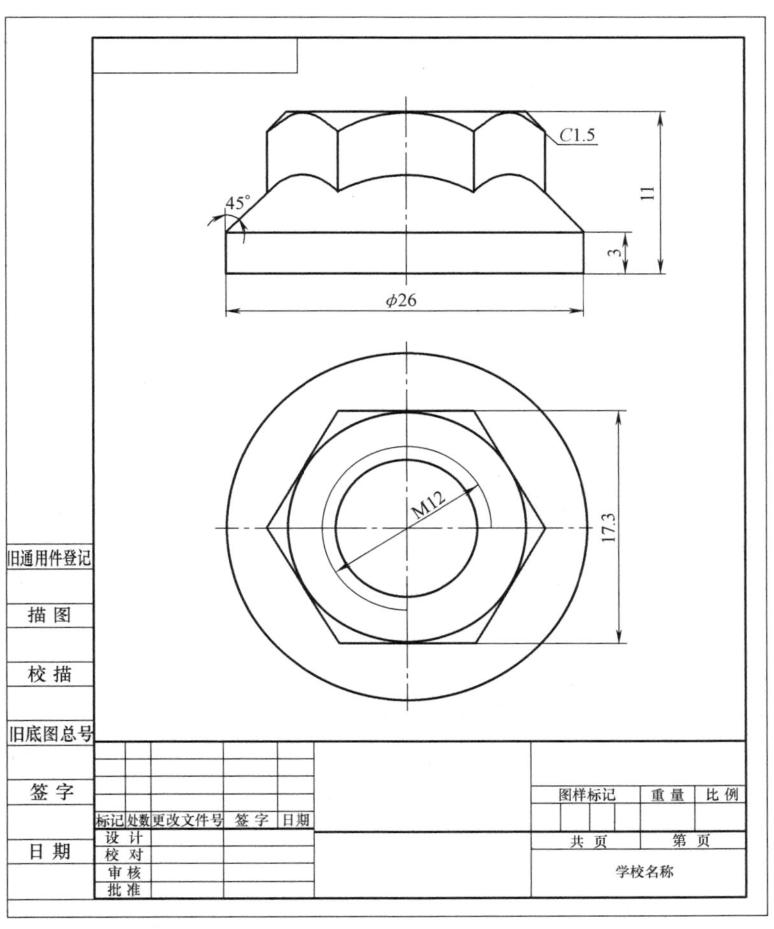

图 1-338　紧固螺母零件图样

表 1-29　紧固螺母造型方案　　（单位：mm）

六边形	外接圆柱	倒斜角 *C*1.5	求交
镜像面	圆柱体（ϕ26×3）	圆锥体	求和
删除面	螺纹孔	螺纹 M12	

3. 参考操作步骤

E1-81

观看造型视频，请扫二维码 E1-81。

E1-82

观看制作工程图视频，请扫二维码 E1-82。

1.9.1.9 螺钉造型

1. 零件图样分析

螺钉零件图样如图 1-339 所示，造型主要用到块、旋转、拉伸、倒圆角和孔等特征命令。

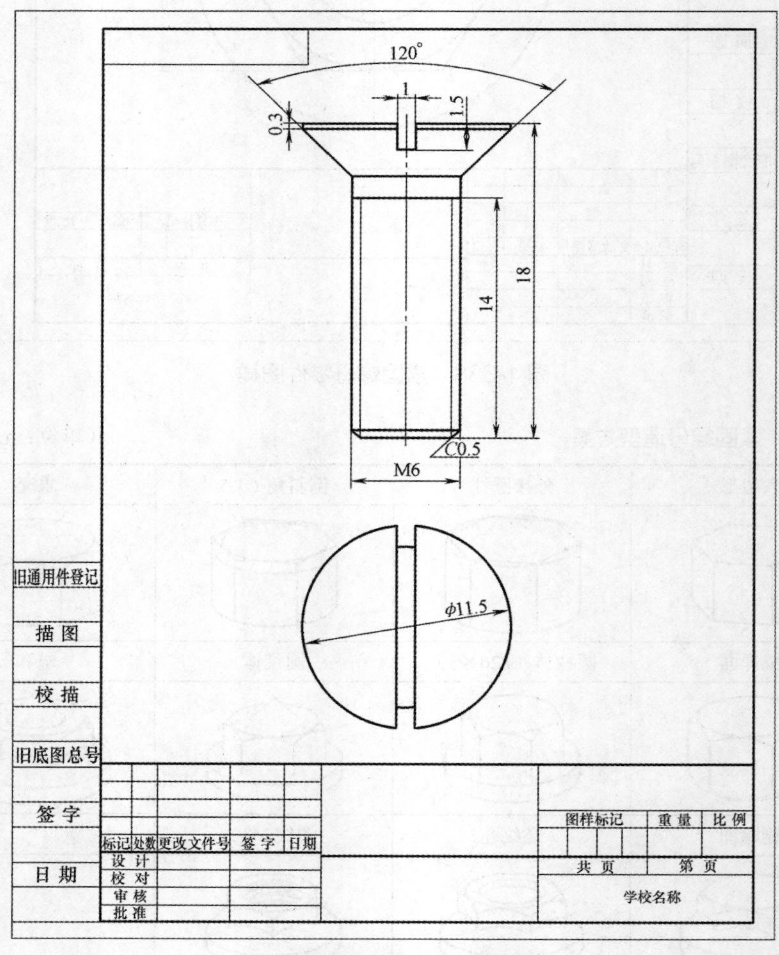

图 1-339 螺钉零件图样

2. 参考造型方案

螺钉造型方案见表 1-30。

表 1-30 螺钉造型方案 （单位：mm）

圆柱体（$\phi 6\times 15$）	旋转体	顶部凹槽	倒斜角 $C0.5$	螺纹

3. 参考操作步骤

观看造型视频，请扫二维码 E1-83。

E1-83

观看制作螺钉工程图视频，请扫二维码 E1-84。

E1-84

1.9.1.10 垫圈造型

1. 零件图样分析

垫圈零件图样如图 1-340 所示，主要用到圆柱特征命令，比较简单；也可直接从标准件库中调用，标准号为 GB/T848—2002。

2. 参考操作步骤

垫圈零件造型简单，不再提供造型方案，具体操作可观看视频。

观看造型视频，请扫二维码 E1-85。

E1-85

观看制作工程图视频，请扫二维码 E1-86。

E1-86

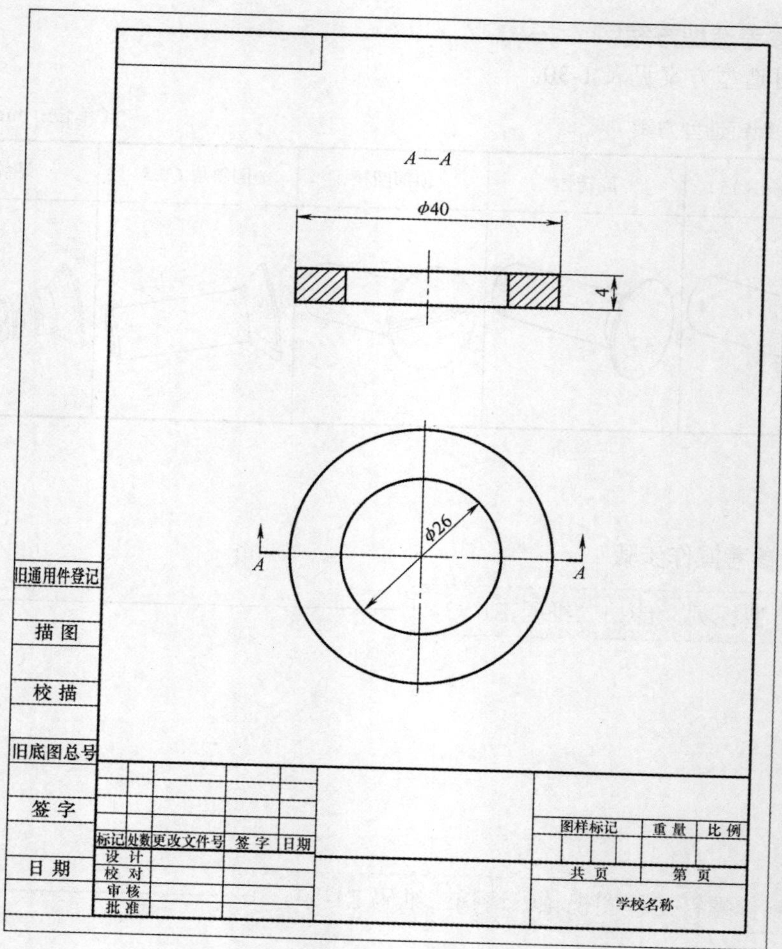

图 1-340 垫圈零件图样

1.9.2 填写“课程任务报告”

课程任务报告

班级		姓名		学号		成绩	
组别		任务名称	虎钳零件造型并制作工程图			参考课时	6 课时
任务图样							

（续）

任务要求	1. 对照任务参考过程，相关视频，知识介绍，完成固定钳身、活动钳身、丝杠、螺母、紧固螺钉、垫圈、螺钉、锁紧螺母、紧固螺母、钳口板十个零件的造型及工程图。 2. 掌握造型工具的综合运用及重用库的使用。 3. 能够对前边任务所学知识进行融合贯通。
任务完成过程记录	总结的过程按照任务的要求进行，如果位置不够可加附页（根据实际情况，适当安排拓展任务供同学分组讨论学习，此时以拓展训练内容的完成过程进行记录）。

1.9.3 知识学习—重用库

1. 重用库概述

使用重用库导航器可以访问重用库对象，将重用库中定义的标准件插入模型中。重用库对象包括：行业标准部件和部件族、NX 机械部件族、用户定义特征、规律曲线、形状和轮廓 2D 截面等。

重用库中的机械零件库包含大量的最新行业标准部件，可支持所有主要标准：ANSI 英制、ANSI 米制、DIN、UNI、JIS、GB 和 GOST 等，这些部件均为知识型部件族和模板。

2. 重用库导航器概述

重用库导航器是一个 NX 资源工具，类似于装配导航器或部件导航器，以分层树结构显示可重用对象，如图 1-341 所示。

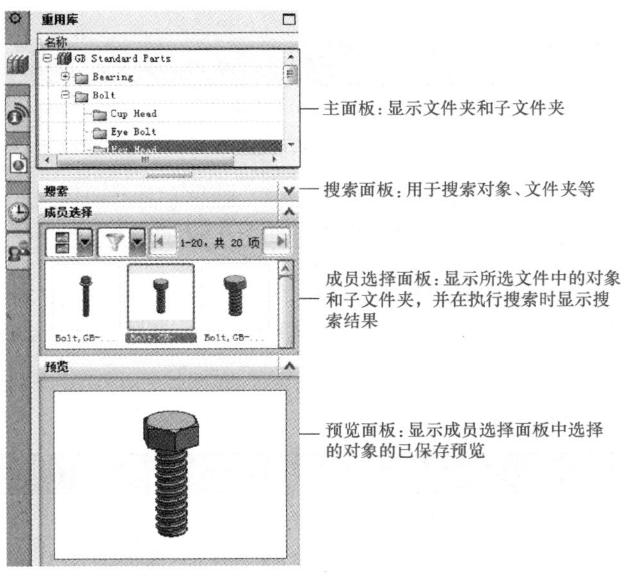

图 1-341 重用库导航器

（1）重用库导航器—主面板　用于显示重用件库、库里的子文件夹等。在不同的环境下显示的库不完全相同。在重用库主面板中可以通过鼠标右键完成很多库操作。

1）右键单击库或文件夹时，可以进行表 1-31 所示的操作。

表 1-31　右击文件夹或库快捷命令

命　令	含　义
刷新	重新加载所选库容器或文件夹，以合并新数据
从此处搜索节点	打开“在选定节点下搜索”对话框，可用于搜索选定的库
定义可重用对象	打开可重用对象对话框。用于创建可重用对象，并将它从图形窗口中显示的几何体添加到选定的库容器或文件夹中
新建文件夹	在选定文件夹时可用，将新的子文件夹添加到所选文件夹中
重命名	在选定文件夹时可用，重命名选定的文件夹
删除	在选定文件夹时可用，从库中移除所选文件夹

2）背景快捷命令。右键单击主面板时，表 1-32 所示命令可用。

表 1-32　背景快捷命令

命　令	含　义
库管理	打开“重用库管理”对话框，进行库的添加、删除等操作
全部折叠	将库的所有文件夹全部折叠，只显示库的名称
全部展开	将库的所有文件夹都展开显示

（2）重用库导航器—搜索面板　用于设置搜索条件，常用命令见表 1-33。

表 1-33　搜索面板命令

命　令	含　义
搜索框	设置搜索关键字
在上面的树中搜索	对输入的关键字执行搜索
消除搜索结果	从成员选择面板中移除搜索结果
搜索设置	打开搜索设置对话框，允许您修改搜索设置

（3）重用库导航器—成员选择面板

1）右键单击重用对象。在重用库导航器成员选择面板下，右键单击可重用对象时，右键快捷菜单项含义见表 1-34。

表 1-34　成员选择面板右键菜单命令

命　令	含　义
打开	在新会话中打开所选对象
添加到装配	在选定部件对象时可用，用于将所选对象添加到装配中，并约束对象
编辑 KRX 文件	打开创建、编辑 KRX 文件对话框，可在其中创建知识型部件。该选项不可用于只读部件

（续）

命　令	含　义
复制	把选中的对象复制到剪贴板中，可以在其他库中进行粘贴
添加到已保存搜索	将选择的部件保存到搜索项

2）视图和过滤器选项。见表 1-35。

表 1-35　成员列表形式

选项图标	选项名称	描　述
	表格视图	将对象和标准的显示格式更改为标题可排序的表格
	缩 略 图	以缩略图格式显示对象，其中包含对象的图像和名称
	预览	显示对象的图像和名称
	列表	以列表格式列出对象（包含对象名称）
	图标	以图标形式显示对象（包含对象名称）
	标题	显示对象的名称、类型和图像

过滤器列表选项见表 1-36。

表 1-36　过滤器列表选项

选项图标	选项名称	描　述
	全部查看	显示所选文件夹中的所有部件
KE	仅查看 KE 部件	仅显示知识型部件
	UDF 模板	仅显示用户定义特征模板
	特征 / 模板对象	仅显示特征对象或模板对象
	PTS 模板	仅显示 Product Template Studio 模板
	2D 截面模板	仅显示 2D 模板
	梁截面模板	仅显示梁截面模板
	材料项	根据标准件的材料进行过滤显示

3. 将可重用对象添加到模型

下面以调用 M12×50 GB/T 5781—2000 螺钉为例，介绍重用库的使用方法。

1）在搜索框中输入“5781”并回车，就可以在成员列表中显示螺钉标准。也可以在主面板中选择库“GB Standard Parts”→“Hex Head”，然后就可以在成员列表中找到“Bolt，GB/T 5781—2000”。

2）使用鼠标将可重用对象从成员选择面板拖到图形窗口中，系统弹出“添加可重用组件”对话框。

3）选择相应的参数。Size：M12，Length：50，定位：绝对原点，单击【确定】按钮，完成螺钉插入。

4）在装配导航器中右键单击“GB/T 5781—2000，M12X50”，选择右键菜单命令【设为显示部件】。

5）将文件重命名并保存。

注意：添加可重用对象实质是将标准件作为一个组件装配到当前零件中，所以要进行另存操作。

1.9.4 问题探讨

1）查找资料，学习向重用库中添加重用件的方法。

2）总结零件分析和造型的一般方法和步骤。

1.9.5 任务拓展

参照虎钳零件的造型方法及知识点介绍，完成图 1-342 所示的转子泵泵体及图 1-343 所示的转子泵泵盖零件的造型并制作工程图。

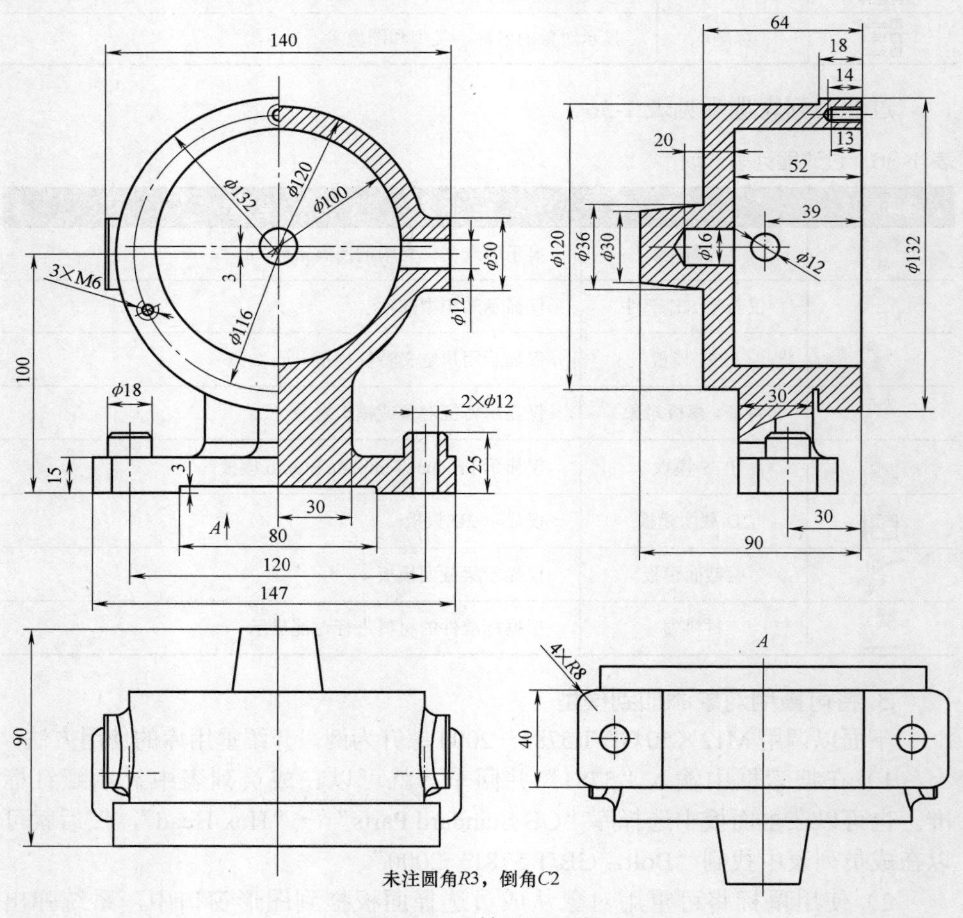

图 1-342 转子泵泵体

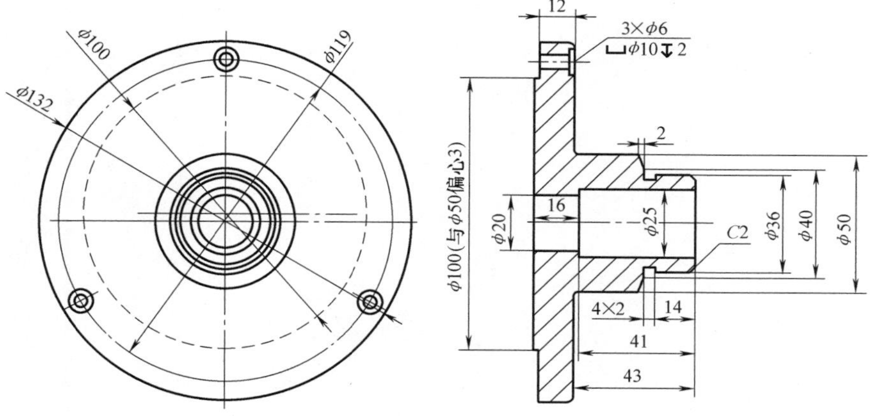
ϕ100
ϕ119
ϕ132
12
3×ϕ6
⌴ϕ10↧2
2
ϕ100(与ϕ50偏心3)
16
ϕ20
ϕ25
C2
ϕ36
ϕ40
ϕ50
4×2
14
41
43

图 1-343　转子泵泵盖

PROJECT 2

项目二 装配与装配工程图

PROJECT 2

【项目描述】

通过完成虎钳虚拟装配、单向阀设计任务，学生应掌握使用 UG NX10.0 进行虚拟装配、产品设计和创建装配工程图的基本思路、技巧和常用工具，熟悉与虚拟装配、产品设计及装配工程图相关的标准，培养将 UG NX10.0 虚拟装配、产品设计及工程图工具与专业知识相结合并完成相关工作任务的综合应用能力，以及勇于实践、创新的能力。

任务 2.1 虎钳固定钳身部件装配

知识点

◎ 装配导航器。
◎ 装配约束。
◎ 装配约束的状态和编辑工具。
◎ 装配部件的状态和编辑工具。
◎ 简单装配工程图。

技能点

◎ 会使用配对条件进行部件装配。
◎ 能合理编辑装配约束。
◎ 能使用装配导航器对装配体进行操作。
◎ 能创建装配工程图。

任务描述

虎钳固定钳身部件装配是虎钳装配总任务的一部分，选择合适的配对条件，完成虎钳固定钳身的装配；运用工程图创建方法制作装配工程图；最终达到能够独立完成简单机械产品虚拟装配的要求。

2.1.1 任务实施

1. 装配图样分析

固定钳身部件是虎钳中固定不动的部件，装配关系如图 2-1 所示，固定钳身部件由固定钳身、钳口板和两个螺钉共 4 个零件装配而成，组件之间没有相对运动。

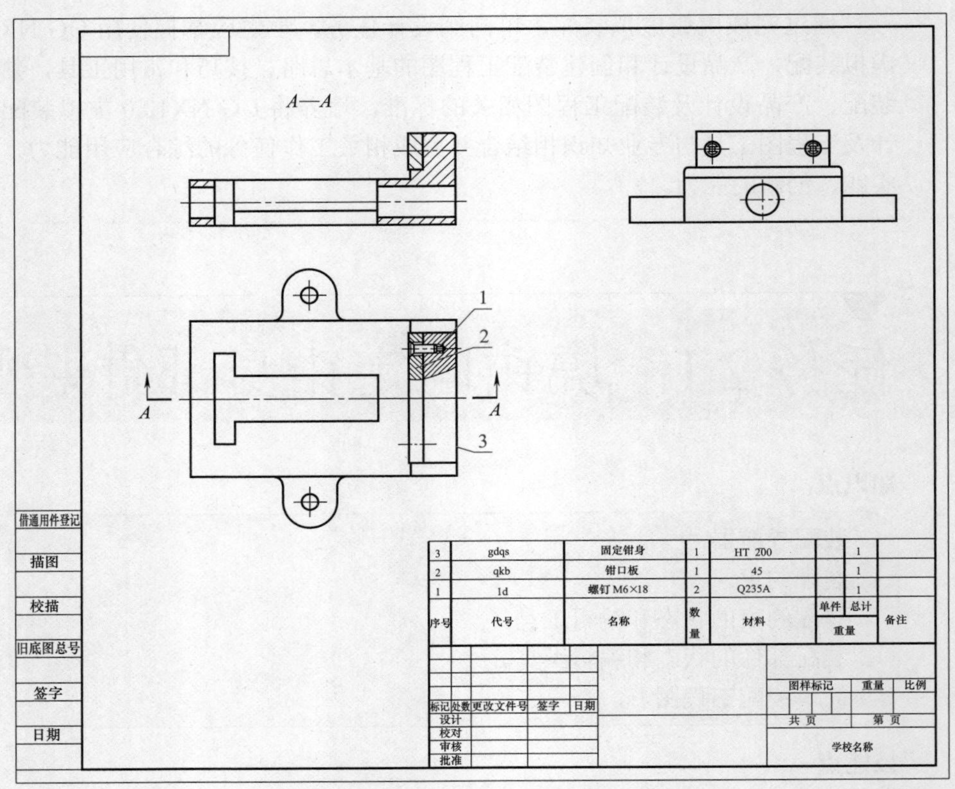

图 2-1　固定钳身装配图

2. 装配方案设计

固定钳身组件是整个装配的基础组件，它的位置是其他组件定位的基础，应该首先进行装配，装配方式采用绝对原点方式，装配完成后需要固定。钳口板采用两孔一面方式进行装配。第一个螺钉采用拟合和平行两个约束进行装配，第二个螺钉采用重复装配。

3. 参考操作步骤

1）新建装配文件，文件名为 gdqs_asm.prt。要求：新建文件时，“模板”选择【装配】，文件名输入“gdqs_asm.prt”，文件位置选择虎钳零件所在文件夹。

2）装配固定钳身“gdqs.prt”。要求：使用“装配”工具栏中“添加组件”工具按钮进行装配，定位方式采用“绝对原点”。装配结果如图 2-2 所示。

3）显示部件自由度。要求：

◆ 使用“装配导航器”的树状结构，选择“gdqs”右键菜单【显示自由度】，显示固定钳身的自由度，结果如图 2-3 所示。固定钳身在装配模型中有三个线性自由度和三个旋转自由度。

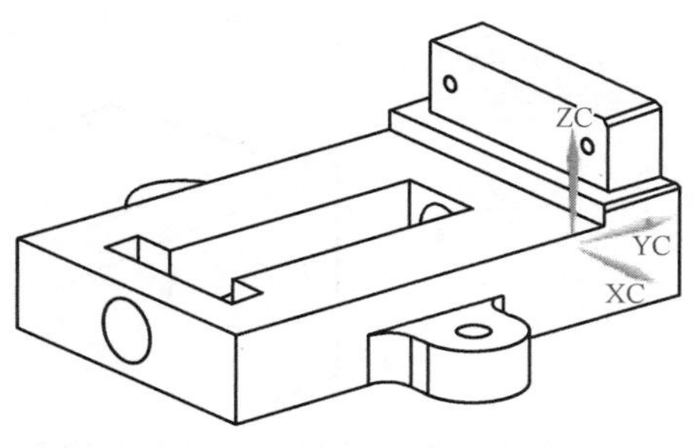

图 2-2　固定钳身装配模型

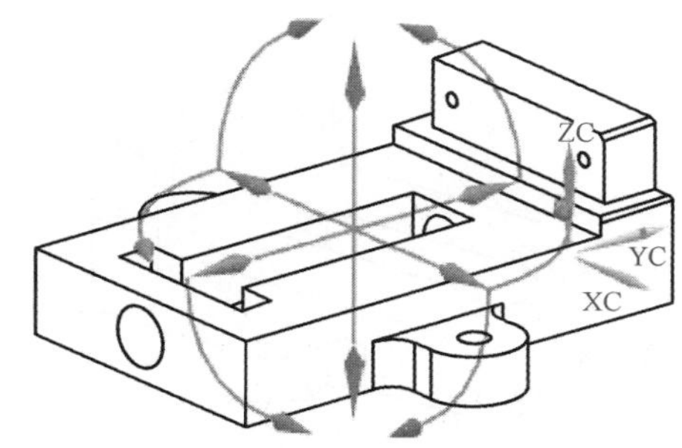

图 2-3　固定钳身自由度

◆ 在绘图区中选中组件“gdqs”，运用右键菜单【显示自由度】，显示固定钳身的自由度。

4）设置在“装配导航器”中显示部件的位置度。要求：使用“装配导航器”中空白处的右键菜单“列”→“位置”，将“位置度”显示出来，结果如图 2-4 所示。

5）添加“固定”约束。要求：使用“装配”工具栏中“装配约束”工具按钮为固定钳身添加“固定”约束，如图 2-5 所示。

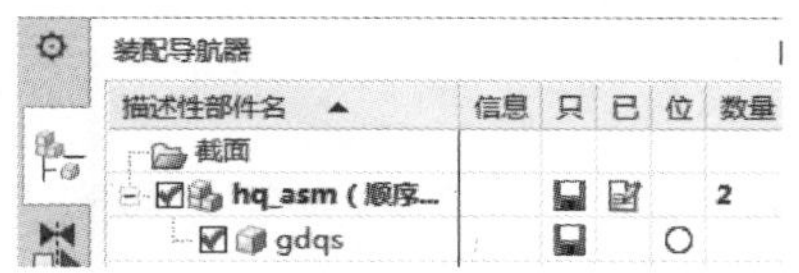

图 2-4　组件位置度

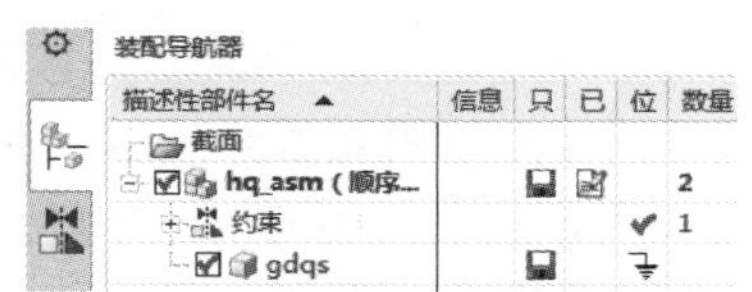

图 2-5　添加固定约束后的位置度

6）再次显示固定钳身的自由度。

E2-1

观看步骤 1）～ 6）操作视频，请扫二维码 E2-1。

7）装配钳口板“qkb.prt”。要求：

◆ 定位方式使用“通过约束”。

◆ 装配约束使用“接触”“接触 | 自动判断中心”“接触 | 自动判断中心”。如图 2-6 所示。钳口板装配完成后的结果如图 2-7 所示。

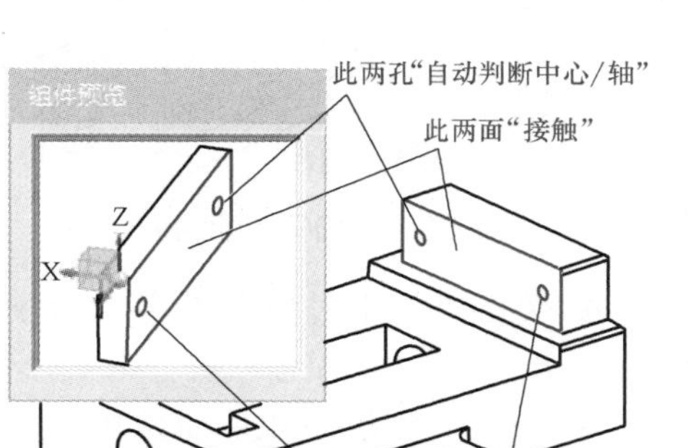

图 2-6　定义“接触”和“自动判断中心 / 轴”约束

8）装配螺钉“ld.prt”。要求：

◆ 螺钉定位方式为“使用约束”。

◆“多重添加”使用“添加后重复”选项。

◆ 装配约束使用“等尺寸匹

配”“平行”，如图 2-8 所示。

◆ 两个螺钉装配完结果如图 2-9 所示。

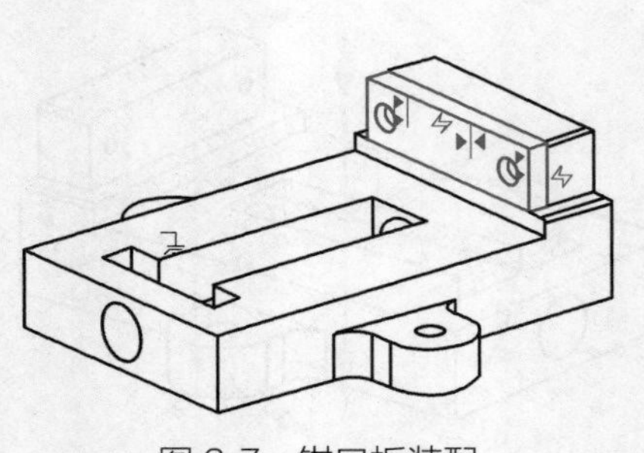

图 2-7　钳口板装配

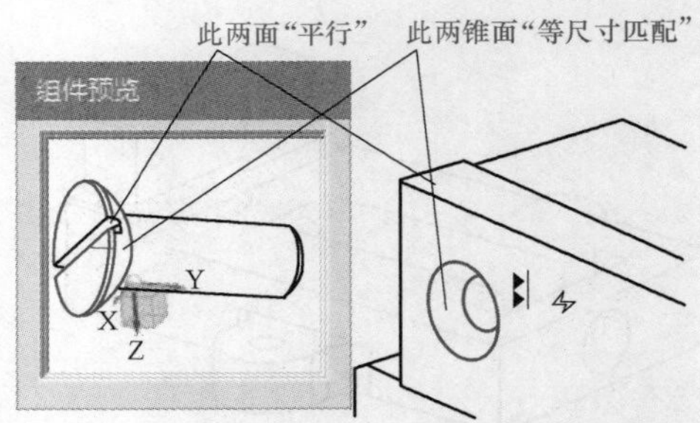

图 2-8　定义“等尺寸匹配”和“平行”约束

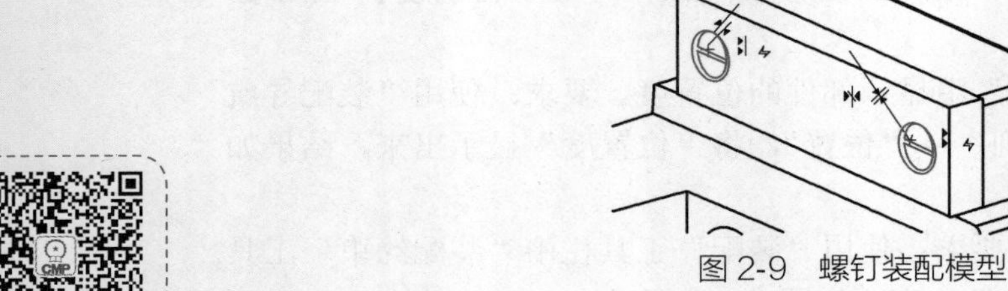

图 2-9　螺钉装配模型

E2-2

观看步骤 7）～ 8）操作步骤视频，请扫二维码 E2-2。

9）抑制、启用和删除约束。要求：

◆ 使用如图 2-10 所示“接触”“对齐”和“中心”约束条件装配“qkb.prt”，结果如图 2-11 所示。

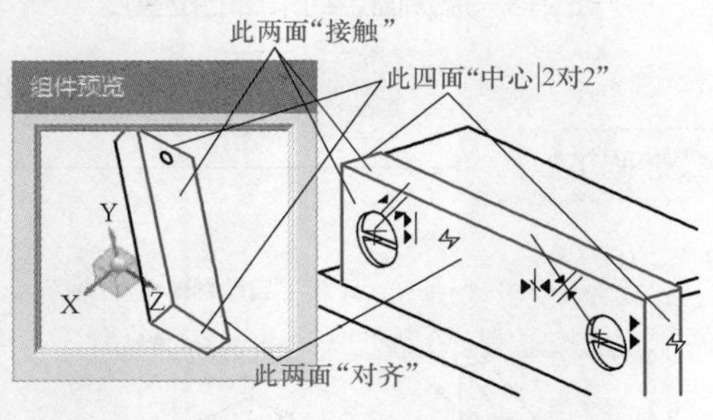

图 2-10　钳口板装配约束

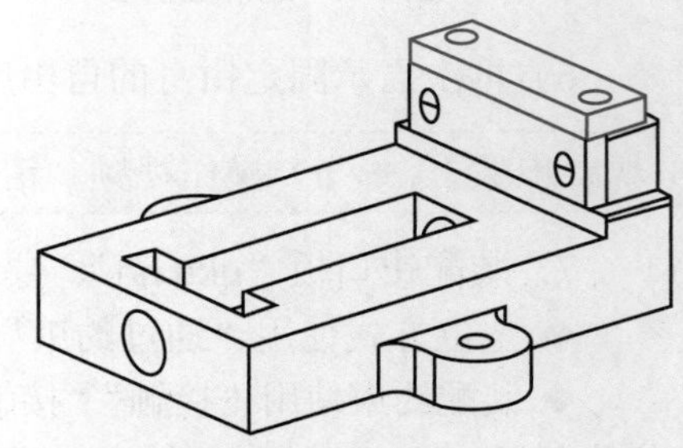

图 2-11　钳口板装配模型

◆ 关闭“约束导航器”中 对齐 (QKB, QKB)，进行约束抑制，结果如图 2-12 所示。

◆ 选中“对齐（QKB，QKB)”，启用约束“对齐（QKB，QKB)”，结果如图 2-13 所示。

◆ 使用“约束导航器”删除约束 对齐 (QKB, QKB)。

◆ 按下快捷键 Ctrl+Z，取消刚才的约束删除操作。

10）将约束 对齐 (QKB, QKB) 重定义为约束 对齐 (GDQS, QKB)。要求：

图 2-12　约束抑制后的“约束导航器”

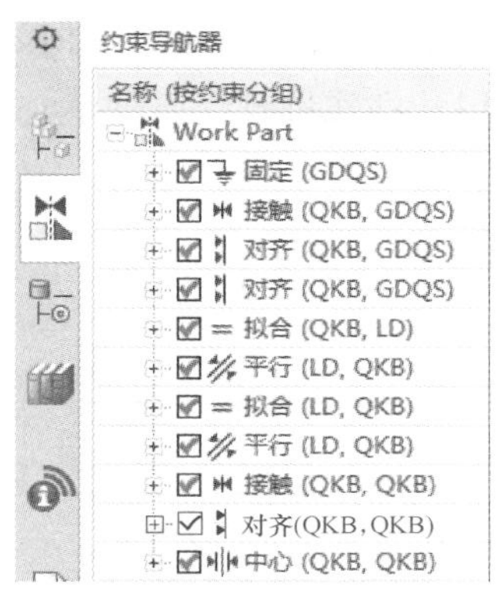

图 2-13　启用约束后的“约束导航器”

◆ 将图 2-14 所示的两面做对齐约束，结果如图 2-15 所示。

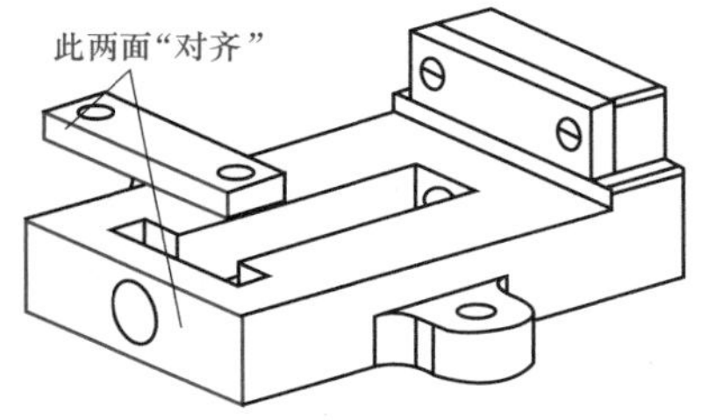

图 2-14　重定义“对齐”约束

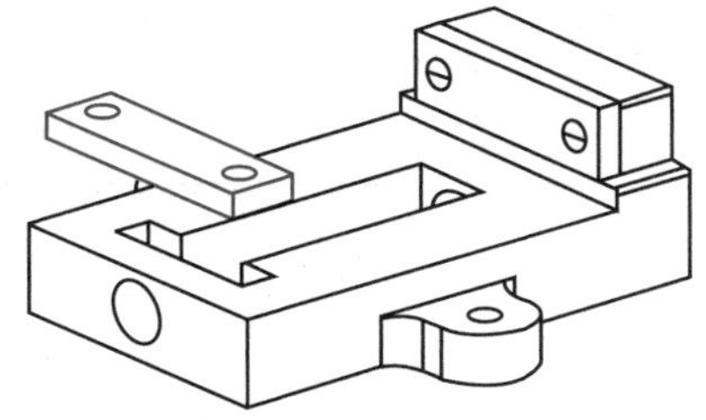

图 2-15　约束重定义后的结果

◆ 删除最后装配的钳口板。

观看步骤 9）～10）操作视频，请扫二维码 E2-3。

E2-3

11）保存文件。

12）进入工程图界面。要求：进入工程图界面后使用模板【A3- 装配　无视图】创建一张图纸。

13）创建主视图、俯视图和左视图。要求：三个视图均采用基本视图创建，参考结果如图 2-16 所示。

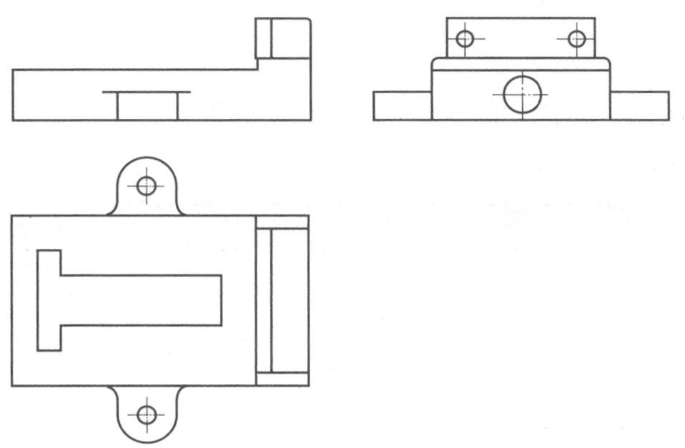

图 2-16　创建主视图、俯视图和左视图

注意：视图的创建过程参考零件工程图的视图创建。

14）创建剖视图。要求：将主视图改为全剖视图，俯视图改为局部剖视图，结果如图 2-17 所示。

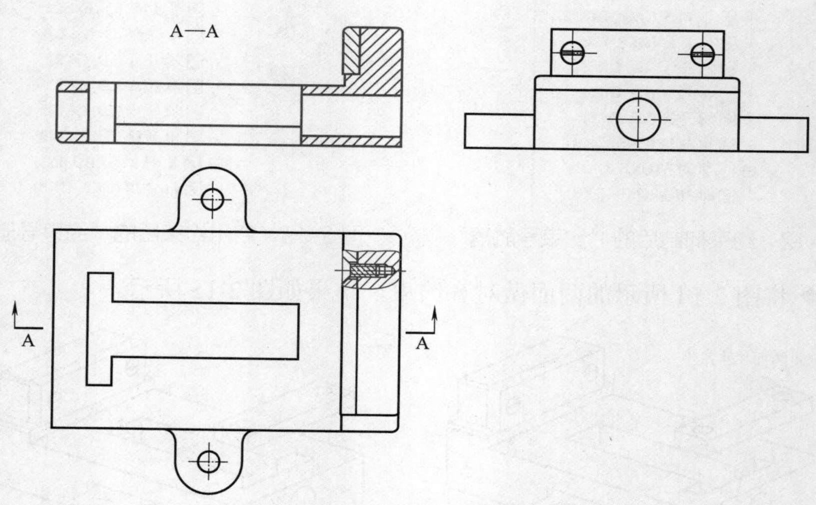

图 2-17　创建剖视图

15）编辑剖视图的状态。要求：使用“制图编辑”工具栏下“视图中剖切”工具按钮，将俯视图局部剖视图中的螺钉改为非剖切状态。结果如图 2-18 所示。

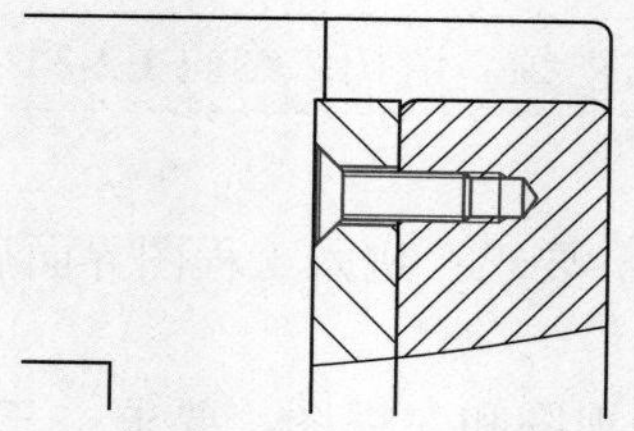

图 2-18　螺钉为非剖切状态

E2-4

观看步骤 12）～ 15）操作视频，请扫二维码 E2-4。

16）给 gdqs 添加属性值。要求：添加的属性名及属性值见表 2-1。

表 2-1　固定钳身属性参数表

序号	属性名称	属性值
1	DB_PART_NAME	固定钳身
2	DB_PART_NO	gdqs
3	Design	（可填入自己的姓名）

17）给 gdqs 指定材料。要求：

◆ 使用建模环境下菜单【工具】→【材料】→【指派材料】项为组件

gdqs 指定材料。材料名称为“HT200”，密度为“0.0078”。

◆ 指定完材料后，返回组件 gdqs 的父项“gdqs_asm”，并将“gdqs_asm”设为工作部件。

18）为其他零件添加属性值，指定材料。要求：按照表 2-2 给其他零件添加属性和材料。

表 2-2　零件属性和材料分配

组件名称	DB_PART_NAME	DB_PART_NO	材料
qkb	钳口板	qkb	45
ld	螺钉 M6×18	ld	Q235A

E2-5

观看步骤 16）～ 18）操作视频，请扫二维码 E2-5。

19）创建零件明细表。要求：使用按钮，将明细表的级别改为“主模型”，结果如图 2-19 所示。

3	1a	螺钉M6×18	2	Q235A		0.0	
2	qkb	钳口板	1	45		0.0	
1	gdqs	固定钳身	1	HT200		0.0	
序号	代　号	名　称	数量	材　料	单件	总计	备注
					重量		

图 2-19　修改完成后的明细表

20）创建球标。要求：

◆ 使用右键菜单工具 自动符号标注(B) 在俯视图上创建球标，结果如图 2-20 所示。注意：选中明细表后单击鼠标右键。

◆ 选中明细表，使用右键菜单 设置(S) 设置球标形式，设置完成后的俯视图如图 2-21 所示。

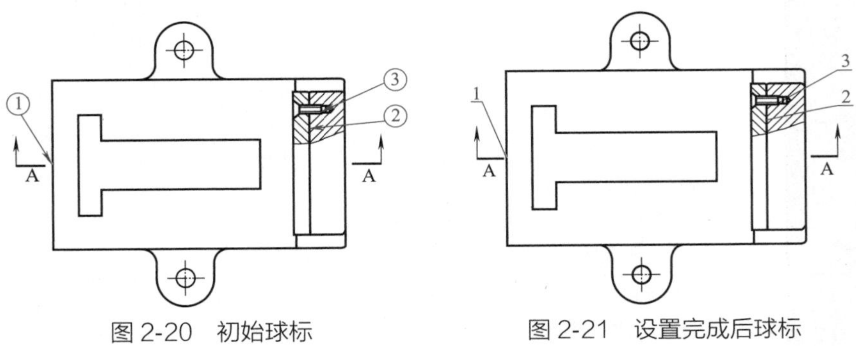

图 2-20　初始球标　　图 2-21　设置完成后球标

◆ 使用“装配序号排序”工具按钮对明细零件序号进行重新排序，结果如图 2-22 所示。

◆ 调整序号显示形式，结果如图 2-22 所示。

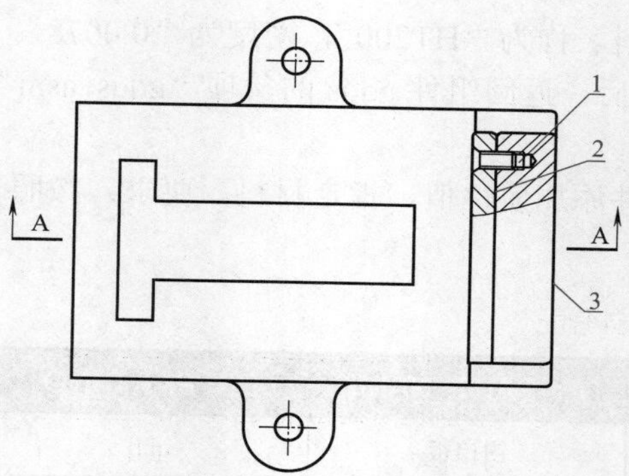

图 2-22　球标修改完成后的结果

E2-6

观看步骤 19）～ 20）操作视频，请扫二维码 E2-6。

21）保存文件。

2.1.2　填写“课程任务报告”

课程任务报告

<table>
<tr><td>班级</td><td></td><td>姓名</td><td></td><td>学号</td><td></td><td>成绩</td><td></td></tr>
<tr><td>组别</td><td></td><td>任务名称</td><td colspan="3">虎钳固定钳身部件装配</td><td>参考课时</td><td>3 课时</td></tr>
<tr><td>任务图样</td><td colspan="7">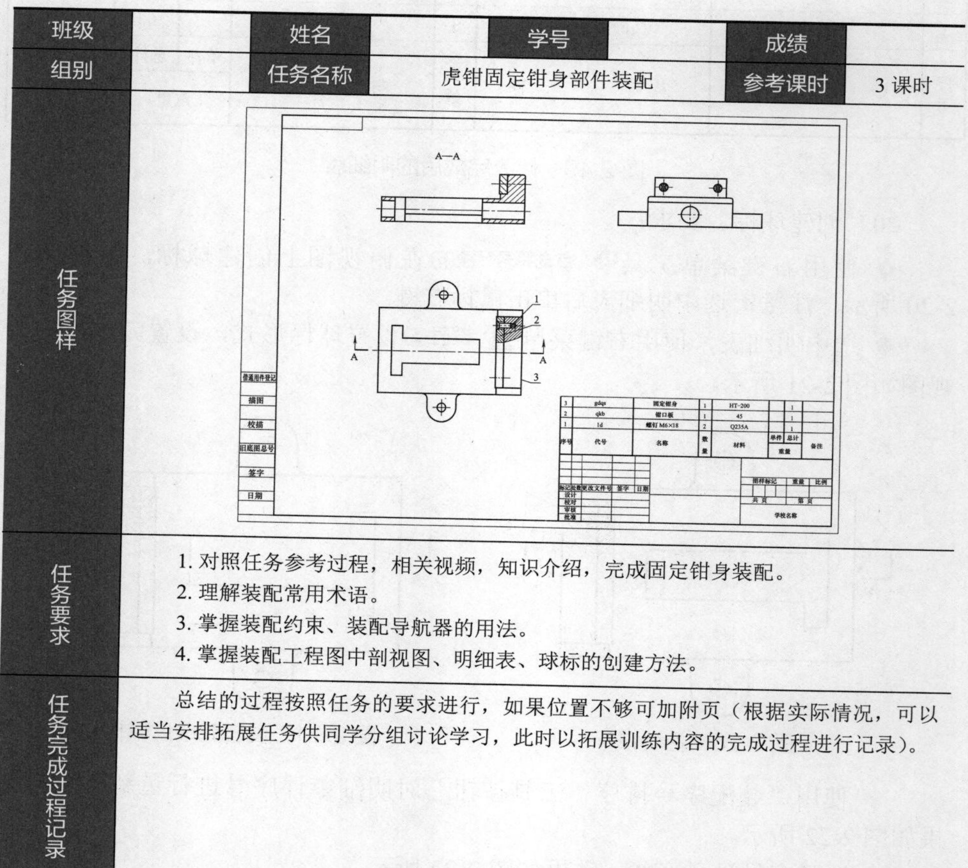</td></tr>
<tr><td>任务要求</td><td colspan="7">1. 对照任务参考过程，相关视频，知识介绍，完成固定钳身装配。
2. 理解装配常用术语。
3. 掌握装配约束、装配导航器的用法。
4. 掌握装配工程图中剖视图、明细表、球标的创建方法。</td></tr>
<tr><td>任务完成过程记录</td><td colspan="7">总结的过程按照任务的要求进行，如果位置不够可加附页（根据实际情况，可以适当安排拓展任务供同学分组讨论学习，此时以拓展训练内容的完成过程进行记录）。</td></tr>
</table>

2.1.3 知识学习

2.1.3.1 装配概述

机械装置一般由多个零部件组成，将零部件按照一定的关系组合到一起的过程称为装配。UG NX 装配过程中，部件几何体是被装配引用，而不是被复制到装配中，因此无论在什么时候编辑部件，装配体中的组件始终与原零部件保持着关联。

UG NX 的装配模块提供了用于产品设计的强大功能，并且可以直接在建模环境中使用。UG NX 可以在一个复杂的装配体中设置不同级别的子装配和组件，可以对组件进行装配、装配编辑、爆炸、创建装配序列等操作，可以在组件间进行链接处理、分析装配间隙和过盈、创建装配工程图等。

为了方便装配，UG NX 提供了装配导航器、约束导航器、装配工具栏和装配菜单等多种工具。

1. 装配中常用的概念

1）装配部件：是指由零件和子装配构成的部件。在 UG 中可以向任何一个 PRT 文件中添加部件构成装配，因此任何一个 PRT 文件都可以作为装配部件。需要注意的是，当存储一个装配时，各部件的实际几何数据并不是存储在装配部件文件中，而是存储在相应的部件或零件文件中。

2）子装配：是指在高一级装配中被用作组件的装配，子装配也可以拥有自己的组件，子装配是一个相对的概念，任何一个装配部件可以在更高级装配中用作子装配。

3）组件部件：是指装配中的组件指向的部件文件或零件，即装配部件链接到部件主模型的指针实体。

4）组件：是指按特定位置和方向使用在装配中的部件，组件可以是由其他较低级别的组件组成的子装配。装配中的每个组件包含一个指向其主几何体的指针。在修改组件的几何体时，会话中使用相同主几何体的所有其他组件将自动更新。

5）主模型：是指供 UG 模块共同引用的部件模型，一个主模型可以同时被工程图、装配、加工、机构分析和有限元等模块引用。当主模型修改时，相关应用自动更新。

6）自顶向下装配：在装配部件的顶级向下产生子装配和零件的装配方法。先在装配结构树的顶部生成一个装配，然后下移一层，生成子装配和组件。

7）自底向上装配：先创建部件几何模型，再组合成子装配，最后生成装配部件的装配方法。

8）混合装配：将自顶向下装配和自底向上装配结合在一起的装配方法。

9）部件工作方式：在装配中，组件有不同的工作模式，用于控制组件的显示和编辑。“显示部件”模式是指在绘图区只显示处于显示部件模式的组件或子组件，而其他组件将不显示在绘图区中。“工作部件”模式是指将处于工作模式的组件或子组件以自身颜色加强显示，其他组件变灰显示，这时可以对处于工作模式的组件或子组件进行编辑或修改，而其他组件则不会被影响。

10）装配导航器：装配导航器是一种装配结构的图形显示界面，又称为装配树。在装配树形结构中，每个组件作为一个节点显示，它能清楚地反映装配中各个组件的装配关系，而且能让用户快速便捷地选取和操作各个组件。例如，可以在装配导航器中改变显示部件和工作部件、隐藏和显示组件、组件的引用集以及显示组件自由度等。

2. 装配工具栏

将【start】下拉列表中【装配】前边打上✔，界面上就会显示“装配”工具栏。装配工具栏中常用的工具如图 2-23 所示。

图 2-23　常用的装配工具

1）——“添加组件”工具按钮，向装配体中装配一个已经存在的组件。单击这个按钮，系统会弹出“添加组件”对话框。

2）——“新建组件”工具按钮，在装配体中新建一个不存在的组件或子装配。单击这个按钮，系统会弹出“新组件文件”对话框。

3）——“移动组件”工具按钮，当所装配的组件的自由度没有被完全限制时。单击这个按钮可以将这个组件沿未限制的自由度方向运动。

4）——“装配约束”工具按钮，可以为组件添加新的装配约束。单击这个按钮，系统会弹出“装配约束”对话框。

5）——“显示和隐藏约束”工具按钮，可以在绘图区中显示或隐藏约束。单击这个按钮，系统会弹出“显示和隐藏约束”对话框。

6）——“镜像装配”工具按钮，可以将组件沿选定的面产生一个镜像体。单击这个按钮，系统会弹出“镜像装配向导”对话框。

7）——“阵列组件”工具按钮，可以将组件以给定的方式产生一组阵列对象。单击这个按钮，系统会弹出“阵列组件”对话框。

8）——“装配布置”工具按钮，可以为产品产生多个装配位置。单击这个按钮，系统会弹出“装配布置”对话框。

9）——“爆炸图”工具按钮，可以展示产品组件之间的装配关系。单击这个按钮，系统会弹出“爆炸图”工具栏。

10）——“装配序列”工具按钮，可以展示产品的简单工作原理、装配和拆卸过程等。单击这个按钮，系统进入“装配序列”用户界面。

11）——“WAVE 几何链接器”工具按钮，是实现装配体内部组件之间关联的重要工具。单击这个按钮，系统会弹出“WAVE 几何链接器”对话框。

2.1.3.2 添加组件

1）添加组件命令位置。添加组件，就是向装配体中添加已经存在的组件，UG NX 中是通过“添加组件”对话框完成的。可以通过以下方式弹出“添加组件”对话框：

◆ 单击“装配”工具栏中“添加组件”工具按钮。

◆ 选择菜单【装配】→【组件】→【添加组件】。

◆ 新建文件，在“新建”对话框中选择“模型”|“装配”后，单击【确定】按钮。

2）“添加组件”对话框各个选项含义如图 2-24 所示。

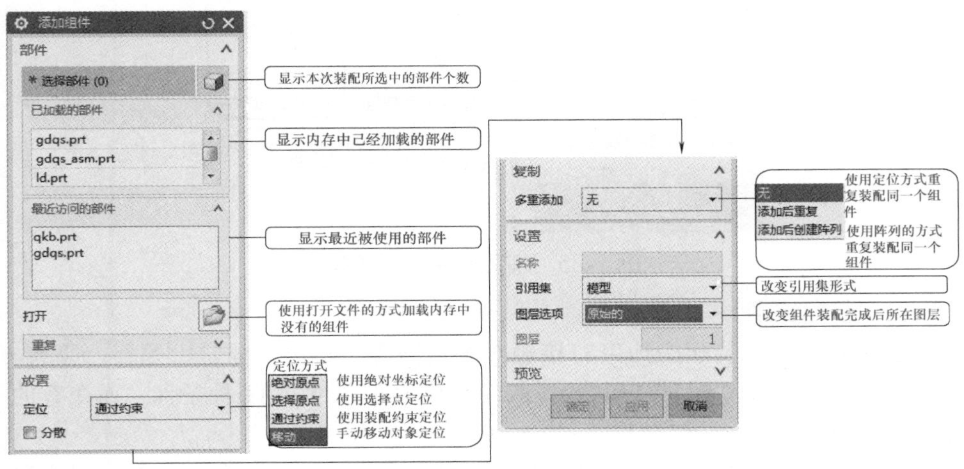

图 2-24 “添加组件”对话框

注意：

◆ 定位方式中“绝对原点”“选择原点”和“移动”选项都不限制组件的自由度。

◆ 定位方式中“绝对原点”和多重添加中的“添加后重复”不能同时使用。

◆ 定位方式选择“通过约束”，单击【确定】或【应用】按钮，系统会弹出“装配约束对话框。

◆ 选中多重装配中“添加后重复”选项，则会在装配完一个组件后自动采用选择定位方式重复装配同一个组件，直到选择【取消】按钮为止。

◆ 选中多重装配中“添加后阵列”选项，则在装配完一个组件后，采用阵列的方式进行同一组件的重复装配，这里的阵列形式只限于“线性”“圆形”和“参考”三种形式。

◆ 一般装配体中第一个组件采用“绝对原点”的方式进行装配，其他组件采用“通过约束”的方式进行装配。

2.1.3.3 “装配约束”对话框

在“添加组件”对话框中“定位方式”选择“通过约束”后，单击【确定】或【应用】按钮，系统会弹出“装配约束”对话框，用于定义组件装配的约束条件。也可以通过单击“装配”工具栏上的“装配约束”工具按钮弹出此对话框。对话框各个选项的含义如图 2-25 所示。

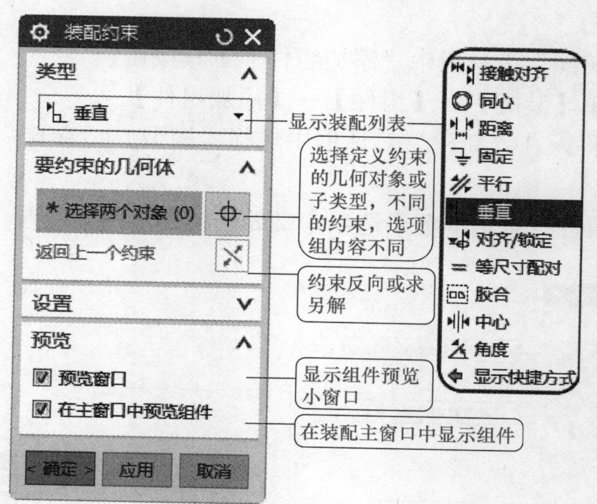

图 2-25 “装配约束”对话框

2.1.3.4 装配约束

在 UG NX 中装配的约束有接触对齐、同心、距离、固定、平行、垂直、对齐 / 锁定、等尺寸配对（拟合）、胶合、中心和角度共 11 种条件。而在有的条件里还包含有如下子类型：

1）接触对齐：接触对齐是最常用的一种约束方式，包含接触、对齐和自动判断中心 / 轴三种子类型。

◆ 接触：接触可以选择平面与平面、柱面和平面、柱面和柱面、柱面和球面、球面和球面、球面和平面、直线与直线、曲面和曲面等类型，如图 2-26 所示，不论是哪种配对，接触都是指共面的两个面法线方向相反。

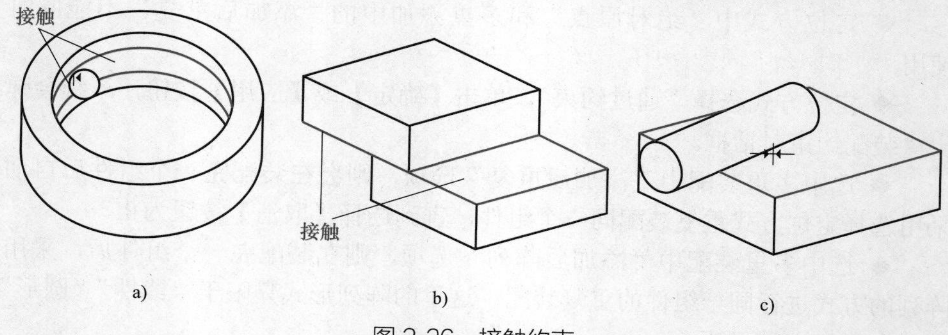

图 2-26 接触约束

a）球面和回转面接触 b）平面和平面接触 c）柱面和平面接触

注意：如果选择两个点，则表示点重合；如果选择点和线，则表示点在线上；如果选择线和面，则表示线在面上；如果选择直线和直线，则表示直线和直线重合；使用曲面与曲面接触约束时，如果两个曲面尺寸不一致，则自动变为相切约束。

◆ 对齐 ：对齐约束是指共面的两个面的法线方向相同，配对的几何类型和接触相同。如果选择的对象中包含线、点，则含义和接触相同。其示意如图 2-27 所示。

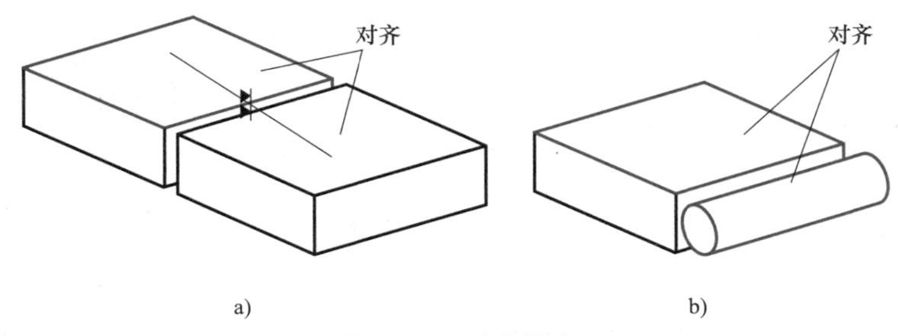

图 2-27 对齐约束

a）平面与平面对齐 b）圆柱面和平面对齐

◆ 自动判断中心 / 轴 ：将选择的回转面轴线对齐，或回转面的轴线与选择的直线边对齐，如图 2-28 所示。

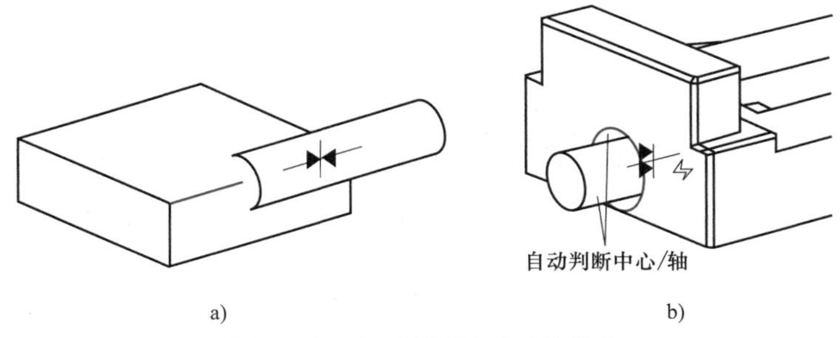

图 2-28 自动判断中心 / 轴约束

a）回转轴线与直线 b）两个回转曲面

2）同心 ：使选择的两个圆弧边或曲线同心且共面，如图 2-29 所示。

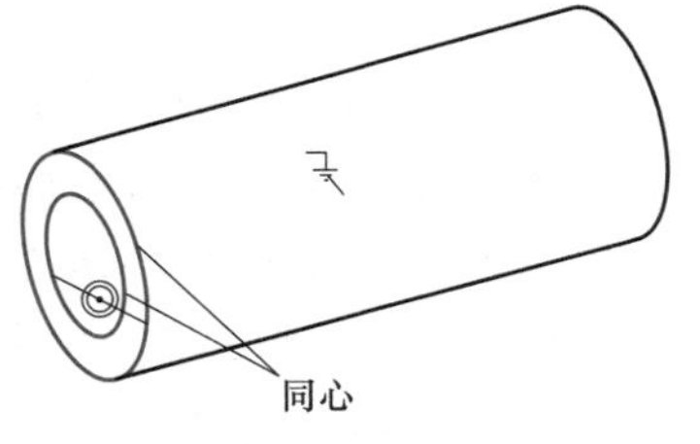

图 2-29 同心约束

3）距离 ：用于指定平面和平面距离接触或距离对齐，如图 2-30 所示。

4）平行 ：用于将两个对象的方向矢量定义为相互平行。可以选择直线与直线、直线和圆、圆和圆、直线和圆柱面、圆和平面、平面

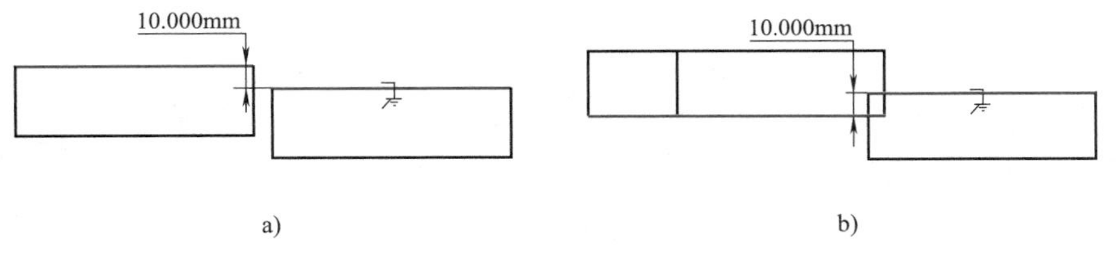

图 2-30 距离约束

a）对齐距离 b）接触距离

和平面、平面和圆柱面、圆柱面和圆柱面进行配对，如图2-31所示。“平行”和“距离”的区别是：“距离”不光限制了被限制对象的方位，而且限制了它们之间的距离；而“平行”只限制了被限制对象的方位。

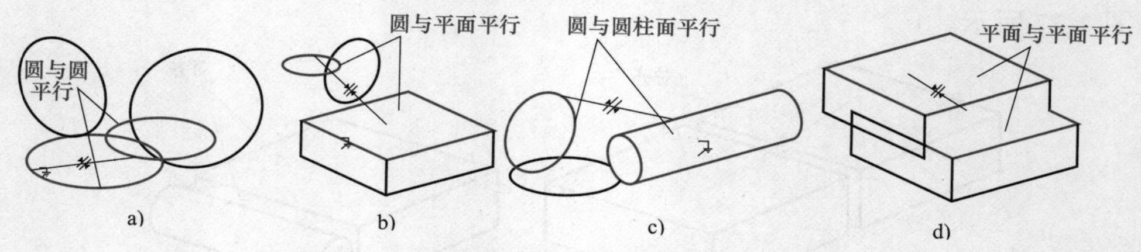

图2-31　平行约束

a）圆与圆平行　b）圆与平面平行　c）圆与圆柱面平行　d）平面与平面平行

5）垂直：用于将两个对象的方向矢量定义为相互垂直。可以和平行对应理解，凡是可以定义平行的对象都可以定义为垂直约束。

6）中心：用于将一个对象居中于另一个对象中心的任意位置，或将一个或两个对象居中于一对对象之间，如图2-32所示。

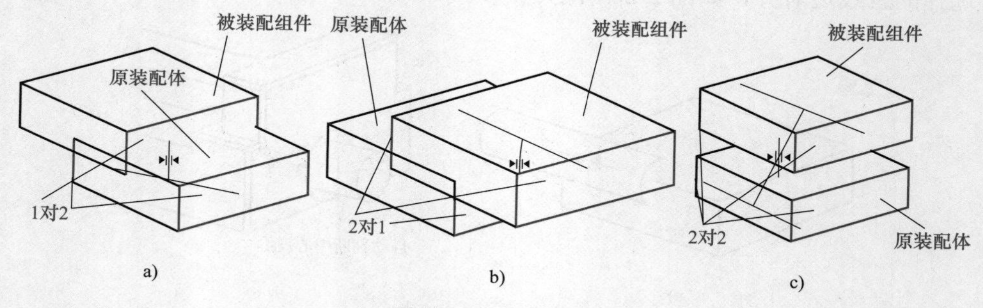

图2-32　中心约束

a）1对2　b）2对1　c）2对2

注意选择的次序，选择的顺序不同，结果会有所差别。

7）角度：角度约束将两个对象的方向矢量定义为成一定的角度。可以和垂直约束、平行约束对应理解，可以将垂直理解成角度为90°的角度约束，平行理解为角度为0°的角度约束。

8）对齐/锁定：选对齐/锁定用于限制直线和直线，圆与圆、圆柱与圆柱之间的约束配对，如图2-33所示。

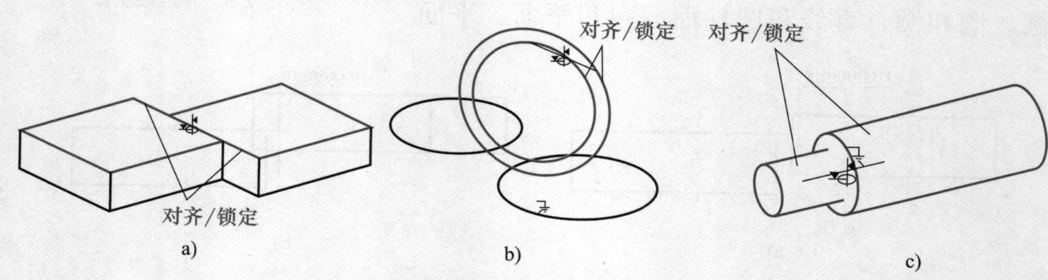

图2-33　对齐/锁定约束

a）直线与直线　b）圆与圆　c）圆柱面与圆柱面

9）等尺寸配对＝：等尺寸配对约束使两个圆锥或圆环面完全重合，并且要求圆锥面和圆环面尺寸一致，如果尺寸不同，则约束失效。

10）胶合：胶合约束就是将所选择组件以当前位置“焊接”在一起，使它们作为刚体移动。

11）固定：固定约束用于将组件在当前位置固定下来。

2.1.3.5 装配导航器

装配导航器用层次结构树显示装配结构、组件属性以及成员组件间的约束。使用装配导航器可以进行组件显示、将一些特定命令用于选择的组件或将组件拖动到不同的父项下，也可以进行选择和标识组件等操作，如图 2-34 所示。

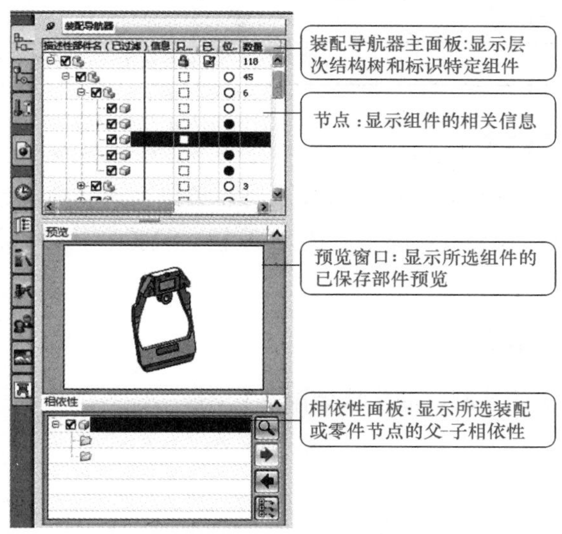

图 2-34 装配导航器

装配导航器中的常用图标及其含义见表 2-3。

表 2-3 装配导航器中常用图标

图标	含 义	图标	含 义
	用于查看截面和组件组		表示存在未解算的约束
	展开装配或子装配节点		装配是工作部件或工作部件的组件
	折叠装配或子装配节点		虽然装配已加载，但它并不是工作部件或工作部件的组件
	表示已从装配导航器显示中过滤掉一个或多个组件。此符号出现在更多一词之前		装配未加载
	标识工作剖视图		装配已被抑制
	标识非工作截面的剖视图		组件是工作部件或工作部件的组件
	在存在约束的每个装配节点下出现		组件既不是工作部件，也不是工作部件的组件

（续）

图标	含　义	图标	含　义
	表示存在一个或多个矛盾的或未解算的约束		组件已关闭
	表示过约束		组件已被抑制
组件旁		约束旁	
	组件未加载		约束已被抑制
	组件至少已部分加载，但不可见		约束未受抑制
	组件至少已部分加载，而且可见		完全约束
	部件已被抑制		部分约束
			自由度没有被约束

2.1.4　问题探讨

1）讨论固定钳身装配中每个零件是否还可以使用其他的方法进行装配。

2）收集资料，总结明细表的创建、编辑、设置和排序方法，创建一个符合国标的明细表模板。

2.1.5　任务拓展

完成齿轮阀体的装配，并生成装配工程图。

E2-7

请扫二维码 E2-7 下载零件模型。

任务 2.2　虎钳活动钳身部件装配

知识点

◎ 引用集。
◎ 装配爆炸图。
◎ 部件阵列。

技能点

◎ 会使用引用集对组件进行控制。
◎ 能根据需要定义装配爆炸图。
◎ 能创建装配爆炸工程图。

任务描述

虎钳活动钳身部件装配是虎钳装配的一部分，通过该任务的学习，巩固装配约束的使用方法，掌握引用集、装配爆炸图、部件阵列的应用方法，达到能够根据装配表达需要创建合适装配爆炸图的需要。

2.2.1 任务实施

1. 装配图样分析

活动钳身部件是虎钳中线性移动部件，装配关系如图 2-35 所示。活动钳

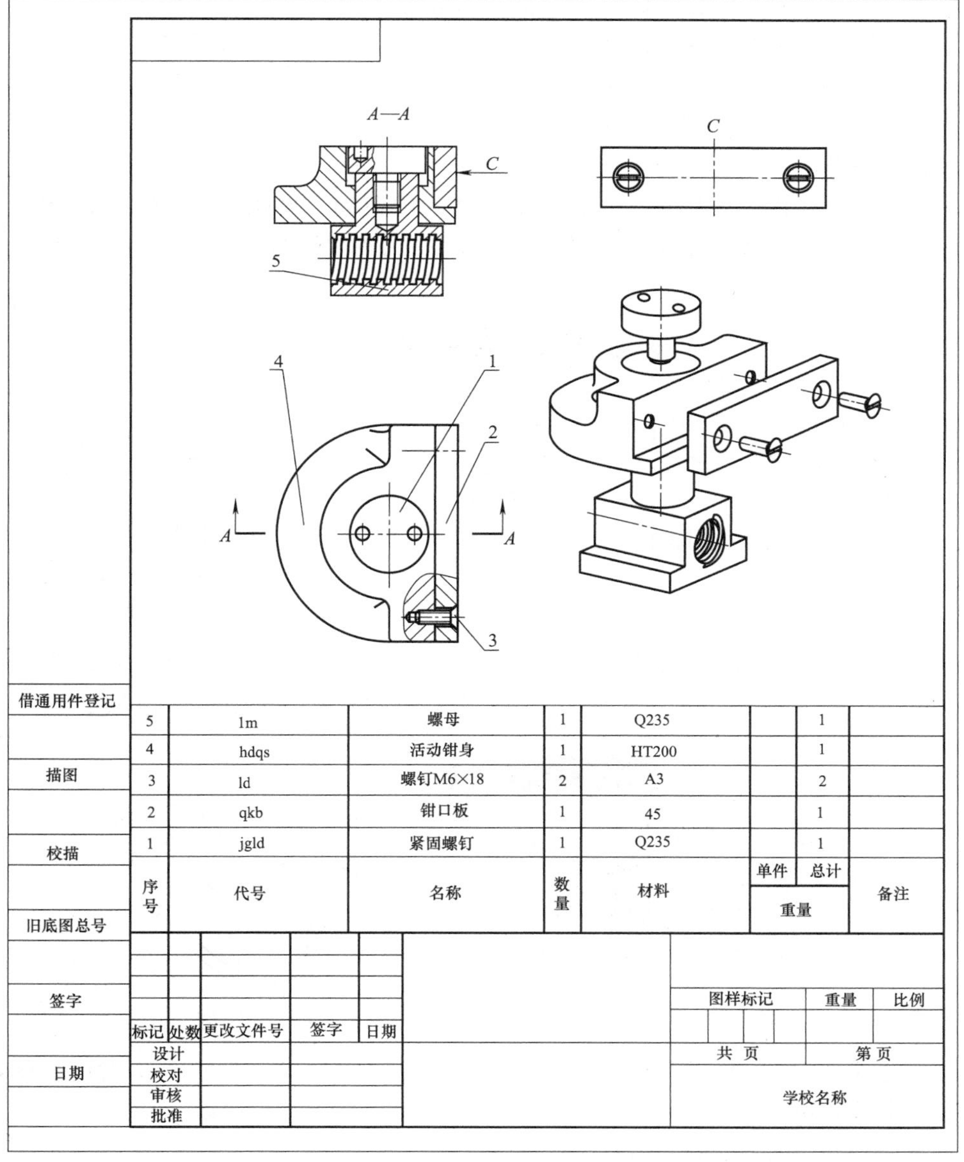

图 2-35 活动钳身装配图

身部件由活动钳身、钳口板、紧固螺钉、螺母和两个螺钉共 6 个零件装配而成，组件之间没有相对运动。

2. 装配方案设计

活动钳身组件是整个装配的基础组件，它的位置是其他组件定位的基础，应该首先装配，装配方式采用绝对原点方式，装配完成后需要固定；钳口板采用两孔一面方式进行装配；螺钉这里有两个，采用装配后组件阵列，单个螺钉的装配条件和固定钳身中螺钉装配方式相同。

3. 参考操作步骤

1）新建装配文件。要求：新建文件时，“模板”选择“装配”，文件名输入“hdqs_asm.prt”，文件位置选择虎钳零件所在文件夹。

2）装配活动钳身“hdqs.prt”。要求：定位方式采用绝对原点方式，装配完成后将活动钳身固定，结果如图 2-36 所示。

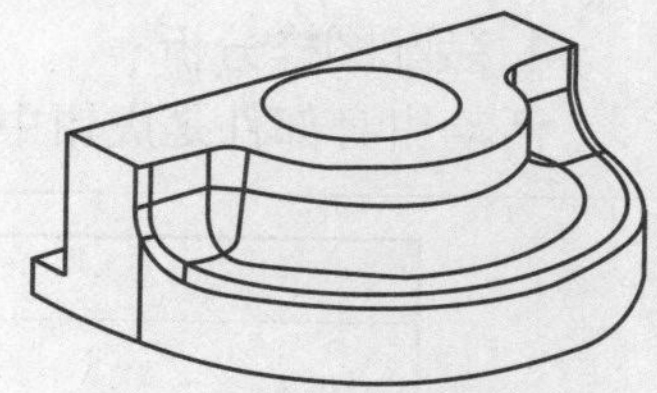

图 2-36　活动钳身装配后结果

3）装配钳口板“qkb.prt”。要求：装配约束为“接触”“接触 | 自动判断中心”“接触 | 自动判断中心”，约束所用到的几何对象如图 2-37 所示，装配后结果如图 2-38 所示。

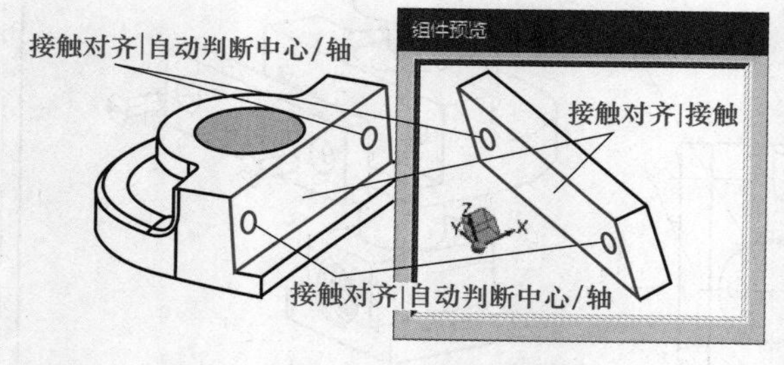

图 2-37　钳口板约束条件

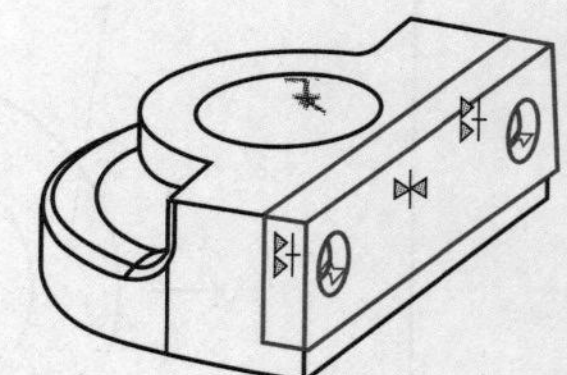

图 2-38　钳口板装配后结果

4）装配钳口板连接螺钉“ld.prt”。要求：装配约束为“等尺寸配对”和“平行”，配对条件如图 2-39 所示，第一个螺钉的装配结果如图 2-40 所示。

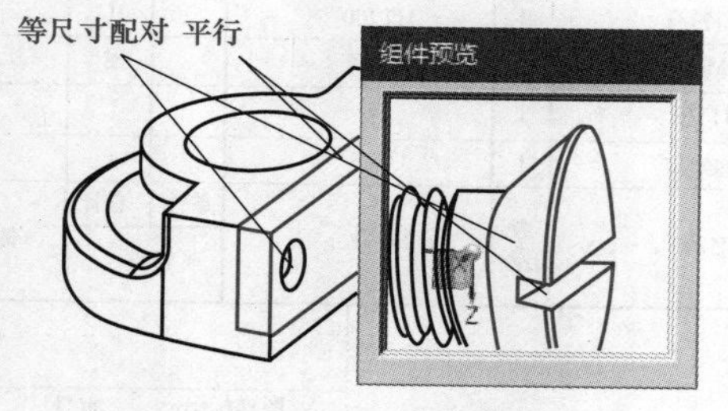

图 2-39　螺钉装配条件

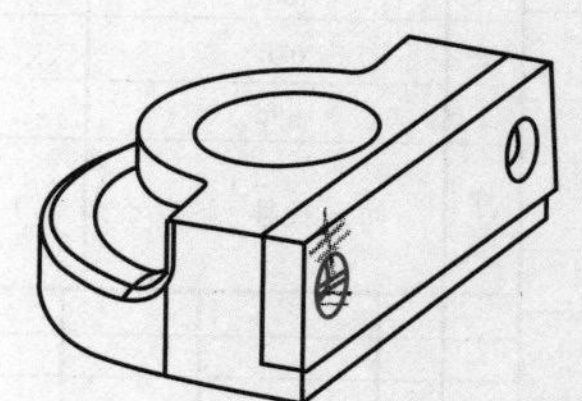

图 2-40　装配螺钉后的结果

提示：使用“等尺寸配对”约束装配螺钉的时候如果方向不对，如图 2-41 所示，可以单击“装配约束”对话框中的按钮，使零件反向。

5）阵列钳口板螺钉“ld.prt”。要求：

◆ 使用“装配”工具栏中“阵列组件”工具按钮，装配另一个螺钉。

◆ 阵列矢量定义如图 2-42 所示，阵列结果如图 2-43 所示。

提示：

◆ 组件阵列也可以在装配螺钉时，选择“复制方式”选项组下的“阵列”选项进行阵列。

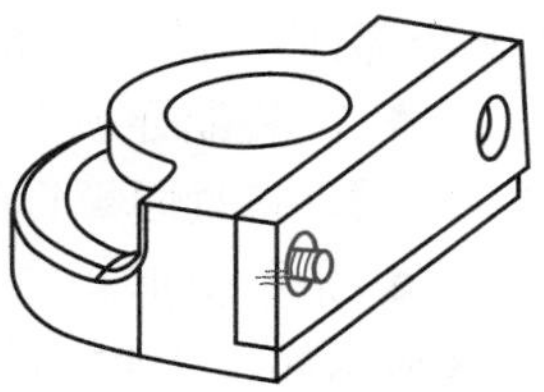

图 2-41 螺钉反向装配

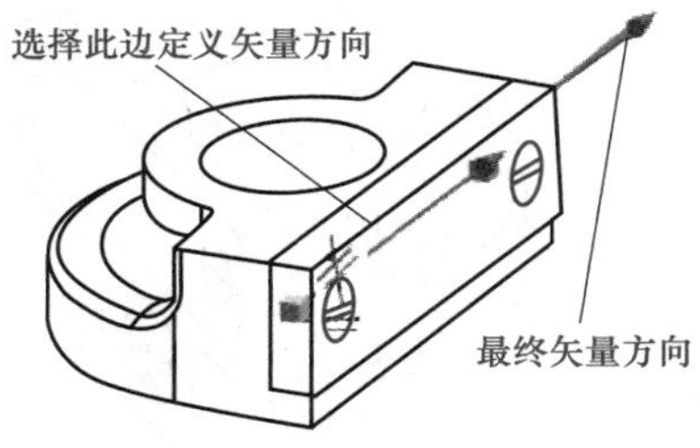

图 2-42 阵列矢量

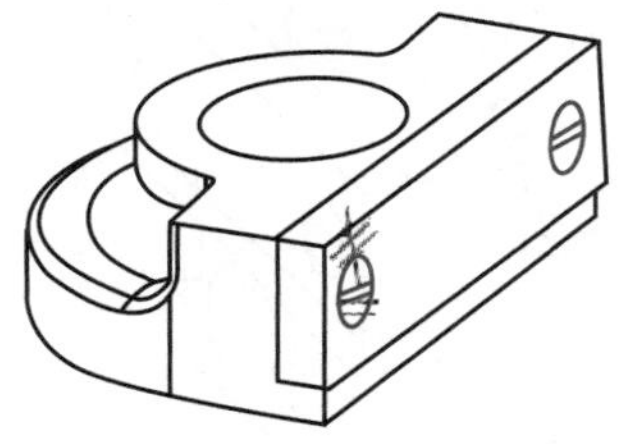

图 2-43 螺钉装配完成后结果

◆ 当选择用于确定阵列方向的边时，如果方向和需要的方向相反，可以单击“指定矢量”选项后的按钮进行矢量反向。

◆ 这里也可以采用组件镜像的方式完成螺钉的装配。

6）装配螺母“lm.prt”。要求：

◆ 装配约束为“接触 | 自动判断中心”“平行”和“距离”。

◆ 配对要求如图 2-44 所示。孔 1 和圆柱面 1 同心，面 1 和面 2 平行，面 3 与底面距离为 0，装配结果如图 2-45 所示。

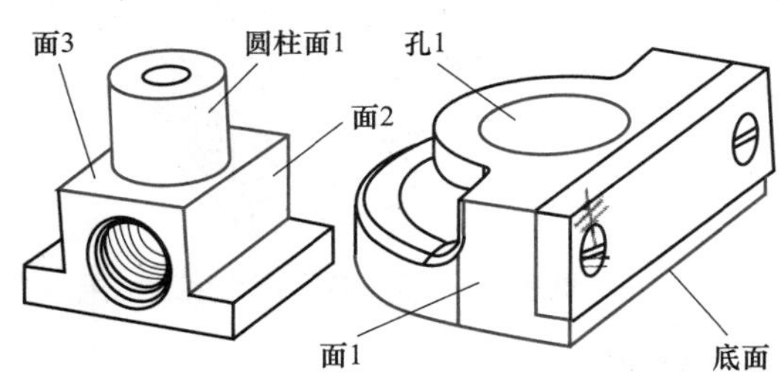

图 2-44 螺母的装配约束

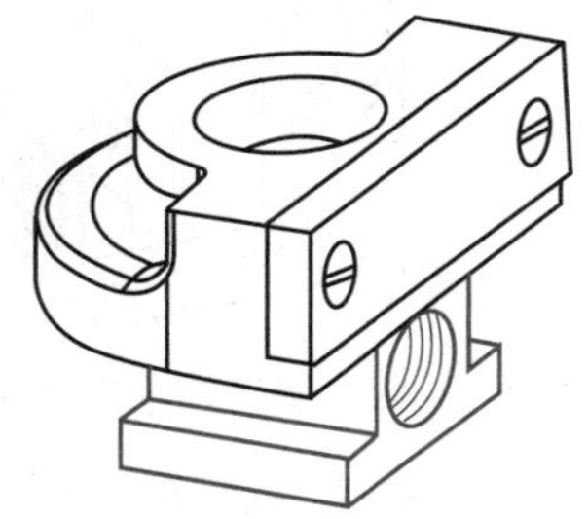

图 2-45 螺母的装配结果

7）装配紧固螺钉“jgld.prt”。要求：

◆ 装配约束为“接触 | 自动判断中心”“接触”。

◆ 配对条件为紧固螺钉的圆柱面与孔的圆柱面同心，螺母顶面与紧固螺钉中间面接触，如图 2-46 所示。结果如图 2-47 所示。

8）将紧固螺钉的引用集方式改为

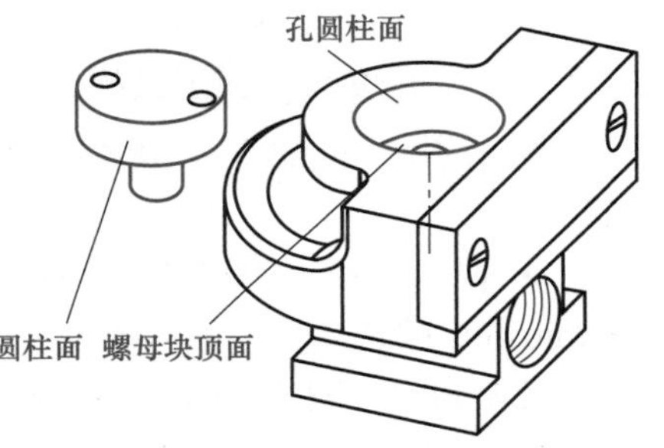

图 2-46 紧固螺钉装配约束配对几何

“整个部件”，将图层 61 改为可编辑层。要求：

◆ 在装配导航器中，使用“jgld.prt”的右键菜单【替换引用集】→【整个部件】，将紧固螺钉的引用集改为“整个部件”。

◆ 如果结果和图 2-48 不一样，将图层 61 改为编辑状态 ☑ 61，结果图形区显示如图 2-48 所示。

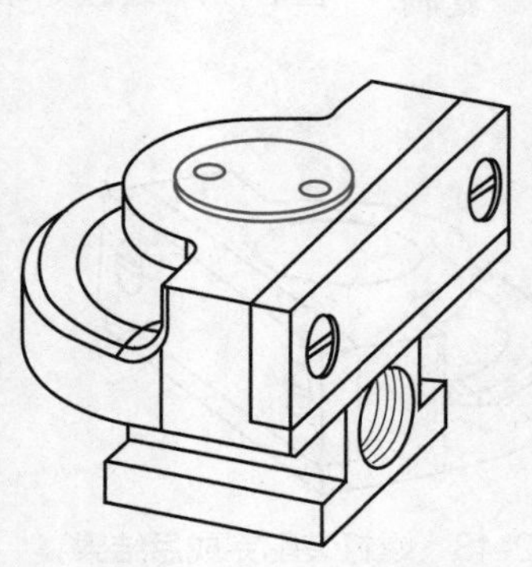

图 2-47 jgld.prt 装配结果图

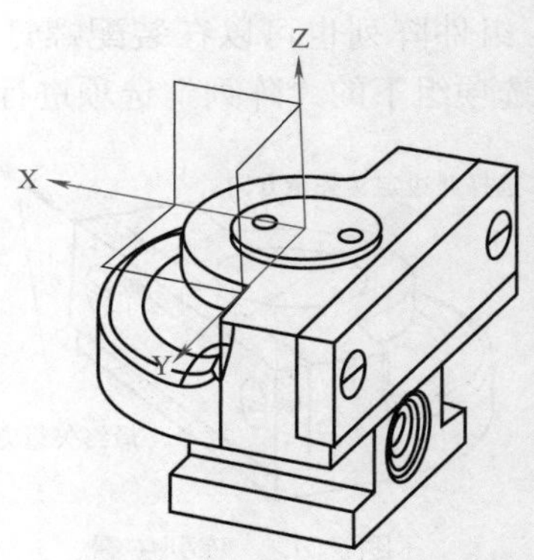

图 2-48 改变 jgld.prt 引用集后结果

9）为紧固螺钉添加平行约束。要求：为图 2-49 所示的组件 jgld.prt 的 XZ 平面和活动钳身的侧面添加“平行”约束，结果如图 2-50 所示。

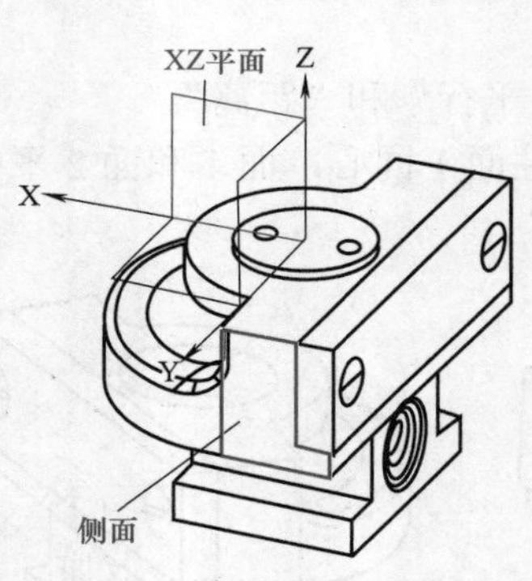

图 2-49 平行约束的几何对象

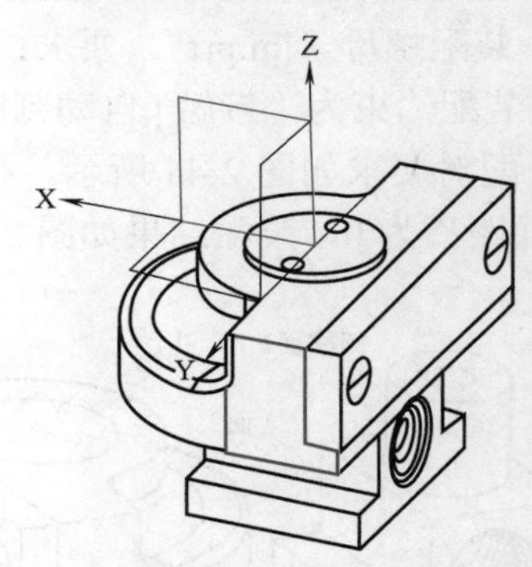

图 2-50 添加完平行约束后结果

10）将紧固螺钉的引用集改为“Mold”。

E2-8

观看步骤 1）～ 10）操作视频，请扫二维码 E2-8。

11）打开爆炸视图工具栏，并创建新的爆炸图。要求：

◆ 使用“装配”工具栏“爆炸图”工具按钮，展开“爆炸图”工具栏。

◆ 使用“爆炸图”工具栏“新建爆炸图”工具按钮，新建爆炸图“Explosion 1”。

12）自动产生爆炸图。要求：使用“爆炸图”工具栏“自动爆炸组件”工具按钮，设置自动爆炸部件间间距为 30mm，结果如图 2-51 所示。

13）编辑爆炸图，调整零件到合适位置。要求：使用“爆炸图”工具栏“编辑爆炸图”工具按钮，对当前爆炸图中组件的位置进行编辑，参考结果如图 2-52 所示。

14）将视图改为不显示爆炸状态，关闭“爆炸”图工具栏。要求：使用“爆炸图”工具栏“工作视图爆炸”列表下的“无爆炸”选项，将视图改为不显示爆炸视图状态，然后关闭“爆炸图”工具栏。

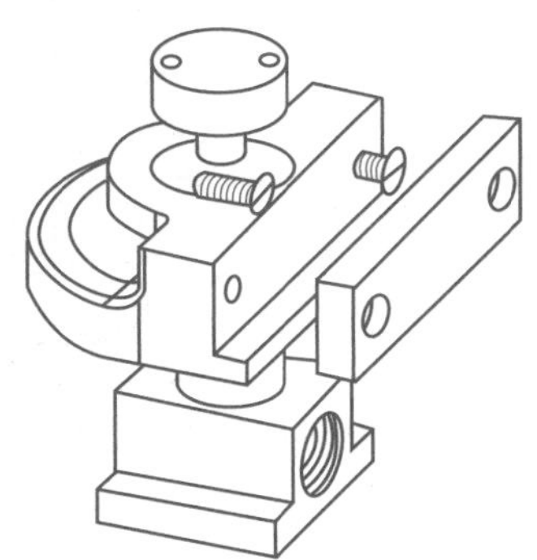

图 2-51 自动爆炸组件后结果

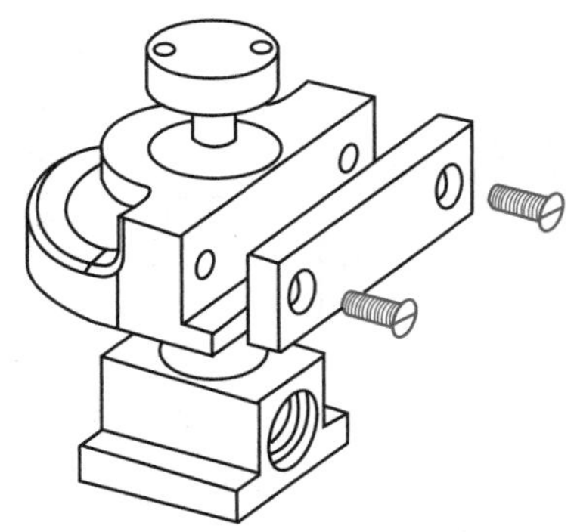

图 2-52 编辑后的爆炸图

观看步骤 11）～ 14）操作视频，请扫二维码 E2-9。

E2-9

15）保存文件。

16）进入工程图环境，创建图纸。要求：

◆ 图纸模板为“A4- 装配 无视图”。

◆ 使用菜单【GC 工具箱】→【制图工具】→【替换模板】，将标题栏改为如图 2-53 所示。

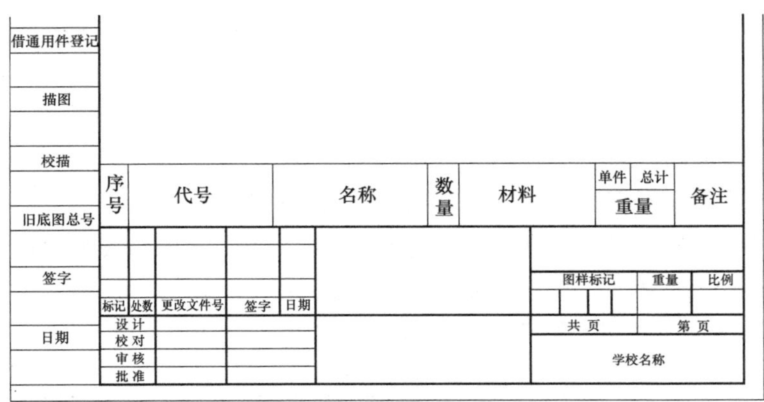

图 2-53 图样标题栏

17）创建俯视图，视图比例为 1∶2，结果如图 2-54 所示。

18）创建全剖主视图，组件 jgld.prt 为非剖切状态，如图 2-55 所示。

19）在俯视图中添加局部剖，结果如图 2-56 所示。要求：螺钉为非剖切状态。

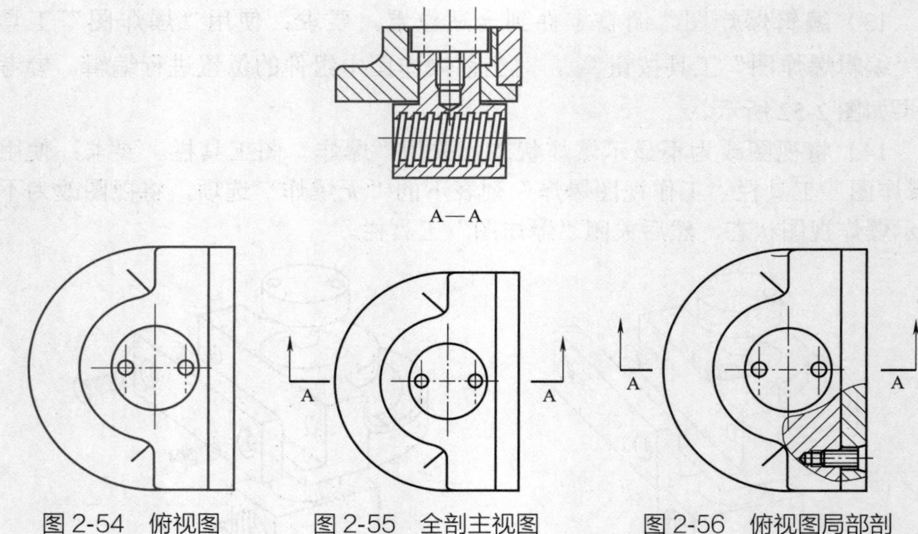

图 2-54　俯视图　　图 2-55　全剖主视图　　图 2-56　俯视图局部剖

20）在主视图上添加局部剖。要求：

◆ 使用曲线命令绘制如图 2-57 所示的截面。

◆ 使用剖面线工具按钮 为图 2-57 所绘截面添加剖面线，结果如图 2-58 所示。

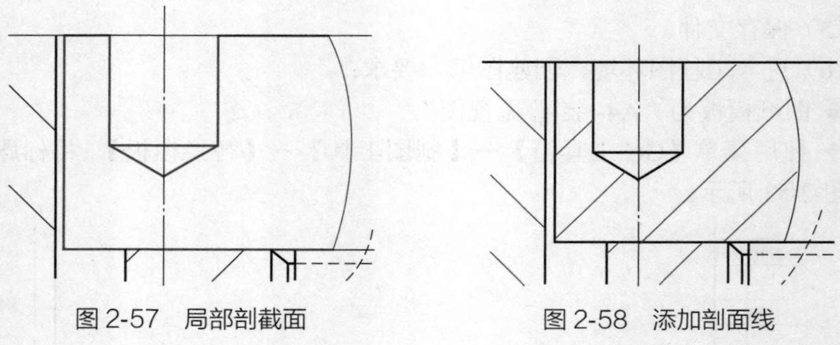
图 2-57　局部剖截面　　图 2-58　添加剖面线

21）添加向视图。要求：

◆ 使用“创建基本视图”工具按钮 创建右视图。

◆ 在视图中，将两个螺钉、活动钳身、螺母和紧固螺钉设为隐藏组件。

◆ 视图比例为 1∶2。放置视图结果如图 2-59 所示。

◆ 为向视图添加注释“*C*”，如图 2-60 所示。

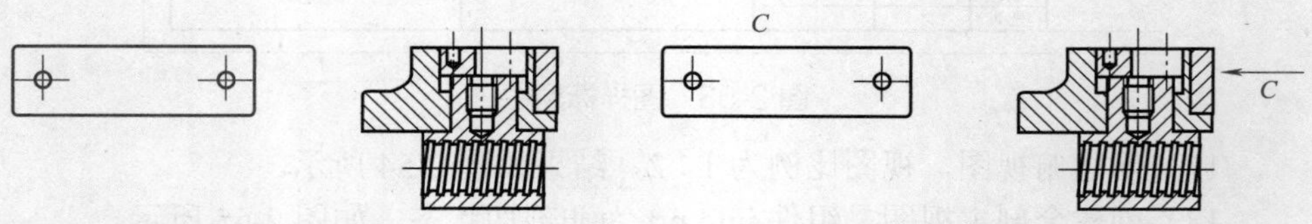

图 2-59　创建向视图　　图 2-60　添加注释

22）为各个零件设置属性和材料，属性名称及属性值见表 2-4。

表 2-4　属性名称及属性值

组件名称	DB_PART_NAME	DB_PART_NO	材料
hdqs	活动钳身	hdqs	HT200
Lm	螺母	lm	Q235A
jgld	紧固螺钉	jgld	Q235A

注意：其他组件的属性在任务 1 中已经给定，这里不需要重复指定。

23）编辑明细表级别为主模型，编辑后的明细表如图 2-61 所示。

序号	代号	名称	数量	材料	单件重量	总计重量	备注
5	lm	螺母	1	Q235		1	
4	hdqs	活动钳身	1	HT200		1	
3	ld	螺钉M6×18	2	A3		2	
2	qkb	钳口板	1	45		1	
1	jgld	紧固螺钉	1	Q235		1	

图 2-61　编辑后的明细表

24）生成球标，并进行编辑调整，如图 2-62 所示。

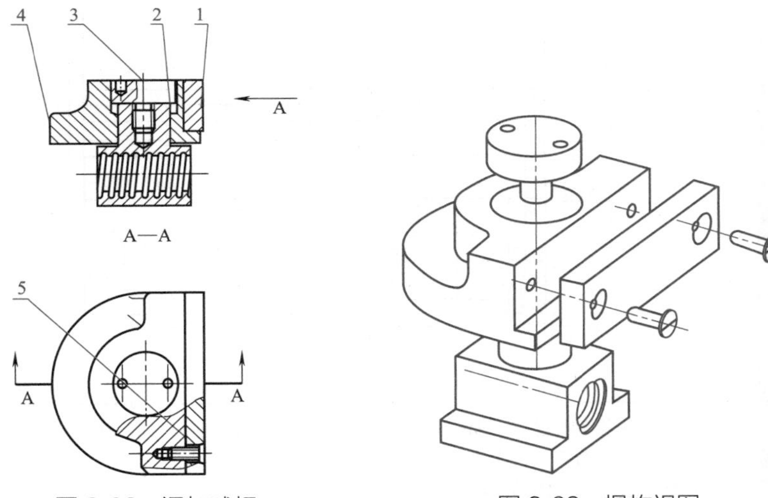

图 2-62　添加球标　　图 2-63　爆炸视图

25）添加爆炸视图。要求：

◆ 进入建模环境，将“Explosion_1”设为激活视图。

◆ 选择菜单【视图】→【操作】→【另存为】，名称为“爆炸”。

◆ 返回工程图环境，创建基本视图，使用的模型视图选择“爆炸”，比例设为 1:2 如图 2-63 所示。

26）保存文件。

观看步骤 16）～ 26）操作视频，请扫二维码 E2-10。

E2-10

2.2.2 填写“课程任务报告”

课程任务报告

班级		姓名		学号		成绩	
组别		任务名称	虎钳活动钳身部件装配			参考课时	2 课时

任务图样

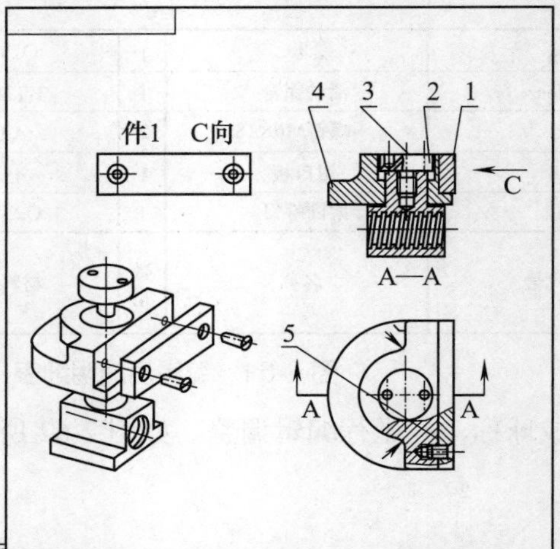

件1 C向

4 3 2 1

C

A—A

5

A A

借通用件登记	序号	代号	名称	数量	材料	单件重量	总计重量	备注
	5	lm	螺钉M6×18	2	Q235A		1	
描图	4	hdqs	活动钳身	1	HT200		1	
	3	ld	固定螺钉	1	Q235A		2	
	2	qkb	螺母块	1	Q235A		1	
校描	1	jgld	钳口板	1	45		1	
旧底图总号								

签字　日期

标记 处数 更改文件号 签字 日期

设计　校对　审核　批准

图样标记　重量　比例

共　页　第　页

学校名称

任务要求

1. 对照任务参考过程，相关视频，知识介绍，完成活动钳身的装配。
2. 掌握装配约束、引用集的用法。
3. 掌握装配爆炸图的用法。
4. 巩固装配工程图中剖视图、明细表、球标的创建方法。

任务完成过程记录

总结的过程按照任务的要求进行，如果位置不够可加附页（根据实际情况，可以适当安排拓展任务供同学分组讨论学习，此时以拓展训练内容的完成过程进行记录）。

2.2.3 知识学习

1. 引用集

引用集是 UG NX 用来控制装配中组件或子装配部件显示的一种工具。引用集是零件或子装配中对象的命名集合，可以过滤组件中不需要的对象，使它们不出现在装配中，缩短组件加载的时间，减少内存的使用量，使图形显示更加简洁，容易分析。引用集有两种类型，即由 NX 管理的默认引用集和用户自定义引用集。

几何体、基准、坐标系和子装配等对象可以定义为引用集成员，而提升体、与视图相关的对象、CSYS 中的各个基准轴和基准面不能单独定义为引用集成员。

1） 默认引用集　系统自动建立的默认引用集有：空引用集、整个部件引用集、模型引用集、简化引用集，实体引用集、制图引用集和配对约束引用集。

空引用集：在图形窗口中不显示任何内容。图 2-64 所示为将弹簧组件改为空引用集的情况。

整个部件引用集：在图形窗口中显示组件中的所有对象。图 2-65 所示为将弹簧组件改为整个部件引用集的情况。

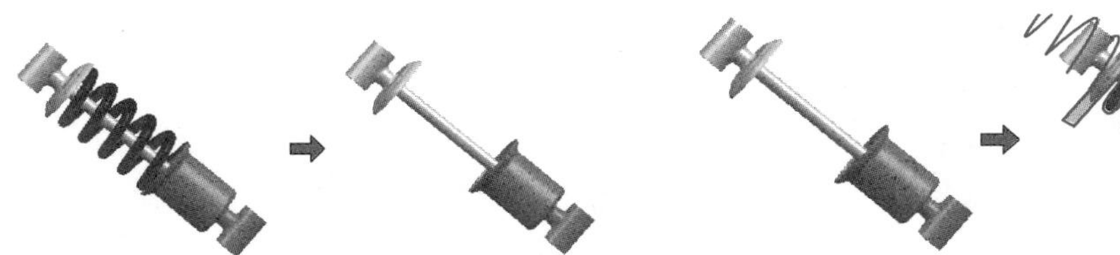

图 2-64　空引用集　　图 2-65　整个部件引用集

模型引用集（MODE）：包含实际模型几何体，这些几何体包括实体、片体等。模型引用集不包含基准或曲线等对象。图 2-66 所示为将弹簧组件改为模型引用集的情况。

图 2-67 所示为将弹簧改为简化引用集的情况。

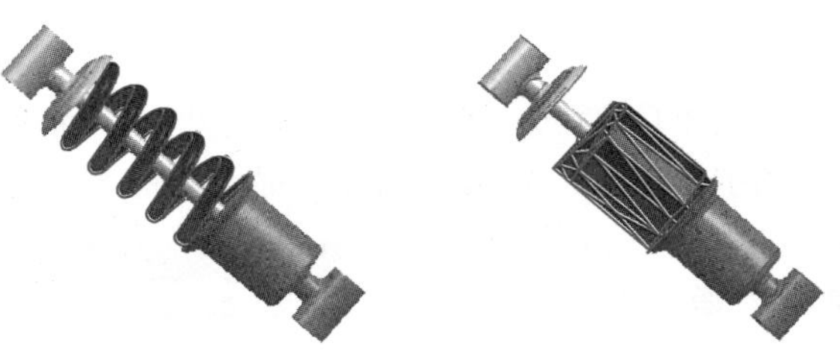

图 2-66　模型引用集　　图 2-67　简化引用集

2）用户自定义引用集　当默认引用集不能够满足用户的需要时，用户可定义自己的引用集以确保装配显示满足需要。

下列引用集将经常被用户使用到。

◆ 装配约束引用集（MATE）：使用基准作为参考特征来施加装配约束。创建名为配对的用户定义的引用集，并只添加装配约束的基准特征，而不是使用整个部件引用集。

◆ 简化引用集（SIMPLEFIED）：复杂装配包含标准部件（如紧固件）的多个实例，而且需要改善计算机性能。创建名为简单的用户定义的引用集，并且仅使用中心线和轮廓曲线进行显示。

◆ 制图引用集（DRAWING）：有时候需要显示理论交点或中心线，以便在图样中为它们标注尺寸。创建名为草图的用户定义的引用集，并添加必要的曲线。

在建模环境中，单击菜单【格式】→【引用集】，系统弹出“引用集”对话框，如图2-68所示。

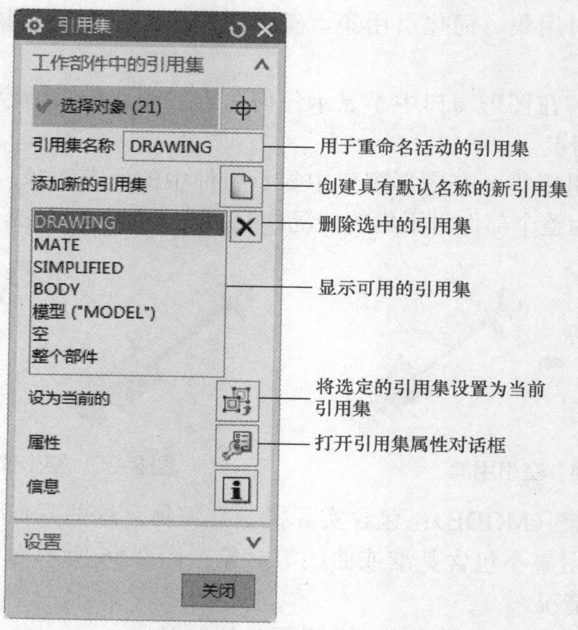

图2-68　引用集对话框

2. 装配爆炸图

爆炸图可以将选中的组件或子装配相互分离开来，而不会影响组件的实际装配位置，爆炸图主要用于创建爆炸图样，显示产品零件之间的装配关系。

单击“装配”工具栏“爆炸图”按钮，系统弹出“爆炸图”工具栏，如图2-69所示。

图2-69　“爆炸图”工具栏

1）新建爆炸图。单击“新建爆炸图”按钮，系统弹出“新建爆炸图”对话框。在对话框中输入爆炸图的名称，也可以单击【确定】按钮使用系统默认的爆炸图名称。UG NX在一个装配文件中支持创建多个爆炸图。

2）编辑爆炸图。创建一个新的爆炸图后，零件的位置并没有发生变化，可以使用“自动爆炸组件”或“编辑爆炸图”工具编辑组件的位置。

单击“编辑爆炸图”工具按钮后，系统弹出“编辑爆炸图”对话框，如图 2-70 所示。

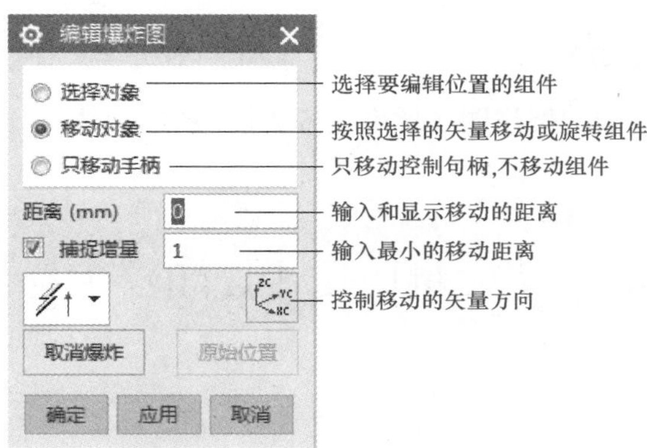

图 2-70 “编辑爆炸图”对话框

组件移动的方向可以通过“编辑爆炸图”对话框选择移动的矢量进行控制，也可以如图 2-71 所示在绘图区中按住相应的方向控制句柄进行组件的移动或旋转。

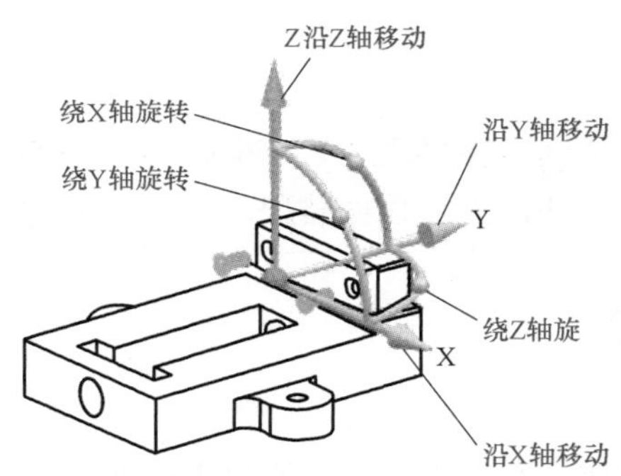

图 2-71 控制移动方向和距离

3）自动爆炸组件。按照给定的爆炸距离对选定的组件进行自动爆炸，这种方式可以很快速地产生组件的爆炸图，但是组件移动的方向由系统自动判断。

4）取消爆炸组件。可以将当前爆炸图中选中组件的爆炸状态取消。

5）删除爆炸图。删除选定的爆炸图，但是如果一个爆炸图已经被用于工程图，则这个爆炸图不能被删除。

6）工作视图爆炸 Explosion 3 。将选中的爆炸图改为当前工作视图。

7）隐藏视图组件。将选中的组件隐藏掉。

8）显示视图组件。将选中的隐藏组件显示出来。

9）追踪线。用于显示组件的装配位置。

2.2.4 问题探讨

◆ 查找资料，学习装配布置工具的用法和特点。
◆ 查找资料，学习使用布置的方法生成装配爆炸图。
◆ 探讨在装配工程图中添加单个组件视图的方法。

2.2.5 任务拓展

创建齿轮阀的装配爆炸图（使用任务 2.1 中的装配体）。

任务 2.3 虎钳丝杠部件装配

知识点

装配动画序列工具。

技能点

根据表达需要能够创建较为简单的装配动画。

任务描述

虎钳丝杠部件装配是虎钳装配的一部分，通过该任务的学习，学生应掌握装配序列的应用方法，能够根据装配表达需要创建合适的装配序列。

2.3.1 任务实施

1. 装配关系分析

丝杠部件是虎钳中旋转运动部件，装配关系如图 2-72 所示。丝杠部件由丝杠、垫圈、调整螺母、锁紧螺母四个零件组成，这四个零件之间没有相对运动。

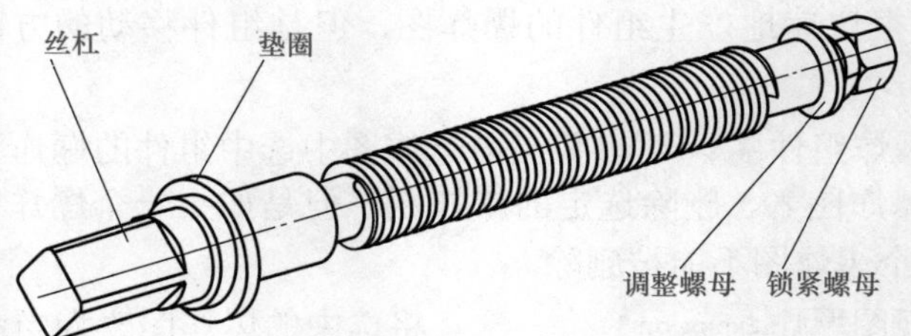

图 2-72 丝杠装配关系

2. 装配方案设计

丝杠是整个装配的核心组件，它的位置是其他组件定位的基础，应该首

先装配，装配方式采用绝对原点，装配完成后进行固定；垫圈采用“接触对齐 | 自动判断中心 / 轴”和“接触”两个约束进行装配；调整螺母采用“接触对齐 | 自动判断中心 / 轴”和“距离”约束进行装配，其中距离要和固定钳身的长度一致，否则会产生干涉；锁紧螺母的装配约束采用“接触对齐 | 自动判断中心 / 轴”“接触对齐 | 接触”和“平行”。垫圈、调整螺母和锁紧螺母的周向位置没有要求，因此可对这三个零件只进行部分约束。

3. 操作步骤

1）新建装配文件，文件名为 sg_asm.prt，文件位置选择虎钳组件所在的文件夹。

2）装配丝杠“sg.prt”。要求：定位方式采用“绝对原点”，装配完成后为丝杠添加固定约束，结果如图 2-73 所示。

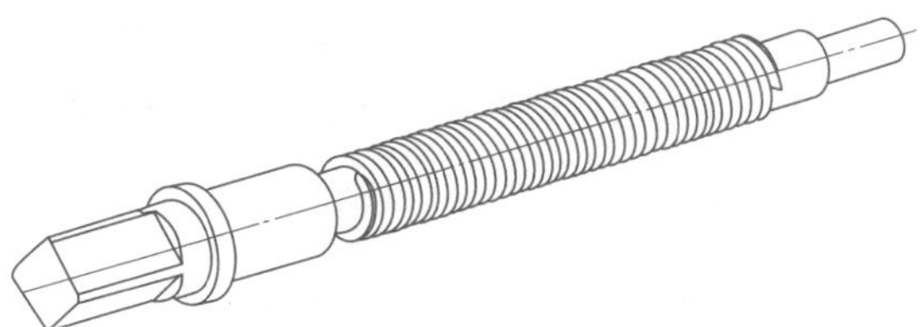

图 2-73 丝杠装配

3）装配垫圈“dq.prt”。要求：装配约束为“接触 | 自动判断中心”“接触”，约束形式如图 2-74 所示，装配结果如图 2-75 所示。

注意：“接触”约束所约束的是丝杠凸台右端面和垫圈左端面。

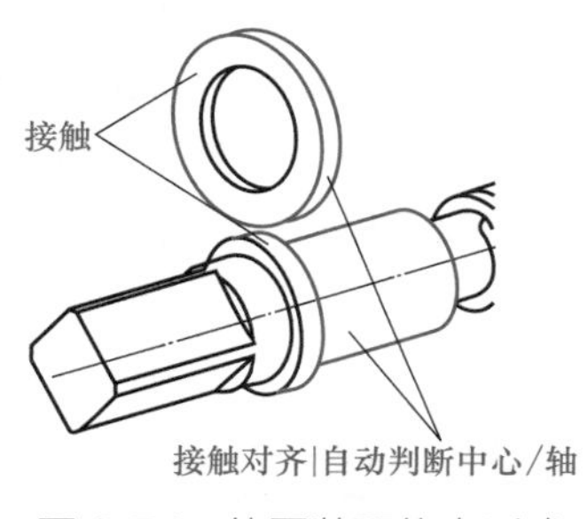

图 2-74 垫圈装配约束形式

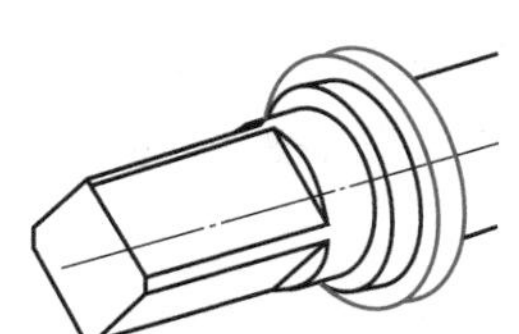

图 2-75 垫圈装配结果

4）装配调整螺母“lm01.prt”。要求：装配约束为“接触 | 自动判断中心”“距离”，约束形式如图 2-76 所示，调整螺母装配结果如图 2-77 所示。

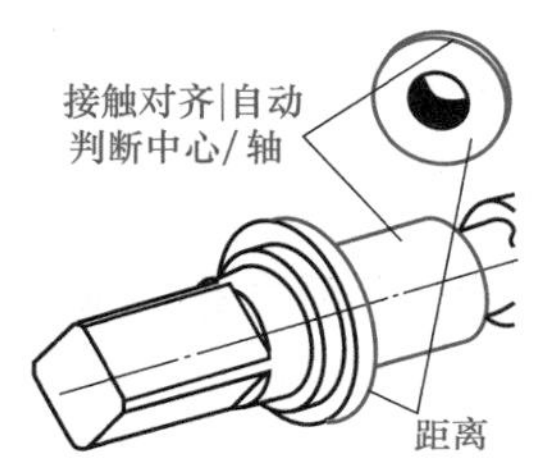

图 2-76 调整螺母装配约束形式

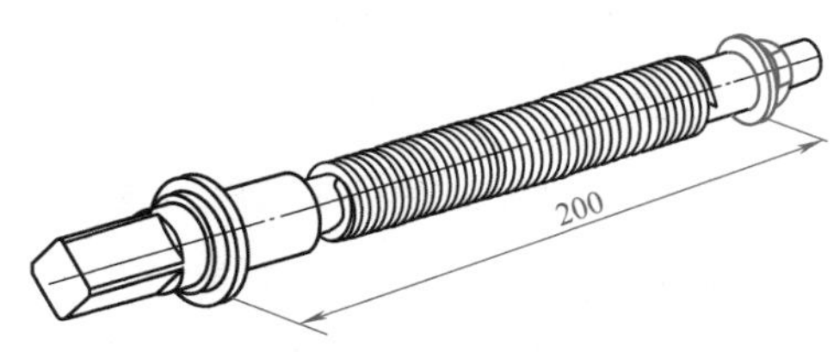

图 2-77 调整螺母装配结果

5）装配锁紧螺母“lm02.prt”。要求：装配约束为“接触 | 自动判断中心”“接触”和“平行”，约束形式如图 2-78 所示，装配结果如图 2-79 所示。

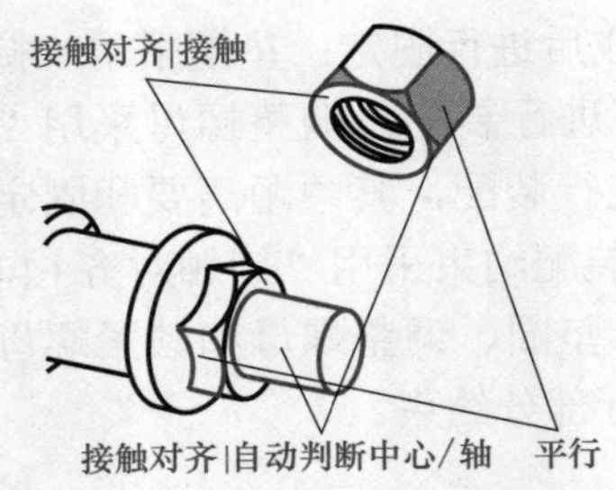

图 2-78　锁紧螺母装配约束形式

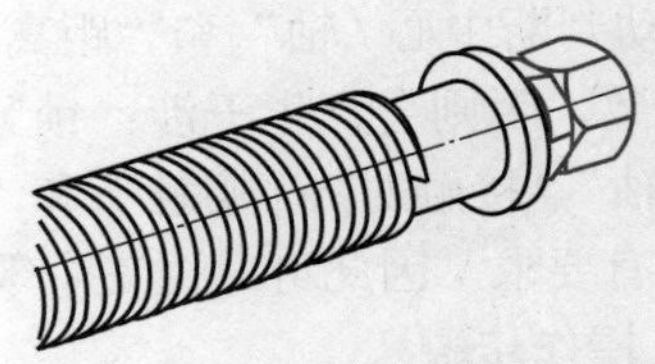

图 2-79　锁紧螺母装配结果

E2-11

6）进入装配序列创建和编辑界面。

提示：单击“装配”工具栏“装配序列”工具按钮，系统进入装配序列的创建、编辑及播放用户界面，在资源板上出现序列导航器图标。

观看步骤 1）～ 6）操作视频，请扫二维码 E2-11。

7）新建装配序列，并修改序列名称为“装配拆卸动画”。要求：

◆ 使用“新建序列”工具按钮，或者按下快捷键 Ctrl+N，创建新序列“序列 1”。

◆ 在序列导航器中选中“序列 1”，展开“详细信息”列表后，将序列名称改为“拆卸 _ 装配序列”。

◆ 在“详细信息”列表内将“显示拆分屏幕”选项改为“开”。

◆ 在“详细信息”列表内将“装配约束”选项改为“关”，如图 2-80 所示。

8）创建拆卸动画。要求：

◆ 按照 lm02、lm01、dq、sg 的顺序安排拆卸过程，完成后“装配 _ 拆卸序列”导航器如图 2-81 所示。

详细信息

属性	值
名称	装配_拆卸序列
描述	创建于 2016...
范围	装配
类型	运作的
总持续时间	0
步距增量	10
已忽略显示	隐藏
未处理显示	隐藏
显示拆分屏幕	开
装配约束	关

图 2-80　修改“序列 1”详细信息

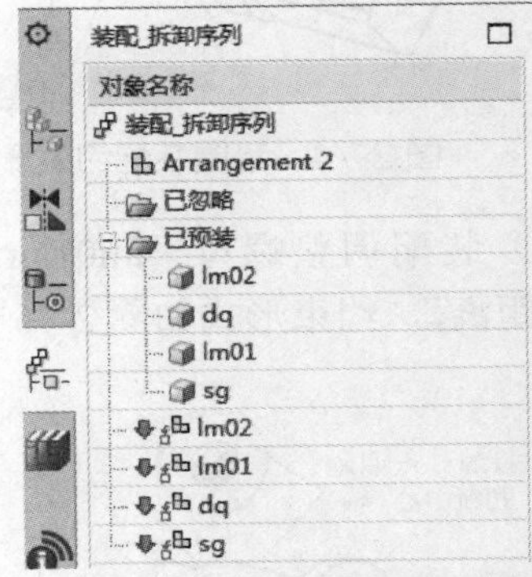

图 2-81　组件拆卸后序列导航器

◆ 使用“序列回放”工具栏进行动画回放。

9）在拆卸零件前添加组件移动动作。要求：

◆ 在序列导航器中双击“lm02”，右边窗口恢复到最初始状态。

◆ 使用“插入运动”工具按钮，为组件 lm02 添加沿 Z 方向移动，如图 2-82 所示。移动结束后模型如图 2-83 所示。

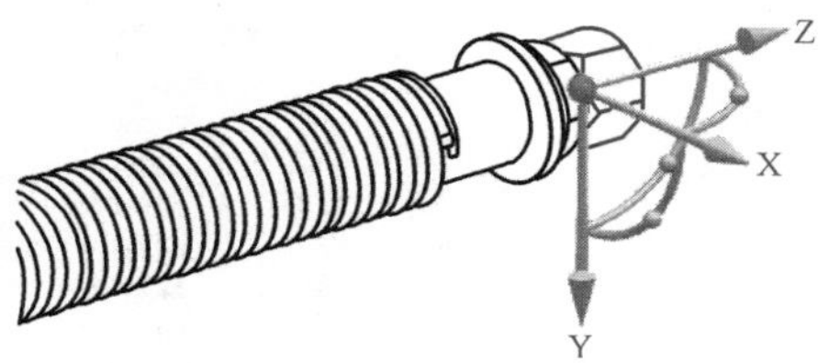

图 2-82　lm02 开始移动前

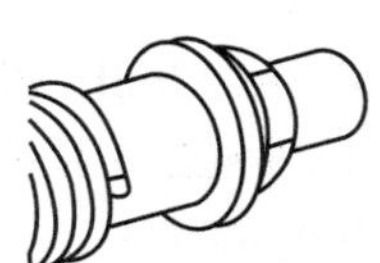

图 2-83　移动后模型

◆ 同样方式给其他组件添加移动动作，运动插入完成后序列导航器如图 2-84 所示。

10）添加相机控制。要求：

◆ 使用“序列回放”工具栏“倒回到开始”工具按钮⏮，将序列返回到序列开始。

◆ 在右边窗口中放大图形，如图 2-85 所示。

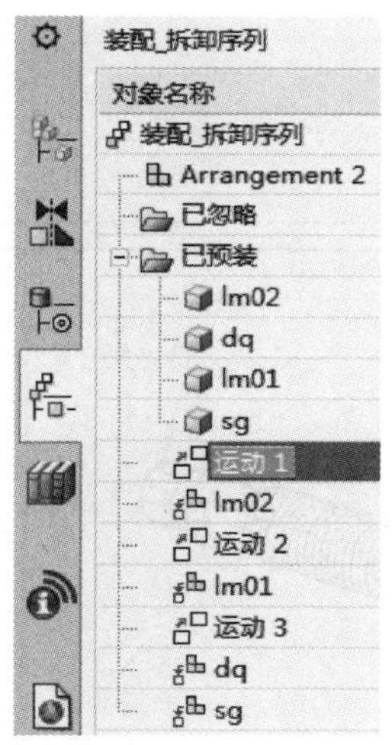

图 2-84　装配序列导航器

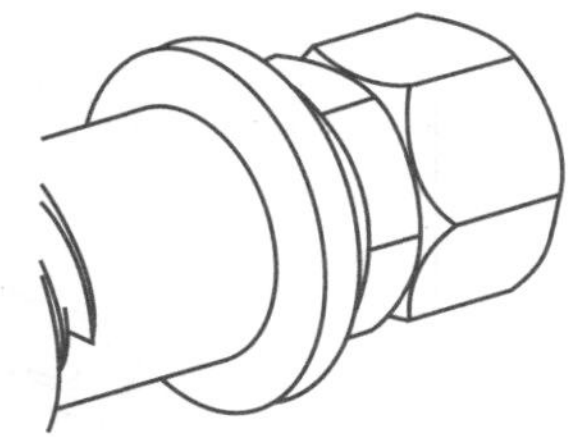

图 2-85　放大图形

◆ 使用“记录摄像位置”工具按钮，在“运动 1”前边添加摄像机。

◆ 在序列导航器中双击“运动 3”，将序列的当前步骤变为“运动 3”。

◆ 在右边窗口中缩小图形，如图 2-86 所示。

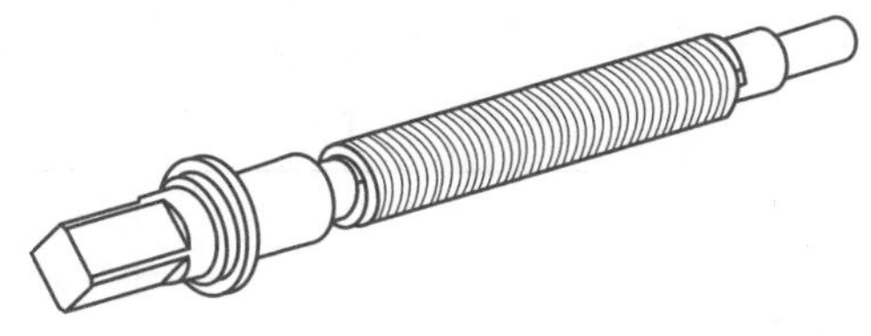

图 2-86　缩小图形

◆ 单击“记录摄像位置”工具按钮，在“运动 3”前边添加摄像机。

◆ “序列导航器”如图 2-87 所示。

◆ 使用“序列回放”工具播放序列动画。

11）添加装配序列。要求：

◆ 依次装配 sg、dq、lm01 和 lm02。

◆ 在 dq、lm01、lm02 零件前添加合适的运动，使装配体的状态恢复到最初时的状态。

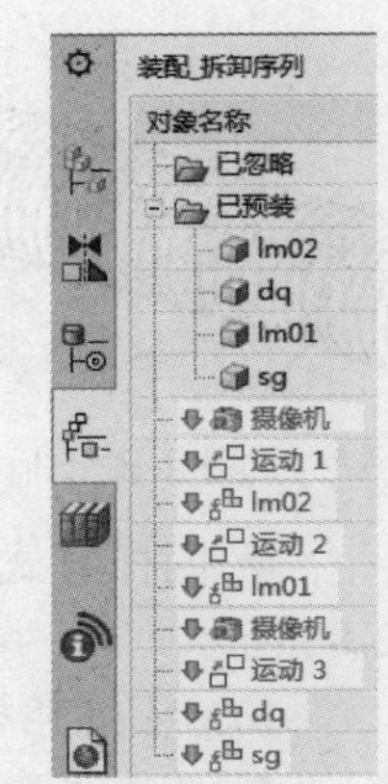

图 2-87 序列导航器

12）输出动画视频。要求：

◆ 使用“序列回放”工具栏“倒回到开始”工具按钮⏮，将序列倒回到开始。

◆ 使用“导出至电影”按钮输出录像，在文件名后输入“拆卸 _ 装配序列”后，单击【确定】按钮进行录制。

13）退出装配序列界面。

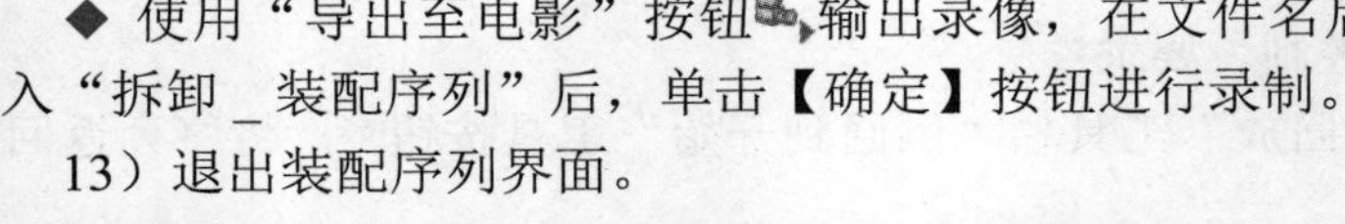

E2-12

观看步骤 7）～ 13）操作过程，请扫二维码 E2-12。

14）创建工程图。要求：

◆ 工程图图纸幅面选 A4。

◆ 创建轴测图，如图 2-88 所示。

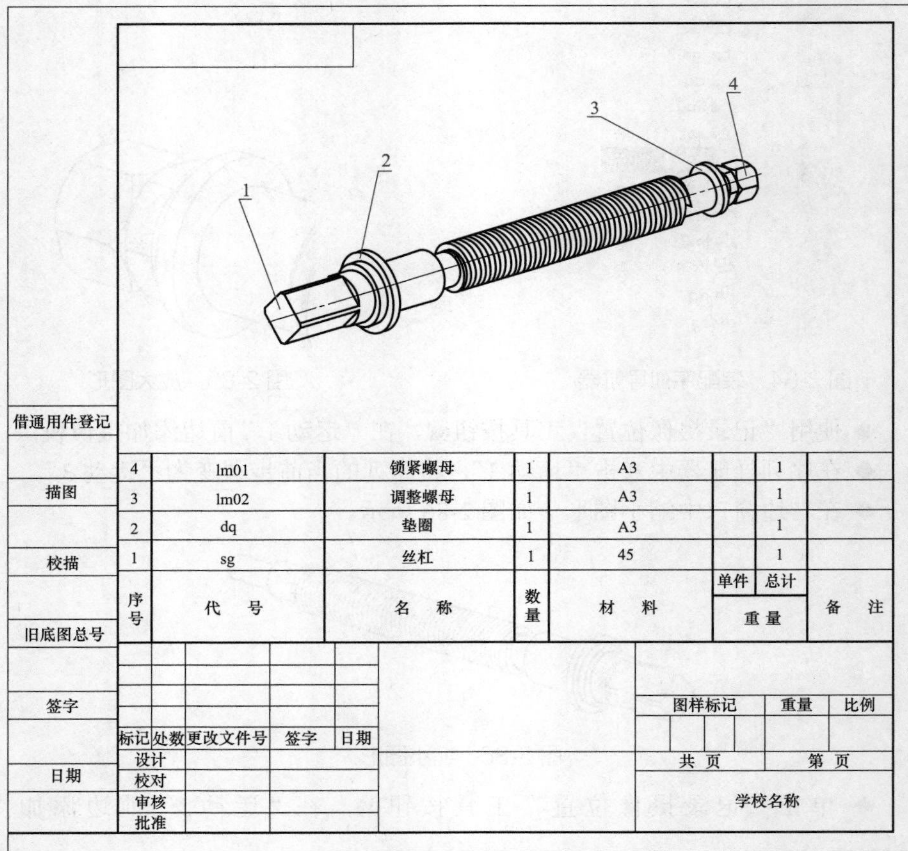

序号	代号	名称	数量	材料	重量 单件	重量 总计	备注
4	lm01	锁紧螺母	1	A3		1	
3	lm02	调整螺母	1	A3		1	
2	dq	垫圈	1	A3		1	
1	sg	丝杠	1	45		1	

图 2-88 丝杠装配工程图

◆ 创建明细表，如图 2-88 所示。

◆ 创建球标，如图 2-88 所示。

观看步骤 14）操作过程，请扫描二维码 E2-13。

E2-13

15）保存文件。

2.3.2 填写“任务报告”

课程任务报告

<table>
<tr><td>班级</td><td></td><td>姓名</td><td></td><td>学号</td><td></td><td>成绩</td><td></td></tr>
<tr><td>组别</td><td></td><td>任务名称</td><td colspan="3">虎钳丝杠部件装配</td><td>参考课时</td><td>2 课时</td></tr>
<tr><td>任务图样</td><td colspan="7">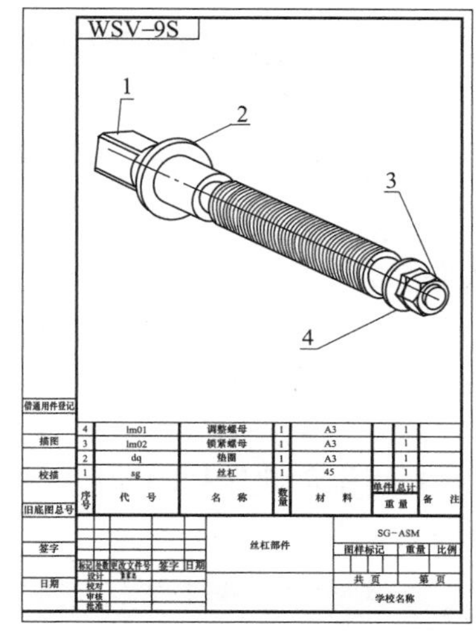
</td></tr>
<tr><td>任务要求</td><td colspan="7">1. 对照任务参考过程，相关视频，知识介绍，完成丝杠的装配。
2. 学习装配约束的用法。
3. 学习装配序列的用法。
4. 巩固装配工程图中剖视图、明细表和球标的创建方法。</td></tr>
<tr><td>任务完成过程记录</td><td colspan="7">总结的过程按照任务的要求进行，如果位置不够可加附页（根据实际情况，可以适当安排拓展任务供同学分组讨论学习，此时以拓展训练内容的完成过程进行记录）。</td></tr>
</table>

2.3.3 知识学习

装配序列可以方便地为产品设计和制造创建一个显示产品拆卸和装配过程的动画，用于产品的前期展示和方案论证，还可以对部件进行干涉和间隙分析。

单击“装配”工具栏“装配序列”工具按钮，系统进入“装配序列”用户界面。当装配中没有建立过序列时，界面中的大多数工具按钮处于灰色状态，表示不可用。在装配序列用户界面中，常用的有“装配序列”“序列工具”和“序列回放”三个工具栏。

1.“装配序列”工具栏

如图2-89所示，“装配序列”工具栏包括完成序列完成序列、新建序列和设置关联序列序列_2三个工具按钮。

图2-89 “装配序列”工具栏

◆ 新建序列。单击“新建序列”工具按钮，系统会自动创建一个新的序列，并在“设置关联序列”列表中显示出来。

◆ 完成序列完成序列。观看序列创建的所有设计内容后，可以单击“完成序列”工具按钮，退出“序列”用户界面。

2.“序列工具”工具栏

“序列工具”工具栏用于创建序列的动作、相机和运动包络体等操作，主要的工具如图2-90所示。

图2-90 “序列工具”工具栏

◆ 插入运动。打开“录制组件运动”对话框条，如图2-91所示，各工具按钮的作用见表2-5所示。

图2-91 录制组件运动工具栏

表2-5 “录制组件运动”工具按钮的作用

图标	名称	作 用
	选择对象	选择要进行运动的对象
	移动对象	对选中的对象进行运动操作，操作方式参考装配环境下的组件移动

（续）

图标	名称	作　用
	只移动手柄	不移动对象，只移动控制句柄
	矢量列表	控制选中的移动矢量的方向
	扑捉手柄至 WCS	将控制手柄移动至 WCS
	运动录制首选项	设置运动的步长计算方法
	拆卸	加入拆卸动作
	摄像机	加入摄像机

◆ 装配。当选中一个已经被拆卸的组件时，这个工具按钮亮显。单击这个按钮，系统将拆卸了的组件装配到装配体中，并在右边窗口显示出来。选择产生的装配序列，可以在详细信息中对序列的名称、描述等信息进行修改。

◆ 成组装配。当选中多个已经被拆卸的组件时，这个工具按钮亮显。单击这个按钮，系统将拆卸了的组件装配到装配体中，并在右边窗口显示出来。选择产生的装配序列，可以在详细信息中对序列的名称、描述等信息进行修改。

◆ 拆卸。当选中一个装配体组件时，这个工具按钮亮显。单击这个按钮，系统将一个被选中的装配体组件拆卸掉，产生一个拆卸序列，组件在右边的窗口中消失，可以在详细信息中对序列的名称、描述等信息进行修改。

◆ 成组拆卸。当选中多个装配体组件时，这个工具按钮亮显。单击这个按钮，系统将多个被选中的装配体组件拆卸掉，产生一个拆卸序列组，这些组件在右边的窗口中消失。

◆ 插入暂停。插入这个序列，可以让序列的播放过程暂时停顿。

◆ 抽取运动轨迹。计算所选组件的运动路径并保存。

◆ 摄像机。插入摄像机，可以在运动前后显示不同的场景。可以突出显示装配中要表现的部分，而忽略其他部分。使用的时候应该在插入摄像机前先调整好视图方位。当要改变到其他场景时，需要再次插入摄像机进行变化。

◆ 删除。删除选定的序列或步骤。

◆ 捕捉布置。将装配组件的当前位置另存为新布置。

◆ 运动包络体。在一系列运动步骤过程中，在由一个或多个组件占用的空间中创建小平面化的体。

2.3.4 问题探讨

探讨装配布置和装配序列的配合使用方法，显示组件的运动极限，干涉状况检查。

2.3.5 任务拓展

创建齿轮泵的装配拆卸动画序列（使用任务 2.1 中的装配模型）。

任务 2.4 虎钳总装配

知识点

◎ 装配干涉的分析与调整。
◎ 装配 BOM 表（明细表）和球标。

技能点

◎ 能对产品进行干涉分析，并根据分析结果对装配体进行适当地调整。
◎ 掌握 BOM 表和球标的创建方法。

任务描述

虎钳总装配是虎钳装配的最后一部分，通过该任务的学习，学生应掌握干涉分析和装配调整的方法，掌握创建装配工程图中 BOM 表和球标的方法。

2.4.1 任务实施

1. 装配图样分析

虎钳装配图如图 2-92 所示，它由固定部件固定钳身、移动部件活动钳身和旋转部件丝杠三个部件组成。

2. 装配方案设计

固定钳身是虎钳的基础部件，采用“绝对原点”装配并固定；活动钳身采用“通过约束”进行装配，约束条件采用“接触对齐|接触”“距离”和“中心|2 对 2”，装配完成后应调整螺母高度方向的位置，使得和丝杠配合的螺纹孔和丝杠同心；丝杠采用“通过约束”装配，约束条件采用“接触对齐|接触”和“接触对齐|自动判断中心/轴”，装配完成后应对螺母和丝杠进行干涉分析，并调整活动钳身的轴向位置。

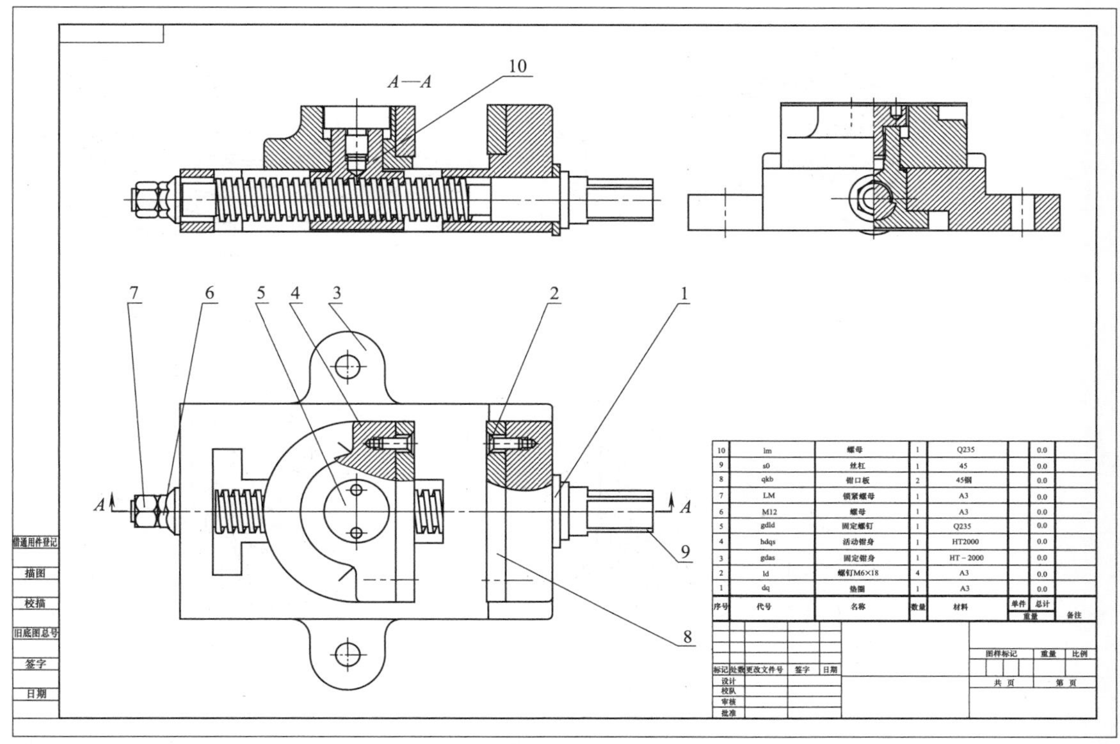

图 2-92　虎钳装配图

3. 参考操作步骤

1）新建文件 hq_asm.prt。

2）装配“gdqs_asm.prt”。要求：使用“绝对原点”方式定位，装配完成后添加固定约束，结果如图 2-93 所示。

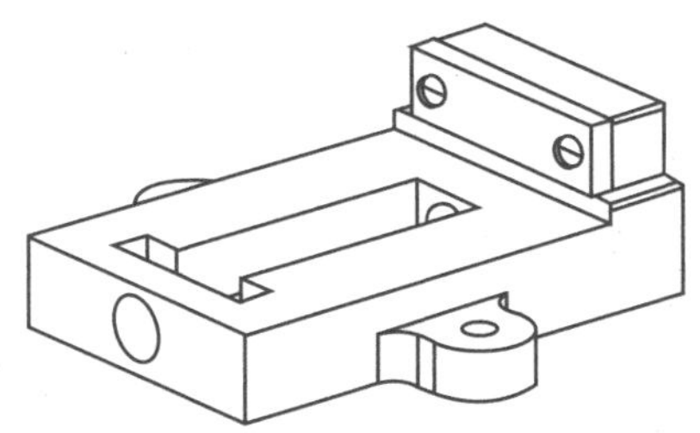

图 2-93　固定钳身装配

3）装配“hdqs_asm.prt”。要求：约束条件采用“接触对齐 | 接触”“距离”和“中心 |2 对 2”，约束形式如图 2-94 所示，装配模型如图 2-95 所示。

4）调整两轴线之间的同轴度。要求：

◆ 用 Y-Z 平面剪切装配并显示剪切，如图 2-96 所示。

◆ 使用菜单【分析】→【测量距离】，或单击“实用工具”工具条“测量距离”工具按钮，测量如图 2-97 所示螺母横孔轴线和固定钳身配合孔轴线的距离（参考值为 1），并记录下来。

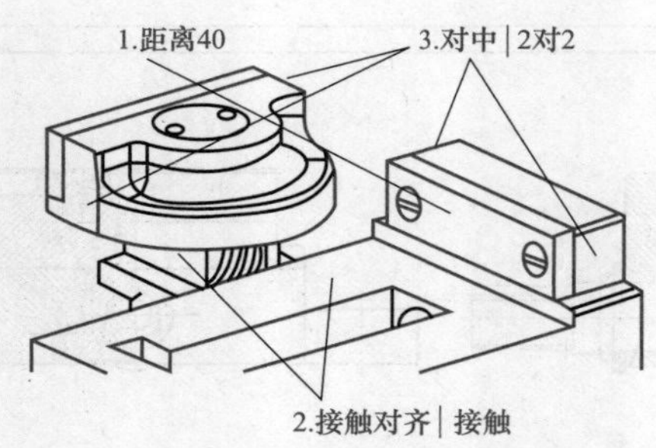

图 2-94　约束形式

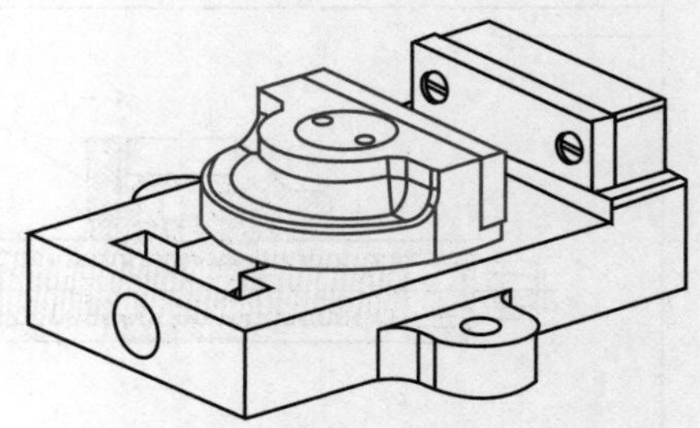
图 2-95　活动钳身装配模型

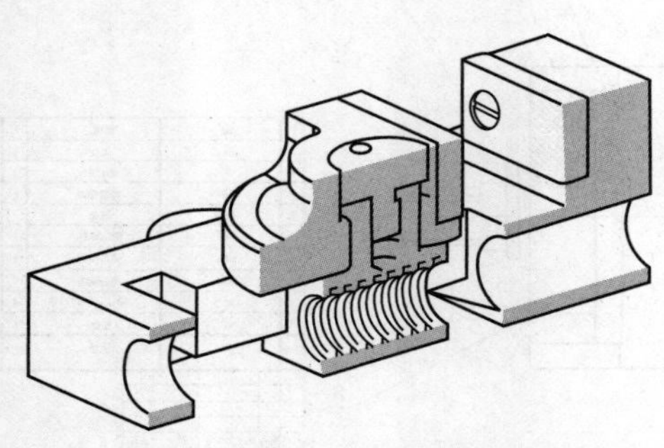
图 2-96　剪切后的结果

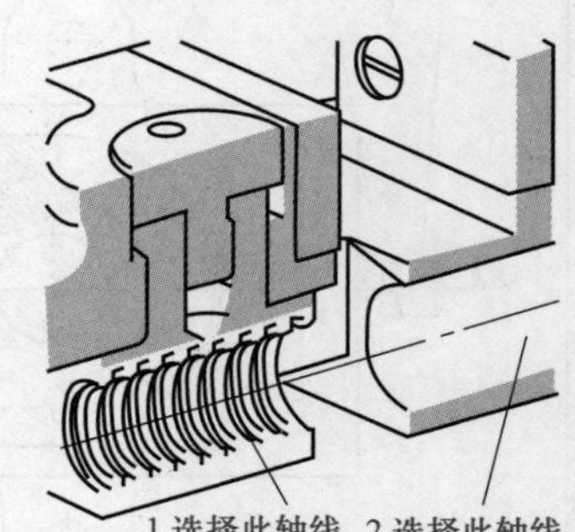

图 2-97　选择轴线

E2-14

◆ 在“装配导航器”展开“hdqs_asm”部件中“约束”，重新定义约束 距离 (lm，HDQS)，调整距离值为测量所得值“1”。

◆ 在“装配导航器”中双击“hq_asm”，将总装配变为工作部件。

观看步骤 1）～ 4）操作视频，请扫二维码 E2-14。

5）装配“sg_asm.prt”。要求：约束条件采用“接触对齐 | 接触”和“接触对齐 | 自动判断中心 / 轴”，约束形式如图 2-98 所示，参考装配结果如图 2-99 所示。

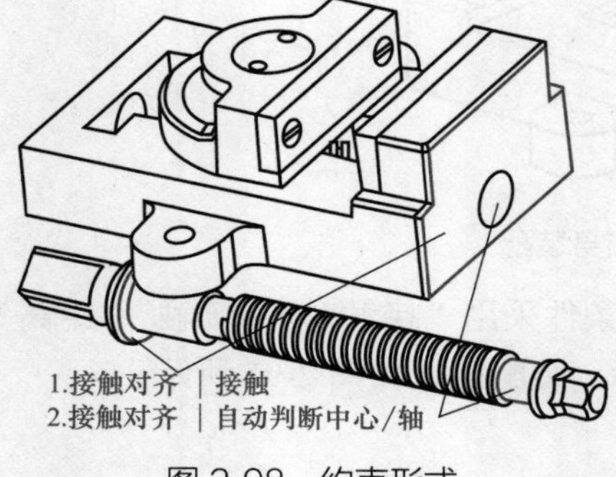

图 2-98　约束形式

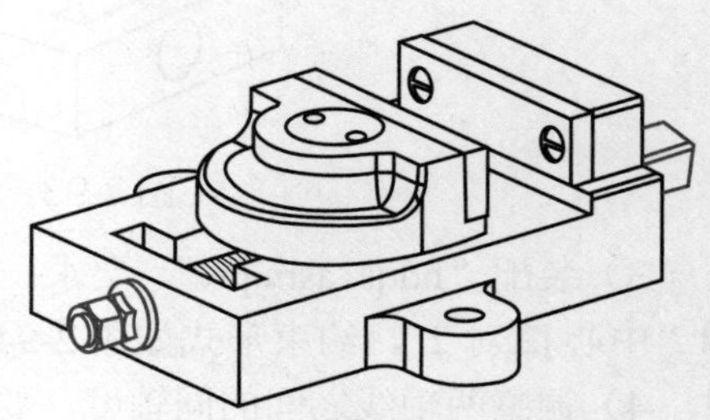
图 2-99　丝杠装配结果

6）创建丝杠和螺母之间的干涉体。要求：

◆ 用 Y-Z 平面截切显示装配，找出螺母和丝杠螺纹之间的干涉，如图 2-100 所示。

◆ 将工作图层改为图层 10。

◆ 使用菜单【分析】→【简单干涉】创建 lm.prt 和 sg.prt 之间的干涉体，参考结果如图 2-101 所示。

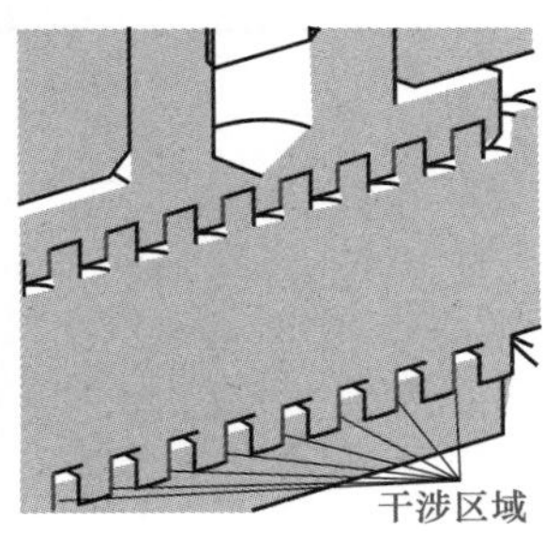

图 2-100 干涉调整前的丝杠和螺母配合

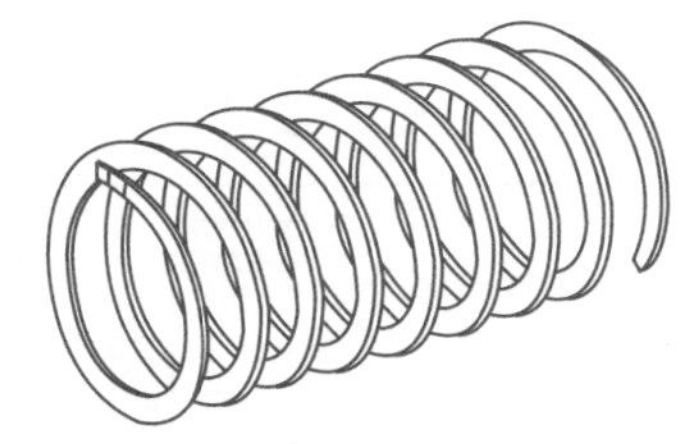

图 2-101 螺母块和丝杠的干涉体

◆ 取消截切显示，关闭 1 层。

7）分析干涉体，调整装配。要求：

◆ 使用“特征”工具栏“裁剪体”工具按钮，运用面裁剪干涉体，如图 2-102 所示。

◆ 使用“实用工具”工具栏“简单测量下拉菜单 | 测量简单长度”工具按钮 简单长度，测量干涉体的轴向厚度，并将结果复制下来（参考值为 0.316802907），如图 2-103 所示。

◆ 将工作图层改为图层 1，关闭图层 10。

◆ 编辑活动钳身钳口板和固定钳身钳口板的距离约束 距离 (HDQS_ASM, GDQS_ASM)，使螺母和丝杠在轴线方向不发生干涉，如图 2-104 所示。

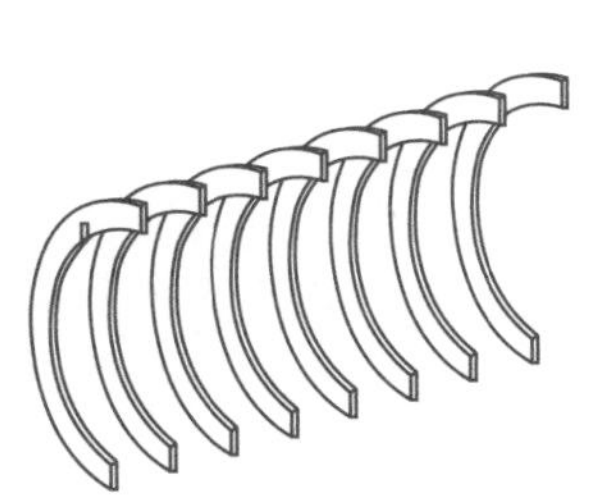

图 2-102 修剪后的干涉体

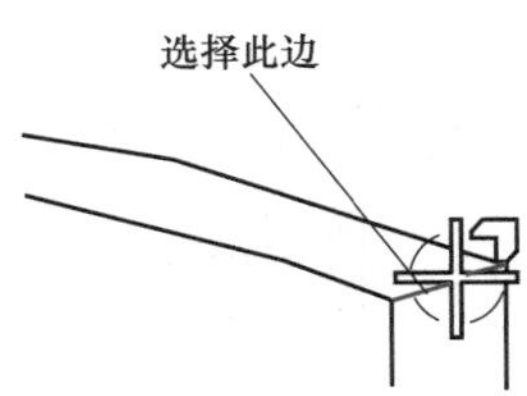

图 2-103 测量选择边的长度

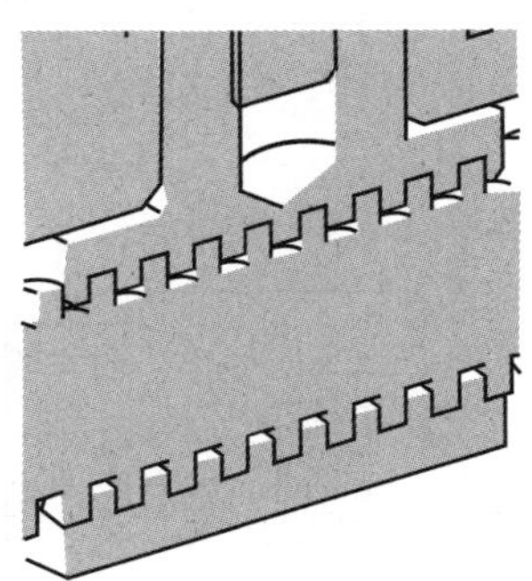

图 2-104 调整后的螺母块和丝杠配合

观看步骤 5）～ 7）操作视频，请扫二维码 E2-15。

E2-15

8）进入工程图环境，创建三视图。要求：

◆ 俯视图使用局部剖。

◆ 主视图使用全剖视图。

◆ 左视图使用半剖视图，如图 2-105 所示。

9）调整剖面线。要求：

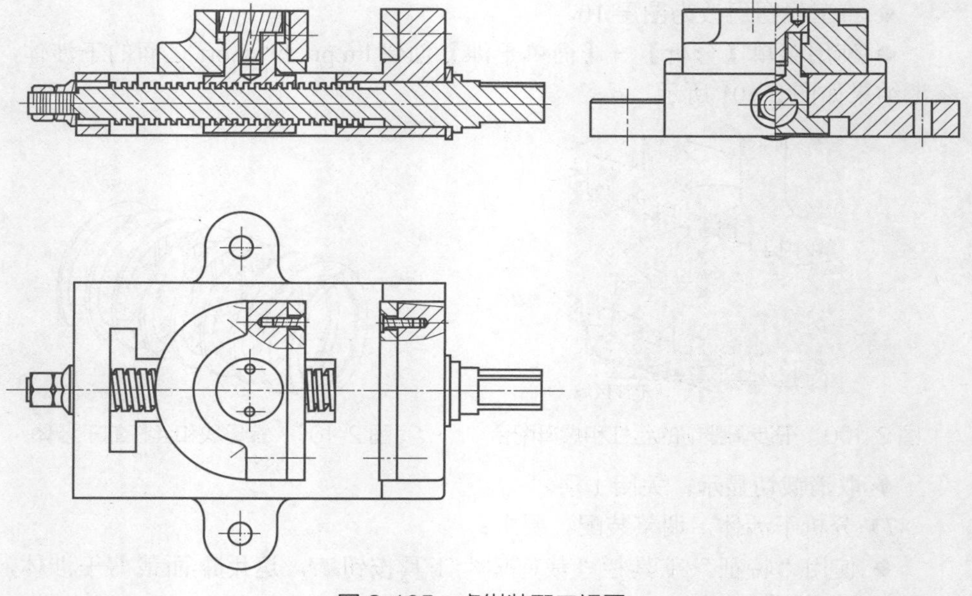

图 2-105　虎钳装配三视图

◆ 排除不剖切组件。

◆ 调整剖面线的角度和距离，如图 2-106 所示。

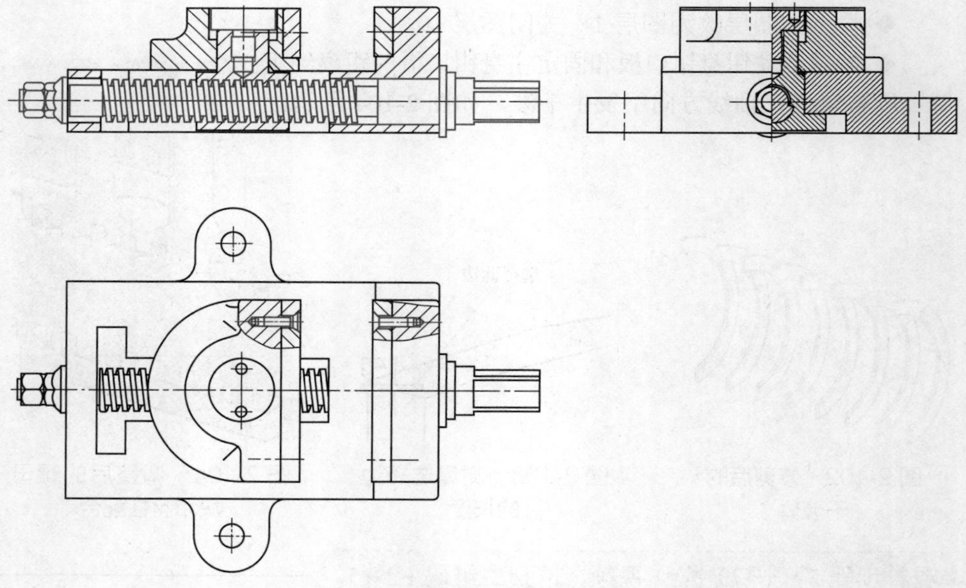

图 2-106　调整剖面

10）生成明细表，如图 2-107 所示。创建过程参考固定钳身装配。

11）创建并调整球标，如图 2-108 所示。

12）调整明细表零件排列顺序，如图 2-109 所示。

13）保存文件。

10	sg	丝杠	1	45		0.0	
9	dq	垫圈	1	45		0.0	
8	lm01	调整螺母M12	1	45		0.0	
7	lm02	锁紧螺母M12	1	45		0.0	
6	hdqs	活动钳身	1	HT200		0.0	
5	lm	螺母块	1	Q235A		0.0	
4	gdld	固定螺钉	1	Q235A		0.0	
3	gdqs	固定钳身	1	HT200		0.0	
2	qkb	钳口板	2	45		0.0	
1	ld	螺钉M6×18	4	Q235A		0.0	

图 2-107 明细表

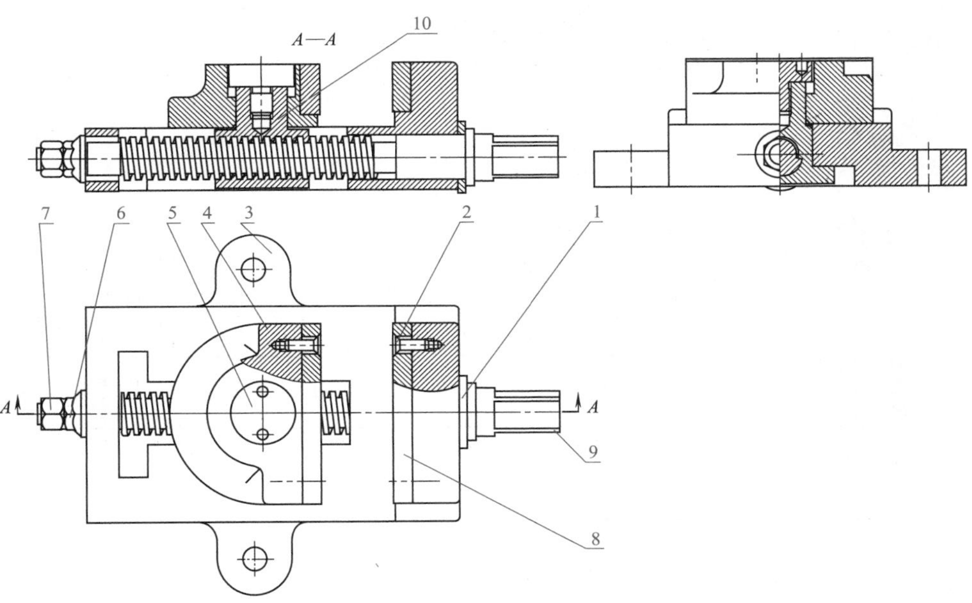

图 2-108 创建并调整球标

10	lm	螺母	1	Q235		0.0	
9	sg	丝杠	1	45		0.0	
8	qkb	钳口板	1	45		0.0	
7	LM	锁紧螺母	2	A3		0.0	
6	M12	螺母	1	A3		0.0	
5	gdld	固定螺钉	1	Q235		0.0	
4	hdqs	活动钳身	1	HT200		0.0	
3	gdqs	固定钳身	1	HT200		0.0	
2	ld	螺钉M6×18	4	A3		0.0	
1	dq	垫圈	1	A3		0.0	
序号	代号	名称	数量	材料	单件	总计	备注
					重量		

图 2-109 明细表调整完成后的结果

观看步骤 8）～ 13）操作视频，请扫描二维码 E2-16。

E2-16

2.4.2 填写“课程任务报告”

课程任务报告

班级		姓名		学号		成绩	
组别		任务名称	虎钳总装配			参考课时	2 课时

任务图样

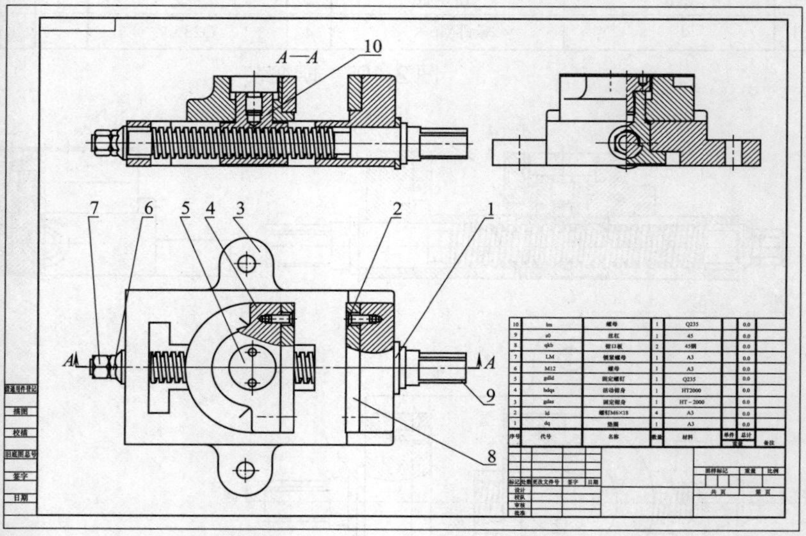

A—A

10 7 6 5 4 3 2 1 9 8 A A

10	lm	螺母	1	Q235		0.0	
9	s0	丝杠	1	45		0.0	
8	qkb	钳口板	2	45钢		0.0	
7	LM	锁紧螺母	1	A3		0.0	
6	M12	螺母	1	A3		0.0	
5	gdld	固定螺钉	1	Q235		0.0	
4	hdqs	活动钳身	1	HT2000		0.0	
3	gdqs	固定钳身	1	HT－2000		0.0	
2	ld	螺钉M6×18	4	A3		0.0	
1	dq	垫圈	1	A3		0.0	
序号	代号	名称	数量	材料	单件 重量	总计 重量	备注

标记 处数 更改文件号 签字 日期
设计
校队
审核
批准
图样标记 重量 比例
共 页 第 页

借通用件登记
描图
校描
旧底图总号
签字
日期

任务要求

1. 对照任务参考过程，相关视频，知识介绍，完成虎钳的总装配。
2. 学习装配约束的编辑方法。
3. 学习组件干涉的分析方法。
4. 巩固装配工程图中剖视图、明细表、球标的创建方法。

任务完成过程记录

总结的过程按照任务的要求进行，如果位置不够可加附页（根据实际情况，可以适当安排拓展任务供同学分组讨论学习，此时以拓展训练内容的完成过程进行记录）。

2.4.3 知识学习

在产品设计过程中，经常会出现一些不合理的干涉，干涉可能是运动过程中产生的，也有可能是在装配过程中产生的，针对产生这些干涉的不同原因，UG 有不同的解决方案。如运动过程中产生的干涉，比较复杂的可以通过运动仿真分析进行检查，简单的可以通过装配序列检查；而装配过程中产生的干涉和间隙，可以通过产生干涉体、测量分析工具进行分析。

装配干涉的分析方法有两个：简单干涉分析和装配间隙分析。

1. 简单干涉分析

选择菜单【分析】→【简单干涉分析】，系统弹出“简单干涉”对话框，如图 2-110 所示。使用“简单干涉分析”命令，可以在选择的两组对象之间产生“干涉体”，或者高亮显示干涉的区域。

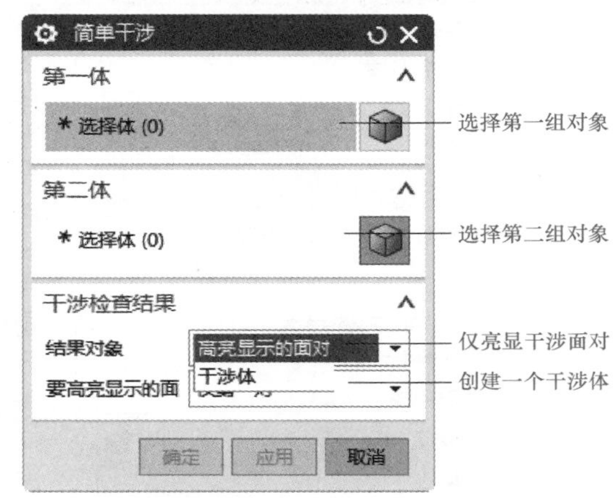

图 2-110 “简单干涉”对话框

干涉检查结果的显示方式有两种：高亮显示的面对和干涉体。

◆ 高亮显示的面对：系统会将干涉的面对亮显出来，如图 2-111 所示。

◆ 干涉体：系统会将干涉的区域生成一个干涉体，如图 2-112 所示。

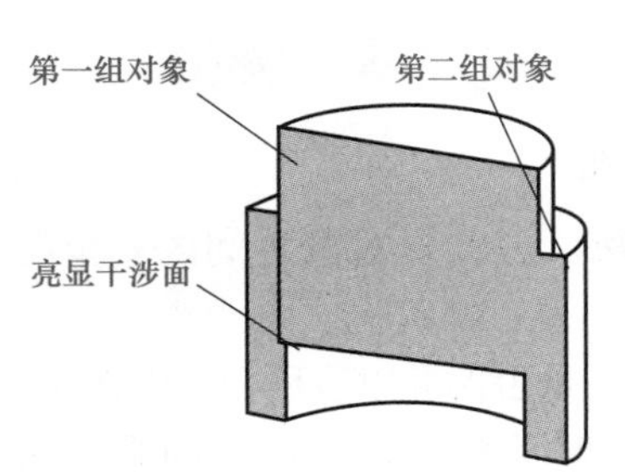

图 2-111 高亮显示干涉的面对

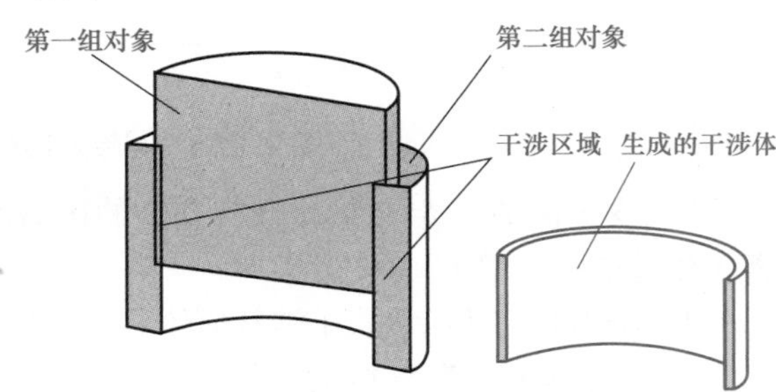

图 2-112 生成干涉体

2. 装配间隙分析

选择菜单【分析】→【间隙分析】或者单击“装配”工具栏“间隙分析”工具按钮，系统会弹出“间隙分析”对话框和“间隙浏览器”“间隙分析”对话框如图 2-113 所示。

1）间隙集：可以在间隙分析时设置一个对象集合，也可以设置两个对象集合进行分析。分析的对象可以在“集合”下拉列表中进行选择，对象有选定的对象、看见的对象和所有的对象三种形式。

2）异常：是在分析时进行特殊处理的组件。

◆ 排除所选子装配中的对：选中这个复选框，会多出“选择单元子装配”

选项，要求选择对象。在这里选择的子装配会被当作一个单元，涉及这个单元对其他对象的干涉会在总体子装配的干涉节点下进行报告，分析时会排除属于同一个单元子装配的对象对。

◆ 排除同一个子装配中的对：选中这个复选框，系统在分析干涉时将忽略同一子装配中的对象的干涉状况。

◆ 指定对以执行以下操作：将选定对象“排除”或“包含”在分析范围之内。

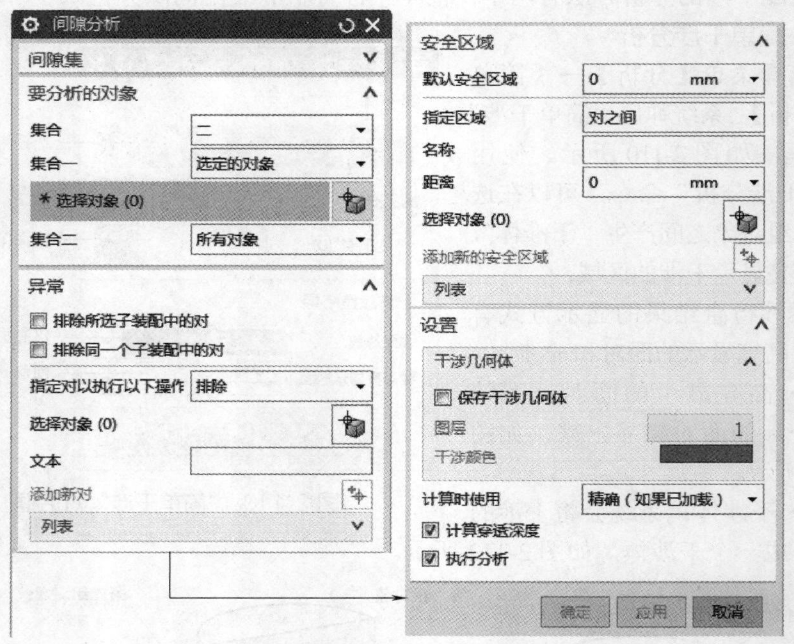

图 2-113　间隙分析对话框

3）安全区域：定义整体分析安全的区域距离，或特定对象之间的安全距离（如过盈配合等）。

4）干涉几何体：设置干涉几何体显示的颜色、是否保存以及所保存的图层。

由“简单干涉”分析对话框和“间隙分析”对话框可以看出，间隙分析可以对装配进行更为全面的分析。

2.4.4　问题探讨

1）在装配的时候，有些干涉是合理的，有些干涉是不合理的，如何判断哪些干涉合理，哪些干涉必须消除？

2）这里的干涉分析基本上都是定性分析，如何进行定量分析？有了定量分析，定性分析还有没有必要？

2.4.5　任务拓展

对齿轮泵装配体进行干涉分析和调整（使用任务 2.1 中的装配模型）。

任务 2.5　单向阀设计

知识点

◎ 在装配环境下新建部件工具。
◎ WAVE 几何链接器。

技能点

学会使用 WAVE 几何链接器对产品进行 TOP_DOWN 设计的方法。

任务描述

单向阀的设计是机械设计中较为简单的产品设计。通过单向阀设计任务的实施，学生应初步掌握在 UG NX 中运用 TOP_DOWN 设计思想进行产品设计的基本方法和相关工具的使用方法。

2.5.1　任务实施

1. 任务分析

单向阀是液压回路通断控制部件，如图 2-114 所示。单向阀可以通过旋转阀杆，使阀杆上的横孔和阀体上的水孔相通，液体就可以通过。如果阀杆上的横孔和阀体上的水孔不相通，则液压回路就会中断。因此，阀体和阀杆是核心工作部件，要求阀杆和阀体的锥面要准确配合，阀杆上的横孔和阀体上的水孔位置和形状相互关联。

其他组件是辅助零件，用于辅助单向阀功能的实现，要求其形状与尺寸与核心零件的形状与尺寸相关联。

2. 设计方案选择

产品设计时，组件之间的尺寸关联可以采用关系式或装配环境下的 WAVE 几何链接器。相对而言，WAVE 几何链接器使用起来更为方便。

WAVE 几何链接器是 UG NX 运用 TOP_DOWN 思想进行产品设计的重要工具。首先进行产品原理设计和关键零件造型设计，然后在装配环境下进行其他辅助零件设计。对于单向阀产品而言，首先根据阀体的工程图创建阀体模型，阀体工程图如图 2-115 所示。然后创建单向阀的装配体，并将阀体装配进来。在装配体中，新建阀杆、垫圈、填料、填料压盖及螺钉等组件，再将要进行设计的组件设为工作部件，使用 WAVE 几何链接器，将阀体或其他组件中的面、面域、曲线或草图进行关联，最后对工作部件进行结构设计。

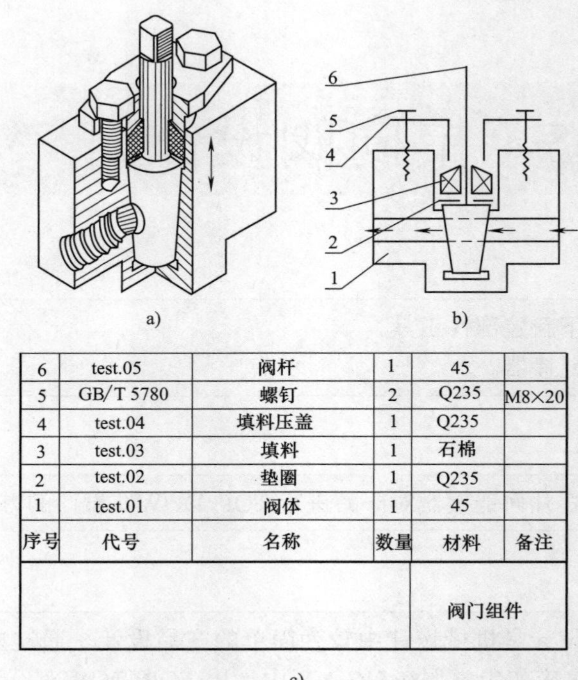

6	test.05	阀杆	1	45	
5	GB/T 5780	螺钉	2	Q235	M8×20
4	test.04	填料压盖	1	Q235	
3	test.03	填料	1	石棉	
2	test.02	垫圈	1	Q235	
1	test.01	阀体	1	45	
序号	代号	名称	数量	材料	备注
				阀门组件	

c)

图 2-114 单向阀装配结构原理图

a）单向阀装配示意图 b）单向阀工作原理图 c）单向阀零件明细表

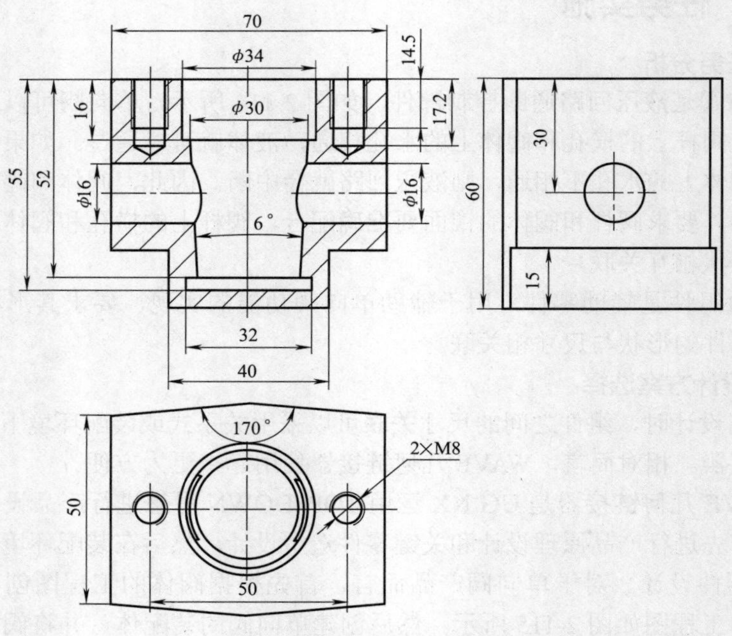

图 2-115 阀体工程图

3. 参考操作步骤

1）新建阀体“ft.prt”，并对阀体进行造型设计，如图 2-116 所示。

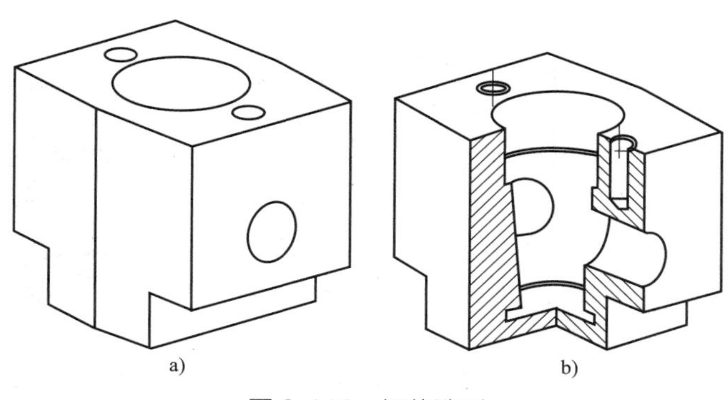

图 2-116　阀体造型
a）阀体外形　b）阀体内部结构

观看步骤 1）操作视频，请扫二维码 E2-17。

2）新建“dxf_asm.prt”。

3）装配“ft.prt”。要求：

◆ 装配的定位方式为“绝对原点”。

◆ 装配完成后，为阀体零件添加固定约束，如图 2-117 所示。

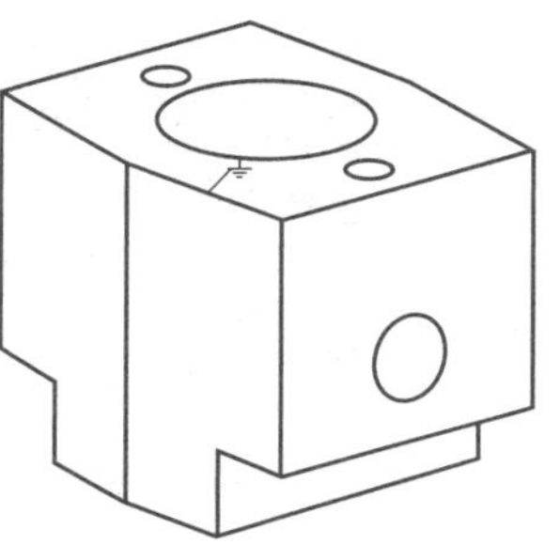

图 2-117　阀体的装配

4）新建组件阀杆、垫圈、填料、填料压盖和螺钉。要求：

◆ 使用“装配”工具栏“新建组件”工具按钮新建“fg.prt”，单位使用 mm，且组件 fg.prt 和 ft.prt 在装配中的级别相同，如图 2-118 所示。

◆ 按照相同的方法，创建“dq”“tl”“tlyg”和“ld01”四个零件，如图 2-119 所示。

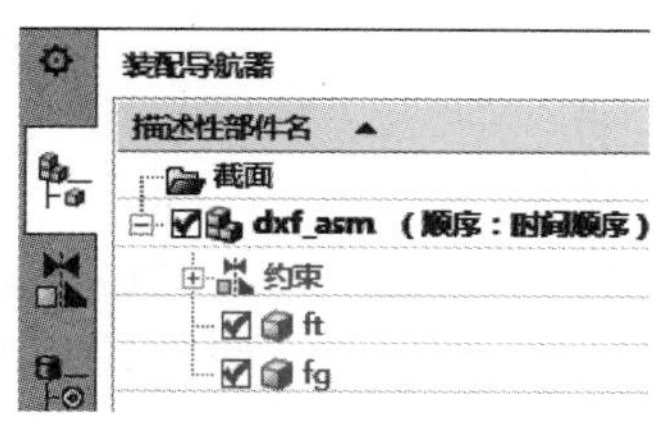

图 2-118　新建 fg 后装配导航器

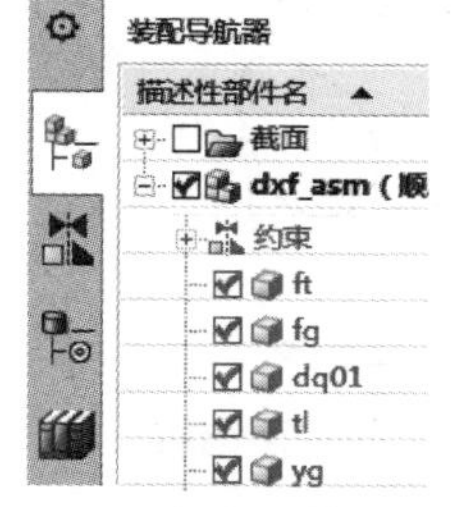

图 2-119　完成后装配导航器

观看步骤 2）～4）操作视频，请扫二维码 E2-18。

5）对组件阀杆“fg.prt”进行造型。要求：

◆ 将阀杆零件作为工作部件，此时装配导航器和图形区状态如图 2-120 所示。

◆ 使用“装配”工具栏“WAVE 几何连接器”工具按钮，链接如图 2-121 所示的锥面，部件导航器如图 2-122 所示。

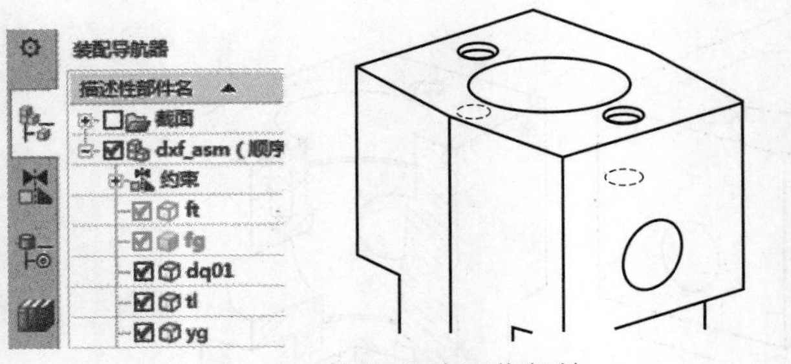

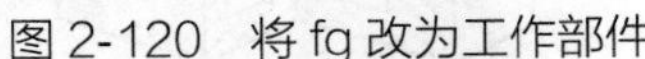
图 2-120　将 fg 改为工作部件

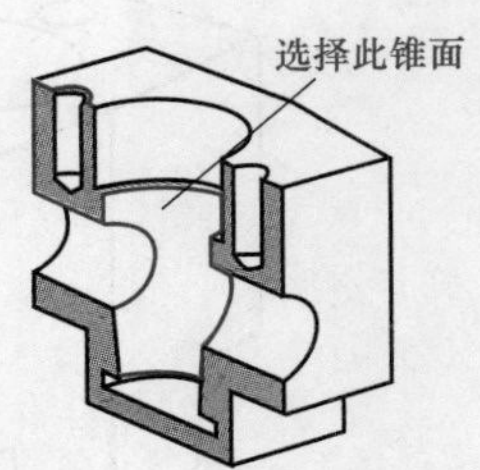

图 2-121　选择锥面

◆ 使用“装配导航器”将组件“fg.prt”设为显示部件，如图 2-123 所示。

◆ 创建圆柱体。参考尺寸为直径 20mm，高度 38mm，定位基准在锥面的下轮廓圆以下 1mm 处，结果如图 2-124 所示。

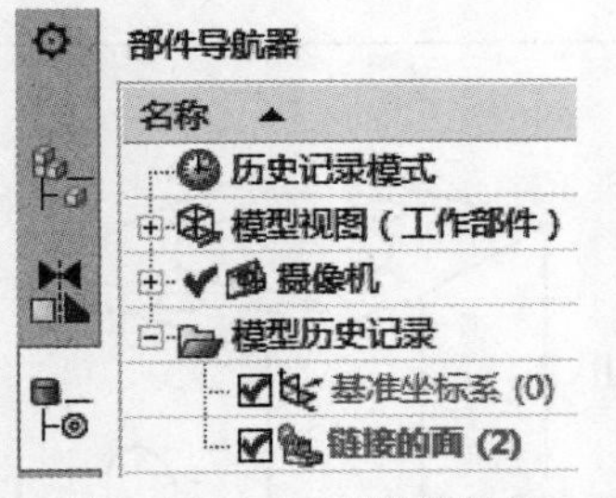

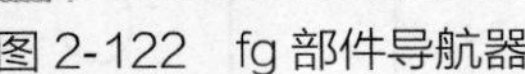
图 2-122　fg 部件导航器

图 2-123　设 fg 为显示部件

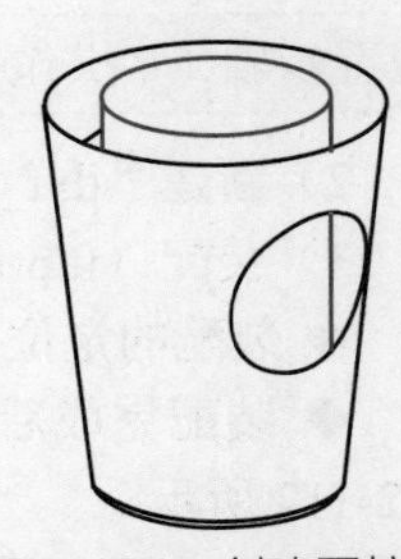

图 2-124　创建圆柱体

◆ 使用面替换工具按钮，用圆锥面替换圆柱体的圆柱面，如图 2-125 所示。

◆ 选择曲线做截面进行拉伸，如图 2-126 所示，拉伸高度为穿过圆锥体，如图 2-127 所示。

图 2-125　面替换结果

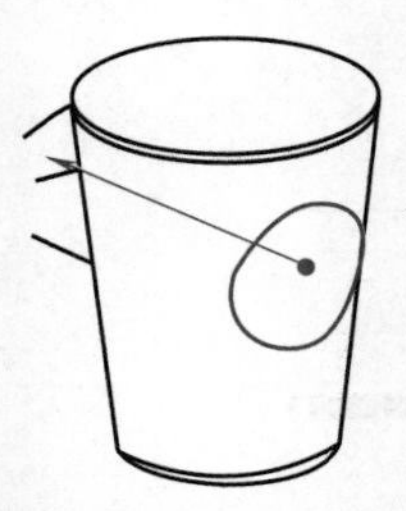

图 2-126　拉伸曲线

图 2-127　拉伸

◆ 使用裁剪体的方式做出锥体上的孔。裁剪完成后，将链接进来的曲面和拉伸曲面隐藏，如图 2-128 所示。

◆ 使用凸台工具按钮，圆柱凸台参考尺寸为直径 18mm，高度 80mm，定位到圆锥大端圆心，如图 2-129 所示。

◆ 使用拉伸工具创建阀杆和扳手配合面，截面尺寸如图 2-130 所示，拉伸参考高度尺寸为 20mm，布尔运算方式为求差，如图 2-131 所示。

◆ 使用“装配导航器”显示“fg”父项“dxf_asm”，并将“dxf_asm”改为工作部件，如图 2-132 所示。

图 2-128　裁剪后结果

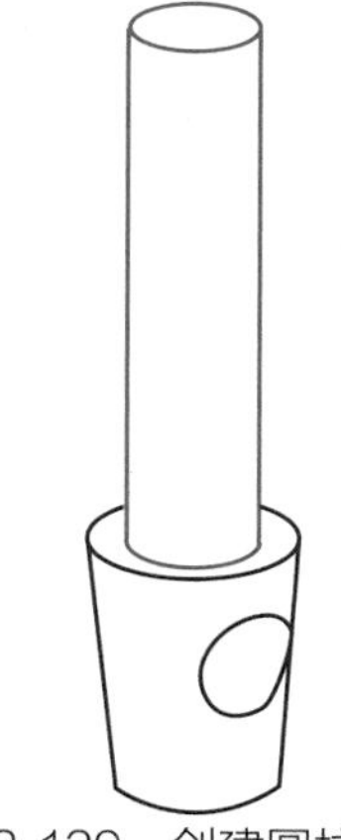

图 2-129　创建圆柱凸台

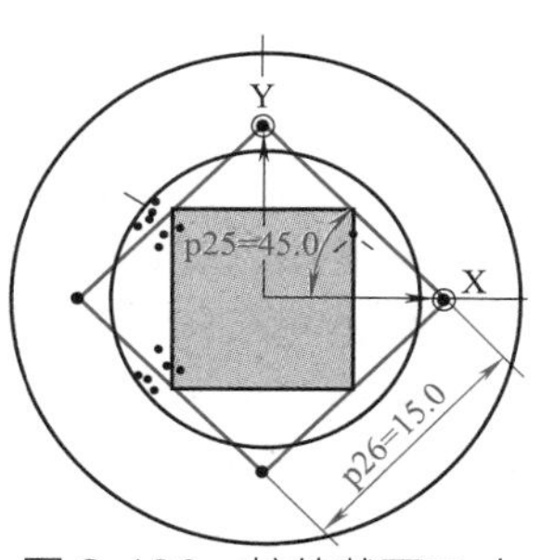

图 2-130　拉伸截面尺寸

◆ 将组件“fg.prt”的引用集改为“Model”，结果如图 2-133 所示。

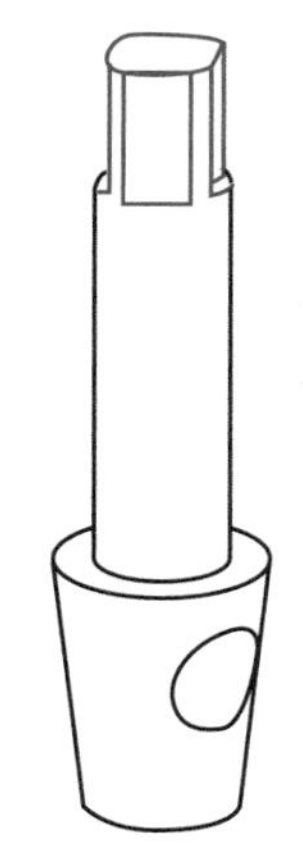

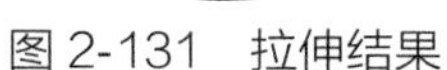

图 2-131　拉伸结果

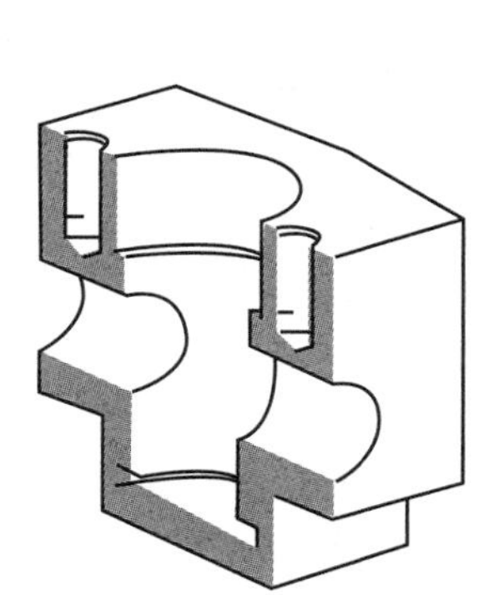

图 2-132　未改 fg 引用集前

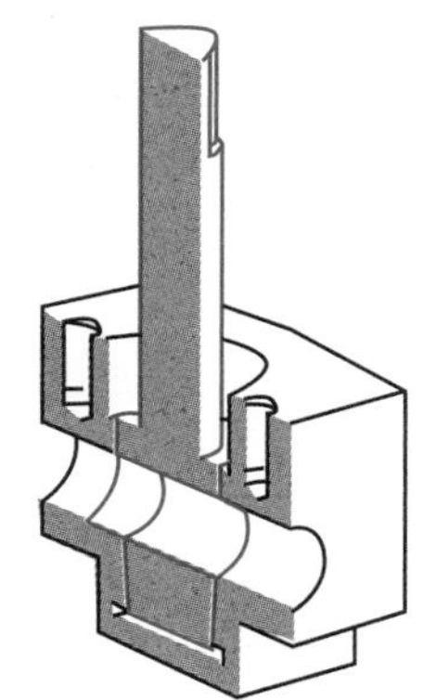

图 2-133　改变引用集后

E2-19

观看步骤 5）操作视频，请扫二维码 E2-19。

6）对组件垫圈“dq.prt”进行造型。要求：

◆ 将“dq”设为工作部件。

◆ 创建拉伸特征，以“fg.prt”椎体大端面为草图平面，如图 2-134a 所示。

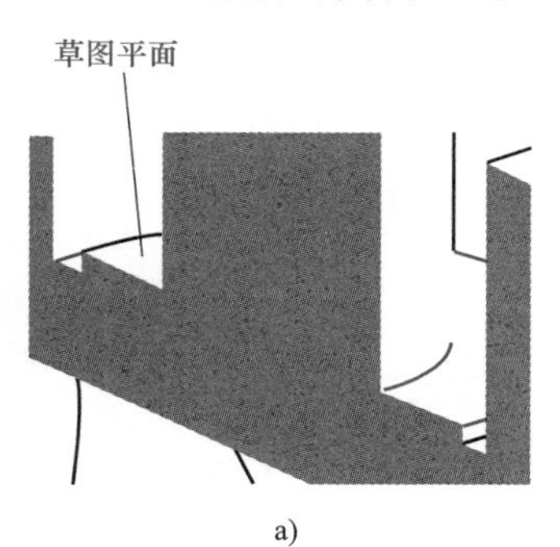

a)

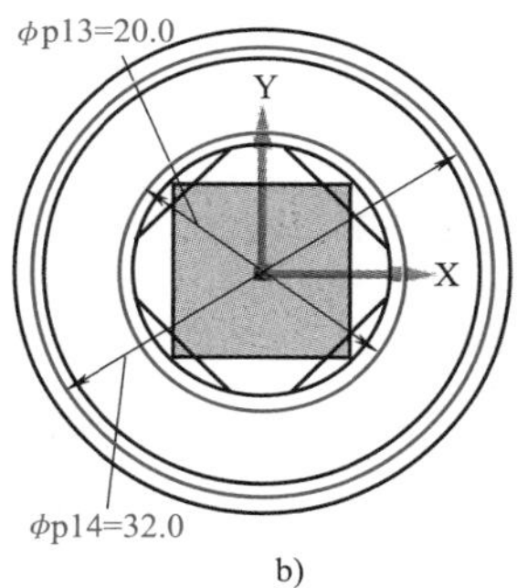

b)

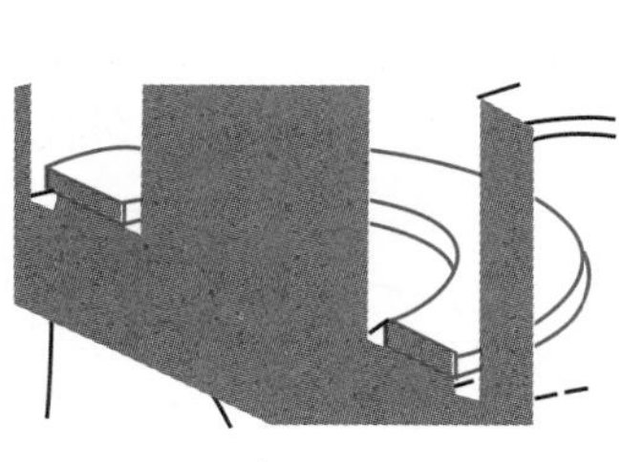

c)

图 2-134　垫圈拉伸

a）草图平面　b）拉伸参考草图　c）参考结果

◆ 草图截面如图2-134b所示，圆的直径分别为20mm和32mm。拉伸高度为2mm，如图2-134c所示。

◆ 造型完成后返回“dxf_asm.prt”，将组件“dq.prt”的引用集改为“Model”。

7）对填料“tl.prt”进行造型。要求：

◆ 将组件“tl”设为工作部件。

◆ 链接组件“dq”的上平面，如图2-135所示。

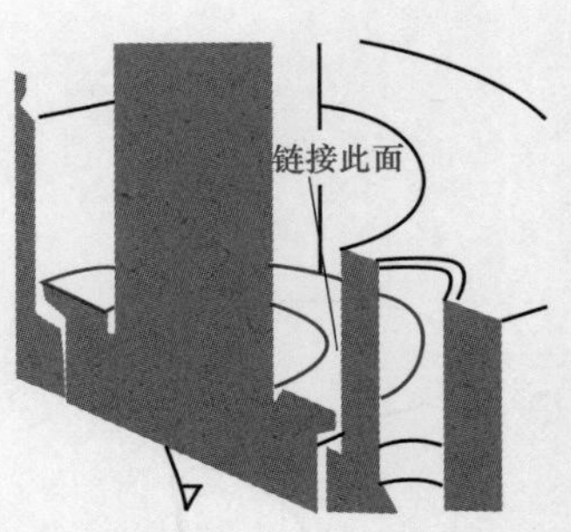

图2-135 链接上平面

◆ 选择Y-Z或X-Z平面创建草图，如图2-136a所示，创建旋转特征如图2-136b所示。

◆ 造型完成后返回“dxf_asm.prt”，将组件“tl.prt”的引用集改为“Model”。

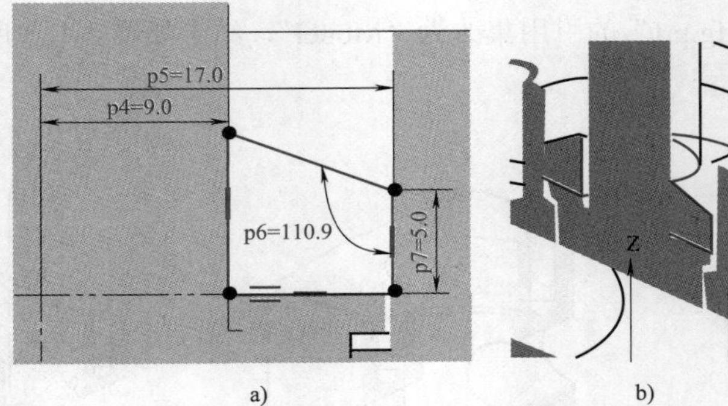

图2-136 创建旋转特征

a）旋转草图 b）旋转结果

8）对填料压盖“tlyg.prt”进行造型。要求：

◆ 将组件“tlyg”设为工作部件。

◆ 链接“ft.prt”的顶面和“tl.prt”的顶面，如图2-137所示。

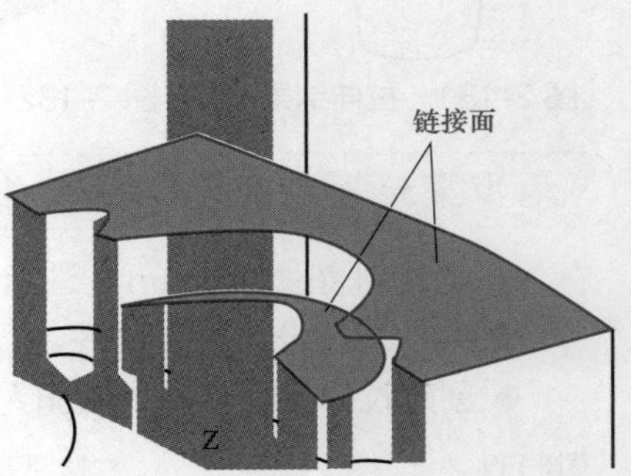

图2-137 链接面

◆ 将“ft”“fg”“dq”和“tl”隐藏，如图2-138所示。

◆ 创建拉伸特征，截面为“ft”顶面的面边界，拉伸高度参考值为：起始“1，终止9”，如图2-139所示。

思考：为什么拉伸的起始距离不为0？

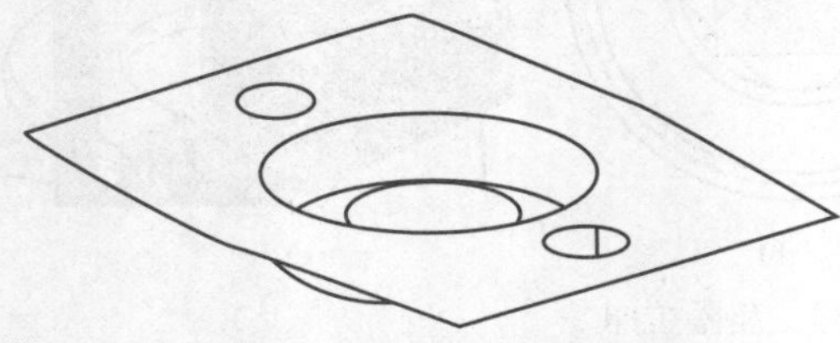

图2-138 隐藏其他组件

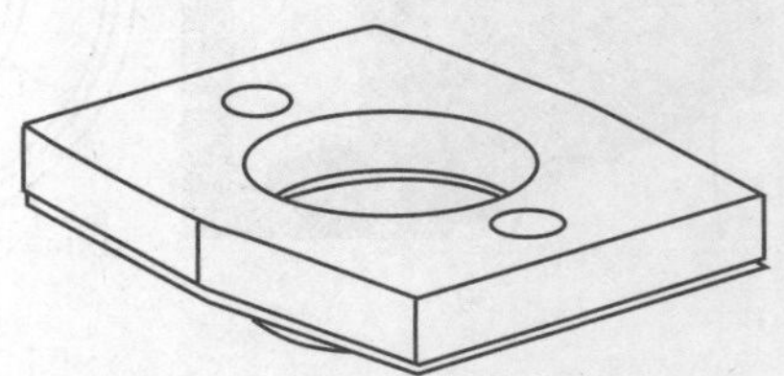

图2-139 拉伸盖板

◆ 使用“同步建模”工具栏中的“半径尺寸”，将螺钉过孔直径尺寸调整为 9mm。

◆ 拉伸内部凸台，如图 2-140a 所示。草图截面如图 2-140b 所示，拉伸到链接锥面，如图 2-140c 所示。

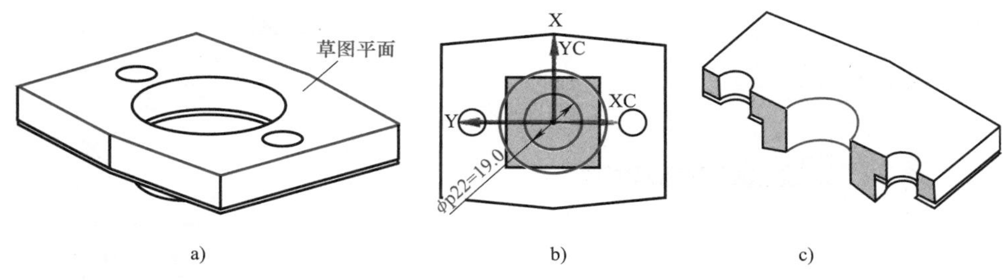

图 2-140 拉伸凸台

a）草图平面 b）草图 c）拉伸结果

◆ 将链接面移动到图层 12，结果如图 2-141 所示。

◆ 将“tlyg”的引用集改为 Model，“dxf_asm”改为工作部件，将其他零件显示出来，结果如图 2-142 所示。

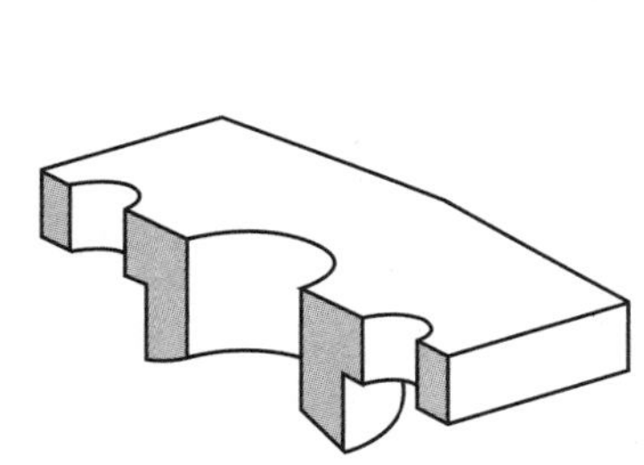

图 2-141 隐藏链接面后

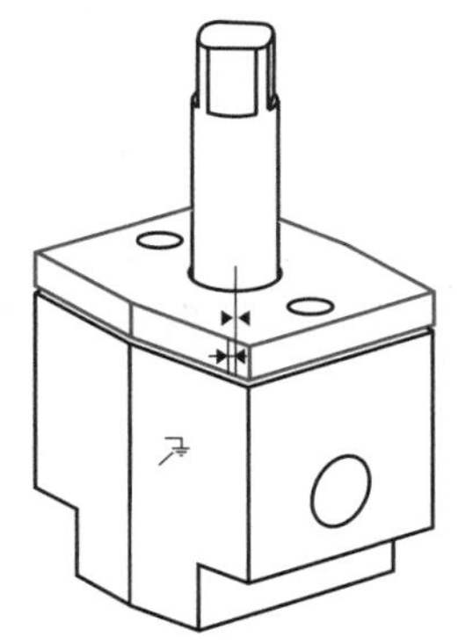

图 2-142 “tlyg”创建完成后结果

观看步骤 6）～8）操作视频，请扫二维码 E2-20。

E2-20

9）调用标准件螺钉。要求：

◆ 在资源板上找到重用库，选择重用库和重用库成员“Bolt，GB-T5781-2000”，如图 2-143 所示。

◆ 在“Bolt，GB-T5781-2000”上按住左键，将其拖动到绘图区，设置“添加可重用组件”对话框，如图 2-144 所示。

◆ 单击【确定】按钮，系统弹出“重新定义约束”对话框。在绘图区选择对象，如图 2-145 所示。装配螺钉，如图 2-146 所示。

◆ 相同方法调用第二个螺钉并装配，如图 2-147 所示。

◆ 装配后，将螺钉的文件名改为“lm m8×20”。

10）保存文件。

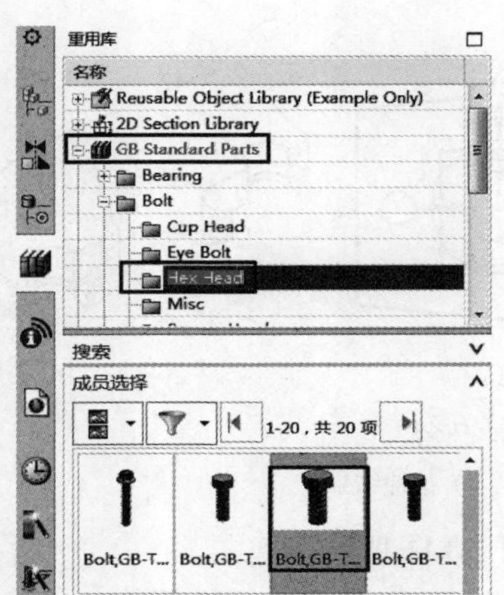

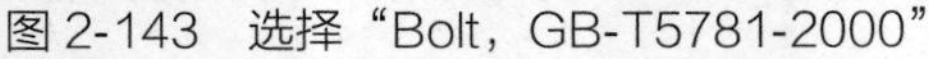
图 2-143　选择“Bolt，GB-T5781-2000”

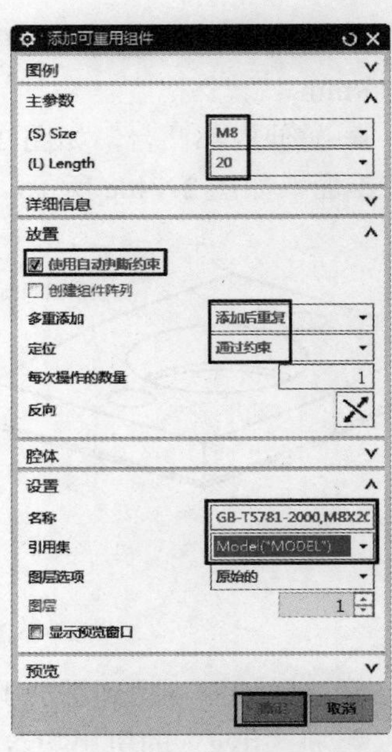

图 2-144　“添加可重用组件”对话框

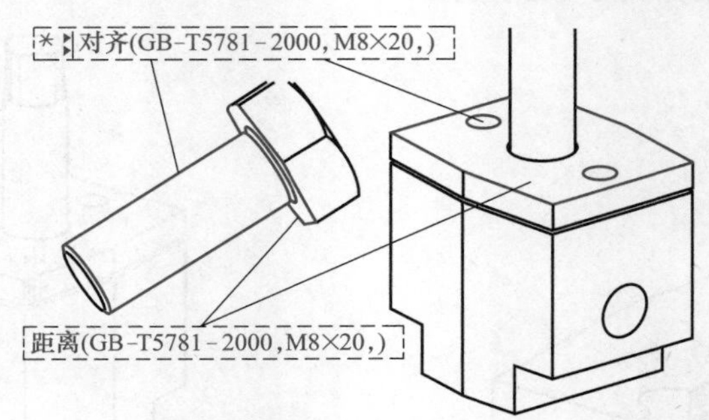

图 2-145　定义约束

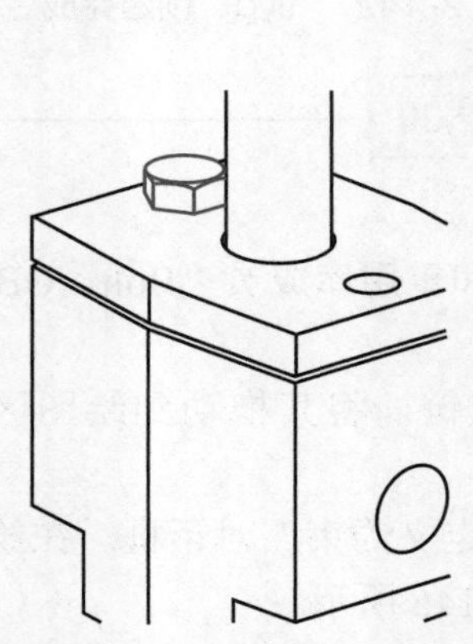
图 2-146　装配第一个螺钉

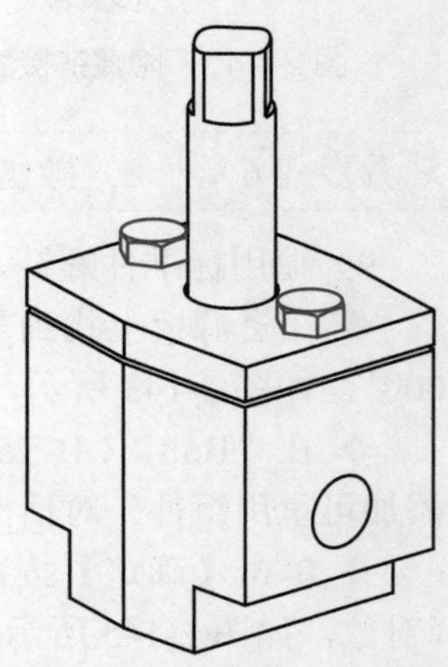
图 2-147　装配第二个螺钉

E2-21

观看步骤 9）～10）操作视频，请扫二维码 E2-21。

11）新建“dxf_asm”装配体的工程图文件“dxf_asm_dwg.prt”，模板选择“A4-装配无视图”。

12）在工程图上添加两个视图，如图 2-148 所示。

13）将主视图改为全剖视图，如图 2-149 所示。

14）编辑主视图剖面线和剖切状态，如图 2-150 所示。

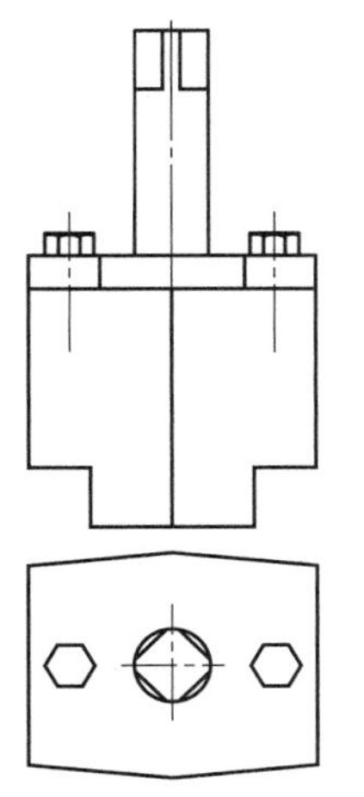
图 2-148 添加两个视图

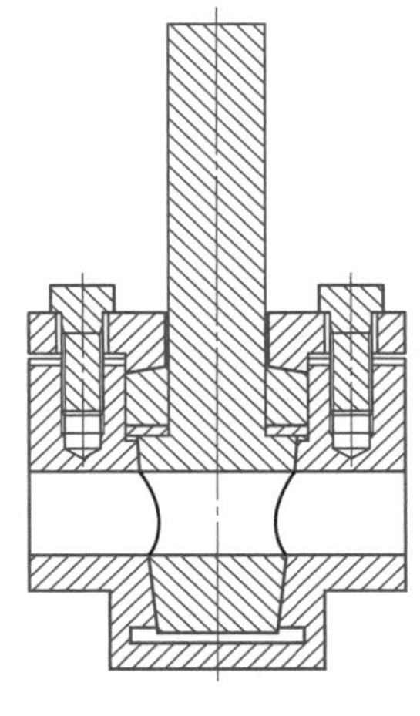
图 2-149 主视图变为剖视图

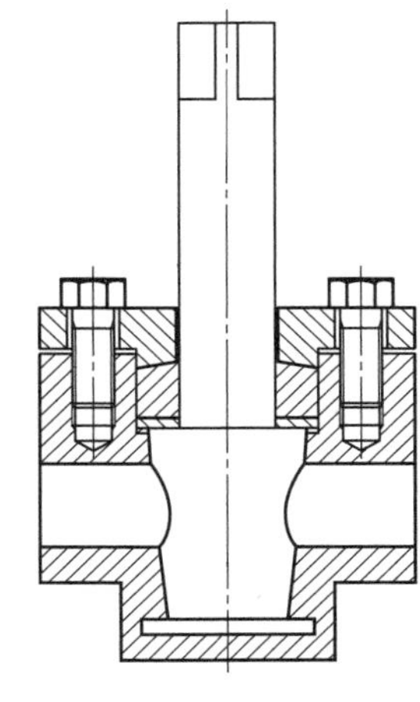
图 2-150 剖切状态编辑后的主视图

15）为每个组件添加零件名称（DB_PART_NAME）、零件代号（DB_PART_NO）和材料属性，见表 2-6。

表 2-6 组件材料及属性明细

组件	DB_PART_NAME	DB_PART_NO	材料
lm m8×20.prt	螺钉	M 8×20	Q235A
ft.prt	阀体	test.01	45
fg.prt	阀杆	test.05	45
dq.prt	垫圈	test.02	Q235A
tl.prt	填料	test.03	石棉
tlyg.prt	填料压盖	test.04	Q235A

16）为每个组件的属性 DB_PART_NAME（零件名称）和 DB_PART_NO（零件代号）赋值，属性值见表 2-6。

17）设置明细表和零件序号，如图 2-151 所示。

18）保存文件。

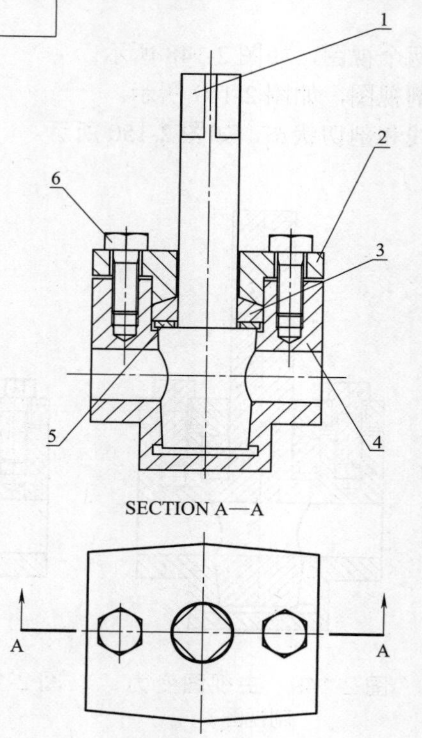

1
2
3
6
5
4

SECTION A—A

A
A

借通用件登记

描图

校描

旧底图总号

签字

日期

序号	代号	名称	数量	材料	单件	总计	备注
6	GB-T5781-2000, M8×20	六角头螺钉，全螺纹，C级	2	Q235A		0.0	
5	dq.prt	垫圈	1	Q235A		0.0	
4	ft.prt	阀体	1	45		0.0	
3	tl.prt	填料	1	石棉		0.0	
2	tlyg.prt	填料压盖	1	Q235A		0.0	
1	fg.prt	阀杆	1	45		0.0	
序号	代号	名称	数量	材料	重量		备注

标记	处数	更改文件号	签字	日期
设计				
校对				
审核				
批准				

图样标记	重量	比例
共 页		第 页

图 2-151 阀体装配工程图

E2-22

观看步骤 13）～ 18），请扫二维码 E2-22。

2.5.2 填写“课程任务报告”

课程任务报告

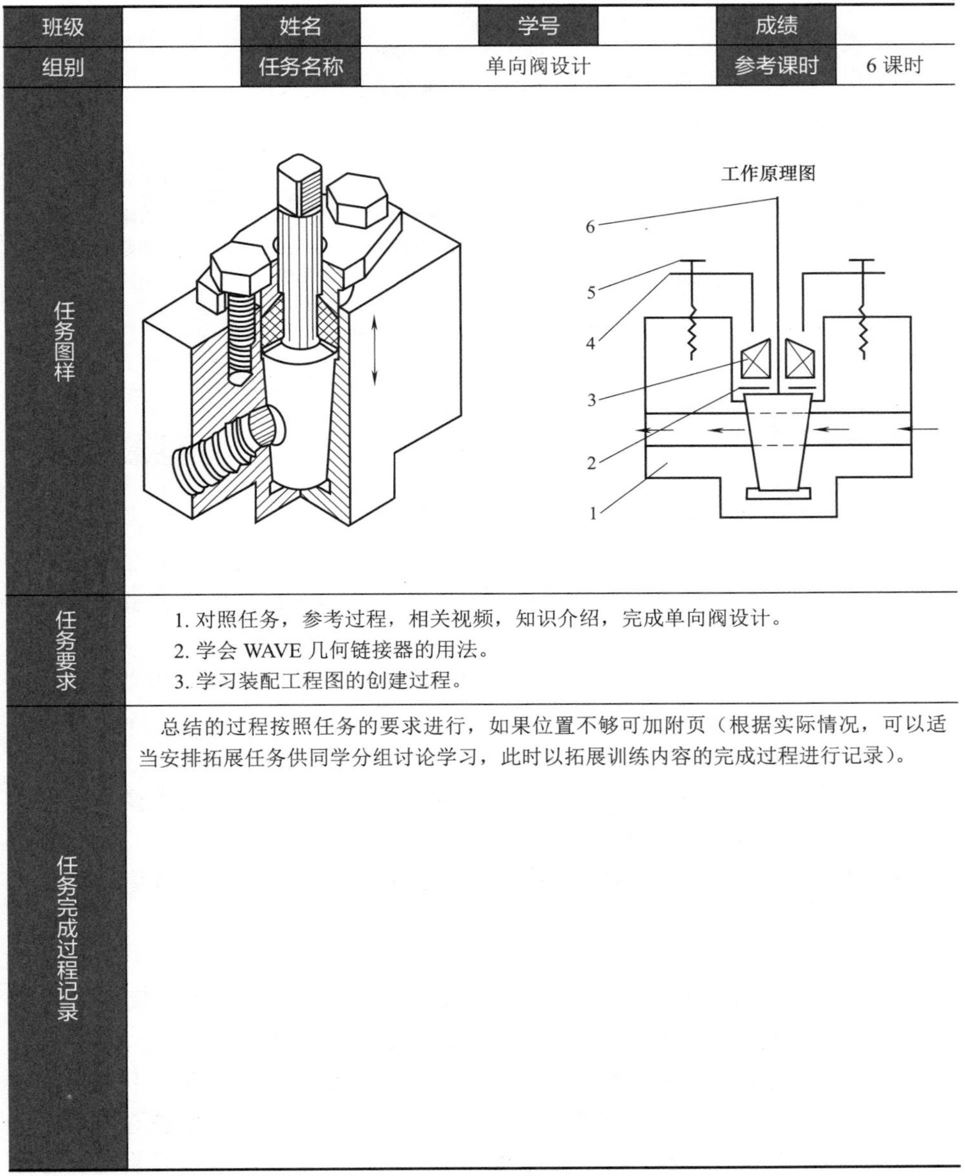

班级		姓名		学号		成绩	
组别		任务名称	单向阀设计			参考课时	6 课时
任务图样							
任务要求	1. 对照任务，参考过程，相关视频，知识介绍，完成单向阀设计。 2. 学会 WAVE 几何链接器的用法。 3. 学习装配工程图的创建过程。						
任务完成过程记录	总结的过程按照任务的要求进行，如果位置不够可加附页（根据实际情况，可以适当安排拓展任务供同学分组讨论学习，此时以拓展训练内容的完成过程进行记录）。						

2.5.3 知识学习——WAVE 几何链接器

WAVE 几何链接器提供了在工作部件中建立相关和不相关几何体的功能。如果建立相关几何体的功能，它必须被链接到同一装配中的其他部件。链接的几何体与它的父几何体相关，改变父几何体，在其他组件中的链接几何体会自动更新。

单击“装配”工具栏“WAVE几何链接器”工具按钮，系统弹出如图2-152所示“WAVE几何链接器”对话框。

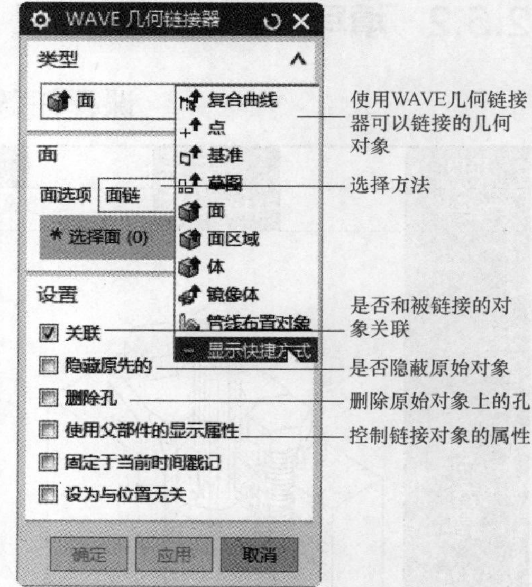

图 2-152 “WAVE几何链接器”对话框

1. 类型

使用WAVE几何链接器可以很方便地从其他组件中引用面、体、线和基准等对象，具体的控制可以通过类型下拉列表进行控制。

1）复合曲线：用于从其他组件中链接曲线或线串到工作部件中。

2）点：用于从其他组件链接点到工作部件中。

3）基准：从其他组件中链接基准平面到工作部件中。

4）草图：从其他组件中链接草图对象到工作部件中。

5）面：链接其他组件中的面到工作部件中，可以使用多种方法选择要链接的面，但一次只能选择一个组件中的面，如果有多个组件的面需要链接，则要链接多次。

6）面域：使用种子边界面的方法选择面域进行面的链接，和“面”链接法相似，不同之处在于选择方法。

7）体：链接几何体实体到工作部件中。

8）镜像体：将装配中的一个组件的特征相对于指定平面的镜像体链接到工作部件中。操作时，需要先选择特征，再选择镜像平面。

9）管线布置对象：用于从装配体的组件中链接一个或多个管道对象到工作部件中。

2. 设置

用于设置链接所产生的对象与原始对象之间的关系，对于不同的选择类型，设置的复选框内容也各不相同，下边解释共同的选项。

1）关联：选中此复选框，则链接的对象与原始对象相关联。不选中，链接的对象与原始对象就没有关联关系。一般情况下，这个复选框被选中。

2）隐藏原先的：选中这个复选框，产生链接对象后，原始对象会被隐藏掉，这个复选框一般不被选中。

3）使用父部件的显示属性：将父部件的显示属性复制到经链接产生的对象上。

4）固定于当前时间戳记：选中该复选框，表示链接产生的对象只与当前被链接对象的形状相关，不论以后被链接对象如何变化，链接体都不发生改变，一般不选中此复选框。

5）设为与位置无关：连接后的对象位置与原对象无关。

2.5.4 问题探讨

查找资料或进行组内讨论，学习“WAVE 几何链接”对话框“类型”选项的不同，对应的“设置”选项下出现的不同复选框的含义。

2.5.5 任务拓展

先识读图样。零件 1 的尺寸如图 2-153 所示，零件 1 的形状左右前后均对称。现需要设计一个零件 2 和零件 1 产生配合，已知条件如下：

1）零件 2 必须在已知的毛坯（尺寸见图 2-154）基础上进行切削加工。

2）要求零件 2 和零件 1 之间夹稳一个 ϕ20mm 的轴。在拧紧 M6 螺栓（尺寸见图 2-155）前，零件 2 和零件 1 之间不能有沿轴中心线方向的位移。

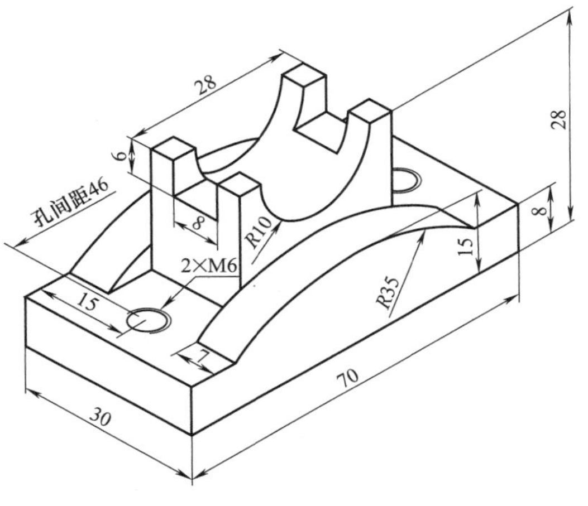

图 2-153 零件 1

3）零件 1 和零件 2 通过两个 M6 螺栓组合成一个装配体，共有 4 个零件构成。

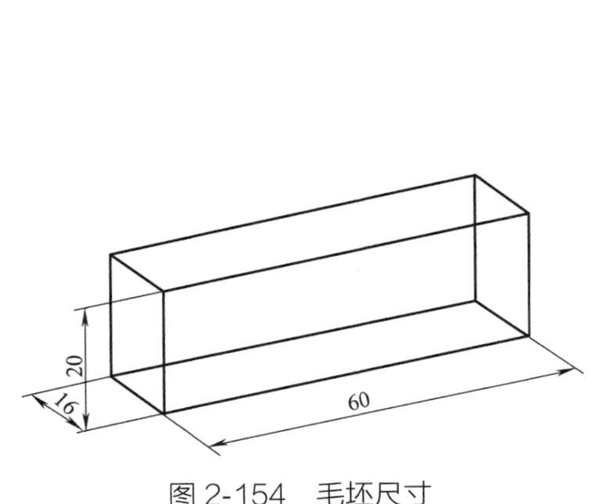

图 2-154 毛坯尺寸

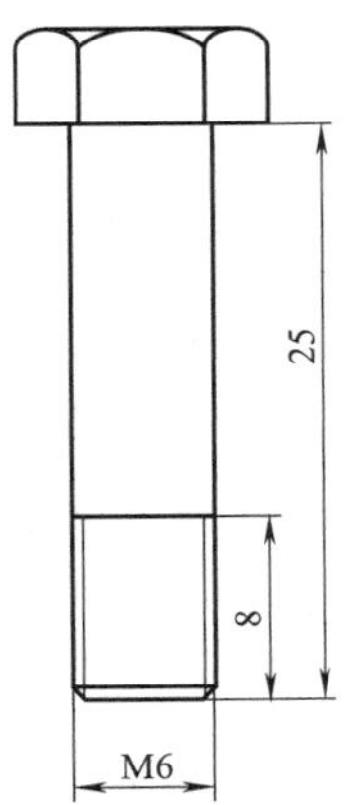

图 2-155 螺栓尺寸

要求：

1）完成零件 1 和零件 2 的实体建模造型。

2）完成三维装配模型，并生成装配体主视图。

PROJECT 3

项目三 平面加工

PROJECT 3

【项目描述】

在 UG NX 中拥有丰富的平面加工方法，这些加工方法在数控加工中应用非常广泛。本项目由平板加工、凸轮加工、十字槽加工和型腔孔加工四个任务组成。通过平面加工项目的学习，学生应掌握运用 UG NX 进行数控加工的基本方法和步骤，熟悉平面加工的常用加工方法和特点，能合理定义加工边界、安全平面、加工坐标系、加工几何和常用加工参数，能熟练使用工序导航器、加工过程仿真器、后置处理器，达到能够合理运用 UG NX 进行零件的平面、孔结构的粗、精加工的要求。

随着项目学习的深入，学生应建立分析模型加工工艺的思路，掌握产品数控加工自动编程的方法步骤，体会工艺分析过程与加工结果的内在关联性，使工艺方案设计能力和创新思维得到有效段炼，本项目以制造业产品零件的典型特征重构、简化为载体，将企业实际生产中的工艺要求与课程学习要求融合贯通，增强学生立志投身于先进制造业，将个人的成才梦有机融入中华民族伟大复兴的中国梦中。

任务 3.1 平板加工

知识点

◎ 工序导航器的作用。
◎ 加工几何的创建和编辑工具。
◎ 刀具的创建和编辑工具。
◎ 工序的创建工具。
◎ 加工的简单仿真过程工具。
◎ 后置处理。

技能点

◎ 会使用工序导航器，进行操作的仿真、编辑、后置处理及视图切换等。
◎ 能合理定义加工几何。
◎ 能合理选用并定义切削刀具。

任务描述

平板加工是加工的入门操作，通过对平板加工任务的实施，应熟悉加工界面和工序导航器，了解自动编程的基本步骤，建立学习自动编程的兴趣和基础。

加工要求

图3-1所示为平板零件，材料为硬铝，其外形尺寸为100mm×100mm×20mm，中部型腔尺寸为80mm×80mm×6mm，圆角 *R*15mm，要求加工零件的顶平面和矩形腔。

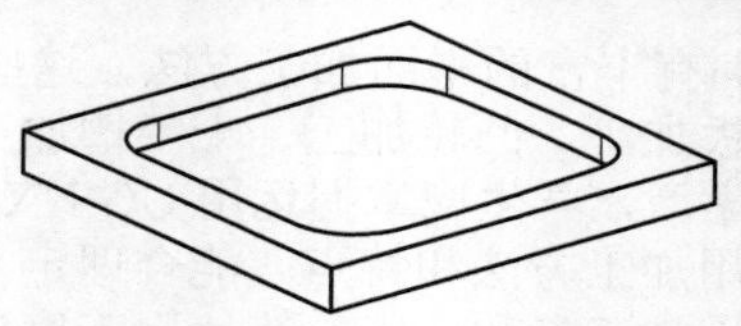

图 3-1 平板零件图

3.1.1 任务实施

1. 零件分析

平板零件结构简单，主要有以下特点：

◆ 极限尺寸为 100mm×100mm×20mm。

◆ 要求对零件的顶面和矩形型腔进行加工。

◆ 零件的精度较低。

◆ 矩形腔的圆角为 *R*15mm，最大深度为 6mm。

2. 零件工艺编排

◆ 采用飞刀，以“往复”走刀方式加工顶平面。

◆ 采用 ϕ12mm 棒铣刀，以“跟随部件”走刀方式加工腔体。

3. 操作步骤

（1）打开文件“planar_1.prt”并进入加工环境 使用菜单【启动】→【加工】，打开“加工环境”对话框，进行如图 3-2 所示的设置。单击【确定】按钮，完成加工初始化。

（2）加工设置 要求：

1）打开“工序导航器”。

2）创建程序组。

◆ 将“工序导航器”转入“程序顺序”视图，如图 3-3 所示。

◆ 创建程序组“MY_PROGRAM”，结果如图 3-4 所示。

3）创建刀具

◆ 将“工序导航器”转入“机床”视图，如图 3-5 所示。

◆ 从系统刀具库中调用刀具 ugt0201_018（直径 30mm）。

◆ 创建刀具 D12（直径 12mm，双刃，刃长 30mm，刀长 50mm），结果如图 3-6 所示。

4）创建加工方法

◆ 将“工序导航器”转入“加工方法”视图，如图 3-7 所示。

◆ 创建加工方法“MY_MILL_METHOD”。“铣削方法”对话框参数设置如图 3-8 所示。

图 3-2 “加工环境”对话框

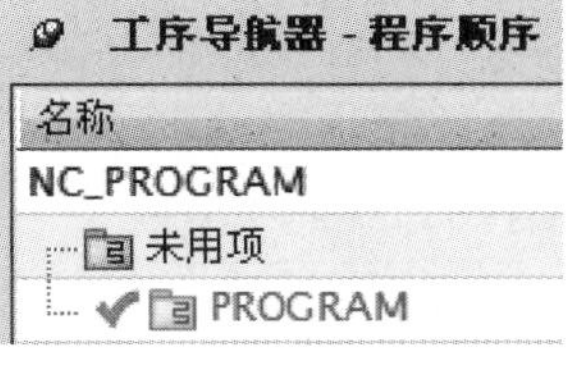
图 3-3 程序顺序视图

图 3-4 创建程序组“MY_PROGRAM”

图 3-5 机床视图

图 3-6 创建刀具 D12

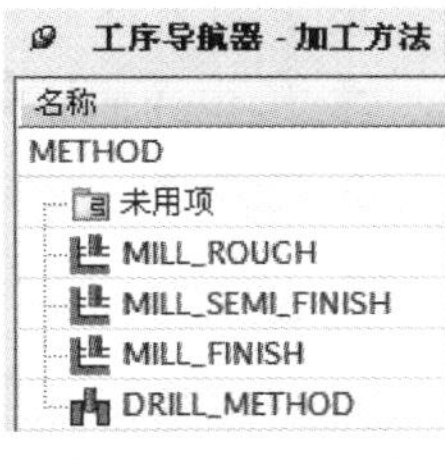
图 3-7 加工方法视图

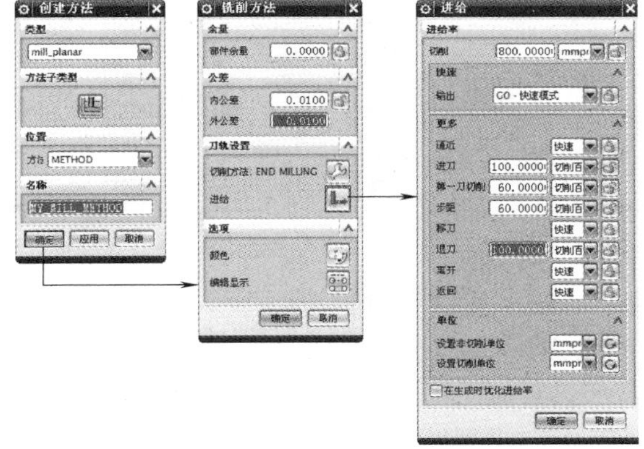
图 3-8 创建加工方法

◆ 结果如图 3-9 所示。

5）创建加工几何

◆ 将“工序导航器”转入“几何”视图。

◆ 设定工件坐标系（要求坐标原点在零件顶面中心上方 3mm 处，安全平面距离 X-Y 平面为 15mm），结果如图 3-10 所示。

图 3-9 创建方法后的加工方法视图

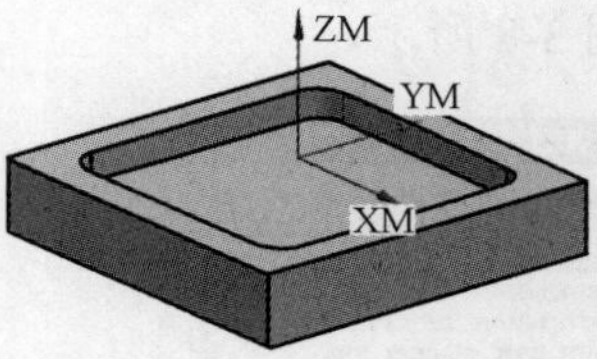

图 3-10 工件坐标系定义

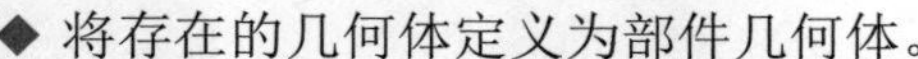
◆ 将存在的几何体定义为部件几何体。

◆ 使用“包容块”的方式定义毛坯，使得 ZM+ 余量为 3mm，如图 3-11 所示。

E3-1

观看步骤（2）操作视频，请扫二维码 E3-1。

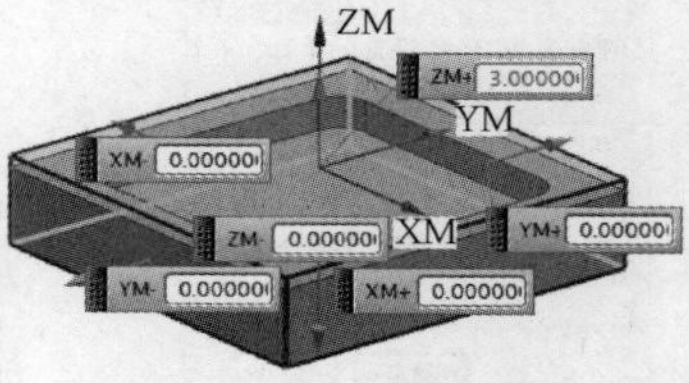

图 3-11 定义毛坯

（3）使用“面铣”创建顶面加工操作

1）打开“面铣”对话框

◆ 选择“创建操作”工具按钮，打开“创建工序”对话框，做如图 3-12 所示的设置。

◆ 单击【确定】按钮，进入“面铣”对话框，如图 3-13 所示。

图 3-12 “创建工序”对话框

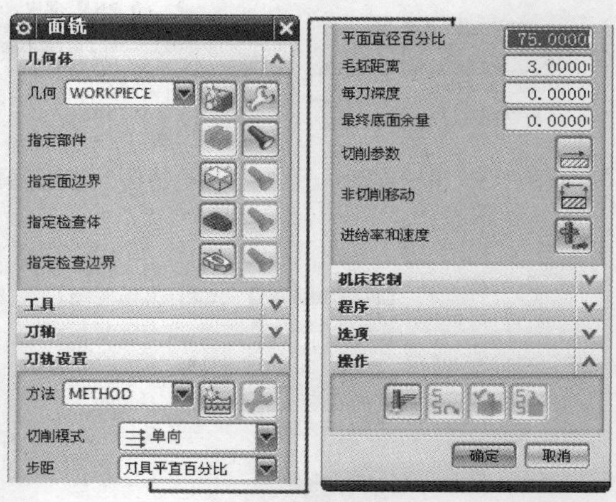

图 3-13 “面铣”对话框

2）定义面边界。在“面铣”对话框中单击“指定面边界”按钮，定义“面边界”，结果如图 3-14 所示。

3）将“切削模式”设置为“往复”。在“面铣”对话框中“切削模式”下拉列表中选择“往复”。

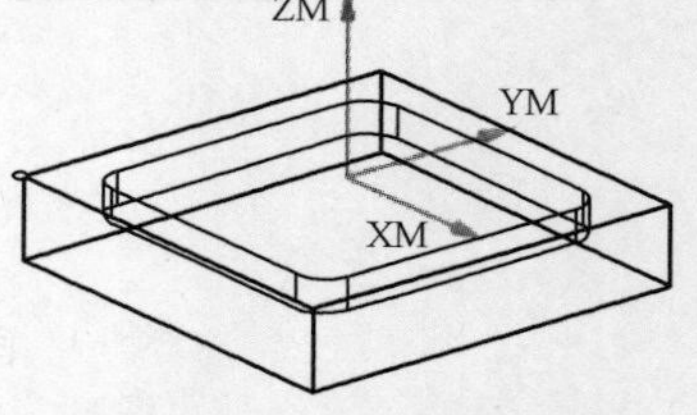

图 3-14 定义的面边界

4）生成刀具轨迹。在“面铣”对话框中单击“操作”选项组下的按钮，生成刀具轨迹，结果如图 3-15 所示。

5）仿真加工过程。

◆ 单击“操作”选项组下的按钮，进行加工的仿真，结果如图 3-16 所示。

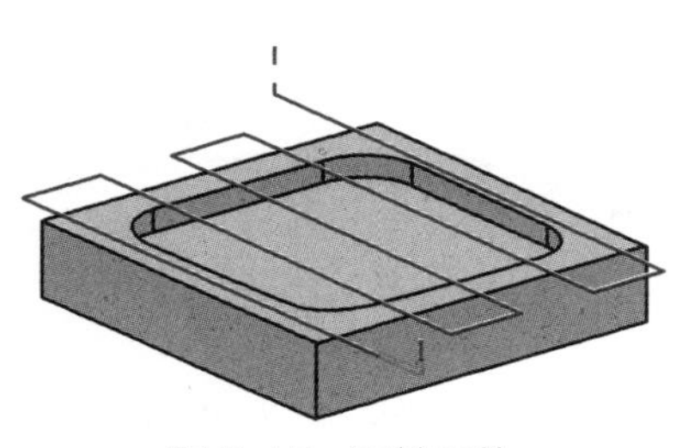

图 3-15 面铣刀轨

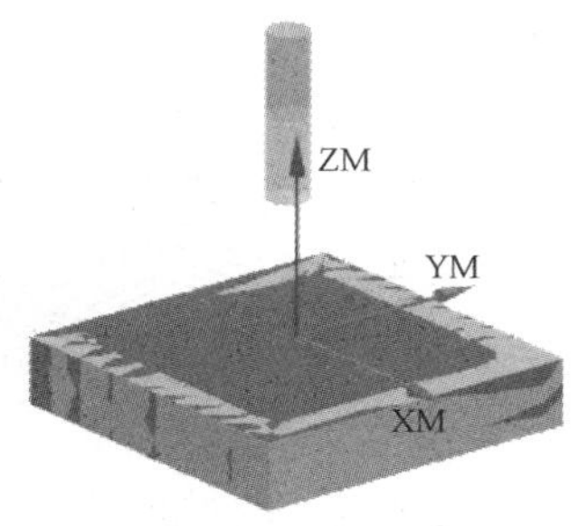

图 3-16 面铣仿真结果

◆ 退出仿真状态，完成“使用边界面铣削加工”操作的创建。

观看步骤（3）操作视频，请扫二维码 E3-2。

E3-2

（4）使用“平面铣”创建腔体加工的操作

1）打开“平面铣”对话框

◆ 选择工具按钮，打开“创建工序”对话框。“工序子类型”选择“平面铣”，“程序”父项选择“MY_PROGRAM”，“刀具”选择“D12（铣刀 -5 参数）”，“几何体”父项选择“WORKPIECE”，“方法”父项选择“MY_MILL_METHOD”。

◆ 单击【确定】按钮，系统弹出“平面铣”对话框。

2）定义部件边界。在“平面铣”对话框中选择“指定部件边界”按钮，定义部件边界，结果如图 3-17 所示。

3）指定平面铣底平面。在“平面铣”对话框中选择“指定底面”按钮，定义“平面铣”加工的底平面，结果如图 3-18 所示。

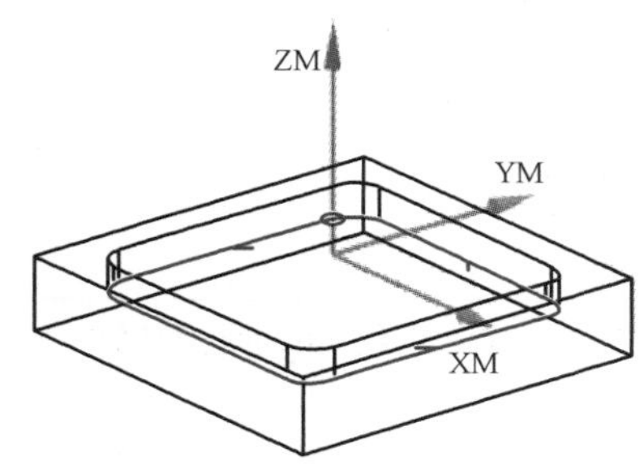

图 3-17 部件边界

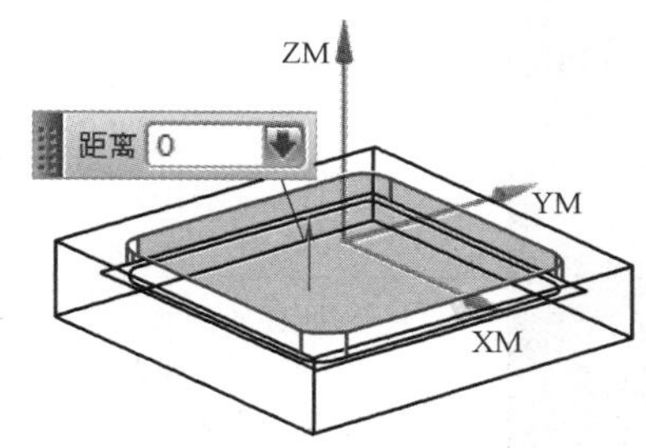

图 3-18 加工底平面

4）生成刀具轨迹，结果如图 3-19 所示。

5）腔体铣削操作加工仿真。仿真结果如图 3-20 所示。

6）退出仿真，完成“平面铣”操作的创建。

观看步骤（4）操作视频，请扫二维码 E3-3。

E3-3

（5）后置处理

1）在“工序导航器”中选择“FACE_MILLING”操作。

2）单击鼠标右键，选择右键菜单“后处理”（也可以直接选择“操作”

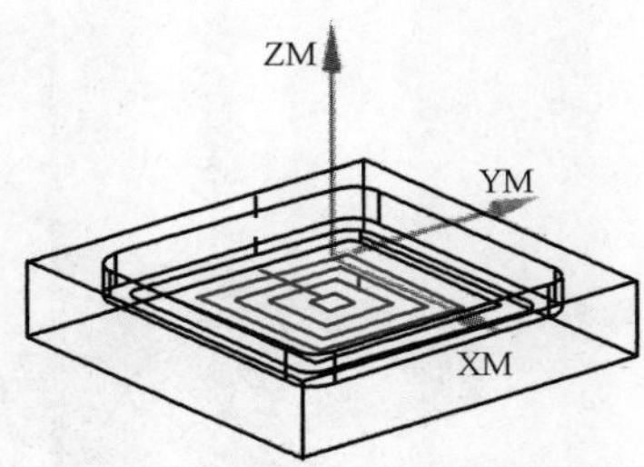

图 3-19　腔体加工的刀具轨迹

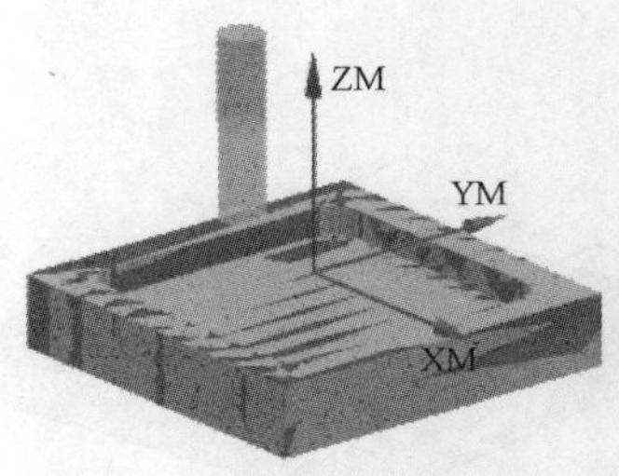

图 3-20　腔体加工仿真结果

工具栏“后处理”工具按钮），打开“后处理”对话框。

3）在后处理下拉列表中选择“mill_3_axis”后处理器后，单击【确定】按钮，系统在弹出的“信息”对话框中显示被选中的操作经过后处理得到的 G 代码，如图 3-21 所示。

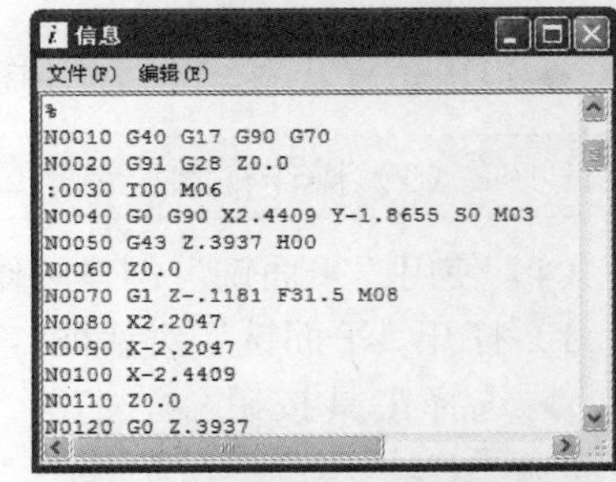

图 3-21　后处理得到的 G 代码

（6）保存文件

3.1.2　填写“课程任务报告”

课程任务报告

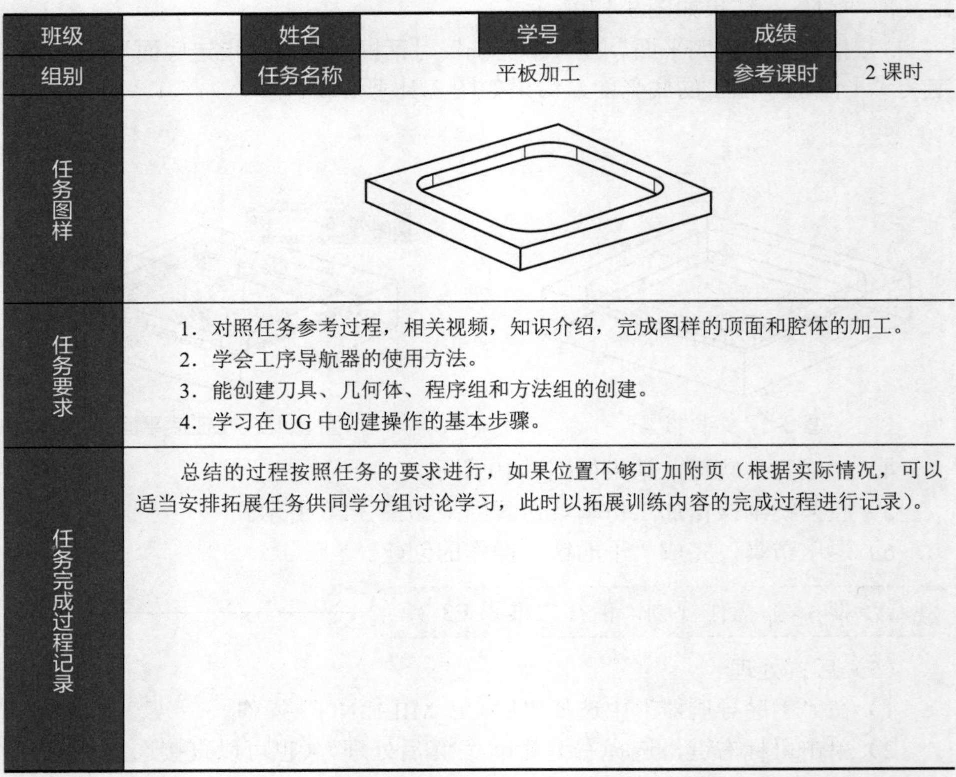

班级		姓名		学号		成绩	
组别		任务名称		平板加工		参考课时	2 课时
任务图样							
任务要求	1．对照任务参考过程，相关视频，知识介绍，完成图样的顶面和腔体的加工。 2．学会工序导航器的使用方法。 3．能创建刀具、几何体、程序组和方法组的创建。 4．学习在 UG 中创建操作的基本步骤。						
任务完成过程记录	总结的过程按照任务的要求进行，如果位置不够可加附页（根据实际情况，可以适当安排拓展任务供同学分组讨论学习，此时以拓展训练内容的完成过程进行记录）。						

3.1.3 知识点学习

3.1.3.1 初始化、加工工具条介绍

通过介绍NX的加工应用模块的入门基础知识，学生应熟悉应用NX进行数控编程的加工流程，学会加工环境的初始化，掌握各种加工对象的创建和利用工序导航器管理各种加工对象，对NX CAM数控编程具有初步了解，为后续内容的学习打下基础。

1. 加工环境的进入

1）进入加工环境的方法有两个：

◆ 选择“标准”工具条中“开始”下拉菜单中的【加工】菜单选项。

◆ 按下快捷键“Ctrl+N”。

如果当前文件是第一次进入加工环境，则此时系统弹出如图3-22所示的“加工环境”对话框。

图3-22 “加工环境“对话框

2）CAM会话配置。在“加工环境”对话框中，“CAM会话配置”选项列表用来定义可用的加工处理器、刀具库、后处理器以及应用于某些特定场合（如模具加工、机械加工等）的高级参数。通常情况下选择“cam_general”选项。

选择不同的CAM会话配置，“要创建的CAM设置”列表中将列出相应可用的CAM设置。一个部件只能存在一种CAM会话配置，当要切换到另一种CAM会话配置时，可以从主菜单选择【工具】→【工序导航器】→【删除设置】，此时系统将弹出“设置删除确认”对话框。如果单击【确定】按钮，系统将删除当前配置下所生成的所有加工对象，同时重新弹出“加工环境”对话框。

3）“要创建的CAM设置”：用于客户化操作界面，指定机床类型、切削刀具、几何体、加工方法和操作顺序等加工设置。不同的CAM设置，允许生成的加工对象（如操作类型）也会不同。系统允许从一个CAM设置切换到另一个CAM设置，但不会删除原先所生成的加工对象。

4）加工环境的初始化。在“加工环境”对话框中，先在“CAM会话配置”列表中选择一种配置，然后在“要创建的CAM设置”中选择一个设置（通常称为模板），最后单击【确定】按钮，系统就会开始加工环境的初始化。当初始化完成后，就进入到了加工主界面，如图3-23所示，用户就可以创建和管理加工对象了。

2. 加工主界面

加工主界面和三维建模的界面有很多相同的组成部分，这里只介绍不同的部分：工序导航器、加工常用的工具栏。

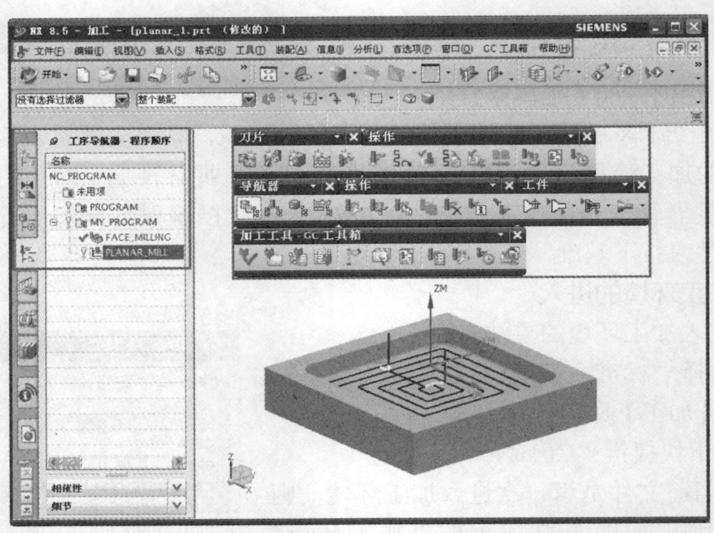

图3-23　加工主界面

（1）工序导航器　当进入UG NX的加工环境后，资源条里会出现工序导航器。工序导航器在零件的自动编程过程中使用非常频繁，很多操作都可以通过工序导航器完成。

工序导航器有四个视图，分别为程序顺序视图、机床视图、几何视图和加工方法视图。每个视图中都显示操作与不同父级组之间的特征关系，但每次只能显示四个视图中的一个视图，但可以从一个视图切换到另一个视图，方便用户灵活地对操作各参数进行编辑。

（2）工具栏　当进入加工环境后，系统将激活加工常用工具栏，如图3-24所示。常用的有“插入”“工件”“导航器”“操作1”“操作2”五个工具栏，并在主菜单中的“插入”“工具”“信息”下拉菜单中增加了多个与加工相关的菜单选项。用户可以很方便地通过这些工具栏和菜单进行加工的相关操作。下面仅对这些常用的工具栏进行简单地介绍。

1）“插入”工具栏：如图3-24a所示，用于创建各类加工对象，包括创建程序（）、创建刀具（）、创建几何体（）、创建方法（）和创建操作（）。

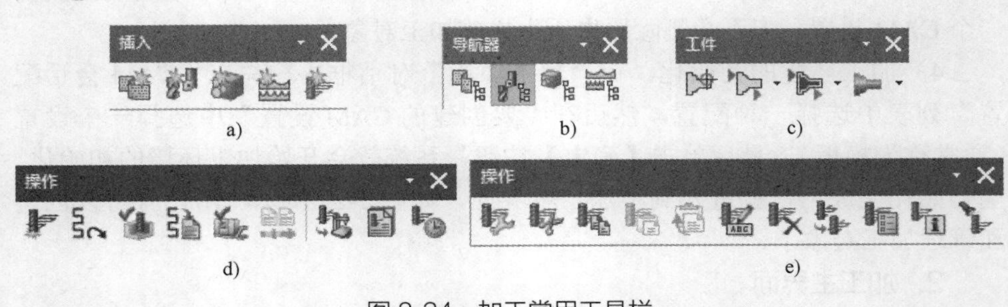

图3-24　加工常用工具栏

a）“插入”工具栏　b）“导航器”工具栏　c）“工件”工具栏

d）“操作”工具栏1　e）“操作”工具栏2

2）“导航器”工具栏：“导航器”工具栏如图 3-24b 所示，用于控制工序导航工具是否显示，以及在工序导航工具中的显示内容等，如程序顺序视图（）、机床视图（）、几何视图（）和加工方法视图（）等。

3）“工件”工具栏：如图 3-24c 所示，用于对加工工件的显示进行设置，在该工具栏中提供了多种显示模式，通过该工具栏可以方便地切换工件的显示状态。

4）“操作”工具栏：如图 3-24d 和 e 所示，“操作 1”工具栏有刀轨生成（）、重播刀轨（）、确认刀轨（）、列出刀轨（）、机床仿真（）、同步（）、后处理（）、车间文档（）、批处理（）和进给率（）等工具按钮；“操作 2”工具栏有刀轨编辑（）、刀轨剪贴板操作（）、刀轨重命名（）、删除对象（）和变换对象（）等工具按钮。

3.1.3.2 工序导航器

通过“工序导航器”能够管理当前部件的所有操作和参数，能够指定在操作间共享的参数组，可以对操作或组进行复制、剪切、粘贴和删除等操作。

进入加工环境后，工序导航器在加工界面的“资源条”里，单击“资源条”的按钮，可以打开工序导航器，如图 3-25 所示，它以树形结构显示程序、加工方法、几何对象、刀具等对象，以及它们的从属关系。最顶层的节点称为“父节点”，“父节点”下的节点称为“子节点”，“子节点”的参数数据继承它的“父节点”的参数数据。

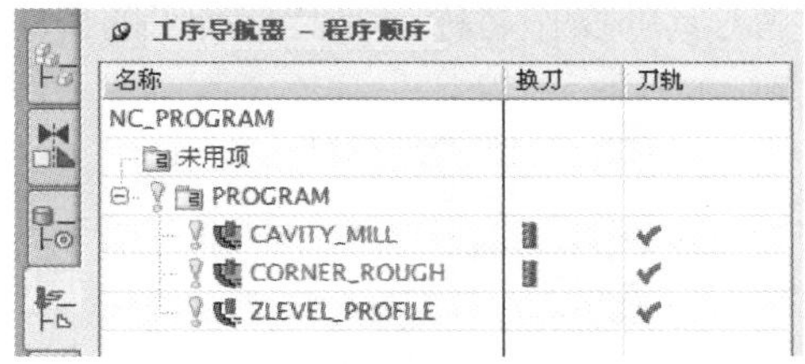

图 3-25 工序导航器

单击导航器中各节点前的展开符号（+）或折叠符号（-），可以展开或折叠各节点包含的对象。

在工序导航器中，有 4 个不同的视图显示：程序顺序视图、机床视图、几何体视图和加工方法视图，工序导航器是否显示视图及显示哪种视图，可以通过选择“工序导航器”工具栏中的按钮来控制，也可以通过“工序导航器”中的右键菜单进行切换。具体按钮说明见表 3-1。

表 3-1 工序导航器中的按钮说明

按 钮	功 能	包含的信息
	显示程序视图	管理操作，决定操作输出的顺序
	显示机床视图	加工刀具的参数
	显示几何视图	几何体数据，如部件、毛坯、安全平面等
	显示加工方法视图	加工参数，如进给速度、主轴转速和余量等

1. 工序导航器的视图状态

1）程序顺序视图。单击“程序视图”工具按钮，工序导航器切换为程序顺序视图。程序顺序视图按照刀具路径的执行顺序列出当前零件中的所有操作，显示每个操作所属的程序组和每个操作在机床上的执行顺序，如图3-26所示。各操作的排列顺序确定了后置处理的顺序、生成刀具位置和源文件的顺序。

使用程序顺序视图，可以对程序的顺序进行更改或检查，并且还有多个参数栏目，如换刀、路径和刀具等，用于显示每个操作的名称以及该操作的相关信息。

在程序顺序视图中，每个程序组代表一个可以独立的输出至后处理器，或CLSF的程序文件。

2）机床视图。单击“机床视图”工具按钮，工序导航器切换为机床视图。机床视图用于显示包含从刀具库中调出的，或者在部件中创建的，供部件使用的刀具的信息。当创建好部件的加工模型后，该视图将按照刀具来组织各个操作，如图3-27所示。其中列出了当前部件中存在的各种刀具以及使用这些刀具的操作名称，并显示所用的机床。

图3-26 “工序导航器 - 程序顺序”视图

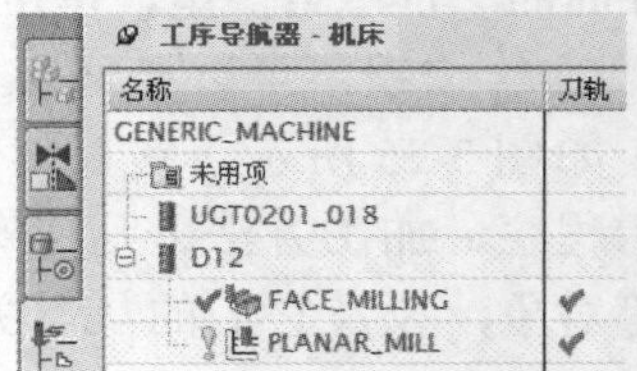

图3-27 “工序导航器 - 机床”视图

3）几何视图。单击“几何视图”工具按钮，工序导航器切换为几何视图。几何视图显示了当前零件中存在的几何体组和加工坐标系，以及使用这些几何体组和坐标系的操作名称。位于几何体组WORKPIECE和加工坐标系MCS_MILL节点下的CARITY_MILL、PLANAR_MILL和FIXED_CONTOUR 3个操作将继承他们的所有参数，如图3-28所示。

4）加工方法视图。单击“加工方法”视图工具按钮，工序导航器切换为加工方法视图。加工方法视图显示了当前零件中存在的加工方法（如粗加工、半精加工、精加工和钻孔等），以及使用这些方法的操作名称。用户可以根据加工过程中余量、切削速度、进给、切削模式的不同创建不同的加工方法。创建加工方法的好处是：在创建操作时可以直接使用此操作的父加工方法的切削参数，而在操作中不用重新设定，如图3-29所示。

注意：只有当“工序导航器”处于激活状态时，用户才能进行加工对象的创建、编辑和设置等工作；否则，各加工工具条中的按钮都处于灰显状态，不能进行任何工作。

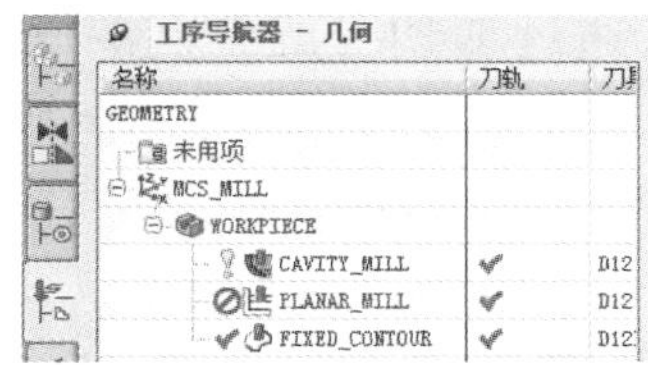

图 3-28 “工序导航器 - 几何”视图

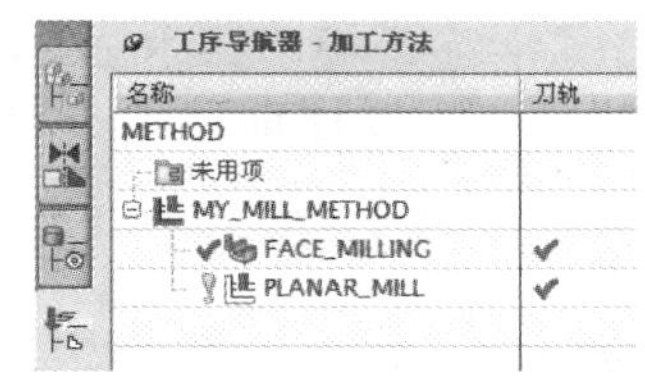

图 3-29 “工序导航器 - 加工方法”视图

2. 工序导航器中操作的状态

在工序导航器中，每个操作和程序组的名称前都有一个状态符号。这个状态符号有三种形式，具体含义见表 3-2。一般情况下，当更改了操作中的某些参数后，将使得操作的状态更改为“重新生成”。例如，如果刀具、几何体或切削参数发生了更改，就必须重新生成刀轨，以确保它的最新状态。但如果更改进给率、后处理命令或机床坐标系 MCS 的方位时，就不会改变操作的状态，此时不必重新生成刀轨，只要重新后处理刀轨即可。

表 3-2 状态符号说明

符　号	符号含义	说　明
✔	完成	表示此操作已经生成了刀轨，并且已经完成了后处理或输出 CLS，自那时起刀轨尚未被更改过
⊘	重新生成	表示操作的刀轨从未生成，或者是生成的刀轨已经过时。在工序导航器中，单击鼠标右键，选择菜单项【对象】→【更新列表】，系统弹出“信息”窗口，显示当前操作发生了哪些更改，以及是什么原因使刀轨处于“重新生成”状态
!	重新后处理	表示刀轨从未输出，或者是刀轨自上次输出以来已经更改并且上一次输出已经过时。在工序导航器中，单击鼠标右键，选择菜单项【对象】→【更新列表】，系统弹出“信息”窗口，可以查看发生了哪些更改，以及是什么原因导致了出现“重新后处理”状态

3. 参数继承关系

从工序导航器显示的内容可以看出，在加工应用中，用户不必为每个操作指定所有的参数，可以指定一组参数为共享参数供各个操作使用。

如图 3-29 所示，“FACE_MILLING”和“PLANAR_MILL”两个操作均使用了刀具 D12，在刀具 D12 创建过程中可以设置一些非切削移动参数，如图 3-30 所示，如果在这两个操作中没设定这些参数，则会继承刀具 D12 所设定的对应参数。

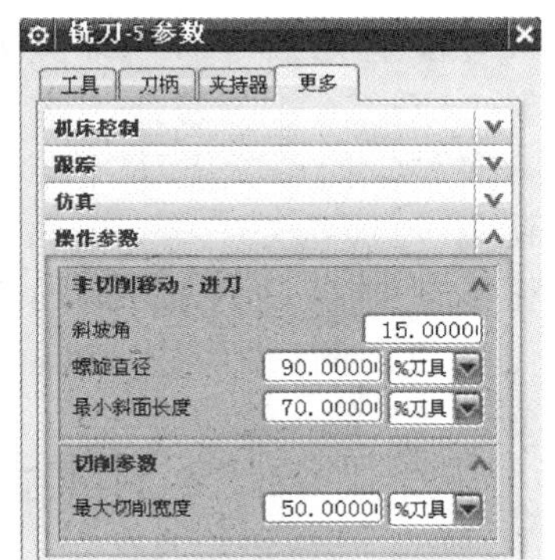

图 3-30 刀具设定的操作参数

组和操作根据它们在工序导航器中的相对位置的不同，其参数资料可以通过“组到组”或“组到操作”的传递来实现。在传递过程中参数被过滤或继承下来，如“子节点”的参数资料继承于“父节点”。

在工序导航器中，组和操作的位置可以通过剪切（或复制）与粘贴（或内粘贴）或是直接拖动来改变参数的继承关系。当某个组或操作被粘贴到某个组中时，则参数继承关系随之发生变化，将继承新组中的所有参数资料。

3.1.3.3 程序组、刀具、几何体、方法和操作的创建

使用“插入”工具栏中对应的工具按钮，可以快速地创建程序组、刀具、几何体、方法和操作，如图 3-31 所示。

1. 创建程序组

程序组是用来管理加工操作的一个有效工具。所创建的程序父项用于指定在输出 CLSF 文件或后处理时的操作执行顺序。做复杂的模型编程时，建议用户创建大量的程序组来管理操作，创建程序组的步骤如图 3-32 所示。

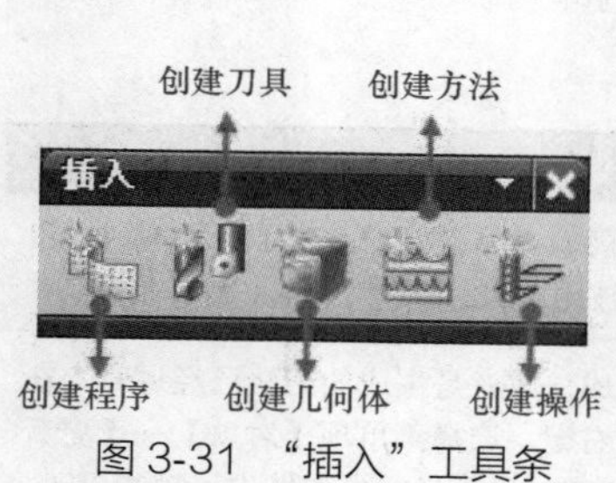

图 3-31 “插入”工具条

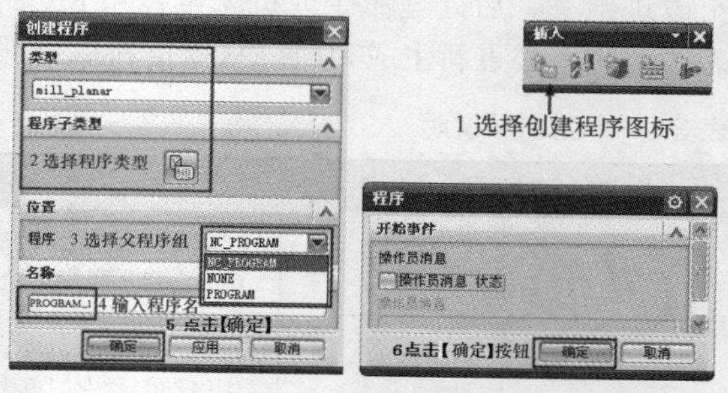

图 3-32 创建程序组

2. 创建刀具

在 UG NX 的加工环境中，刀具的创建方法有两种，即用户自定义刀具和从刀具库调用刀具，现分别介绍如下。

1）自定义刀具。当用户针对模型进行编程的时候，必须要有刀具才可以计算刀轨。UG CAM 中刀具的类型有多种，如“端铣刀”“球头铣刀”“面铣刀”等。下面以生成一把直径为 12mm 的平底铣刀为例，用图 3-33 说明创建刀具的步骤。

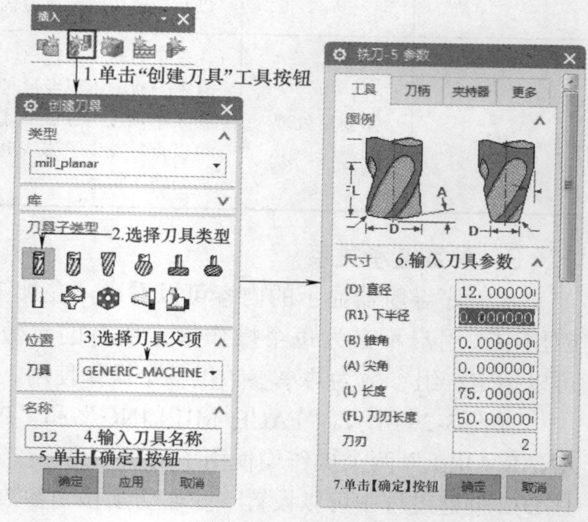

图 3-33 创建刀具

2）从刀具库中调用刀具。UG NX 已经为用户定制好了一个较为完善的刀具库，可供用户直接调用。下面用图 3-34 说明从刀具库中调用 ugt0201_004 刀具的具体步骤。

3. 创建几何体

几何体用于定义加工工件的形状、机床坐标系和安全平面等信息，确定

加工的范围。在创建操作的过程中，必然会用到创建加工坐标系和加工几何体。如果工件需要多个操作才能完成加工时，为了减少重复指定该几何形状的次数，可以提前创建一个加工几何体，供后续创建的多个操作共同使用。

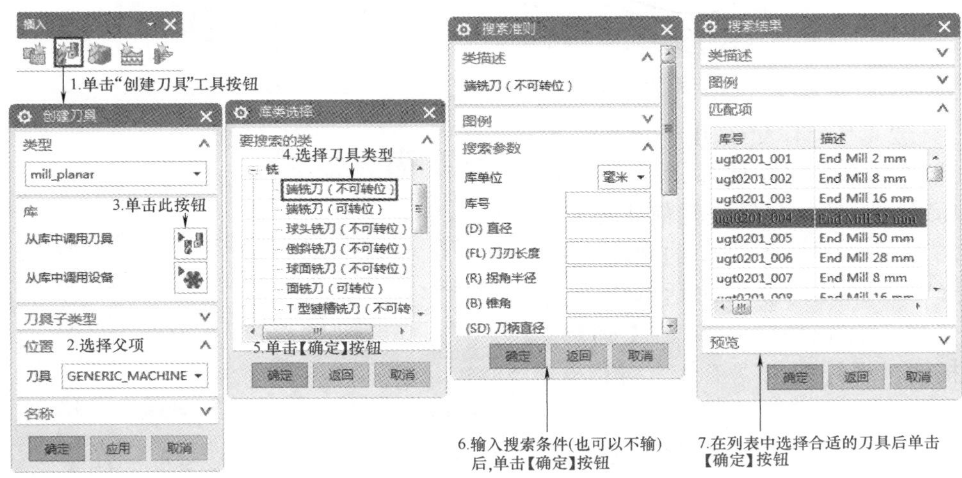

图 3-34　从刀具库中调用刀具

在“插入”工具条里单击“创建几何体”工具按钮，弹出“创建几何体”对话框，如图 3-35 所示。选择不同的类型设置，则几何体子类型也不同。

常用的几何体子类型有工件坐标系（）、几何体（）、区域（）、边界（）和文字（A）等。

1）工件坐标系：用于设置工件坐标系和安全平面等。选择“创建几何体”对话框中的按钮后，单击【确定】按钮，系统弹出“MCS”对话框，如图 3-36 所示。扫描二维码 E3-4，观看介绍将工件坐标系设置到如图 3-37 所示工件顶平面上方 3mm 的方法，结果如图 3-38 所示。

图 3-35　“创建几何体”对话框

图 3-36　“MCS”对话框

观看介绍创建工件坐标系，扫描二维码 E3-4。

E3-4

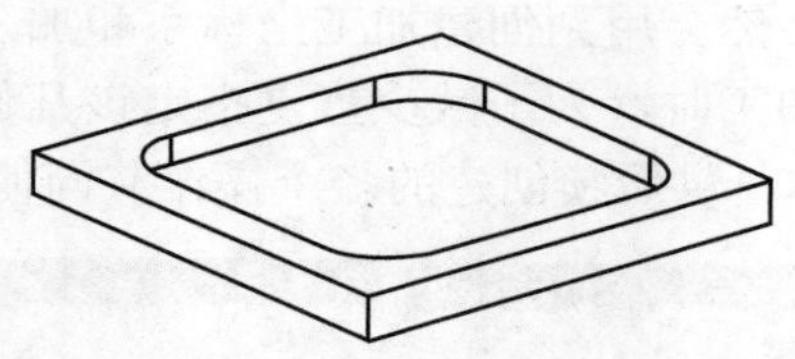

图 3-37　被加工部件

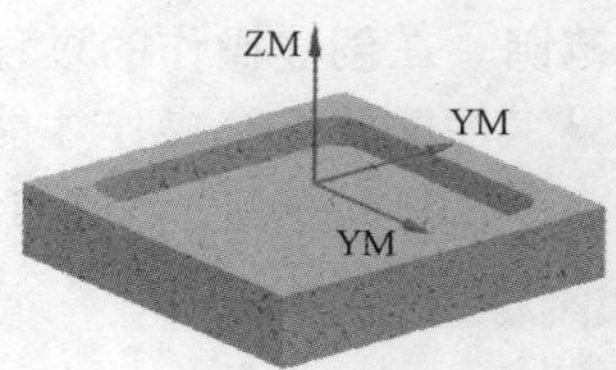

图 3-38　工件坐标系

2）几何体：用于定义毛坯几何体、部件几何体、检查几何体及它们的材料等。几何体是UG加工仿真时必不可少的要素。选择“创建几何体”对话框中“几何体”按钮后，单击【确定】按钮，系统弹出“工件”对话框，如图 3-39 所示。

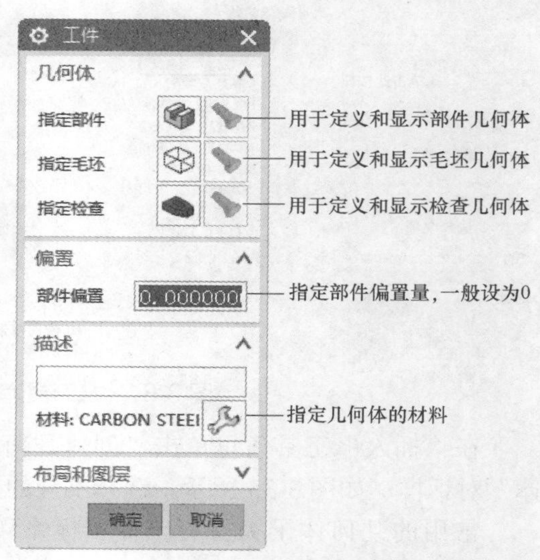

图 3-39　“工件”对话框

3）部件几何体。在“工件”对话框中单击“指定部件”按钮，系统弹出“部件几何体”对话框。部件几何体可以选择实体、片体和小平面体等多种对象，在一个部件几何体中可以包含多个对象。部件几何体用于确定经过加工后得到的最终零件形状。部件几何体是系统检查过切和欠切的基准。

4）毛坯几何体。在“工件”对话框中单击“指定毛坯”按钮，系统弹出“毛坯几何体”对话框，可定义工件加工以前的形状。毛坯几何体既可以通过与定义部件几何体相同的方法进行定义，也可以通过部件偏置、包容块、包容圆柱、部件轮廓以及部件凸包等简便方式进行定义。毛坯几何体是加工仿真中必不可少的要素。

5）检查几何体。为了加工安全，通过定义检查几何体进一步限制加工的范围，通常情况下用于形象地显示加工时夹具等辅助工具，防止加工时发生碰撞。简单零件一般不用定义。在“工件”对话框中单击“指定检查”按钮，系统弹出“检查几何体”对话框，可以使用与定义部件几何体相同的几何对象作为检查几何体。

6）区域：用于创建局部加工的范围（一般情况下不需要制订切削区域）。可以通过选择曲面区域、片体或面来定义切削区域。例如，在一些复杂的模具加工中，往往有很多区域的位置需要分开加工，此时定义切削区域就可以完成指定的区域位置做加工操作。

在定义切削区域的时候一定要注意：切削区域的每个成员都必须是部件几何体的子集。例如，如果将面选为切削区域，则必须将此面选为部件几何体，或此面属于已选为部件几何体的对象。如果将片体选为切削区域，则还必须将同一片体选为部件几何体。如果不指定切削区域，则系统会将整个已定义的“部件几何体”（不包括刀具无法接近的区域）作为切削区域。当定义了切削区域后，在“切削参数”选项卡里“延伸刀轨”选项就会起作用；否则，此选项不起作用。

7）边界：用于定义平面加工时的加工范围，或者加工时的裁剪边界，具体边界的类型和定义方法可参考任务 3.2 知识学习。

8）文字：用于定义文字加工时的加工路线。

9）孔和凸台特征加工：用于孔和凸台特征加工的几何体定义，详细介绍见后续孔加工任务。

在“工序导航器 - 几何”视图中可以看到在当前加工环境中已经定义的几何体，如图 3-40 所示。

注意：在刀轨中的刀具定位点位置都是基于机床坐标系（MCS）的，而在操作中输入的各项参数则是基于工作坐标系（WCS）的，系统会自动将这些参数转换为基于机床坐标系而输出。

4. 创建加工方法

加工方法允许设置部件余量、公差、进给和速度、刀轨显示等参数，这些参数可以向下传递给组或加工操作。随着 CAM 设置的不同，加工方法及其包含的参数也有所不同。一般情况下，用户可以直接利用默认的加工方法组进行组织各个操作，如遇特殊加工工艺要求，用户可以创建新的加工方法来组织操作。一般加工方法分为粗加工 (MILL_ROUGH)、半精加工 (MILL_SEMI_FINISH)、精加工 (MILL_FINISH) 和钻孔（DRILL_METHOD）四种类型，加工模板里默认了这几种加工方法组，通常都是使用默认的方法组，不需要再创建其他的加工方法组。在操作航行器加工方法视图里有默认的方法组，如图 3-41 所示。

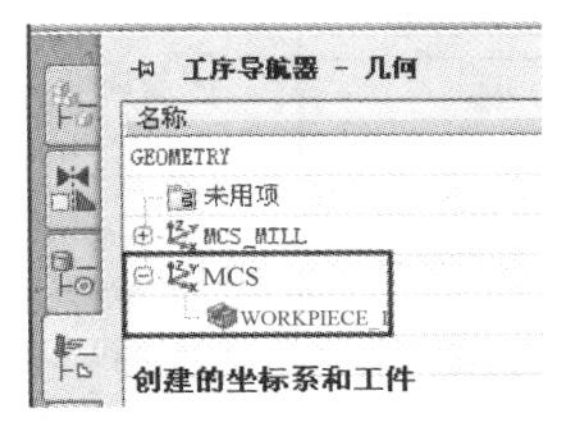

图 3-40　已经定义的几何体

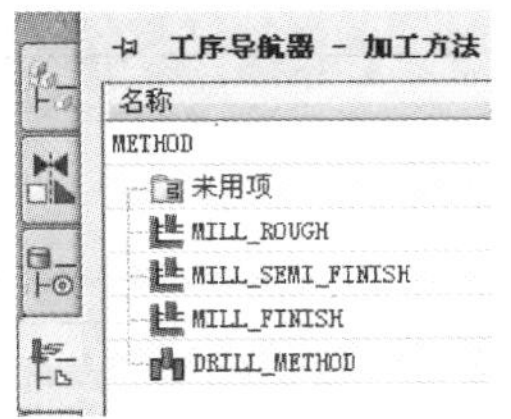

图 3-41　加工方法组

3.1.3.4　右键菜单

加工模块中，常用的加工功能既可以使用工具栏中的工具按钮进行调用，也可以使用下拉菜单，还可以使用工序导航器中的鼠标右键菜单来操作，而有些功能则仅能使用鼠标右键菜单来操作。

在工序导航器中，在不同的位置单击鼠标右键弹出的快捷菜单不完全相同。图 3-42 所示为选中操作对象时的右键菜单（选中不同的对象，右键菜单会略有不同）。图 3-43 所示为没选中操作对象时的右键菜单。

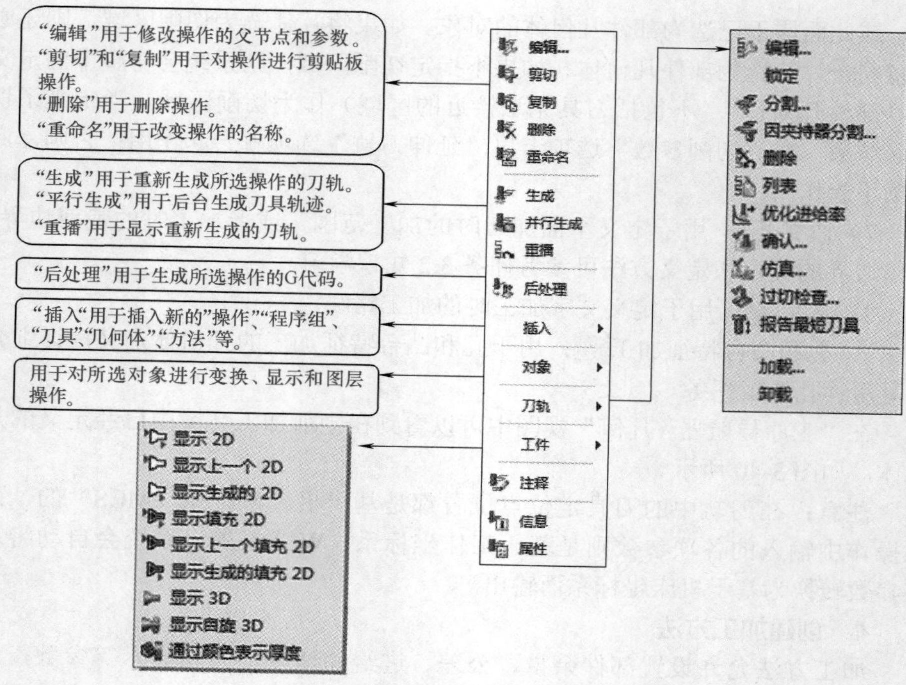

图 3-42　选中操作对象时的右键菜单

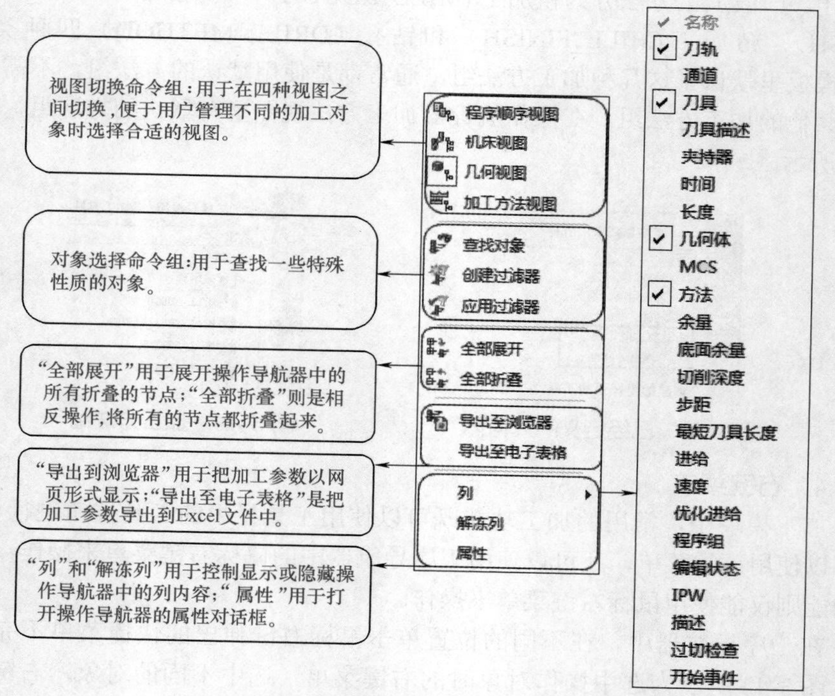

图 3-43　没选中操作对象时的右键菜单

3.1.4 问题探讨

1）在 UG NX 中，不同的刀具轨迹线段颜色有红色、白色、黄色、浅蓝色之分，各种颜色表达什么含义？

2）在UG NX中，从进入加工环境到生成需要的G代码，需要哪些操作步骤？

3）工序导航器有几种状态？其作用分别是什么？

4）创建毛坯的方法有哪些？

5）试将本任务顶面加工中切削模式改为其他方式，并生成刀具轨迹，分析它们的特点。

6）试着用“底面和壁”“手工面铣”及“平面铣”等方法生成顶面的铣削刀具轨迹。

7）认真分析型腔的平面铣操作中，刀具轨迹不合理的地方，并寻找解决途径。

8）观看“打破西方数十年封锁禁运，工信部宣布，我国工业母机取得重大突破”视频，了解我国数字化加工的发展现状。

3.1.5 任务拓展

加工图 3-44 所示工件的顶面和腔体，要求建立自己的程序组、加工方法组、加工几何体，创建加工所需要的刀具，并进行简单的仿真，最后输出 G 代码。

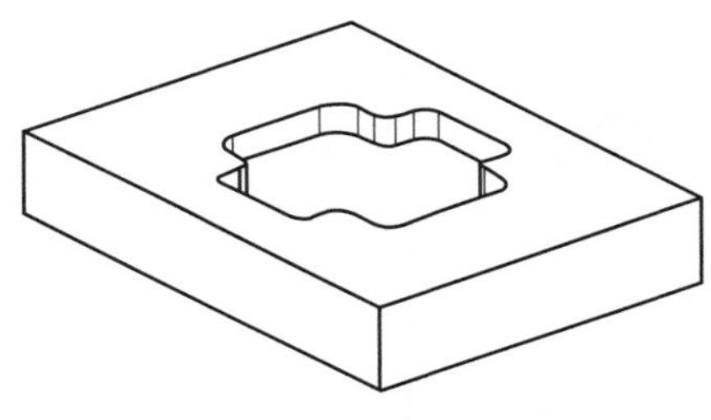

图 3-44 工件

E3-5

下载模型，请扫二维码 E3-5。

任务 3.2 凸轮加工

知识点

◎ 常见平面加工方法的工具。
◎ 边界的种类和定义工具。
◎ 切削深度的定义工具。
◎ 加工仿真工具。

技能点

◎ 熟练使用面、曲线 / 点方法定义边界。
◎ 能根据需要正确判断并定义刀具与边界之间的关系。
◎ 能合理选用切削深度。
◎ 能熟练使用仿真功能判断刀具轨迹的合理性。

任务描述

凸轮加工为二维轮廓平面加工。通过凸轮加工任务的实施，学生应熟悉平面加工的各种方法、掌握边界的种类和定义方法、掌握切削深度的定义及加工仿真的使用方法。

加工要求

图 3-45 所示为凸轮二维轮廓图，材料为硬铝，毛坯为 260mm×200mm×25mm 的方料。要求加工成凸起凸轮，凸台高度为 8mm。加工要求包括零件的顶面加工，凸轮成形轮廓的加工，完成后的零件形状如图 3-46 所示。

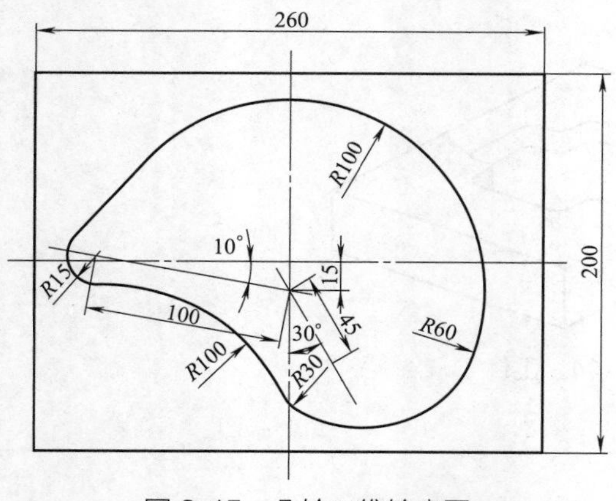

图 3-45 凸轮二维轮廓图

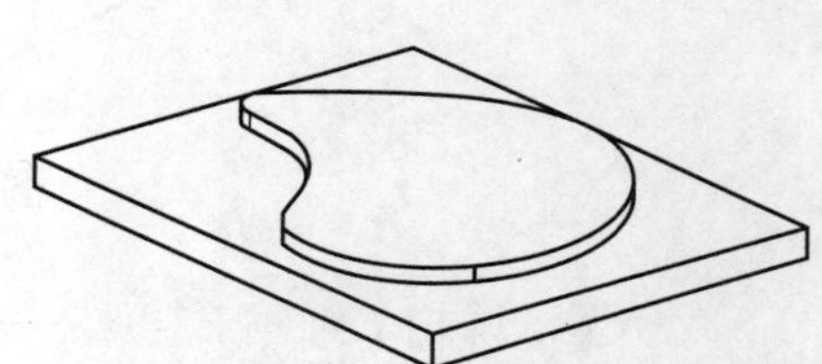

图 3-46 加工后的零件形状

3.2.1 任务实施

1. 零件分析

凸轮零件材料为硬铝，容易加工且结构简单，主要有以下特点：

1）极限尺寸为 260mm×200mm×25mm。

2）加工部位为零件的顶面和成形面两处。

3）零件的精度较低。

4）成形面的最小圆角为 *R*8mm，最大深度为 8mm。

2. 零件工艺编排

1）因为零件仅需顶部加工和成形面加工，故毛坯定义时只需要在顶面留加工余量，这里设定毛坯尺寸为 260mm×200mm×25mm。

2）顶面加工（使用边界面铣操作加工），切削参数见表 3-3。

表 3-3　顶面加工切削参数

序号	参数名称	设置	序号	参数名称	设置
1	刀具 D12	ϕ12mm（双刃）	5	主轴转速	2000r/min
2	切削深度	3mm	6	进给率	800mm/min
3	刀间距	60% 刀具直径	7	进刀方式	直接进刀
4	切削模式	往复	8	退刀方式	和进刀相同

3）成形面加工（根据要求不同需要选择不同的加工方法），切削参数见表 3-4。

表 3-4　成形面加工切削参数　（单位：mm）

序号	参数名称	设置	序号	参数名称	设置
1	刀具 D12	ϕ12mm（双刃）	5	主轴转速	2000r/min
2	切削深度	3mm	6	进给率	800mm/min
3	刀间距	60% 刀具直径	7	进刀方式	直接进刀
4	切削模式	跟随部件	8	退刀方式	直接退刀

3. 操作步骤

1）打开文件“3-2.prt”，如图 3-47 所示。

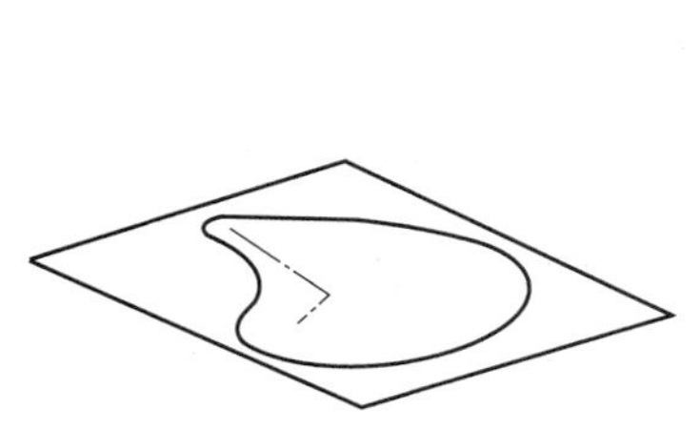

图 3-47　加工零件

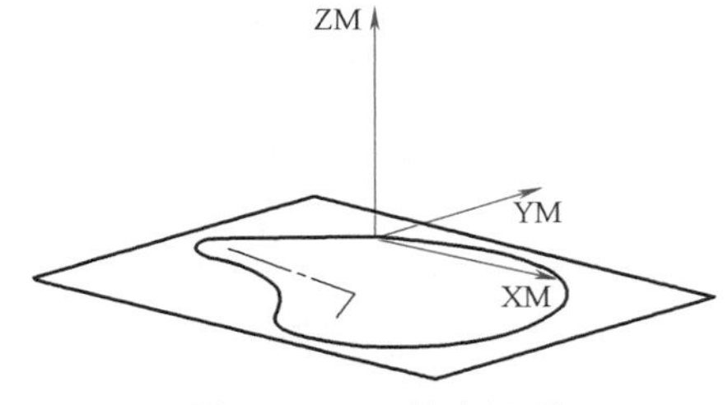

图 3-48　工件坐标系

2）进入加工界面，使用默认设置进行加工初始化。

3）将工序导航器转为几何视图。

4）定义加工几何。要求：

◆ 将工件坐标系定义到如图 3-48 所示的位置。注意：系统默认坐标系沿 Z 轴方向移动毛坯厚度 25mm），安全平面距离毛坯顶面 10mm。

◆ 创建毛坯几何体，为顶面留 3mm 加工余量，如图 3-49 所示。

注意：如果不需要进行仿真加工，这里可以不定义毛坯。

5）创建 ϕ12mm 刀具，参数设置如图 3-50 所示。

6）创建“面加工（FACE_MILLING）”操作。要求：

◆ 使用“创建工序”工具按钮，调用“创建工序”对话框，工序子类型选择“面铣”按钮。

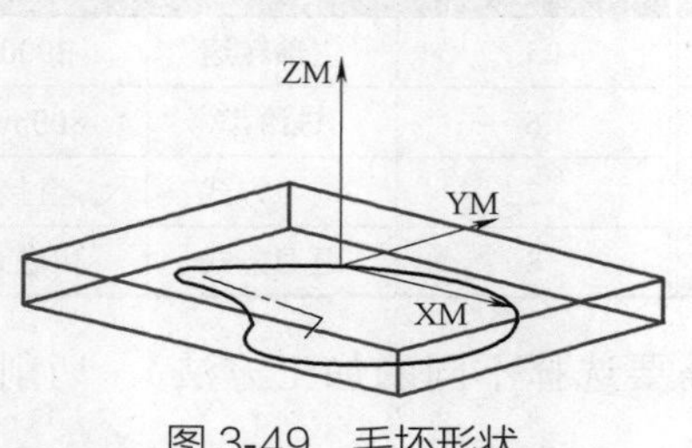

图 3-49 毛坯形状

图 3-50 D12 刀具参数

◆“面加工”父项设置如图 3-51 所示。

7）定义“面加工”边界。要求：

◆ 完成“面加工”父项选择和操作名称输入后，单击【确定】按钮，系统弹出“面铣”对话框。

◆ 使用“指定面边界”工具按钮，调用“毛坯边界”对话框，对话框中“选择方法”选项选择“曲线”。

◆ 在绘图区选择如图 3-52 所示的四条直线。

图 3-51 “面加工”父项

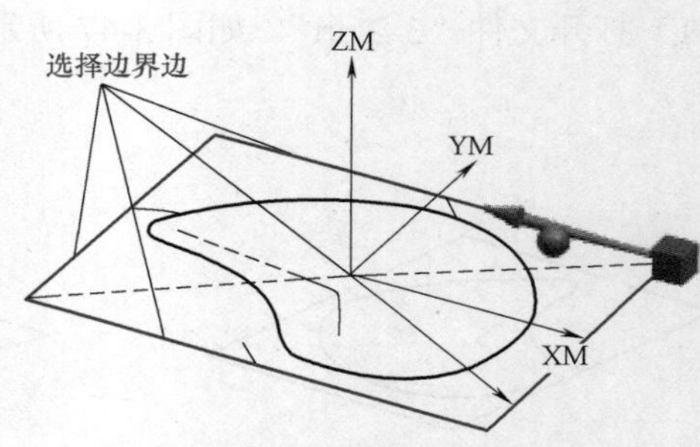

图 3-52 定义边界边

◆ 选择“毛坯边界”对话框“边界”选项组中“平面”选项后的“指定”选项，对话框出现“指定平面”选项，定义边界所在平面距离 X-Y 平面 22mm。

E3-6

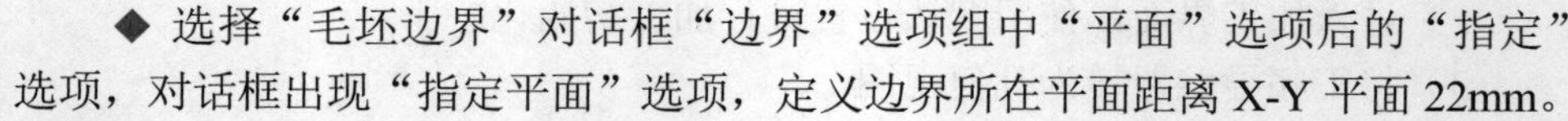

8）设定刀轴方向。要求：

◆ 在“面铣”对话框中使用“刀轴”选项，展开“刀轴”选项组。

◆ 在“轴”后的选项列表中选择“+ZM 轴”。

9）指定切削模式、步距和每刀切削深度。要求：将“面铣”对话框中“刀轨设置”选项组下各选项设置如图 3-53 所示。

注意：可以调整毛坯距离、每刀切削深度及毛坯边界与 X-Y 平面的距离，观察切削层和这三者之间的关系。

10）指定进刀方式和退刀方式。要求：

◆ 使用“非切削参数”工具按钮，调用“非切削移动”对话框。

◆ 在“进刀”标签页“封闭区域”选项组“进刀类型”列表中选择“与开放区域相同”。

◆“开放区域”选项组“进刀类型”列表中选择“线性-沿矢量”，对话框出现“指定矢量”选项，在矢量列表中选择“-ZC”。

图 3-53 切削模式和步距、每刀切削深度设置

注意：

☆ 调整“进刀”选项卡“开放区域”下“长度”和“高度”值，总结“安全高度”“长度”和“高度”三个参数之间的关系。

☆ 调整不同的进刀方式，观察各种进刀方式的刀轨特点。

◆ 打开“退刀”标签页，“退刀类型”选项列表中选择“与进刀相同”后，完成“非切削运动”的设置。

11）指定主轴转速和进给速度。要求：

◆ 使用“进给率和速度”工具按钮，调用“进给率和速度”对话框。

◆ 设定“主轴速度（rpm）”为“2000”。

◆ 设定“切削”为“800mmpm”后，返回“面铣”对话框。

12）生成刀具轨迹。要求：使用“生成”工具按钮，生成“面铣”刀具轨迹，如图 3-54 所示。

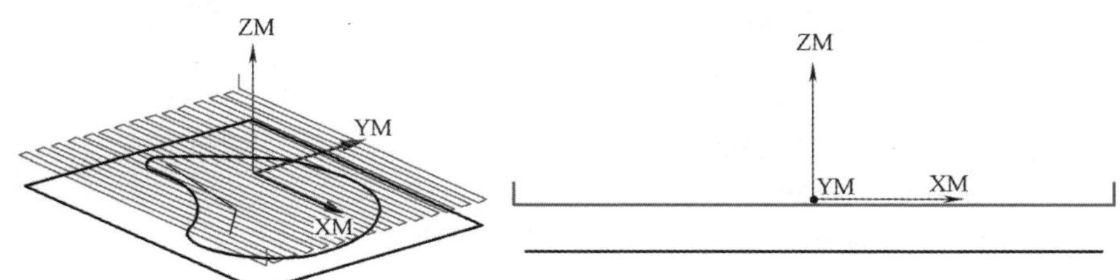

图 3-54 “面铣”刀具轨迹

13）仿真加工过程。仿真结果如图 3-55 所示。

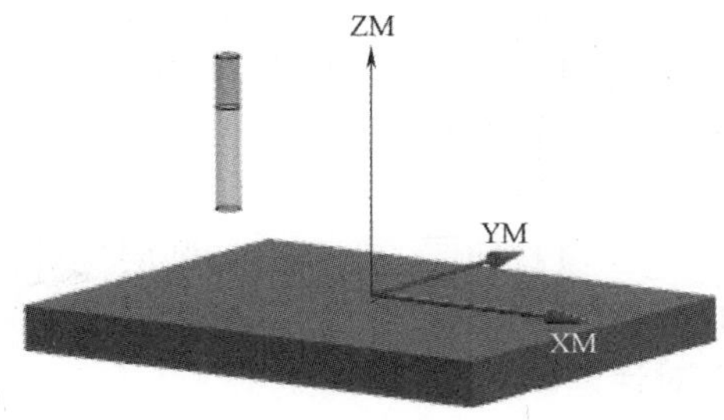

图 3-55 “面铣”仿真结果

观看步骤 8）～ 13）操作视频，请扫二维码 E3-7。

E3-7

14）创建“平面铣（PLANAR_MILL）”工序。要求：

◆ 使用“创建工序”工具按钮，调用“创建工序”对话框。工序子类型选择“平面铣”按钮。

◆ 其他父项选择和上一步“面铣（FACE_MILLING）”相同，参考图3-51。

15）指定部件边界。要求：

◆ 使用“创建部件边界”工具按钮，调用“边界几何体”对话框。

◆“模式”选择“曲线/边”，系统弹出“创建边界”对话框。

◆“类型”选择“封闭的”，“材料侧”和“刀具位置”使用默认选项，“平面”选择“用户定义”，系统弹出“平面”对话框。

◆ 定义边界平面距离系统坐标系X-Y平面22mm，单击【确定】按钮，系统返回“创建边界”对话框。

◆ 选择如图3-56所示的相切曲线，创建出部件边界。

◆ 单击【确定】按钮，返回“平面铣”对话框。

16）指定毛坯边界。要求：

◆ 使用“创建毛坯边界”工具按钮，调用“边界几何体”对话框。

◆ 创建过程参考“创建部件边界”，要求毛坯边界的材料侧为内部，边界所处平面距离系统坐标系X-Y平面22mm，选择长方形的四条边定义边界，结果如图3-57所示。

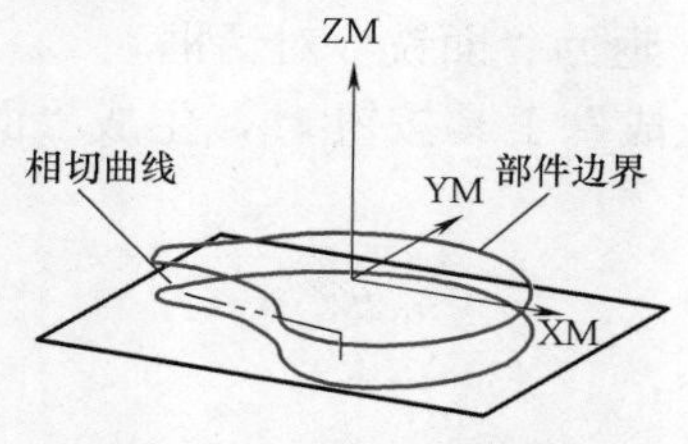

图3-56 部件边界曲线

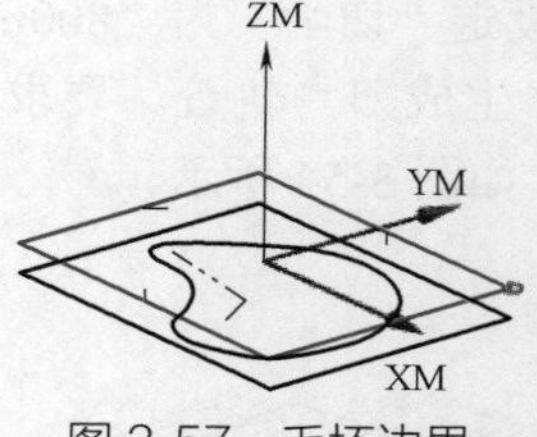

图3-57 毛坯边界

17）指定底面。要求：

◆ 使用“指定底面”工具按钮，调用“平面”对话框。

◆ 指定底平面距离系统坐标系X-Y平面14mm，单击【确定】按钮，返回“平面铣”对话框。

E3-8

观看步骤14）～17）操作视频，请扫二维码E3-8。

18）指定刀轴为“+ZM”轴，切削模式为“跟随部件”，步距为60%刀具直径，设定过程参考上一操作“面铣”。

19）设定切削层。要求：

◆ 使用“切削层”工具按钮，调用“切削层”对话框。

◆ 设定“每刀切削深度”选项组“公共”选项为“3”。单击【确定】按钮，返回“平面铣”对话框。

20）设定非切削移动参数。设定过程参考上一操作“面铣”的设定方法。要求：“进刀”选项页“开放区域”选项组“进刀类型”选项选择为“线性”，“长度”为“50”，“%刀具”“旋转角度”和“斜坡角”均设为“0”，“高度”

设为“1”，其他选项均为默认值。

21）设定进给率和速度。设定过程参考上一个操作“平面铣”操作。要求：设定转速为“2000rmp”，进给率为“800mm/min”。

22）生成刀具轨迹。要求：使用“操作”选项组下“生成”工具按钮生成“平面铣”刀具轨迹，如图 3-58 所示。

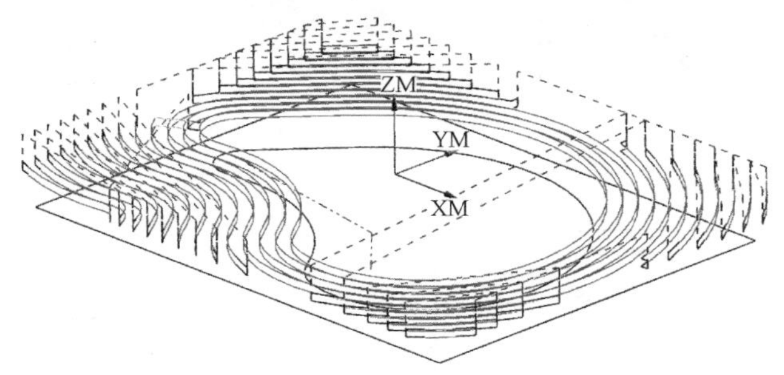

图 3-58 “平面铣”刀具轨迹

23）仿真加工过程。要求：

◆ 使用“重播”方式进行加工仿真，要求改变刀具的显示方式、刀轨的显示范围。

◆ 使用“3D 动态”方式进行加工仿真，要求进行碰撞设置。

◆ 使用“2D 动态”方式进行加工仿真，要求进行“抑制动画”和不“抑制动画”两种方式仿真。

24）后置处理。要求：

◆ 在“工序导航器”“PLANAR_MILL”操作上，调用右键菜单项“后处理”，激活“后处理”对话框。

◆ 在“后处理”列表中选择“MILL_3_AXIS”。

◆ 在“文件名”编辑框中输入“G:\3-2- planar_mill”。

◆ 在“文件扩展名”后输入“NC”。

◆ 单击【确定】按钮，系统弹出“信息”窗口，平面铣 G 代码如图 3-59 所示。

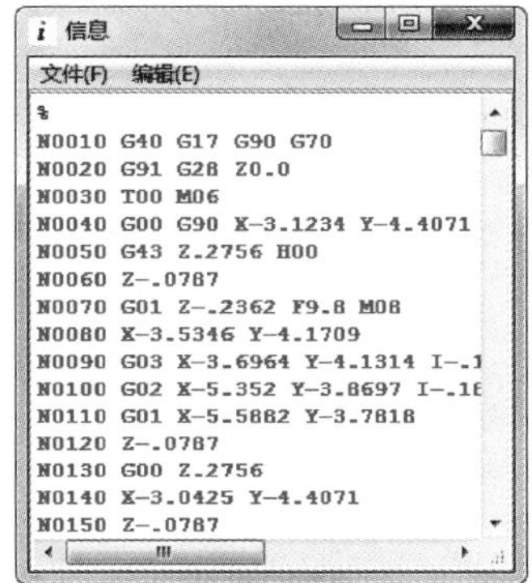

信息

文件(F) 编辑(E)

```
%
N0010 G40 G17 G90 G70
N0020 G91 G28 Z0.0
N0030 T00 M06
N0040 G00 G90 X-3.1234 Y-4.4071
N0050 G43 Z.2756 H00
N0060 Z-.0787
N0070 G01 Z-.2362 F9.8 M08
N0080 X-3.5346 Y-4.1709
N0090 G03 X-3.6964 Y-4.1314 I-.1
N0100 G02 X-5.352 Y-3.8697 I-.16
N0110 G01 X-5.5862 Y-3.7818
N0120 Z-.0787
N0130 G00 Z.2756
N0140 X-3.0425 Y-4.4071
N0150 Z-.0787
```

图 3-59 平面铣 G 代码

观看步骤 18）～24）操作视频，请扫二维码 E3-9。

E3-9

25）保存文件。

3.2.2 填写“课程任务报告”

课程任务报告

<table>
<tr><td>班级</td><td></td><td>姓名</td><td></td><td>学号</td><td></td><td>成绩</td><td></td></tr>
<tr><td>组别</td><td></td><td>任务名称</td><td></td><td>凸轮加工</td><td></td><td>参考课时</td><td>6 课时</td></tr>
<tr><td>任务图样</td><td colspan="7">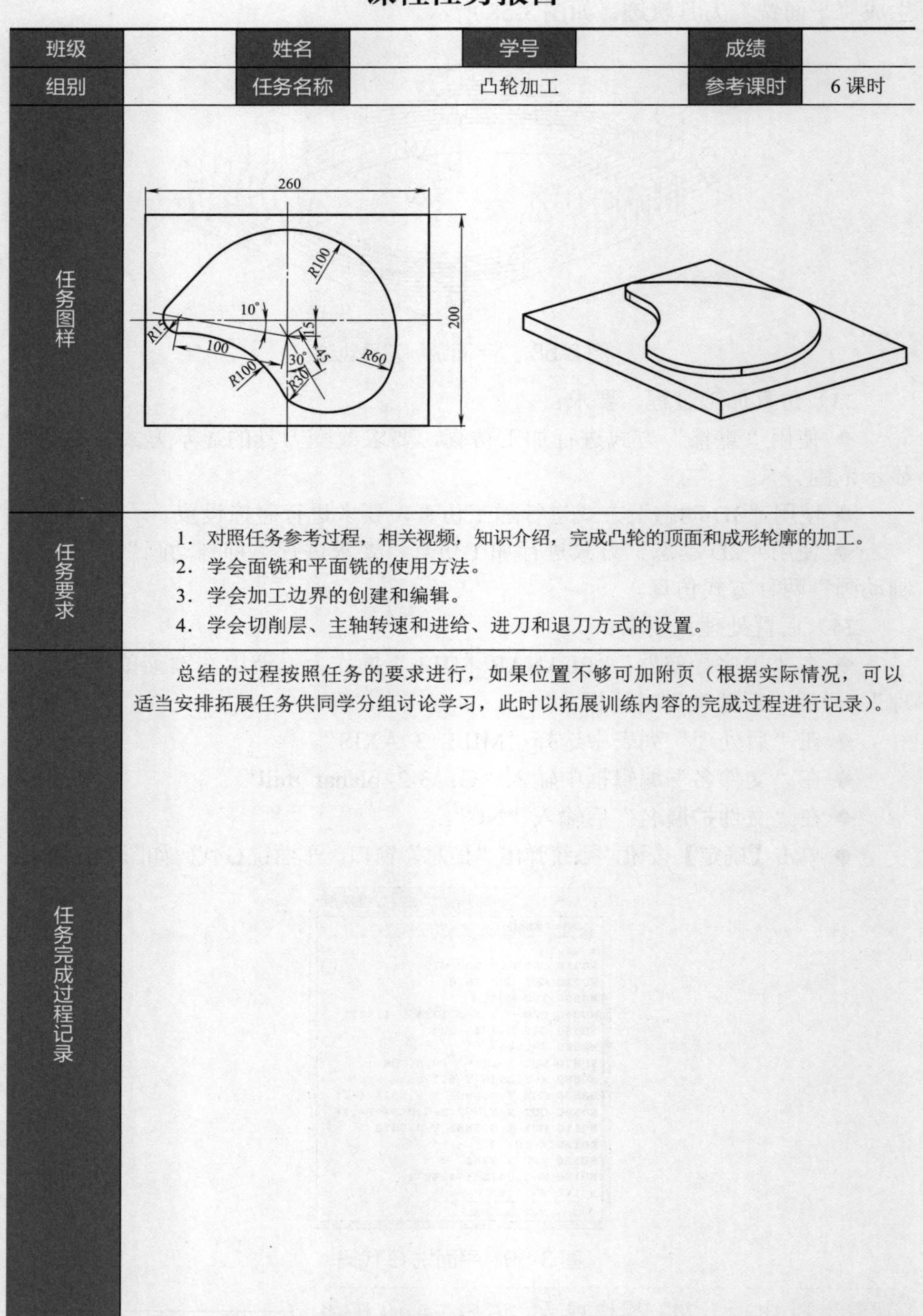
</td></tr>
<tr><td>任务要求</td><td colspan="7">1．对照任务参考过程，相关视频，知识介绍，完成凸轮的顶面和成形轮廓的加工。
2．学会面铣和平面铣的使用方法。
3．学会加工边界的创建和编辑。
4．学会切削层、主轴转速和进给、进刀和退刀方式的设置。</td></tr>
<tr><td>任务完成过程记录</td><td colspan="7">总结的过程按照任务的要求进行，如果位置不够可加附页（根据实际情况，可以适当安排拓展任务供同学分组讨论学习，此时以拓展训练内容的完成过程进行记录）。</td></tr>
</table>

3.2.3 知识学习

1. 平面加工概述

平面铣泛指一切有关平面的粗加工和精加工的铣削功能，它通过平行于指定的平面进行多层切削来去除材料。平面铣属于 2.5 轴加工方式，它在加工过程首先完成在水平方向的 X、Y 两轴联动，然后再进行 Z 轴方向的下刀，反复进行，最终完成零件加工。使用不同设置平面铣能完成挖槽和外轮廓加工。

1）平面铣的特点。

◆ 刀具轴垂直于 X-Y 平面，即在切削过程中机床两轴联动。

◆ 采用边界定义刀具切削运动的区域。

◆ 调整方便，能很好地控制刀具在边界上的位置。

◆ 既可以用于粗加工，也可以用于精加工。

基于以上特点，平面铣常用于直壁、底面为平面的零件加工，如型腔的底面、型芯的顶面、水平分型面、基准面和外形轮廓等。

2）常见的平面铣操作。在创建平面铣操作过程中，首先进入 UG NX 的加工模块，设置完成平面铣的加工环境后，在“创建操作”对话框中有很多平面铣子类型模板，见表 3-5。

表 3-5　平面铣子类型模板及其说明

子类型	英语名称	中文含义	说　明
	FLOOR_WALL	底壁加工	用于对棱柱部件上平面进行基础面铣。需要选择底面和（或）侧壁几何体，去除的材料由切削区域的底面和毛坯厚度来确定
	FLOOR_WALL_IPW	带 IPW 的底壁加工	使用 IPW 切削底面和壁。需要选择底面和（或）壁几何体，要去除的材料由所选择几何体和 IPW 确定。用于通过 IPW 跟踪未切削材料时铣削 2.5 轴棱柱部件
	FACE_MILLING	使用边界面铣	在用平面边界定义的区域内使用固定刀轴切削。选择面、曲线或点来定义与刀轴垂直的平面边界，常用于线框模型
	FACE_MILLING_MANUAL	手工面铣	切削垂直于固定刀轴的平面，允许向每个包含手工切削模式的切削区域指派不同的切削模式。选择部件上的面定义切削区域，还可以定义壁几何体
	PLANAR_MILL	平面铣	去除垂直于固定刀轴的平面切削层材料。需要定义平行于底面的部件边界、毛坯边界和底平面。用于粗加工带竖直壁的棱柱部件上的大量材料

（续）

子类型	英语名称	中文含义	说明
	PLANAR_PROFILE	平面轮廓铣	使用“轮廓”切削模式来生成单刀路和沿部件边界轮廓的多层平面刀路，需要定义平行于底面的部件边界、底平面，用于加工平面壁或边
	CLEANUP_CORNERS	清理拐角	使用2D处理中的工件来去除之前工序所遗留的材料。需要定义部件和毛坯边界、2D IPW、底平面。用于去除在之前工序中使用较大直径刀具后遗留在拐角的材料
	FINISH_WALLS	精加工壁	使用“轮廓”切削模式来精加工壁，同时为底面留下加工余量。需要定义平行于底面的部件边界、底面。用于精加工直壁，同时需要留出底面余量的场合
	FINISH_FLOOR	精加工底面	使用“跟随部件”切削模式来精加工底面，并为壁留出加工余量。需要定义平行于底面的部件边界、底面和毛坯边界。用于精加工底面
	GROOVE_MILLING	槽铣削	使用T型刀铣削单个线性槽。需要指定部件和毛坯几何体。通过选择单个平底面指定槽几何体，切削区域可由处理中的工件确定。用于T型槽的精加工和粗加工
	HOLE_MILLING	铣孔	使用螺旋式切削模式来加工不通孔、通孔或凸台。需要选择孔几何体或使用已识别的孔特征
	PLANAR_TEXT	平面雕刻文字	雕刻平面上的文字。选择文字定义刀具轨迹。需要选择文字、底面，定义文本深度

2. 加工边界

（1）边界的类型

1）根据边界的作用，在“平面铣”操作中，边界包括：“部件边界”“毛坯边界”“检查边界”“修剪边界”和“底平面”。分别说明如下：

◆ 部件边界。部件边界用于描述完成的零件轮廓，它控制刀具的运动方位，可以选择面、点、曲线和永久边界来定义零件边界。选择点时，是将点以选择的顺序用直线连接起来定义切削范围，边界可以是封闭的或开放的；选择面时，以面的边界形成一个封闭的区域来定义。开放边界的材料侧为左侧或右侧，封闭边界的材料侧为内部保留或外部保留。

◆ 毛坯边界。毛坯边界用于描述将要被加工的材料范围。毛坯边界只能是封闭的，不能开放。毛坯边界不表示最终零件，但可以对毛坯边界直接进行切削或进刀。

注意：毛坯边界不是必须定义的，如果定义的零件几何可以形成封闭区域，则可以不定义毛坯边界；如果零件几何边界没有完全覆盖切削的区域，则必须定义毛坯边界。

◆ 检查边界。检查边界用于描述刀具不能碰撞的区域，如夹具和压板等位置。检查边界的定义和毛坯边界的定义方法一样，检查边界必须是封闭的。可以通过指定检查边界的余量来定义刀具离开检查边界的距离。

◆ 修剪边界。修剪边界用于进一步控制刀具的运动范围，可以使用与定义零件边界一样的方法定义修剪边界。修剪边界可以对刀具路径进一步约束，通过指定修剪材料侧为内部还是外部（对于封闭边界），或指定为左侧还是右侧（对于开放边界），可以定义要从操作中排除的切削区域的面积。

◆ 底平面。在平面铣操作中，底平面用于指定平面铣加工的最低高度。每一个操作中只能有一个底平面，在下一次操作中，又要重新定义底平面。

注意：在平面铣操作中，底平面必须定义，如果没有定义底平面，就不能生成刀具轨迹。

2）根据边界作用的范围，边界可以分为永久性边界和临时边界。

◆ 永久性边界。永久性边界一旦被创建，则可以被重复使用，可以防止重复选择相同的几何体。永久性边界可以通过在边界管理器中直接创建和临时边界的转化两种方法进行创建。

◆ 临时边界。临时边界通过有效的几何体选择对话框创建。临时边界只会临时显示在屏幕上，当屏幕刷新后就会消失。当需要使用临时边界时，临时边界又会重新显示出来。

注意：在边界上显示有半边箭头，箭头所在边为材料侧。边界上显示的小圆圈标识边界的起点；箭头表示边界的方向，铣轮廓的刀轨将沿边界的方向运动，完整的箭头表示刀具中心在边界上，刀具位置为对中，半个箭头表示刀具和边界相切，刀具位置为相切。

（2）边界的创建方法　不管是哪种类型的边界，定义的方法和步骤基本相同，只是定义的入口不同而已。下面以永久性边界的定义过程为例说明边界的定义方法。

单击“创建几何体”工具按钮，系统弹出“创建几何体”对话框，在对话框中选择“铣削边界”工具按钮，单击【确定】按钮，系统弹出“铣削边界”对话框，单击按钮，系统弹出“部件边界”定义对话框，如图3-60所示。后续操作见视频。

注意：在不同操作中，不同作用的边界定义对话框内容会略有不同，但基本内容大同小异。

观看使用“面”“曲线”和“点”方式来定义边界操作视频，请扫二维码E3-10。

E3-10

观看刀具位置、平面定义操作视频，请扫二维码E3-11。

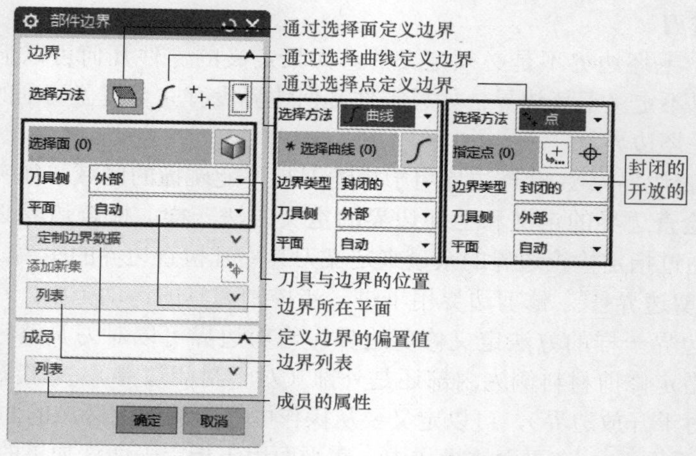

图3-60 “部件边界”对话框

（3）边界的编辑。平面铣操作使用边界来创建刀具路径，不同的边界组合产生的刀具路径也不一样。如果产生的刀具路径不满足要求，也可以编辑已经定义好的边界几何来改变切削区域。在操作对话框定义了边界几何后，单击相应的“几何体边界”按钮会弹出相应的“编辑边界”对话框，各选项功能如图3-61所示。

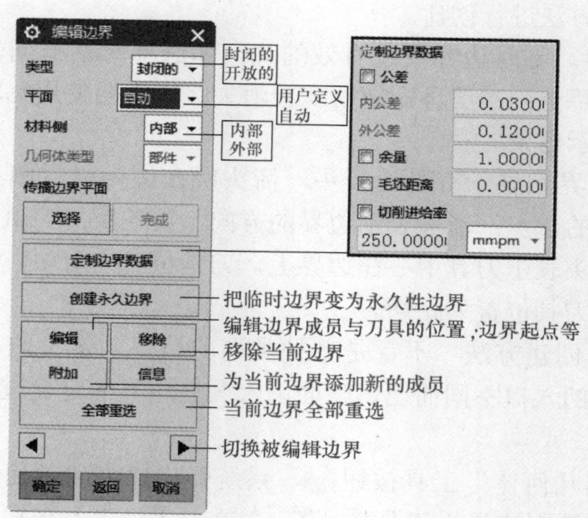

图3-61 “边界编辑”对话框

3．切削深度

单击“切削层”按钮，系统弹出“切削层”对话框，如图3-62所示。

4．切削步距

切削步距用于控制相邻刀具轨迹之间的距离，控制方式有“恒定的”“刀具平直百分比”“残余高度”和“多个”4种选项，其含义如下：

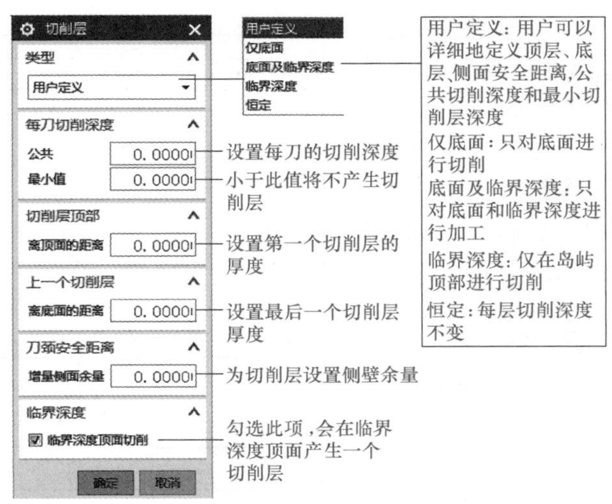

图 3-62 “切削层”对话框

1）恒定的。按照用户指定的加工数据进行走刀，当指定的刀路不能平均分割所在区域，系统将减少这一刀路间距以保持恒定步进。如用户指定的步距设定为“0.75”，但系统将其减少为“0.583”，使得能够在宽度为“3.5”的切削区域中保持恒定步距。

2）刀具平直百分比。以刀具直径乘以百分比的积作为切削步进。如果指定的刀路间距不能平均分割所在区域，系统将减少这一刀路间距以保持恒定步距。

3）残余高度。指定两个刀路间剩余材料的高度，从而在连续切削刀路间建立起固定距离。系统将计算所需的步进距离，从而使刀路间剩余材料的高度不大于指定的残余高度。由于边界形状不同，所计算出的每次切削步进距离也不同。为保护刀具在切除材料时负载不至于过重，最大步进距离被限制在刀具直径的 2/3 以内。

4）多个。可以为往复、单向和单向轮廓切削模式创建步距，按自己给定最大与最小间距的范围内进行走刀，有利于刀具切削均匀。

5. 进给率和速度

单击“进给率和速度”工具按钮，系统弹出“进给率和速度”对话框，如图 3-63 所示。

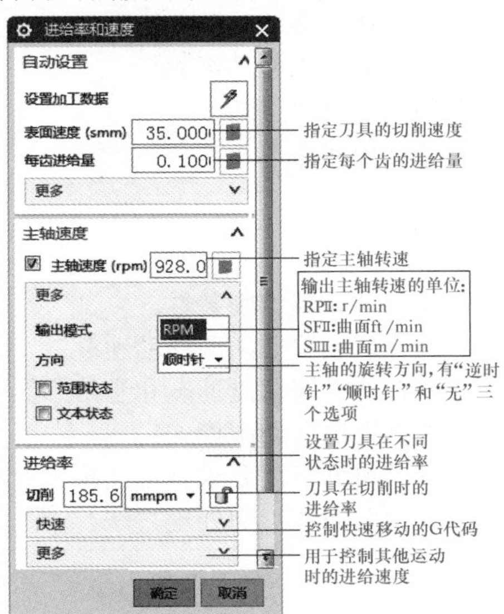

图 3-63 “进给率和速度”对话框

3.2.4 问题探讨

1）在创建平面铣时，调整“部件边界”平面、“毛坯边界”平面和“底面”

的位置，观察生成刀具轨迹的变化。

2）调整“部件边界”的材料侧，观察生成刀具轨迹的变化。

3）独立查找资料，学习UG NX CAM的仿真功能。

4）通过查找资料、实践和讨论，学习非切削移动参数的用法。

3.2.5 任务拓展

如果使用这个任务所给的二维轮廓编写加工如图3-64所示零件的程序，应该如何操作？

注意：以主视图的轮廓作为2D边界。

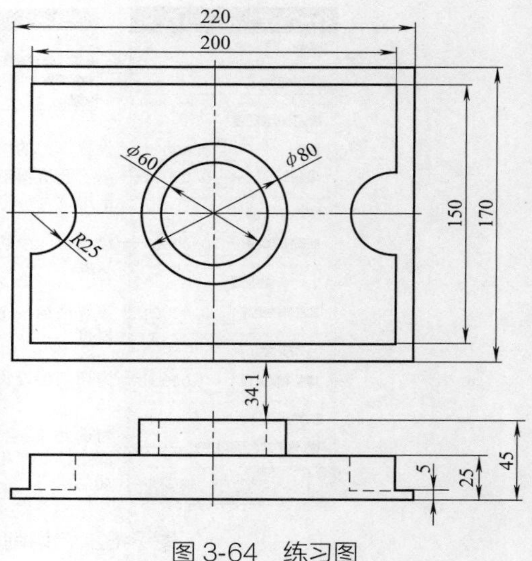

图3-64　练习图

任务3.3　十字槽加工

知识点

◎ 常用切削移动参数。
◎ 常用非切削移动参数。
◎ 切削速度及进给率。
◎ 切削模式。

技能点

◎ 能合理设置切削参数。
◎ 能合理设置非切削移动速度。
◎ 能合理设置切削速度和进给率。
◎ 能合理选择切削模式。
◎ 可以根据工艺要求合理选择平面的加工方法。
◎ 学会多面加工的处理方法。

任务描述

十字槽零件加工是三维模型的平面加工。通过对十字槽零件加工任务的实施，学生应熟悉切削模式的选择、常用平面切削的切削参数、非切削移动方式和参数的设置，熟悉切削速度和进给率的设置方法以及多面加工的特点和设置要求，能够在UG中进行零件多面加工的设置。

加工要求

图 3-65 所示为十字槽零件，材料为硬铝，要求加工零件的正反面结构，零件侧面不需要加工，加工时要求粗、精加工分开进行。

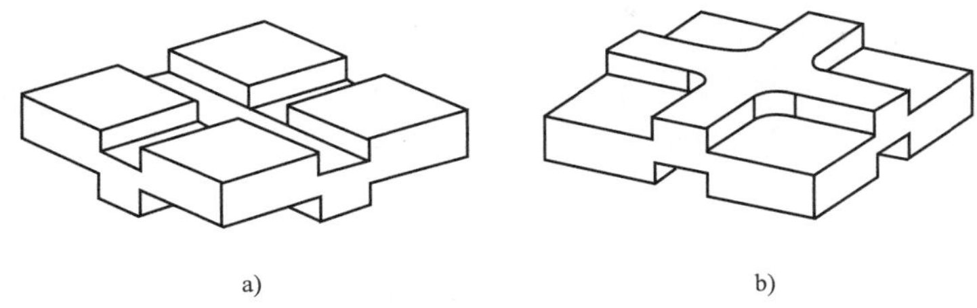

图 3-65 十字槽零件

a）正面 b）反面

3.3.1 任务实施

1. 零件分析

十字槽零件结构简单，主要有以下特点：

◆ 外形尺寸为 100mm×100mm×24mm。

◆ 要求对零件正面的顶面和十字槽、反面的底面和四个凹腔进行加工，需要两次装夹，设置两个工件坐标系。

◆ 要求对十字槽和底部四个凹腔的粗、精加工分开。

◆ 矩形腔的最小圆角为 R10mm，最大深度为 8mm。

2. 零件工艺编排

毛坯选择为块料，尺寸为 100mm×100mm×26mm。

1）正面加工

◆ 加工顶面，一次到位。

◆ 粗加工槽，侧壁留 0.2mm 余量、底面留 0.5mm 余量，刀轨如图 3-66 所示。

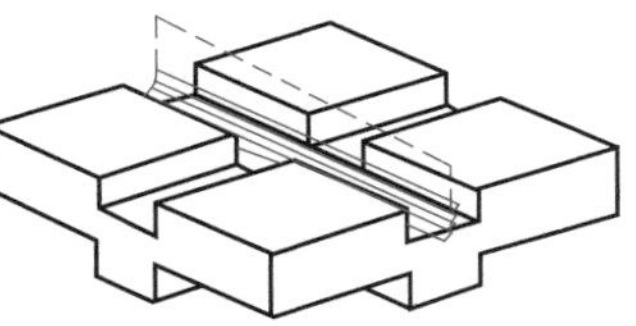
图 3-66 槽粗加工刀轨

◆ 精加工槽底和槽侧，刀轨如图 3-67 所示。

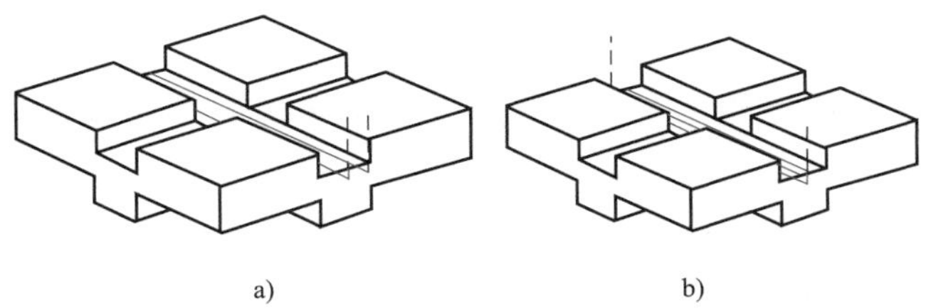

图 3-67 槽精加工刀轨

a）槽壁精加工刀轨 b）槽底精加工刀轨

2）反面加工

◆ 加工底面，一次到位。

◆ 粗加工凹腔，侧壁留 0.2mm 余量、底面留 0.5mm 余量，刀轨如图 3-68

所示。

◆ 精加工凹腔，刀轨如图3-69所示。

3. 操作步骤

1）打开文件“3-3.prt”。

2）进入加工界面，进行初始化。要求：“CAM会话配置”选择“cam_general”，“创建的CAM设置”选择“mill_planar”，进入加工环境。

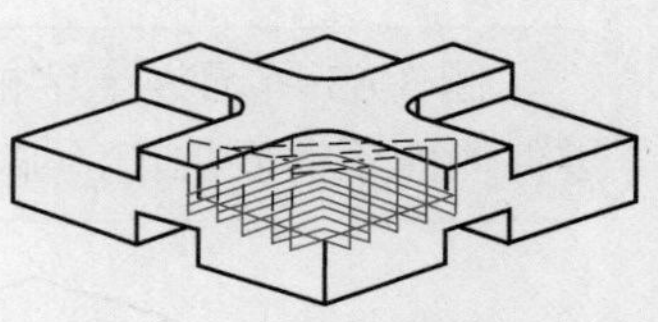

图3-68 反面凹腔粗加工刀轨

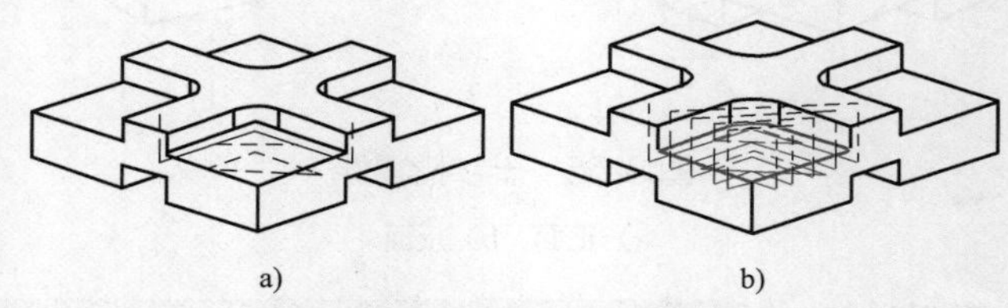

图3-69 反面凹腔精加工刀轨

a）凹腔壁精加工刀轨 b）凹腔底精加工刀轨

3）定义加工几何。要求：

◆ 在“工序导航器—程序顺序”视图中的“NC_PROGRAM”下，建立“ZM_NC”和“FM_NC”两个程序组，如图3-70所示。

◆ 在“工序导航器—加工方法”视图中，删除“MILL_SEMI_FINISH”和“DRILL_METHOD”，结果如图3-71所示。

◆ 在“工序导航器—几何”视图中，创建“ZM_MCS”“ZM_WP”，如图3-72所示。“ZM_MCS”距离零件顶面1mm，安全平面距离零件顶面11mm。“ZM_WORKPIECE”的部件几何选择十字槽实体模型，毛坯使用“包容块”方式建立，“ZM+”和“ZM-”均设为“1”，如图3-73所示。

图3-70 程序顺序视图

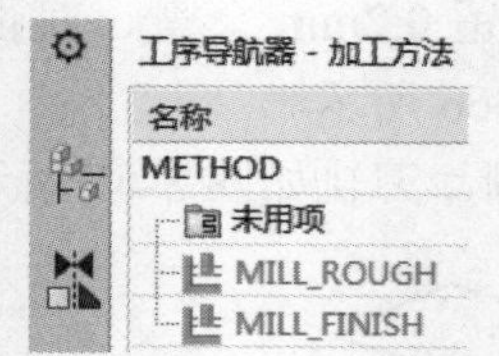

图3-71 加工方法视图

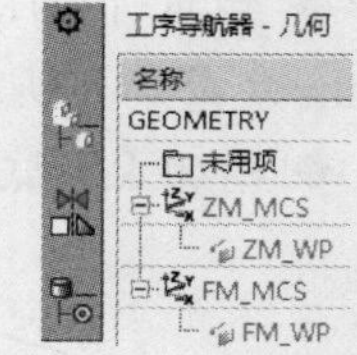

图3-72 几何视图

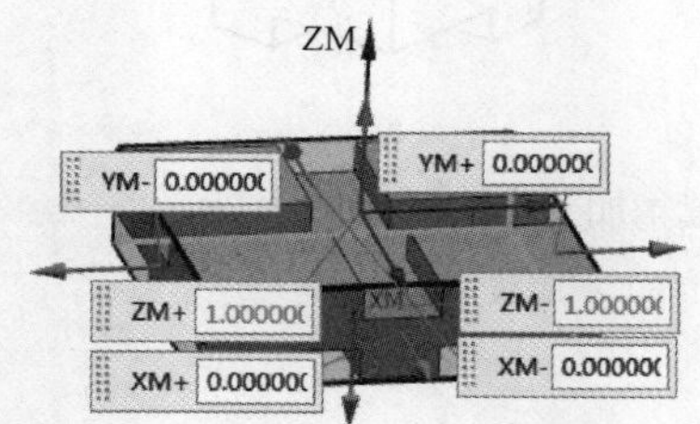

图3-73 “ZM_MCS”和“ZM_WP”

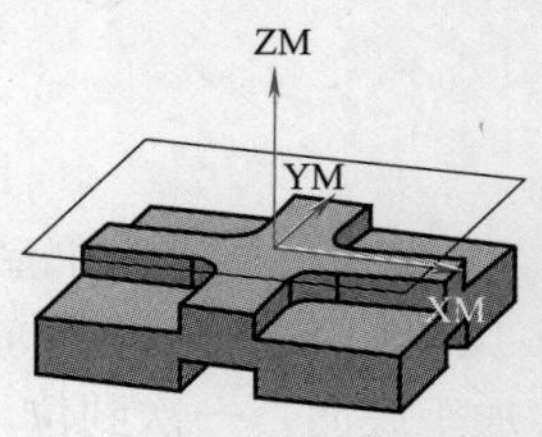

图3-74 “FM_MCS”

◆ 创建“FM_MCS”“FM_WP”加工几何，“FM_MCS”定义如图 3-74 所示，“FM_WP”和“ZM_WP”相同。

观看步骤 1）～ 3）操作视频，请扫二维码 E3-12。

E3-12

4）创建 ϕ12mm 刀具，刀具名称为 D12，创建过程参考任务 3.1。

5）创建顶面加工操作。要求：

◆ 参数设置见表 3-6。

表 3-6　顶面加工参数

序号	参数名称	参数值	序号	参数名称	参数值
1	加工方法	面加工（FACE_MILLING）	7	最终底面余量	0
2	切削模式	往复	8	开放区域进刀和退刀	线性
3	步距	60% 刀具直径	9	进刀和退刀高度	3mm
4	毛坯距离	1mm	10	主轴转速	2000r/min
5	每刀切削深度	0 (一次加工到位）	11	进给率	1000mm/min
6	刀轴	+ZM			

◆ 父项设置如图 3-75 所示，毛坯边界如图 3-76 所示，创建操作完成后的刀轨如图 3-77 所示。

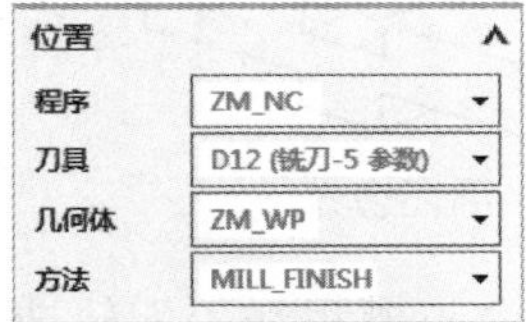

图 3-75　父项设置

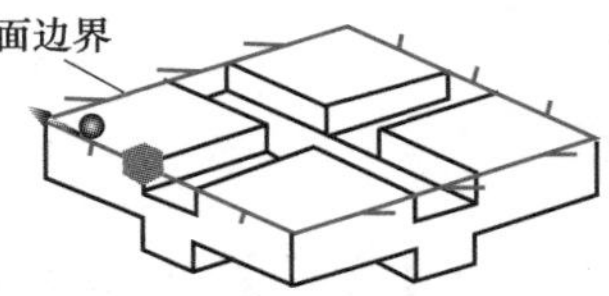

图 3-76　毛坯边界

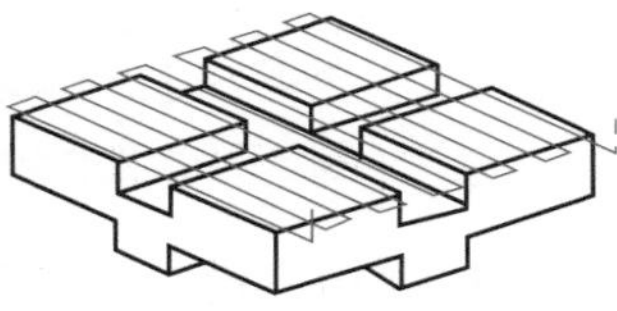

图 3-77　顶面加工刀轨

E3-13

观看步骤 4）～ 5）操作视频，请扫二维码 E3-13。

6）创建槽粗加工操作。要求：

◆ 创建用于创建加工边界的四条曲线，如图 3-78 所示。

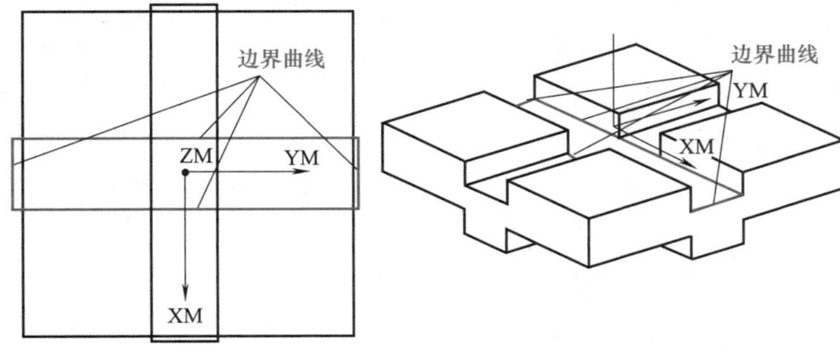

图 3-78　边界曲线

E3-14

观看创建边界曲线的方法，请扫二维码 E3-14。

◆ 创建其中一个槽的粗加工操作。操作的父项设置和顶面加工相同（方法组选择“MILL_ROUGH”），部件边界如图 3-79 所示，毛坯边界如图 3-80 所示，切削参数见表 3-7，槽的粗加工刀轨如图 3-81 所示。

表 3-7 平面粗加工切削参数

序号	参数名称	参数值	序号	参数名称	参数值
1	加工方法	平面加工（planar_mill）	8	开放区域进刀退刀	线性
2	切削模式	往复	9	封闭区域进刀类型	和开放区域相同
3	步距	60% 刀具直径	10	进刀和退刀长度	6mm
4	每刀切削深度	2.5mm	11	进刀和退刀高度	3mm
5	刀轴	+ZM	12	主轴转速	2000r/min
6	侧壁余量	0.2mm	13	进给率	1000mm/min
7	最终底面余量	0.5mm			

图 3-79 部件边界

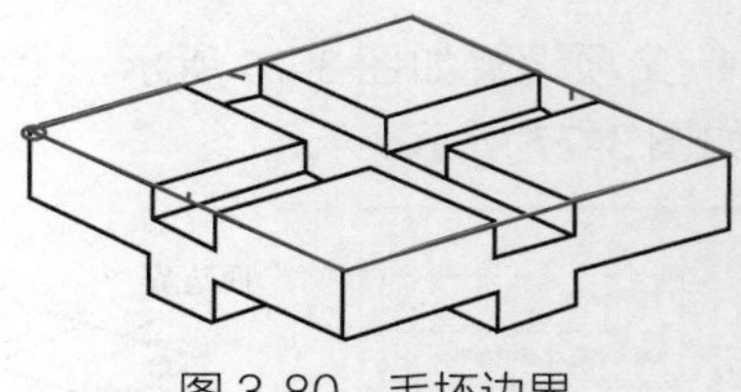
图 3-80 毛坯边界

◆ 使用右键菜单【对象】→【变换】，旋转复制一个与槽粗加工刀轨成 90° 的刀轨，结果如图 3-82 所示。

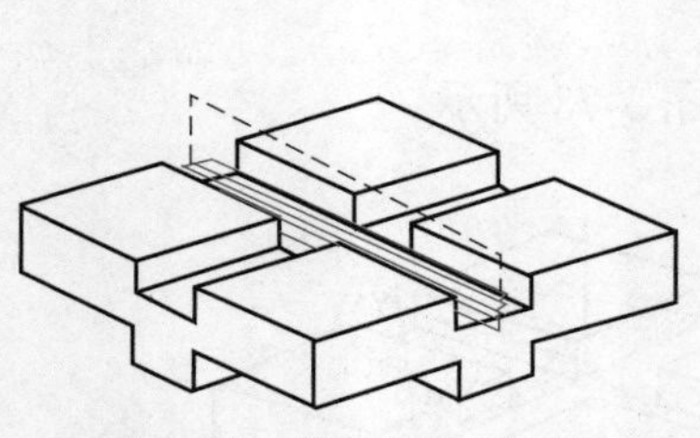
图 3-81 槽的粗加工刀轨

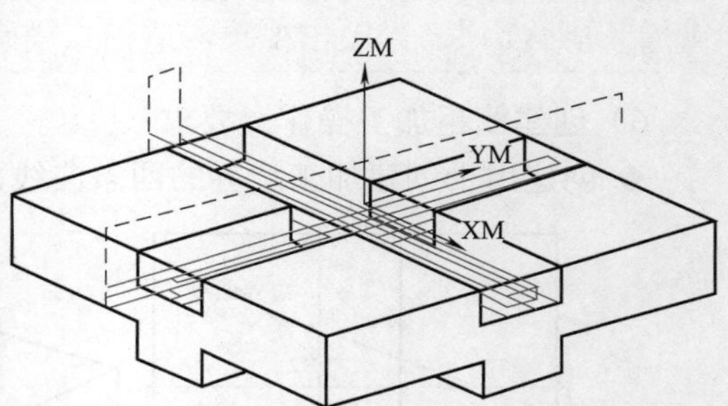

图 3-82 旋转复制槽粗加工刀轨

E3-15

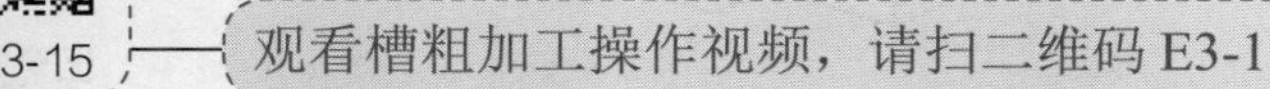

7）创建槽壁的精加工操作。要求：

◆ 创建单个槽壁精加工操作。操作的父项设置和顶面加工相同，部件边界见图 3-83，切削参数设置见表 3-8，生成的刀轨如图 3-84 所示。

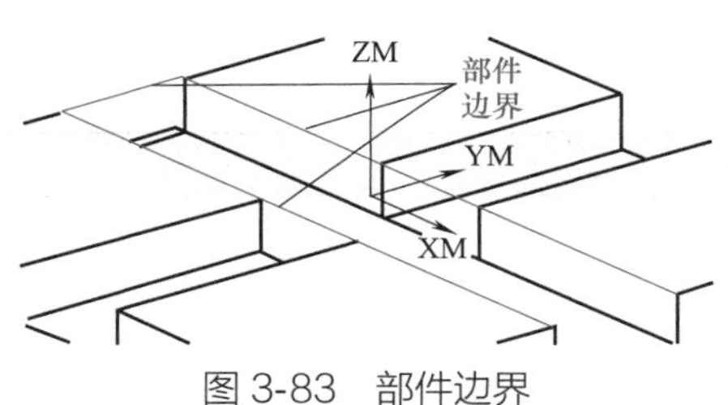

图 3-83　部件边界

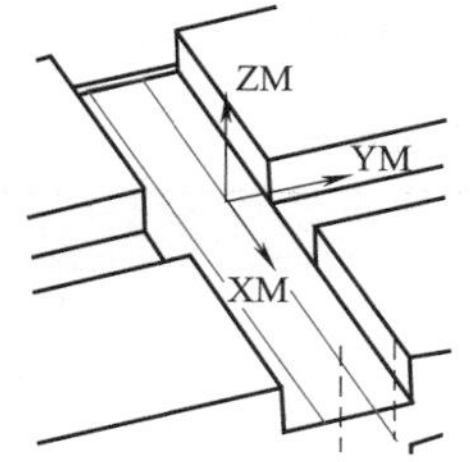

图 3-84　槽壁精加工刀轨

表 3-8　切削参数　　mm

序号	参数名称	参数值	序号	参数名称	参数值
1	加工方法	平面轮廓铣（PLANAR_PROFILE）	6	开放区域进刀和退刀	线性
2	切削深度	0（可根据需要改变）	7	进刀和退刀高度	10mm
3	刀轴	+ZM	8	主轴转速	3000r/min
4	侧壁余量	0（“内公差”和“外公差”为 0.003）	9	进给率	1000mm/min
5	底面余量	0.5mm			

◆ 对槽壁精加工操作进行变换。使用右键菜单【对象】→【变换】，旋转复制一个与槽壁精加工刀轨成 90° 的刀轨。

观看槽壁精加工操作视频，请扫二维码 E3-16。

E3-16

8）创建槽底的精加工操作。要求：

◆ 创建单个槽底精加工操作。操作的父项设置和顶面加工相同，部件边界如图 3-85 所示，毛坯边界如图 3-86 所示，参数设置见表 3-9，生成的刀轨如图 3-87 所示。

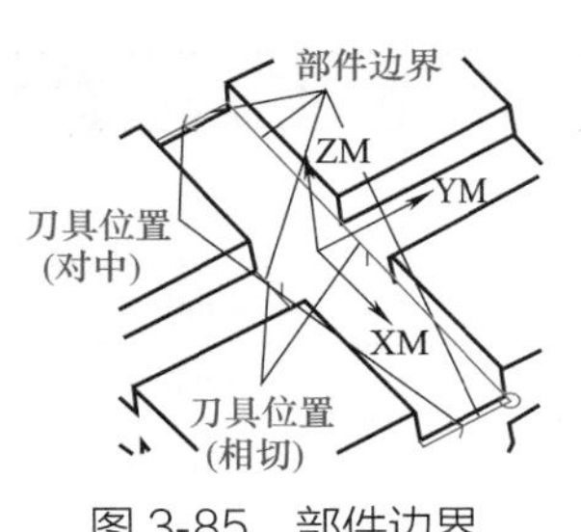

图 3-85　部件边界

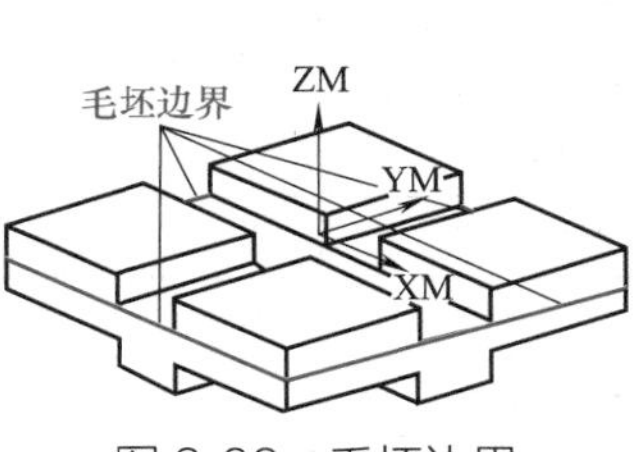

图 3-86　毛坯边界

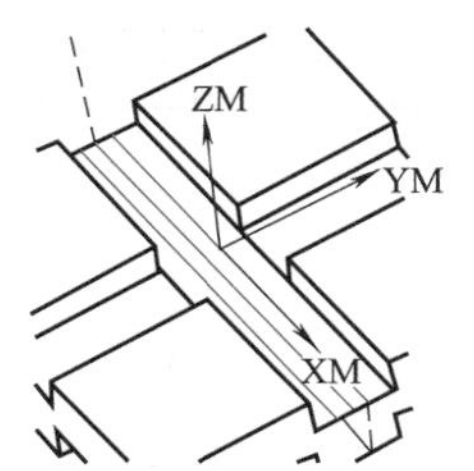

图 3-87　槽底精加工刀轨

观看槽底精加工操作视频，请扫二维码 E3-17。

E3-17

◆ 对槽底精加工操作进行变换，变换要求和槽壁精加工操作相同。

表 3-9　切削参数表

序号	参数名称	参数值	序号	参数名称	参数值
1	加工方法	精加工底面（FINISH_FLOOR）	7	底面余量	0
2	切削模式	往复	8	开放区域进刀和退刀	线性
3	切削层	仅底面	9	进刀和退刀高度	7mm
4	刀轴	+ZM	10	主轴转速	3000r/min
5	侧壁余量	0（“内公差”和“外公差”为 0.003）	11	进给率	1000mm/min
6	步距	50% 刀具直径	12	第一刀进给	60% 进给率

E3-18

9）创建底面加工操作。要求：采用复制 + 粘贴的方法将 ZM_WP 下的“FACE_MILLING”复制到 FM_WP，然后进行编辑，生成的刀轨如图 3-88 所示。

观看步骤 9）操作视频，请扫二维码 E3-18。

10）创建凹腔的粗加工操作

◆ 创建单个凹腔粗加工操作。要求：父项设置如图 3-89 所示，指定切削区域如图 3-90 所示，切削参数设置见表 3-10。生成的刀轨如图 3-91 所示。

图 3-88　底面加工刀轨　　图 3-89　父项设置　　图 3-90　切削区域

表 3-10　切削参数

序号	参数名称	参数值	序号	参数名称	参数值
1	加工方法	底壁加工（FLOOR_WALL）	8	开放区域进刀和退刀	线性
2	切削模式	跟随部件	9	进刀和退刀高度	4mm
3	切削深度	3.7mm	10	主轴转速	2000r/min
4	步距	75% 刀具直径	11	进给率	800mm/min
5	侧壁余量	0.2mm	12	第一刀进给	60% 进给率
6	毛坯厚度	8mm	13	自动壁	选中
7	底面余量	0.5mm	14		

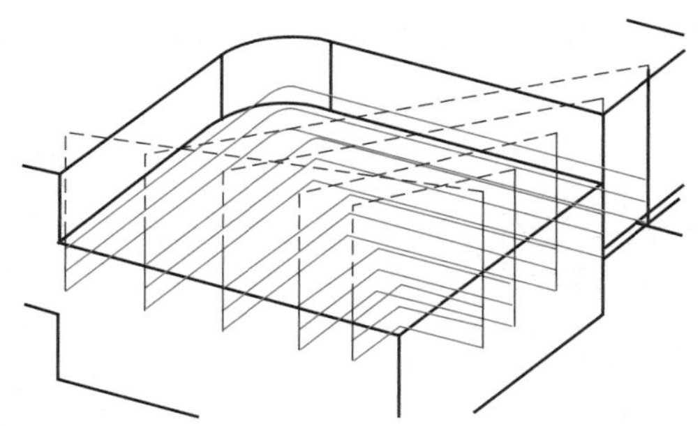

图 3-91　凹腔粗加工刀轨

◆ 对凹腔粗加工操作进行变换。要求：使用右键菜单【对象】→【变换】，产生其他三个凹腔的粗加工刀轨，结果如图 3-92 所示。

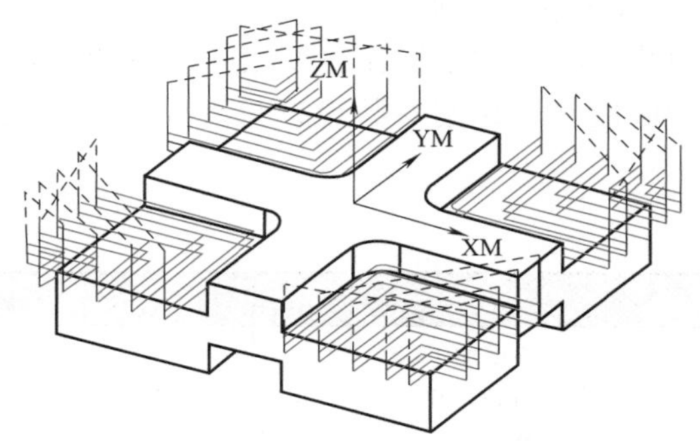

图 3-92　转换后的刀轨

观看步骤 10）操作视频，请扫二维码 E3-19。

E3-19

11）创建凹腔侧壁的精加工操作

◆ 创建单个凹腔壁精加工操作。父项设置如图 3-93 所示，指定切削区域如图 3-90 所示，切削参数设置见表 3-11。生成的刀轨如图 3-94 所示。

位置

程序	FM_NC
刀具	D12 (铣刀-5 参数)
几何体	FM_WP
方法	MILL_FINISH

图 3-93　父项设置

表 3-11　切削参数　　mm

序号	参数名称	参数值	序号	参数名称	参数值
1	加工方法	底壁加工（FLOOR_WALL）	8	底面余量	0.5mm
2	切削模式	轮廓	9	开放区域进刀和退刀	线性
3	切削深度	0	10	进刀和退刀高度	4mm
4	步距	75% 刀具直径	11	主轴转速	3000r/min
5	侧壁余量	0	12	进给率	1000mm/min
6	毛坯厚度	8mm	13	自动壁	选中
7	切削区域	壁			

◆ 对凹腔壁精加工操作进行变换。方法同凹腔粗加工变换，结果如图 3-95 所示。

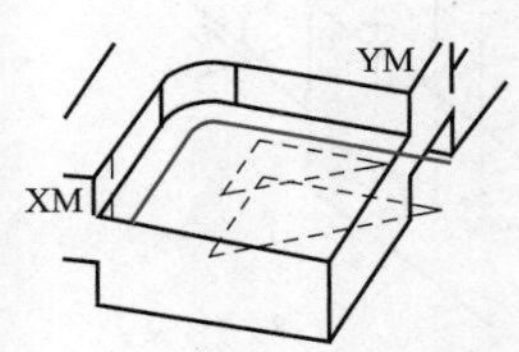

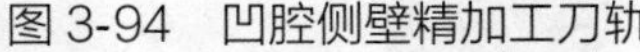

图 3-94　凹腔侧壁精加工刀轨

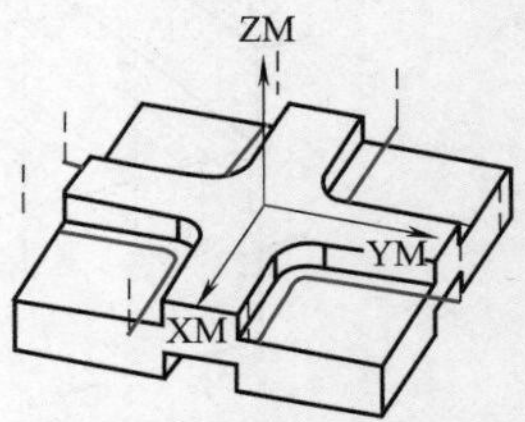

图 3-95　转换后的刀轨

E3-20

观看步骤 11）操作视频，请扫二维码 E3-20。

12）创建凹腔的底面精加工操作

◆ 创建单个凹腔底面精加工操作。要求：父项设置如图 3-93 所示，指定切削区域如图 3-90 所示，切削参数设置见表 3-12。生成的刀轨如图 3-96 所示。

表 3-12　切削参数　（单位：mm）

序号	参数名称	参数值	序号	参数名称	参数值
1	加工方法	底壁加工（FLOOR_WALL）	8	第一刀进给	60% 进给率
2	切削模式	跟随部件	9	底面余量	0
3	切削深度	0	10	开放区域进刀和退刀	线性
4	步距	75% 刀具直径	11	进刀和退刀高度	4
5	侧壁余量	0	12	主轴转速	3000r/min
6	毛坯厚度	8	13	进给率	1000mm/min
7	切削区域	底面	14	自动壁	选中

◆ 对凹腔底面精加工操作进行变换。方法同凹腔粗加工变换，结果如图 3-97 所示。

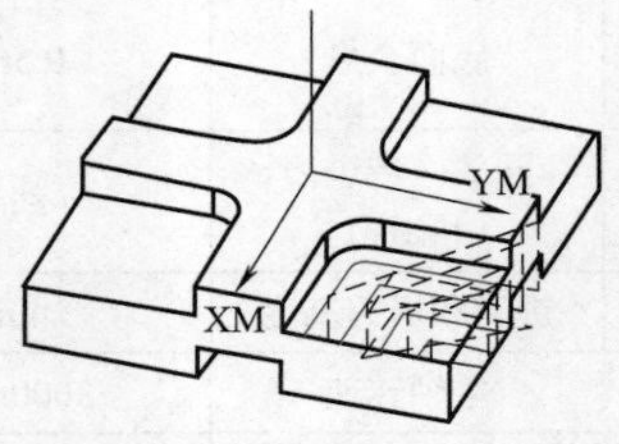

图 3-96　凹腔底面精加工刀轨

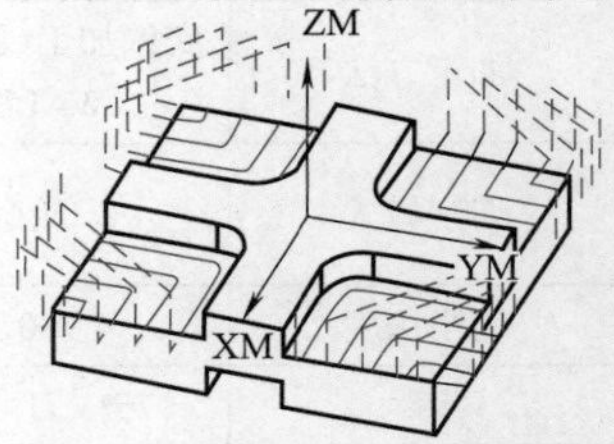

图 3-97　转换后的刀轨

E3-21

观看步骤 12）操作视频，请扫二维码 E3-21。

13）仿真加工过程。要求：进行加工仿真，检查是否有过切、欠切、干涉发生，如果有，请进行原因分析，并做相应调整。

14）后置处理。要求：进行后置处理，生成 G 代码程序，要求 ZM_NC 输出一个程序，FM_NC 输出一个程序。

15）保存文件。

E3-22

观看步骤 13）～ 15）操作视频，请扫二维码 E3-22。

3.3.2 填写“课程任务报告”

课程任务报告

<table>
<tr><td>班级</td><td></td><td>姓名</td><td></td><td>学号</td><td></td><td>成绩</td><td></td></tr>
<tr><td>组别</td><td></td><td>任务名称</td><td colspan="3">十字槽加工</td><td>参考课时</td><td>6 课时</td></tr>
<tr><td>任务图样</td><td colspan="7">a）正面　　b）反面</td></tr>
<tr><td>任务要求</td><td colspan="7">1．对照任务参考过程，相关视频，知识介绍，完成十字槽零件的加工。
2．能合理选择切削模式。
3．可以根据工艺要求合理选择平面加工的方法。
4．学会多面加工的处理方法。</td></tr>
<tr><td>任务完成过程记录</td><td colspan="7">总结的过程按照任务的要求进行，如果位置不够可加附页（根据实际情况，可以适当安排拓展任务供同学分组讨论学习，此时以拓展训练内容的完成过程进行记录）。</td></tr>
</table>

3.3.3 知识学习

1. 切削模式

切削模式用于决定刀轨的样式、加工的质量和切削效率。平面铣共有 8 种切削模式，型腔铣共有 7 种切削模式，其具体含义如下：

1）跟随部件切削。通过从整个指定的部件几何体中形成相等数量的偏置，创建切削图样。不管该“部件”几何体定义的是边缘环、岛或型腔，可以保证刀具沿着整个部件几何体进行切削，从而无须设置“岛清理”刀轨，刀轨方向只能由系统确定，如图 3-98 所示。

2）跟随周边切削。跟随周边创建了一种能跟随切削区域的轮廓，生成一系列同心刀轨的切削图样。通过偏置该区域的边缘环，可以生成这种切削图样。只从由“部件”或“毛坯”几何体定义的边缘环生成偏置，刀轨方向有由内向外和由外向内两种形式，如图 3-99 所示。

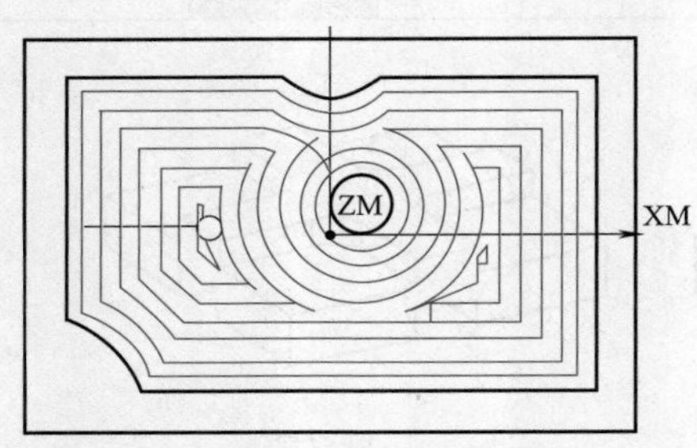

图 3-98 跟随部件切削

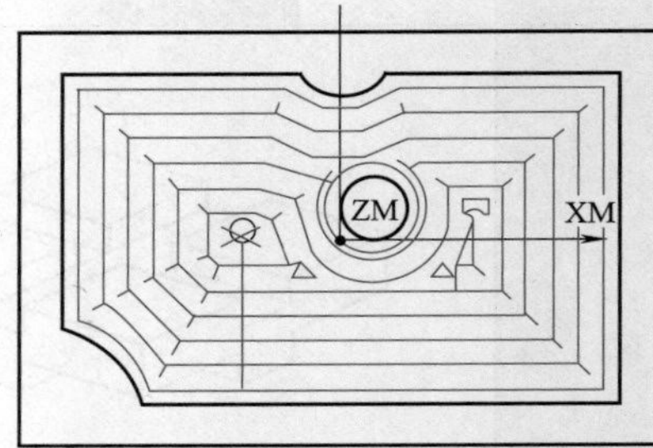

图 3-99 跟随周边切削

3）轮廓切削（配置文件）。创建一条或指定数量的切削刀轨来对部件壁面进行精加工。可以加工开放区域及闭合区域，对于具有封闭形状的可加工区域，轮廓刀轨的构建和移动与“跟随部件”切削图样相同，如图 3-100 所示。

4）标准驱动切削（仅平面铣）。这是一种轮廓切削方式，允许刀具准确地沿着指定边界移动，从而不需要再应用“轮廓”中使用的自动边界裁剪功能。使用自交选项，可以通过标准驱动来确定是否允许刀轨自相交，但允许刀轨自相交就不能进行干涉检查，要进行干涉检查就不能允许刀轨自相交，如图 3-101 所示。

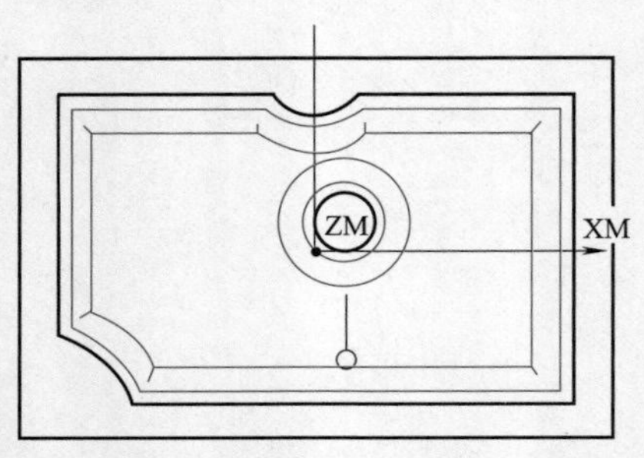

图 3-100 轮廓切削

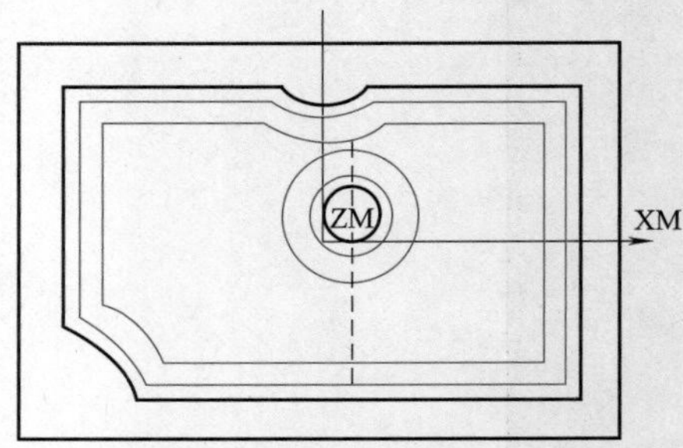

图 3-101 标准驱动切削

5）摆线切削。这是一种刀具以圆形回环的模式移动，而圆心沿轨迹方向移动的铣削方法。当需要避免过量切削材料时，需要用此模式。使用此模式，刀具步距不能大于刀具直径的 65%，如图 3-102 所示。

6）单向切削。可创建一系列沿一个方向切削的直线平行刀轨。“单向”将保持一致的“顺铣”或“逆铣”切削，并且在连续的刀轨间不执行轮廓铣削，除非指定的“进刀”方式要求刀具执行切削运动，如图 3-103 所示。

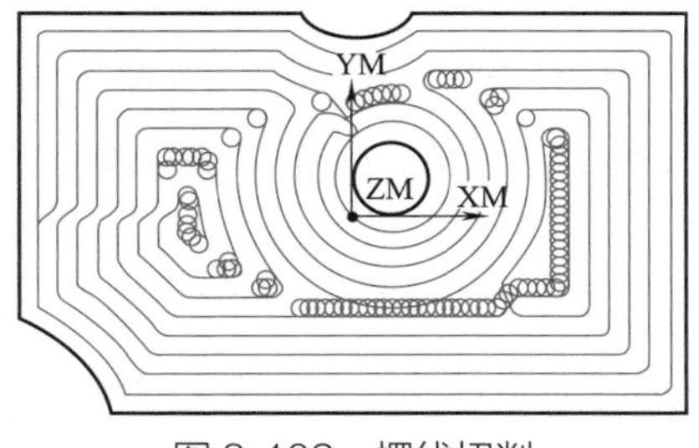

图 3-102　摆线切削

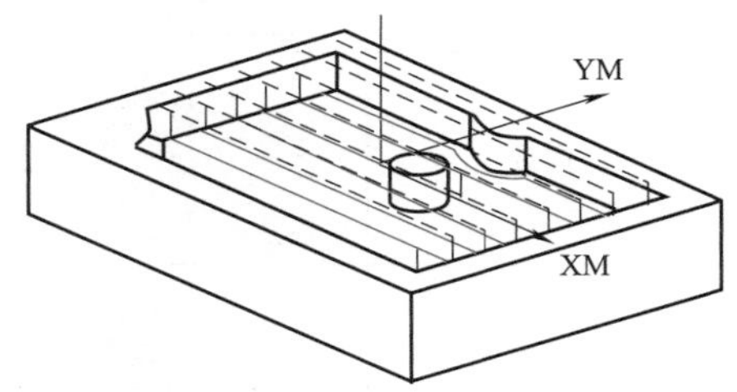

图 3-103　单向切削

7）往复切削。创建一系列平行直线刀轨，彼此相邻刀轨切削方向相反，但步进时通过保持连续的进刀状态使切削移动最大化，如图 3-104 所示。

8）单向轮廓切削。单向带轮廓铣产生一系列单向的平行线性刀轨，回程是快速横越运动，在两段连续刀轨之间跨越的刀轨（步距）是切削壁面的刀轨，如图 3-105 所示。

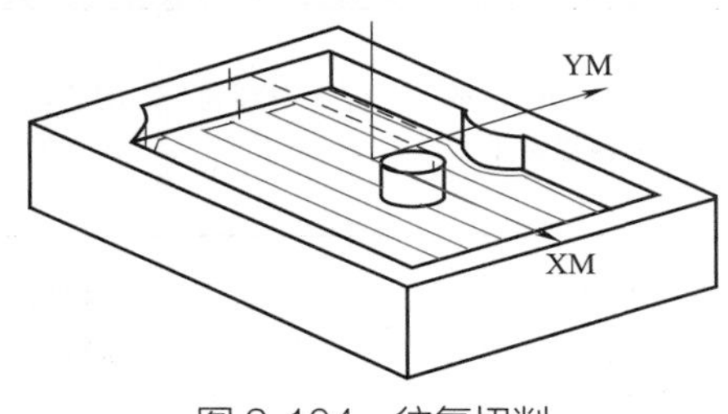

图 3-104　往复切削

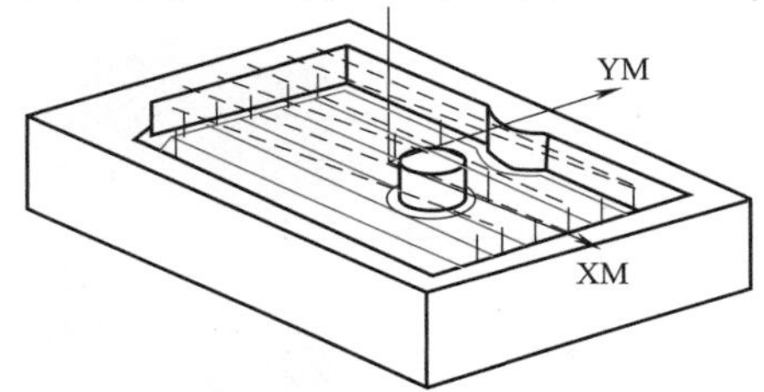

图 3-105　单向轮廓切削

2. 常用的切削移动参数

在“平面铣”对话框“刀轨设置”选项组中，单击“切削参数”按钮，系统弹出“切削参数”对话框，对话框中包括：“策略”“余量”“拐角”“连接”、“空间范围”和“更多”六个选项卡。

1）“策略”选项卡：用于定义最常用或主要的参数，包括“切削”“精加工刀路”“合并”和“毛坯”四个选项组。

◆“切削”选项组。“切削”选项组有“切削方向”“切削顺序”“切削角”（仅单向切削、往复切削模式时有该选项）、“刀路方向”（仅跟随周边切削和摆线切削模式时有该选项）、“壁”（仅轮廓切削、单向切削和往复切削模式时有该选项）、“自相交”（仅标准驱动切削模式有该选项）等选项，各自的内容和含义见表 3-13 ～表 3-15。

◆“精加工刀路”选项组。精加工刀路指刀具完成主要切削刀轨后所做的最后一次切削的刀轨。这个刀轨里刀具沿着边界和所有孤岛做一次轮廓铣削，系统只在“底平面”的切削层上生成此刀轨，精加工的刀轨由“刀路数”和“精加工步距”两个参数确定。

表 3-13 “切削方向”选项的含义

选项内容	图例	说明
顺铣		顺铣切削是沿刀轴方向向下看，刀轴的旋转方向与相对进给运动的方向一致
逆铣		逆铣切削是沿刀轴方向向下看，刀轴的旋转方向与相对进给运动的方向相反
跟随边界		跟随边界是刀具按选择边界的方向进行切削
边界反向		边界反向是刀具按选择边界的反方向进行切削

表 3-14 “切削顺序”选项的含义

选项内容	图例	说明
层优先		表示每次切削完成，工件上得到同一高度的切削层之后再进入下一层
深度优先		指每次切削完一个区域后再加工另一个区域，可以减少抬刀，因此在加工不同深度时，最好采用深度优先

表 3-15 “切削角”选项的含义

选项名称	图例	含义	选项名称	图例	含义
自动		系统自动判断切削角，一般和X轴方向相同	最长边		以最长边的方向为切削方向
指定	XC	给定和X轴的夹角值	矢量		以选择的矢量为切削方向

◆“合并”选项组。合并距离是指两段刀轨之间的最小距离，当小于这个距离，系统会自动将两段刀轨合并成一条刀轨，如图 3-106 所示。

◆“毛坯距离”选项组：用于指定毛坯距离的大小，是平面铣中特有的参数，系统会根据零件边界或零件几何体自动形成毛坯几何体的偏置距离，在处理铸件毛坯时很有用，如图 3-107 所示。

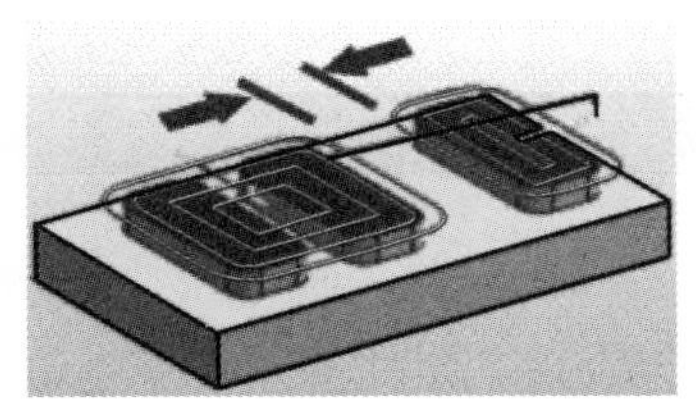
图 3-106　合并距离

图 3-107　毛坯距离

2）“余量”选项卡：用于定义粗、精加工的余量参数，包括“部件余量”“最终底面余量”“毛坯余量”“检查余量”“修剪余量”和“内 / 外公差”选项，其含意见表 3-16。

3）“拐角”选项卡：用于控制刀轨在拐角位置的处理方式。有“拐角处的刀轨形状”“圆弧上进给调整”和“拐角处进给减速”三个选项。

◆“拐角处的刀轨形状”选项。有“绕对象滚动”“延伸并修剪”和“延伸”三个选项，其含义见表 3-17。

表 3-16　“余量”选项的含义

选项名称	图例	说　明
部件余量		系统在计算当前操作的刀轨时，会自动从部件边界偏移一个部件余量的距离，然后生成刀轨。一般来说，粗加工时留的余量大，精加工部件余量为零
最终底面余量		在本操作加工完成后，在加工区域底部留下一个“最终底面余量”值，作为后续加工的材料
毛坯余量		毛坯余量是在毛坯边界的基础上的偏置量。是本道操作要加工的量
检查余量		在检查边界向外的偏置量。添加这个值可以防止加工时刀具和检查体发生干涉
修剪余量		系统在修剪边界向切削侧的偏置量。添加这个值可以防止刀具在修剪边界上过切

（续）

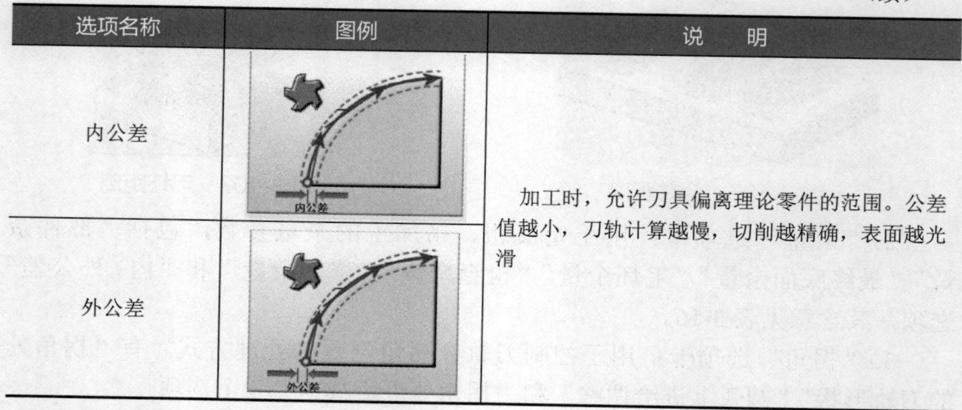

选项名称	图例	说　明
内公差	内公差	加工时，允许刀具偏离理论零件的范围。公差值越小，刀轨计算越慢，切削越精确，表面越光滑
外公差	外公差	

表 3-17 “拐角处的刀轨形状”选项的含义

选项名称	绕对象滚动	延伸并修剪	延伸
图例			

◆“圆弧上进给调整”选项。控制刀具在走圆弧形轨迹时是否减速，有“无”和“在所有圆弧上”两个选项。

◆“拐角处进给减速”选项。设置刀具运动方向发生变化时的减速距离，有“无”“当前刀具”和“上一刀具”三个选项。

4）“连接”选项卡：用于控制多个刀轨之间的连接方式，有“区域顺序”“跨空区域”“开放刀路”和“优化”四个选项组。

◆“区域顺序”选项组。其下的“区域排序”选项有“标准”“优化”“跟随起点”和“跟随预钻孔”四个子选项，图例见表 3-18。

表 3-18 “区域排序”选项的含义

选项	图例	说　明
标准		系统按照默认的方式走刀，这种刀轨的效率比较低
优化		系统按照最短路径走刀，效率较高，但不能够人为控制
跟随起点		用户可以用区域的起刀点来控制走刀的顺铣，但可控制点的数量较少
跟随预钻孔		用户可以定义更多的控制点来控制刀具的走刀顺序，可控性最好，但更麻烦

◆“优化”选项组。

选中“跟随检查几何体”复选框时，刀轨遇到检查几何体时会沿着检查几何体走刀，如果没有选中该选项，刀具遇到检查几何体时会抬刀。

选中“短距离移动上的进给”时，系统会在遇到比较短的空移动距离时，以进给速度进行切削，对话框多出给定短距离的“最大移刀值”输入框。如果不选中该选项，系统会在短距离处抬刀。

注意：当切削模式为“跟随部件”和“摆线”时，出现此选项组；当切削模式为“摆线”时，出现“短距离移动上的进给”选项；当切削模式为“跟随部件”时，出现“跟随检查几何体”选项。

◆“开放刀路”选项组。对于开放刀轨的连接方式，有“保持切削方向”和“变换切削方向”两个选项，见表 3-19。

表 3-19 “开放刀路”选项的含义

选项名称	保持切削方向	变换切削方向
图例	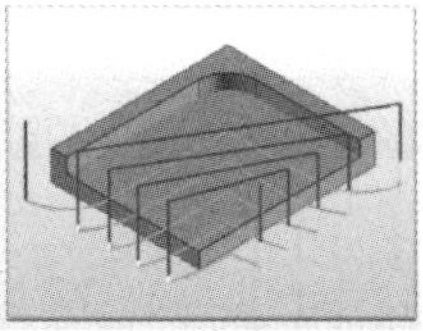	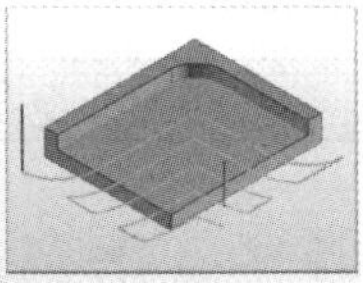

注意：“开放刀路”选项组仅在“跟随部件”切削模式下出现。

◆“跨空区域”选项组。控制在“跨空区域”的走刀模式，有“跟随”“切削”和“移刀”三个选项，其含义见表 3-20。

表 3-20 “跨空区域”选项的含义

选项名称	跟随	切削	移刀
图例	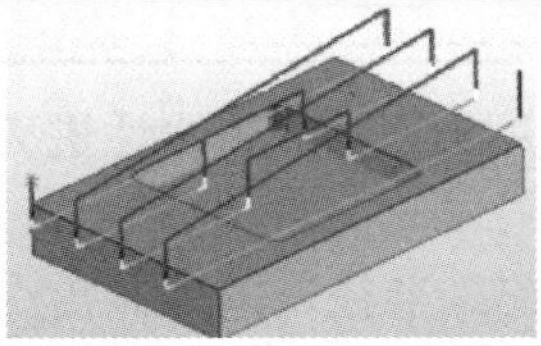	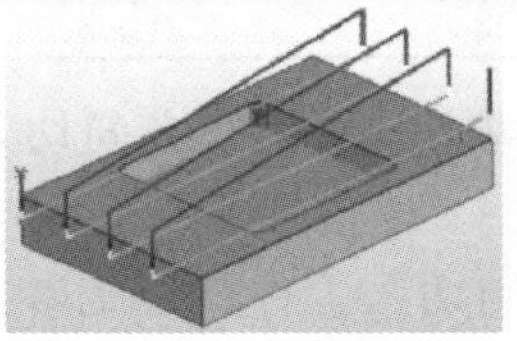	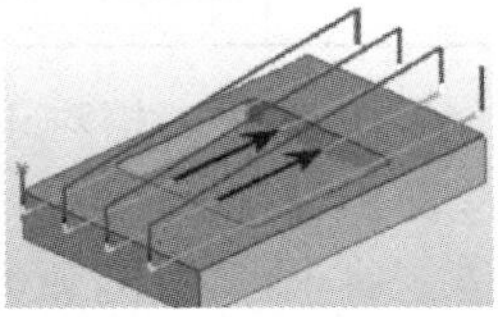

注意：“跨空区域”选项只在“单向”“往复”和“单向轮廓”三种切削模式下出现。

5）“空间范围”选项卡。“空间范围”选项卡主要用于半精加工或精加工，去除前面工序或刀具留下的壁部拐角残料。有“无”“使用 2D IPW”和“使用参考刀具”三个选项，其含义见表 3-21。

表 3-21 “空间范围”选项的含义

选项名称	无	使用 2D-IPW	使用参考刀具
图例	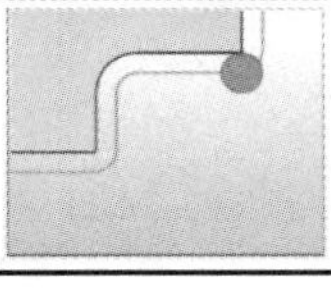	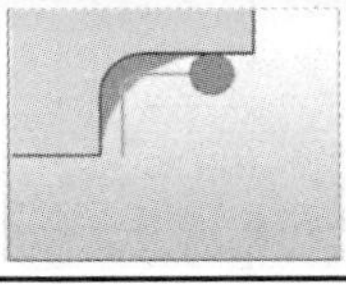	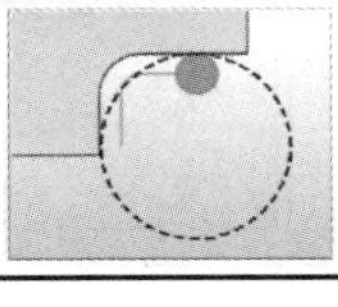

6）“更多”选项卡。用于补充说明其他参数，包括“安全距离”“原有的”“底切”和“下设平面设置”等选项。

3. 常用非切削移动参数

非切削参数，用于指定刀具在整个空间中的所有运动，包括：“进刀”“退刀”“起点 / 钻点”“避让”“转移 / 快速”和“更多”等六个选项卡。

1）“进刀”选项卡。“进刀”选项卡用于控制加工时在开放区域、封闭区域、初始封闭区域和初始开放区域的进刀方式。封闭区域的进刀形式有：“螺旋”“沿形状斜进刀”“插削”“与开放区域相同”和“无”五种形式。开放区域的进刀形式有：“线性”“线性 - 相对于切削”“圆弧”“点”“线性 - 沿矢量”“角度 角度 平面”“矢量 平面”“与封闭区域相同”和“无”共九种。

◆ 线性。控制刀具沿直线方向进刀，直线的方向和长度可以根据需要通过“设定长度”“旋转角度”“斜坡角”“高度和最小安全距离”进行确定。每个参数的含义见表 3-22。

表 3-22 线性进刀

选项名称	线性进刀	长度	旋转角度	斜坡角
图例	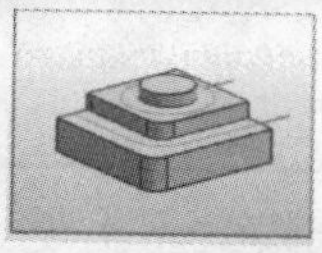	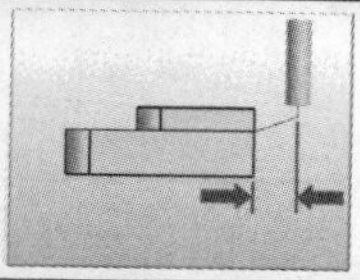	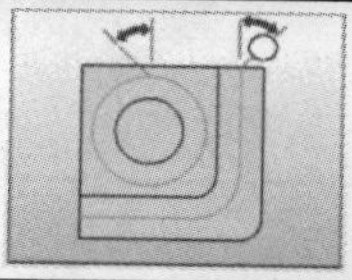	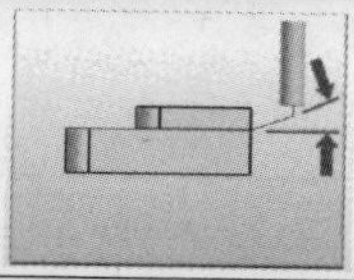
选项名称	高度	最小安全距离	修剪至最小安全距离	线性 – 相对于切削
图例	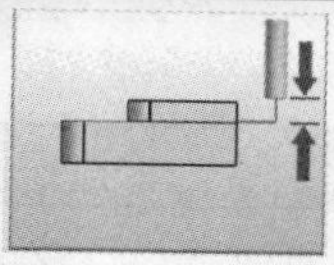	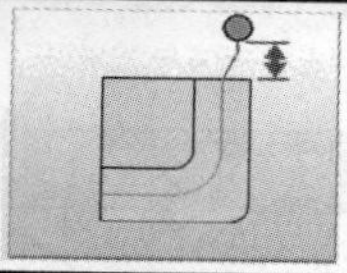	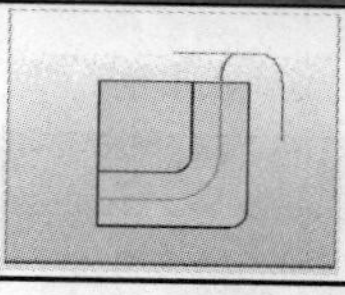	

◆ 线性 - 相对于切削。沿切线方向切入，控制参数和线性进刀相同，参考表 3-22。

◆ 圆弧。圆弧方向切入工件，控制参数有：半径、圆弧角度、高度、最小安全距离和在圆弧中心处开始等参数。其中高度、最小安全距离、修剪至最小安全距离、忽略修剪侧毛坯的含义和线性进刀方式相同，其他参数见表 3-23。

表 3-23 圆弧进刀

选项名称	圆弧进刀	圆弧半径	圆弧角度	从圆弧中心开始
图例	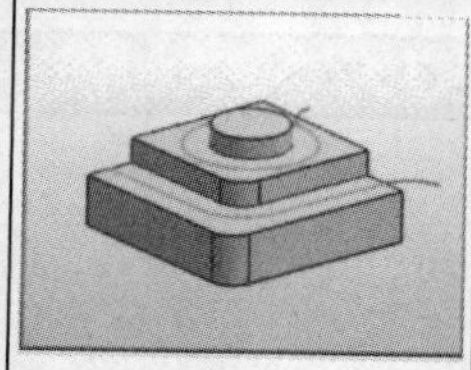	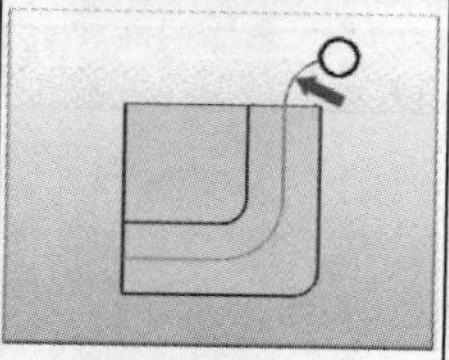		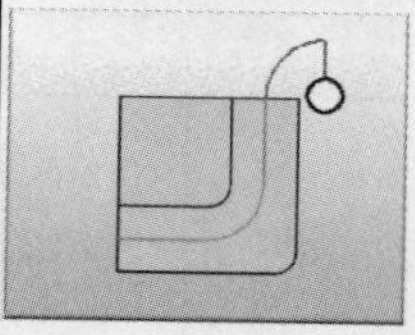

◆ 螺旋。沿螺旋线的方式切入工件，可以控制螺旋线的直径、斜坡角、高度、高度起点、最小安全距离和最小斜坡距离等参数，见表 3-24。

表 3-24 螺旋进刀

选项名称	螺旋进刀	螺旋直径	斜坡角	最小安全距离
图例	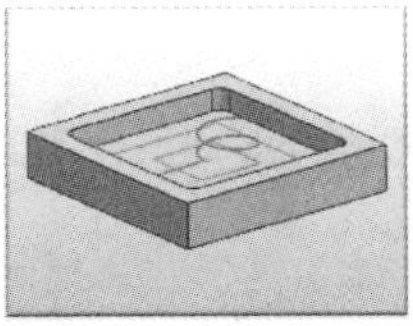	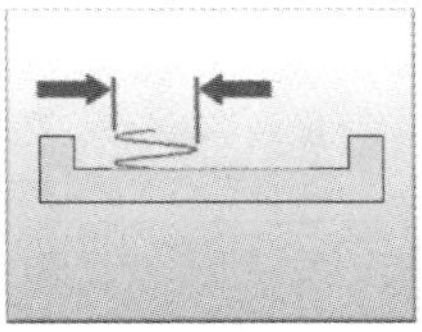	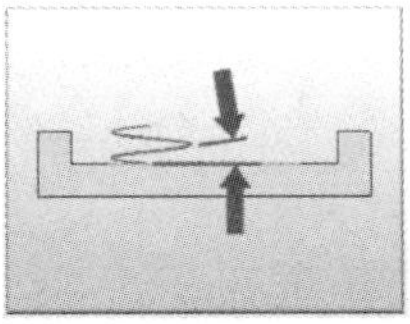	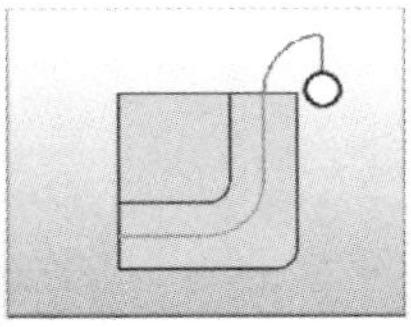
选项名称	高度起点 - 前一层	高度起点 - 当前层	高度起点 - 平面	最小斜坡距离
图例	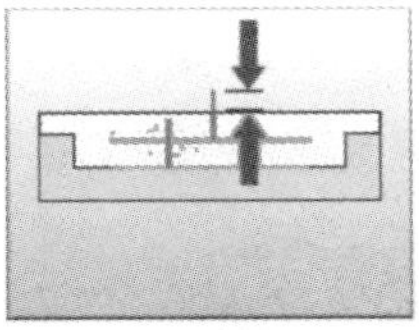	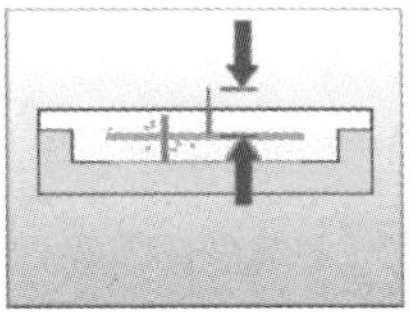	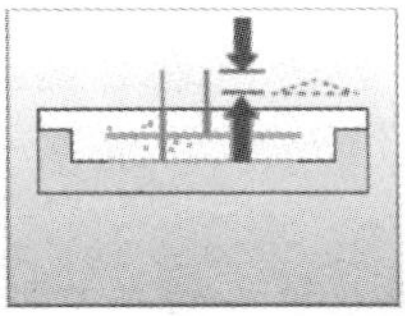	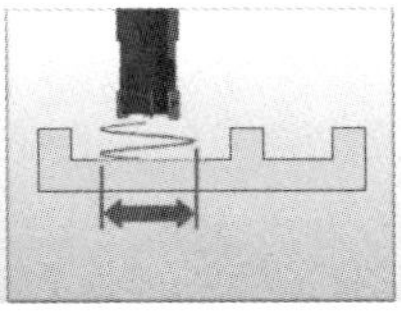

◆ 沿形状斜线。进刀时，刀具沿着边界的形状下刀，可以控制斜坡角、高度、高度起点、最大宽度、最小安全距离、最小斜坡长度等参数。斜坡角、高度、高度起点、最小安全距离和最小斜坡长度等参数的含义和螺旋进刀的对应参数含义相同。特有参数见表 3-25。

表 3-25 “沿形状斜线”进刀和“点”进刀

选型名称	沿形状斜线进刀	最大宽度（沿形状斜线进刀）	点进刀	有效距离 - 点进刀
图例		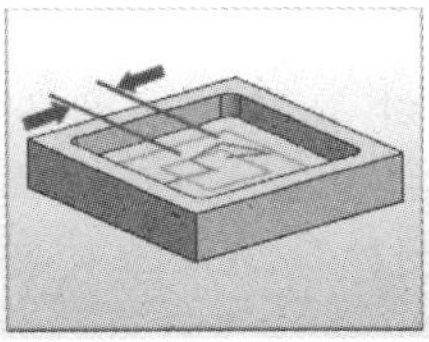	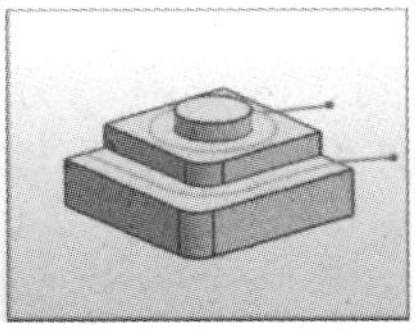	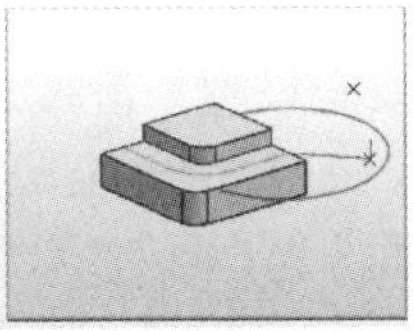

◆ 点。从给定的点开始切入工件，可以指定多个切入点，控制参数有半径、高度和有效距离，如果半径为零则沿直线切入。半径和高度参数的含义和圆弧方式切入含义相同。特有参数见表 3-25。

◆ 线性 - 沿矢量。沿着给定的矢量方向切入工件，控制参数有“矢量”“长度”和“高度”，长度和高度的含义和其他进刀方式相同，矢量是给定切入的方向。

◆ 角度 - 角度 - 平面。通过给定旋转角、斜坡角及平面来确定进刀点和方向，旋转角和斜坡角的含义和线性进刀相同。

◆ 矢量 - 平面。通过给定矢量确定进刀的方向，平面和矢量结合确定进刀点。

◆ 插削。刀具直接沿 Z 轴方向进刀，非常少用（除非确保有预钻孔）。

2）“退刀”选项卡。退刀方式和进刀方式相同。

3）“起点 / 钻点”选项卡。“起点 / 钻点”选项卡控制刀轨的重叠距离、区域起点、预钻孔点选项，如图 3-108 所示。

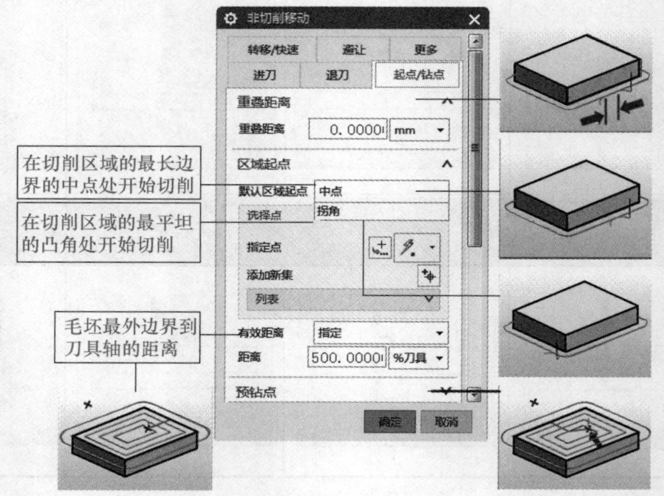

图 3-108 “起点 / 钻点”选项卡

4）“避让”选项卡。可以根据需要，有选择地指定刀具“出发点”“起点”“返回点”和“回零点”的位置及刀轴方向，各点的含义如图 3-109 所示。

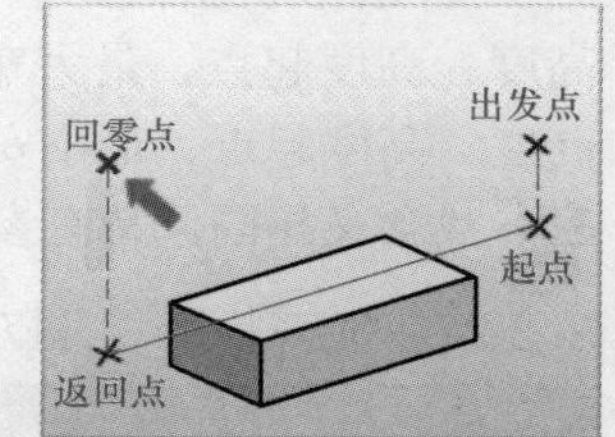

图 3-109 刀轨控制点位置

5）“转移 / 快速”选项卡。设置刀具退刀到什么位置和切削区域间刀具的转移方式，以及加工开始和加工结束时，刀具应该到达的位置。控制选项有：安全设置、区域之间、区域内、初始和最终四个选项组。

①“安全设置”选项组。安全设置选项有：“使用继承的”“自动平面”“平面”“点”“包容圆柱体”“圆柱”“球”“包容块”和“无”九个选项。各选项的含义见表 3-26。

表 3-26 “安全设置”选项的含义

选项名称	使用继承的	自动平面	平面	点
图例	MCS			

（续）

选项名称	包容圆柱	圆柱	球	包容块
图例	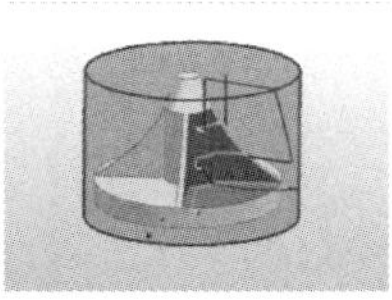	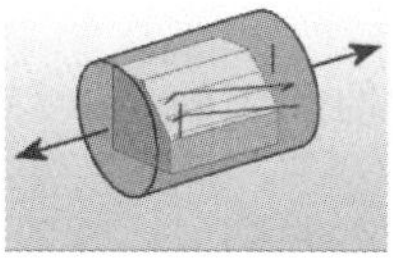	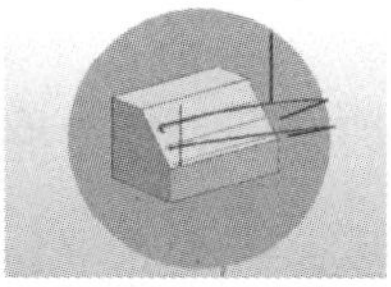	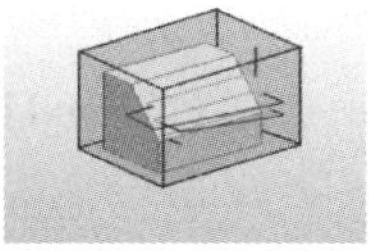

“无”选项表示不做安全设置，容易撞刀，这通常是不允许的。

②“区域之间”选项组。“区域之间”选项组的“转移类型”有：“安全距离 - 刀轴”“安全距离 - 最短距离”“安全距离 - 切割平面”“前一平面”“直接”“Z 向最低安全距离”和“毛坯平面”共七个选项，其含义见表 3-27。

表 3-27 “转移类型”选项的含义

选项名称	安全距离 – 刀轴	安全距离 – 最短距离	安全距离 – 切割平面	前一平面
图例	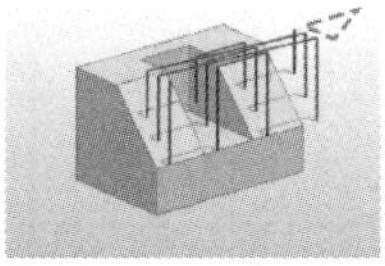	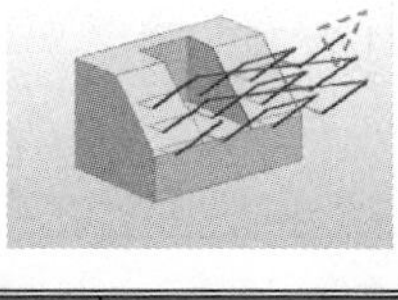	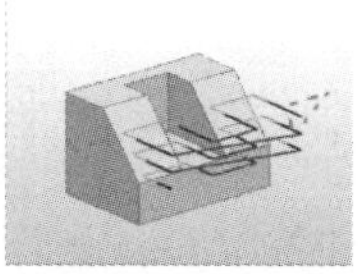	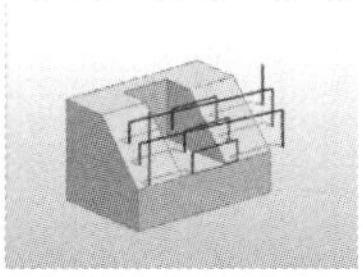

选项名称	直接	Z 向最低安全距离	毛坯平面
图例	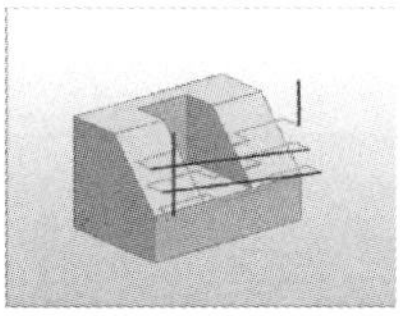	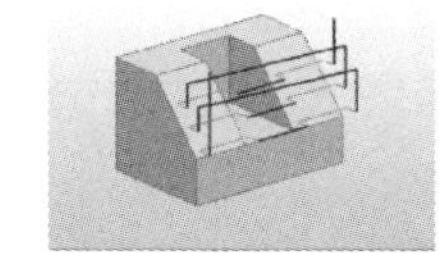	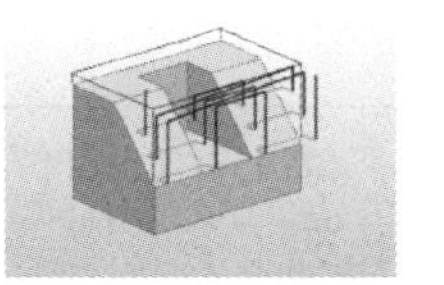

③“区域内”选项组。“区域内”选项组包括“转移方式”和“转移类型”两个选项，“转移类型”和“区域之间”选项组的“转移类型”完全相同。“转移方式”表示相邻两条刀轨之间的连接方式，有“进刀和抬刀”“抬刀和插削”和“无”三个选项：

◆ 进刀和抬刀：以“进刀”和“退刀”方式连接相邻两条刀轨。

◆ 抬刀和插削：以给定的“抬刀 / 插削高度”进行切入和切出。

◆ 无：连接刀路时不附加切入切出刀路。

④“初始和最终”选项组。用于控制第一条刀具轨迹和最后一条刀具轨迹的切入和切出方式。选项含义和“转移类型”中的相同选项含义相同。

6）“更多”选项卡：用于设置“碰撞检查”和“刀具补偿”。

3.3.4 问题探讨

当一个零件需要多个方向进行数控编程时，应该注意什么问题？

3.3.5 任务拓展

试对图 3-110 所示的零件生成数控加工轨迹。

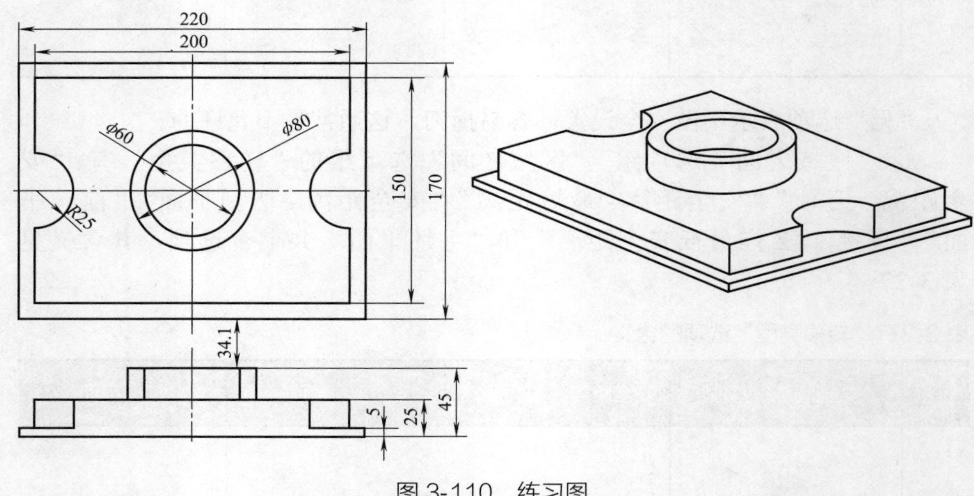

图 3-110 练习图

任务 3.4 型腔孔加工

知识点

◎ 孔加工操作的种类。
◎ 孔加工参数定义工具。

技能点

◎ 能合理选择孔加工方法。
◎ 能合理定义孔切削参数。

任务描述

塑料模型腔加工中通常会有各种通孔、沉头孔、不通孔和螺纹孔等各种形式的孔。通过对型腔孔加工任务的实施，学生应熟悉各种孔的加工方法、加工孔的参数的设置，能够使用 UG 进行零件的孔加工。

加工要求

如图 3-111 所示的型腔零件，材料为 45 钢，要求加工零件上的孔。

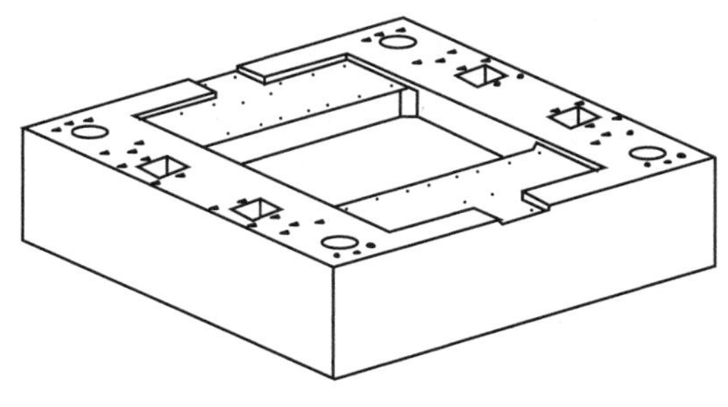

图 3-111　型腔零件

3.4.1 任务实施

1. 零件分析

该型腔零件的孔有以下几种：

◆ 8 个 ϕ10mm、深 30mm 平底不通孔。

◆ 16 个 ϕ10mm、深 32mm 锥面不通孔。

◆ 4 个 ϕ60mm 通孔。

◆ 16 个 ϕ13mm 通孔。

◆ 4 个 ϕ12mm 深 50mm 平底不通孔。

◆ 32 个 ϕ5mm 深 12mm 不通孔。

2. 零件工艺编排

◆ 使用 ϕ10mm 键槽铣刀为 ϕ60mm 孔打底孔。

◆ 使用 ϕ6mm 键槽铣刀为其他孔打底孔。

◆ 使用 ϕ10mm 钻头加工 ϕ10mm 深 32mm 底孔，ϕ10mm 深 30mm 孔。

◆ 使用 ϕ5mm 钻头加工 ϕ5mm 深 12mm 孔。

◆ 使用 ϕ13mm 钻头钻 ϕ13mm 孔。

◆ 使用 ϕ28mm 钻头钻 ϕ60mm 底孔。

◆ 使用 ϕ40mm 钻头扩 ϕ60mm 孔。

◆ 镗 ϕ60mm 孔。

3. 操作步骤

1）打开文件“3-4.prt”，如图 3-111 所示。

2）进入加工界面，进行初始化。要求：“CAM 会话配置”选“cam_general”，“要创建的 CAM 设置”选“drill”，单击【确定】按钮，进入加工界面。

3）创建刀具，刀具参数见表 3-28。

4）定义加工几何。要求：将工件坐标系定义到工作坐标系位置，安全平面距离毛坯顶面 10mm；毛坯几何使用“包络立方体”选项定义，且各面加工余量均为 0mm；部件几何体选择被加工零件。

表 3-28　刀具参数　　（单位：mm）

序号	刀具名称	刀具直径	刃长	刀具长度	类型
1	T1D10	$\phi10$	30	50	键槽铣刀
2	T2D6	$\phi6$	15	25	键槽铣刀
3	T3D40	$\phi40$	80	100	钻头
4	T4D28	$\phi28$	80	100	钻头
5	T5D13	$\phi13$	60	80	钻头
6	T6D10	$\phi10$	60	80	钻头
7	T7D5	$\phi5$	20	40	钻头
8	T9D60	$\phi60$	10	90	镗刀

5）使用 T2D6 键槽铣刀创建如图 3-112 所示三个孔的底孔加工操作。要求：操作父项设置如图 3-113 所示，切削参数见表 3-29。“指定顶面”为部件的顶面，生成的刀轨如图 3-114 所示。

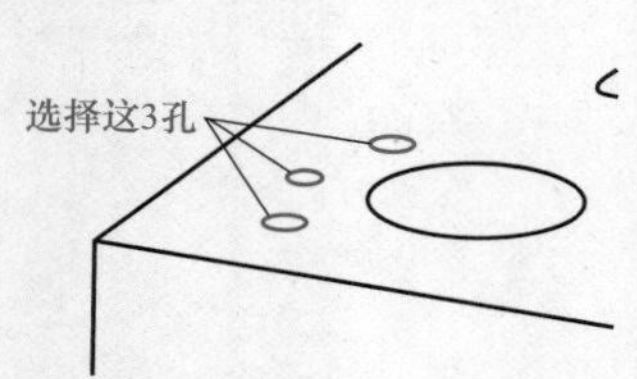

图 3-112　用 T2D6 键槽铣刀打底孔

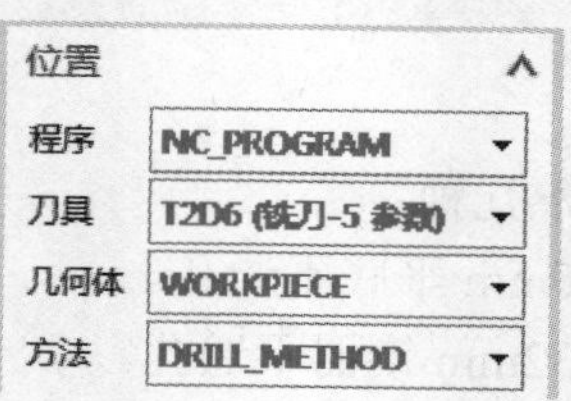

图 3-113　操作父项设置

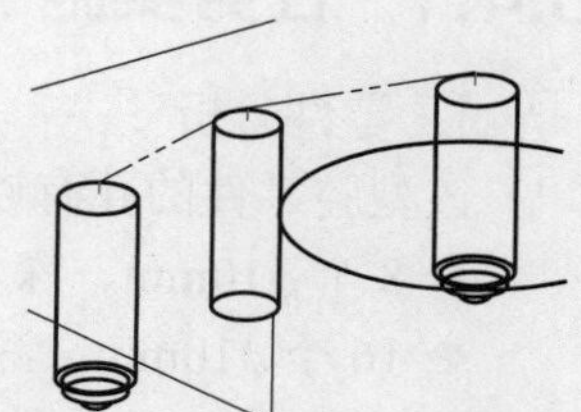

图 3-114　生成的刀轨

表 3-29　切削参数表

序号	参数名称	参数值	序号	参数名称	参数值
1	加工方法	锪孔（SPOT_FACING）	4	Depth（Tip）	2mm
2	循环模式	标准钻	5	进给率	300mm/min
3	最小安全距离	3mm	6	主轴转速	1500r/min

E3-23

观看步骤 1）～ 5）操作视频，请扫二维码 E3-23。

6）使用 T2D6 键槽铣刀为部件顶面直径小于 15mm 的孔打底孔。要求：操作父项及切削参数和上一步相同，生成的刀轨如图 3-115 所示。

注意：选择孔的方法和优化孔的切削次序。

E3-24

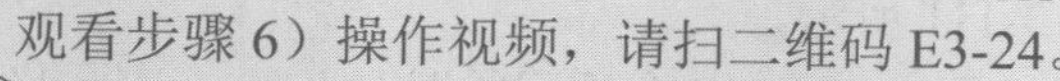

观看步骤 6）操作视频，请扫二维码 E3-24。

7）使用 T7D5 钻头加工孔 $\phi5$mm 深 12mm。要求：操作的父项和上一步相同，切削参数见表 3-30，生成的刀轨如图 3-116 所示。

E3-25

观看步骤 7）操作视频，请扫二维码 E3-25。

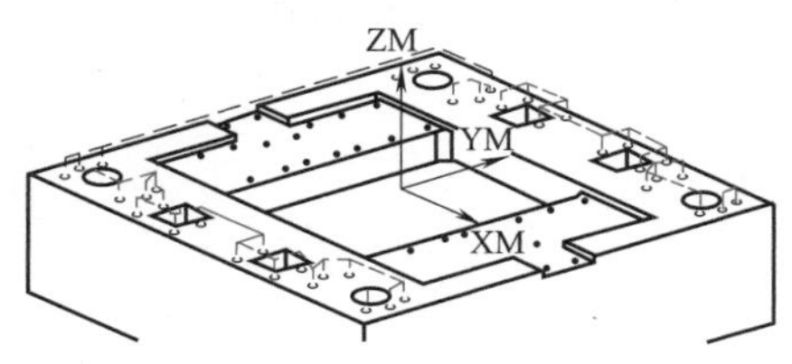

图 3-115 打底孔刀轨

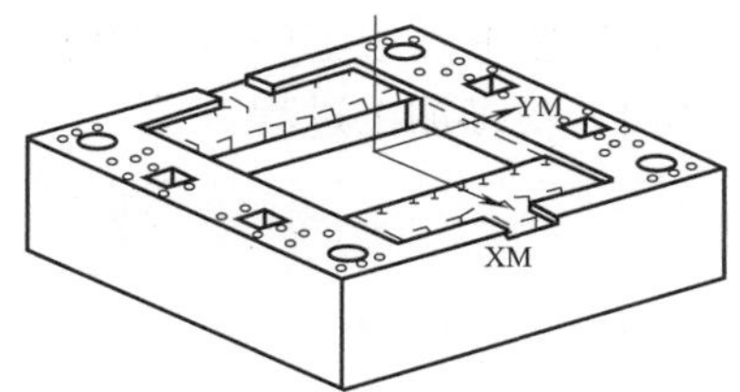

图 3-116 钻 ϕ5mm 孔刀轨

表 3-30 切削参数

序号	参数名称	参数值	序号	参数名称	参数值
1	加工方法	断屑钻	4	钻孔增量	3mm
2	循环模式	断屑	5	进给率	100mm/min
3	最小安全距离	3mm	6	主轴转速	400r/min

8）使用 T2D6 键槽铣刀生成如图 3-117 所示的底孔刀轨。

9）使用 T1D10 键槽铣刀铣 ϕ60mm 底孔，参考刀轨如图 3-118 所示。

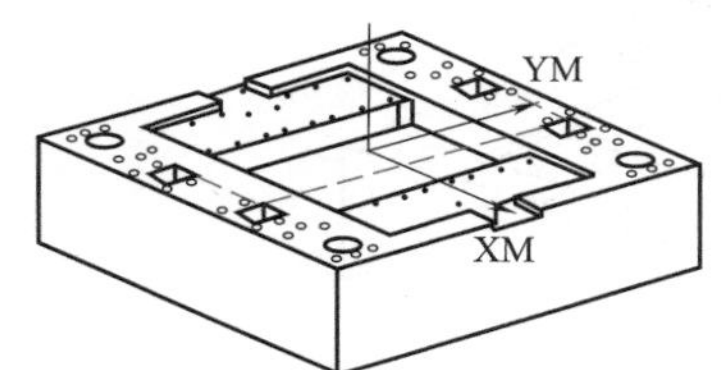

图 3-117 步骤 8）刀轨

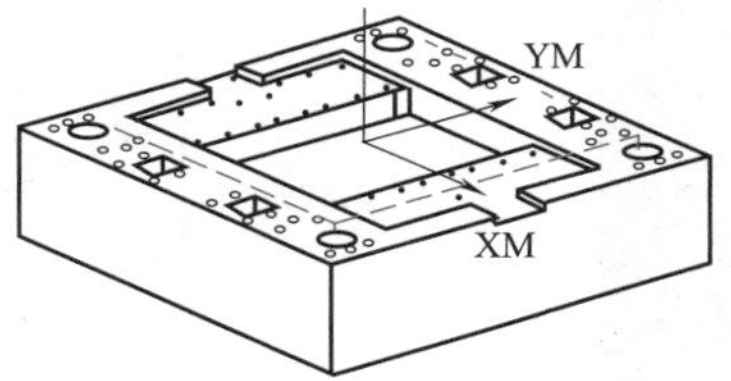

图 3-118 铣 ϕ60mm 底孔刀轨

观看步骤 8）～9）操作视频，请扫二维码 E3-26。

10）使用 T6D10 钻头加工 ϕ10mm 深 32mm 孔。切削参数见表 3-31，刀轨如图 3-119 所示。

表 3-31 切削参数

序号	参数名称	参数值	序号	参数名称	参数值
1	加工方法	啄钻（PECK_DRILLING）	4	钻孔增量	3mm
2	循环模式	啄钻	5	进给率	100mm/min
3	最小安全距离	3mm	6	主轴转速	400r/min

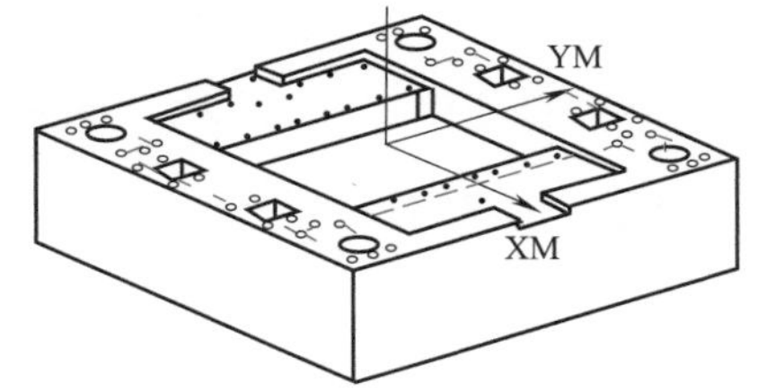

图 3-119 使用啄钻方式钻 ϕ10mm 孔刀轨

11）参考前边工序刀轨的创建过程，创建其他工序的刀具轨迹。

12）仿真加工过程。

E3-28

观看步骤 12）操作视频，请扫二维码 E3-28。

13）后置处理。

14）保存文件。

3.4.2 填写“课程任务报告”

课程任务报告

<table>
<tr><td>班级</td><td></td><td>姓名</td><td></td><td>学号</td><td></td><td>成绩</td><td></td></tr>
<tr><td>组别</td><td></td><td>任务名称</td><td colspan="3">型腔孔加工</td><td>参考课时</td><td>6 课时</td></tr>
<tr><td>任务图样</td><td colspan="7"></td></tr>
<tr><td>任务要求</td><td colspan="7">1. 对照任务参考过程，相关视频，知识介绍，完成型腔孔零件的加工。
2. 学会各种孔加工参数的含义。
3. 学会各种孔加工参数的设置。
4. 能合理选择各种孔加工方法。</td></tr>
<tr><td>任务完成过程记录</td><td colspan="7">总结的过程按照任务的要求进行，如果位置不够可加附页（根据实际情况，可以适当安排拓展任务供同学分组讨论学习，此时以拓展训练内容的完成过程进行记录）。</td></tr>
</table>

3.4.3 知识学习

3.4.3.1 钻孔操作概述

钻孔加工的刀具运动由三部分组成：首先是刀具快速定位到加工位置上，然后切入零件，完成切削后退回。每个部分可以定义不同的运动方式，因而就有不同的钻孔指令，包括 G71 ～ G89 的各个固定循环指令。使用 CAM 软件进行钻孔程序的编制，可以直接生成完整程序，孔的数量较大时，自动编程有明显的优势。另外，对孔的位置分布较为复杂的工件，使用 NX 可以生成一个程序，完成所有孔的加工，而使用手工编程的方式较难实现。

NX 的钻孔加工可以创建钻孔、攻螺纹、镗孔、平底扩孔和扩孔等操作的刀轨。

3.4.3.2 孔加工各子类型介绍

在“创建操作”对话框的“类型”下拉列表中选择“drill”，如图 3-120 所示，“操作子类型”显示各种孔操作子类型，选择相应孔加工子类型，系统弹出“孔”对话框，如图 3-121 所示。在“循环类型”选项组“循环”列表中包含了 UG 中常用的孔加工循环类型，见表 3-32。

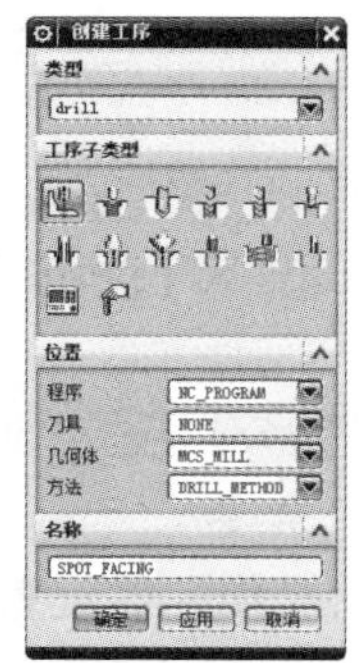

图 3-120 “创建操作”对话框

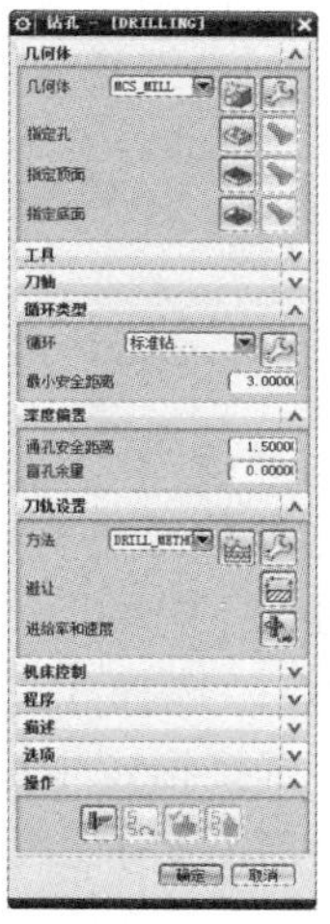

图 3-121 “孔”对话框

表 3-32 孔加工循环类型

序号	选项	输出循环指令	序号	选项	输出循环指令
1	无循环	取消循环 G80	8	标准断屑钻	G83
2	啄钻	用 G00 和 G01	9	标准攻螺纹	G84
3	断屑	无对应循环指令	10	标准镗	G85
4	标准文本	无对应循环指令	11	标准镗、快退	G86
5	标准钻	G81	12	标准镗、横向偏置后退	G76
6	标准沉孔钻	G82	13	标准背镗	G87
7	标准钻、深度	G73	14	标准镗、手工退刀	G88

3.4.3.3 选择钻孔加工几何体

钻孔加工的几何体包括钻孔点与表面、底面。其中钻孔点是必须选择的，选择钻孔点时可以指定不同的循环参数组。

1. 指定孔

在“孔”对话框中，单击“指定孔”图标，弹出“点到点几何体”对话框，如图 3-122 所示。利用此对话框中相应选项可以指定钻孔加工的加工位置、优化刀具路径、指定避让选项等。

（1）“选择”选项　该选项用于选择对象，指定加工孔的位置点，指定孔中心位置。单击这个选项，如果还没有指定孔的位置，系统会弹出如图 3-123 所示的对话框；如果已经指定过孔的位置，则系统会弹出“加工位置”对话框，确认是在原来选择的基础上添加其他孔的位置，还是重新选择孔的位置。

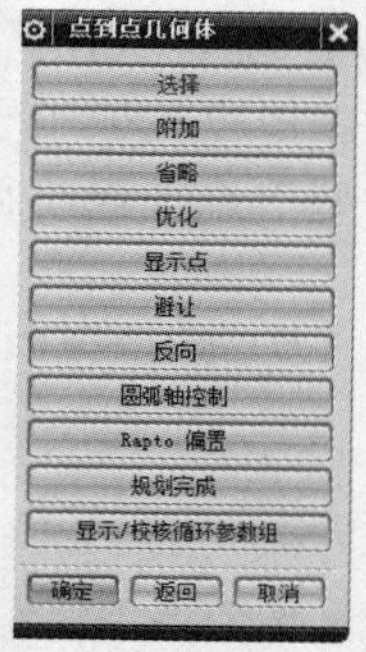

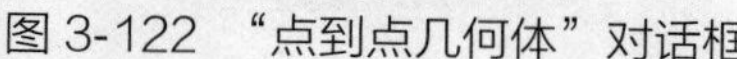
图 3-122 “点到点几何体”对话框

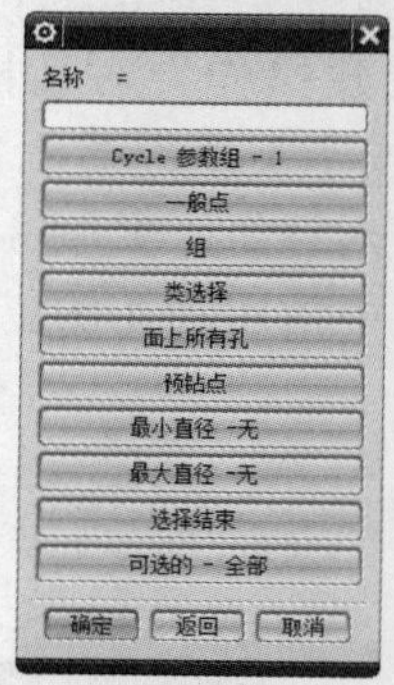

图 3-123 “加工位置”对话框

1）Cycle 参数组 -1：选择此选项可以为不同的参数组选择点，选项上显示当前激活的参数组名称。若这里激活的参数组是“Cycle 参数组 -1”，这时可以为参数组 -1 选择孔。

2）一般点：选择此选项，系统将弹出点构造器对话框，通过在图形上选择特征点或者直接指定坐标值来指定一点作为加工位置。

3）组：使用以前已经创建好的点组作为当前操作孔的位置。

4）类选择：选择此选项，系统弹出“类选择”对话框，可以设定过滤条件，达到快速选择的目的。

5）面上所有孔：选择此选项，可以指定其直径大小范围，直接在模型上选择表面，则将所选表面上各孔的中心指定为加工位置点。

6）预钻点：指定在平面铣或型腔铣中产生的预钻进刀点作为加工位置点。

7）最小直径与最大直径：这两个选项是其他选项的限制条件，没有单独的作用。

8）选择结束：相当于单击【确定】按钮。

9）可选的：是选择点的限制选项。选择此选项，系统弹出如图 3-124 的对话框

（2）“附加”选项　选择加工位置后，可以通过“附加”添加加工位置，附加的选择方式与选择点相同。

（3）“省略”选项 “省略”选项允许用于忽略先前选定的点，生成刀轨时，系统将不考虑在“省略”选项中选定的点。

（4）“优化”选项 优化刀具路径是重新指定所选加工位置在刀具路径中的顺序，通过优化可得到最短刀具路径或者按指定的方向排列。选择“优化”选项，系统弹出如图 3-125 所示对话框，可以设置优化的方式。

图 3-124 选择过滤对话框

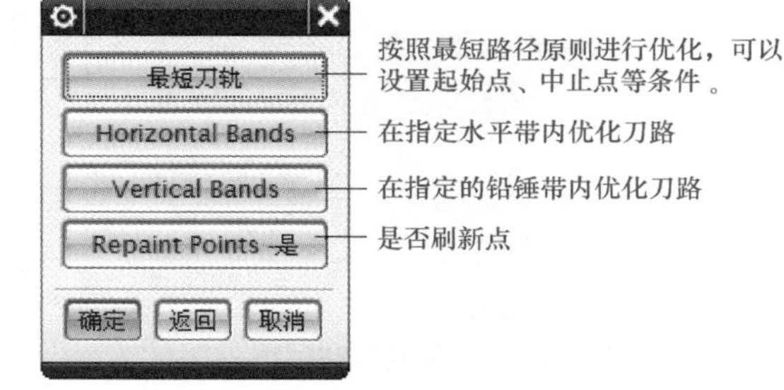

图 3-125 优化方式对话框

（5）显示点 该选项允许用户在使用包含、忽略、避让或优化选项后验证刀轨点的选择情况，系统按新的顺序显示各加工点的加工顺序号。

（6）避让 该选项用于设置刀具运动过程中应该避免干涉的面。

其余选项不常用。

2. 部件顶面

部件顶面是刀具切入材料的位置，也就是指定钻孔加工的起始位置。一般指定钻孔点时，默认的起始高度为点所在的高度。当需要统一高度开始加工时，可以使用部件顶面按钮指定起始位置。

3. 加工底面

加工底面用于指定钻孔加工的结束位置，当钻孔的深度选项设置为“穿过底面”时，需要以底面为参考。

4. 钻孔循环参数设置

选择了循环类型后，允许设定循环的参数，并设置多个循环参数组。多个循环参数组使得在一个钻孔刀轨中有不同的“循环参数”值与刀轨中不同的点或点群相关联，进而在同一刀轨中钻不同深度的孔，或者使用不同的进给速度来加工一组孔，以及设置不同的抬刀方式。

单击循环类型后的编辑按钮，系统弹出“指定参数组”对话框，设定参数组的个数，然后单击【确定】按钮，系统弹出“Cycle 参数”对话框，如图 3-126 所示，对每个参数组设定相关的循环参数。设置完一个循环组参数后，单击【确定】按钮，进入下一组参数设置。

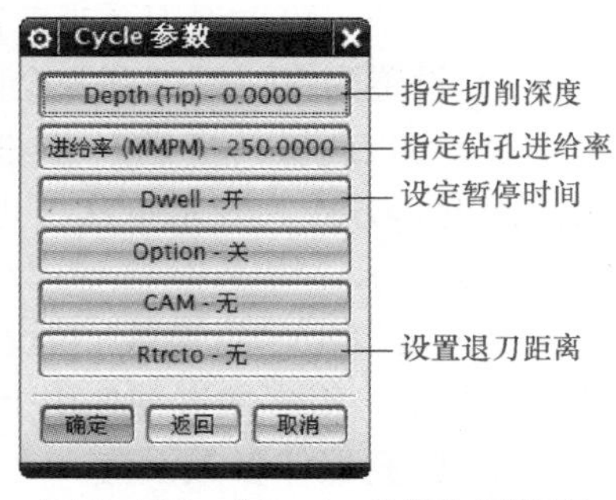

图 3-126 “Cycle 参数”对话框

（1）“Depth（Tip）”选项 单击“Cycle 参数”对话框中【Depth- 模型深度】按钮，

系统弹出“Cycle 深度”对话框。设定孔的底部位置，各个选项如图 3-127 所示，各选项含义如图 3-128 所示。

图 3-127 “Cycle 深度”对话框

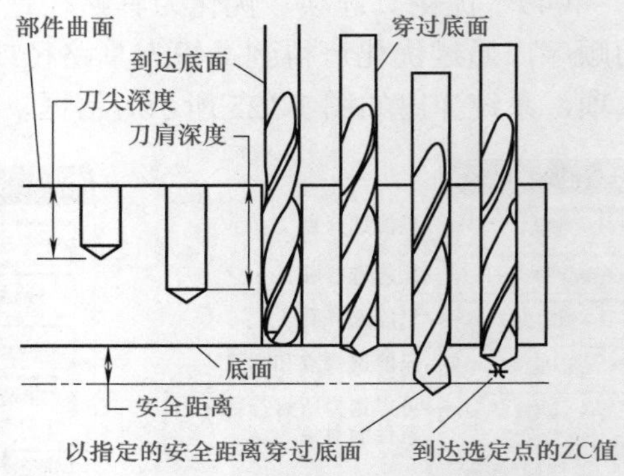

图 3-128 钻孔深度含义

1）模型深度：指定钻削深度为实体上的孔的深度。

2）刀尖深度：沿刀轴方向，按加工表面到刀尖的距离确定钻削深度，输入一个正数作为钻削深度。

3）刀肩深度：沿刀轴方向，按刀肩（不包含刀尖部分）到达位置确定切削深度。

4）到底面：沿刀轴方向，按刀尖刚好到达零件的加工底面来确定钻削深度。

5）穿过底面：指刀肩到达零件的底面，如果要指定穿过的距离，就需要用“Depth Offset”选项来确定穿过的值。

6）到所选的点：沿刀轴方向，按零件加工表面到指定点的 ZC 坐标之差确定切削深度。

（2）进给率　设置当前参数组的钻削进给速度，对应于钻孔循环指令中的 F_。

（3）暂停 Dwell　暂停时间是指刀具在钻孔加工到孔的底部时的停留时间，对应于钻孔循环指令中的 P_。

（4）RTRCTO（退刀至）　刀具钻孔至指定深度后刀具退回的高度。有三个选项：距离、自动以及设置为空。

1）距离：可以将退刀距离指定为固定距离。

2）自动：可以退刀至当前循环之前的上一位置。

3）设置为空：退刀到安全间隙位置。

（5）STEP 值（步进）　步进仅用于钻孔循环为“标准断屑钻”或“标准钻，深度”方式，表示每次工进的深度值，对应于钻孔循环指令中的 Q_。如图 3-129 所示。

（6）复制上一组参数　当设置多个循环参数时，在后一组参数设置时可以通过复制上一组参数继续使用上一组的参数值。

5. 钻孔操作参数设置

钻孔操作参数包括刀轴、最小安全距离、深度偏置及避让等设置。

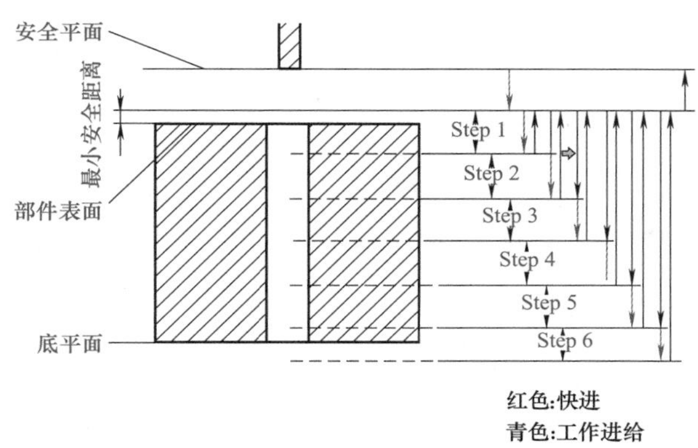

图 3-129　STEP 选项含义

1）刀轴。刀轴是以刀具的轴线方向作为刀具远离工件的方向，还允许通过使用“垂直于部件表面”选项在每个 Goto 点处计算出一个垂直于部件表面的“刀具轴”。在 3 轴钻孔加工时，通常只能使用“+ZM 轴”

2）最小安全距离。用于指定转换点，刀具由快速运动或进给运动改变为切削速度运动，该值也就是指令中的代码 R_ 值。

3）深度偏置。不通孔余量是指定钻不通孔时孔的底部保留的材料量，通孔安全距离设置穿过加工底面的穿透量，以确保孔被钻穿。

4）避让。用于指定非切削运动，如从点、起始点、返回点、终止点、安全平面，低限平面等选项，通常只需要设置安全平面选项。

6. 设置操作参数

在操作对话框中设置钻孔的相关操作参数，如安全距离、深度偏置选项，并设置避让、进给和速度等选项参数。

3.4.4 问题探讨

学习钻孔参数循环组的用法。

3.4.5 任务拓展

试着使用各种孔加工方法生成图 3-130 所示的刀轨。

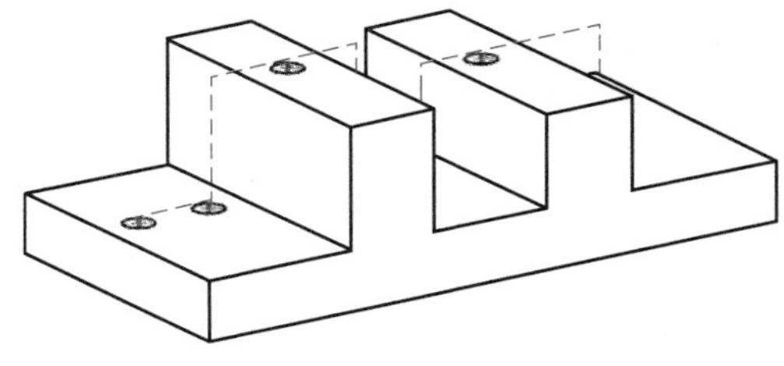

图 3-130　拓展任务图

PROJECT 4

项目四 曲面加工

PROJECT 4

【项目描述】

曲面加工方法是数控加工中最为常用的方法。在 UG NX 中常用的曲面加工方法主要有：型腔铣、深度轮廓铣及固定轴区域轮廓铣等。本项目由拉伸凸模加工、手机后盖型芯电极加工、塑料模嵌件加工、手机后盖塑料模型芯加工、航空模型连接件加工和曲面加工综合训练共六个任务组成。通过本项目的学习，学生应掌握 UG NX 数控编程中型腔铣、深度轮廓铣、固定轴区域轮廓铣的操作参数、走刀模式和驱动方式的特点与设置方法，能运用这些操作方法进行零件加工；掌握使用 UG NX 进行自动编程的基本思路、技巧和常用工具、熟悉自动编程中常用的标准，培养自动编程能力、综合应用数字化加工软件和专业知识的能力以及勇于实践、创新的激情。

任务 4.1　拉伸凸模加工

知识点

◎ 加工初始设置工具。
◎ 型腔铣的概念和参数。
◎ 深度轮廓铣的概念和参数。

技能点

◎ 能合理进行加工设置。
◎ 能正确使用型腔铣操作进行零件的粗加工、二次开粗。

任务描述

本任务使用型腔铣完成拉伸凸模的粗加工、半精加工和精加工，学习型腔铣的参数设置及用途。

加工要求

如图 4-1 所示的拉伸凸模零件，材料为 45 钢，其外形尺寸为 130mm×130mm×41.5mm，毛坯为 130mm×130mm×46.5mm 的方料，要求进行粗加工、半精加工和精加工。

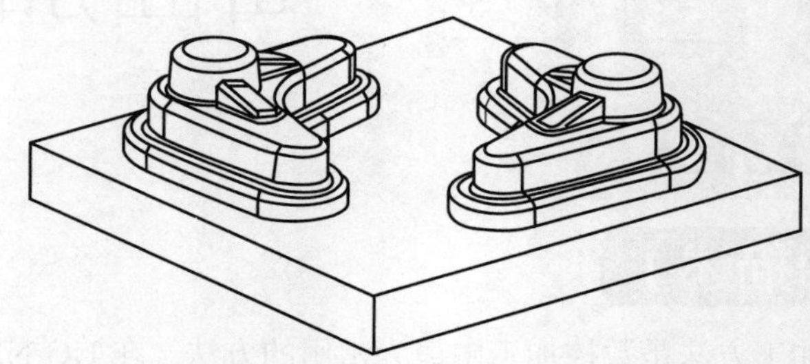

图 4-1　拉伸凸模零件图样

4.1.1　任务实施

1. 零件分析

◆ 分析零件的极限尺寸：X 方向极限尺寸为 130mm，Y 方向极限尺寸为 130mm，Z 方向极限尺寸为 41.5mm，所有凹圆角半径均为 *R*1mm。

◆ 零件中的水平面如图 4-2 所示，其他面为曲面或倾斜平面。

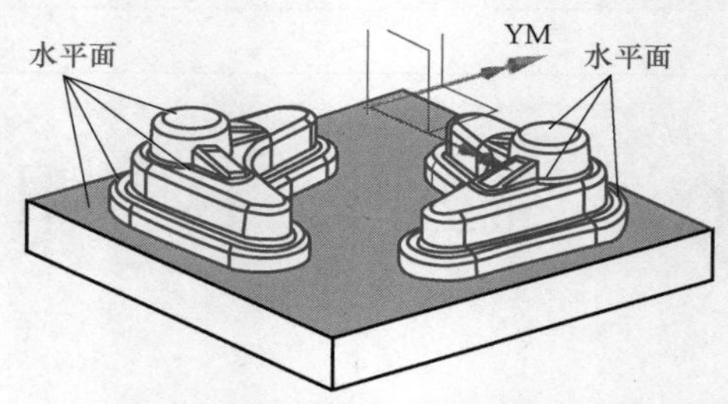

图 4-2　零件曲面分析

E4-1

观看“模型分析”视频，请扫二维码 E4-1。

2. 零件工艺编排

◆ 使用型腔铣进行粗加工。

◆ 使用型腔铣进行去残料加工。

◆ 清理小拐角。

◆ 使用深度轮廓铣精加工侧面。

◆ 精加工底面。

◆ 对部件的其余部分进行精加工。

3. 操作步骤

1）新建文件。要求：在“新建文件”对话框中选择“Manufacturing（加工）”标签页，“关系”选“引用现有部件”，“单位”选“毫米”，“模板”选“Die Mold（Express）”，文件名使用：4-1_0，文件位置选 G: \，要引用的部件为“4-1”。

注意：新建文件完成后，系统自动创建可以容纳 30 个刀具的刀架，包含部件作为其组件的装配、加工方法和名为 1234 的程序组。

2）进行环境设置。要求：

◆ 定义几何体。要求工作坐标系与绝对坐标系原点在 Z 轴方向距离为 46.5mm，加工坐标系和工作坐标系重合，安全平面距离部件最高面 15mm，部件几何体为 4-1.prt，毛坯几何选用包容块，并在 +ZM 方向留 5mm 余量。

◆ 创建刀具 Mill16R3，刀具参数设置见表 4-1。

表 4-1 Mill16R3 参数

	刀具类型 | 子类型	位置	直径	下半径	夹持器
Mill16R3	DieMold_Exp|MILL	POCKET_01	16mm	*R*3mm	HLD001_00006

◆ 指定通用加工参数。打开“加工首选项”对话框“操作中自动设置”选项，使系统能根据刀具材料、部件材料和刀具直径自动确定主轴速度、进给率和切削深度。

3）使用型腔铣创建部件粗加工工序。要求：父项设置如图 4-3 所示，切削参数设置见表 4-2，其他参数均采用默认值，生成的刀轨如图 4-4 所示，仿真结果如图 4-5 所示。

图 4-3 父项设置

表 4-2 型腔铣参数表

序号	参数名称	参数值	序号	参数名称	参数值
1	加工方法	型腔铣	4	步距	50% 刀具直径
2	刀轴	+ZM	5	切深	6mm
3	切削模式	跟随部件			

观看步骤 1）～3）操作视频，请扫二维码 E4-2。

E4-2

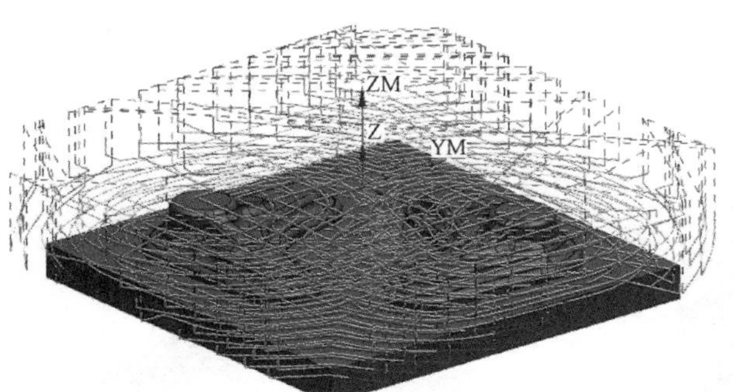

图 4-4 刀轨

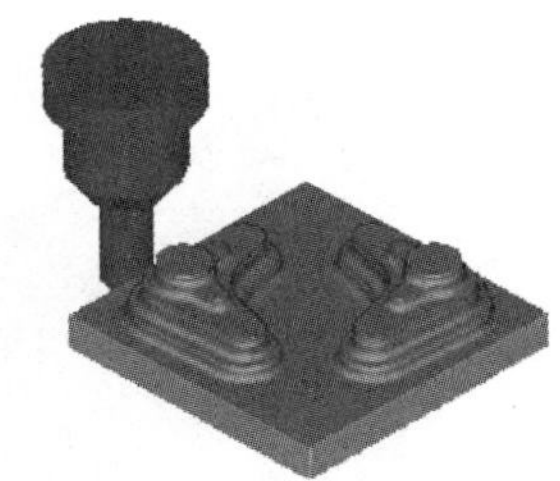

图 4-5 仿真结果

4）创建刀具 UGT0201_087。要求：

◆ 从刀具库中调出刀具 UGT0201_087 刀具，放在 POCKET_02 刀槽内。

◆ 编辑刀具，为刀具添加材料库中的材料 TMCO_00021（高速加工钛涂层）。

5）使用型腔铣操作创建一个剩余铣工序。生成的刀轨如图 4-6 所示，仿真结果如图 4-7 所示。要求：

◆ 操作使用刀具 UGT0201_087，其他父项和上一步相同，名称输入“rest_mill”，切削参数的“空间范围”选项卡中“处理中的工件”选择“使用基于层的”，其他参数使用默认值。

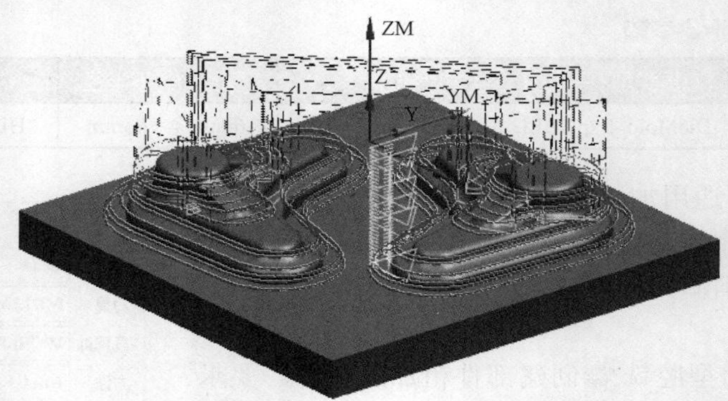

图 4-6　rest_mill 刀轨

◆ 在“进给率和速度”对话框中选择“自动设置”选项组下“设置加工数据”后的工具按钮，使用系统根据刀具材料自动设置的值。

E4-3

观看步骤 4）～ 5）操作视频，请扫二维码 E4-3。

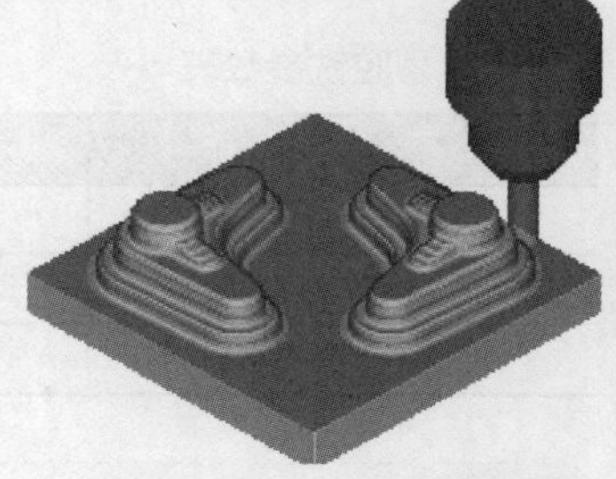

图 4-7　rest_mill 仿真结果

6）使用拐角粗加工操作创建一个清除拐角余量的工序。要求：

◆ 从刀具库中调用刀具 UGT0203_059 放在 POCKET_03 中，并赋予材料 TMCO_00021。

◆ 创建拐角粗加工操作。生成的刀轨如图 4-8 所示，仿真结果如图 4-9 所示。

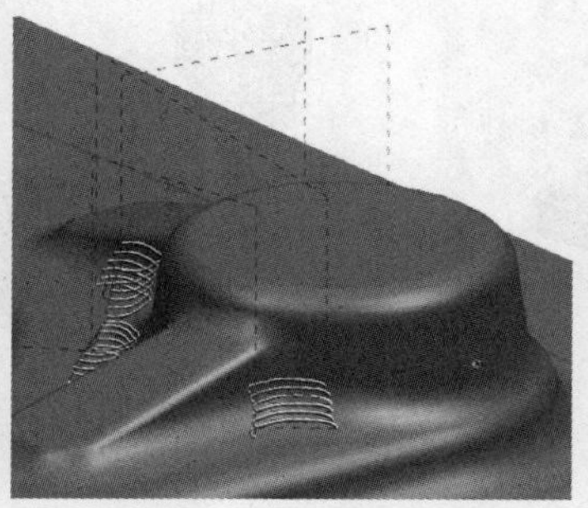

图 4-8　拐角粗加工刀轨

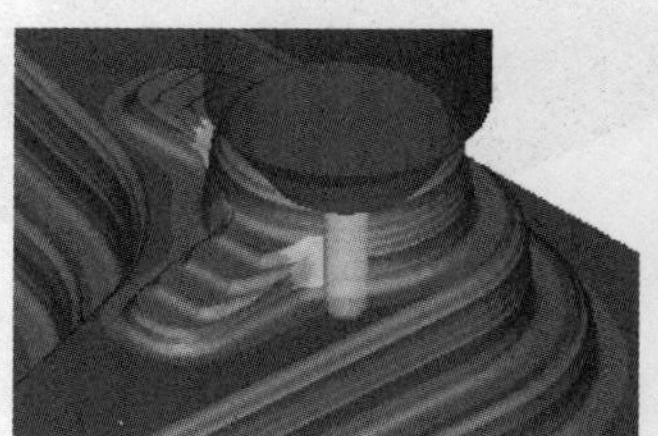

图 4-9　拐角粗加工仿真结果

● 刀具使用 UGT0203_059，在“拐角粗加工”对话框“参考刀具”选项组“参考刀具”下拉列表中选择“UGT0201_087”。

● 切削速度和进给采用系统自动计算的值。

7）使用底壁加工进行底面精加工。要求：

◆ 在刀槽 POCKET_04 上创建刀具 mill15r0，刀具直径 15mm，夹持器选择 HLD001_00006。

◆ 创建底面精加工工序。父项设置如图 4-10 所示。指定的切削区域底面如图 4-11 所示。壁几何体如图 4-12 所示。切削参数见表 4-3，其他参数使用系统自动计算的值。生成的刀轨如图 4-13 所示，仿真结果如图 4-14 所示。

图 4-10 父项设置

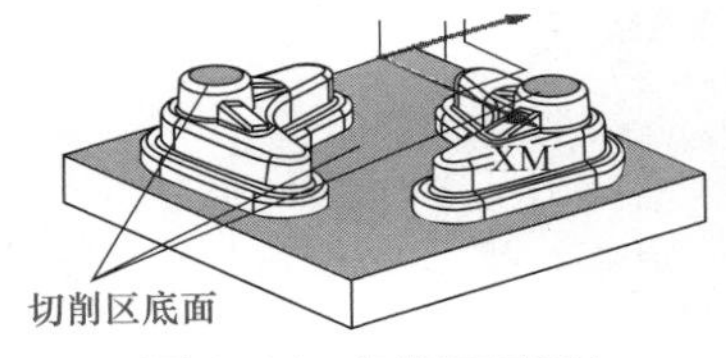

图 4-11 切削区底面

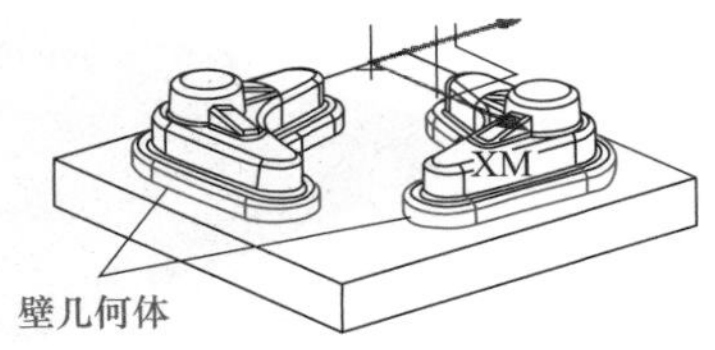

图 4-12 壁几何体

表 4-3 面精加工参数

序号	参数名称	参数值	序号	参数名称	参数值
1	加工方法	底壁加工（FLOOR_WALL）	4	刀路方向	向内
2	刀轴	+ZM	5	岛清理	选中
3	切削模式	跟随周边	6	壁余量	1.0mm

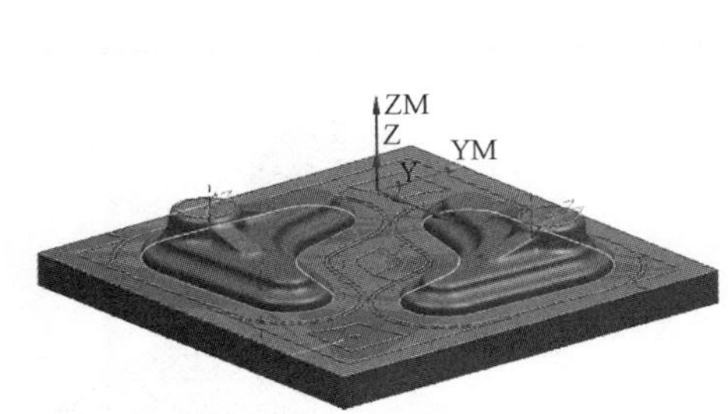

图 4-13 面精加工刀轨

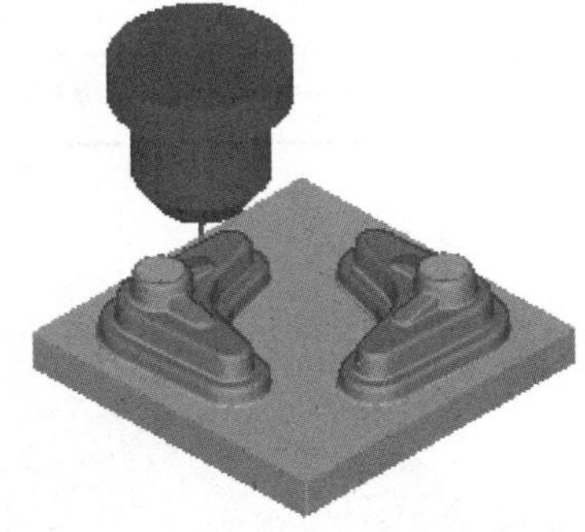
图 4-14 底面加工仿真结果

8）创建其他面精加工工序

◆ 创建精加工刀具。刀具类型为球刀，刀具位置是 POCKET_05，球直径 1.75mm，长度 30mm，切削刃长度 20mm，夹持器选择 HLD001_00005，偏置为 5.0mm。

◆ 用深度轮廓铣操作创建精加工工序，父项设置如图 4-15 所示，切削区域如图 4-16 所示，切削速度和进给使用系统计算的值，生成的刀轨如图 4-17 所示。

图 4-15　父项设置

图 4-16　切削区域

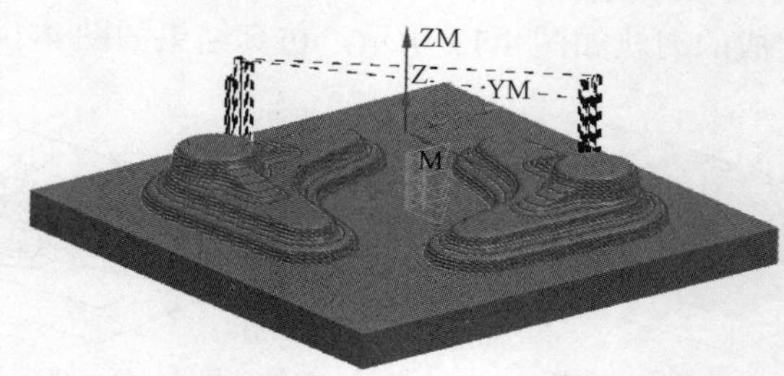

图 4-17　其他面精加工刀轨

◆ 修改切削参数，见表 4-4，其他参数不变。重新生成的刀轨如图 4-18 所示，最终的仿真结果如图 4-19 所示。

表 4-4　深度轮廓铣切削参数

序号	参数名称	参数值	序号	参数名称	参数值
1	层到层	沿部件斜进刀	4	区域之间 | 转移类型	前一平面
2	在层之间切削	选中	5	区域内 | 转移类型	前一平面
3	连接 | 步距	使用切削深度	6		

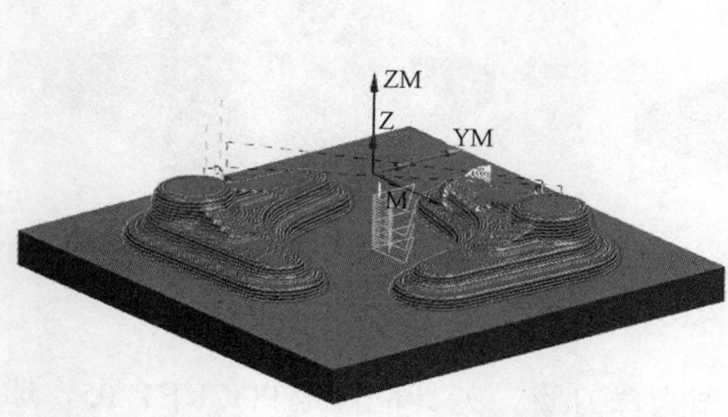

图 4-18　修改参数后的刀轨

图 4-19　最终的仿真结果

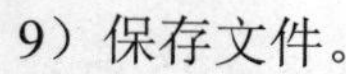

9）保存文件。

E4-4

观看步骤 6）～ 9）操作视频，请扫二维码 E4-4。

4.1.2 填写“课程任务报告”

课程任务报告

班级		姓名		学号		成绩	
组别		任务名称	拉伸凸模加工			参考课时	6 课时
任务图样	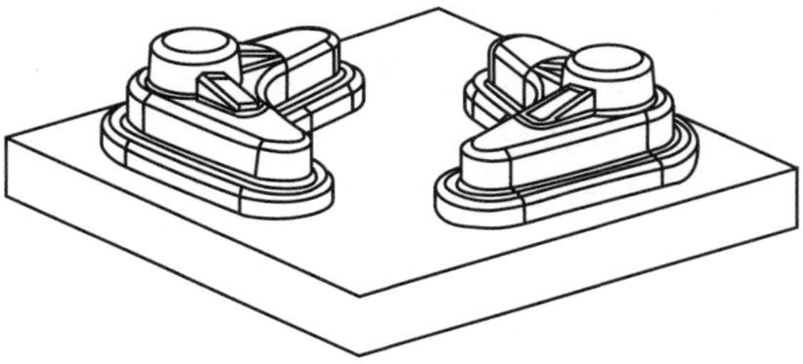						
任务要求	1．对照任务参考过程，相关视频，知识介绍，完成拉伸凸模的开粗和精加工。 2．学习型腔铣的创建方法、特点及常用参数的设置。 3．了解深度轮廓铣操作的基本创建方法。						
任务完成过程记录	总结的过程按照任务的要求进行，如果位置不够可加附页（根据实际情况，可以适当安排拓展任务供同学分组讨论学习，此时以拓展训练内容的完成过程进行记录）。						

4.1.3 知识学习

4.1.3.1 型腔铣简介

型腔铣操作是零件数控加工开粗时通用的加工方法，它根据型腔和型芯区域的形状，将要切除的部位在Z轴方向上分成多个切削层，每一切削层可以指定不同的深度。但型腔铣和平面铣一样，是在多个垂直于刀轴矢量的平面上以给定的切削模式生成的刀具路径，属于2.5轴的加工方法。其切削模式、开始点控制、进退刀控制、切削参数选项拐角控制、避让几何、修剪边界、检查几何体等选项和平面铣基本相同，可以参照平面铣的使用方法；但在定义切削区域和切削层的方法上与平面铣有区别。

1. 型腔铣的操作子类型

型腔铣的子类型有型腔铣、型腔插削、残料加工、拐角粗加工、深度轮廓铣、拐角深度轮廓铣六种方式，如图4-20所示。其中，型腔铣、型腔插削用于开粗操作，其他选项用于半精加工和精加工。各子类型的说明见表4-5。

图4-20 型腔铣子类型

表4-5 型腔铣子类型的说明

名称	说明
CAVITY_MILL	通用的型腔铣操作，允许用户选择不同的切削方法，用于去除毛坯或IPW及部件所定义的一定量的材料，带有许多平面切削模式
PLUNGE_ROUGH	用于深腔模的插削操作
CORNER_ROUGH	切削拐角中的剩余材料
REST_MILL	参考切削
ZLEVEL_PROFILE	采用轮廓铣削方法加工所有陡峭的对象（未设置陡峭角度）
ZLEVEL_CORNER	拐角轮廓粗加工铣削方法加工陡峭角小于设定值的区域（陡峭角一般设为65°）

2. 型腔铣加工几何体类型

型腔铣加工所涉及的加工几何体包括部件几何体、毛坯几何体、检查几何体和修剪几何体，其定义方法和项目三中的方法一致。

4.1.3.2 型腔铣的参数

1. 切削层

型腔铣中的切削层为型腔铣操作指定的切削平面。切削层由切削深度范围和每层切削深度来定义。一个范围由两个垂直于刀轴矢量的小平面来定义，同时可以定义多个切削深度范围。一个切削层范围只能定义一个切削深度。

每个切削范围可以根据部件几何体的形状确定切削层的深度，一般部件表面区域如果比较平坦，则设置较小的切削层深度；如果比较陡峭，则应设置较大的切削层深度。

单击按钮，系统弹出“切削层”对话框，如图 4-21 所示。下面对其中的“范围”选项组作一详细介绍，其他选项如图 4-21 所示。

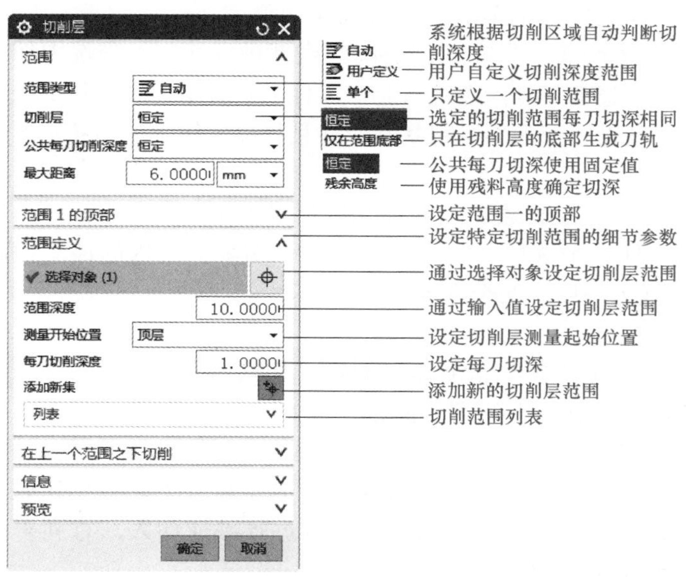

图 4-21 型腔铣“切削层”对话框

1）范围类型选项。用于确定定义切削范围的方法，在“范围类型”下拉列表框中有 3 个选项可以用来定义切削范围的类型。

◆ 自动生成层 自动 。在“范围类型”下拉列表框中选择 自动，系统会自动在加工部件上任何水平面对齐的位置生成一个切削范围。只要没有手动添加或修改局部范围，切削层都保持与部件的关联性。选择这种方式定义切削层时，系统会自动寻找部件中垂直于刀轴矢量的平面。在两平面之间定义一个切削范围，并且在两个平面上生成一种较大的三角形平面和一种较小的三角形平面，每两个较大的三角形平面之间表示一个切削层，每两个小三角形平面之间表示范围内的切削深度。

◆ 用户定义切削层 **用户定义**。允许用户通过定义每个新范围的底面来创建范围，通过选择面定义的范围将保持与部件的关联性，但不会检测新的水平表面。

◆ 单个切削层 **单个**。根据部件和毛坯几何体设置一个切削范围。

注意：在单个切削层中，只能修改顶层和底层。如果修改了其中的任何一层，则在下次处理该操作时，系统将使用相同的值。如果使用默认值，它们将保留与部件的关联性。不能将顶层移到底层之下，也不能将底层移至顶层之上，否则将导致这两层被移动到新的层上，任何结束层旁都将显示“Common depth per cut”值来细分这一单个范围。

“顶面临界深度”选项只在“单个”范围类型中可用。使用此选项在完成水平表面下的第一次切削后直接来切削（最后加工）每个关键深度。切削层在图形窗口中显示为一个大三角形平面。

2）切削层。用于设定所有切削范围里切削层确定的方法，有恒定和仅在范围底部两个选项。

◆ 恒定：切削范围内切削深度保持恒定值 。

◆ 仅在范围底部：只在切削范围的底部进行切削。当选中切削层复选框中的“仅在范围底部”时，系统只会在零件上垂直于刀轴矢量的平面上创建切削层，切削深度设置变为不可用状态，并且只显示较大的三角形平面来显示切削层。

3）公共每刀切削深度。只有在切削层选项中选择了“恒定”以后，才会在对话框中出现这个选项。它用于确定整个切削范围内的最大切削深度。有“恒定”和“残余高度”两个选项。

2．切削参数

型腔铣“切削参数”选项和平面铣“切削参数”选项有很多相同之处，因此，这里只介绍型腔铣特有的选项。

（1）“策略”选项卡

◆ 延伸刀轨。延伸刀轨是指加工时，为了避开刀轨直接切入工件，在此指定一段距离值，使刀轨在到达切入点时进行减速切入，有利于提高机床寿命，产生的延伸刀轨如图 4-22 所示。

◆ 毛坯距离。毛坯距离是指部件边界到毛坯边界的距离，如图4-23 所示。

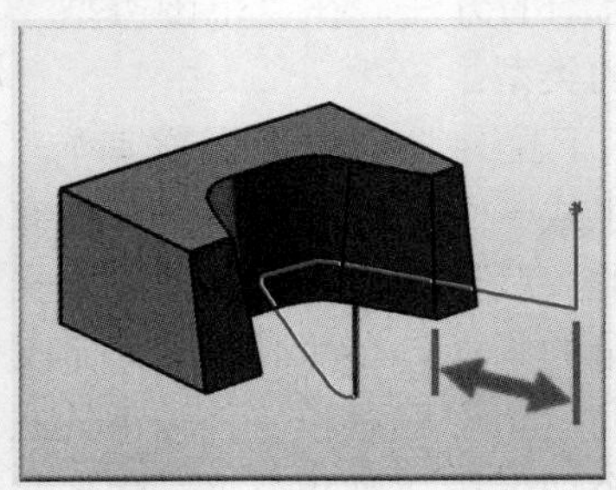

图 4-22　延伸刀轨

图 4-23　毛坯距离

（2）“余量”选项卡。在“余量”选项卡中，如果勾选“使用底部面和侧壁余量一致”选项，则表示底面的余量和侧壁的余量保持一致，因此在对话框不会出现底部面余量选项；如果取消勾选“使用底部面和侧壁余量一致”，则用户可以自定义输入底面的余量和侧壁余量。

（3）“空间范围”选项卡

1）毛坯修剪方式：在 UG NX10.0 中，毛坯不是必须定义的，可以在父节点组中创建毛坯，也可以不创建毛坯。当没有明确创建毛坯时，“修剪方式”选项可以指定用型芯零件外形边缘作为毛坯几何体的边界来定义毛坯区域。该选项要和“更多”选项卡中的“容错加工”结合使用。当选中“容错加工”选项时，“修剪方式”下拉列表框包含“无”和“轮廓线”两个选项。当不选中“容错加工”选项时，该下拉列表包含“无”“轮廓线”和“外部边”三个选项。

◆ 无：不使用“修剪方式”选项。如果加工的零件是型芯，并且没有指定毛坯几何体，则选择“无”选项不能正确生成刀轨。

◆ 轮廓线：该选项使刀具沿零件几何体的外形轮廓向外偏置一个刀具半径值创建一条轨迹，由这个轨迹定义毛坯几何体。读者可以认为是用部件沿刀轴矢量的投影来定义毛坯，此时在父节点组中可以不定义毛坯几何体。

◆ 外部边：该选项是刀具沿定义部件几何体的面、片体或表面区域上的外形边缘，向外偏置一个刀具半径值来创建一条轨迹，由这条轨迹定义毛坯几何体。

注意：这些外形边缘与定义部件几何体的其他边缘不邻接。

2）处理中的工件（IPW）。该选项主要用于二次开粗，是型腔铣中非常重要的一个选项。它是指操作完成后保留的材料，该选项可用的当前输出操作（IPW）的状态包括“无”“使用 3D”和“使用基于层”3 个选项。

◆ 无：该选项是指在操作中不使用处理中的工件，也就是直接使用几何体父节点组中指定的毛坯几何体作为毛坯来进行切削，不能使用前一操作加工后的剩余材料作为当前操作的毛坯几何体。

注意：在二次开粗时，如果处理中的工件选择“无”选项，则必须在前一刀轨执行 2D 仿真时勾选“处理中的工件”，然后在二次开粗中将（IPW）指定为操作的毛坯几何体，当前操作才会基于前一操作的材料进行切削，否则以最初指定的毛坯几何体进行切削。

◆ 使用 3D：该选项是使用小平面几何体表示剩余材料。选择该选项可以将前一操作加工后剩余的材料作为当前操作的毛坯几何体，避免再次切削已经切削过的区域。

注意：在使用“使用 3D”选项时，必须在选择的父节点中已经指定毛坯几何体，否则在创建刀轨时会弹出“警告”对话框，提示几何体组中没有定义毛坯几何体，不能生成刀轨。

◆ 使用基于层：该选项和“使用 3D”选项类似，也是使用前一加工操作后剩余的材料作为当前操作的毛坯几何体，两者操作都必须位于同一几何体父节点组内。使用该选项可以高效地切削先前操作中留下的弯角和阶梯面。

注意：在二次开粗时，如果当前操作使用的刀具和先前的刀具不一样，建议选择“使用 3D”选项；如果当前操作使用的刀具和先前的刀具一样，只是改了步距距离或切削深度，建议选择“使用基于层的”选项。

当在“处理中的工件”选项中选择“使用 3D”时，对话框弹出“最小材料移除”选项。在此文本框中输入最小移除材料厚度值，最小移除材料厚度值是在部件余量上附加的余量，使生成处理中的工件比实际加工后的工件稍大一点。如当前操作指定的部件余量为 0.3mm，而最小移除材料厚度值为 0.2mm，生成的后处理中的工件余量就是 0.5mm。

3）碰撞检查

◆ 检查刀具和夹持器：用于避免刀柄和夹持器与工件发生碰撞，并在操作中选择尽可能短的刀具。系统将首先检查刀柄和夹持器是否会与工序模型（IPW）、毛坯几何体、部件几何体或检查几何体发生碰撞。系统使用刀柄形状加最小间隙值来保证与几何体的安全距离。任何将导致碰撞的区域都将从切削区域中排出，因此得到的刀轨在切削材料时不会发生刀轨碰撞的情况。需排出的材料在每完成一个切削层后都将被更新，以最大限度地增加可切削区域，同时由于上层材料已切除，使得刀柄在工件底层的活动空间越来越大。必须在后续操作中使用更长的刀具来切削排除的（碰撞）区域。勾选了这个选项，对话框就会增加“IPW 碰撞检查”选项。

◆ IPW 碰撞检查：这个选项的作用如图 4-24 所示。

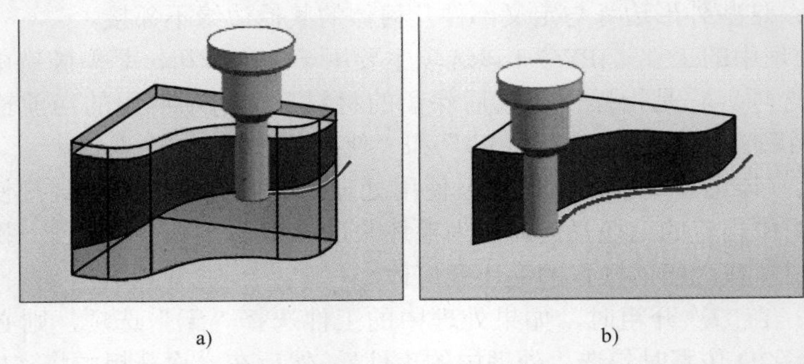

a）　　　　　　　　　　　　b）

图 4-24 “IPW 碰撞检查”选项

a）选中“IPW 碰撞检查”选项　b）未选中“IPW 碰撞检查”选项

◆ 小于最小值时抑制刀轨：选中“小于最小值时抑制刀轨”后，则定义了刀柄的型腔铣操作将计算加工该操作中的所有材料（如毛坯或 IPW），为了不发生刀柄的碰撞，需要使用最短刀具的长度。该结果将显示在此切换按钮下，但如果没有生成更新的刀轨，结果将显示为“未知”。该选项独立于“使用刀柄”选项，并且不会更改操作当前的参数或所生成的刀轨。计算该值的时间是刀轨生成时间的两倍，因此如果没有必要，不要在操作中设置该值。

在以下两种典型的情况下应使用该选项：

使用较短的刀具，由于要避免刀柄的碰撞而无法切削掉全部材料。查看所需的刀具长度后，用户可使用一个较长的刀具更换较短的刀具，并完成切削。

使用较长的刀具，可以切削掉所有材料，而且没有发生刀柄碰撞。查看所需的刀具长度后，可以使用一个更短、更坚硬的刀具更换该刀具。

4）小面积避让。“小封闭区域”是确定小的封闭区间是否进行切削。

5）参考刀具。要加工上一个刀具未加工到的拐角剩余材料时，可使用“参考刀具”选项。剩余材料可能是由于刀具的拐角半径而遗留在壁和底面之间的材料，也可能是由于刀具直径而遗留在壁之间的材料。

◆ 参考刀具：通常是用来先对区域进行粗加工的刀具。系统计算指定的参考刀具剩下的材料，然后为当前操作定义切削区域。选择的参考刀具直径必须大于当前使用中的刀具直径，否则系统会出现警告。

◆ 重叠距离：能够沿着相切曲面延伸由“参考刀具直径”定义的区域宽度，只有在指定了“参考刀具”时，“重叠距离”才可用。

6）陡峭。可以通过指定陡峭角度进一步将切削区域限制在陡峭角部分。如果指定了陡峭角，则系统仅切削指定的陡峭角所包含的壁之间的陡峭区域，也可以通过指定重叠距离来延伸切削区域。如果指定了重叠距离，则系统会沿着指定距离的相切方向在壁之间的拐角区域上延伸刀轨。

（4）“更多”选项卡

1）“原有的”选项组

◆ 区域连接：指有多个加工区域时，区域之间的连接方式，默认为选中状态，如图 4-25 所示。

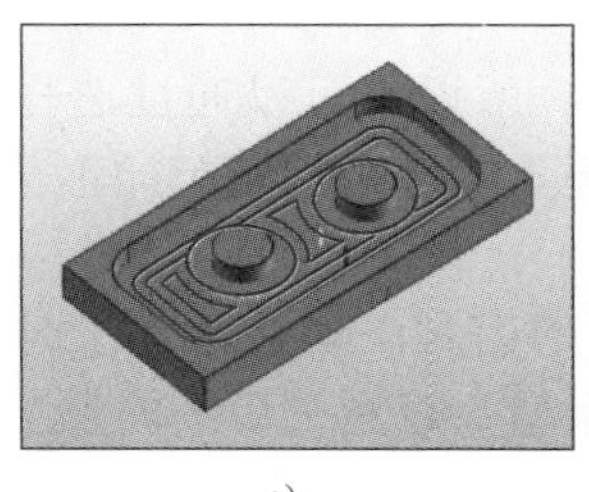

a)

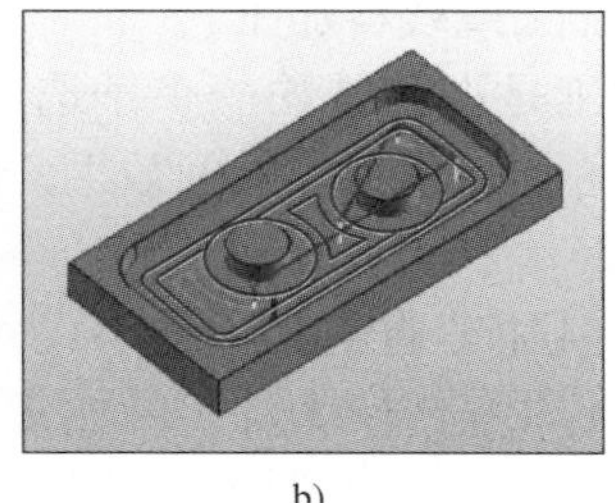

b)

图 4-25 “区域连接”选项的功能

a）选中“区域连接”选项 b）未选中“区域连接”选项

◆ 边界逼近：选中该选项时，刀具走刀由轮廓向内偏置，默认为不选中，如图 4-26 所示。

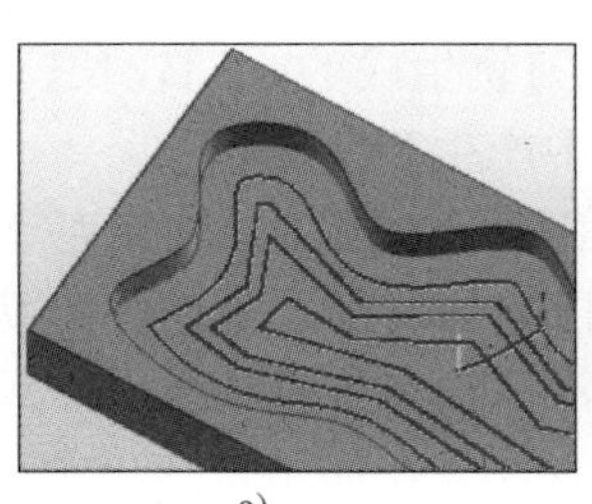

a)

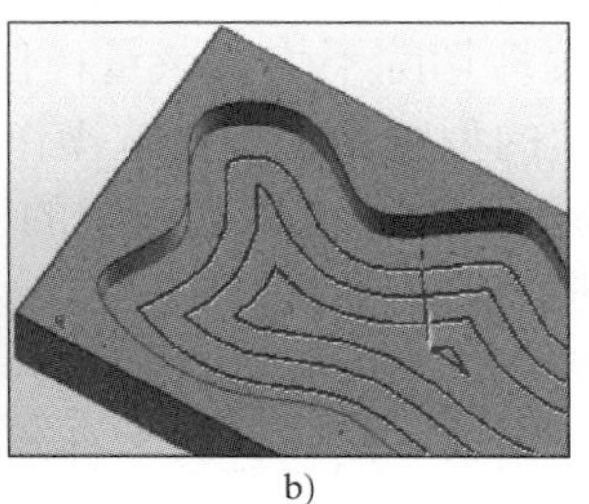

b)

图 4-26 “边界逼近”选项的功能

a）选中“边界逼近”选项 b）未选中“边界逼近”选项

◆ 容错加工：“容错加工”是特定于“型腔铣”的一个切削参数。对于大多数铣削操作，都应将“容错加工”方式打开。它是一种可靠的算法，能够找到正确的可加工区域而不过切部件。

2）“底切”选项组。在“型腔铣”中，底切处理允许系统在生成刀轨时考虑底切几何体，以防止刀具摩擦到部件几何体。“允许底切”只能应用在非容错加工中（即不勾选“容错加工”），如图 4-27 所示。

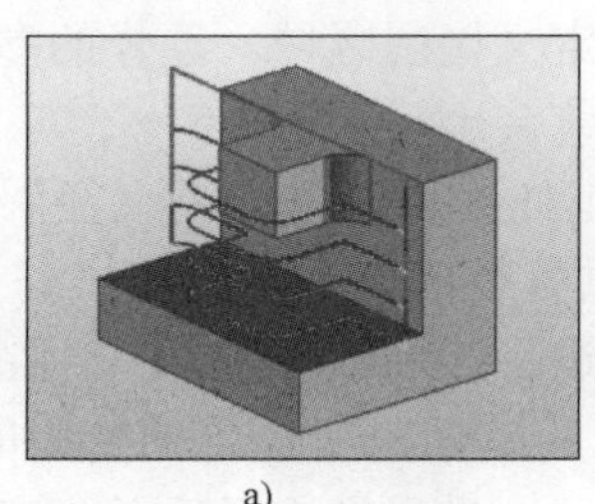

a)

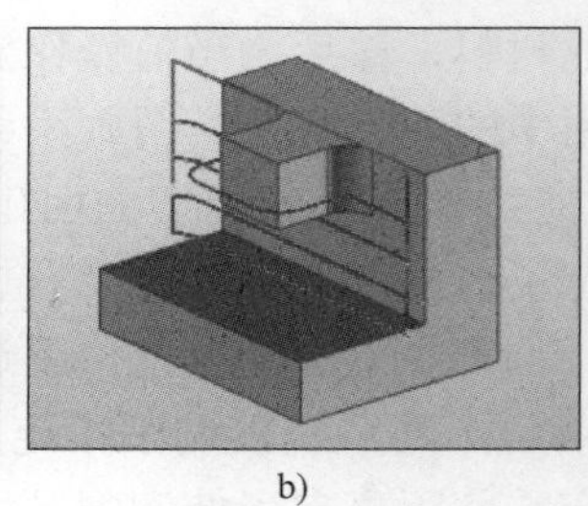

b)

图 4-27 “允许底切”选项的功能

a）未选中“允许底切”选项 b）选中“允许底切”选项

4.1.3.3 拐角粗加工

为了提高加工效率，零件粗加工时通常使用较大尺寸的刀具，但这样会在零件的凹角处留下较多材料，就需要进行二次加工以切除这些材料，即通常所说的拐角粗加工或残料加工。

拐角粗加工是型腔铣的一个子选项，所以也可以通过选择型腔铣然后经过适当的设置达到拐角粗加工的效果，但直接选择拐角粗加工子类型会使设置过程变得更加简单。

拐角或残料加工通常使用较小尺寸的刀具，切除粗加工时留在凹角处的余量，从而使工件获得较为均匀的加工余量，以利于后续的加工。

拐角粗加工子加工类型主要的特色选项在“切削参数”对话框下的“空间范围”标签页下。需要设置的参数主要有“处理中的工件”“参考刀具”和“陡峭角”。

◆ 使用3D：是“处理中的工件”的选项，使用3D过程工件法（IPW，In Process Workpiece）是指使用前一操作加工后剩余的工件，即剩余毛坯的3D模型作为当前操作的毛坯，以避免切削已加工过的区域，这种残料加工方法能够最大限度地切除不均匀余量，但刀轨生成的时间较长。同时，3D过程工件法要在连续的型腔铣或等高铣操作中产生和使用。

◆ 使用基于层的：是“处理中的工件”的选项，使用基于层的过程工件法与使用3D过程工件法相似，只是在指定的切削层上切除未切削材料，生成刀轨速度快。同样，基于层的过程工件法只能在连续的型腔铣或等高铣操作中产生或使用。使用基于层的过程工件法时，先在加工首选项中设置启用基于层的IPW选项。

◆ 参考刀具：是指在粗/精加工拐角或残料时，选用一把较小的刀具，并在切削参数“参考刀具”选项中选用前一操作中使用的刀具，这样在生成刀轨时，系统会自动计算使用参考刀具加工时没有切除的材料并把它作为本次加工对象。在实际加工中，参考刀具的尺寸可以选择比前一操作中使用的刀具尺寸稍大一些，以增大切削范围，防止过切。可以和“处理中的工件”配合使用。

◆ 陡峭：限制拐角粗加工生成刀轨的范围，如果在“陡峭空间范围”选项中选择“仅陡峭的”，则只在设定的陡峭角范围内计算生成刀轨；否则，在所有范围计算刀轨。

4.1.4 问题探讨

1）第一步型腔铣操作生成的刀轨空切和退刀较多，切削的效率比较低，考虑如何优化刀轨减少退刀和空走刀。

2）第二步剩余铣用默认方式生成的刀轨有什么不足？请讨论优化。

4.1.5 任务拓展

编写图 4-28 所示零件的加工工艺，并进行加工刀轨设计。加工的要求可以根据实际情况设定。

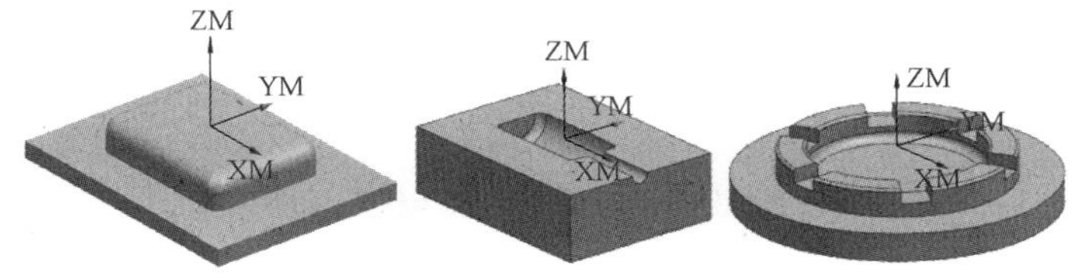

图 4-28 练习任务图

下载加工模型，请扫二维码 E4-5。

E4-5

任务 4.2 手机后盖型芯电极加工

知识点

◎ 深度轮廓铣的概念和操作参数。
◎ 拐角粗加工的概念和操作参数。

技能点

◎ 会合理进行模型加工前的分析。
◎ 学会使用型腔铣进行二次开粗的方法。
◎ 学会使用深度轮廓铣进行半精加工和精加工的方法。

任务描述

电极加工是数控加工常见的加工方式。本任务要使用模具加工过程中的模型分析、开粗、二次开粗、精加工和清角加工等各种方法，是学习 UG 自动编程的典型案例。

加工要求

如图4-29所示的型芯电极，材料为石墨，其外形尺寸为96mm×60mm×18.3mm，要求对能够用数控铣床加工到位的部位加工到位。

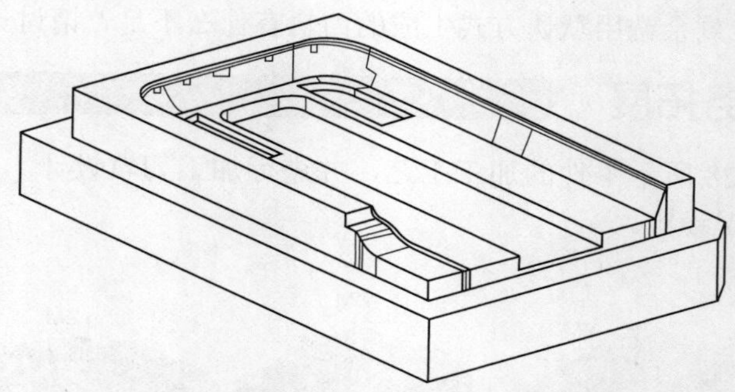

图4-29　手机后盖型芯电极零件图

4.2.1　任务实施

1. 零件分析

◆ 分析零件的极限尺寸：X方向极限尺寸96mm，Y方向极限尺寸60mm，Z方向极限尺寸18.3mm，所有凹圆角半径为R1.5mm。

◆ 零件中存在大量的水平面和竖直面，可以采用平面加工方法简化加工过程。

◆ 电极左右两侧的避空槽尖角部分无法加工到位，需要后续电火花加工。

◆ 中间凹槽为避空结构，不需要太高的精度，所以考虑二次开粗时直接加工到位。

◆ 曲面部分结构比较陡峭，可以考虑采用深度轮廓铣进行精加工。

2. 零件工艺编排

◆ 使用型腔铣进行粗加工。

◆ 使用型腔铣进行二次开粗。

◆ 电极避空槽粗加工。

◆ 避空槽底面精加工。

◆ 避空槽侧面精加工。

◆ 成形面精加工。

◆ 精加工顶平面。

◆ 精加工台阶面。

◆ 精加工侧面竖直面。

3. 操作步骤

1）打开文件“4-2.prt”，并对模型进行分析。要求：

◆ 分析图中的极限尺寸。

◆ 创建毛坯几何体，调整工作坐标系。毛坯几何体参考尺寸为96mm×60mm×19mm，工作坐标系放在毛坯顶面的中心，X 轴和毛坯的长边方向一致。

◆ 使用菜单【分析】→【模具部件验证】→【检查区域】，分析所有水平面和竖直面，并用颜色加以区分。

2）进行加工前的设置。要求：

◆ 设置工件坐标系。设置工件坐标系和系统坐标系重合（位于毛坯顶面中心），安全平面距离毛坯顶面 20mm。

◆ 定义 WORKPIECE，部件几何体为“体（0）”，毛坯几何体为长方体。

◆ 定义 WORKPIECE_1，部件几何体为“体（0）”“体（1）”“体（2）”，毛坯几何体为长方体。

◆ 创建刀具，参数见表 4-6。

表 4-6　刀具参数　（单位：mm）

序号	名称	刀具类型 | 子类型	直径	下半径	刃长	长度
1	D20	MILL	20	*R*0	50	75
2	D12	MILL	11.6	*R*0	50	75
3	D10	MILL	9.6	*R*0	50	75
4	D6	MILL	5.6	*R*0	30	50
5	D4	MILL	3.6	*R*0	20	30
6	D3R1.5	MILL	2.6	*R*1.3	20	30
7	D2R1	MILL	1.6	*R*0.8	20	25

注意：刀具 D12、D10、D6、D4、D3R1.5、D2R1 刀具直径比实际加工刀具直径小 0.4mm，目的是为了在电极单边多加工出 0.2mm 的火花位，进而满足电火花放电加工时的工艺要求。

观看步骤 1）～ 2）操作视频，请扫二维码 E4-6。

E4-6

3）使用刀具 D12 创建型腔铣开粗加工程序。要求：型腔铣父项设置如图 4-30 所示，切削参数见表 4-7，生成的刀轨如图 4-31 所示 。

图 4-30　型腔铣父项设置

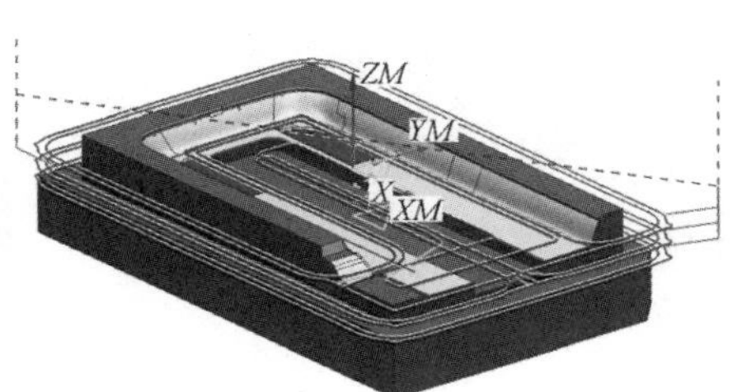

图 4-31　型腔铣刀轨

表 4-7　型腔铣切削参数

序号	参数名称	参数值	序号	参数名称	参数值
1	加工方法	型腔铣	9	底面余量	0.12mm
2	切削模式	跟随周边	10	所有刀路光顺半径	*R*1.0mm
3	步距	65% 刀具直径	11	开放区域进刀	线性（60%、0、0、1mm、50%）
4	切深	1mm	12	区域内转移方式	进刀 / 退刀
5	切削层范围	8.7mm	13	区域内转移类型	前一平面，1mm
6	刀路方向	向内	14	转速	2000r/min
7	岛清理	选中、在终点	15	进给率	700mm/min
8	侧面余量	0.3mm	16	进刀点	基准边端点

E4-7

观看步骤 3）操作视频，请扫二维码 E4-7。

4）使用 D4 创建拐角粗加工操作，加工左右两个避空槽和中间避空槽的拐角。要求：操作父项除刀具外，其他选项和上一步相同，切削参数见表 4-8，生成的刀轨如图 4-32 所示，仿真结果如图 4-33 所示（注意：要选择修剪边界）。

表 4-8　拐角粗加工切削参数

序号	参数名称	参数值	序号	参数名称	参数值
1	加工方法	拐角粗加工	9	底面余量	0.12mm
2	切削模式	跟随部件	10	参考刀具	D12
3	步距	55% 刀具直径	11	重叠距离	0.2mm
4	切深	0.2mm	12	所有刀路光顺半径	*R*0.2mm
5	切削层顶部	-4.799068	13	封闭区域进刀类型	螺旋（40%，0.5，前一层，1mm，40%）
6	切削层范围	3.7mm	14	开放区域进刀类型	圆弧（30%、90、0.5、25%）
7	切削顺序	深度优先	15	转速 / 进给率	4000r/min、1500mm/min
8	侧壁余量	0.12mm	16	第一刀切削	50%

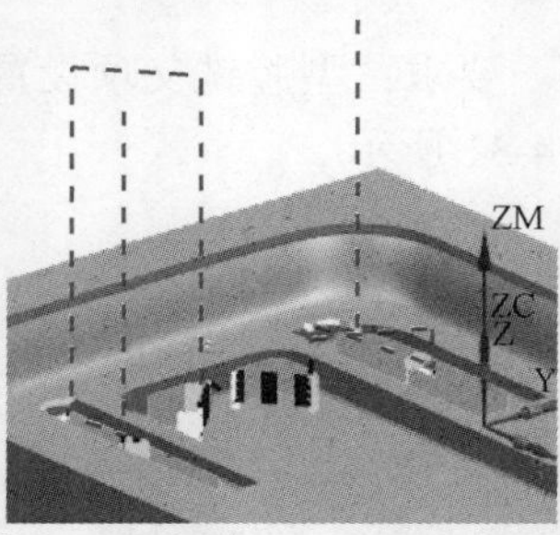

图 4-32　拐角粗加工刀轨

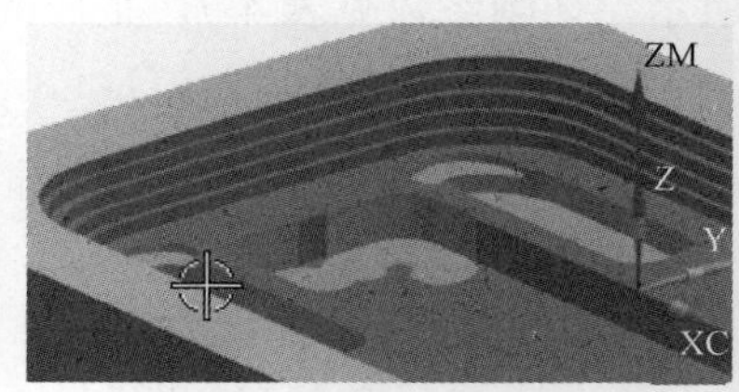

图 4-33　仿真结果

E4-8

观看步骤 4）操作视频，请扫二维码 E4-8。

5）使用 D10 刀具创建深度轮廓铣操作，对曲面部分进行二次开粗。要求：操作父项除刀具外，其他选项和上一步相同，切削区域如图 4-34 所示，切削参数见表 4-9，生成的刀轨如图 4-35 所示。

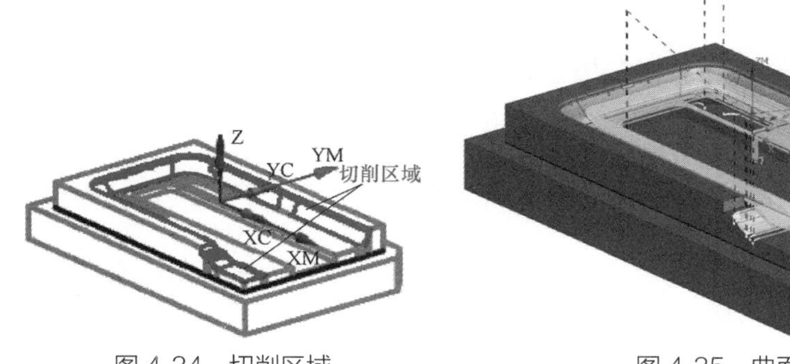

图 4-34　切削区域

图 4-35　曲面部分二次开粗刀轨

表 4-9　切削参数表

序号	参数名称	参数值	序号	参数名称	参数值
1	加工方法	深度轮廓铣	7	底面余量	0.12mm
2	切深	0.2mm	8	开放区域进刀类型	圆弧（30%、90、0.5mm、25%）
3	切削层范围	4.7mm	9	封闭区域进刀类型	螺旋（40%，0.5，前一层，1，40%）
4	切削顺序	深度优先	10	转速	4000r/min
5	刀路光顺半径	*R*0.2mm	11	进给率	1500mm/min
6	侧面余量	0.12mm	12	最小合并距离	6mm

观看步骤 5）操作视频，请扫二维码 E4-9。

E4-9

6）精加工避空槽。要求：

◆ 使用轮廓加工操作加工避空槽壁，侧壁余量为 0，底面余量为 0.12mm，生成的刀轨如图 4-36 所示，切削参数读者可自己确定（中间槽用 D6 刀具，左右避空槽用 D4 刀具）。

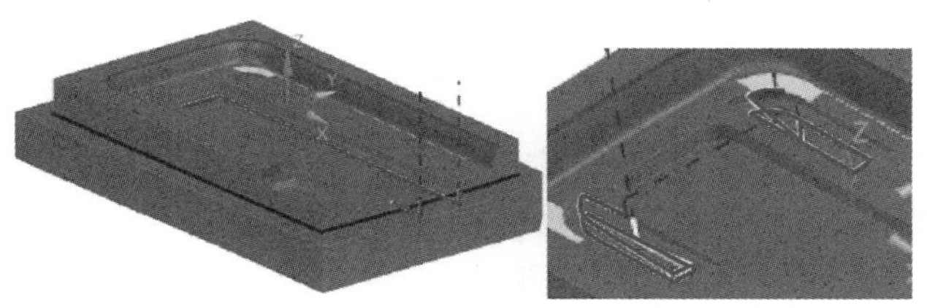

图 4-36　避空槽壁精加工刀轨

◆ 使用底壁加工操作创建避空槽底部精加工工序，刀轨如图 4-37 所示，切削参数读者可自己确定（中间槽用 D6 刀具，左右避空槽用 D4 刀具）。

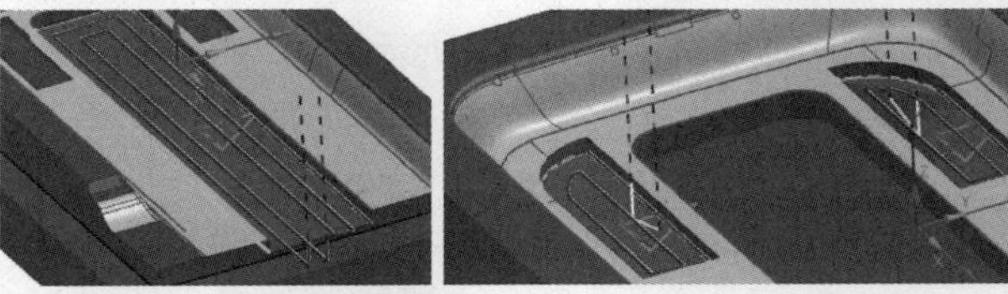

图 4-37　避空槽底精加工刀轨

E4-10

观看步骤 6）操作视频，请扫二维码 E4-10。

7）使用 D3R1.5 刀具创建深度轮廓铣对陡峭区域进行精加工。要求：切削区域和第五步切削区域相同，切削参数见表 4-10，刀轨如图 4-38 所示。

表 4-10　切削参数表

序号	参数名称	参数值	序号	参数名称	参数值
1	加工方法	深度轮廓加工	6	所有刀路光顺半径	*R*0.2mm
2	切深	0.1mm	7	封闭区域进刀类型	螺旋（40%，0.5，前一层，1mm，40%）
3	切削层范围	4.7mm	8	开放区域进刀类型	圆弧（30%、90、0.5mm、25%）
4	切削顺序	深度优先	9	转速	4000r/min
5	余量	0	10	进给率	1000mm/min

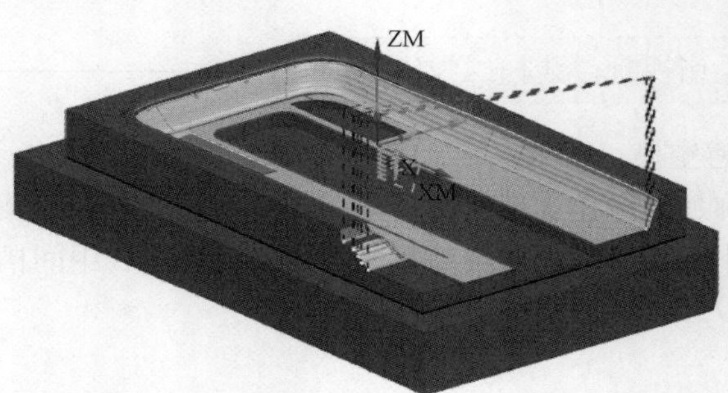

图 4-38　等高加工刀轨

8）使用刀具 D3R1.5 创建固定轴区域轮廓铣进行剩余曲面的精加工。要求：切削区域选择成形底面，含“体（2）”和“体（3）”的顶面，父项设置如图 4-39 所示，切削参数设置见表 4-11，裁剪边界和生成的刀轨如图所示 4-40 所示。

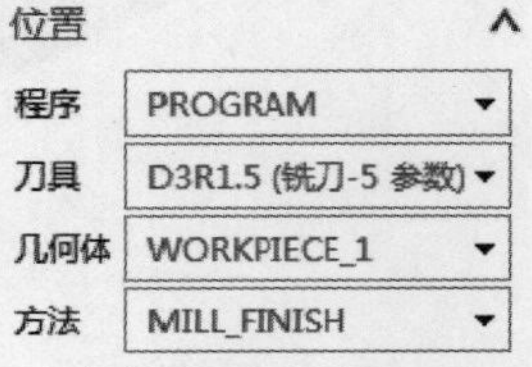

图 4-39　父项设置

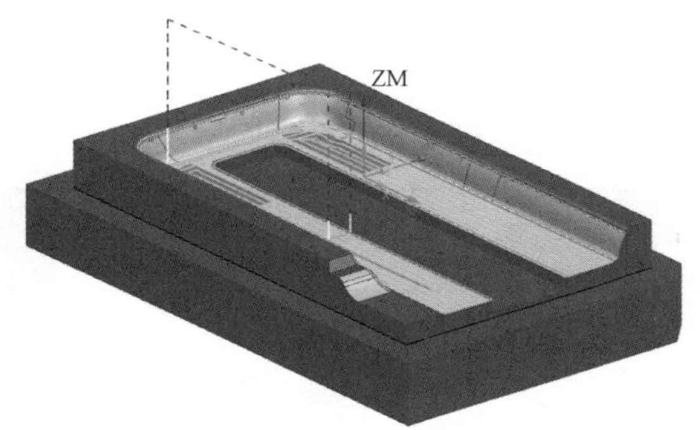

图 4-40　裁剪边界和刀轨

表 4-11　固定轴区域轮廓铣切削参数表

序号	参数名称	参数值	序号	参数名称	参数值
1	加工方法	固定轴轮廓铣	9	余量	0
2	驱动方法	区域铣削	10	过切时	退刀
3	陡峭空间范围	非陡峭	11	检查安全距离	3mm
4	角度	50°	12	开放区域进刀类型	线性
5	切削模式	跟随周边	13	进刀位置	距离
6	切削方向	向内	14	长度	1mm
7	切削步距	0.15mm	15	转速	4500r/min
8	在边上延伸	0.3mm	16	进给率	2500mm/min

9）使用 D20 刀具进行其他面的精加工。参考刀轨如图 4-41 所示，参数自定。

观看步骤 7）～ 9）操作视频，请扫二维码 E4-11。

E4-11

10）使用“生成车间文件”工具按钮生成车间文件。结果如图 4-42 所示（这里只选择了第一步型腔铣）。

11）保存文件。

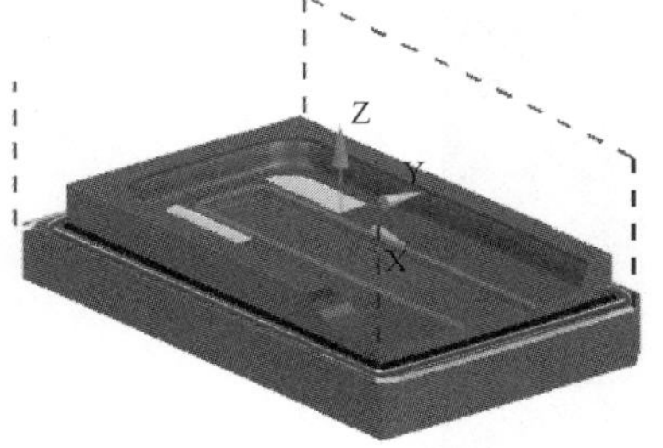

图 4-41　台阶面精加工刀轨

page 1:of 1

SIEMENS

Program sheet

Part name	sjdj	Drawing name:	--
Unit	MM	Part number:	--
Pictures:		Description:	

Index	Operation Name	Type	Program	Machine Mode	Tool Name	Tool Path Time in	Path Image
1	CAVITY_MILL	Cavity Molling	PROGRAM	MILL	D12	42.63	

Author： Administrator　Checker： Administrator　Date： Tue Mar 15 09:37:39 2016

图 4-42　车间文件

4.2.2 填写“课程任务报告”

课程任务报告

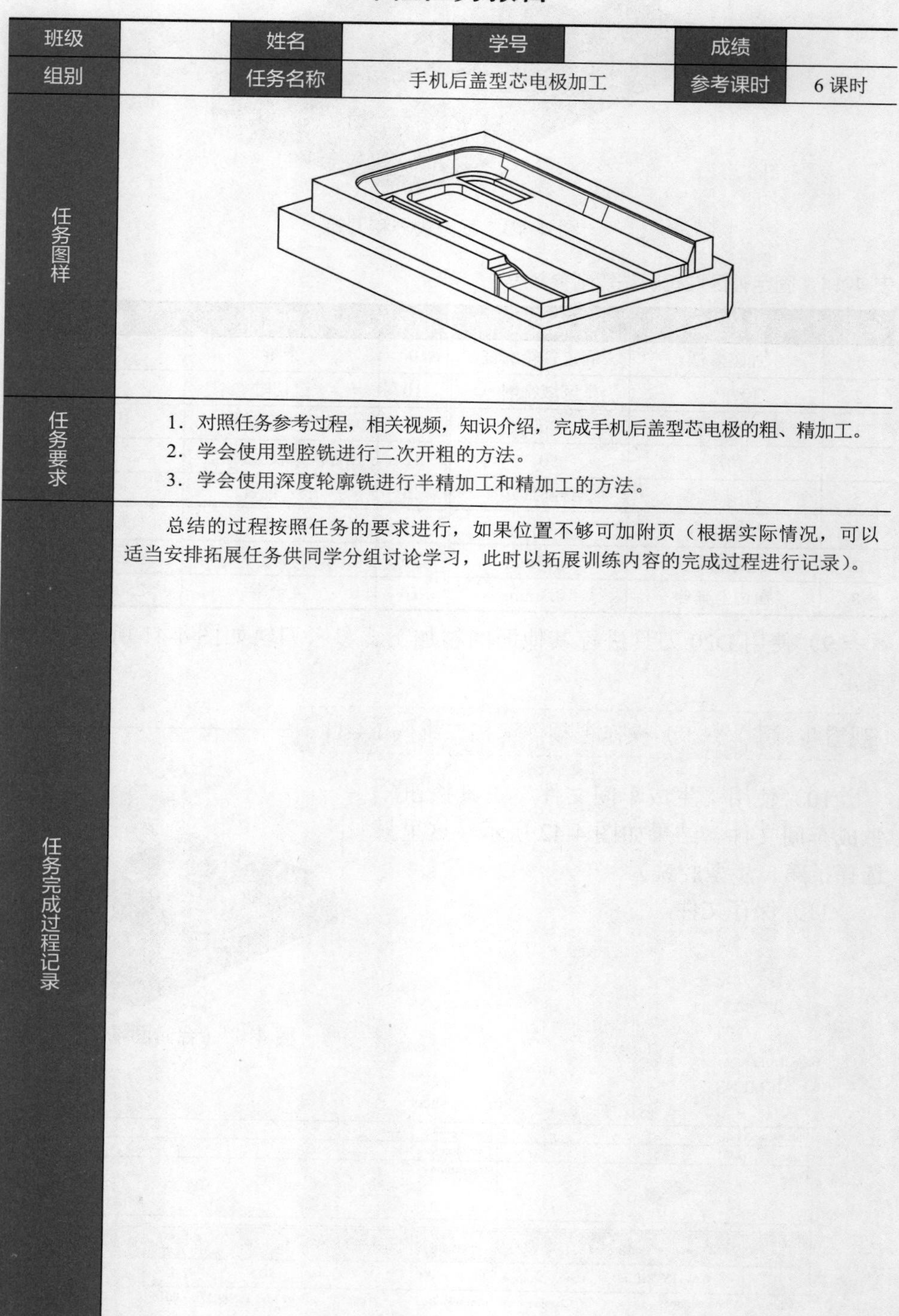

班级		姓名		学号		成绩	
组别		任务名称	手机后盖型芯电极加工			参考课时	6 课时
任务图样							
任务要求	1．对照任务参考过程，相关视频，知识介绍，完成手机后盖型芯电极的粗、精加工。 2．学会使用型腔铣进行二次开粗的方法。 3．学会使用深度轮廓铣进行半精加工和精加工的方法。						
任务完成过程记录	总结的过程按照任务的要求进行，如果位置不够可加附页（根据实际情况，可以适当安排拓展任务供同学分组讨论学习，此时以拓展训练内容的完成过程进行记录）。						

4.2.3 知识学习

4.2.3.1 深度轮廓铣概述

深度轮廓铣加工是一种特殊的型腔铣操作，属于固定轴铣的范畴。它使用多个切削层来加工零件表面轮廓。在深度轮廓铣操作中，除了可指定部件几何体外，还可以指定切削区域限制切削范围；如果没有指定切削区域几何体，则系统对整个部件进行切削，也就是说系统默认整个部件几何体为切削几何体。在创建深度轮廓铣刀轨时，系统会自动追踪部件几何体和检查几何体的陡峭区域，定制追踪的形状，识别要加工的切削区域，并在所有切削层上生成不过切的刀轨。

深度轮廓铣操作一般应用于陡峭区域的精加工、半精加工。它的一个关键特征就是可以指定陡峭角度，通过陡峭角度把整个部件几何体分成陡峭区域和平坦区域，可以只加工零件上的陡峭区域，平坦区域则一般使用固定轴区域轮廓铣进行加工。

4.2.3.2 深度轮廓铣的切削参数

深度轮廓铣的各项参数的含义和用法与型腔铣相同，这里只介绍比较特殊的参数。

1. 陡峭角

陡峭角就是刀具轴和接触点的法线方向之间的夹角，陡峭区域是指部件的陡峭角大于指定陡峭角的区域，将“陡峭角”切换为“开”时，只有在陡峭角大于或等于指定陡峭角的部件区域才进行切削；将“陡峭角”切换为“关”时，系统会对部件所有切削区域进行加工，如图 4-43 所示。

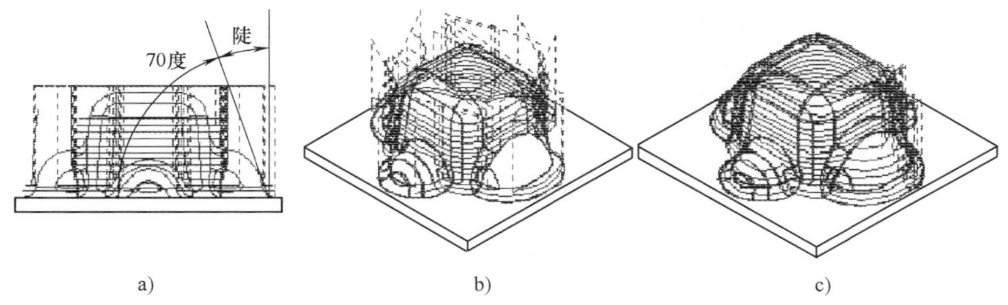

图 4-43 “陡峭角”选项功能示意

a）70° 陡峭角 b）陡峭角开 c）陡峭角关

2. 层到层

它可以在深度轮廓铣中使刀具在所有层中无须抬刀至安全平面，使切削过程更加高效，有“使用转换方法”“直接对部件”“沿部件斜进刀”和“沿部件交叉斜进刀”四个选项。

1）使用转换方法。刀具在切削层之间转移使用在“进刀 / 退刀”选项页中所指定的方式。

2）直接对部件。刀具在切削完一个切削层后，直接在零件表面直线运动切削到下一层，消除了不必要的内部退刀。大大减少刀具非切削运动的时间，可以有效提高加工效率。

3）沿部件斜进刀。刀具在切削完一个切削层后，在零件表面上以斜线切削到下一层。这种方式的刀具具有更稳定的切削深度和残料高度。

4）沿部件交叉斜进刀。和“沿部件斜进刀”相似，它们的区别如图4-44所示。

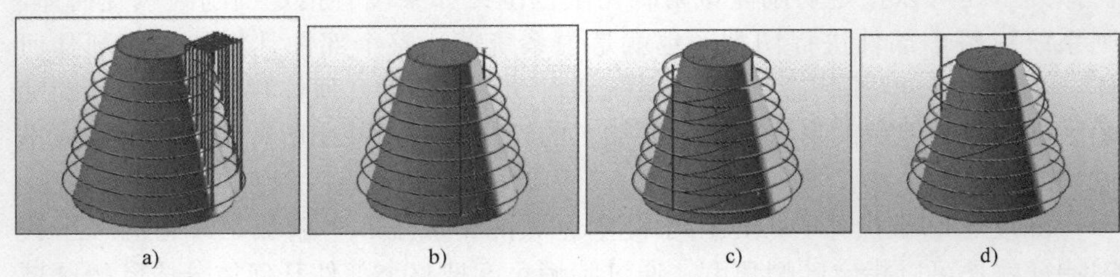

a)　b)　c)　d)

图4-44　“层到层”选项功能示意

a）使用转换方法　b）直接对部件　c）沿部件斜进刀　d）沿部件交叉斜进刀

3. 在层之间切削

在深度轮廓铣的相邻两层刀轨间存在比较大的平坦区域时，此功能控制是否插入另外的刀轨，具体含义如图4-45所示，等同于在陡峭区域使用深度轮廓铣，在非陡峭区域使用区域轮廓铣。

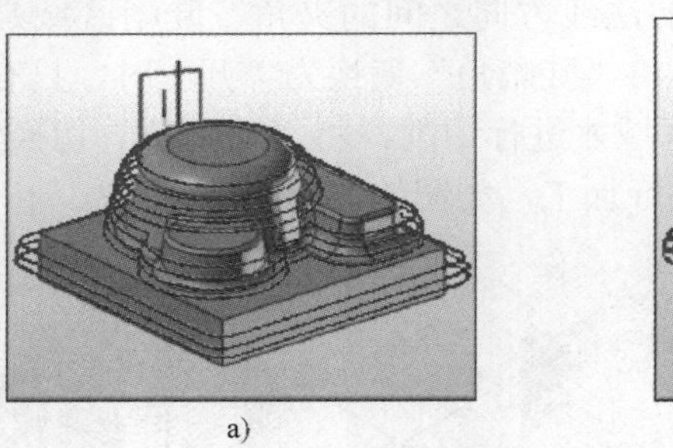

a)

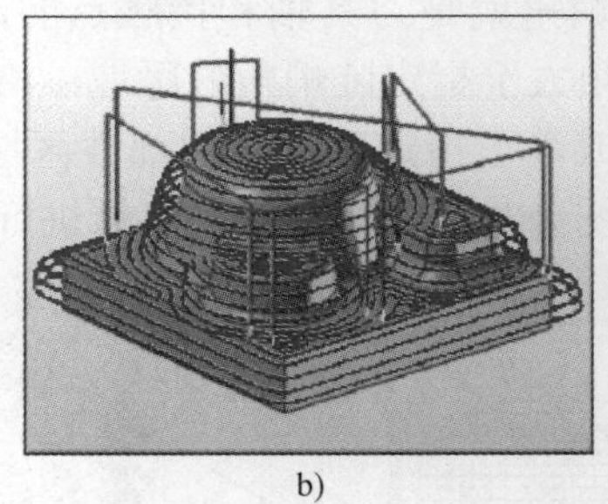

b)

图4-45　“在层之间切削”选项功能示意

a）未选中“在层之间切削”选项　b）选中“在层之间切削”选项

选中这个选项后，对话框会多出“步距”选项，这个步距控制在平坦区域相邻刀轨之间的距离，控制方法有“使用切削深度”“恒定”“残余高度”和“刀具直径百分比”四个选项，具体功能如图4-46所示。

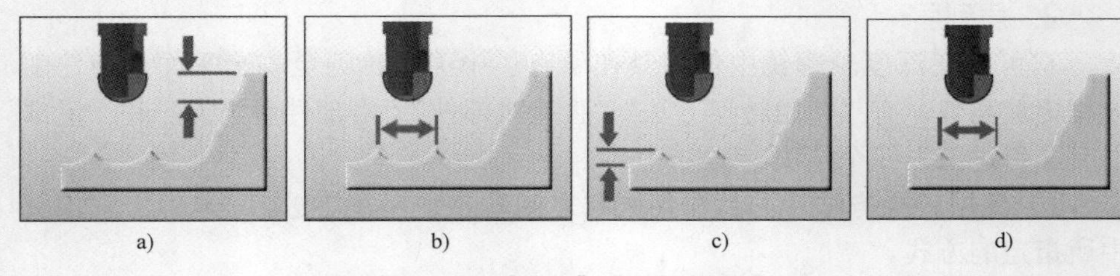

a)　b)　c)　d)

图4-46　“步距”选项功能示意

a）使用切削深度　b）恒定　c）残料高度　d）刀具直径百分比

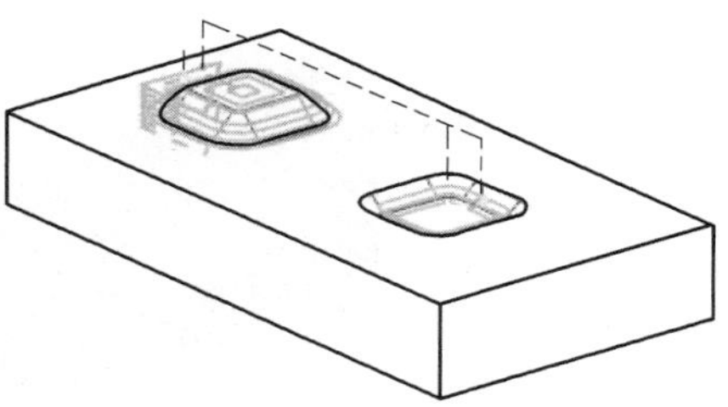

图 4-47 层间切削

但层之间是否产生刀轨，要求区域必须位于所定义的“切削层”范围内，且被定义为切削区域。如图 4-47 所示，凸台和凹腔表面都被选择为切削区域，其他面没有被选择为切削区域，这里立方体的顶面和凹腔的底面没有产生刀轨，原因是立方体上表面没有被选择为切削区域，而凹腔底面则在深度范围之外。

4. 短距离移动上的进给

选中“短距离移动上进给”选项，“最大移刀距离”选项被激活，“最大移刀距离”用于定义不切削时希望刀具沿零件进给的最大距离，可以输入数值指定最大移刀距离。如图 4-48 和图 4-49 所示。

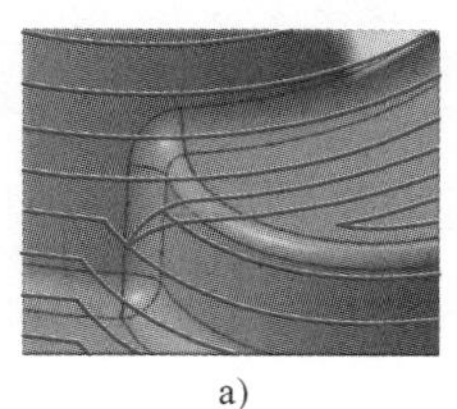

a)

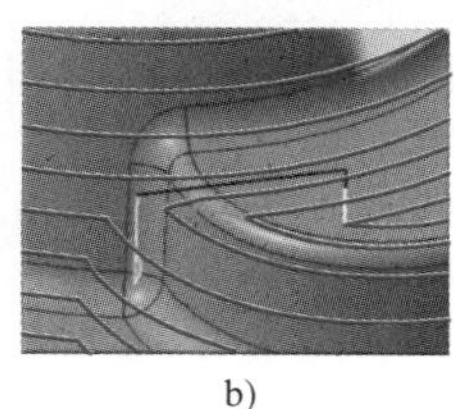

b)

图 4-48 “短距离移动上的进给”选项功能示意

a）选中“短距离移动上的进给” b）未选中“短距离移动上的进给”

5. 临界深度顶面切削

“临界深度顶面切削”选项影响深度轮廓铣的间隙区域。图 4-50 所示为“临界深度顶面切削”选项将单个间隙区域分成了两个区域。选项位置：在“切削层”对话框“范围类型”中选择“单个”，对话框中出现“临界深度顶面切削”选项。

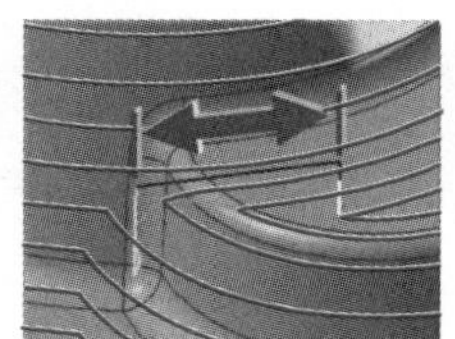

图 4-49 “最大移刀距离”选项功能示意

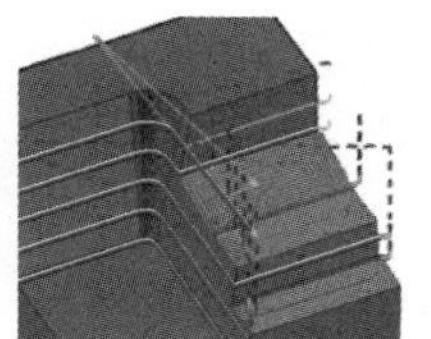

图 4-50 “临界深度顶面切削”选项功能示意

6. 在边上延伸

使用“在边上延伸”选项可加工铸件周围的材料，还可以使用它在刀轨的起点和终点添加切削移动，确保刀具平滑地切入和切出部件。其位置在“切削参数 | 策略”选项页，其功能如图 4-51 所示。

7. 在边缘滚动刀具

“在边缘滚动刀具”选项是深度轮廓铣和区域轮廓铣的特有参数，其功能如图 4-52 所示。

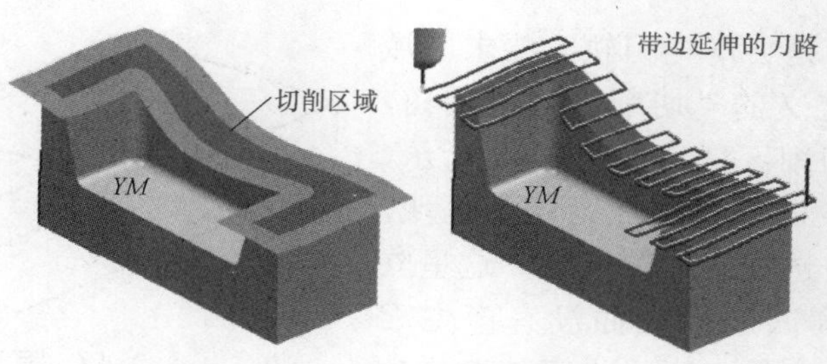

图 4-51 “在边上延伸”的刀轨

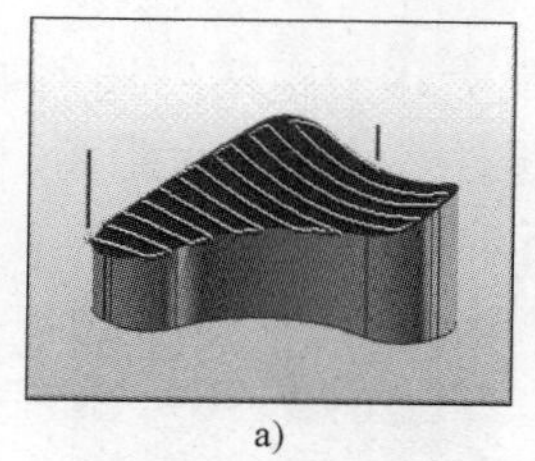

a)

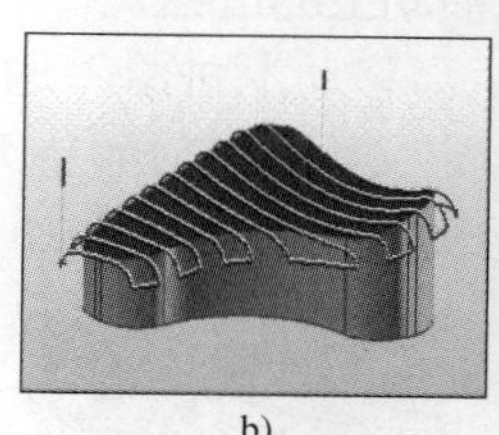

b)

图 4-52 在“边缘滚动刀具”选项功能示意

a）未选中“在边缘滚动刀具”选项 b）选中“在边缘滚动刀具”选项

4.2.4 问题探讨

拐角轮廓铣粗加工和深度轮廓铣在功能上和生成的刀轨上有什么相似和区别？

4.2.5 任务拓展

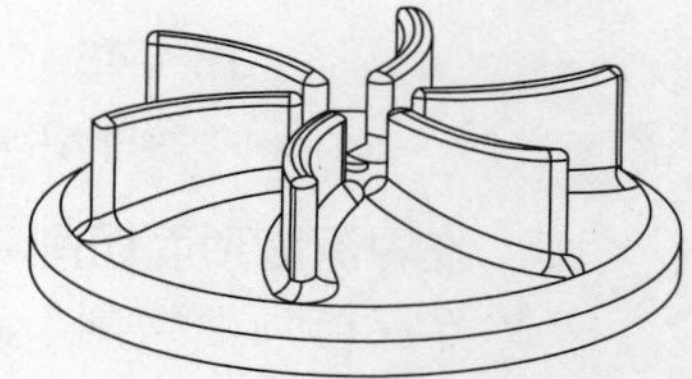

图 4-53 零件模型

对图 4-53 所示的零件进行加工自动编程。

任务 4.3 塑料模嵌件加工

知识点

◎ 固定轴轮廓铣操作。
◎ 固定轴轮廓铣驱动方式。

技能点

◎ 学会使用型腔铣进行二次开粗的方法。
◎ 能合理运用固定轴轮廓铣的各种驱动方法。
◎ 学会模具嵌件的加工思路。

任务描述

在塑料模中，嵌件的加工是常见的加工内容。为了满足产品的成形要求和模具的结构要求，嵌件上经常会出现一些数控加工无法完成的小圆角、甚至尖角，这些部分可以根据具体情况留作后续的电火花加工或线切割加工完成。还有一些深腔结构，在设计刀路时应该考虑刀具的长度和刀柄，以保证加工的安全。

加工要求

如图 4-54 所示的模具嵌件，材料为模具钢，要求对嵌件上的成形面进行加工，数控加工没法完成的部分可留作电火花加工。

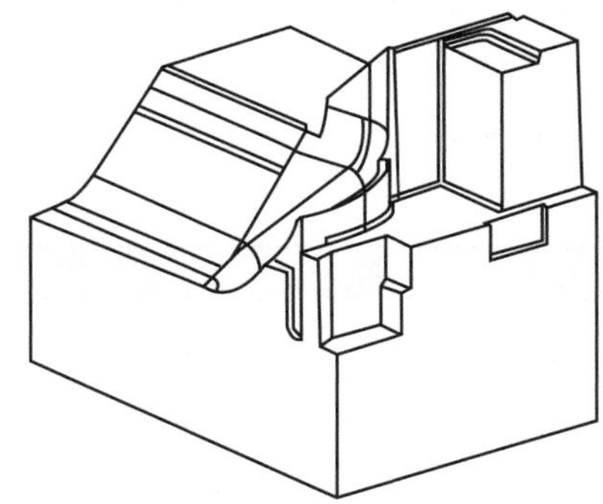

图 4-54 嵌件零件图

4.3.1 任务实施

1. 零件分析

◆ 分析零件的极限尺寸：X 方向极限尺寸 110.7mm，Y 方向极限尺寸 76.3mm，Z 方向极限尺寸 96.18mm。

◆ 零件中存在大量的水平面和竖直面，可以采用平面加工方法简化加工过程。

◆ 嵌件有部分结构深度较大，加工时需要注意刀具的长度与干涉情况。

◆ 嵌件侧面存在有槽结构，且圆角较小，无法使用铣削加工到位。

◆ 曲面部分结构比较陡峭，可以考虑采用深度轮廓铣进行精加工。

2. 零件工艺编排

◆ 使用型腔铣进行粗加工。

◆ 使用深度轮廓铣进行二次开粗。

◆ 使用型腔铣进行清角加工。

◆ 使用面加工对平面部分进行精加工。

◆ 使用深度轮廓铣和固定轴区域轮廓铣相结合的方法对其他成形面进行精加工。

3. 操作步骤

1）打开文件“4-3.prt”，并对模型进行分析。要求：

◆ 分析图中的极限尺寸。

◆ 使用菜单【分析】→【模具部件验证】→【检查区域】，分析所有水平面和竖直面，并用颜色加以区分。

◆ 设置工作坐标系，到嵌件底面中心上方 97mm 的位置，X 轴和长边方向一致。

2）进行加工前设置。要求：

◆ 将嵌件四个侧面向外偏置 1mm。

◆ 创建包容块，调整 Z 方向尺寸为 97mm。

◆ 创建程序组 PROGRAM_1 ～ PROGRAM_9。

◆ 设置工件坐标系。设置工件坐标系和系统坐标系重合（位于毛坯顶面中心），安全平面距离毛坯顶面 20mm。

◆ 定义 WORKPIECE，部件几何体为“体（2）”，毛坯几何体为前边创建的包容块。

◆ 创建刀具，参数见表 4-12。

表 4-12　刀具参数　（单位：mm）

序号	名称	刀具类型 | 子类型	直径	下半径	刃长	长度	备注
1	D17R0.8	MILL	ϕ17	*R*0.8	50	75	用于粗加工
2	D10_L50	MILL	ϕ10	*R*0	50	75	夹持器 35×80
3	D6_L40	MILL	ϕ6	*R*0	40	75	夹持器 35×80
4	D6R0.5_L40	MILL	ϕ6	*R*0.5	40	75	夹持器 35×80
5	D4_L40	MILL	ϕ4	*R*1.3	40	75	夹持器 35×80
6	D4R0.5	MILL	ϕ4	*R*0.5	10	30	
7	D12	MILL	ϕ12	*R*0	50	75	参考刀具

E4-12

观看步骤 1）～ 2）操作视频，请扫二维码 E4-12。

3）使用刀具 D17R0.8 创建型腔铣开粗加工程序。要求：型腔铣父项设置如图 4-55 所示，切削参数见表 4-13，生成的刀轨如图 4-56 所示。

图 4-55　型腔铣父项设置

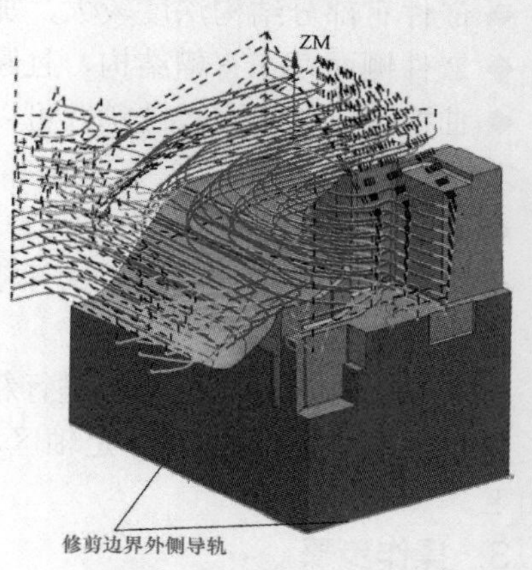

图 4-56　型腔铣刀轨

表 4-13 型腔铣切削参数表

序号	参数名称	参数值	序号	参数名称	参数值
1	加工方法	型腔铣	8	底面余量	0.2mm
2	切削模式	跟随部件	9	所有刀路光顺半径	0.5mm
3	步距	65%	10	区域之间	前一平面、2.0mm
4	切深	0.2mm	11	区域内	进刀 / 退刀、前一平面、2.0mm
5	切削层范围	61.6mm	12	封闭区域进刀类型	螺旋（90%、5、1mm、前一层、1mm、50%）
6	切削顺序	深度优先	13	开放区域进刀类型	圆弧（50%、90、1mm、50%）
7	侧面余量	0.35mm	14	转速 / 进给率	2000（r/min）/ 2000（mm/min）

注意：修剪边界为部件几何体底面，修剪侧为边界外侧。

如果使用 UG NX8.5 版本，则生成的刀轨有较多缺点，建议改用 10.0 版本。

4）使用刀具 D10_L50 创建深度轮廓铣二次开粗加工程序。要求：深度轮廓铣父项设置如图 4-57 所示，切削参数见表 4-14，生成的刀轨如图 4-58 所示。

图 4-57 深度轮廓铣父项设置

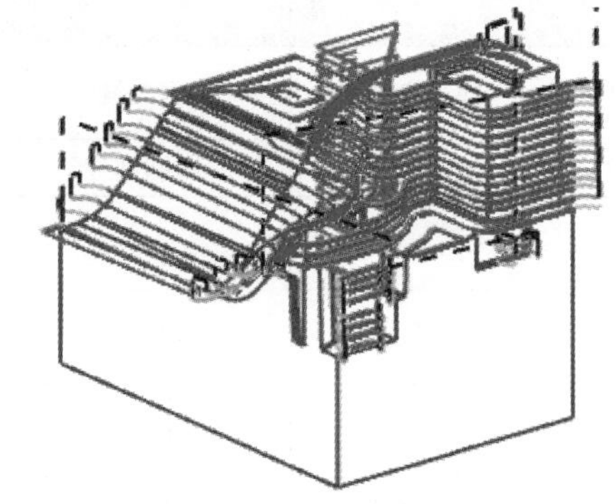

图 4-58 深度轮廓铣刀轨

表 4-14 深度轮廓铣切削参数表

序号	参数名称	参数值	序号	参数名称	参数值
1	加工方法	深度轮廓铣	9	在层之间切削	选中、刀具直径百分比、65%
2	陡峭范围	无	10	所有刀路光顺半径	R0.3mm
3	切深	0.15mm	11	区域之间	前一平面、2.0mm
4	切削层范围	61.6mm	12	区域内	进刀 / 退刀、前一平面、2.0mm
5	切削方向	混合	13	封闭区域进刀类型	与开放区域相同
6	切削顺序	深度优先	14	开放区域进刀类型	圆弧（50%、90、1mm、50%）
7	余量	0.1mm	15	转速	3500r/min
8	层到层	使用转移方法	16	进给率	2000mm/min

E4-13

观看步骤 3）～ 4）操作视频，请扫二维码 E4-13。

5）使用刀具 D6_L40 创建型腔铣清角加工程序。要求：型腔铣父项设置如图 4-59 所示，切削参数见表 4-15，切削区域如图 4-60 所示，生成的刀轨如图 4-61 所示。

图 4-59　型腔铣父项设置

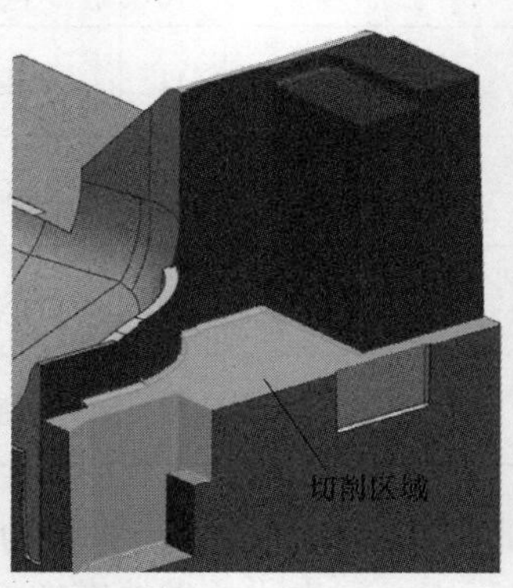

图 4-60　切削区域

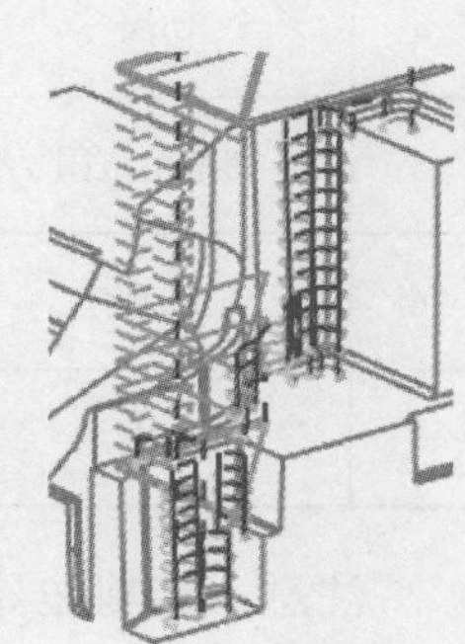
图 4-61　型腔铣刀轨

表 4-15　型腔铣切削参数表

序号	参数名称	参数值	序号	参数名称	参数值
1	加工方法	型腔铣	9	所有刀路光顺半径	R0.2mm
2	切削模式	跟随部件	10	区域之间	前一平面、2.0mm
3	步距	65%	11	区域内	进刀 / 退刀、前一平面、2.0mm
4	切深	0.12mm	12	封闭区域进刀类型	螺旋（90%，5，1mm，前一层，0，50%）
5	切削层范围	61.3mm	13	开放区域进刀类型	圆弧（50%、90、1mm、50%）
6	切削顺序	深度优先	14	转速	3500r/min
7	余量	0.15mm	15	进给率	2000mm/min
8	开放刀路	变换切削方向	16	参考刀具	D12

6）使用刀具 D10_L50 创建面铣加工程序。要求：型腔铣父项设置如图 4-62 所示，切削参数见表 4-16，面边界如图 4-63 所示，生成的刀轨如图 4-64 所示。

图 4-62　面铣父项设置

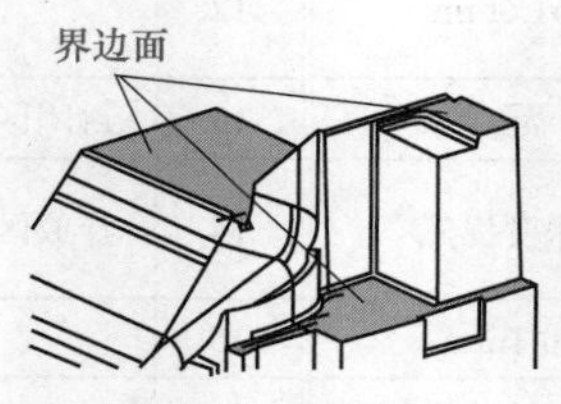

图 4-63　面边界

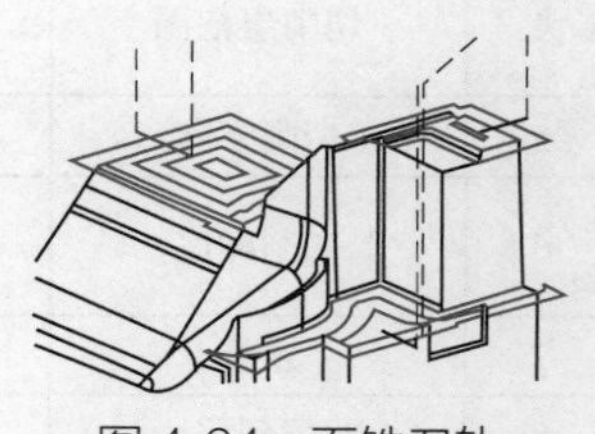
图 4-64　面铣刀轨

表 4-16　面铣切削参数表

序号	参数名称	参数值	序号	参数名称	参数值
1	加工方法	面铣	8	凸角	绕对象滚动
2	切削模式	跟随周边	9	封闭区域进刀	与开放区域相同
3	步距	50%	10	开放区域进刀类型	线性（50%、0、0、3mm、50%）
4	毛坯距离	0.10mm	11	区域之间	安全距离 - 刀轴
5	切深	0	12	区域内	进刀 / 退刀、安全距离 - 刀轴
6	最终底面余量	0	13	转速	3000r/min
7	刀路方向	向内	14	进给率	1000mm/min

E4-14

观看步骤 5）～ 6）操作视频，请扫二维码 E4-14。

7）使用刀具 D4_L40 创建深度轮廓铣加工程序，对图 4-65 所示的区域进行精加工。要求：深度轮廓铣父项设置如图 4-66 所示，切削参数见表 4-17，生成的刀轨如图 4-67 所示。

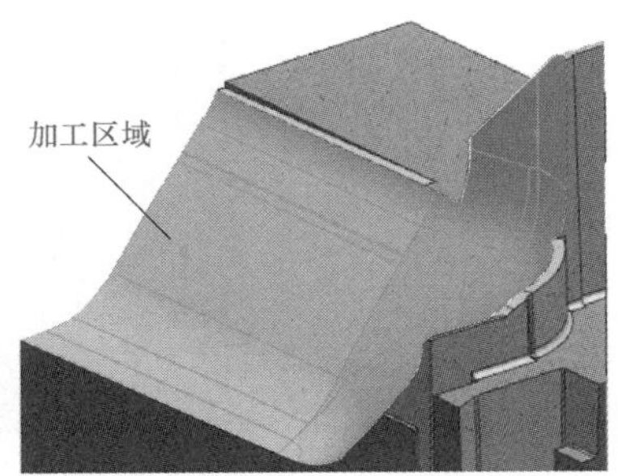

图 4-65　深度轮廓铣区域

图 4-66　深度轮廓铣父项设置

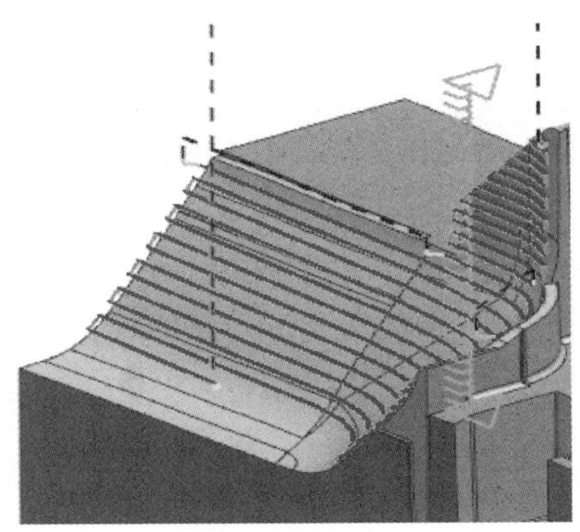
图 4-67　深度轮廓铣刀轨

表 4-17　深度轮廓铣切削参数表

序号	参数名称	参数值	序号	参数名称	参数值
1	加工方法	深度轮廓铣	8	余量	0
2	陡峭空间范围	仅陡峭的	9	层到层	直接对部件进刀
3	角度	35°	10	封闭区域进刀	与开放区域相同
4	切深	0.15mm	11	开放区域进刀类型	圆弧（50%、90、1mm、55%）
5	切削方向	混合	12	区域之间	前一平面、1mm
6	切削顺序	深度优先	13	区域内	进刀 / 退刀、前一平面、1mm
7	在边上延伸	0.3mm	14	转速、进给率	4500r/min、2500mm/min

8）使用刀具 D4_L40 创建固定轴区域轮廓铣加工程序，对如图 4-68 所示的区域进行精加工。要求：固定轴区域轮廓铣父项和上一步深度轮廓铣相同，切削参数见表 4-18，生成的刀轨如图 4-69 所示。

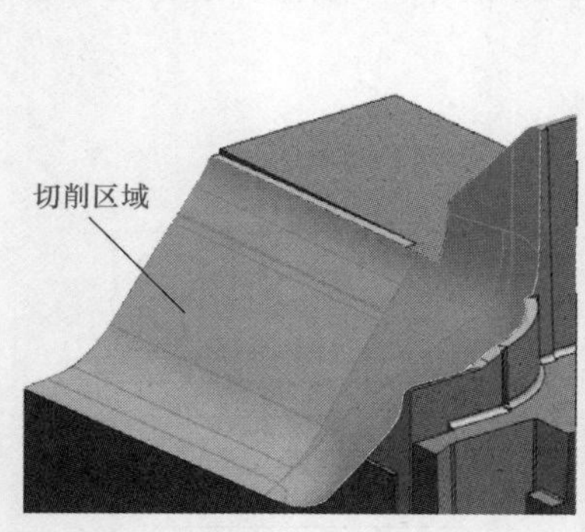

图 4-68　固定轴区域轮廓铣的区域

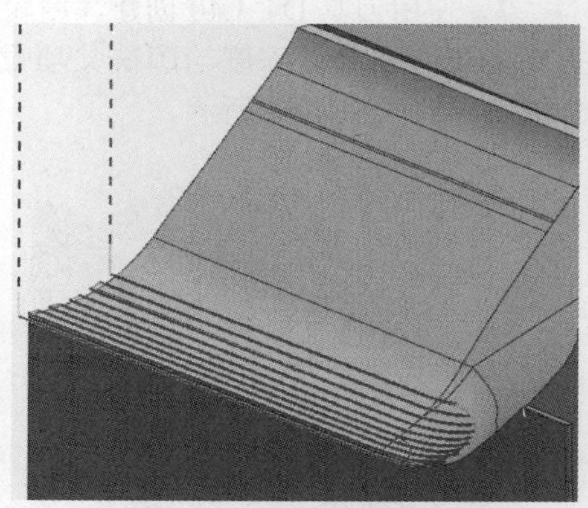
图 4-69　固定轴区域轮廓铣刀轨

E4-15

观看步骤 7）～ 8）操作视频，请扫二维码 E4-15。

表 4-18　固定轴区域轮廓铣切削参数表

序号	参数名称	参数值	序号	参数名称	参数值
1	加工方法	固定轴区域轮廓铣	9	过切时	退刀
2	驱动方法	区域铣削	10	检查安全距离	3mm
3	陡峭空间范围	非陡峭	11	开放区域进刀类型	插削
4	角度	38°	12	进刀位置	距离
5	切削模式	往复	13	进刀高度	1mm
6	切削步距	0.15mm	14	碰撞检查	选中
7	在边上延伸	0.3mm	15	转速	4500r/min
8	余量	0	16	进给率	2500mm/min

9）使用刀具 D6R0.5_L40 创建深度轮廓铣加工程序，对图 4-70 所示的区域进行精加工。要求：深度轮廓铣父项设置如图 4-71 所示，切削参数见表 4-19，生成的刀轨如图 4-72 所示。

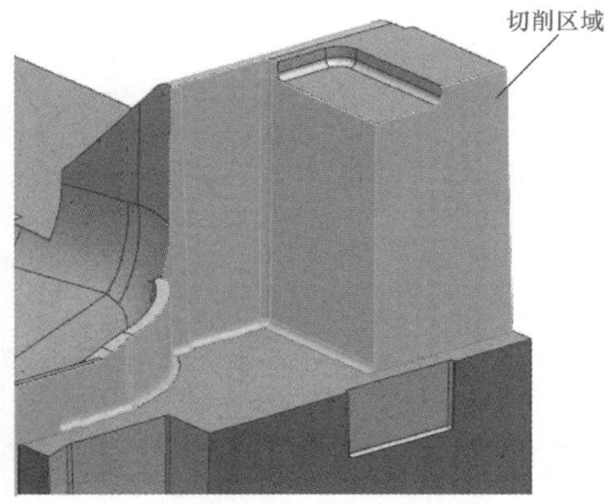

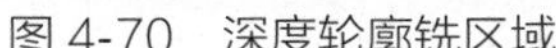
图 4-70　深度轮廓铣区域

图 4-71　深度轮廓铣父项设置

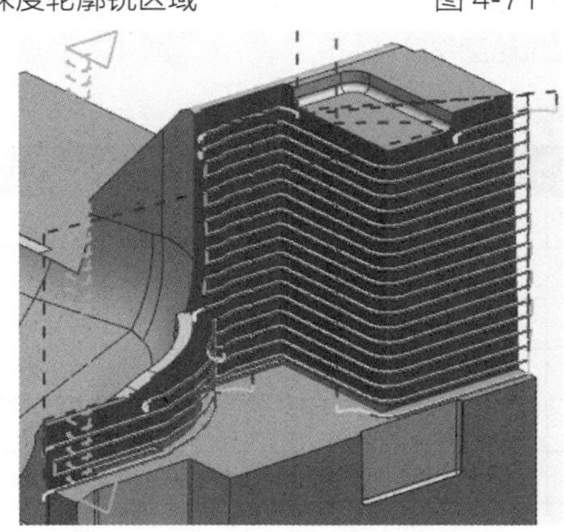

图 4-72　深度轮廓铣刀轨

表 4-19　深度轮廓铣切削参数表

序号	参数名称	参数值	序号	参数名称	参数值
1	加工方法	深度轮廓铣	8	光顺	所有刀路、0.5mm
2	陡峭空间范围	仅陡峭的、35°	9	层到层	直接对部件进刀
3	切深	0.15mm	10	封闭区域进刀	与开放区域相同
4	切削方向	混合	11	开放区域进刀类型	圆弧（50%、90、1mm、55%）
5	切削顺序	深度优先	12	区域之间	前一平面、1mm
6	在边上延伸	0.3mm	13	区域内	进刀 / 退刀、前一平面、1mm
7	余量	0	14	转速、进给率	4000r/min、2000mm/min

10）创建区域轮廓铣操作。对图 4-73 所示的区域进行精加工。要求：新建刀具 D6R3，程序父项使用 Program_7，刀具使用 D6R3。其余父项同步骤 9）。切削参数见表 4-20，生成的刀轨如图 4-74 所示。

观看步骤 9）～ 10）操作视频，请扫二维码 E4-16。

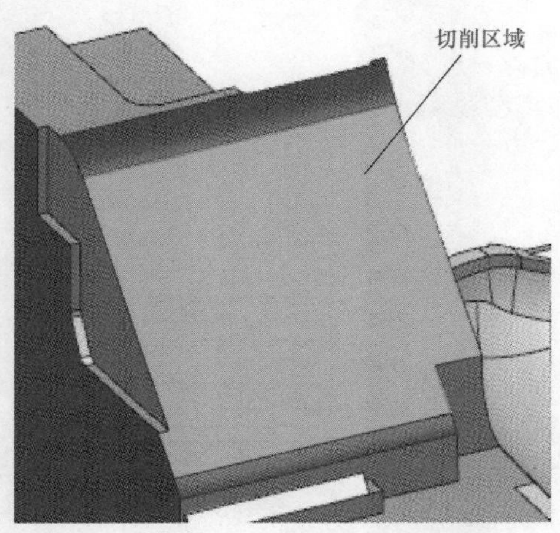

图 4-73　固定轴区域轮廓铣区域

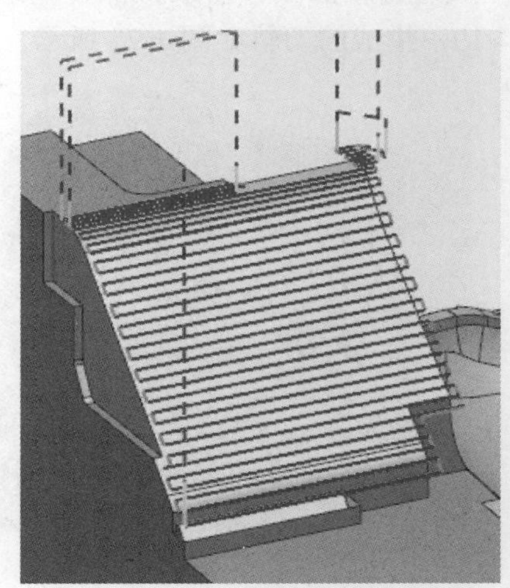

图 4-74　固定轴区域轮廓铣刀轨

表 4-20　固定轴区域轮廓铣切削参数表

序号	参数名称	参数值	序号	参数名称	参数值
1	加工方法	固定轴区域轮廓铣	9	过切时	退刀
2	驱动方法	区域铣削	10	检查安全距离	3mm
3	陡峭空间范围	无	11	开放区域进刀类型	插削
4	切削模式	往复	12	进刀位置	距离
5	切削步距	0.08mm	13	进刀高度	1mm
6	切削角	−90°	14	碰撞检查	选中
7	在边上延伸	0.2mm	15	转速	4000r/min
8	余量	0	16	进给率	2000mm/min

11）使用刀具 D6_L40 创建深度轮廓铣加工程序，对图 4-75 所示的区域进行清根加工。要求：深度轮廓铣父项设置如图 4-76 所示，切削参数见表 4-21，生成的刀轨如图 4-77 所示。（注意：应设置切削范围）

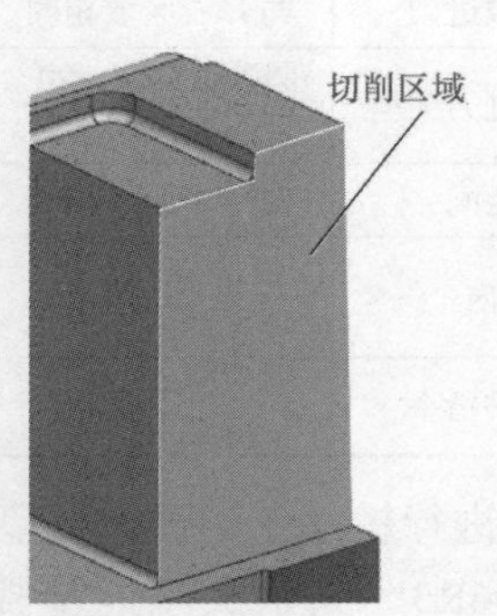

图 4-75　深度轮廓铣区域

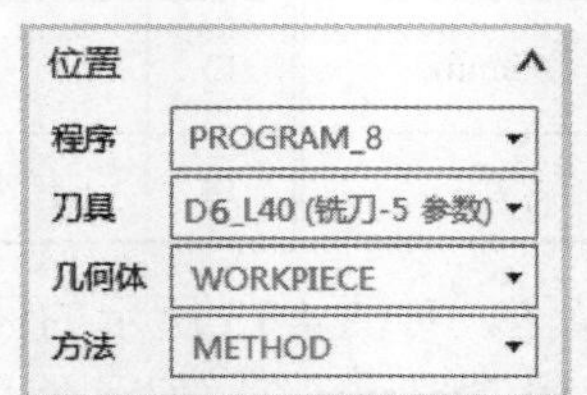

图 4-76　深度轮廓铣父项设置

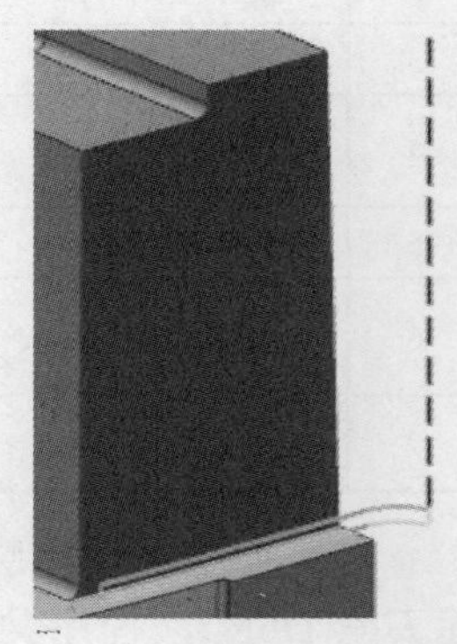

图 4-77　深度轮廓铣刀轨

表 4-21 深度轮廓铣切削参数表

序号	参数名称	参数值	序号	参数名称	参数值
1	加工方法	深度轮廓铣	8	光顺	所有刀轨、0.5mm
2	陡峭空间范围	无	9	层到层	直接对部件进刀
3	切深	0.05mm	10	封闭区域进刀	与开放区域相同
4	切削方向	混合	11	开放区域进刀类型	圆弧（50%、90、1mm、55%）
5	切削顺序	深度优先	12	切削范围的顶部	−36.3mm
6	在边上延伸	0.3mm	13	范围深度	2mm
7	余量	0	14	转速、进给率	4000r/min、2000mm/min

12）使用刀具 D6_L40 创建深度轮廓铣加工程序，对图 4-78 所示的区域进行清根加工。要求：深度轮廓铣父项同步骤 11），切削参数和步骤 11）相同，生成的刀轨如图 4-79 所示。

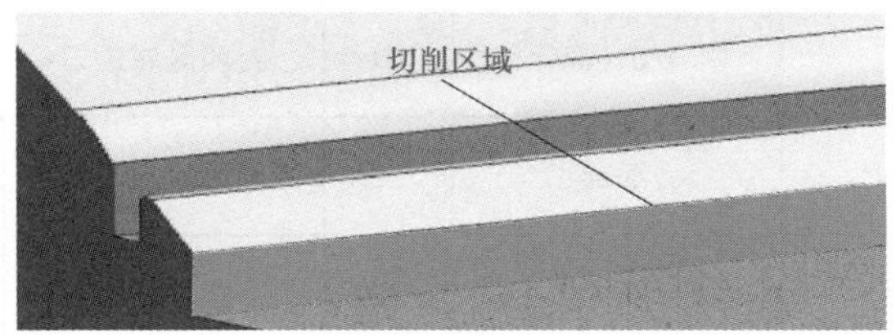

图 4-78 深度轮廓铣区域

图 4-79 深度轮廓铣刀轨

13）使用刀具 D4R0.5 创建深度轮廓铣加工程序，对图 4-80 所示的区域进行清根加工。要求：深度轮廓铣父项设置如图 4-81 所示，切削参数见表 4-22，生成的刀轨如图 4-82 所示。

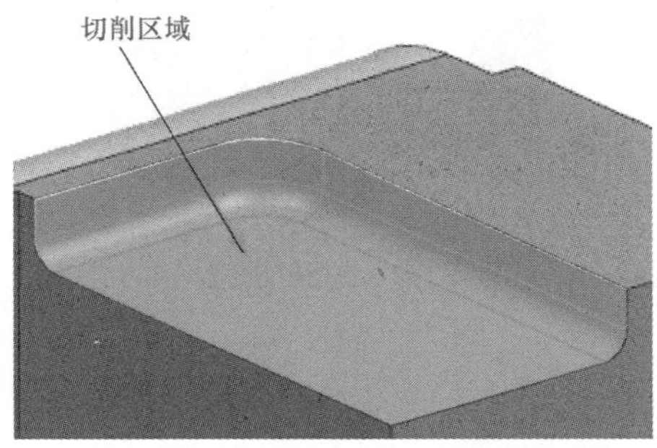

图 4-80 深度轮廓铣区域

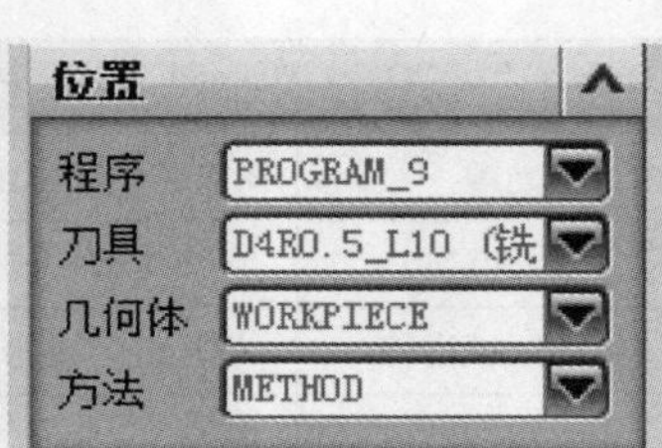

图 4-81 等高轮廓铣父项设置

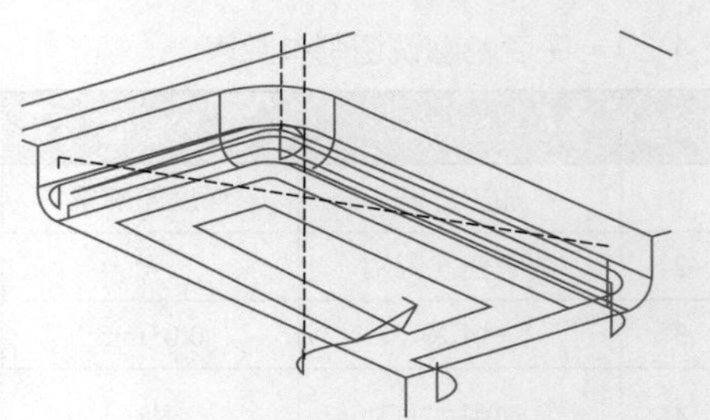

图 4-82 等高轮廓铣刀轨

表 4-22 深度轮廓铣切削参数表

序号	参数名称	参数值	序号	参数名称	参数值
1	加工方法	深度轮廓铣	9	层到层	直接对部件进刀
2	陡峭空间范围	无	10	在层之间切削	选中、刀具平直百分比、65%
3	切深	0.07mm	11	封闭区域进刀	与开放区域相同
4	切削方向	混合	12	开放区域进刀类型	圆弧（50%、90、1mm、55%）
5	切削顺序	深度优先	13	区域之间	前一平面、1mm
6	在边上延伸	2mm	14	区域内	进刀 / 退刀、前一平面、1mm
7	余量	0	15	转速	4500r/min
8	光顺	无	16	进给率	2000mm/min

14）仿真加工，结果如图 4-83 所示。

图 4-83 仿真加工结果

15）保存文件。

E4-17

观看步骤 11）～ 15）操作视频，请扫二维码 E4-17。

4.3.2 填写“课程任务报告”

课程任务报告

班级		姓名		学号		成绩	
组别		任务名称	塑料模嵌件加工			参考课时	6 课时
任务图样	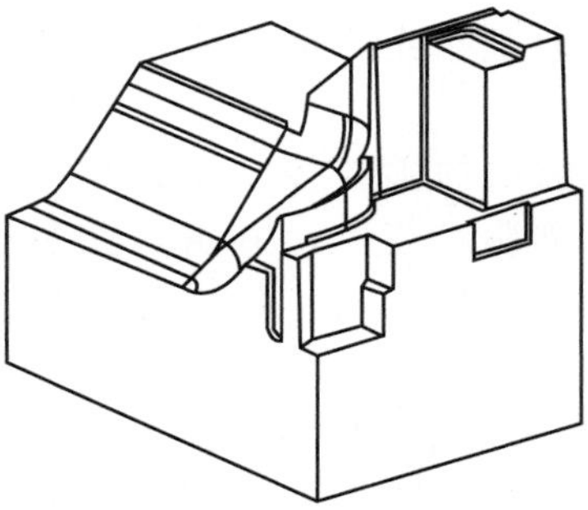						
任务要求	1．对照任务参考过程，相关视频，知识介绍，完成塑料模嵌件的开粗和精加工。 2．能合理运用固定轴轮廓铣的各种驱动方法。 3．学习模具嵌件的加工思路。						
任务完成过程记录	总结的过程按照任务的要求进行，如果位置不够可加附页（根据实际情况，可以适当安排拓展任务供同学分组讨论学习，此时以拓展训练内容的完成过程进行记录）。						

4.3.3 知识学习

4.3.3.1 固定轴区域轮廓铣加工概述

固定轴区域轮廓铣是用于精加工或半精加工曲面区域的主要方法。它允许通过控制刀具轴和投影矢量使刀具沿着非常复杂的曲面轮廓运动。

固定轴区域轮廓铣刀轨生成分成两个阶段：先在指定的驱动几何体上产生驱动点，然后将这些驱动点沿着指定的矢量方向投影到零件几何表面形成接触点。通过指定不同的驱动方式，可以创建生成刀轨时所需的驱动点。

固定轴区域轮廓铣的主要控制要素是驱动几何体。系统首先在驱动几何体上产生一系列驱动点阵，并将这些驱动点沿着指定的方向投影至零件几何体表面，刀具位于与零件表面接触的点上，从一个点运动到下一个点。

在固定轴区域轮廓铣中，所有零件几何体都是作为有界实体处理的。相应地，由于固定轴区域轮廓铣实体是有限的，因此刀具只能定位到零件几何体（包括边）上现有的位置。刀具不能定位到零件几何体的延伸部分，但驱动几何体是可延伸的。

在加工过程中，固定轴区域轮廓铣的刀轴保持与指定矢量平行。固定轴区域轮廓铣是一种三轴联动的加工方式，可以方便地完成对零件曲面轮廓的加工。

4.3.3.2 常用驱动方式

1. 边界驱动

边界驱动方式通过指定边界和环来定义切削区域。边界与部件表面的形状和大小无关，而环必须与外部部件表面边界对应。切削区域边界、环或二者的组合定义，将已定义的切削区域的驱动点按照指定的投影矢量投影到工件表面可以生成刀轨。

边界驱动方式与平面铣的工作方式有很多相似之处，但是与平面铣相比，边界驱动方式可以用来创建刀具沿着复杂表面轮廓移动的精加工操作。

边界驱动方式的边界可以由一系列存在的曲线、创建的永久边界、点或面构成。它们可以定义切削区域不用切削的部位，如岛和腔体。在定义边界时，可以为每个边界成员指定刀具与边界的位置属性：“相切于”“在上面”或“接触”。并且创建的边界可以超出工件表面的大小范围，也可以在工件表面内限制一个更小的区域，还可以与工件表面的边重合。

在“固定轮廓铣”对话框中的“驱动方法”选项组“方法”选项列表中，选择“边界”选项，弹出“边界驱动方法”对话框，如图 4-84 所示。

1）“驱动几何体”选项组。“驱动几何体”用于选择、编辑或显示作为驱动几何的边界和环。在没有指定驱动几何体时，单击选择按钮，弹出“边界几何体”对话框，和平面铣中边界的定义非常相似，只是“刀具位置”选项中多了“接触”选项。

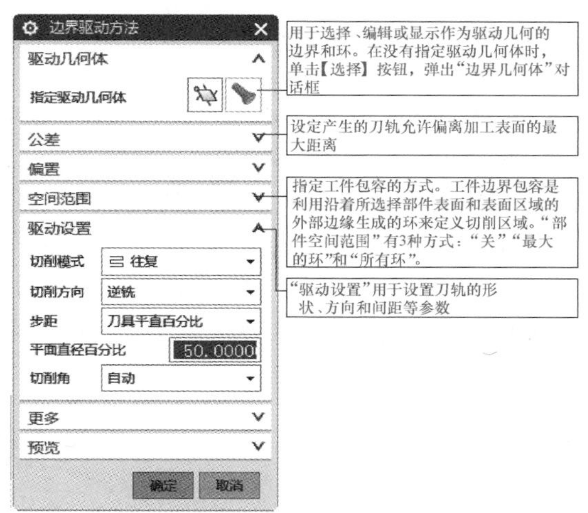

图 4-84 "边界驱动方法"对话框

2）"公差"选项组。在加工方法中指定了内、外公差，用于指定刀轨偏离实际工件表面的距离。在这里可以为选择的驱动边界指定内、外公差，用于指定刀轨偏离驱动边界的距离。

3）"偏置"选项组。"偏置"选项组的"边界偏置"选项用于指定驱动边界余量的大小，通过一个偏置值来控制边界上留下的材料余量。

4）"空间范围"选项组。"部件空间范围"用于指定工件包容的方式。工件边界包容是利用沿着所选择工件表面和表面区域的外部边缘生成的环来定义切削区域。环相当于边界，也可以用来定义切削区域。但环和边界有所不同，环是沿着工件表面直接生成的，而且无需投影。在"部件空间范围"下拉列表中有3种方式用来指定工件边界包容："关""最大的环"和"所有环"。图4-85所示为设置刀具与工件上环的位置关系后生成的刀轨。

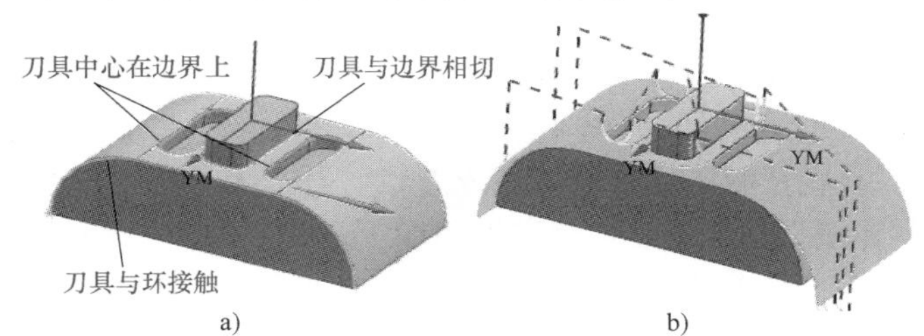

图 4-85 刀具与环的位置关系

a）刀具与环的位置 b）生成的刀轨

注意：只有工件几何体选择为曲面区域时，才需要环的设置。一般情况下，仅需要边界的定义。

5）"切削模式"选项。用于定义刀具路径的形状，在边界驱动方式下，有着丰富的切削模式，共计15种4大类：其中平行线方式走刀（单向、往复、单向轮廓和单向步进）、轮廓走刀（跟随周边、轮廓和标准驱动）与平面铣中的对应切削模式相同，这里只介绍米形走刀和同心走刀。

◆ 米形走刀：也就是放射性走刀，细分为径向单项、径向往复、径向单向轮廓和径向单向步进四种形式。选择米形走刀形式后，需要定义“阵列中心”和“刀路方向”两个参数。如图 4-86 所示，切削模式设置为“径向往复”，这列中心设置在面的中心，切削方向设为“向内”。

◆ 同心走刀：是指从用户指定的或系统计算的最优中心点逐渐增大或减小的圆形切削图样。同心走刀有同心单向、同心往复、同心单向轮廓和同心单向步进四种形式。选择同心走刀形式后，需要定义“图样的中心”这个参数。如图 4-87 所示，切削模式设置为“同心往复”，这里中心设置在面的中心，切削方向设为“向内”。

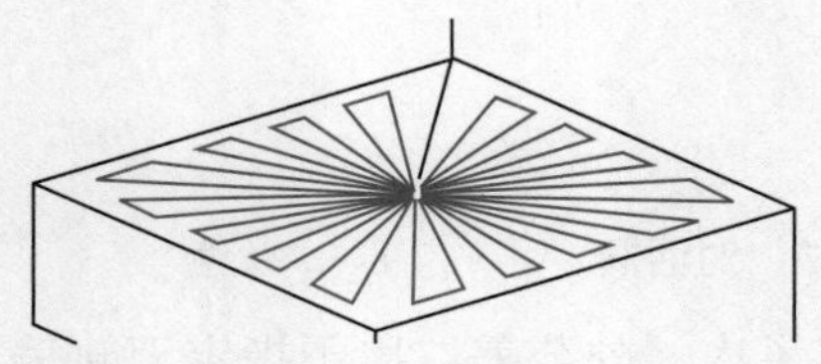

图 4-86　径向往复

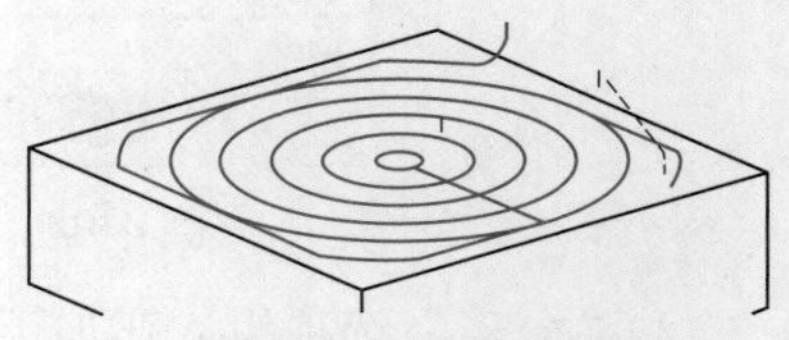

图 4-87　同心往复

2. 区域铣削驱动

区域铣削驱动方式只能用于固定轴铣操作中，它是通过切削区域来定义一个固定轴轮廓铣操作。在该驱动方法中，可以指定陡峭限制和修剪边界限制，与边界驱动方式类似，但不需要指定驱动几何体，它是用计算法来检查碰撞约束的。在允许的情况下，应尽可能使用区域铣削驱动方式来代替边界驱动方式。

切削区域可以用表面区域、片体或表面来定义。如果不选择切削区域，系统将把已定义的整个工件几何体（包括刀具不能到达的切削区域）作为切削区域。

在“固定轴轮廓”对话框中的“驱动方法”选项组“方法”选项列表中选择“区域铣削”，系统弹出“区域铣削驱动方法”对话框，如图 4-88 所示。下面对区域铣削驱动方式不同于边界驱动方式的相关参数和选项加以说明介绍。

1)“陡峭空间范围”选项组

◆ 方法。限制在哪些切削区域生成刀轨，有“无”“非陡峭”“定向陡峭”和“陡峭和非陡峭”四个选项，分别说明如下：

◆ 无：在刀具路径上不使用陡峭约束，允许加工整个切削区域，并且整个切削区域的刀轨是整体形成的。

◆ 非陡峭：用于切削非陡峭区域，而陡峭区域则可用深度轮廓铣操作加工。选择此选项，在其下方可输入角度值指定陡峭角。

◆ 定向陡峭：切削指出方向的陡峭区域，其方向由路径模式方向绕 ZC 轴旋转 90° 确定，路径模式则由切削角确定，即从工件坐标系（WCS）中的 XC 轴开始，绕 ZC 轴旋转指定的切削角就是切削模式方向。选择该选项，在其下方可输入角度值指定陡峭角。

◆ 陡峭和非陡峭：在整个切削区域都生成刀轨，但陡峭区域按深度轮廓铣的方式生成刀轨，非陡峭区域采用区域轮廓铣的方式生成刀轨。

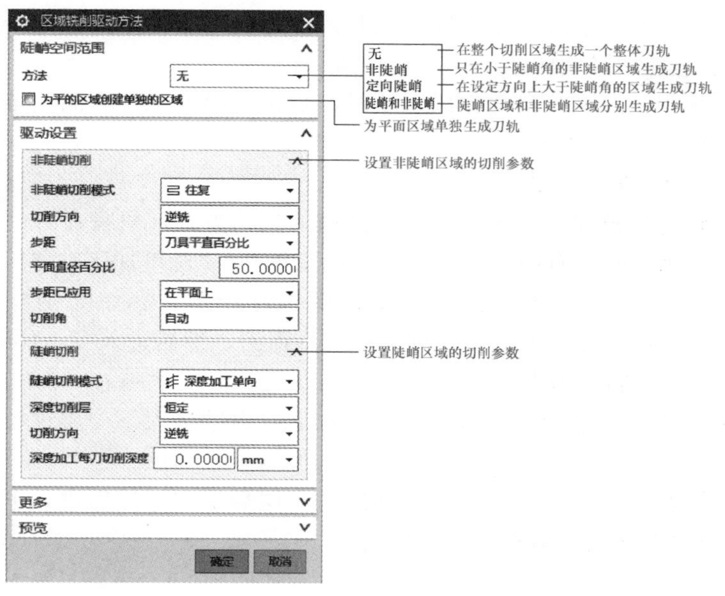

图 4-88 “区域铣削驱动方法”对话框

四个选项的功能示意如图 4-89 所示。

a)　　b)　　c)　　d)

图 4-89 “方法”选项功能示意

a）无　b）非陡峭　c）定向陡峭　d）陡峭和非陡峭

◆ 陡峭角。陡峭角是指工件几何体上任一点的法向矢量和刀轴之间的夹角。陡峭角所设定的值将切削区域分成陡峭区域和非陡峭区域两部分。陡峭区域是指工件几何体上陡峭度大于或等于指定陡峭角度的区域，小于陡峭角的区域为非陡峭区域。

2）“非陡峭切削”选项组。“步距已应用”选项只有“方法”选项选择“无”“非陡峭”和“定向陡峭”三种方式时出现。用于指定在切削过程中的步距在工件中的使用位置，有“在平面上”和“在工件上”两个选项，如图 4-90 所示。

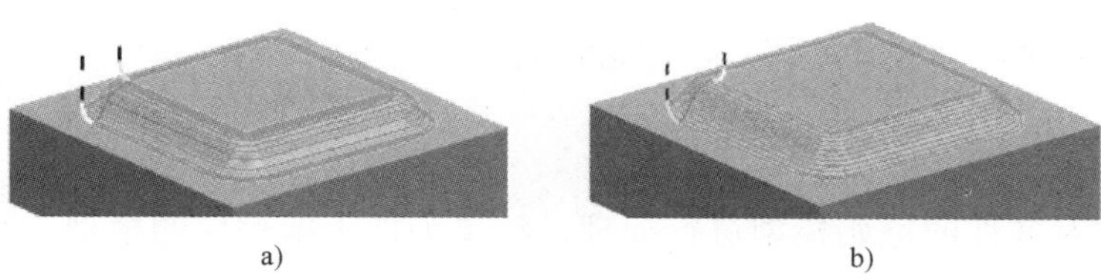

a)　　b)

图 4-90 “步距已应用”选项功能示意

a）“在平面上” b）“在工件上”

◆ 在平面上：系统自动生成刀轨时，步距是在垂直于刀轴的平面上测量的。适用于非陡峭区域切削。

◆ 在部件上：系统自动生成刀轨时，步距是沿着工件表面测量的，适用于陡峭区域切削。

3）“陡峭切削”选项组

◆ 陡峭切削模式。用于控制陡峭区域的走刀方式，只有在方法选项选择“陡峭与非陡峭”时才有用。它有“深度加工单向”“深度加工往复”和“深度加工往复上升”三个选项，其功能示意如图4-91所示。

◆ 深度加工单向：刀具每切削完一层后退刀，然后进入下一层进行切削，并且是沿着一个方向切削。

◆ 深度加工往复：刀具每切削完一层后，自动进入下一层进行切削，不进行退刀。

◆ 深度加工往复上升：刀具每切削完一层后退刀，然后进入下一层进行切削，但切削进给的方向和上一层相反。

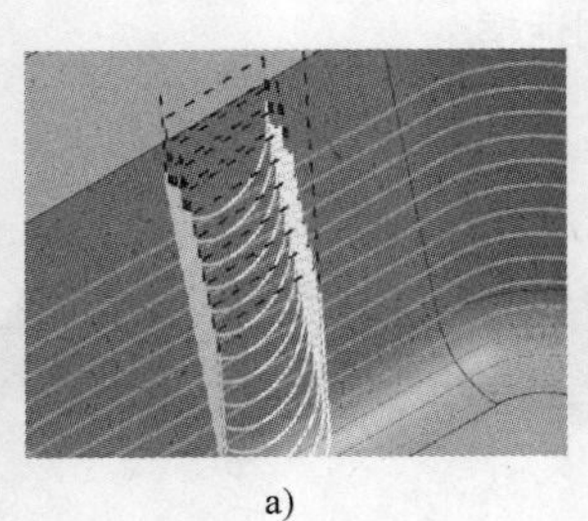
a)

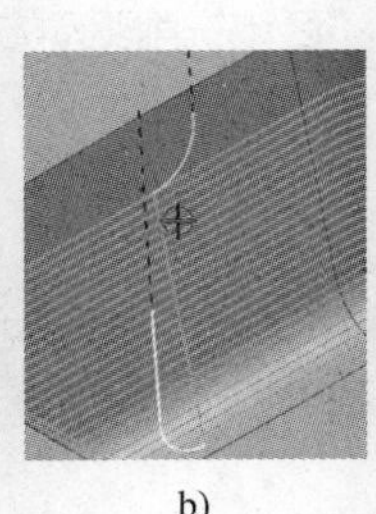
b)

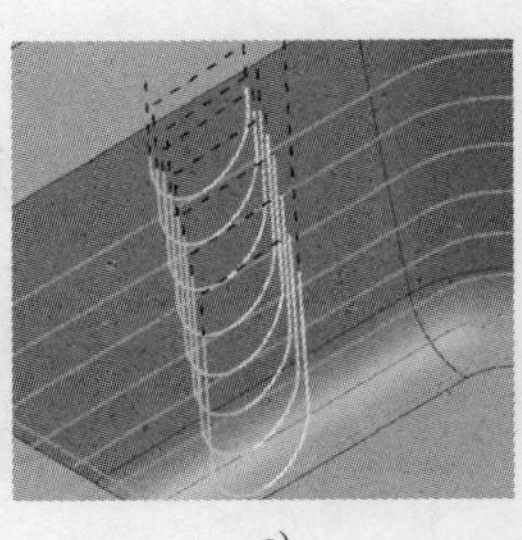
c)

图4-91 “陡峭切削模式”选项功能示意

a）深度加工单向 b）深度加工往复 c）深度加工往复上升

◆ 深度切削层。控制陡峭区域切削层的深度，方式有恒定和优化两种。

◆ 恒定：指在Z轴方向上的切削深度不变。

◆ 优化：指系统会根据曲面的情况自动对切削层做适当地调整，使得刀轨尽可能地均匀化。

4.3.4 问题探讨

分析各种驱动方式的特点，讨论它们的适用范围。

4.3.5 任务拓展

尝试对嵌件的原始模型进行处理，结果为加工编程前的模型，并探讨为什么要这么处理，不处理可以吗？

任务 4.4　手机后盖塑料模型芯加工

知识点

◎ 固定轴区域轮廓铣的参数。

技能点

◎ 能对加工零件进行合理地编辑。
◎ 学习塑料模型芯的加工方法、特点。

任务描述

针对手机后盖塑料模型芯的特点，将需要电火花、线切割加工而不能直接用数控机床加工的结构进行适当地调整，为能够在数控机床上完成的结构编写加工程序。

加工要求

图 4-92 所示为手机后盖塑料模型芯零件，材料为 2231（进口模具钢），其外形尺寸为 194mm×110mm×37mm，要求对除需要进行电火花和线切割加工外的结构编写加工程序。

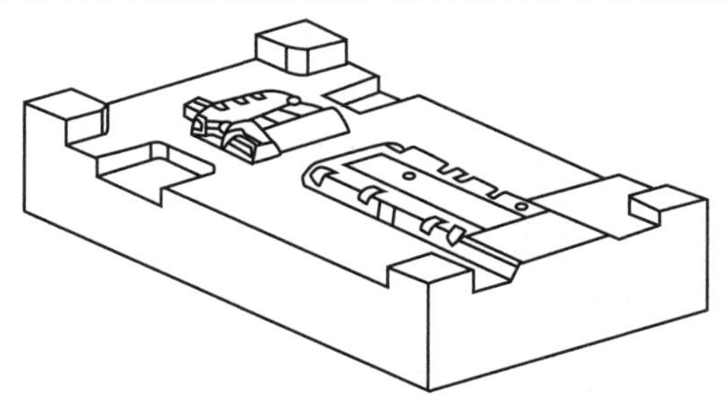

图 4-92　手机后盖塑料模型芯

4.4.1　任务实施

1. 零件分析

◆ 分析零件的极限尺寸：X 方向极限尺寸为 194mm，Y 方向极限尺寸为 110mm，Z 方向极限尺寸为 37mm。模型中尖角较多，需要最后进行电火花处理。为减少电火花加工时间，可考虑用较小刀具进行清角处理。

◆ 零件中存在大量的水平面和竖直面，可以采用平面加工方法以简化加工过程。

◆ 零件中有大量的侧顶槽和通孔，没法加工的异形腔槽需要进行处理，留作后续电火花加工。

2. 零件工艺编排

◆ 使用型腔铣进行粗加工。

◆ 使用型腔铣进行二次开粗加工。

◆ 使用深度轮廓铣进行陡峭区域精加工。

◆ 使用固定轴区域轮廓铣对顶部曲面进行精加工。

◆ 对小突起加工。

◆ 对平面进行精加工。

◆ 清角加工。

3. 操作步骤

1）打开文件“4-4.prt”，并对模型进行分析。要求：

◆ 分析图中的极限尺寸，创建毛坯几何体，调整工作坐标系。毛坯几何体参考尺寸为194mm×110mm×37mm，工作坐标系原点放在毛坯顶面的中心，X轴和毛坯的长边方向一致。

◆ 使用同步建模工具修补零件上用于电火花或线切割加工的结构，结果如图4-93所示。

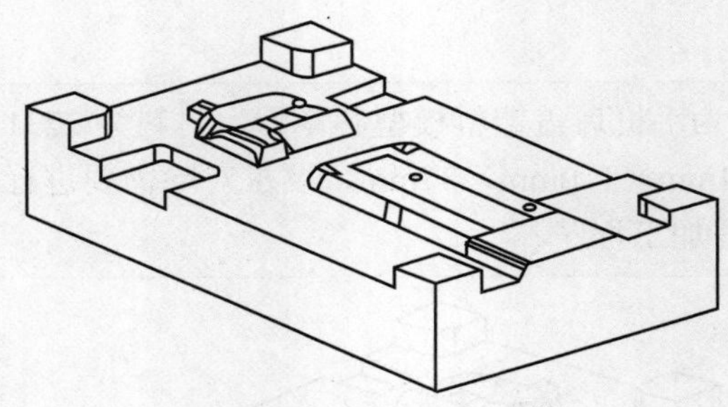

图4-93 调整后的模型

E4-18

◆ 使用菜单【分析】→【模具部件验证】→【检查区域】，分析所有水平面和竖直面，并用颜色加以区分。

观看模型处理视频，请扫二维码E4-18。

2）进行加工前设置。要求：

E4-19

◆ 进入加工环境，设置工件坐标系。设置工件坐标系和系统坐标系重合（原点位于毛坯顶面中心），安全平面距离毛坯顶面20mm。

◆ 定义WORKPIECE，部件几何体为“体（1）”，毛坯几何体为“包络块”。

◆ 创建刀具，参数见表4-23。

观看加工前设置视频，请扫二维码E4-19。

表 4-23　刀具参数　（单位：mm）

序号	名称	刀具类型 | 子类型	直 径	下半径	刃长	长度
1	D12	MILL	$\phi 12$	0	50	75
2	D12R4	MILL	$\phi 12$	$R4$	50	75
3	D6R3	MILL	$\phi 6$	$R3$	30	50
4	D6	MILL	$\phi 6$	0	30	50
5	D4R2	MILL	$\phi 4$	$R2$	20	30

3）使用刀具 D12 创建型腔铣开粗加工程序。要求：型腔铣父项如图 4-94 所示，切削参数如表 4-24 所示，生成的刀具轨迹如图 4-95 所示。

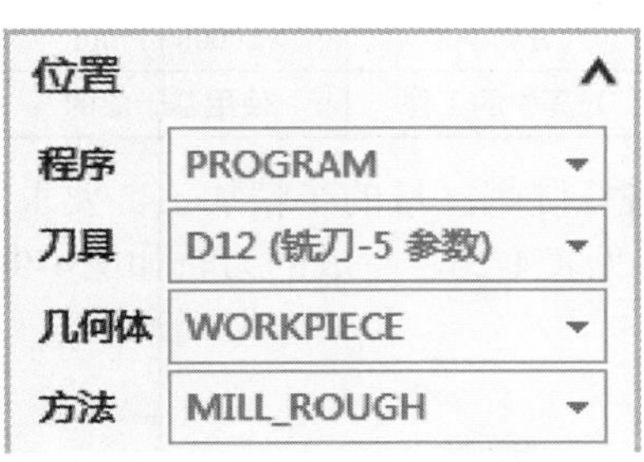

图 4-94　型腔铣父项

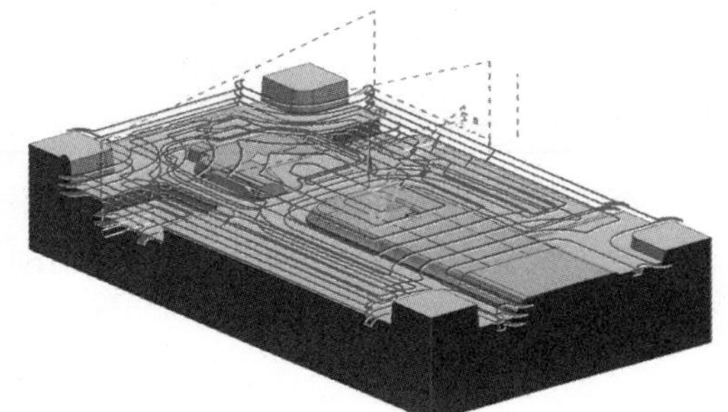

图 4-95　型腔铣刀轨

表 4-24　型腔铣切削参数

序号	参数名称	参数值	序号	参数名称	参数值
1	加工方法	型腔铣	9	底面余量	0.10mm
2	切削模式	跟随周边	10	所有刀路光顺半径	R0.5mm
3	步距	50% 刀具直径	11	开放区域进刀	线性（50%、0、0mm、3mm、50%）
4	切深	1mm	12	区域内转移方式	进刀 / 退刀
5	切削层范围	14mm	13	区域内转移类型	前一平面，1mm
6	刀路方向	向内	14	转速	2000r/min
7	切削顺序	层优先	15	进给率	1000mm/min
8	侧面余量	0.3mm	16	第一刀切削进给	60%

4）使用刀具 D12R4 创建型腔铣二次开粗加工程序。要求：型腔铣父项设置如图4-96所示，切削参数见表4-25，刀轨的修剪边界和生成的刀轨如图4-97所示。

图 4-96　二次开粗父项设置

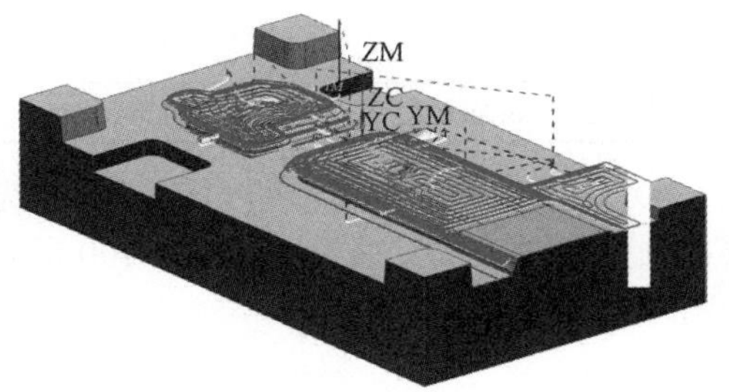

图 4-97　二次开粗刀轨

E4-20

观看步骤 3）～ 4）操作视频，请扫二维码 E4-20。

表 4-25 型腔铣切削参数

序号	参数名称	参数值	序号	参数名称	参数值
1	加工方法	型腔铣	8	所有刀路光顺半径	0.5mm
2	切削模式	跟随周边	9	开放区域进刀	线性（50%、0、0、1mm、50%）
3	步距	50% 刀具直径	10	区域内转移方式	进刀 / 退刀
4	刀路方向	向外	11	区域内转移类型	前一平面，1mm
5	切深	0.3mm	12	转速	2000r/min
6	切削顺序	深度优先	13	进给率	1000mm/min
7	侧面 / 底面余量	0.30mm/0.10mm	14	处理中的工件	使用基于层的

5）使用刀具 D6 创建深度轮廓铣操作，进行陡峭区域的半精加工。要求：深度轮廓铣父项设置如图 4-98 所示，切削参数见表 4-26，生成的刀轨如图 4-99 所示（注意选择切削区域）。

图 4-98 深度轮廓铣父项设置

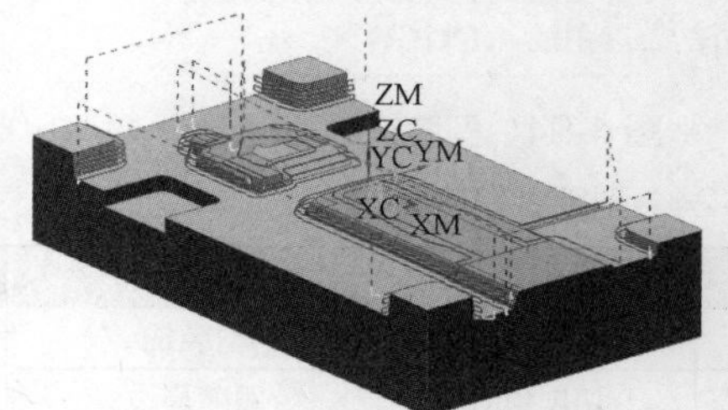

图 4-99 深度轮廓铣刀轨

表 4-26 深度轮廓铣切削参数

序号	参数名称	参数值	序号	参数名称	参数值
1	加工方法	深度轮廓铣	8	所有刀路光顺半径	0.2mm
2	合并距离	3mm	9	层到层	使用转移方法
3	最小切削长度	1mm	10	开放区域进刀	圆弧（50%、90°、3、50%）
4	切深	0.2mm	11	区域内转移方式	无
5	切削方向	混合	12	区域内转移类型	直接
6	切削顺序	深度优先	13	转速、进给率	4000r/min、1200mm/min
7	侧面 / 底面余量	0.10mm/0.10mm			

6）使用刀具 D6R3 创建固定轴轮廓铣操作，进行顶部曲面的精加工。要求：固定轴轮廓铣父项设置如图 4-100 所示，切削参数见表 4-27，生成的刀轨如图 4-101 所示。

E4-21

观看步骤 5）～ 6）操作视频，请扫二维码 E4-21。

位置

程序	PROGRAM
刀具	D6R3 (铣刀-5 参数)
几何体	WORKPIECE
方法	MILL_FINISH

图 4-100　固定轴轮廓铣父项设置

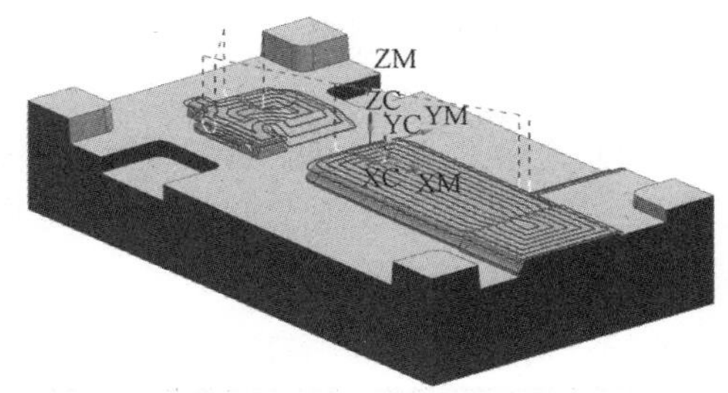

图 4-101　固定轴轮廓铣刀轨

表 4-27　固定轴轮廓铣切削参数

序号	参数名称	参数值	序号	参数名称	参数值
1	加工方法	固定轴轮廓铣	7	步距已应用	在平面上
2	驱动方法	区域铣削	8	余量	0
3	陡峭空间方法	非陡峭（38°）	9	所有刀路光顺半径	0.2mm
4	切削模式	跟随周边	10	开放区域进刀	圆弧（50%、90°、3、50%）
5	刀路方向	向外	11	转速	4000r/min
6	步距	残余高度（0.01mm）	12	进给率	1000mm/min

7）使用刀具 D6R3 创建深度轮廓铣操作，进行陡峭区域的精加工。要求：深度轮廓铣父项设置如图 4-100 所示，切削参数见表 4-28，生成的刀轨如图 4-102 所示。

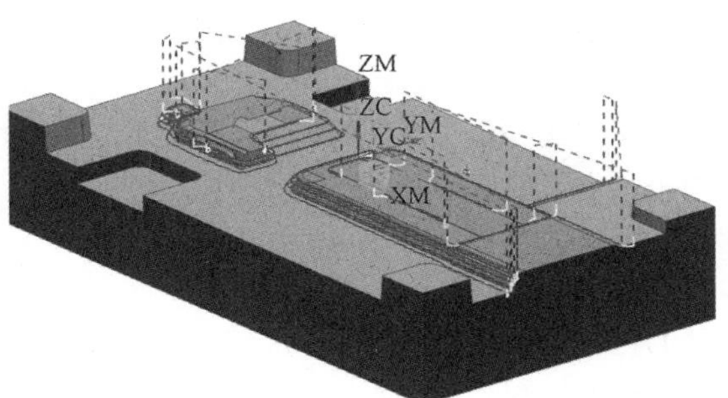

图 4-102　深度轮廓铣刀轨

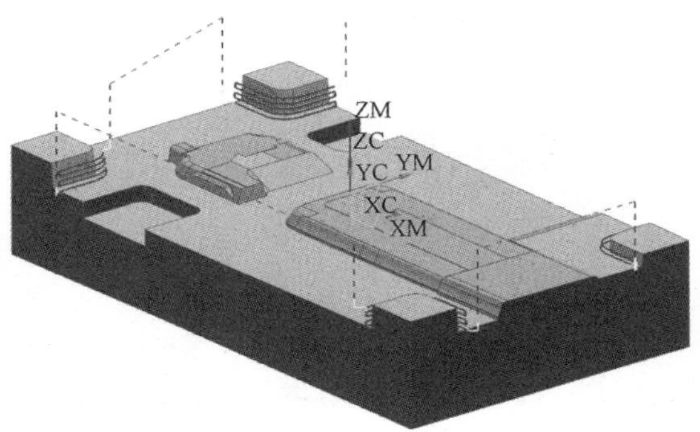

图 4-103　深度轮廓铣加工凸台刀轨

注意调整固定轴陡峭角和深度轮廓铣的陡峭角，使这两步的刀轨能光滑连接。

8）使用刀具D6创建深度轮廓铣操作，进行四个凸台侧壁区域的精加工。要求：深度轮廓铣父项设置如图4-100所示，切削参数见表4-28，生成的刀轨如图4-103所示。

表4-28　深度轮廓铣切削参数

序号	参数名称	参数值	序号	参数名称	参数值
1	加工方法	深度轮廓铣	9	所有刀路光顺半径	0.2mm
2	陡峭空间范围	仅陡峭（15°）	10	层到层	使用转移方法
3	合并距离	3mm	11	开放区域进刀	圆弧（50%、90°、3、50%）
4	最小切削长度	1mm	12	区域内转移方式	无
5	切深	0.1mm	13	区域内转移类型	直接
6	切削方向	混合	14	转速	4000r/min
7	切削顺序	深度优先	15	进给率	1200mm/min
8	余量	0			

9）使用刀具D6创建底壁加工操作，进行两个凹腔侧壁的精加工。要求：底壁加工的父项设置如图4-104所示，切削参数见表4-29，生成的刀轨如图4-105所示。

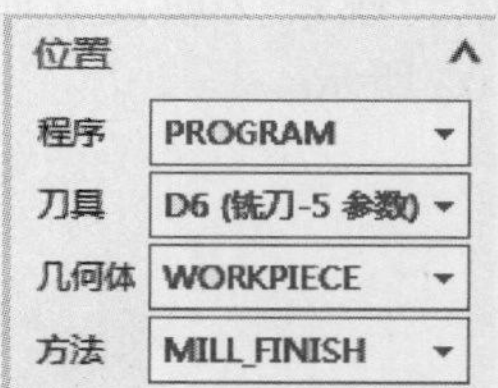

图4-104　凹腔侧壁加工父项设置

10）使用刀具D6创建底壁加工操作，进行两个凹腔底面精加工。要求：底壁加工的父项设置如图4-104所示，切削参数见表4-30所示，生成的刀轨如图4-106所示。

11）使用刀具D12创建底壁加工操作进行凸台顶面和大平面精加工。要求：底壁加工的父项设置如图4-107所示，切削参数见表4-31，生成的刀轨如图4-108所示。

12）仿真加工，结果如图4-109所示。

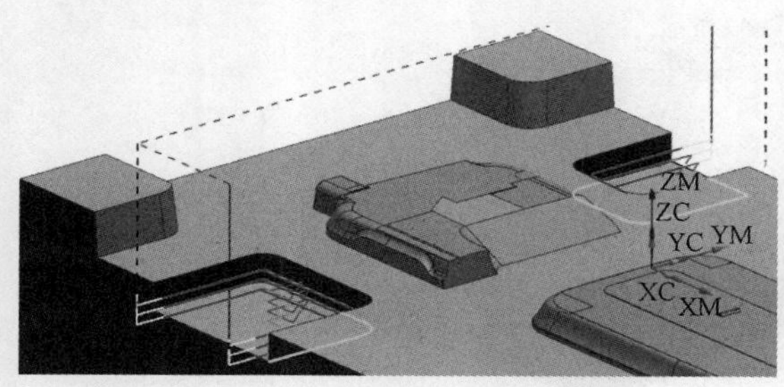

图4-105　凹腔侧壁精加工刀轨

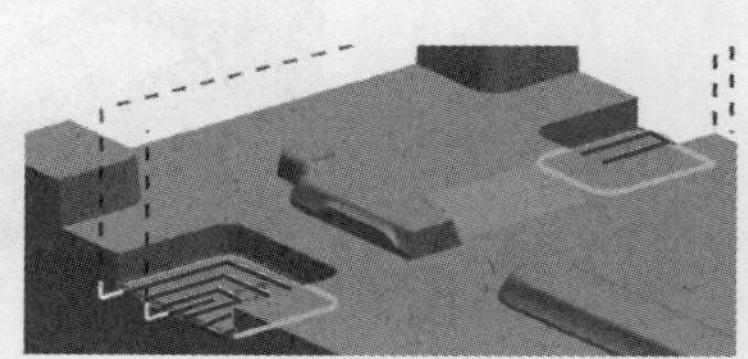

图4-106　凹腔底精加工刀轨

表 4-29　凹腔侧壁精加工切削参数

序号	参数名称	参数值	序号	参数名称	参数值
1	加工方法	底壁加工	7	开放区域进刀	线性（3mm、0、0、3mm、3mm）
2	切削区域	壁	8	区域内转移方式	无
3	底面毛坯厚度	5.5mm	9	区域内转移类型	前一平面、1mm
4	每刀切深	2mm	10	转速	4000r/min
5	底面余量	0.1mm	11	进给率	1000mm/min
6	壁余量	0			

表 4-30　凹腔底面精加工切削参数

序号	参数名称	参数值	序号	参数名称	参数值
1	加工方法	底壁加工	8	光顺半径	*R*0.5mm
2	切削区域	底面	9	开放区域进刀	线性（3mm、0、0、3mm、3mm）
3	切削模式	跟随部件	10	区域内转移方式	进刀 / 退刀
4	刀间距	50% 刀具直径	11	区域内转移类型	直接
5	底面毛坯厚度	0.1mm	12	转速	4000r/min
6	底面余量	0	13	进给率	1000mm/min
7	壁余量	0			

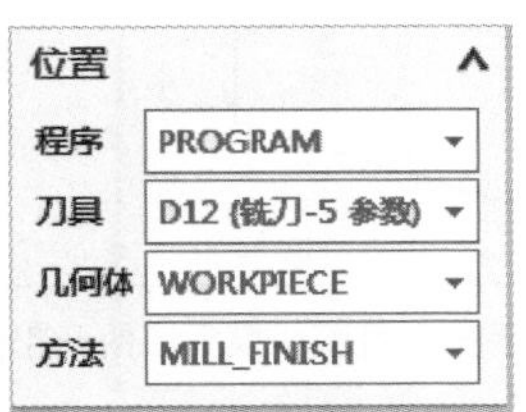

图 4-107　凸台顶面和大平面精加工父项设置

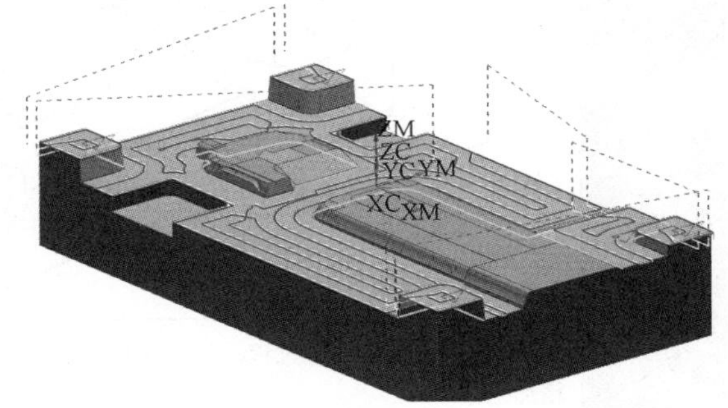

图 4-108　凸台顶面和大平面精加工刀轨

表 4-31　凸台顶面和大平面精加工切削参数

序号	参数名称	参数值	序号	参数名称	参数值
1	加工方法	底壁加工	7	侧壁余量	0
2	切削区域	底面	8	开放区域进刀	线性（3mm、0、0、3mm、3mm）
3	底面毛坯厚度	0.1mm	9	区域内转移方式	进刀 / 退刀
4	切削模式	跟随周边	10	区域内转移类型	直接
5	刀间距	50% 刀具直径	11	转速	4000r/min
6	底面余量	0	12	进给率	1000mm/min

13）保存文件。

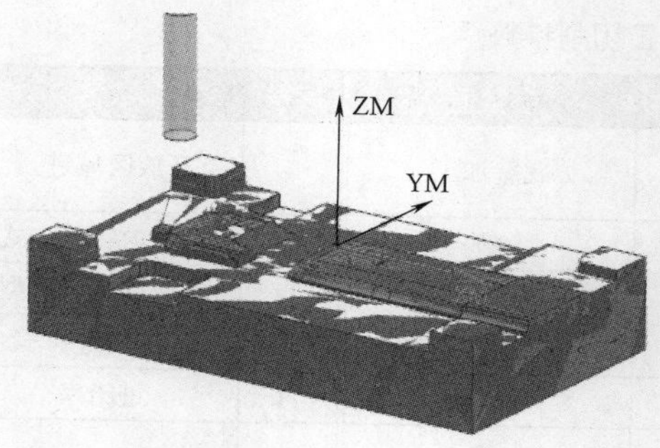

图 4-109　仿真加工结果

E4-22

观看步骤 7）～ 13）操作视频，请扫二维码 E4-22。

4.4.2　填写“课程任务报告”

课程任务报告

班级		姓名		学号		成绩	
组别		任务名称	手机后盖塑料模型芯加工			参考课时	6 课时
任务图样							
任务要求	1．对照任务参考过程，相关视频，知识介绍，完成手机后盖塑料模型芯的开粗和精加工。 2．能对加工零件进行合理地编辑。 3．学习塑料模型芯的加工方法、特点。						
任务完成过程记录	总结的过程按照任务的要求进行，如果位置不够可加附页（根据实际情况，可以适当安排拓展任务供同学分组讨论学习，此时以拓展训练内容的完成过程进行记录）。						

4.4.3 知识学习

1. 清根驱动

清根驱动是固定轴曲面轮廓铣操作中特有的驱动方式，它沿着工件表面形成的角和谷生成刀轨。系统根据加工最佳方案的规则自动决定清根的方向和顺序。生成的刀轨可以进行优化，方法是使刀具与工件尽可能保持接触并最小化非切削移动。虽然在大多数情况下，自动清根方法确定的切削顺序能够满足要求，但为了方便用户编辑刀轨，系统仍然提供了手动组合功能。

使用“清根驱动方式”有以下优点：

◆ 自动清根，可以在加工往复式切削图样之前减缓角度。

◆ 可以移除之前较大球头刀具遗留下来的未切削区域的材料。

◆ 刀具路径沿着凹谷和角的方向，而不是在固定的切削角或 UV 方向。

◆ 当刀具从一侧运动到另一侧时，刀具不会嵌入工件。

◆ 可以使刀具在步进间保持连续的进刀来最大化切削运动。

用“清根驱动方式”定义工件几何体时，可以选择工件模型的所有表面，选择表面没有顺序要求，也可选择一个实体作为工件几何体。系统可自动判断工件几何体表面哪些地方需要清根操作，即系统根据双切线接触点和工件几何体表面之间的角和谷来确定清根操作的位置。若不确定切削区域，系统默认整个工件几何体为切削区域。

在“固定轴轮廓”对话框中的“驱动方法”选项组方法选项列表中，选择“清根”驱动方式选项，系统弹出“清根驱动方式”对话框。下面对“清根驱动方式”对话框中不同于“区域铣削驱动方式”对话框的相关参数和选项加以说明。

1）“驱动几何体”选项组：用于指定“最大凹腔”“最小切削深度”和“连接距离”等参数。

◆ 最大凹腔：用于指定清根操作的最大凹角，也就是只在凹角小于或等于指定值的区域产生清根操作刀轨。系统默认值为 179°，几乎对所有凹角产生清根刀具路径；最小角为 0°，不产生清根刀轨。

◆ 最小切削深度：用于指定刀具路径的最小切削长度，如果系统计算的刀轨长度小于指定值，则此刀轨被忽略，不会产生小于此值的切削运动，以减少刀轨计算时间。

◆ 连接距离：用于指定连接刀轨的最小距离。如果两条刀轨之间的距离小于或等于指定值，则把这两条刀轨连接起来，以去除刀轨中小的、不连续或不需要的缝隙。系统在连接两条刀轨时，将通过线性延伸这两条刀轨来连接两端，不会过切工件。

2）“驱动设置”选项组。该选项组下只有“清根的类型”一个选项，清根的类型有单刀路、多刀路和参考刀具偏置 3 种形式。

◆ 单刀路：将沿着角和谷产生一条切削路径。

◆ 多刀路：允许指定偏置数和偏置之间的步距，可在中心自动清根的任一侧产生多个切削刀轨。选择该选项，可激活“切削类型”“步距”“参考刀具直径”和“重叠距离”等选项。

参考刀具偏置：根据参考刀具计算清根的范围。

3)“陡峭空间范围”选项组。该选项组下只有“陡角”一个选项，通过陡角把切削区域划分为陡峭区域和非陡峭区域。设定的方法和“区域驱动”方法中的相同。

4)“非陡峭切削”选项组：用于设置非陡峭区域的清根走刀方式。切削模式可以参考区域驱动进行理解。

5)“陡峭切削”选项组：用于控制陡峭区域的清根走刀方式，有“陡峭切削模式”“陡峭切削方向”“步距”和“顺序”多个选项。

◆ 陡峭切削模式：参考非陡峭切削模式。

◆ 陡峭切削方向：用于控制走刀的方向，有混合、高到低和低到高三种形式。

◆ 混合：在陡峭区域，刀具路径将在由高到低和由低到高之间交替产生，由系统自动计算，以使产生的刀轨最短。

◆ 由高到低：在陡峭区域，刀具将由高到低产生刀轨。

◆ 由低到高：在陡峭区域，刀具将由低到高产生刀轨。

◆ 步距：用于指定连续的单向或往复式切削刀轨之间的距离，只有在指定“多个偏置”或“参考刀具直径”时才可以使用。步距是在工件表面内测量，而不是在平面内测量。

◆ 顺序：用于决定执行往复和往复上升时刀轨的顺序。只有在指定“多个偏置”或“参考刀具直径”时才可以使用。有“由内向外”“由外向内”“后陡”“先陡”“由内向外变化”和“由外向内变化”几个选项。

◆ 由内向外：刀具从中心开始向某侧进行切削，切削完一侧后，刀具移回中心，接着再向另一侧切削。

◆ 由外向内：刀具从某个外侧开始向中心切削，切完一侧后，刀具移动到另一侧外部，接着再向中心切削。

◆ 后陡：刀具从非陡峭面最外侧开始，向陡峭面进行切削，陡峭面最后加工。

◆ 先陡：刀具从陡峭面最外侧开始，向非陡峭面进行切削，陡峭面最先加工。

◆ 由内向外变化：刀具从中心刀轨开始，切削至一个内侧刀轨，接着向另一侧的内侧刀轨切削，然后刀具移动到一侧的下一对刀轨，接着移动到第二侧的同一对刀轨。

◆ 由外向内变化：与由内向外变化选项类似，也可以产生交替的刀轨，只是该选项是刀具首先从侧边开始向中心切削，然后移动到另一侧最外边向中心铣削。以此类推，加工完所有刀轨。

◆ 重叠距离：重叠距离用于指定沿着相切曲面延伸由参考刀具直径定义的区域宽度。该选项只有在指定“参考刀具直径”时才可以使用。

2. 曲面区域驱动

曲面区域驱动是在驱动曲面上创建网格状的驱动点阵列，驱动点沿指定的投影矢量投射到零件几何表面上生成刀轨。驱动不必是平面，但必须按一定的行序或列序进行排列，相邻的曲面必须共享一条公共边，且不能包含超出在“首选项”中定义的“链公差”的缝隙。

曲面区域驱动和区域驱动的区别在于：区域驱动是通过指定的切削区域，在区域的平面内产生驱动点，进而生成刀轨。如果切削区域没有指定，则整个工件几何体将被系统默认为切削区域。区域驱动常与非陡峭角结合使用，用于加工工件比较平坦的部分曲面，然后再通过型腔铣分层加工工件陡峭的部分曲面。区域驱动是固定轴曲面轮廓铣最常用的驱动方式。曲面区域驱动是从驱动曲面上产生网格驱动点，将驱动点投影到工件表面，从而生成刀轨。曲面区域驱动常用于对工件型面加工质量要求较高的情况。当只选择驱动曲面而没有指定工件时，可直接在驱动面上产生刀轨，如图 4-110 所示。鉴于篇幅，这里不做详细介绍。

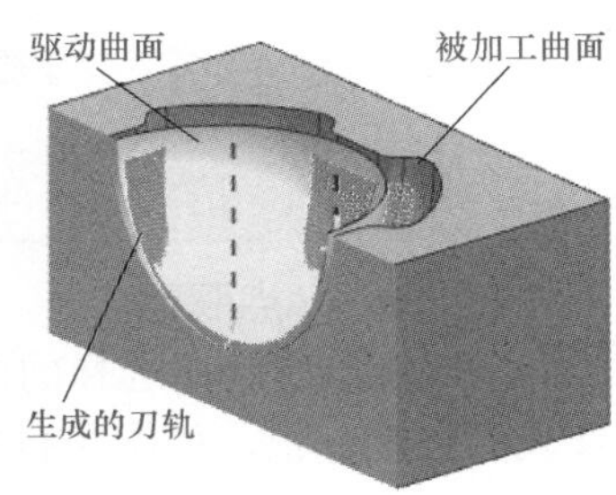

图 4-110　曲面区域驱动

观看实例视频，请扫二维码 E4-23。

E4-23

3. 流线驱动

流线驱动方法根据选中的几何体来构建隐式驱动曲面，如图 4-111 所示。

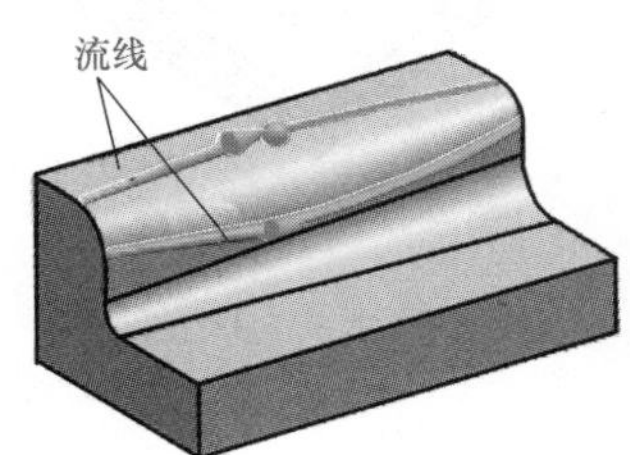

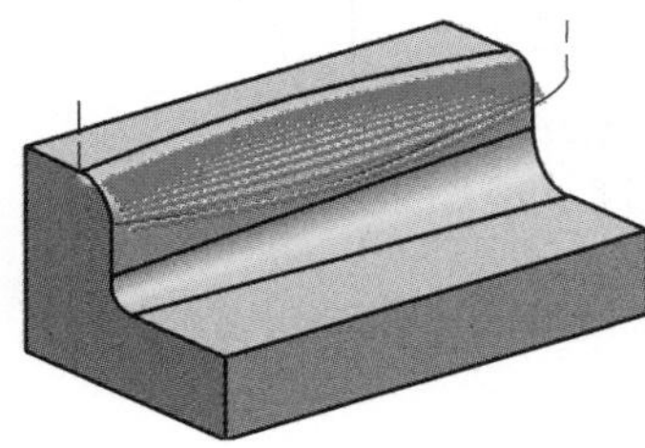

图 4-111　流线驱动

使用方法请扫二维码 E4-24，观看视频。

E4-24

4. 文本驱动

文本驱动用于在零件表面直接加工文字，作为驱动几何的文字必须是在制图环境下创建出来的，如图 4-112 所示。

观看操作视频，请扫二维码 E4-25。

E4-25

5. 径向切削驱动

径向切削驱动生成沿着并垂直于给定边界的驱动路径，主要用于清理操作，如图 4-113 所示。

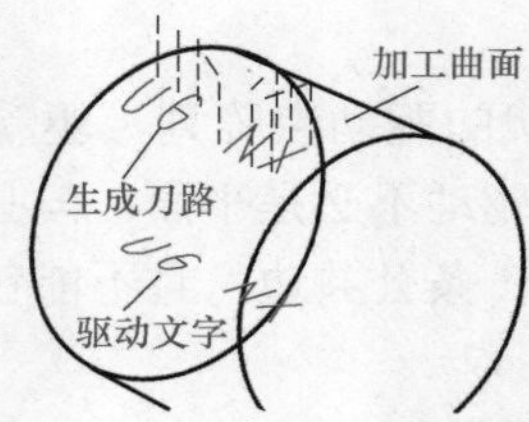

图 4-112　文本驱动

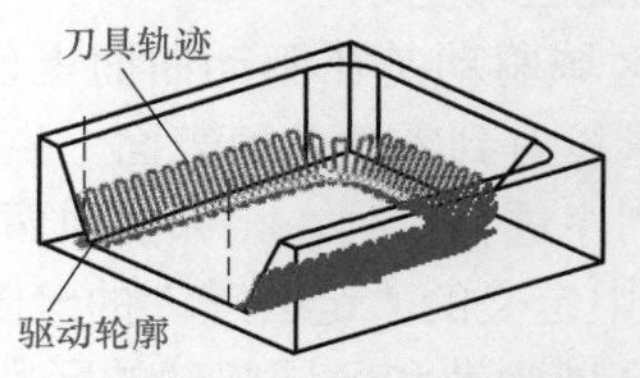

图 4-113　径向切削驱动

E4-26

观看操作视频，请扫二维码 E4-26。

6. 曲线 / 点驱动

曲线 / 点驱动用选择的曲线或点来驱动在零件上生成刀轨，通常用来在零件表面雕刻标记，如图 4-114 所示。

E4-27

观看操作视频，请扫二维码 E4-27。

7. 螺旋式驱动

螺旋式驱动按照设定的中心、螺距、最大半径生成螺旋式刀轨，如图 4-115 所示。

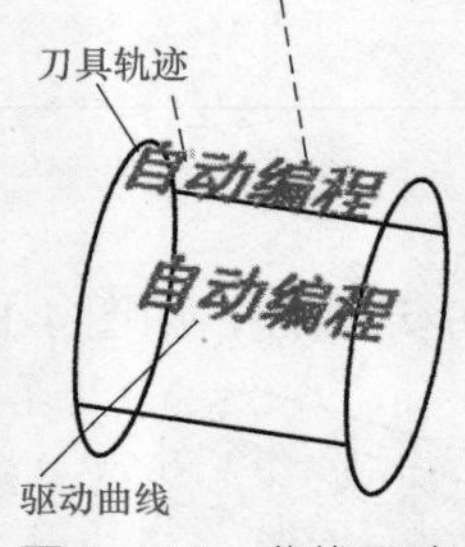

图 4-114　曲线驱动

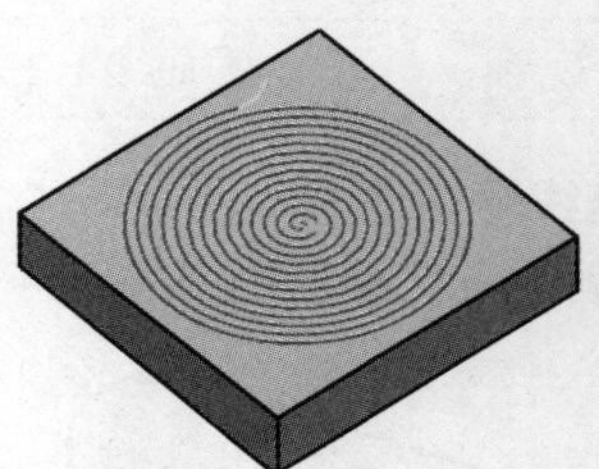

图 4-115　螺旋驱动

E4-28

观看操作视频，请扫二维码 E4-28。

8. 轨迹驱动

轨迹驱动使用已有的刀轨驱动在零件表面上生成刀轨。

4.4.4　问题探讨

在任务完成后，通过仿真过程查看零件上哪些部位没有加工到位，探寻这些部位不用加工到位的原因。

4.4.5　任务拓展

1）试着编写图 4-116 所示零件的加工刀轨

2）对加工前的模型进行处理，结果参考加工模型。

E4-29

下载加工模型，请扫二维码 E4-29。

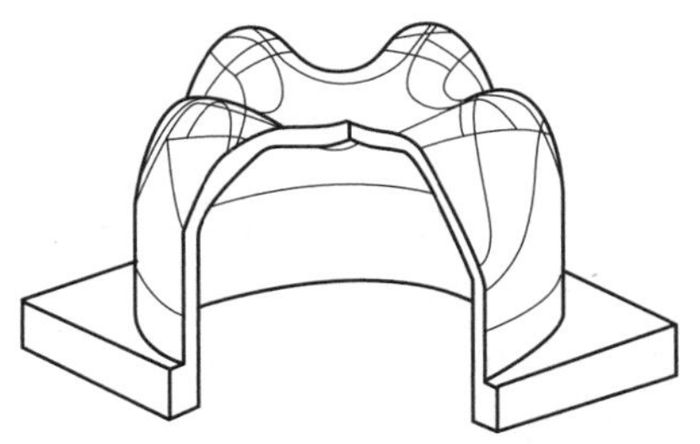

图 4-116　练习零件图

任务 4.5　航空模型连接件加工

知识点

◎ 工艺凸台的概念。
◎ 工艺凸台的做法原则。

技能点

◎ 能根据零件的形状合理设计工艺凸台。

任务描述

航空模型连接件是较为典型的结构零件，零件上下两面需要进行加工，零件中的薄壁结构给装夹定位带来一定的困难。

加工要求

图 4-117 所示为航空模型连接件，材料为尼龙，要求对零件的所有结构进行数控加工编程。

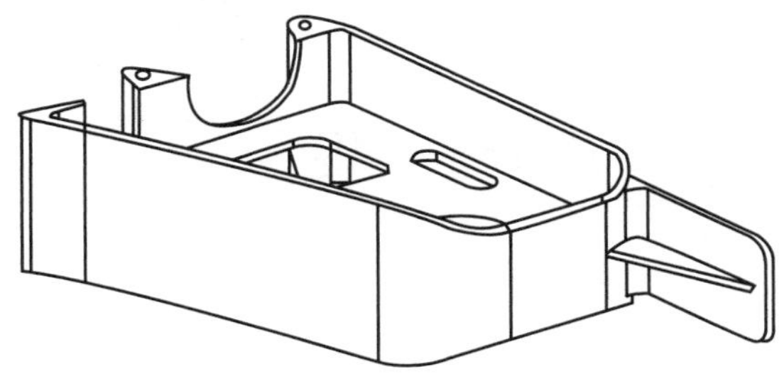

图 4-117　航空模型连接件

4.5.1 任务实施

1. 零件分析

◆ 零件外形不规则，装夹困难，由于是单件生产，故不适合设计专用夹具，在零件的基础上设计工艺凸台。

◆ 零件的最小凹圆角为 *R*2mm。

◆ 零件大部分的壁厚比较薄，仅 2mm。

2. 零件正面加工工艺编排

◆ 使用型腔铣进行内腔粗加工。

◆ 使用拐角粗加工去除拐角残料。

◆ 使用平面加工方法加工侧壁和底面。

◆ 使用固定轴区域轮廓铣对曲面进行精加工。

3. 操作步骤

1）打开文件“4-5.prt”。要求：对模型进行分析，参考图 4-118 建立工艺凸台。

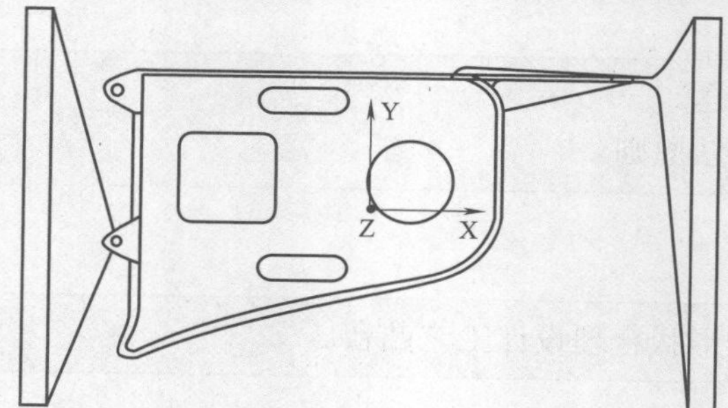

图 4-118 工艺凸台设计参考结构

E4-30

观看工艺凸台创建过程，请扫二维码 E4-30。

2）创建加工几何参考模型。要求：

◆ 将创建好工艺凸台的零件在 199 层、200 层各复制一个，分别用于正面加工和反面加工。

◆ 创建辅助体，正面加工和反面加工几何部件参考模型分别如图 4-119 和图 4-120 所示。

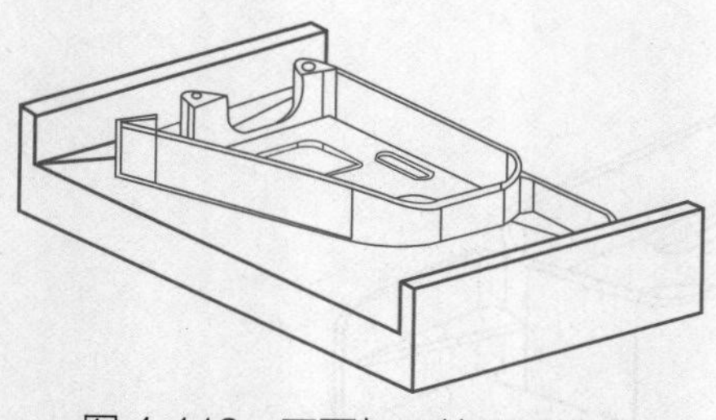

图 4-119 正面加工处理后模型

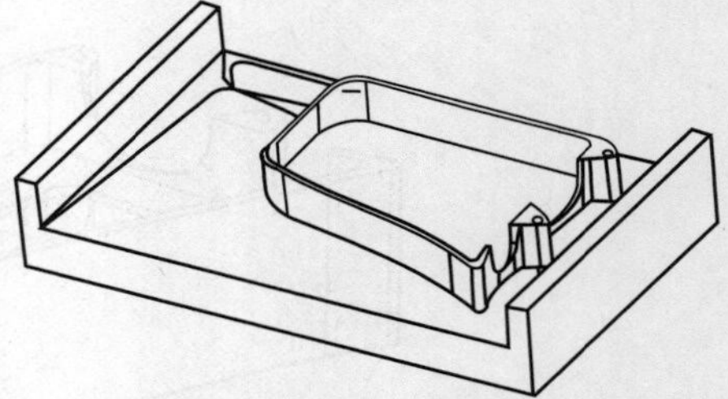

图 4-120 反面加工处理后模型

E4-31

观看步骤 2）操作视频，请扫二维码 E4-31。

◆ 使用菜单【分析】→【模具部件验证】→【检查区域】，分析所有水平面和竖直面，并用颜色加以区分。

◆ 建立两个工作坐标系，分别用于方便创建正面和反面的加工坐标系，如图 4-121 所示。

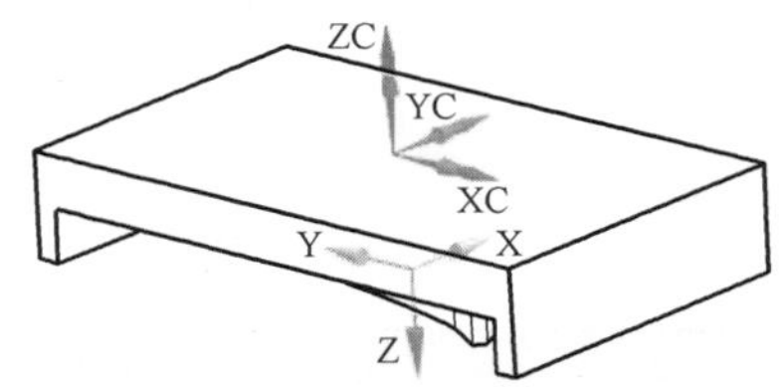

图 4-121　设定的工作坐标系

3）进行加工前设置。要求：

◆ 进入加工环境，加工模板设定为“mill_contour”。

◆ 分别定义正面加工坐标系 ZM_MCS、正面加工几何 ZM_WP 和反面加工坐标系 FM_MCS、反面加工几何 FM_WP，安全平面均设定距离零件极限面 20mm 的位置，结构树如图 4-122 所示。

◆ 定义正面程序组 ZM_NC 和反面程序组 FM_NC，并在它们下面分别为每一把刀具建立程序组，如图 4-123 所示。

◆ 创建刀具，参数见表 4-32。

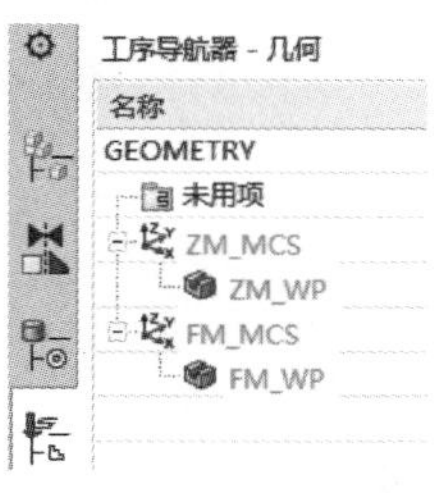

图 4-122　结构树

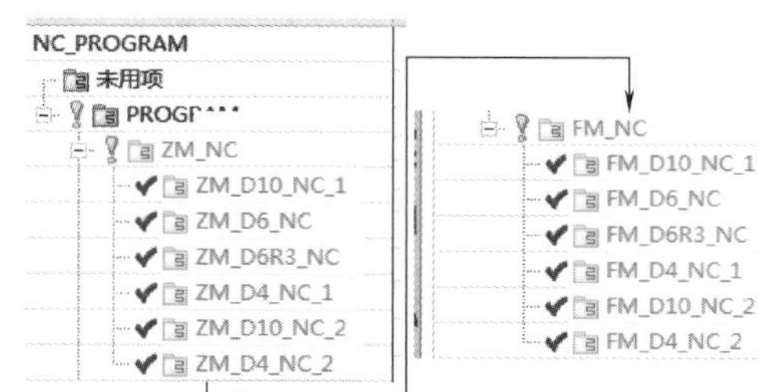

图 4-123　程序组结构树

表 4-32　刀具参数　（单位：mm）

序号	名称	刀具类型 | 子类型	直径	下半径	刃长	长度
1	D12	MILL	12	0	50	50
2	D10	MILL	10	0	50	50
3	D6	MILL	6	0	30	50
4	D6R3	MILL	6	*R*3	30	50
5	D4	MILL	4	0	20	50

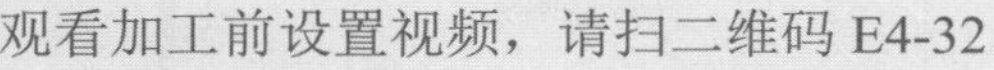

E4-32

4）使用刀具 D10 创建型腔铣 ZM_CAVITY_IN，进行正面内部开粗。型腔铣父项设置如图 4-124 所示，切削参数见表 4-33，生成的刀轨如图 4-125 所示。

注意：创建刀轨时，要选择修剪边界。

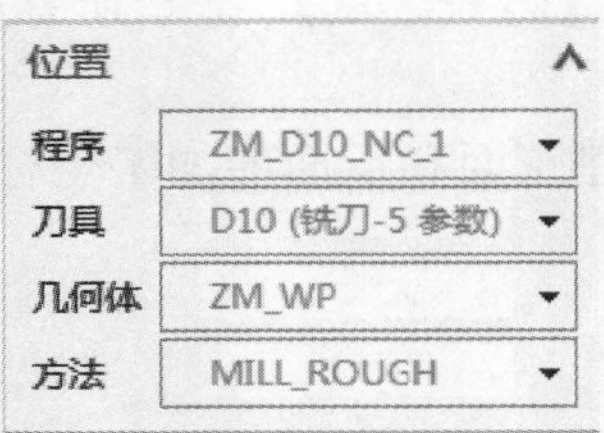

图 4-124　型腔铣父项设置

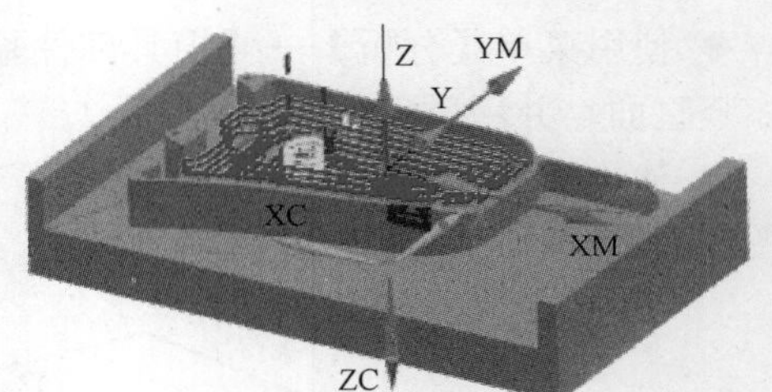

图 4-125　型腔铣刀轨

表 4-33　型腔铣切削参数

序号	参数名称	参数值	序号	参数名称	参数值
1	加工方法	型腔铣	9	底面余量	0.20mm
2	切削模式	跟随周边	10	所有刀路光顺半径	无
3	步距	65% 刀具直径	11	封闭区域进刀	螺旋（70%，5，1mm，前一层，0，50%）
4	切深	1mm	12	区域内转移方式	进刀 / 退刀
5	切削层范围	13mm	13	区域内转移类型	前一平面、1mm
6	刀路方向	向外	14	转速	3000r/min
7	切削顺序	深度优先	15	进给率	2000mm/min
8	侧面余量	0.5mm	16	第一刀切削进给	60%

5）使用刀具 D4 创建拐角粗加工。CORNER_ROUGH 去除拐角残料。拐角粗加工父项设置如图 4-126 所示，切削参数见表 4-34，刀轨的修剪边界和生成的刀轨如图 4-127 所示。

图 4-126　拐角粗加工父项设置

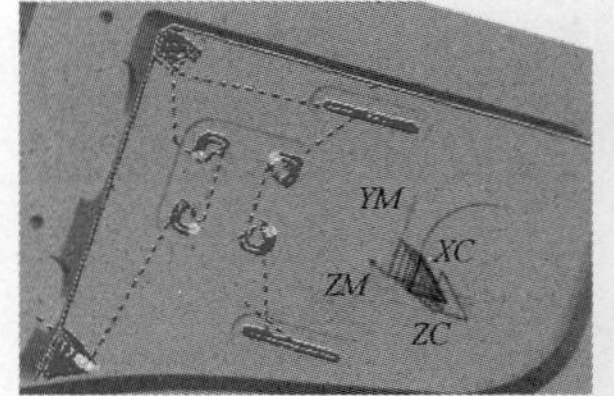

图 4-127　拐角粗加工刀轨

注意：创建刀轨时，要选择修剪边界。

表 4-34　拐角粗加工切削参数

序号	参数名称	参数值	序号	参数名称	参数值
1	加工方法	拐角粗加工	9	切削顺序	深度优先
2	参考刀具	D12	10	余量	0.10
3	陡峭空间范围	仅陡峭的	11	所有刀路光顺半径	无
4	角度	65°	12	开放区域进刀	圆弧（30%、90、0、25%）
5	切削模式	跟随部件	13	区域内转移方式	进刀 / 退刀
6	步距	20% 刀具直径	14	区域内转移类型	前一平面、1mm
7	切深	1mm	15	转速	4000r/min
8	切削层范围	14mm	16	进给率	1200mm/min

观看步骤 4）～ 5）操作视频，请扫二维码 E4-33。

E4-33

6）使用刀具 D4 创建平面轮廓铣 PLANAR_PROFILE，进行内槽壁的精加工。平面轮廓铣的父项设置和第 5）步相同，切削参数见表 4-35，部件边界如图 4-128 所示，生成的刀轨如图 4-129 所示。

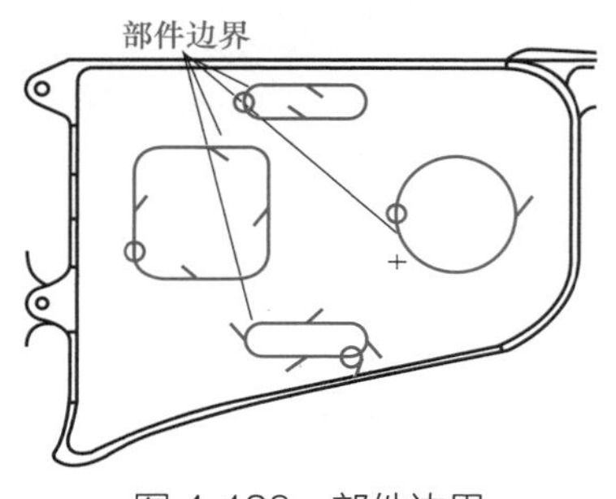

图 4-128　部件边界

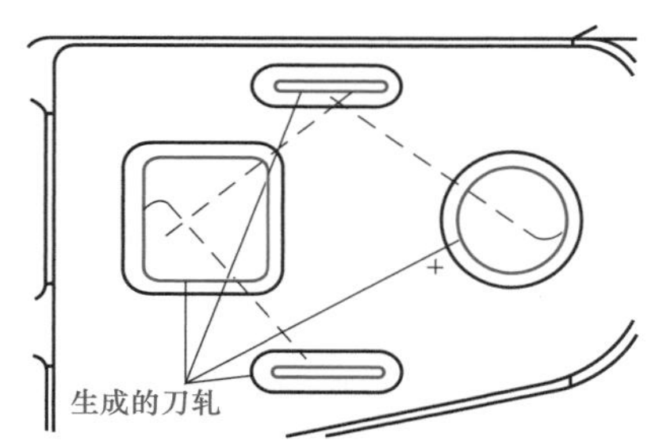

图 4-129　平面轮廓铣刀路

7）使用刀具 D4 创建平面轮廓铣 PLANAR_PROFILE_1，进行内腔壁的精加工。平面轮廓铣的父项设置和第 5）步相同，切削参数见表 4-35（注意：最终底部余量留 0.2mm 每刀切深 3mm），部件边界如图 4-130 所示，生成的刀轨如图 4-131 所示。

表 4-35　平面轮廓铣切削参数

序号	参数名称	参数值	序号	参数名称	参数值
1	加工方法	平面轮廓铣	6	切削顺序	深度优先
2	每刀切深	3mm	7	封闭区域进刀	沿斜线进刀（5、1mm、前一层、无、0、0）
3	部件余量	0	8	开放区域进刀	圆弧（50%、90、1mm、3mm）
4	最终底面余量	0.2mm	9	区域间转移方式	安全距离—刀轴
5	切削方向	顺铣	10	转速、进给率	4000r/min、1000mm/min

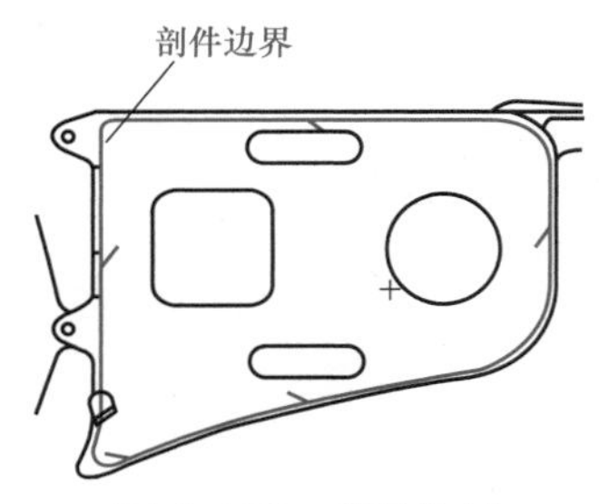

图 4-130　部件边界

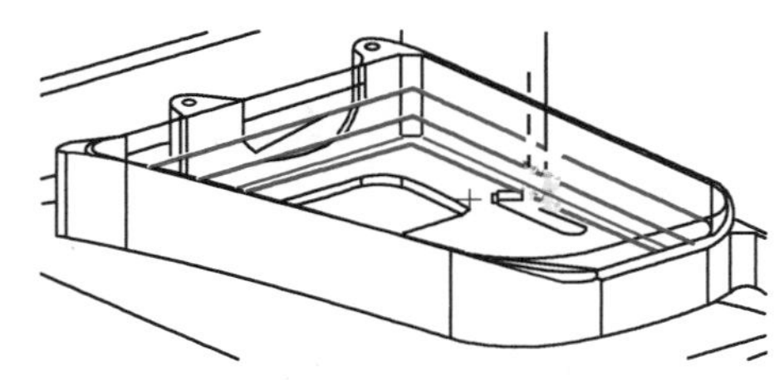
图 4-131　平面轮廓铣刀轨

E4-34

观看步骤 6）～ 7）操作视频，请扫二维码 E4-34。

8）使用刀具 D10 创建型腔铣 ZM_CAVITY_OUT，进行正面外部开粗。

型腔铣父项设置如图 4-132 所示，切削参数见表 4-36，生成的刀轨如图 4-133 所示。

图 4-132 型腔铣父项设置

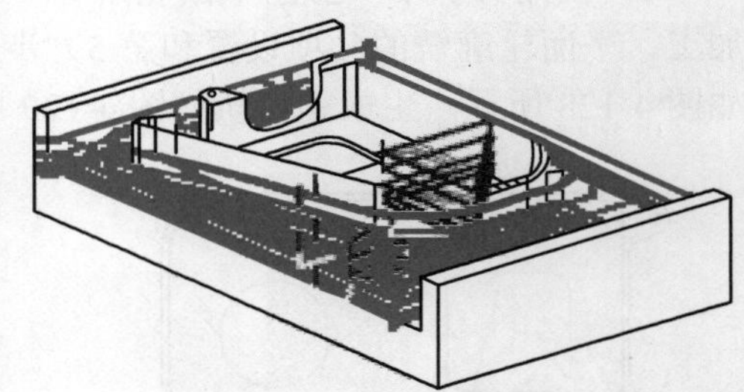

图 4-133 型腔铣刀轨

注意：创建刀轨时，注意要选择修剪边界，边界和第 4）步相同，只是方向相反。

表 4-36 型腔铣切削参数

序号	参数名称	参数值	序号	参数名称	参数值
1	加工方法	型腔铣	9	侧面 / 底面余量	0.5mm/0.20mm
2	切削模式	跟随周边	10	所有刀路光顺半径	无
3	步距	65% 刀具直径	11	开放区域进刀	线性（50%，0，0，1mm，50%）
4	切深	1mm	12	区域内转移方式	抬刀和插削、1mm
5	切削层范围	12.115mm	13	区域内转移类型	前一平面、1mm
6	刀路方向	向内	14	转速	3000r/min
7	切削顺序	深度优先	15	进给率	1500mm/min
8	侧壁余量	0.5mm	16	第一刀切削进给	60%

9）使用刀具 D4 创建拐角粗加工 CORNER_ROUGH_1，去除上一步型腔铣的拐角残料。拐角粗加工父项设置如图 4-134 所示，切削参数见表 4-37，生成的刀轨如图 4-135 所示 。

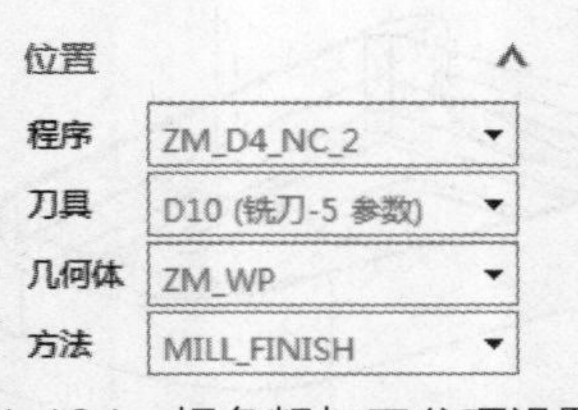

图 4-134 拐角粗加工父项设置

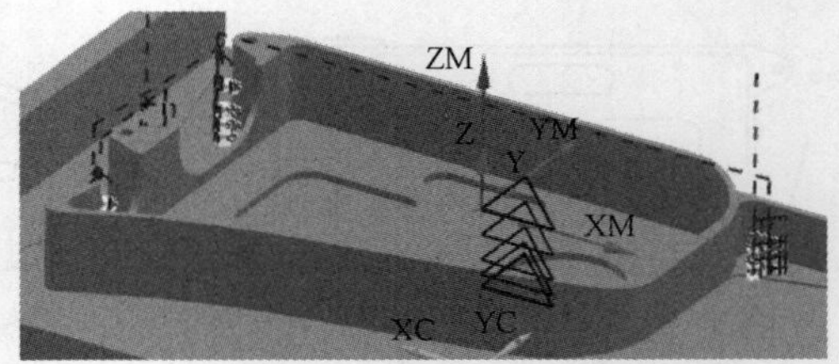

图 4-135 拐角粗加工刀轨

E4-35

观看步骤 8）～ 9）操作视频，请扫二维码 E4-35。

注意：创建刀轨时，要选择修剪边界。

表 4-37 拐角粗加工切削参数

序号	参数名称	参数值	序号	参数名称	参数值
1	加工方法	拐角粗加工	9	切削顺序	深度优先
2	参考刀具	D12	10	余量	0.10mm
3	陡峭空间范围	仅陡峭的	11	所有刀路光顺半径	无
4	角度	65°	12	开放区域进刀	圆弧（30%、90、0、25%）
5	切削模式	跟随部件	13	区域内转移方式	进刀 / 退刀
6	步距	20%	14	区域内转移类型	前一平面、1
7	切深	0.5mm	15	转速	4000r/min
8	切削层范围	14mm	16	进给率	1200mm/min

10）使用刀具 D4 创建平面轮廓铣 PLANAR_PROFILE_2，进行外壁的精加工。平面轮廓铣的父项设置和第 9）步相同，切削参数见表 4-38，部件边界如图 4-136 所示，生成的刀轨如图 4-137 所示。

表 4-38 平面轮廓铣切削参数

序号	参数名称	参数值	序号	参数名称	参数值
1	加工方法	平面轮廓铣	6	最终底面余量	0.2mm
2	部件余量	0	7	封闭区域进刀	沿斜线进刀（5、1mm、前一层、无、0、0）
3	每刀切深	2mm	8	开放区域进刀	圆弧（50%、90、1mm、3mm）
4	切削方向	顺铣	9	区域间转移方式	安全距离—刀轴
5	切削顺序	深度优先	10	转速、进给率	4000r/min、1000mm/min

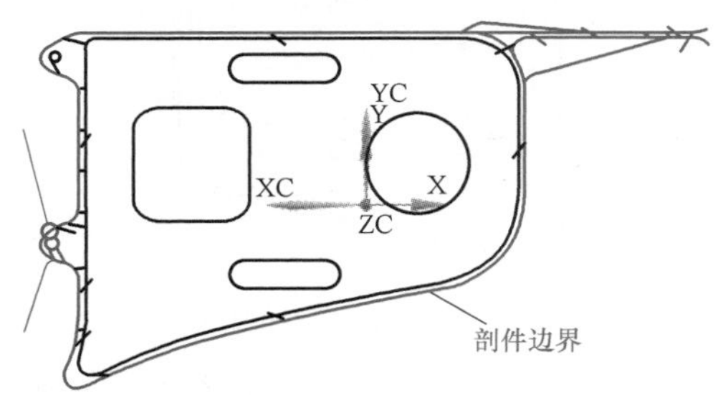

图 4-136 部件边界

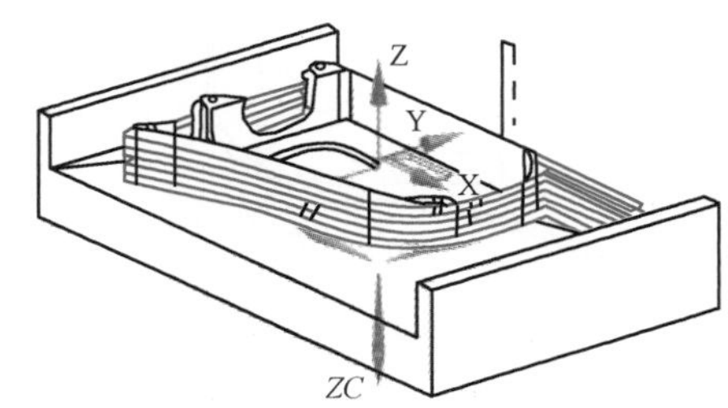

图 4-137 平面轮廓铣刀轨

11）使用刀具 D4，以相同的方法和参数创建平面轮廓铣 PLANAR_PROFILE_3、PLANAR_PROFILE_4、PLANAR_PROFILE_5 和 PLANAR_PROFILE_6。生成的刀轨如图 4-138 ～图 4-141 所示。

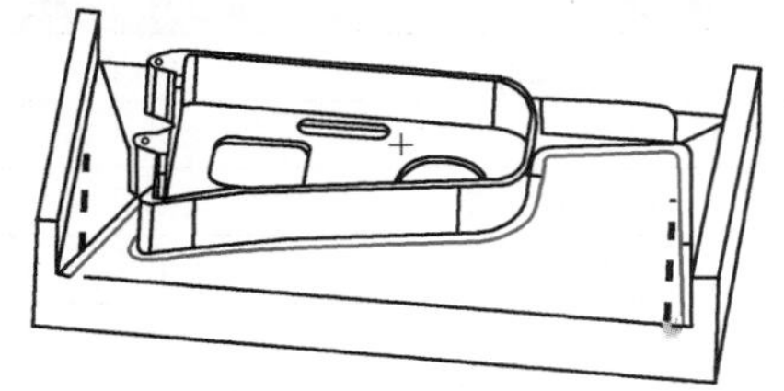

图 4-138 PLANAR_PROFILE_3 刀轨

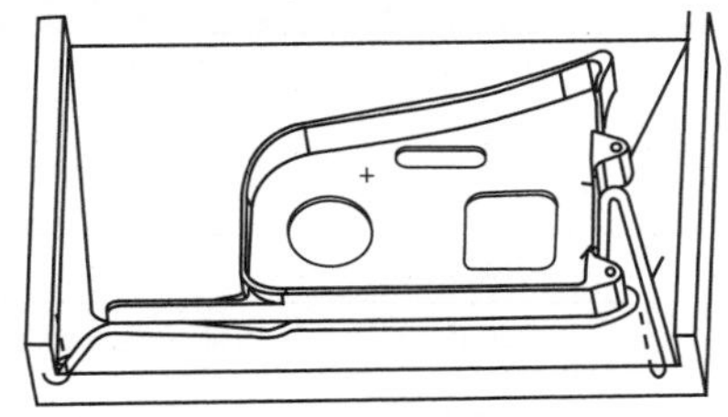

图 4-139 PLANAR_PROFILE_4 刀轨

观看步骤 10）～ 11）操作视频，请扫二维码 E4-36。

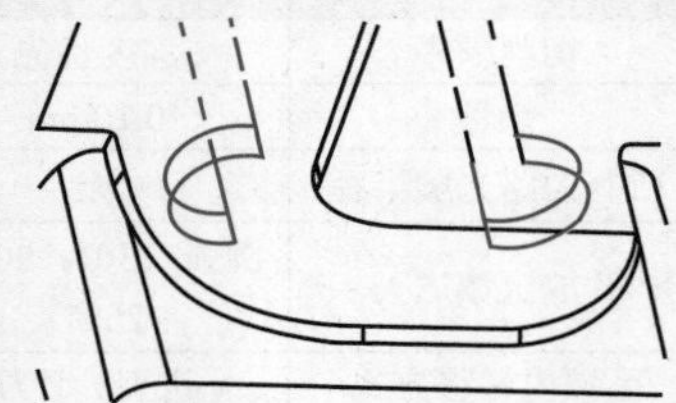

图 4-140　PLANAR_PROFILE_5 刀轨

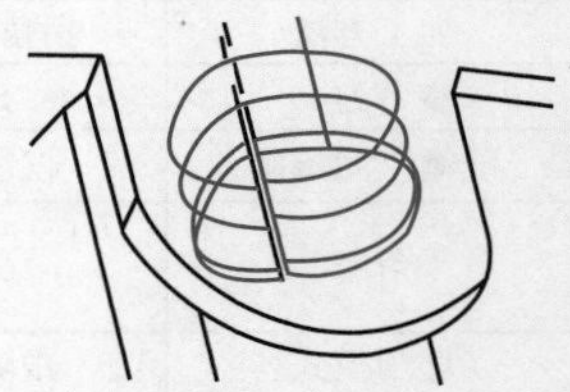

图 4-141　PLANAR_PROFILE_6 刀轨

12）使用刀具 D4 创建面铣 FACE_MILLING，进行底面的精加工，面铣的父项设置和第 10）步相同，切削参数见表 4-39，部件边界如图 4-142 所示，生成的刀轨如图 4-143 所示。

表 4-39　面铣切削参数

序号	参数名称	参数值	序号	参数名称	参数值
1	加工方法	面铣	6	余量	0
2	切削模式	跟随周边	7	封闭区域进刀	沿斜线进刀（5、1mm、前一层、无、0、0）
3	刀间距	50% 刀具直径	8	开放区域进刀	线性（50%、0、0、3mm、50%）
4	每刀切深	0	9	区域间转移方式	安全距离—刀轴
5	切削方向	向外	10	转速、进给率	4000r/min、1000mm/min

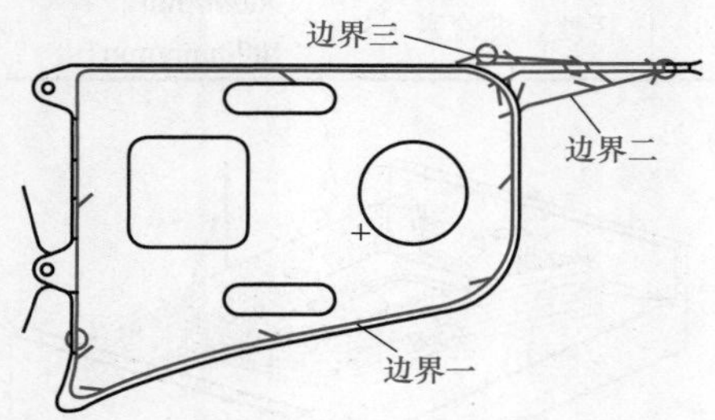

图 4-142　毛坯边界

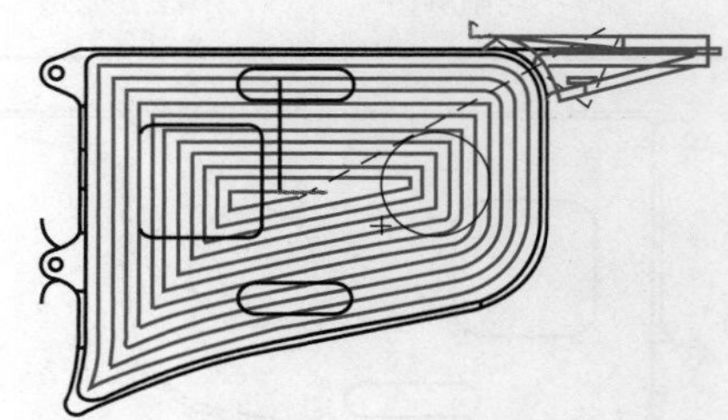

图 4-143　面铣刀路

13）使用刀具 D6R3 创建固定轴区域轮廓铣操作，进行曲面的精加工。固定轴区域轮廓铣父项设置如图 4-144 所示，切削参数见表 4-40，切削区域和生成的刀轨如图 4-145 所示。

表 4-40　固定轴轮廓铣切削参数

序号	参数名称	参数值	序号	参数名称	参数值
1	加工方法	固定轴轮廓铣	7	余量	0
2	驱动方法	区域铣削	8	开放区域进刀	线性
3	陡峭空间方法	无	9	进刀位置	距离
4	切削模式	往复	10	进刀长度	0
5	步距	残余高度、0.01mm	11	在边上延伸	1mm
6	步距已应用	在平面上	12	转速、进给率	4000r/min、1000mm/min

图 4-144 固定轴轮廓铣父项设置

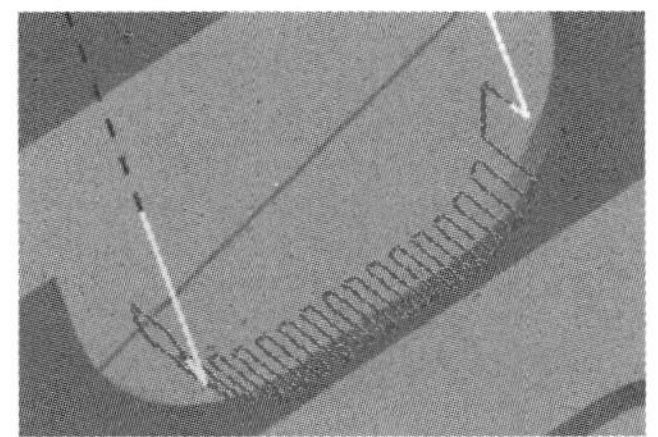

图 4-145 固定轴轮廓铣刀轨

观看步骤 12）～ 13）操作视频，请扫二维码 E4-37。

14）使用相同父项设置，以表 4-41 所示参数，产生如图 4-146 所示的刀轨。

表 4-41 CONTOUR_AREA_2 切削参数

序号	参数名称	参数值	序号	参数名称	参数值
1	加工方法	固定轴轮廓铣	7	余量	0
2	驱动方法	区域铣削	8	开放区域进刀	线性
3	陡峭空间方法	无	9	进刀位置	距离
4	切削模式	跟随周边	10	进刀长度	0
5	步距	残余高度、0.1mm	11	在边上延伸	1mm
6	步距已应用	在部件上	12	转速、进给率	4000r/min、1000mm/min

15）使用相同父项设置，以表 4-42 所示参数，产生如图 4-147 所示的刀轨。

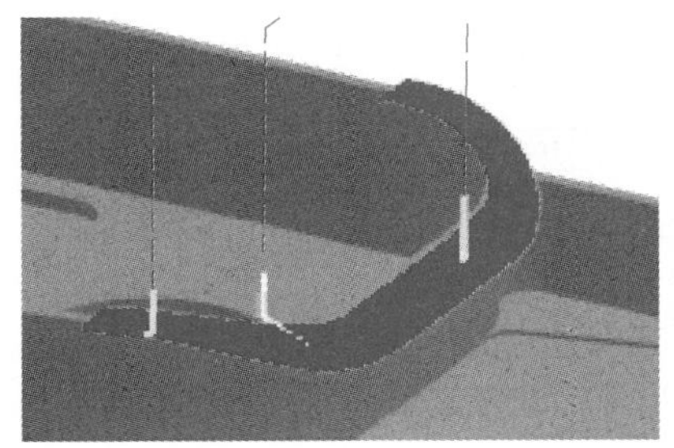

图 4-146 CONTOUR_AREA_2 刀轨

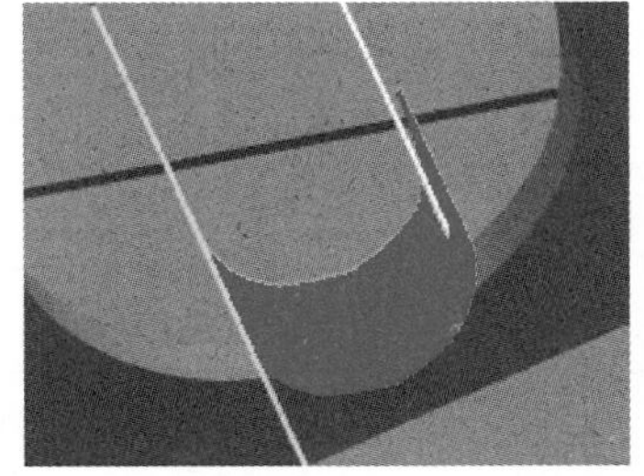

图 4-147 CONTOUR_AREA_3 刀轨

表 4-42 CONTOUR_AREA_3 切削参数

序号	参数名称	参数值	序号	参数名称	参数值
1	加工方法	固定轴轮廓铣	7	余量	0
2	驱动方法	区域铣削	8	开放区域进刀	线性
3	陡峭空间方法	无	9	进刀位置	距离
4	切削模式	跟随周边	10	进刀长度	0
5	步距	残余高度、0.02mm	11	在边上延伸	1mm
6	步距已应用	在部件上	12	转速、进给率	4000r/min、1000mm/min

16）使用固定轴区域轮廓铣创建如图 4-148 所示的刀轨，参数自定。

17）仿真加工，结果如图 4-149 所示。

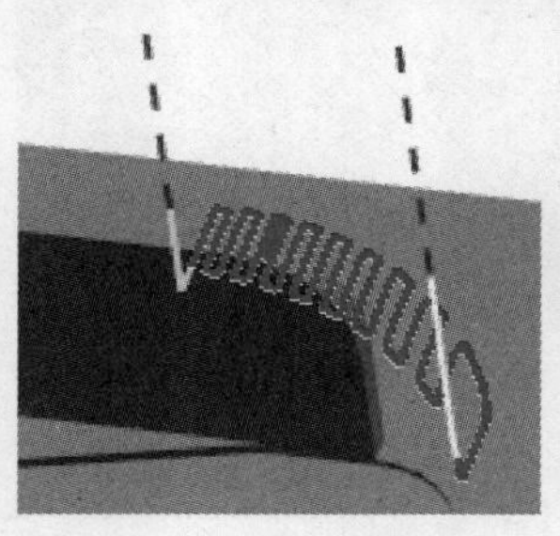

图 4-148　圆角加工刀轨

图 4-149　仿真加工结果

E4-38

18）保存文件。

观看步骤 14）～ 18）操作视频，请扫二维码 E4-38。

4.5.2　填写“课程任务报告”

课程任务报告

班级		姓名		学号		成绩	
组别		任务名称	航空模型连接件加工			参考课时	6 课时
任务图样							
任务要求	1．对照任务参考过程，相关视频，知识介绍，完成航空模型连接件的开粗和精加工。 2．能根据零件的形状合理设计工艺凸台。 3．对零件的所有结构进行数控加工编程。						
任务完成过程记录	总结的过程按照任务的要求进行，如果位置不够可加附页（根据实际情况，可以适当安排拓展任务供同学分组讨论学习，此时以拓展训练内容的完成过程进行记录）。						

4.5.3 知识学习

1. 在边上延伸

该选项主要用于加工零件周围的铸件材料，如图 4-150 和图 4-151 所示。如果打开“在边上延伸”复选框，对话框中会多出“距离”文本框，用于控制刀轨在边上延伸的距离，可以用刀具直径百分比和毫米两种方式给定。

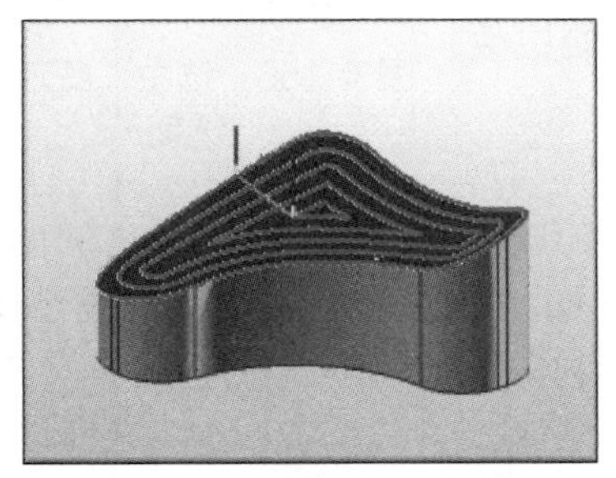
图 4-150 关闭“在边上延伸”选项

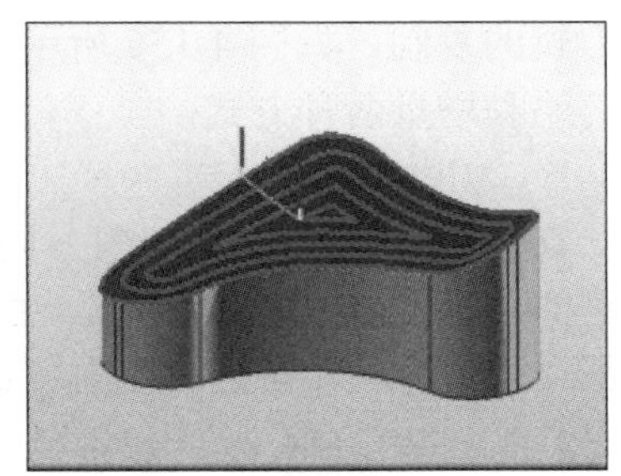
图 4-151 打开“在边上延伸”选项

2. 在凸角上延伸

控制当刀具跨越零件内部的凸边边缘时，使刀具避免始终压住凸边缘。选中这个复选项，系统自动会让刀具从零件上抬起少许，而不用执行“退刀 / 转移 / 进刀”运动，此抬起动作将输出为切削运动，如图 4-152、图 4-153 所示。

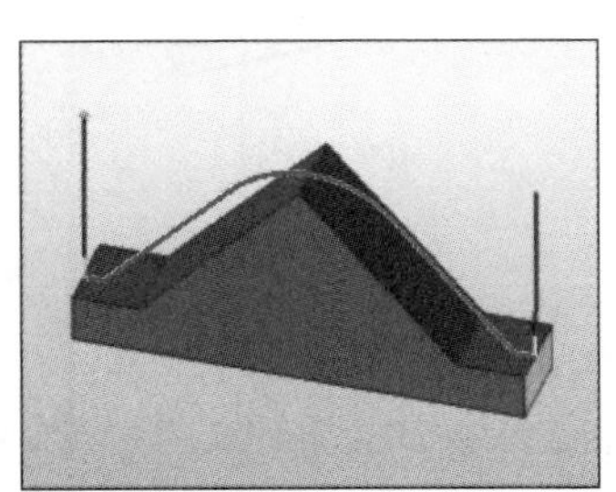
图 4-152 未选中“在凸角上延伸”选项

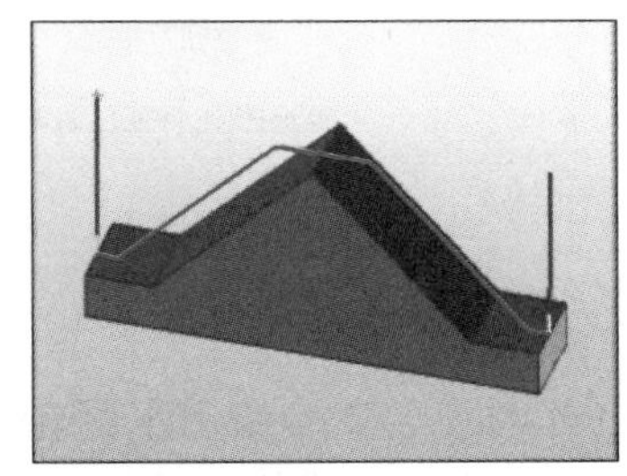
图 4-153 选中“在凸角上延伸”选项

3. 移除边缘跟踪

边缘跟踪是当驱动路径延伸到工作表面以外产生的路径。驱动轨迹延伸超出零件表面边缘时，刀具尝试完成刀轨，同时保持与零件表面的接触。刀具很可能在边缘滚动时过切零件。选择移除边缘跟踪参数，一方面缩短了刀轨长度，另一方面避免了刀具滚动边缘可能产生的过切，如图 4-154、图 4-155 所示。

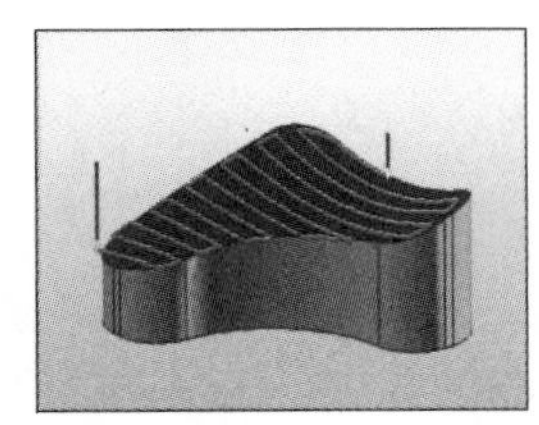
图 4-154 未选中“移除边缘跟踪”选项

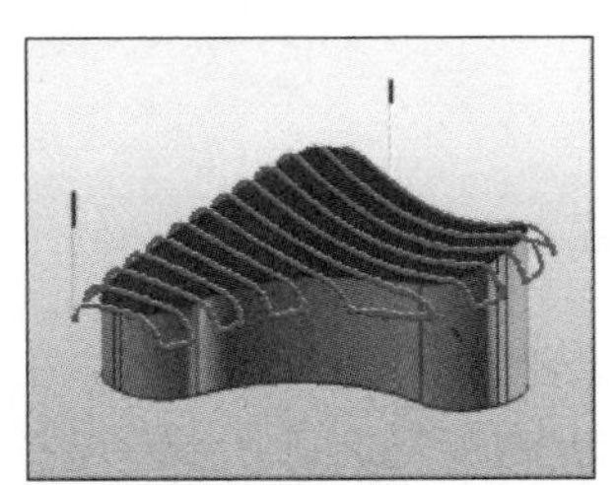
图 4-155 选中“移除边缘跟踪”选项

4. 多刀路

多刀路就是多层切削，是逐层切削递进的方式，切出零件上一定体积的材料。多层切削只能在指定零件几何时才可用。多层切削的每一个切削层的刀轨都是单独计算的。计算时垂直于零件几何方向偏置切削层厚度来计算接触点，而不是简单地对第一层刀轨的复制，如图 4-156 所示。控制多刀路的层数有刀路和增量两种方式。

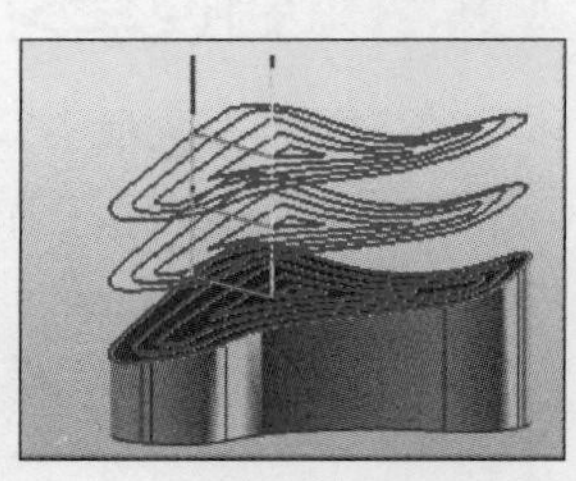

图 4-156 选中“多刀路”选项

5. 切削步长

切削步长用于控制切削方向上刀具在零件几何上的相邻定位点之间的直线距离。最大步长值太大时，生成的驱动点不够，小特征被忽略，造成过切，如图 4-157 所示。指定的切削步长值应大于零件内外公差值。

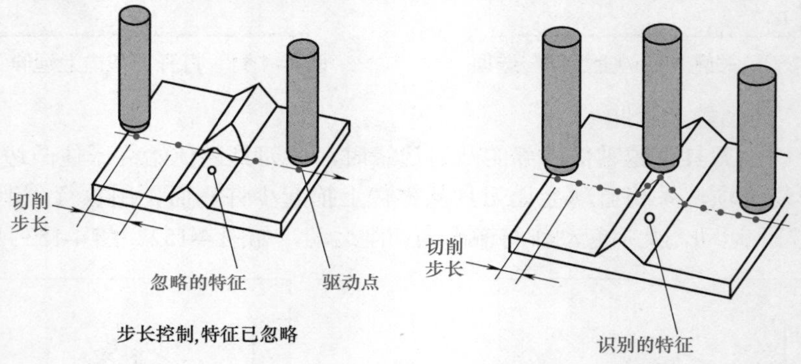

图 4-157 切削步长

4.5.4 问题探讨

在本任务中，使用平面轮廓加工方法进行零件侧面的加工，试着运用深度轮廓铣方法完成相同的加工，比较它们的优缺点。

4.5.5 任务拓展

参考正面加工过程，创建反面加工刀轨。

任务 4.6 曲面加工综合训练

技能点

◎ 能合理选用并定义切削刀具。

◎ 能在加工过程中合理选择平面铣、型腔铣、深度轮廓铣、固定轴区域轮廓铣及拐角粗加工等切削方法进行简单零件的加工。

任务描述

曲面加工综合实操训练是完成拉伸凸模和塑料模型腔电极加工任务后，让学员独立完成的实操任务。通过完成本任务，学生应初步具有将 UG NX 曲面加工方法与数控加工工艺、加工实际过程融为一体的能力。

加工要求

◎ 编写加工零件的数控加工工艺。
◎ 选择合适的加工方法及参数生成刀轨。
◎ 使用 UG CAM 的加工仿真功能检查刀轨的正确性。
◎ 选择合适的后置处理程序，生成 G 代码。
◎ 使用数控机床的在线加工功能，加工零件实物，验证刀轨的合理性。

综合训练题目一：如图 4-158 所示的零件，毛坯尺寸 100mm×100mm×30mm，对刀点在毛坯顶面中心，刀具要求使用 ϕ12mm 键槽棒铣刀和 ϕ8mm 球刀。

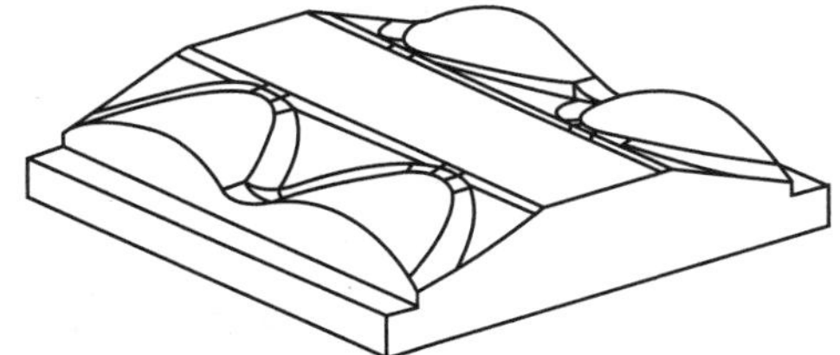

图 4-158 综合训练题目一

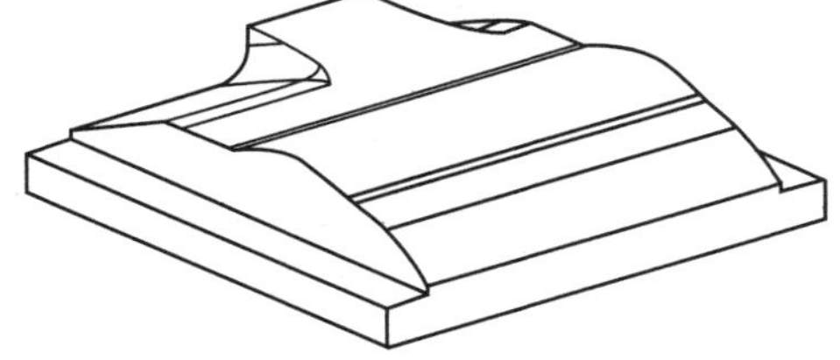

图 4-159 综合训练题目二

综合训练题目二：如图 4-159 所示的零件，毛坯尺寸 100mm×100mm×30mm，对刀点在毛坯顶面中心，刀具要求使用 ϕ12mm 键槽棒铣刀和 ϕ8mm 球刀。

综合训练题目三：如图 4-160 所示的零件，毛坯尺寸 100mm×100mm×30mm，对刀点在毛坯顶面中心，刀具要求使用 ϕ12mm 键槽棒铣刀和 ϕ8mm 球刀。

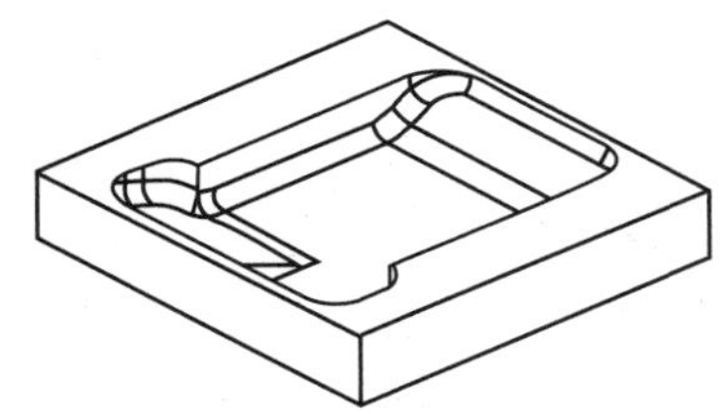

图 4-160 综合训练题目三

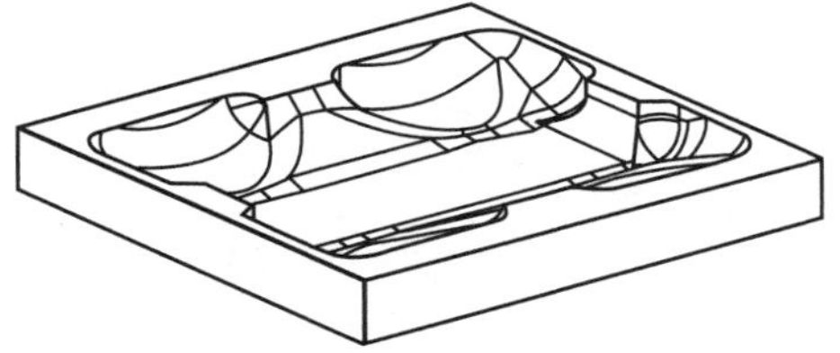

图 4-161 综合训练题目四

综合训练题目四：如图 4-161 所示的零件，毛坯尺寸 100mm×100mm×30mm，对刀点在毛坯顶面中心，刀具要求使用 ϕ12mm 键槽棒铣刀和 ϕ8mm 球刀。

综合训练题目五：如图4-162所示的零件，毛坯尺寸100mm×100mm×30mm，对刀点在毛坯顶面中心，刀具要求使用ϕ12mm键槽棒铣刀和ϕ8mm球刀。

综合训练题目六：如图4-163所示的零件，毛坯尺寸100mm×100mm×30mm，对刀点在毛坯顶面中心，刀具要求使用ϕ12mm键槽棒铣刀和ϕ8mm球刀。

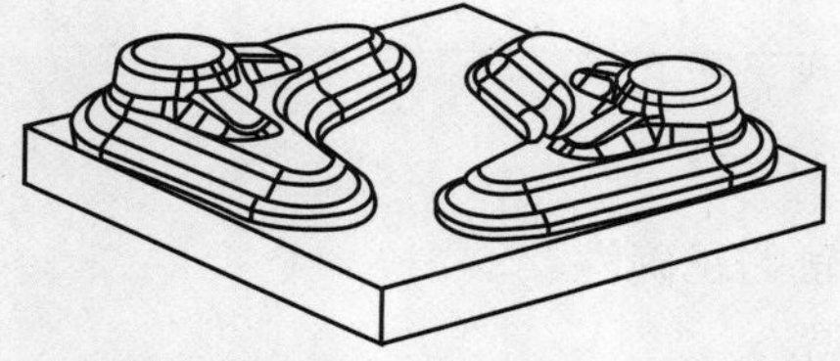

图4-162　综合训练题目五

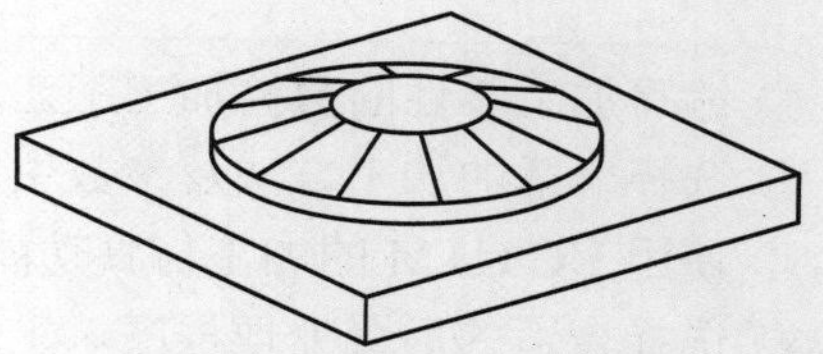

图4-163　综合训练题目六

综合训练题目七：如图4-164所示的零件，毛坯尺寸100mm×100mm×30mm，对刀点在毛坯顶面中心，刀具要求使用ϕ12mm键槽棒铣刀和ϕ8mm球刀。

综合训练题目八：如图4-165所示的零件，毛坯尺寸100mm×100mm×30mm，对刀点在毛坯顶面中心，刀具要求使用ϕ12mm键槽棒铣刀和ϕ8mm球刀。

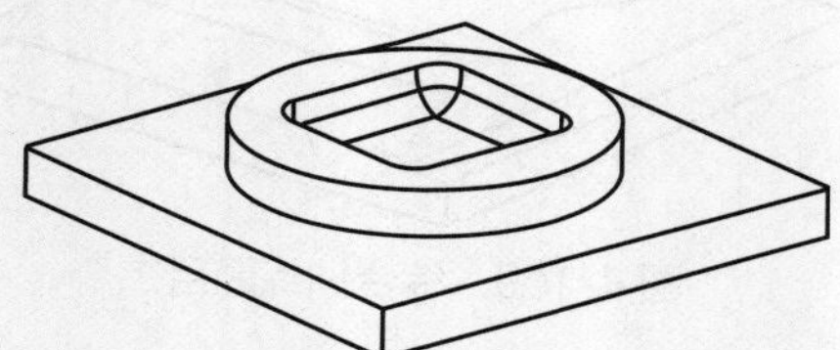

图4-164　综合训练题目七

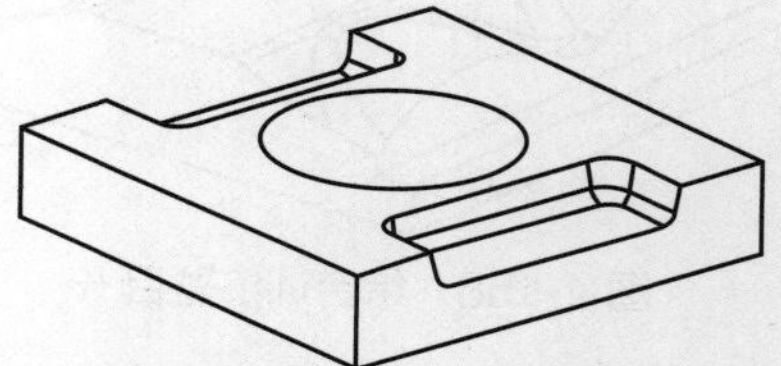

图4-165　综合训练题目八

综合训练题目九：如图4-166所示的零件，毛坯尺寸100mm×100mm×30mm，对刀点在毛坯顶面中心，刀具要求使用ϕ12mm键槽棒铣刀和ϕ8mm球刀。

综合训练题目十：如图4-167所示的零件，毛坯尺寸100mm×100mm×30mm，对刀点在毛坯顶面中心，刀具要求使用ϕ12mm键槽棒铣刀和ϕ8mm球刀。

图4-166　综合训练题目九

图4-167　综合训练题目十

E4-39

下载实训模型，请扫二维码E4-39。

4.6.1 任务实施

1. 提出任务要求

本任务以小组为单位，要求讨论完成零件的工艺分析，指定加工方案和切削参数的设置，生成刀轨，进行 UG 加工仿真，生成 G 代码，最后在数控机床上完成零件的加工，并将加工结果和实际零件进行对比分析，找到加工结果和实际零件间的不足，并进行调整，总结和汇报。

2. 分组并布置任务

以小组为单位分析零件，制订加工方案。

3. 生成刀轨并进行仿真

以小组为单位，根据制订的加工方案生成刀轨，并讨论优化和仿真。

4. 生成 G 代码

在老师检查认为基本可行的情况下，生成刀轨的 G 代码。

5. 传输加工

将 G 代码传入数控机床进行加工验证。

6. 检查、总结和汇报。

◆ 由小组选派代表对自己加工的成品进行分析，找到满意和不满意的地方，并对不满意的部分查找原因，制订修改方案。

◆ 小组间互相查找问题，并讨论修改方案。

◆ 老师对结果进行总结，点评结果。

◆ 书写任务报告。

4.6.2 填写“课程任务报告”

课程任务报告

班级		姓名		学号		成绩	
组别		任务名称	曲面加工综合训练			参考课时	6 课时
任务图样	见任务图						
任务要求	1．编写加工零件的数控加工工艺。 2．选择合适的加工方法及参数生成刀轨。 3．使用 UG CAM 的仿真功能检查刀轨的正确性。 4．选择合适的后置处理程序，生成 G 代码。 5．使用数控机床的在线加工功能，验证刀轨的合理性并加工零件实物。						

（续）

任务完成过程记录	总结的过程按照任务的要求进行，如果位置不够可加附页（根据实际情况，可以适当安排拓展任务供同学分组讨论学习，此时以拓展训练内容的完成过程进行记录）。

4.6.3 问题探讨

1）总结在零件数控加工前对零件进行分析一般包括哪些内容，采用哪些方法。

2）总结自动编程前的设置包括哪些内容，有哪些方法。

3）总结平面铣、型腔铣、深度轮廓铣、拐角粗加工等加工方法的各自特点和使用场合。

参考文献

[1] 陈学翔．UG NX6.0 数控加工经典案例解析 [M]．北京：清华大学出版社，2009.

[2] 黄宜松，谢龙汉，王磊．UG NX5 数控加工入门与实例进阶 [M]．北京：清华大学出版社，2008.

[3] 林清安．Pro/Engineer 2000i 零件设计：基础篇，上册 [M]．北京：北京大学出版社，2000.

[4] 钟奇，王晓军．UG NX7.5 高级应用教程 [M]．北京：机械工业出版社，2012.

[5] 徐家忠，吴勤保．CAD/CAM 应用软件——Pro/Engineer 实例精选 [M]．北京：北京邮电大学出版社，2010.